Interconnection

Europäische Hochschulschriften
Publications Universitaires Européennes
European University Studies

Reihe II
Rechtswissenschaft

Série II Series II
Droit
Law

Bd./Vol. 3636

PETER LANG
Frankfurt am Main · Berlin · Bern · Bruxelles · New York · Oxford · Wien

Bernd A. Marschall

Interconnection

Netzzusammenschaltungen zur Erbringung von Sprachtelefondiensten nach europäischem und deutschem Recht

PETER LANG
Europäischer Verlag der Wissenschaften

Bibliografische Information Der Deutschen Bibliothek
Die Deutsche Bibliothek verzeichnet diese Publikation in der Deutschen Nationalbibliografie; detaillierte bibliografische Daten sind im Internet über <http://dnb.ddb.de> abrufbar.

Zugl.: Erlangen, Nürnberg, Univ., Diss., 2001

D 29
ISSN 0531-7312
ISBN 3-631-38786-5

www.peterlang.de

Für Sabine

Vorwort

Die Juristische Fakultät der Friedrich-Alexander-Universität Erlangen-Nürnberg hat die vorliegende Arbeit im Wintersemester 2000/2001 als Dissertation angenommen. Literatur und Rechtsprechung, insbesondere die Entscheidung des Bundesverwaltungsgerichts vom 25.04.2001 zum entbündelten Zugang zur Teilnehmeranschlußleitung sowie die Verordnung des Europäischen Parlaments und des Rates vom 05.12.2001 über den entbündelten Zugang zum Teilnehmeranschluß, wurden bis Dezember 2001 berücksichtigt.

Ich danke Herrn Prof. Dr. Klaus Vieweg für die Anregung des Themas und die Erstellung des Erstgutachtens. Herrn Prof. Dr. Matthias Schmidt-Preuß danke ich für die zügige Zweitkorrektur. Auf diesem Wege besonders danken möchte ich meinen Eltern, die mich während meines Studiums und der Promotion stets großzügig unterstützt haben. Schließlich danke ich meiner Frau Sabine, die die Entstehung der Arbeit ständig begleitet, hilfreiche Diskussionsbeiträge sowie die Korrekturarbeiten geleistet hat. Ohne ihre Unterstützung wäre die Arbeit in dieser Form nicht entstanden.

Erlangen, Januar 2002 *Bernd A. Marschall*

Inhaltsverzeichnis

Einleitung

Die Telekommunikationsmärkte Europas sind seit 1.1.1998 vollständig liberalisiert. Hierdurch wurde der Wettbewerb in der Telekommunikation ermöglicht; insbesondere kam es zu zahlreichen Markteintritten neuer Anbieter, dadurch bedingten Marktanteilsverlusten ehemaliger staatlicher Monopolbetreiber und zu sinkenden Verbraucherpreisen. Ursache dieser Entwicklung war neben den technischen Innovationen im Bereich der Mikroelektronik, Chiptechnik und Digitalisierung auch der als Folge zunehmender Globalisierung verschärfte Wettbewerbsdruck auf internationaler Ebene. Positive Erfahrungen in bereits frühzeitig liberalisierten Telekommunikationsmärkten anderer Länder verstärkten dabei die wirtschaftliche Notwendigkeit und politische Erkenntnis zur Marktöffnung der Telekommunikation in Europa. Mittel zur Schaffung von Wettbewerb war in erster Linie die Liberalisierungs- und Harmonisierungspolitik der Europäischen Gemeinschaft, die ausschließliche und besondere Rechte (Monopole) aufhob und das Open-Network-Provision-(ONP)-Konzept zur Realisierung des offenen Netzzugangs einführte. Diese Relation zwischen Ursache, Mittel und Folge wird durch die Interdependenz zwischen Technik, Wirtschaft und Recht gekennzeichnet, die als Leitmotiv der vorliegenden Arbeit unterstellt werden soll.

Kerninstrument der europäischen Regulierungspolitik ist die Zusammenschaltung von Telekommunikationsnetzen, die auch nach erfolgreich initiiertem Wettbewerb nach wie vor notwendig ist, um funktionsfähigen Wettbewerb zu ermöglichen. Die Netzzusammenschaltung steht dabei im Spannungsfeld zwischen Wettbewerbs- und Eigentumsschutz der betroffenen Netzbetreiber. Die Verpflichtung, das Leitungseigentum unmittelbaren Wettbewerbern zur Verfügung zu stellen, um Dritten den Eintritt in den Telekommunikationsmarkt zu ermöglichen, kann als konkurrentennützige Inanspruchnahme fremder Infrastruktur in die gemeinschaftsrechtlich geschützte Eigentumsfreiheit eingreifen. Das Argument, daß Wettbewerber auf die Zusammenschaltung zwingend angewiesen seien, stellt lediglich eine pauschale Rechtfertigung dar. Vielmehr bedarf es einer differenzierten Betrachtung, inwieweit die Zusammenschaltung aus wettbewerbsrechtlicher Sicht notwendig und aus verfassungsrechtlicher Sicht zumutbar ist. Zu prüfen ist, ob das Zusammenschaltungsregime ausreichend zwischen marktbeherrschenden und nicht marktbeherrschenden Unternehmen und der Art und Weise der Erlangung der marktbeherrschenden Position – aufgrund ausschließlicher und besonderer Rechte oder durch eigene Leistung im Wettbewerb – differenziert.

Da sich die Zusammenschaltungsverpflichtung auch aufgrund des Mißbrauchs einer marktbeherrschenden Stellung nach Art. 82 EG in Form der europäisch geprägten „essential facilities doctrine" ergeben kann, ist ferner zu untersuchen, inwieweit diese Zusammenschaltungsverpflichtung mit sektorspezifischem Telekommunikationsrecht und gemeinschaftsrechtlichem Eigentumsschutz korreliert. Obwohl sich die Darstellung auf das europäische Recht konzentriert, soll deutsches Telekommunikationsrecht nicht außer Acht gelassen werden; insbesondere soll untersucht werden, ob die europäischen Vorgaben gemeinschaftskonform umgesetzt wurden und die nationalen Regelungen mit europäischem Eigentumsschutz vereinbar sind. Besondere Bedeutung wird dabei § 35 TKG zukommen.

Ausgangspunkt der vorliegenden Arbeit ist die These von der Kohärenz der Rechtsordnung, die sich sowohl auf das Verhältnis zwischen europäischem Gemeinschaftsrecht und nationalem Recht als auch auf die innergemeinschaftliche Rechtsordnung des Primär- und Sekundärrechts bezieht. Sekundäres und nationales Telekommunikationsrecht sowie primäres Wettbewerbsrecht und gemeinschaftsrechtlicher Grundrechtsschutz müssen sich jeweils entsprechen. Zu prüfen ist anhand der am Verhältnismäßigkeitsprinzip orientierten Güter- und Interessenabwägung, ob die Verpflichtung zur Netzzusammenschaltung nach sektorspezifischem Telekommunikationsrecht verfassungsrechtlichen Anforderungen standhält und mit primärem Wettbewerbsrecht vereinbar ist. Ob und wie die Interessenabwägung in den einzelnen Regelungsbereichen konsequent und widerspruchsfrei ausgeführt und umgesetzt wurde, soll durch die vorliegende Untersuchung dargestellt werden.

Die Arbeit gliedert sich in insgesamt 4 Abschnitte. Der Grundlagenteil (1. Kapitel) gibt einen Überblick über die Technik (A.) und den Wirtschaftsfaktor (B.) Telekommunikation. Im 2. Kapitel werden ein vergleichender Blick auf die Netzzugangsregelungen im europäischen Eisenbahn- und Energierecht (A.) geworfen und die gemeinwohlorientierte Verantwortung für leitungsgebundene Infrastrukturen (B.) aufgezeigt. Die konkurrentennützige Inanspruchnahme fremder Infrastruktur in der Telekommunikation (3. Kapitel) wird anhand der Entwicklung des Europäischen Telekommunikationsrechts (A.) dargestellt, bevor auf die Zusammenschaltungsbedingungen zur Erbringung von Sprachtelefondiensten (B.) im einzelnen eingegangen wird. Das sektorspezifische europäische Telekommunikationsrecht (IV.) wird dabei nach den Kategorien Allgemeine Prinzipien (1.), Verhandlungsrechte und -pflichten (2.), Zusammenschaltungsrechte und -pflichten (3.), Zugang zur Teilnehmeranschlußleitung (4.) und mitgliedstaatliche Aufsichtsrechte (5.) untergliedert, anhand derer das umgesetzte deutsche Telekommunikationsrecht zu messen ist. Den zweiten Hauptteil bildet die Vereinbarkeit der Zusammenschaltung mit europäischem Eigentumsschutz (4. Kapitel). Einführend wird der gemeinschaftsrechtlich gewährte Eigentumsschutz und dessen Beeinträchtigung durch die Zusammenschaltung (A.) aufgezeigt, bevor die im 3. Kapitel dargestellten Zusammenschaltungsbedingungen am Maßstab der gemeinschaftsrechtlich gewährten Eigentumsfreiheit (B.) untersucht werden. Auch hier wird deutsches Telekommunikationsrecht in die Prüfung mit einbezogen. Abschnitt (C.) stellt sodann die Zusammenschaltung nach allgemeinen Wettbewerbsrecht unter besonderer Berücksichtigung der „essential facilities doctrine" dar. Der abschließende Abschnitt (D.) untersucht die Konvergenz zwischen primärem Wettbewerbs- und sekundärem Telekommunikationsrecht.

1. Kapitel: Grundlagen und Bedeutung der Telekommunikation

A. Technik der Telekommunikation

I. Nachrichtenübermittlungstechnik

Telekommunikation als umfassender Oberbegriff der Individualkommunikation[1] umschreibt den technischen Vorgang der Fernverständigung.[2] Kommunikation bedeutet dabei den Austausch von Nachrichten und/oder Informationen[3] über eine Nachrichtenstrecke. Nachrichten werden physikalisch als Signale in Form eines zeitabhängigen Strom- oder Spannungsverlaufs dargestellt. Die moderne Nachrichtentechnik versteht unter Nachrichtenübermittlung die Über-

---

1 Im Gegensatz zur Massenkommunikation wie Rundfunk und Fernsehen.

2 Zum Begriff Telekommunikation vgl. *B. Bates/D. Gregory*, Voice & Data Communications Handbook, S. 11; *H. Drubba*, Archiv PF 1991, S. 343 ff.; *S. Weiher/B. Wagner*, Tagebuch der Telekommunikation, S. 5; zur technischen Definition des früheren und durch Telekommunikation ersetzten Begriffs des Fernmeldewesens BVerfGE 12, S. 205 (226); BVerfGE 46, S. 120 (143) = NJW 1978, S. 313 (314); BVerwGE 77, S. 128 (131).

3 Die Begriffe Nachricht und Information werden in der Nachrichtentechnik synonym verwendet. Information ist dabei als Teil der Nachricht deren Aussagehalt, *W.-D. Haaß*, Kommunikationsnetze, S. 52, Fn. 54; *H. Fangmann/K. Lörcher/W. Scheurle/M. Schwemmle/E. Wehner*, Telekommunikations- und Postrecht, S. 284.

tragung und Vermittlung von Signalen über nachrichtentechnische Systeme.[4] Elektrotechnische Grundlagen der Übermittlung von Sprache sind die Elektroakustik für die Umwandlung akustischer in elektrische Signale sowie die digitale Signalübermittlung. Die Digitaltechnik ermöglicht durch Modulation, elektrisch analoge in digitale Signale umzuwandeln; Multiplextechniken dienen der Mehrfachnutzung von Übertragungskanälen zur effektiveren Kapazitätsauslastung der Übertragungsmedien.[5]

1. Elektroakustische Signalwandlung

Der für das menschliche Gehör wahrnehmbare Hörschall im Frequenzbereich zwischen 20 Hz und 20 kHz entsteht durch sich wellenförmig im Raum ausbreitende Schwingungen von Luftmolekülen um ihre Ruhelage. Physikalisch drückt sich dieser Vorgang durch Schwankungen des atmosphärischen Luftdrucks aus. Für die elektrotechnische Signalübermittlung werden Schallschwingungen durch elektroakustische Wandler zunächst in mechanische Schwingungen einer Membran und über die Membran durch Änderung eines elektrischen oder magnetischen Feldes oder des ohmschen Widerstandes in elektrische Schwingungen umgewandelt.[6] Nach diesen Schallwandlerprinzipien können die früher in der Fernsprechtechnik verbreiteten Kondensator- und heute vermehrt zum Einsatz kommenden Tauchspulen- und Kohlemikrofone[7] unterschieden werden. Die durch Schallwandlung gewonnenen elektrischen Signale sind analog, da sie zeit- und wertkontinuierlich das akustische Schallereignis

---

4 *O. Georg*, Telekommunikationstechnik, S. 7; *G. Siegmund*, Technik der Netze, S. 4 und 21; *E. Herter/W. Lörcher*, Nachrichtentechnik, S. 19 f.

5 Im vorliegenden Rahmen kann nur eine vereinfachte Darstellung der elektrotechnischen Funktionsprinzipien erfolgen. Dabei werden Grundbegriffe der Elektrotechnik vorausgesetzt.

6 *K. Steinbuch/W. Rupprecht*, Nachrichtentechnik, Bd. II, S. 20.

7 *L. Starke*, Grundlagen Kommunikationstechnik, S. 537; *G. Siegmund*, Technik der Netze, S. 100.

vollständig und deshalb entsprechend abbilden.[8] Erst die elektroakustische Signalwandlung ermöglicht das heutige Fernsprechen.[9]

2. Digitale Signalübermittlung

Aufgabe der Übertragungstechnik ist es, die durch einen elektroakustischen Wandler erzeugten Signale des Senders (Nachrichtenquelle) über ein Übertragungsmedium zum Empfänger (Nachrichtensenke) zu transportieren, während die Vermittlungstechnik effektive Verbindungswege zwischen beliebigen Nachrichtenquellen und -senken innerhalb eines Nachrichtensystems zur Verfügung stellen soll.[10]

a) Signalübertragung

Die Nachrichten- und Signalübertragung basiert auf der physikalischen Ausbreitung elektromagnetischer Wellen.[11] Elektromagnetische Wellen beruhen auf elektromagnetischen Schwingungen, die in elektrischen Schwingkreisen er-

---

[8] *K. Fellbaum*, Sprachverarbeitung und Sprachübertragung, S. 128; *E. Herter/ W. Lörcher*, Nachrichtentechnik, S. 39.

[9] Zur historischen Entwicklung der Telefonie *W. König/W. Weber*, in: *W. König* (Hrsg.), Propyläen der Technikgeschichte, Bd. IV, S. 492 ff.; *H.-J. Braun/W. Kaiser*, in: *W. König* (Hrsg.), Propyläen der Technikgeschichte, Bd. V, S. 150 ff.; *U. Wengenroth*, in: *H. v. Armin/ W. Dettmering* (Hrsg.), Technik und Kultur, Bd. 8, S. 462 ff.; *F. Kilger*, Die Entwicklung des Telegraphenrechts im 19. Jahrhundert mit besonderer Berücksichtigung der technischen Entwicklung, S. 52 ff.; zur Entwicklung des Fernsprechens zwischen 1875 und 1899 *S. Weiher/B. Wagner*, Tagebuch der Telekommunikation, S. 78 ff.; zur Entwicklung der Telegraphie als Vorläufer der Telefonie *V. Aschoff*, Geschichte der Nachrichtentechnik, Bd. 2, Nachrichtentechnische Entwicklungen in der ersten Hälfte des 19. Jahrhunderts, S. 6 ff.; zur Geschichte der Funktechnik *S. Demmelhuber*, Funkschau v. 17.9.1999, S. 38 f.

[10] *U. Freyer*, Nachrichtenübertragungstechnik, S. 16; *H. D. Lüke*, Signalübertragung, S. 168; *W.-D. Haaß*, Kommunikationsnetze, S. 247; *O. Langer*, in: *V. Jung/H.-J. Warnecke* (Hrsg.), Handbuch Telekommunikation, Kap. 4, S. 3.

[11] Von Heinrich Hertz (Deutscher Physiker, 1858-1893) 1887/88 in einer Reihe von Experimenten nach den von James Clerk Maxwell (Schottischer Physiker, 1831-1879) im Jahre 1864 entwickelten theoretischen Grundlagen der Feldtheorie nachgewiesen.

zeugt werden und sich in elektrischen und optischen Leitern als Wellen ausbreiten. Werden die Platten eines Kondensators auseinandergebogen, so erhält man einen offenen Schwingkreis, der als Dipol zur Abstrahlung von Feldenergie in den Raum geeignet ist. Für die optische Übertragung von Signalen in Lichtwellenleitern werden elektrische Signale durch Änderung der Intensität einer Lichtquelle[12] in Lichtsignale gewandelt, indem freiwerdende Energie in Form von Photonen abgestrahlt wird. Das im Lichtwellenleiter geführte Licht breitet sich durch Reflexion am Leitermantel entsprechend der unterschiedlichen Brechzahl des optisch dichteren Leiterkerns und des optisch dünneren Leitermantels aus. Der Lichtempfänger[13] wandelt das Licht zurück in elektrische Signale.[14]

aa) Modulationsverfahren

Die erforderliche Wandlung analoger in digitale Signale erfolgt in Analog/Digital-Wandlern durch Pulscodemodulation (PCM), indem das analoge Signal abgetastet, quantisiert und binär codiert wird. Das analoge Signal wird dabei zunächst in bestimmten Zeitabständen gemessen (Abtastung)[15] und dessen Werte (Amplitudenabtastwerte) in Stufen oder Intervalle eingeteilt (Quantisierung)[16]. Den einzelnen Intervallen werden schließlich Zeichen des Binärsystems zu 8 Bit-Codewörtern zugeordnet (Codierung).[17] Digitale Signale[18]

---

[12] Lumineszenz- oder Laserdiode.

[13] Fotodiode oder Fototransistor.

[14] Im einzelnen *G. Mahlke/P. Gössing*, Fiber Optic Cables, S. 213 ff.; *B. Mukherjee*, Optical Communications Networks, S. 25 ff.; *L. Starke*, Grundlagen Kommunikationstechnik, S. 147 ff.; *S. Geckeler*, Lichtwellenleiter für die optische Nachrichtenübertragung, S. 6 ff., 55 ff.; *D. Eberlein/S. Gneiting*, Funkschau v. 20.2.1998, S. 73.

[15] Die Abtastfrequenz beträgt 8000 Hz bei einer Abtastperiode von 125 µs (1/8 s), *M. Bossert/M. Breitbach*, Digitale Netze, S. 60; *H. Fangmann/K. Lörcher/W. Scheurle/M. Schwemmle/E. Wehner*, Telekommunikations- und Postrecht, S. 284.

[16] Nach der A-Kompandierungskennlinie 256 Intervalle; ITU-Empfehlung G.711, Pulse code modulation (PCM) of voice frequencies.

[17] Anschaulich dargestellt bedeutet PCM, daß über die Amplitude des analogen Signals ein Gitternetz gelegt wird und die Werte der Quadranten durch Zuordnung von binären Zeichen übertragen werden, *O. Georg*, Telekommunikationstechnik, S. 14.

nehmen so – im Gegensatz zu analogen Signalen – nur bestimmte binär codierte Amplitudenwerte des sich ändernden Strom- und Spannungsverlaufs an.[19] Bei einer 8000fachen Abtastung pro Sekunde können 64 kbit/s übertragen werden.[20] Die Modulation ermöglicht zudem, mehrere hundert Telefongespräche gleichzeitig über ein Kabel oder einen Funkkanal zu übertragen, indem jedes einzelne Telefongespräch einer eigenen Hochfrequenzspannung aufmoduliert wird.[21]

bb) Multiplexverfahren

Für die Sprachtelefonie werden in Europa digitale Signale mittels des synchronen Zeitmultiplexverfahrens (STDM)[22] im PCM-30 System[23] durch zeitlich gestaffelte Nutzung des Übertragungskanals transportiert, indem die Zeit, die zwischen den Abtastimpulsen eines Signals zur Verfügung steht, für die Übertragung eines anderen Signals genutzt wird. Im PCM-30 System können 30 Fernsprech- sowie 2 Steuerungs- und Synchronisationskanäle durch Zeitmultiplex verschachtelt, d.h. zeitlich nacheinander in bestimmten Abständen entsprechend der Abtastfrequenz übertragen werden. Bei einer Abtastfrequenz von 8 kHz folgt für die sich in den 32 Kanälen befindlichen 8 Bit-Codewörter eine Übertragungsgeschwindigkeit von 2048 kbit/s.[24] PCM-30 ist das Grundsy-

---

18 Digital leitet sich aus dem lateinischen „digitus = der Finger“ ab und bedeutet „abzählbar“.

19 *H. Zuhrt*, in: *E. Hölzler/D. Thierbach* (Hrsg.), Nachrichtenübertragung, S. 39; *J. Kedaj/F. Joussen*, Mobilfunk, Bd. 1, Kap. 2.2.1., S. 1; *K. Fellbaum*, Sprachverarbeitung und Sprachübertragung, S. 129.

20 8 Bit x 8000 Hz = 64 kbit/s.

21 *L. Starke*, Grundlagen Kommunikationstechnik, S. 457. In Lichtwellenleitern sind bis zu 10.000 Gespräche gleichzeitig möglich, *M. Bossert/M. Breitbach*, Digitale Netze, S. 60.

22 Synchronous Time Division Multiplex. Weitere Multiplexverfahren sind das Raum-, Frequenz-, Code- und Wellenlängenmultiplexverfahren. Zu der in Lichtwellenleitern eingesetzten Wellenlängenmultiplextechnik, *R. Sietmann*, Funkschau v. 10.7.1998, S. 58 ff.

23 Das PCM-30 System ist das nach ITU-T G.704 und G.732 international standardisierte Zeitmultiplexsystem. In den USA und Japan wird dagegen das nicht kompatible PCM-24 System verwendet.

24 32 Übertragungskanäle x 8 Bit/Kanal (8 Bit-Codewörter) x 8 kHz (Abtastfrequenz) = 2048 kbit/s.

stem europäischer digitaler Übertragungstechnik.[25] Bei der drahtlosen Funkübertragung werden Multiplexverfahren um das Vielfachzugriffsverfahren (Multiple Access) erweitert. Aufgrund von Vielfachzugriffsverfahren können Funkübertragungskanäle den Teilnehmern jeweils nur für die Dauer eines Gesprächs – im Gegensatz zu Festverbindungen, bei denen die Teilnehmerleitung ständig zur Verfügung steht – zugewiesen werden. Im Frequenzmultiplexzugriffsverfahren (FDMA)[26] erfolgt die Zuteilung, indem der gesamte Frequenzbereich in mehrere Kanäle mit bestimmter Breite aufgeteilt wird, die einzeln zum gleichzeitigen Senden und Empfangen zugewiesen werden. Das Zeitmultiplexzugriffsverfahren (TDMA)[27] unterteilt den Frequenzbereich dagegen in Zeitschlitze (Zeitlagen), denen jeweils für die entsprechende Zeitdauer das gesamte Frequenzband zur Signalübertragung zur Verfügung steht.[28]

b) *Signalvermittlung*

Die digitale Vermittlung von Sprachsignalen über einzelne Verbindungswege des Nachrichtensystems erfolgt per Durchschaltevermittlung[29] nach dem Raum- und Zeitmultiplexverfahren. Zentrales Steuerungselement der Vermittlungstechnik ist das Koppelnetz, das einzelne Übertragungskanäle über Raum- und Zeitstufen[30] verbindet. Bei der raumgeteilten Vermittlung werden die im Vermittlungsknoten ankommenden und abgehenden Übertragungskanäle durch elektrische Kontakte in Transistoren über eine Koppelmatrix miteinander ver-

---

[25] Zum PCM-Verfahren *K. Bergmann*, Lehrbuch der Fernmeldetechnik, S. 93 ff.; *G. Brardt/ K. Burchard/M. Janke/B. Kahl/H. Pohlers/P. Ruttloff/C. Wobus*, in: *E. Philippow* (Hrsg.), Taschenbuch Elektrotechnik, Bd. 4, S. 72 ff.; *J. Kedaj/F. Joussen*, Mobilfunk, Bd. 1, Kap. 2.1.3., S. 5; *W.-D. Haaß*, Kommunikationsnetze, S. 70 ff. und 99 ff.; *G. Siegmund*, Technik der Netze, S. 33 ff.; *L. Starke*, Grundlagen Kommunikationstechnik, S. 475; *K. Beuth/R. Hanebuth/ G. Kurz*, Nachrichtentechnik, S. 376 ff.

[26] Frequency Division Multiple Access.

[27] Time Division Multiple Access.

[28] *H. Lobensommer*, Handbuch Funktechnik, S. 63 ff; *ders.*, Technik Mobilkommunikation, S. 197; *B. Walke*, Mobilfunknetze und ihre Protokolle, S. 68; *J. Biala*, Mobilfunk und intelligente Netze, S. 344 und 360.

[29] Im Gegensatz zur Speichervermittlung bei Datennetzen.

[30] Sie ersetzen die seit den 50er Jahren in der Vermittlungstechnik eingesetzten mechanischen Edelmetallmotordrehwähler (EMD-Wähler).

knüpft, während die zeitgeteilte Vermittlung, die sich in verschiedenen Zeitlagen befindenden Informationen durch Ein- und Auslesen in Zwischenspeicher in andere Zeitlagen abgehender Kanäle transportiert. Die Kombination von Raum- und Zeitstufen ermöglicht durch Steuer- und Speichereinrichtungen, mehrere Fernsprechkanäle der ankommenden Leitung auf verschiedene Zeitlagen mehrerer Kanäle der abgehenden Leitung durchzuschalten.[31] Als digitale Orts- und Fernvermittlungssysteme werden in der Fernsprechtechnik seit Mitte der 80er Jahre die Systeme EWSD[32] und Alcatel 1000 S12[33] eingesetzt.[34] Im Zuge des Auf- und Ausbaus des schmalbandigen (S)-ISDN[35], das auf dem digitalen 64 kbit/s Fernsprechübertragungskanal beruht, wird seit 1989 der Teilnehmeranschluß digitalisiert.[36]

Neuester Stand der Digitalisierung ist das sich in Entwicklung befindende, auf der ATM-Technik (= Asynchronous Transfer Mode)[37] basierende Breitband (B)-ISDN. Das B-ISDN ermöglicht die Übertragung von Signalen mit konstanten und wechselnden Bitraten von mehr als 140 Mbit/s und eignet sich deshalb besonders für Multimediadienste. ATM beruht auf der asynchronen Zeitmultiplextechnik (ATDM = Asynchronous Time Division Multiplex), bei der die Signale in Zellen mit konstanter Länge von 53 Oktett[38], bestehend aus dem Zellenkopf (5 Oktett) zur Zielsteuerung und dem Informationsfeld (48 Oktett), das die zu übermittelnde Nachricht enthält, unabhängig von der Nachrichtenart und

---

[31] Vgl. zur Durchschaltevermittlung *K. Beuth/R. Hanebuth/G. Kurz*, Nachrichtentechnik, S. 404 ff.; *W. Frohberg*, in: *H. Schulte* (Hrsg.), Telekommunikation, Teil 4, Kap. 12.2.2., S. 7 ff.; *G. Siegmund*, Technik der Netze, S. 60 ff. und 72 ff.; *W.-D. Haaß*, Kommunikationsnetze, S. 54 f. und 260 ff.; *E. Herter/W. Lörcher*, Nachrichtentechnik, S. 378 f.; *E. Böhme/S. Gebhardt/M. Jahn/P. Ruttloff*, in: *E. Philippow* (Hrsg.), Taschenbuch Elektrotechnik, Bd. 4, S. 162 (164 f.).

[32] Elektronisches Wählsystem mit digitaler Durchschaltung; entwickelt von dem Unternehmen *Siemens*.

[33] Von *Alcatel SEL* entwickeltes System.

[34] Zu den einzelnen Vermittlungssystemen *G. Siegmund*, Technik der Netze, S. 150 ff. und 159 ff.; *E. Herter/W. Lörcher*, Nachrichtentechnik, S. 381 f. und 383 f.

[35] Integrated Services Digital Network = Diensteintegrierendes Digitales Netz.

[36] *P. Bocker*, ISDN – Digitale Netze für Sprach-, Text-, Daten-, Video- und Multimediakommunikation, S. 48; *W.-D. Haaß*, Kommunikationsnetze, S. 314.

[37] Zur Bedeutung von ATM vgl. *W. Minnerup*, ATM gewinnt an Bedeutung, Funkschau v. 19.2.1999, S. 24.

[38] 1 Oktett = 1 Byte.

der Bandbreite des Übertragungsmediums übertragen werden. Jeder ATM-Teilnehmer kann bei ständigem Zellenfluß freie Zellen zum Transport seiner Nachrichten mit variabler Bitratenzahl im Rahmen der zur Verfügung stehenden Bandbreite belegen.[39] Durch die Zielsteuerung im Zellenkopf wird zwischen Sender und Empfänger eine virtuelle Verbindung aufgebaut, die für die gesamte Dauer der Übertragung bestehen bleibt. Die ATM-Technik mit Übertragungsgeschwindigkeiten von 155,52 Mbit/s bzw. bis zu 622,08 Mbit/s galt lange Zeit als Basistechnologie für die Datenautobahnen der künftigen Informations- und Multimediagesellschaft.[40] Sie konkurriert mit dem aus der Computertechnik stammenden und überwiegend in Local Area Networks (LAN) eingesetzten Ethernet.[41] Das Gigabit-Ethernet soll zwar Übertragungsgeschwindigkeiten von 1000 Mbit/s erreichen, operiert aber – entgegen ATM – verbindungslos, d.h. eine gezielte (virtuelle) Verbindung zwischen Sender und Empfänger wird nicht aufgebaut. Die Daten suchen sich vielmehr aufgrund einer Adressinformation selbst den Weg durch das Netz und werden nach dem Kollisionsverfahren CSMA/CD[42], das die Belegung des Kanals erkennt, zeitverschieden übertragen.[43]

Erst die technische Entwicklung digitaler Signalübertragungs- und -vermittlungstechniken in Verbindung mit den Innovationen im Bereich der Datenkompression, Mikroprozessor- und Chiptechnik ermöglichte den wirtschaftlichen und rechtlichen Strukturwandel der Telekommunikation.[44] Hohe

---

[39] Deshalb asynchroner Zellenfluß aus leeren und mit Informationen gefüllten Zellen.

[40] Zur ATM-Technik *E. Rathgeb/E. Wallmeier*, ATM – Infrastruktur für die Hochleistungskommunikation, S. 33 ff.; *W. Riggert*, ATM – Technik und Einführung, S. 22 f.; *G. Wachholz*, in: *F. Arnold* (Hrsg.), Handbuch der Telekommunikation, Bd. 2, Kap. 6.6.0.0., S. 4 ff; *P. Bocker*, ISDN – Digitale Netze für Sprach-, Text-, Daten-, Video- und Multimediakommunikation, S. 97 f.; *W.-D. Haaß*, Kommunikationsnetze, S. 438 ff.; *G. Siegmund*, Technik der Netze, S. 576 ff. und 586 ff.; *O. Georg*, Telekommunikationstechnik, S. 371 ff.

[41] *A. S. Tanenbaum*, Computernetzwerke, S. 303; *W. Riggert*, ATM – Technik und Einführung, S. 104; *K.-O. Detken*, ATM in TCP/IP-Netzen, S. 12 f.

[42] Carrier Sense Mulitple Access with Collision Detection.

[43] *G. Siegmund*, Technik der Netze, S. 266; *W.-D. Haaß*, Kommunikationsnetze, S. 31 und 548.

[44] Zur technischen Entwicklung vgl. *R. Stransfeld*, in: *A. Büllesbach* (Hrsg.), Datenschutz im Telekommunikationsrecht, S. 197 (199 ff.); *Th.-S. Kluth*, Telekommunikation als Regelungsgegenstand, S. 5 ff., 13 ff.; *EG-Kommission*, Grünbuch über die Liberalisierung der Telekommunikationsinfrastruktur und der Kabelfernsehnetze, Teil II, v. 25.1.1995, KOM (94) 682 endg., S. 29 ff.

Übertragungsgeschwindigkeiten bei hochwertiger Übertragungsqualität und die Integration von bislang in getrennten Nachrichtensystemen übertragenen Sprach-, Daten-, Text- und Bildsignalen lassen sich nur aufgrund dieser Technologieentwicklung erzielen. Digitalisierung, Datenkompression und Mikroprozessoren gelten deshalb als Basisinnovationen der Telekommunikation.[45]

II. Netztechnik

Als Netztechnik können im nachrichtentechnisch engeren Sinn die Komponenten und Bestandteile von Telekommunikationsnetzen sowie ihre Anordnung und Gestaltung verstanden werden.

1. Telekommunikationsnetze

Telekommunikationsnetze sind sämtliche technischen Einrichtungen, die die (Fern-) Übermittlung von Signalen ermöglichen.[46] Sie bestehen aus Übertragungswegen[47] sowie Übertragungs- und Vermittlungseinrichtungen[48] und lassen sich anhand ihrer Struktur, Topologie und ihres Übertragungsmediums[49] klassifizieren.[50] Nach der Struktur unterscheiden sich Telekommunikationsnetze in Zugangs- oder Anschluß-, Vermittlungs-, Verteil- und Zeichengabenetze, ihrer Topologie nach können sie in Linien-, Stern-, Bus-, Ring- und Maschen-

---

[45] Vgl. *J. M. Harms*, in: *BMWi* (Hrsg.), Die Informationsgesellschaft, S. 4.

[46] Statt vieler *W. Frohberg*, in: *H. Schulte* (Hrsg.), Telekommunikation, Bd. 1, Teil 4, Kap. 13.1., S. 1; *S. Gebhardt*, in: *E. Phillippow* (Hrsg.), Taschenbuch Elektrotechnik, Bd. 4, S. 15 (20); *G. Knieps* spricht anschaulich vom „Aggregat sämtlicher Telekommunikationseinrichtungen", *G. Knieps*, Entstaatlichung im Telekommunikationsbereich, S. 4.

[47] Netzzugangsschnittstellen, Teilnehmeranschlußleitungen, Ortsverbindungsleitungen, regionale und überregionale Fernleitungen sowie Mobil- und Satellitenfunk.

[48] Modulations-, Multiplex- und Durchschaltevermittlungstechniken.

[49] Leitungsgebunden oder drahtlos.

[50] *W.-D. Haaß*, Kommunikationsnetze, S. 6 ff., 12 ff., 18 ff., 31 ff.; *O. Georg*, Telekommunikationstechnik, S. 7 ff.

netze[51] systematisiert werden. Weitere Differenzierungsmerkmale sind der Grad ihrer Diensteintegration[52], ihre Übertragungsart[53], -kapazität[54] und -richtung[55] sowie ihre Vermittlungsmethode[56] und räumliche Ausdehnung[57].

2. Übertragungsmedien

Als leitungsgebundene Übertragungsmedien werden verdrillte Kupferkabel, Koaxialkabel und Lichtwellenleiter eingesetzt. Drahtloser Mobil- und Satellitenfunk basiert dagegen auf der elektromagnetischen Wellenausbreitung im freien Raum. Innovative, technisch noch nicht vollständig ausgereifte Übertragungsmedien für den Sprachtelefondienst sind Breitbandfernsehkabel, Daten- und Stromleitungen.

a) Telekommunikationskabel

Traditionelles und ältestes Übertragungsmedium für das Fernsprechen ist das verdrillte Kupferdoppeladerkabel. Bei diesem Kabeltyp werden je zwei Kupferdrähte (Adern) miteinander verdrillt und, um induktive Beeinflussungen

---

51 Hierzu im einzelnen *W. Frohberg*, in: *H. Schulte* (Hrsg.), Telekommunikation, Bd. 1, Teil 4, Kap. 13.1., S. 5 ff.; *G. Siegmund*, Technik der Netze, S. 10; *J. Eberspächer*, in: *V. Jung/H.-J. Warnecke* (Hrsg.), Handbuch Telekommunikation, Kap. 1, S. 89 f.

52 Dienstespezifische und diensteintegrierende Netze.

53 Analog, digital.

54 Schmal- oder breitbandig.

55 Simplex- (Informationsfluß in eine Richtung), Halbduplex- (Informationsfluß abwechselnd in beide Richtungen) und Vollduplexbetrieb (gleichzeitiger Informationsfluß in beide Richtungen).

56 Siehe oben 1. Kap. A. I. 2. b), S. 10.

57 Nach der aus den Rechnernetzen stammenden Differenzierung in Local Area Networks (LAN), Metropolitan Area Networks (MAN), Wide Area Networks (WAN), Global Area Networks (GAN); hierzu *A. S. Tanenbaum*, Computernetzwerke, S. 25 ff.; *F.-J. Kauffels*, Lokale Netze, S. 22 ff.; *W.-D. Haaß*, Kommunikationsnetze, S. 31 f.

zu vermeiden, mehrere Adernpaare in Gruppen verseilt[58]. Die einzelnen Kupferadern haben je nach Übertragungsreichweite im Orts- oder Fernnetz einen Durchmesser zwischen 0,4 und 1,4 mm und eignen sich zur Übertragung von analogen und digitalen Signalen mit 50 Mbit. Im Teilnehmer- und Ortsanschlußbereich werden sie bis zu einer Reichweite von acht Kilometern auch heute noch eingesetzt.[59]

Koaxialkabel setzen sich aus einer Kupferseele und Kupferummantelung zusammen, die als Innen- und Außenleiter getrennt durch Isoliermaterial aufgebaut sind.[60] Sie werden als Breitbandkabel für Verteilnetze zur Übertragung von Rundfunk- und Fernsehsignalen im Frequenzbereich zwischen 1 und 450 MHz verwendet. In der Telekommunikation werden Koaxialkabel mit einer Übertragungsgeschwindigkeit von 2,048 Mbit/s im Fernleitungsverbindungsnetz zwischen den Netzknoten genutzt.[61]

Lichtwellenleiter sind dielektrische Wellenleiter, die aus optisch transparentem Kern – Quarzglas[62] oder Kunststoff[63] – und aus Acrylharz beschichtetem Mantel bestehen.[64] Glasfaserkabel weisen gegenüber Kupferkabeln erhebliche Vorteile auf: sie besitzen mit bis zu 10 Gbit/s eine höhere Übertragungskapazi-

---

58 *B. Deutsch/S. Mohr/A. Roller/H. Rost*, Elektrische Nachrichtenkabel, S. 44 ff.; *W. Schubert*, Nachrichtenkabel und Übertragungssysteme, S. 23.

59 *G. Siegmund*, Technik der Netze, S. 24 f.

60 Zur Kabelkonstruktion im einzelnen EN 50117-1, Koaxialkabel für Kabelverteilanlagen, Teil 1: Fachgrundspezifikationen, Ziff. 4.1.; *B. Deutsch*, in: *H. Schulte* (Hrsg.), Telekommunikation, Bd. 1, Teil 4, Kap. 2.2., S. 10; zum Aufbau elektrischer Nachrichtenkabel allgemein *B. Deutsch/S. Mohr/ A. Roller/H. Rost*, Elektrische Nachrichtenkabel, S. 34 ff.; *G. Schweiger*, in: *V. Jung/H.-J. Warnecke* (Hrsg.), Handbuch Telekommunikation, Kap. 4, S. 255 ff.

61 Die Deutsche Telekom verfügt heute noch über Kupferkabel mit einer Länge von 147.000 Kilometer im Fernleitungsnetz. Sie werden jedoch zunehmend durch Lichtwellenleiter ersetzt, *Deutsche Telekom AG* (Hrsg.), Deutsche Telekom – Unternehmenszahlen auf einen Blick, S. 10.

62 Deshalb auch als Glasfaserkabel bezeichnet.

63 Polystrol oder Polymethylmetacrylat (PMMA).

64 So die Anforderungen nach DIN VDE 0888, Teil 1, Lichtwellenleiter für Fernmelde- und Informationsverarbeitungsanlagen; vgl. zur Kabelkonstruktion im einzelnen *G. Mahlke/ P. Gössing*, Fiber Optic Cables, S. 115 ff.; *U. L. Österberg*, in: *C. DeCusatis* (Hrsg.), Handbook of Fiber Optic Data Communication, S. 3 (16 ff.); *J. C. Palais*, Fiber Optic Communications, S. 133 ff.; *J.-P. Bonicel*, Elektrisches Nachrichtenwesen 1994, S. 39 ff.

tät[65], haben eine geringe Dämpfung, sind gegenüber elektromagnetischen Störungen und Nebengeräuschen unempfindlich und haben ein geringes Volumen[66] sowie Gewicht.[67] Lichtwellenleiter werden aufgrund ihrer technischen und wirtschaftlichen Überlegenheit seit Mitte der 80er Jahre weltweit von Fernmeldeunternehmen in Fernverkehrsnetzen eingesetzt.[68] Im Orts- und Teilnehmeranschlußnetz[69] haben bisher die enormen Kosten der Erdarbeiten[70] eine Substitution der Kupferkabel gehemmt. Erst neue Verlegungstechnologien, wie das Mikrokabelsystem[71], erlauben eine schnelle und kostengünstige Installation mit geringer Beeinträchtigung des Straßenverkehrs.[72]

b) Atmosphäre

Übertragungsmedium des Mobil- und Satellitenfunks ist die Atmosphäre. Mobilfunk realisiert die ortsunabhängige Kommunikation zwischen bzw. von und zu mindestens einem beweglichen Teilnehmer.[73] Zellulare Mobilfunknetze werden europaweit seit Beginn der 90er Jahre in den Mitgliedstaaten der EU flächendeckend aufgebaut. Satellitenfunk dient vor allem dem maritimen Seefunk, der verkehrstelematischen Funkortung, der Übertragung von Hörfunk- und Fernsehprogrammen sowie der individuellen Sprach- und Datenübertragung.

---

[65] Testergebnisse reichen bis in den Tetrabitbereich.

[66] Der Durchmesser einer Lichtwellenfaser beträgt lediglich 125 µm.

[67] *L. Müller*, in: *H. Schulte* (Hrsg.), Telekommunikation, Bd. 2, Teil 8, Kap. 3.3., S. 4; *K. D. Carl*, in: *H. Schulte* (Hrsg.), Telekommunikation, Bd. 1, Teil 4, Kap. 2.3., S. 2 ff.; *B. Deutsch*, in: *H. Schulte* (Hrsg.), Telekommunikation, Bd. 1, Teil 4, Kap. 2.1., S. 6 f.; *D. Eberlein/S. Gneiting*, Funkschau v. 20.2.1998, S. 73.

[68] Zum künftigen Einsatz optischer Übertragungssysteme, *R. Castelli/T. Krause*, Alcatel Telecom Rundschau 1998, S. 165 (170).

[69] Glasfaser zum privaten Endkunden (fiber to the home) und Geschäftskunden (fiber to the office) sowie zu lokalen Netzknoten (fiber to the curb); zum Einsatz von Lichtwellenleitern im Ortsnetz *G. Eilenberger/Th. Pfeiffer/I. Van de Voordel P. Vetter*, Alcatel Telecom Rundschau 1998, S. 225 (230).

[70] 50-60 % der Investitionskosten.

[71] Telcom Report, 1/1997, S. 46 ff.

[72] *B. Deutsch*, in: *H. Schulte* (Hrsg.), Telekommunikation, Bd. 1, Teil 4, Kap. 2.1., S. 7.

[73] Unterschieden werden das schnurlose Telefon, Funkruf (Paging), Betriebs- und Bündelfunk-, Flugfunk-, Datenfunk- sowie zellulare Mobilfunksysteme.

Satellitengestützter Mobilfunk ermöglicht seit 1998 die Kommunikation zwischen Teilnehmern von jedem beliebigen Punkt der Erde.[74]

c) Daten- und Stromleitungen

Technologischer Fortschritt und Innovation schaffen zunehmend die Voraussetzungen zur Sprachübermittlung via Daten- und Stromleitungen.

Fehlende Standardisierungen und technische Übertragungsschwierigkeiten verhinderten bislang die Nutzung der weltweiten Datenleitungen des Internet als Übertragungsmedium der Sprachtelefonie.[75] Aufgrund der geringen Bandbreite im Teilnehmeranschlußbereich[76], der Inkompatibilität der verwendeten Rechner-Telefon-Software[77] und der im Internet als Übertragungstechnik eingesetzten Paketvermittlung, kommt es bei der Übermittlung von Sprache vor allem noch zu Sprachverzögerungen und Sprachverzerrungen. Während in herkömmlichen Telefonnetzen durch Leitungsvermittlung den Teilnehmern die Verbindung für die gesamte Dauer des Gesprächs exklusiv zur Verfügung steht, werden bei der Paketvermittlung die zu übermittelnden Daten in Pakete aufgeteilt und einzeln – über unterschiedliche Routen – übertragen.[78] Die einzelnen Pakete werden dabei in der Reihenfolge, in der sie verschickt werden, zum Empfänger geleitet. Ist die ausgewählte Leitung besetzt, werden sie in eine Warteschlange geschrieben und erst weitertransportiert, wenn die Leitung wieder frei ist. Diese asynchrone Übertragung ist für den Datentransfer unerheb-

---

[74] *A. Bartosch*, CR 2000, S. 214 (216); vgl. zur Satellitenkommunikation *Ch. Koenig/A. Neumann*, MMR 2000, S. 151 ff.; *H. Salzwedel/H. Keller*, in: *A. Grütz* (Hrsg.), Jahrbuch Elektrotechnik 1997, S. 37; *H. Dodel*, CR 1997, S. 567; *U. Pfaffenberger/H.-P. Kistner*, Funkschau v. 10.10.1997, S. 24 ff.

[75] F.A.Z. v. 26.8.1999, S. 23 und v. 17.12.1997, S. 28.

[76] In der Regel geringer als die 64 kbit/s der Telefonverbindung.

[77] Vgl. jetzt die ITU-T Empfehlungen für paketvermittelte Netzwerke und Sprachcodierung H.323 und G.723.1; vgl. hierzu *D. Reusch/W. Pauler*, Funkschau v. 14.8.1997, S. 51 ff.

[78] *W. Lindo/M. Kien*, Funkschau v. 7.9.1997, S. 54 (57); siehe auch VDI-Nachrichten v. 7.3.1997, Sonderteil zur CeBIT 1997, S. 10; F.A.Z. v. 2.9.1997, S. 20.

lich; bei der Sprachtelefonie entstehen dadurch jedoch Wortfetzen und Wortverstümmelungen.[79]

Abhilfe soll das Internet-Übertragungsprotokoll TCP/IP[80] in der Version IPv6 schaffen, wodurch Sprachsignale zunächst digitalisiert (Sampling), komprimiert (Codec)[81] und in Pakete aufgeteilt zum jeweiligen Empfänger transportiert werden. Das IPv6 Protokoll ist sowohl in ATM-Hochgeschwindigkeitsnetzen als auch in analogen Telefonleitungen und Mobilfunkstrecken einsetzbar und integriert das „Resource Reservation Protocol“ (RSVP), durch das die einzelnen Datenpakete mit Fluß-Etiketten (Flow Lable) unterschiedlicher Prioritätsstufen von 0 bis 15 versehen werden. Dadurch ist es möglich, echtzeitbedürftige Übertragungssignale bevorzugt – vorbei an Datenstaus und Warteschlangen – zu übermitteln und ihnen die erforderliche Bandbreite zur Verfügung zu stellen.[82]

Neben den Datenleitungen des Internet kommt als Übertragungsmedium auch das TV-Breitbandkabel in Betracht. Fernsehkabelnetze wurden jedoch ursprünglich in baumartiger Verteilstruktur im Simplex-Betrieb aufgebaut[83], so daß erst im Zuge der Entwicklung künftiger Multimedia-Anwendungen mit TV-Broadcasting-[84], On-Demand-[85] und Kommunikationsdiensten[86] die für Tele-

---

[79] Zur eingeschränkten Sprachübertragungsqualität *P. Adamik*, Funkschau v. 19.3.1999, S. 35; siehe auch Interview mit dem Akustik-Experten *H. W. Gierlich*, Funkschau v. 11.12.1998, S. 22.

[80] Transmission Control Protocol/Internet Protocol; zur Technik und Entwicklung des Internet *EITO/EEIG* (Hrsg.), European Information Technology Observatory 1997, S. 144 ff.; *J. Griese/P. Sieber*, Internet als erste Ausbaustufe des Information Highway, in: *R. M. Hilty* (Hrsg.), Information Highway, S. 43 (45 ff.).

[81] Nach dem in der ITU-T Empfehlung G.723.1 standardisierten Kompressionsverfahren werden Datenströme von 5,3 und 6,3 kbit/s erreicht.

[82] *R. Sietmann/W. Pauler*, Funkschau v. 3.1.1997, S. 50 (52); VDI-Nachrichten v. 7.3.1997, S. 18.

[83] *U. Freyer*, Nachrichtenübertragungstechnik, S. 422; *B. Bates/D. Gregory*, Voice & Data Communications Handbook, S. 402.

[84] Pay TV (Pay per Channel, Pay per View), Near-Video-on-Demand (NVoD), Multi Channel Feed (unterschiedliche Kameraperspektiven).

[85] Video-on-Demand (VoD), Music/Clips/Games-on-Demand, Teleshopping.

[86] Videokonferenzen, Bildtelefonie, Telelearning, Teleworking, Tele-Medizin. Zu Multimediadiensten *N. Klußmann*, in: *H. Schulte* (Hrsg.), Telekommunikation, Bd. 3, Teil 14, Kap. 10.1., S. 1 ff.; *C. Steinbach*, in: *F. Arnold* (Hrsg.), Handbuch der Telekommunikation, Bd. 3,

kommunikationsanwendungen (Sprachtelefonie, Fast-Internet-Zugang) erforderliche Punkt-zu-Punkt-Struktur im Vollduplexbetrieb, d.h. die interaktive Kommunikation der Teilnehmer untereinander (Dialog- und Rückkanalfähigkeit)[87] durch Einsatz von Kabelmodems und Rückkanälen, technisch realisiert wird.[88]

Die Nutzung von 220/230-V Stromleitungen für das Fernsprechen befindet sich derzeit noch in technischer Entwicklung.[89] Durch die „Powerline-Communications-Technologie" sollen der Stromfrequenz von 50 Hz weitere Frequenzen für die Daten- und Sprachübertragung aufmoduliert werden.[90] Technische Schwierigkeiten bereiten dabei vor allem die Störanfälligkeit der nicht abgeschirmtem 220/230-V Kupferleitungen für elektromagnetische Beeinflussungen und Störungen, die Übertragungsgeschwindigkeit[91] und erreichbare Bandbreite.[92]

3. Netzkonfigurationen

Aufbau und Anordnung von Telekommunikationsnetzen richten sich im wesentlichen nach dem jeweils eingesetzten Übertragungsmedium und dem

---

Kap. 12.1.2.0., S. 1 ff.; *M. Salmony*, in: *M. Lehmann* (Hrsg.), Internet- und Multimediarecht (Cyberlaw), S. 2 (5 ff.); *U. Riehm/B. Wingert*, Multimedia: Mythen, Chancen und Herausforderungen, S. 41 ff. und 56 ff.

[87] *Reg TP* (Hrsg.), Telekommunikations- und Postmarkt im Jahre 1999, S. 20.

[88] In Großbritannien existieren bereits 900.000 TV-Kabel-Telefonanschlüsse, *B. Lauer*, Das Telefon am Fernsehkabel, Funkschau v. 20.2.1998, S. 46; zur erforderlichen Restrukturierung des Kabelnetzes *M. De Prycker/T. Van Landegem/F. Van den Brande*, Elektrisches Nachrichtenwesen 1994, S. 231 (238); F.A.Z. v. 27.7.1999, S. 17.

[89] *EITO/EEIG* (Hrsg.), European Information Technology Observatory 1999, S. 119 f.; *H.-P. Kistner/W. Pauler*, Funkschau v. 30.4.1999, S. 28 ff.; *M. Arzberger/K. Dostert/S. Gneiting*, Funkschau v. 21.6.1996, S. 70.

[90] F.A.Z. v. 20.10.1997, S. 29; VDI-Nachrichten v. 4.4.1997, S. 11.

[91] Angestrebt wird 1 Mbit/s, *Reg TP* (Hrsg.), Telekommunikations- und Postmarkt im Jahre 1999, S. 18.

[92] *H.-P. Kistner/W. Pauler*, Funkschau v. 6.8.1999, S. 74; *dies.*, Funkschau v. 30.4.1999, S. 28 ff.

Zweck ihrer Errichtung. Zu unterscheiden sind Fest-, Mobilfunk- und Satellitennetze sowie das Internet.

a) Festnetze

Leitungsgebundene Telekommunikationsnetze sind die nationalen Fernsprechnetze der ehemals staatlichen Telekommunikationsunternehmen und hierzu alternative Fernnetze, die insbesondere von Energieversorgungsunternehmen (EVU) und Verkehrsbetrieben für ihre interne Kommunikation errichtet und genutzt wurden. Am Beispiel des nationalen Telefonnetzes der Deutschen Telekom als modernstem Telekommunikationsnetz Europas soll die Netzkonfiguration von Festnetzen aufgezeigt werden.

Das Festnetz der Telekom war ursprünglich als analoges, vierstufiges, streng hierarchisches, in die Netzebenen der End- (EVSt), Knoten- (KVSt), Haupt- (HVSt) und Zentralvermittlungsstellen (ZVSt) gegliedertes Netz aufgebaut.[93] Im Zuge der Digitalisierung wurden seit den 70er Jahren PCM-30 Systeme sowie Systeme höherer Ordnung eingesetzt und eine plesiochrone[94] digitale Hierarchie geschaffen. Mitte der 80er Jahre wurde mit der Digitalisierung der Vermittlungsstellen begonnen, 1987 das zentrale Zeichengabeprotokoll Nr. 7[95] für die Signalisierung zwischen Netzknoten eingeführt und seit 1990 die plesiochrone durch die synchrone digitale Hierarchie[96] sukzessive ersetzt.

---

[93] Hierzu *O. Georg*, Telekommunikationstechnik, S. 11; *J. Kedaj/F. Joussen*, Mobilfunk, Bd. 1, Kap. 1.2.1., S. 1; *K.-L. Plank*, Grundgedanken zur Gestaltung zukünftiger Fernmeldenetze, S. 10 f.

[94] Plesiochron = nahezu synchron. In plesiochronen Hierarchien ist die Taktfrequenz der einzelnen Netzelemente unterschiedlich, so daß jedes Signal beim Sender und Empfänger einzeln synchronisiert werden muß, *Alcatel SEL AG* (Hrsg.), Taschenbuch der Nachrichtentechnik, S. 274 ff.; *R. Kiefer*, Digitale Übertragung in SDH- und PDH-Netzen, S. 14 ff.

[95] Weltweit in ITU-T Nr. 7 standardisiertes Verfahren bzgl. der erforderlichen Datenübertragung zur Herstellung einer Telefonverbindung, *K.-O. Detken*, GSM – Der Mobilfunkstandard, S. 88 ff.; *W.-D. Haaß*, Kommunikationsnetze, S. 505; *R. Schoblick*, Funkschau v. 2.10.1998, S. 44 ff.

[96] In SDH-Systemen erfolgt eine vollständig synchrone Übermittlung, so daß Synchronisationsbits entbehrlich werden, *Alcatel SEL AG* (Hrsg.), Taschenbuch der Nachrichtentechnik,

Infolge der Digitalisierung der Vermittlungsstellen und der Implementierung der synchronen digitalen Hierarchie wird das Netz in einen dreistufigen nicht-hierarchischen Aufbau umstrukturiert.[97]

Es besteht fortan in der Fernebene aus 23 Weitverkehrsvermittlungsstellen (WVSt), die aus den Zentralvermittlungsstellen und zum Teil aus Hauptvermittlungsstellen gebildet werden sowie aus nahezu 500 aus den übrigen Hauptvermittlungsstellen zusammengefaßten Regionalvermittlungsstellen (RVSt). Die Weitverkehrsebene ist vollständig vermascht; der Verbindungsaufbau erfolgt direkt mit der empfangenden oder indirekt über eine dritte Weitverkehrsvermittlungsstelle ohne Einschaltung einer Regionalvermittlungsstelle. Diese hat nur noch konzentrierende Funktion im eigenen WVSt-Bereich.

Im Regionalnetz kann die Verbindung zwischen Regionalvermittlungs- zu Weitverkehrsvermittlungs- oder direkt zu Knotenvermittlungsstellen geschaltet werden.[98] Verbindungen bestehen deshalb im Fern- und Regionalnetz jeweils nur über drei hierarchische Ebenen.

Abbildung 1 zeigt die Netzstruktur und den Verbindungsaufbau zwischen Teilnehmerendgeräten (TE) im analogen und digitalen Fernsprechnetz innerhalb eines eigenen WVSt-Bereichs.

S. 277 ff.; *R. Kiefer*, Digitale Übertragung in SDH- und PDH-Netzen, S. 104 ff.; *G. Siegmund*, Technik der Netze, S. 50 ff.

[97] *R. Slabon*, in: *H.-J. Forst* (Hrsg.), Telekommunikationsnetze, S. 15.

[98] Vgl. zur neuen Netzhierarchie des digitalen Fernsprechnetzes der Telekom *W.-D. Haaß*, Kommunikationsnetze, S. 528 ff.; *G. Siegmund*, Technik der Netze, S. 173 ff.

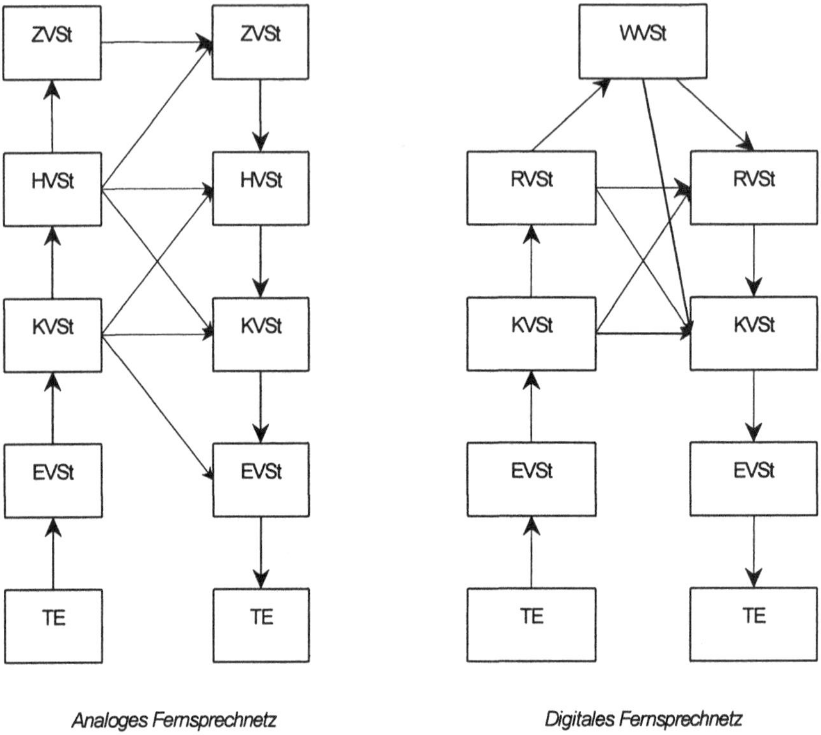

Abbildung 1: Struktur und Verbindungsaufbau im Fernsprechnetz[99]

b) Mobilfunknetze

Funkfrequenzen stellen aufgrund ihrer physikalischen Eigenschaften eine beschränkte Ressource dar, die nicht beliebig erweiterbar ist (Frequenzknappheit). Aus diesem Grund werden die zu versorgenden Mobilfunkbereiche in einzelne hexagonale wabenförmige Funkzellen mit einem Zellradius bis zu

---

[99] Quelle: *W.-D. Haaß*, Kommunikationsnetze, S. 526 und 530.

maximal 35 Kilometer[100] aufgeteilt und in Gruppen von sieben Zellen in größere Zellstrukturen (Cluster) zusammengefaßt. Diese Zellstruktur ermöglicht eine Frequenzwiederholung (frequency re-use), indem die zur Verfügung stehenden Funkkanäle einer Zelle eines „Clusters" aufgrund des Zellabstandes zur entsprechenden Zelle eines anderen „Clusters" ebenfalls genutzt werden können, ohne daß es zu Funkinterferenzen kommt.[101]

Europäischer Mobilfunkstandard ist die GSM-Technik[102], die heute weltweit von 296 Netzbetreibern aus 128 Ländern und Regionen mit über 40 Millionen Teilnehmern eingesetzt wird.[103] Gegenüber früheren Funktechniken bietet sie erhebliche technologische und wirtschaftliche Vorteile: GSM-Netze besitzen eine hohe Teilnehmerkapazität[104] und Übertragungsqualität, können Sprach- und Datendienste einheitlich übermitteln und sind ISDN-kompatibel, abhörsicherer und frequenzökonomischer. Zudem bieten sie aufgrund der Standardisierung eine europaweite (weltweite) Erreichbarkeit.[105] GSM-Systeme nutzen den Frequenzbereich um 900 MHz in einer Bandbreite von 2 mal 25 MHz und

---

[100] Zellreichweiten bis zu 120 Kilometer sind bereits in Entwicklung, *S. Gneiting*, Funkschau v. 24.7.1998, S. 34.

[101] Zur Zellstruktur von Mobilfunknetzen *J. Kedaj/F. Joussen*, Mobilfunk, Bd. 1, Kap. 3.4.2., S. 2 f.; *J. Bohländer*, in: *H. Schulte* (Hrsg.), Telekommunikation, Bd. 1, Teil 9, Kap. 2.6., S. 2; *B. Walke*, Mobilfunknetze und ihre Protokolle, S. 52 ff.; *H. Lobensommer*, Technik Mobilkommunikation, S. 99 ff.

[102] Global System for Mobile Communication. Dieser Standard wurde von der GSM-Arbeitsgruppe (Groupe Spéciale Mobile) der Konferenz der Europäischen Post- und Fernmeldeverwaltungen (CEPT = Conférence Européene des Postes et Télécommmunications) erarbeitet und von ursprünglich 13 europäischen Fernmeldeverwaltungen einschließlich der Deutschen Bundespost 1987 in einem „Memorandum of Understandig" für verbindlich erklärt.

[103] Nach einer Zählung der GSM MoU Association laut *H. Blankenfeld/J. Grohs*, Telcom Report, 3/1997, S. 50 (51); zur Bedeutung von GSM vgl. auch *S. Gneiting*, Funkschau v. 6.3.1998, S. 36 f. GSM konkurriert als Weltstandard mit dem amerikanischen AMPS (Advanced Mobile Phone System) und dem japanischen PHS (Personal-Handyphone-System) System.

[104] 10 Millionen Teilnehmer.

[105] Zur GSM-Technik *J. Kedaj/F. Joussen*, Mobilfunk, Bd. 1, Kap. 4.1.4., S. 1 ff.; *H. Brandl*, in: *H. Schulte* (Hrsg.), Telekommunikation, Bd. 1, Teil 9, Kap. 3.1., S. 3 f.; *K.-O. Detken*, GSM – Der Mobilfunkstandard, S. 39 ff.; *E. Pehl*, Digitale und analoge Nachrichtenübertragung, S. 322; *J. Biala*, Mobilfunk und intelligente Netze, S. 15 ff.

verwenden für den mehrfachen Zugriff auf einzelne Funkkanäle ein kombiniertes Zeit- und Frequenzmultiplexverfahren (TDMA/FDMA).[106]

Die GSM-Technik wurde unter dem Konzept des Personal Communication Networks (PCN) zum DCS-1800 Standard (Digital Cellular System) weiterentwickelt. Die DCS-Technik arbeitet im Frequenzbereich 1800 MHz in einer Bandbreite von 2 mal 75 MHz. Da die Ausbreitung elektromagnetischer Wellen in diesem Bereich wegen der größeren Dämpfung bei gleicher Sendeleistung geringer ist, muß der Zellradius verkleinert werden. Dies gestattet jedoch, kleinere mobile Endgeräte mit geringer Sendeleistung von 0,25 bis 1 Watt zu verwenden. Gleichzeitig stehen dreimal so viele Funkkanäle zur Verfügung, so daß für die gesamte Fläche der Bundesrepublik Deutschland Mobilfunknetze im DCS-Standard für eine Teilnehmerkapazität von 30 Millionen Teilnehmern aufgebaut werden können.[107] Der Netzaufbau, die Übertragungsrate und Sprachcodierung bei DCS-Systemen entspricht der GSM-Technik.

Die dritte Mobilfunkgeneration unter der Bezeichnung Universal Mobile Telecommunications Systems (UMTS)[108] soll die globale Kompatibilität von Mobilfunksystemen herstellen und weltweit, an jedem Ort, zu jeder Zeit, jeden Dienst anbieten. Wichtigste Anforderungen hierfür sind das flexible Angebot von Breitband- und Multimedia-Kapazitäten auf Abruf sowie die Interoperabilität der Teilnetze.[109]

---

[106] Time Division Multiple Access/Frequency Division Multiple Access.

[107] *H. Lobensommer*, Handbuch Funktechnik, S. 335; *J. Kedaj/ F. Joussen*, Mobilfunk, Bd. 1, Kap. 4.2.4.1., S. 2.

[108] Früher auch als Future Public Land Mobile Telecommunications System (FPLMTS) bezeichnet.

[109] *G. Heine*, Funkschau v. 25.6.1999, S. 52 ff.; *M. Kien/S. Gneiting*, Funkschau v. 19.3.1999, S. 24 ff.; *R. Sietmann/S. Gneiting*, Funkschau v. 31.1.1997, S. 68 (71); siehe auch zu rechtlichen Aspekten *Ch. v. Hammerstein*, MMR 2001, S. 214 ff.; *A. Pautsch*, MMR 2001, S. 423 ff.; *J. A. Heilbock*, MMR 1999, S. 23 ff.; zur Versteigerung der UMTS-Frequenzen *H.-W. Arndt*, K&R 2001, S. 23 ff.; *Ch. Degenhart*, K&R 2001, S. 32 ff.; *Ch. Koenig*, K&R 2001, S. 41 ff.; *Ch. Koenig/A. Neumann*, ZRP 2001, S. 252 ff.; *K. Schumacher*, NJW 2000, S. 3096 ff.; *K.-D. Scheuerle*, MMR 2000, S. 577 f.

c) Satellitennetze

Satellitensysteme bestehen aus fest oder mobil sendenden und empfangenden Erdfunkstellen und Weltraumsatelliten, die als Empfangs- und Senderelaisstationen die Erde auf geostationärer Umlaufbahn[110] über dem Äquator umkreisen. Analoge oder digitale Sprachsignale werden über leitungsgebundene Übertragungswege oder Funk gebündelt in die Erdfunkstellen eingespeist, dort durch einen Zwischenfrequenzträger (ZF-Träger) in die Radiofrequenzlage (RF) moduliert und zum Satelliten auf der Aufwärtsstrecke (Uplink) abgestrahlt. Die vom Satelliten empfangenen Signale werden durch einen Transponder verstärkt und in ein anderes Frequenzband für die Abwärtsstrecke (Downlink) zur Empfangserdstation umgewandelt.[111] Die durchschnittliche Signalübertragungszeit einer Satellitenstrecke beträgt dabei zwischen 240 und 280 ms. Um Funkinterferenzen zu vermeiden, decken Satelliten durch Spotbeam-Antennen (punktuelle Ausleuchtung) nur enge Bereiche der Erde ab.[112]

4. Teilnehmeranschlußleitungen

Kostenintensivster Bestandteil von Telekommunikationsnetzen sind Teilnehmeranschlußleitungen. Die Teilnehmeranschlußleitung ist die Verbindung des Endkunden zur nächstgelegenen Ortsvermittlungsstelle in der hierarchisch untersten Netzebene (Ortsnetz).[113] Das feste Teilnehmerendgerät (TE) ist dabei über die Endstellenverkabelung mit dem im Haus installierten Endverzweiger (EV) verbunden, der über ein Verzweigungskabel (bis zu 300 m) am Kabelverzweiger (KVz) angeschlossen ist. Vom Kabelverzweiger, der sich meist am

---

[110] In einer Höhe von 35.730 km, bei der sich die Fliehkraft des Satelliten (Zentrifugalkraft) und die Erdanziehungskraft (Gravitation) aufheben. Auf geostationärer Umlaufbahn befinden sich ca. 500 Satelliten, F.A.Z. v. 26.8.1997, S. B 2.

[111] Die Frequenzen des Satellitenfunks liegen im Bereich von 1,5 bis 30 GHz und sind für den Up- und Downlink verschieden.

[112] Zur Satellitenkommunikation *W. Martin*, in: *H. Schulte* (Hrsg.), Telekommunikation, Bd. 1, Teil 4, Kap. 15.1., S. 2; *H. Lobensommer*, Handbuch Funktechnik, S. 375 ff.; *ders.*, Technik Mobilkommunikation, S. 237 ff.; *U. Freyer*, Nachrichtenübertragungstechnik, S. 392 ff.; *J.-B. Lagarde*, Alcatel Telecom Rundschau 1997, S. 97 ff.

[113] Sog. „letzte Meile", „bottleneck" oder „local loop".

Straßenrand befindet und mehrere Haushalte zusammenfaßt, führt das Hauptkabel (bis zu 1.700 m) zum Hauptverteiler (HV) in der Vermittlungsstelle. Zwischen End- und Kabelverzweiger kann ein Kleinkabelverzweiger (KKVz) liegen, der mehrere Haushalte bündelt und eine nähere Aufteilung beim Teilnehmer ermöglicht. Die Deutsche Telekom hatte 1990 verdrillte Kupferdoppeladern als Verzweigungskabel in einer Gesamtlänge von 720.000 km und Hauptkabel mit einer Länge von insgesamt 210.000 km verlegt.[114]

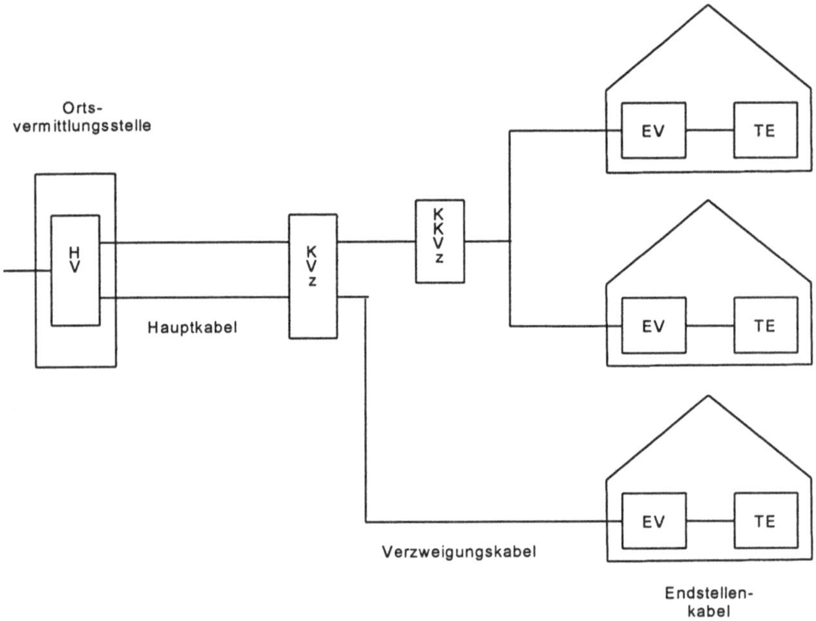

Abbildung 2 zeigt das Teilnehmeranschlußnetz (Ortsnetz)[115]

[114] Zum Aufbau des Ortsnetzes *B. Deutsch/S. Mohr/A. Roller/H. Rost*, Elektrische Nachrichtenkabel, S. 102 f.; vgl. auch *B. Bates/D. Gregory*, Voice & Data Communications Handbook, S. 24.; *B. Mitchell/I. Vogelsang*, Interconnection in the USA, S. 12.

[115] Quelle: *B. Deutsch/S. Mohr/A. Roller/H. Rost*, Elektrische Nachrichtenkabel, S. 103; *D. Tewes*, Entwicklungsstand und Märkte funkgestützter Ortstechnologien, S. 2.

Um multimediale Anwendungen über das traditionelle Telefonnetz zu übertragen, wird seit April 1999 eine neue Übertragunsgtechnologie, die ADSL-Technik (Asymmetric Digital Subscriber Line), im Teilnehmeranschlußbereich eingesetzt.[116] Diese Technik ermöglicht durch digitale Filter, neue Leitungscodierung und das „Discrete Multitone" (DMT) Modulationsverfahren[117] Übertragungsraten bis zu 8 Mbit/s zum Teilnehmer und 640 kbit/s in Gegenrichtung. Breitbandige Fast-Internet-Zugänge, Video-on-Demand, Videokonferenzen, Teleworking und Business-TV können dadurch über das herkömmliche Kupferdoppeladerkabel realisiert werden. Während ADSL vor allem die unidirektionale Übertragungsrate erhöht, sind durch die VDSL-Übertragungstechnik (Very High Bit Rate Digital Subscriber Line), die jedoch Lichtwellenleiter bis zum Kabelverzweiger voraussetzen, Bitraten zwischen 6 Mbit/s und 52 Mbit/s für die bidirektionale Übertragung vorgesehen.[118] Das traditionelle Kupferkabel im Ortsteilnehmeranschlußbereich und damit das Telefonnetz insgesamt werden deshalb auch im Multimedia- und Informationszeitalter aufgrund neuer ADSL- und VDSL-Übertragungstechnologien ihre Bedeutung nicht verlieren.[119]

III. Zusammenschaltungstechnik

Die Zusammenschaltungstechnik beschreibt die technische Verknüpfung von Telekommunikationsnetzen.

---

[116] *Reg TP* (Hrsg.), Telekommunikations- und Postmarkt im Jahre 1999, S. 17; *G. Kafka*, Funkschau v. 14.5.1999, S. 20.

[117] Standardisiert in der ITU-Serie G.990.

[118] *B. Deutsch*/*S. Mohr*/*A. Roller*/*H. Rost*, Elektrische Nachrichtenkabel, S. 105; *T. J. Gerpott*, Wettbewerbsstrategien im Telekommunikationsmarkt, S. 27 f.

[119] Zur ADSL-Technik allgemein *H.-P. Kistner*, Funkschau v. 8.1.1999, S. 22; *P. Ziemann*, Funkschau v. 10.7.1998, S. 36 ff.; *W. Pauler*, Funkschau v. 12.6.1998, S. 22 ff.

1. Zusammenschaltung im technischen Sinn

Der aus dem anglo-amerikanischen Rechtskreis stammende Begriff „interconnection"[120] – Zusammenschaltung – ist sowohl technischer als auch wertender Art. Zusammenschaltung bedeutet die Herstellung der physischen und logischen Verbindung von Telekommunikationsnetzen. Zweck der Verbindung ist es, den Nutzern verschiedener Netze die Kommunikation untereinander zu ermöglichen.[121] Der physische Vorgang der Zusammenschaltung beschränkt sich dabei allerdings nicht auf die reine Schnittstellenverknüpfung, sondern besteht zusätzlich aus der elektrotechnischen Signalübermittlung über fremde Übertragungsmedien. Insofern beschreibt der Begriff Zusammenschaltung den zugrundeliegenden technischen Vorgang nur unzureichend. Tatsächlich handelt es sich um die „Durchleitung" elektrischer Signale, so daß diese – im Energierecht gebräuchliche – Terminologie für den Bereich der Telekommunikation zutreffender wäre.[122] Unter Zusammenschaltung im technischen Sinn ist somit die elektrotechnische Signalübermittlung über technisch verknüpfte Telekommunikationseinrichtungen verschiedener Netzbetreiber zu verstehen. Als technische Folge der weltweiten Deregulierungs- und Liberalisierungspolitik im Telekommunikationssektor ist die Zusammenschaltung das entscheidende Regulierungsinstrument zur Marktöffnung.[123]

---

[120] Vgl. zu „Interconnection" in Großbritannien *I. Vogelsang*, Interconnection in the UK, S. 56 ff.; *P. M. Rütter*, Archiv PT 1993, S. 362 (363 ff.); in den USA *B. Mitchell/I. Vogelsang*, Interconnection in the USA, S. 25.

[121] Statt vieler *C. D. Long/D. van Liedekerke/M. Ryan*, Competition Aspects of Interconnection Agreements, S. 14.

[122] Vgl. zu den technischen Unterschieden im Telekommunikations- und Energiesektor auch *J. Ehmer*, Regulierung im Telekommunikationswesen – Sind die tatsächlichen Gegebenheiten und der rechtliche Rahmen mit der Energiewirtschaft vergleichbar?, S. 8 ff.

[123] Zur Bedeutung der Zusammenschaltung siehe die Entschließung des Rates über die Grundsätze für den Universaldienst im Bereich der Telekommunikation (94/C 48/01) v. 7.2.1994, ABl. EG Nr. C 48/1 v. 16.2.1994, S. 1 (2); *Bangemann-Bericht*, Europa und die globale Informationsgesellschaft, S. 13; *EG-Kommission*, Infrastruktur-Grünbuch v. 25.1.1995, Teil II, KOM (94) 682 endg., S. 78 f.

2. Arten der Zusammenschaltung

Die Zusammenschaltung von Telekommunikationsnetzen läßt sich abhängig von den einzelnen Übertragungsmedien in

(1) Festnetzzusammenschaltungen,

(2) Mobilfunknetzzusammenschaltungen,

(3) Festnetz-/Mobilfunknetzzusammenschaltungen,

(4) Festnetz-/Satellitennetzzusammenschaltungen,

(5) Mobilfunk-/Satellitennetzzusammenschaltungen,

(6) Zusammenschaltungen des Fest-, Mobilfunk- und Satellitennetzes mit dem Internet und

(7) Zusammenschaltungen mit Spezialnetzen124 und geschlossenen Benutzergruppen (Corporate Networks)

systematisieren.[125]

Innerhalb der ersten Gruppe der Festnetzzusammenschaltungen ist zusätzlich eine Vielzahl möglicher Fallgestaltungen zu unterscheiden.[126] Maßgeblich für die rechtliche Beurteilung wird dabei die Zusammenschaltung zwischen Netzen ehemaliger staatlicher Monopolunternehmen mit alternativen Netzen und Zusammenschaltungen bereits existierender Netze neuer Wettbewerber untereinander sein. Einen Sonderfall bildet der Zugang zur Teilnehmeranschlußleitung.[127] Die Kommission sieht die Bereitstellung entbündelter Teilnehmeranschlußleitungen nicht als Zusammenschaltung im EU-Sinn an.[128] Wird

---

[124] Zum Beispiel mit dem Terrestrial Flight Telecommunication System.

[125] Vgl. auch die Systematisierung bei *C. D. Long/D. van Liedekerke/M. Ryan*, Competition Aspects of Interconnection Agreements, S. 15; *P. N. Märkl*, Netzzusammenschaltung, S. 41 f.

[126] *WIK/EAC* (Hrsg.), Network Interconnection in the Domain of ONP, S. 15.

[127] Im August 1999 haben 49 Wettbewerber mit der Deutschen Telekom Vereinbarungen für den Zugang zur Teilnehmeranschlußleitung geschlossen, *Reg TP* (Hrsg.) Übersichtsliste über die Vertragspartner der Deutschen Telekom AG für den Zugang zur Teilnehmeranschlußleitung (Stand: 18.8.1999), abrufbar unter http://www.regtp.de/kurzbuendig/-listtanschl.htm.

[128] Empfehlung der Kommission zur Zusammenschaltung in einem liberalisierten Telekommunikationsmarkt (Teil 1 – Zusammenschaltungsentgelte) (98/195/EG) v. 8.1.1998, ABl. EG Nr. L 73/42 v. 12.3.1998, S. 42, Fn. 8; *B. Bär-Bouyssière*, in: *J. Schwarze* (Hrsg.), Netzzugang

die Anschlußleitung unter Aufgabe der Funktionsherrschaft vollständig und ausschließlich einem Wettbewerber überlassen, so erfolgt keine Signaldurchleitung über Netze verschiedener Betreiber. Sie liegt hingegen vor, wenn es sich lediglich um eine Mitbenutzung der Leitung handelt.

Europaweit gab es vor der Liberalisierung des Telekommunikationsmarktes mit Ausnahme Großbritanniens[129], Portugals[130] und Griechenlands[131] keine Festnetzzusammenschaltungen.[132] In Deutschland wurde die erste Zusammenschaltung dieser Art im Herbst 1997 zwischen der Deutschen Telekom und dem US-amerikanischen Unternehmen MCI WorldCom realisiert, der weitere Vereinbarungen mit Tele Denmark, Isis Multimedia Net und KomTel im Vorfeld der endgültigen Liberalisierung folgten.[133] Mobilfunknetzzusammenschaltungen existierten zuvor bereits in Großbritannien[134] und den USA[135].

im Wirtschaftsrecht, S. 69 (71); *D. Lewin/D. Rogerson*, Access Networks and Regulatory Measures, S. 60; *H.-W. Hefekäuser*, MMR Aktuell 9/1998, S. XXII f. und 3/1999, S. X.; Vgl. zur Regulierung der letzten Meile in der Bundesrepublik Deutschland, *M. Schmittmann/J. R. Busemann*, K&R 2000, S. 217 (218 ff.).

[129] Zusammenschaltung zwischen BT und Corporation Kingston upon Hull, BT und MCL (1986), BT und Nynex (1993), BT und MCL (1994), *I. Vogelsang*, in: *WIK/EAC* (Hrsg.), Network Interconnection in the domain of ONP, Country Studies, S. 27 ff., 43 ff. und 49 ff.

[130] Zusammenschaltungen zwischen den drei Festnetzbetreibern Telecom Portugal (TP), Telephones des Lisboa e Porto (TLP) und Marconi Global Communication (CPRM), *B. Mitchell*, in: *WIK/EAC* (Hrsg.), Network Interconnection in the domain of ONP, Country Studies, S. 5.

[131] STET Hellas/Panafon, *B. Ickenroth*, in: *WIK/EAC* (Hrsg.), Network Interconnection in the domain of ONP, Country Studies, S. 5.

[132] Zu den frühzeitig liberalisierten skandinavischen Telekommunikationsmärkten Schwedens und Finnlands, *R. Fahle/G. Stanossek/H.-P. Kistner*, Funkschau v. 7.11.1997, S. 50 ff. und der Schweiz, *R. Fahle*, Funkschau v. 18.9.1998, S. 38 ff.

[133] VDI-Nachrichten v. 12.9.1997, S. 11; Funkschau v. 21.11.1997, S. 18. Derzeit bestehen zwischen der Deutschen Telekom und 84 Unternehmen Zusammenschaltungsvereinbarungen; vgl. *Reg TP* (Hrsg.), Liste der Vertragspartner der Deutschen Telekom AG für Zusammenschaltungen (ICP), Stand: Juni 1999, abrufbar unter http://www.regtp.de/kurzbuendig/listinterc.htm.

[134] *I. Vogelsang*, Interconnection in the UK, S. 56.

[135] *B. Mitchell/I. Vogelsang*, Interconnection in the USA, S. 110 ff.

Zusammenschaltungen zwischen Festnetz- und Mobilfunknetzen vereinbarten Betreiber vor Liberalisierung in Großbritannien[136], Dänemark[137], Frankreich[138], den Niederlanden[139], Griechenland[140], Italien[141] und Portugal[142]. Seit 1990 bestehen in der Bundesrepublik Deutschland zwischen der Telekom und den privaten Anbietern Mannesmann Mobilfunk GmbH[143] und der E-Plus Mobilfunk GmbH solche Zusammenschaltungen. Das Recht zur Zusammenschaltung mit dem Netz der Telekom wurde den privaten Anbietern in der jeweiligen Mobilfunklizenz[144] eingeräumt.[145] Die E-2 Lizenz[146], die am 4.2.1997 erteilt wur-

---

[136] Zum Beispiel zwischen MCL/Cellnet (1991) und BT/Mercury One-2-One (1992), *I. Vogelsang*, in: *WIK/EAC* (Hrsg.), Network Interconnection in the domain of ONP, Country Studies, S. 54 f.

[137] TeleDanmark/Dansk Mobil Telefon (SONOFON) und TeleDanmark/TeleDanmark Mobil, *J. Ambak*, in: *WIK/EAC* (Hrsg.), Network Interconnection in the domain of ONP, Country Studies, S. 16.

[138] France Telecom (FT)/Société Française de Radiocommunication (SFR) und FT/FT Reseaux Mobiles, *G. Dang N'Guyen*, in: *WIK/EAC* (Hrsg.), Network Interconnection in the domain of ONP, Country Studies, S. 6 ff. und 11 ff.

[139] PTT Telecom/RAM Mobile Data, *C. D. Long/D. van Liedekerke/M. Ryan*, Competition Aspects of Interconnection Agreements, S. 212.

[140] Helenic Telecommunication Organisation (OTE)/STET Hellas und OTE/Panafon, *B. Ickenroth*, in: *WIK/EAC* (Hrsg.), Network Interconnection in the domain of ONP, Country Studies, S. 4.

[141] Omnitel Pronto Italia/Telecom Italia; Telecom Italia Mobile (TIM)/Telecom Italia, *G. Stanossek/R. Fahle/H.-P. Kistner*, Funkschau v. 14.8.1997, S. 38.

[142] Telecom Portugal (TP)/Telecel und TP/TMN, *C. D. Long/D. van Liedekerke/ M. Ryan*, Competition Aspects of Interconnection Agreements, S. 212.

[143] Hierzu *P. M. Rütter*, Archiv PT 1993, S. 362; *R. Hallenga*, Archiv PT 1994, S. 50 (53).

[144] § 3 Abs. 3 der Lizenz zum Errichten und Betreiben eines Netzes für Europaweite Digitale Zellulare Mobilfunkdienste (D 2-Netz) i.V.m. Ziff. 2.4.1 Anlage 2 zum Lizenzvertrag, Beziehungen des Lizenznehmers zur DBP Telekom (Teil 2 der Ausschreibungsunterlagen), ABl. 37/1991 BMPT v. 23.5.1991, S. 1681 u. 1687; Punkt 3 der Lizenz zum Errichten und Betreiben eines digitalen zellularen Mobilfunknetzes (E 1-Netz) i.V.m. Anlage B 2, ABl. 11/1993 BMPT, S. 229 u. 237. Die Zusammenschaltung mit dem von der Telekom betriebenen D 1-Netz ist in der Verwaltungsvorschrift über Verhaltensregelungen für die Bereitstellung von Monopolleistungen für Zwecke des digitalen zellularen Mobilfunks (D-Netze), Kap. II, ABl. 37/1991 BMBT v. 23.5.1991, S. 1695 (1697) geregelt.

[145] Bei der nach § 2 Abs. 1 FAG (Gesetz über Fernmeldeanlagen in der Fassung der Bekanntmachung v. 3.7.1989, BGBl. I S. 459, zuletzt geändert durch das TKG v. 25.7.1996, BGBl. I S. 1120) der *Mannesmann GmbH* verliehenen Lizenz handelt es sich um einen öffentlich-rechtlichen Vertrag; die an E-Plus erteilte Lizenz ist rechtlich als Genehmigung zu qualifizieren.

de, verweist hierfür bereits auf die Regelungen zur Zusammenschaltung im TKG.[147]

Zusammenschaltungen zwischen Satelliten- und Fest- bzw. Mobilfunknetzen für die kommerzielle Sprachübertragung von Geschäfts- und Privatkunden gibt es seit 1998 mit dem Aufbau der Satellitennetze. Die Datennetze des Internet werden seit Ende der 90er Jahre mit Telekommunikationsnetzen zusammengeschaltet.[148]

3. Zusammenschaltungspunkte

Die technische Realisierung der Zusammenschaltung, d.h. die Schnittstellenverknüpfung von Netzelementen erfolgt in Zusammenschaltungspunkten (points of connection). Solche Zusammenschaltungspunkte können sich im Teilnehmer-, Ortsverbindungs- und Fernverbindungsnetz befinden. Je höher die Netzhierarchieebene ist, in der zusammengeschaltet wird, desto weitere Strekken müssen überbrückt werden, mit der Folge höherer Kosten der Zusammenschaltung.[149] Im Bereich des Teilnehmeranschlußnetzes kann die Zusammenschaltung im Kabel- oder Hauptverzweiger erfolgen, indem herkömmliche Kupferadern umgeklemmt werden. In Verbindungs- und Fernleitungsnetzen werden standardisierte 2-Mbit/s Geräteschnitt- oder – bei Verwendung syn-

---

[146] Teil B, Punkt 5 der Lizenz zum Betreiben von Übertragungswegen für Mobilfunkdienstleistungen für die Öffentlichkeit nach dem DCS-1800 Standard (E 2-Lizenz), ABl. 14/1997 BMPT v. 21.5.1997, S. 679, abgedruckt in *J. Kedaj/F. Joussen*, Mobilfunk, Bd. 1, Kap. 4.2.5., S. 2 ff.

[147] §§ 33-39 TKG (Telekommunikationsgesetz v. 25.7.1996, BGBl. I S. 1120).

[148] Insgesamt bestehen in Europa 430 Festnetz-, 72 Festnetz-/Mobilfunknetz- und 19 Mobilfunknetzzusammenschaltungen. Großbritannien nimmt dabei mit 200 Festnetz-, 72 Festnetz-/Mobilfunknetz- und 19 Mobilfunknetzzusammenschaltungen eine herausragende Stellung ein (Stand: August 1998); Mitteilung der Kommission an den Rat, das Europäische Parlament, den Wirtschafts- und Sozialausschuß und den Ausschuß der Regionen, Vierter Bericht über die Umsetzung des Reformpakets für den Telekommunikationssektor, KOM (98) 594 endg. v. 25.11.1998, Anhang 1, Ziff. 4.1.

[149] Zunächst wollte die Telekom bundesweit lediglich 40 Zusammenschaltungspunkte zur Verfügung stellen, *K. P. Großmann/H.-P. Kistner*, Funkschau v. 30.8.1996, S. 22 (23).

chroner digitaler Hierarchie – Leitungsschnittstellen[150] zur Netzverbindung eingesetzt.[151] Geräteschnittstellen können jedoch nur bis zu 250 m überbrücken, so daß die räumliche Nähe der einzelnen Geräte erforderlich ist. Dabei kann für die Zusammenlegung technischer Anlagen (Kollokation) zwischen physischer und virtueller Kollokation unterschieden werden. Physische Kollokation bedeutet, Zugang zur übertragungs-, vermittlungs- oder betriebstechnischen Schnittstelle in den eigenen Räumlichkeiten zu gewähren, während sich bei virtueller Kollokation die Geräteschnittstelle außerhalb der Räumlichkeiten des Netzbetreibers befindet, der normativ zur Zusammenschaltung verpflichtet ist.[152]

IV. Substitutionstechnik

Technische Alternativen zum Zugang zur Teilnehmeranschlußleitung bieten Funktechniken sowie die Nutzung von alternativen, leitungsgebundenen Netzen. Um ihre Eignung als Substitutionstechnik für das Ortsnetz beurteilen zu können, sind verschiedene Kriterien zu berücksichtigen. Alternative Techniken müssen

(1) für den Einsatz im Massenmarkt technisch realisierbar sein und eine zum Festnetz adäquate Übertragungsqualität liefern (technische Realisierbarkeit),

(2) sich innerhalb eines absehbaren Zeitraums bzgl. ihrer Investitions- (Forschungs- und Entwicklungskosten) und Aufbaukosten (Netzanschluß- und laufende Betriebskosten) amortisieren (Wirtschaftlichkeit),

(3) kostengünstig und möglichst zeitnah zur Liberalisierung aufgebaut werden (Kosten- und Zeitfaktor) und

---

150 SDH-Terminalmultiplexer, A/D-Multiplexer und Netzknoten „NKÜ 2000“ auf Q3Basis, *J. Kotschenreuther*, in: *A. Grütz* (Hrsg.), Jahrbuch Elektrotechnik 1999, S. 245 (251). Die *Deutsche Telekom AG* bietet die Zusammenschaltung in Form der „Physical Co-location“ und „Costumer Sited“ an.

151 *D. Becker*, in: *H. Kubicek/ D. Klumpp/G. Müller/K.-H. Neumann/E. Raubold/A. Roßnagel* (Hrsg.), Jahrbuch Telekommunikation und Gesellschaft 1996, S. 151 (153 ff.); *R. Sietmann/ W. Pauler*, Funkschau v. 21.11.1997, S. 32.

152 Zu den im Rahmen der Kollokation bestehenden Rechtsproblemen *P. N. Märkl*, Netzzusammenschaltung, S. 46 ff.

(4) eine ausreichende Bandbreite für die Übertragung von Multimediadiensten[153] gewährleisten (Breitbandigkeit).[154]

Strategisches Ziel sämtlicher Vollanbieter für Telekommunikationsdienste[155] ist die Integration von Multimediadiensten in einem Netz, d.h. die Möglichkeit, universell aus einer Hand Sprach-, Daten-, Text- und Bildübertragungen über einen Teilnehmeranschluß anbieten zu können. Deshalb sind aus technischer Sicht mittel- und langfristig – neben der Realisierbarkeit für den Massenmarkt – die zur Verfügung stehenden Bandbreiten der Substitutionstechnologien entscheidend. Die Erforschung und Entwicklung alternativer Techniken ist dabei für die Unabhängigkeit und Konkurrenzfähigkeit der in den Markt eintretenden Wettbewerber gegenüber den etablierten Telekommunikationsunternehmen von wesentlicher Bedeutung und dient somit auch dem Innovationswettbewerb, der durch zu liberale Rechtsvorschriften bzgl. der Zusammenschaltung mangels Forschungs- und Entwicklungsanreiz gefährdet werden könnte.[156]

1. Funklösungen

Digitale Funktechniken werden infolge ihrer technischen Entwicklung zu größerer Leistungsfähigkeit (Teilnehmerkapazität, Übertragungsqualität, Wirtschaftlichkeit) seit Mitte der 90er Jahre für den drahtlosen Anschluß im Orts-

---

[153] Die einzelnen Dienste erfordern jeweils unterschiedliche Übertragungsraten, z.B. Fax, ISDN-Telefonie 4-64 kbit/s, Video-on-Demand 2 Mbit/s, TV- und Multimediadienste 10-140 Mbit/s, Hochgeschwindigkeitsdatenübertragungen 155 Mbit/s, *N. Klußmann* in: *H. Schulte* (Hrsg.), Telekommunikation, Bd. 2, Teil 9, Kap. 11.3., S. 3 f.; *D. Wendeln-Münchow/S. Gneiting*, Funkschau v. 26.4.1996, S. 22 (23); zum Begriff Multimedia *J.-Ch. Plate*, in: *H.-P. Götting* (Hrsg.), Multimedia, Internet und Urheberrecht, S. 5 (9).

[154] Zu den Anforderungen an Subsititutionstechnologien *P. Zimmers*, in: *H. Schulte* (Hrsg.), Telekommunikation, Bd. 2, Teil 9, Kap. 11.3., S. 8; vgl. *D. Tewes*, Entwicklungsstand und Märkte funkgestützter Ortstechnologien, S. 89 f.

[155] Netzbetreiber mit eigenem umfassenden Telekommunikationsdienstleistungsangebot.

[156] *A. Picot/W. Burr*, in: *H. Kubicek/D. Klumpp/G. Müller/K.-H. Neumann/E. Raubold/A. Roßnagel* (Hrsg.), Jahrbuch Telekommunikation und Gesellschaft 1996, S. 19 (28); *B. Ickenroth*, in: *dies.* (Hrsg.), Jahrbuch Telekommunikation und Gesellschaft 1996, S. 162; *W. Burr*, Netzwettbewerb in der Telekommunikation, S. 20; *S. Schrader*, in: *E. Witte* (Hrsg.), Das Telekommunikationsgesetz 1996, S. 35 (37).

netzbereich (WLL[157]) diskutiert.[158] Dabei ist zwischen zellularen Mobilfunksystemen (GSM und DCS-1800) und -techniken (CDMA[159]), schnurlosen Telefonsystemen (DECT[160]), Richtfunksystemen (PMP[161]) und Bündelfunktechniken (TETRA[162]) zu differenzieren.

a) GSM/DCS-1800 (Global System for Mobile Communication/Digital Cellular System 1800)

GSM/DCS-1800 Mobilfunksysteme können durch Funkzellenteilung der GSM-Netze in Mikrozellen und Ausbau der DCS-Netze zwar ein großes Gesprächsverkehrsaufkommen und damit eine hohe Teilnehmerkapazität bewältigen. Sie sind für den Teilnehmeranschluß durch Installation einer Sende- und Empfangsstation in den einzelnen Haushalten[163] auch mit geringen Investitionskosten schnell aufzubauen. Konzipiert wurden sie jedoch mit einem komplexen Netzmanagement für die unbegrenzte Mobilität der Teilnehmer und nicht für den Ortsanschlußbereich, der nur weniger aufwendige Netzstrukturen erfordert. Zudem liefern zellulare Mobilfunksysteme nicht die für multimediale Anwendungen erforderliche Bandbreite und besitzen (noch) keine dem Festnetz vergleichbare Übertragungsqualität.[164] Aufgrund der Lizenzierungspflicht können schließlich nicht alle Wettbewerber diese Technologie nutzen. GSM/DCS-

---

[157] Wireless Local Loop oder Radio Local Loop (RLL).

[158] *J. G. Sanchez*, Alcatel Telecom Rundschau 1998, S. 258; *D. Carballal/D. Deloddere/G. Salamanca*, Alcatel Telecom Rundschau 1996, S. 166 (173); *L. Schmid*, Telcom Report 4/1997, S. 14 (15); *J. Bursztejn/C. Evci/V. Kumar/A. Urie*, Alcatel Telecom Rundschau 1997, S. 214 (215 ff.); *P. Motte/C. Padiou/J. Robles*, Philips Telecommunication Review 2/1995, S. 30 ff.

[159] Code Division Multiple Access.

[160] Digital European Cordless Telecommunication = europäischer Standard für Schnurlos-Telefonie.

[161] Punkt-zu-Multipunkt Richtfunkstrecken.

[162] Trans European Trunk Radio Access = europäischer Bündelfunkstandard.

[163] Die Signale werden von der Hausantenne zur nächsten Basisfeststation geleitet.

[164] *E. Schnorpfeil*, in: *F. Arnold* (Hrsg.), Handbuch der Telekommunikation, Bd. 1, Kap. 3.4.1.1., S. 27 f.; *D. Wendeln-Münchow/S. Gneiting*, Funkschau v. 26.4.1996, S. 22 (25 f.); *R. Sietmann/H.-P. Kistner*, Funkschau v. 14.3.1997, S. 34 (35); *T. J. Gerpott*, Wettbewerbsstrategien im Telekommunikationsmarkt, S. 32 f.

1800 Systeme sind daher nur bedingt für den Einsatz im Teilnehmeranschlußbereich geeignet.

b) CDMA (Code Division Multiple Access)

Als Vielfachzugriffsverfahren zur besseren Frequenznutzung eines Funkkanals (Multiplextechnik) steht der CDMA-Technik das gesamte Frequenzband zur Verfügung.[165] Die mehrfache Nutzung des Kanals erfolgt durch Codierung der einzelnen Signale beim Sender, die nur der Empfänger kennt und so aus einer Vielzahl gleichzeitig übertragener Signale identifizieren kann. Technische Vorteile des CDMA-Verfahrens im Vergleich zum kombinierten FDMA/TDMA-Verfahren in GSM/DCS-1800 Systemen sind die vier- bis fünffach bessere Ausnutzung des zur Verfügung stehenden Frequenzbandes, die nahezu beliebig hohe Bandbreite für Multimediaanwendungen sowie eine große Abhörsicherheit und Unempfindlichkeit gegenüber Funkstörungen. CDMA-Mobilfunksysteme lassen sich zwar grundsätzlich schnell und kostengünstig aufbauen, da sie bei gleicher Kapazität um ein Drittel größere Funkzellen versorgen können. Dies gilt allerdings nur für den Funkfrequenzbereich unter 3 GHz, denn nur in diesem Bereich ist eine Sichtverbindung zwischen Sender und Empfänger (line of sight) nicht erforderlich. Auch die Übertragungsqualität erreicht – wie bei GSM/DCS-1800 Lösungen – (noch) nicht Festnetzqualität. Das CDMA-Verfahren gilt dennoch als aussichtsreiche Substitutionstechnik für den Teilnehmeranschluß.[166]

---

[165] *H. Lobensommer*, Handbuch Funktechnik, S. 198. CDMA wurde ursprünglich in den USA von dem Unternehmen *Qualcomm* für militärische Zwecke entwickelt.

[166] Zum CDMA-Verfahren und seinen Vorteilen insgesamt *E. Pehl*, Digitale und analoge Nachrichtenübertragung, S. 331 ff.; *W. Heyer*, Funkschau v. 20.8.1999, S. 76 f.; *R. Sietmann/S. Gneiting*, Funkschau v. 12.4.1996, S. 71; *M. Schnurpfeil/S. Gneiting*, Funkschau v. 11.10.1996, S. 24 (28); Computerwoche Spezial, Kommunikation 12/1997, S. 49 f.

c) DECT (Digital European Cordless Telecommunication)

Der vom Europäischen Institut für Telekommunikationsnormen (ETSI[167]) im Sommer 1992 herausgegebene DECT-Standard für schnurloses Telefonieren im Haus-, Garten-, unmittelbaren Nachbarschafts- und Bürobereich wurde lange Zeit als funktechnische Alternativlösung favorisiert.[168] Die Netzkonfiguration für den drahtlosen Teilnehmeranschluß wird entweder durch eine fest installierte Antenne auf dem Dach des Teilnehmerhaushalts, die auf die nächste DECT-Basisfeststation ausgerichtet ist und einem konventionellen Haustelefonanschluß (ortsfester Netzzugang mit Übertragungsreichweite bis 3 km) oder über ein schnurloses DECT-Telefon mit Funkkontakt zur nächsten Basisfeststation (begrenzt mobiler Netzzugang mit einer Übertragungsreichweite bis 300 m) realisiert.[169] Nachteile dieser Technik sind die geringe Bandbreite und die im Vergleich zu drahtgebundenen Anschlüssen immer noch hohen Teilnehmeranschlußkosten. Gegenwärtig lassen sich lediglich einfache Sprachtelefon- und Faxdienste, jedoch keine Multimediaanwendungen übertragen.[170] Die DECT-Technologie eignet sich in Ländern ohne kupferleitungsbasierte Infrastruktur für den Endkundenzugang[171] und wird derzeit für den dichtbesiedelten Stadt- und Ballungsbereich als aussichtsreiche Substitutionstechnik angesehen.[172]

---

[167] European Telecommunications Standards Institute mit Sitz in Sofia-Antipolis (bei Nizza).

[168] Vgl. *T. J. Gerpott*, Wettbewerbsstrategien im Telekommunikationsmarkt, S. 34 m.w.N.; *S. Gneiting*, Funkschau v. 21.6.1996, S. 32 f.; *M. Katruff*, Telcom Report 1/1997, S. 32 f.; *M. P. Lötter*, Alcatel Telecom Rundschau 1996, S. 190 ff.

[169] Zu den Leistungs- und Systemmerkmalen der DECT-Technik *J. N. Vicedo/V. Q. Sanchez*, Alcatel Telecom Rundschau 1998, S. 249 (253); *S. Gneiting*, Funkschau v. 11.6.1999, S. 34 ff.; *W. Hascher*, Funkschau v. 19.3.1999, S. 22 f.; *M. Gloger*, Funkschau v. 13.11.1998, S. 72 (74 f.).

[170] Angestrebt werden 2 Mbit/s Datenübertragungsraten.

[171] Weltweit wurden 1998 in mehr als 60 Ländern 633.000 DECT-Installationen für den drahtlosen Endkundenzugang realisiert, *W. Hascher*, Funkschau v. 19.3.1999, S. 22.

[172] *T. J. Gerpott*, Wettbewerbsstrategien im Telekommunikationsmarkt, S. 34; *J. Kedaj/F. Joussen*, Mobilfunk, Bd. 1, Kap. 4.1.9.1., S. 8.

d) *PMP Richtfunksysteme (Punkt-zu-Multipunkt)*

Weitere funktechnische Alternativen sind Richtfunksysteme in Form von Punkt-zu-Multipunkt Richtfunkstrecken (PMP). In PMP-Systemen kann eine Basisfunkstation bei Sichtverbindung bis zu 30 Teilnehmer durch jeweils feste Richtfunkstrecken über eine Entfernung von 5 Kilometer versorgen.[173] Diese Systeme sind aufgrund ihrer funktechnischen Übertragungseigenschaften – Übertragungsraten von mehreren Mbit/s, ATM-Kompatibilität, Standardisierung – sehr gut für den drahtlosen Teilnehmeranschluß in ländlichen Gegenden sowie im Stadtbereich geeignet.[174] Auch hier stellt sich allerdings das Problem der Frequenzknappheit sowie der Frequenzvergabe durch die Regulierungsbehörden. Im August 1999 wurden in der Bundesrepublik Deutschland für 262 Versorgungsbereiche insgesamt 662 Frequenznutzungen an 12 Unternehmen im Ausschreibungsverfahren[175] für den drahtlosen Teilnehmeranschluß vergeben, nachdem bereits 1998 auf Antrag 6 Unternehmen entsprechende Frequenzen zugeteilt wurden.[176] Dadurch soll der Wettbewerb im Ortsnetz ermöglicht werden.[177]

e) *TETRA (Trans European Trunk Radio Access)*

Die Eignung des europäischen Bündelfunkstandards TETRA als Substitutionstechnik kann nach derzeitigem Stand nicht endgültig beurteilt werden. Er-

---

[173] Vgl. hierzu *S. Kerschner*, Funkschau v. 1.10.1999, S. 28 ff.; *U. Reckemeyer*, Funkschau v. 11.6.1999, S. 70 ff.; *M. Peruyero*, Alcatel Telecom Rundschau 1998, S. 243 (244).

[174] *J. Kedaj/F. Joussen*, Mobilfunk, Bd. 1, Kap. 4.1.9.1., S. 5 und 10 f.; *F. Edlbauer*, Funkschau v. 23.1.1998, S. 56 f.

[175] § 47 Abs. 5 Satz 2 i.V.m. § 11 Abs. 1, 6 TKG.

[176] Insgesamt stellten 32 Unternehmen in 1450 Einzelbewerbungen, die zusammen 21,6 Tonnen wogen, Anträge auf Erteilung einer Frequenz, F.A.Z. v. 26.8.1999, S. 13; Pressemitteilung *Reg TP* v. 25.8.1999, abrufbar unter http://regtp.de/Aktuelles/pm2508.htm; zur Einschätzung der Wettbewerber F.A.Z. v. 26.8.1999, S. 18.

[177] *S. Kerschner*, Funkschau v. 1.10.1999, S. 28; *H. Henning*, F.A.Z. v. 6.9.1999, S. 33.

reicht werden lediglich Übertragungsraten von 28,8 kbit/s, so daß hiermit keine ISDN-Anwendungen zu realisieren sind.[178]

2. Leitungsgebunde Lösungen

Als leitungsgebundene Alternativen kommen die Nutzung des Internet sowie des TV-Breitbandkabel- und Stromnetzes in Betracht.

a) Internet (Voice over IP – VoIP)

Das Internet ist kein einheitliches globales Netz, sondern ein Zusammenschluß von über 45.000 Netzwerken mit einer weltweit geschätzten Teilnehmerzahl von mehr als 43 Millionen.[179] Sobald die technischen Schwierigkeiten der Sprachübertragung ausgeräumt sind, kann es sich zum globalen Telekommunikationsnetz entwickeln.[180] Den endgültigen technischen Durchbruch und Schlüssel für den marktreifen Einsatz der Internet-Telefonie sollen „Telephony-Gateways" ermöglichen.[181] Während ursprünglich nur die Sprachkommunikation zwischen Rechnern mit Mikrofon, Soundkarte und Lautsprecher realisisert werden konnte (Kommunikation von PC zu PC), verbinden „Gateways" das Internet mit Telefonnetzen. Dadurch kann weltweit über jedes Telefon mit jedem Rechner (Kommunikation von PC zu Telefon) und zwischen Telefonendgeräten über das Internet (Kommunikation Telefon zu Telefon) Sprache (Voice over IP –

---

178 *E. Schnorpfeil*, in: *F. Arnold* (Hrsg.), Handbuch der Telekommunikation, Bd. 1, Kap. 3.4.1.1., S. 28; *D. Tewes*, Entwicklungsstand und Märkte funkgestützter Ortstechnologien, S. 16; allgemein zum Bündelfunk *C. Engelhardt*, in: *A. Grütz* (Hrsg.), Jahrbuch Elektrotechnik 1999, S. 213 ff.

179 *EITO/EEIG* (Hrsg.), European Information Technology Observatory 1999, S. 59. Weltweit verfügten im Juli 1999 knapp 60 Millionen Personen über einen Internet-Zugang, *EITO/EEIG* (Hrsg.), European Information Technology Observatory 2000, S. 417.

180 Vgl. oben 1. Kap. A. II. 2. c), S. 17 f.

181 *R. Sietmann*, Funkschau v. 11.6.1999, S. 74 (75); *M. Hein*, Funkschau v. 22.1.1999, S. 68 (69).

VoIP) ausgetauscht werden.[182] Hauptbestandteile der „Gateways" sind der „Application Funktionsblock", der Verbindungsanfragen aus beiden Netzen bearbeitet, das „IP Call Management", das den Verbindungsaufbau und den Datentransport im Internet realisiert und das „PSTN Call Management", das entsprechend den Verbindungsaufbau und die Signalübermittlung zum Telefonnetz übernimmt.[183]

b) Kabelfernsehnetze

Seit Beginn der 80er Jahre wurden in sämtlichen Mitgliedstaaten der EU mit Ausnahme Italiens und Griechenlands private Haushalte zur Fernsehübertragung mit Kupferkoaxialkabel angeschlossen.[184] Mit derzeit rund 17,6 Mio. Millionen verkabelten Haushalten bildet die Bundesrepublik Deutschland den größten Teilmarkt Europas.[185] Aufgrund der gegenwärtigen Netzstruktur ist das Breitbandkabelnetz – neben den übertragungstechnischen Schwierigkeiten der Rückkanalfähigkeit[186] – nur bedingt für den Teilnehmerendzugang geeignet.

Die Struktur des Netzes gliedert sich dabei in vier Ebenen. Die Netzebene eins umfaßt die Sendestationen (Programmanbieter, Satellitenbetreiber) bis zur Breitbandkabel-Verteilstation (BKVtSt); die Ebene zwei dient der Programmzuführung zu übergeordneten Breitbandkommunikations-Verstärkerstellen (ÜBKVrSt); zur Ebene drei zählt das örtliche Verteilnetz, das in der Regel bis zur Haustüre der Kunden reicht; die Netzebene vier schließlich umfaßt den

---

[182] Hierzu *L. Determann*, Kommunikationsfreiheit im Internet, S. 51 f.; *A. Göckel*, in: *Th. Hoeren/U. Sieber* (Hrsg.), Handbuch Multimedia-Recht, 23. Kap. Rdnrn. 4 ff.; *W. Pauler*, Funkschau v.11.12.1998, S. 20 (21).

[183] *D. Reusch/W. Pauler*, Funkschau v. 1.8.1997, S. 44 (45 f.); vgl auch zum neu entwikkelten Zeichengabemodell IPS7 für den Signalisierungsübergang zum Zeichengabesystem Nr. 7 *P. Ziemann*, Funkschau v. 6.8.1999, S. 78 ff.

[184] *EG-Kommission*, Infrastruktur-Grünbuch v. 25.1.1995, Teil II, KOM (94) 682 endg., S. 23.

[185] *U. Dittmer*, Funkschau v. 8.1.1999, S. 68 (69); *Reg TP* (Hrsg.), Telekommunikations- und Postmarkt im Jahre 1999, S. 19.

[186] Siehe hierzu oben 1. Kap. A. II. 2. c) S. 17.

Anschluß einzelner Haushalte und Wohneinheiten.[187] Um das Handwerk und den Mittelstand zu fördern, wurde das Eigentum am Netz aufgrund politischer Entscheidung aus den 80er Jahren auf kleine und mittelständische Betreibergesellschaften aufgeteilt. Die Telekom verfügt deshalb lediglich über etwa 6 Millionen Anschlüsse, während sich der Rest und damit ca. 2/3 der Endkundenzugänge auf regionale Kabelbetreiber verteilt, deren Anzahl auf 4000 bis 6000 geschätzt wird.[188] Das Netz befindet sich zudem auf unterschiedlichem technischen Stand, so daß erst der Verkauf[189] und die einheitliche Umrüstung des gesamten Netzes eine zweite Netzinfrastruktur für Telekommunikationsdienstleistungen neben dem herkömmlichen Telefonnetz bieten wird.[190]

c) Stromnetze

Stromversorgungsnetze sind aufgrund ihrer bereits bestehenden Verteilstruktur, die sämtliche Haushalte erreicht, potentiell als alternative Zugangsnetze zum Endkunden geeignet. Sprach- und Datensignale können grundsätzlich über die Stromleitungen des Niederspannungsortsnetzes (230/240 und 400 V) der angeschlossenen Haushalte bis zu den Stromtransformatoren transportiert, dort von der Niederspannungsleitung abgezweigt und in integrierte Lichtwel-

---

[187] *R. Bücken*, Funkschau v. 5.2.1999, S. 18 (20); vgl. auch *R. Schütz*, MMR 1998, S. 11 (12); so ebenfalls *R. Wieck*, Fachbereichsleiter Regulierungsstrategie der Deutschen Telekom, auf dem Symposium „Wie geht es weiter auf den liberalisierten Telekommunikationsmärkten?" am 10.2.1998 in Frankfurt am Main.

[188] *Reg TP* (Hrsg.), Telekommunikations- und Postmarkt im Jahre 1999, S. 19 f.; *A. Börnsen*, Editoral, MMR 5/1999; *R. Bücken*, Funkschau v. 5.2.1999, S. 18 (19).

[189] Nach Art. 1 der Richtlinie der Kommission v. 23.6.1999 zur Änderung der Richtlinie 90/388/EWG im Hinblick darauf, daß ein- und demselben Betreiber gehörende Telekommunikations- und Kabelfernsehnetze in rechtlich getrennten Einheiten bereitgestellt werden (1999/64/EG), ABl. EG Nr. L 175/39, S. 39 (41) sind Telekommunikationsunternehmen verpflichtet, ihre Kabelfernsehnetze auszugliedern und rechtlich zu verselbständigen, F.A.Z. v. 24.6.1999, S. 20 und v. 1.7.1999, S. 22; vgl. zum Verkauf des Kabelfernsehnetzes der Deutschen Telekom bereits Handelsblatt v. 7./8.2.1997, S. 19; Capital 4/1997, S. 90; F.A.Z. v. 27.7.1999, S. 17 und v. 3.8.1999, S. 17; siehe auch *H.-W. Hefekäuser*, MMR Aktuell 4/1998, S. VII f.; *T. Rhein*, Beilage zu MMR 2/2001, S. 3 ff.; *W. Möschel*, Beilage zu MMR 2/2001, S. 13 ff.; *R. Schütz*, Beilage zu MMR 2/2001, S. 20 ff.

[190] *Reg TP* (Hrsg.), Telekommunikations- und Postmarkt im Jahre 1999, S. 21; *A. Börnsen*, MMR 1999, S. 272 (273).

lenleiter der Hochspannungsleitungen für die Fernüberlandstromversorgung eingespeist werden.[191]

Entscheidende Nachteile der Nutzung des Stromnetzes sind jedoch bestehende technische Schwierigkeiten des Übertragungsverfahrens[192] und regulatorische Frequenzvorgaben.[193] Das Stromnetz darf zum Schutz vor elektromagnetischen Störungen und zur Gewährleistung elektromagnetischer Verträglichkeit nach der europäischen Norm EN 50065-1 des CENELEC[194] als Übertragungsmedium für die Kommunikation lediglich im Frequenzbereich von 3 bis 148,5 kHz genutzt werden.[195] In diesem Bereich können allerdings nur geringe Übertragungsraten (unter 1 Mbit/s) erzielt werden. Für breitbandige Telekommunikationsdienste mit Übertragungsraten im Megabitbereich sind Frequenzen oberhalb von 148,5 kHz erforderlich.[196] Nur unter der Voraussetzung, daß Übertragungsverfahren technisch entwickelt und entsprechende Frequenzen freigegeben werden, eignen sich Stromnetze als konkurrenzfähige Substitutionsnetze im Teilnehmeranschlußbereich. Aufgrund der bis zur Liberalisierung im Jahre 1998 monopolistisch geprägten Energiemärkte Europas, könnten allerdings auch dann nur wenige Anbieter über diesen Zugang verfügen.

3. Ergebnis und Bewertung

Zusammenfassend kann nach derzeitigem Stand der technischen Entwicklung keine Technologie als allein geeignet angesehen werden, den Zugang

---

[191] *T. Waldeck/M. Zimmermann/K. Dostert*, Funkschau v. 26.6.1998, S. 40; *E. Meyer*, Funkschau v. 17.4.1998, S. 76; *M. Zimmermann/K. Dostert*, Funkschau v. 6.2.1998, S. 22 (25); *J. Vesper/N. Berezak/S. Gneiting*, Funkschau v. 22.11.1996, S. 40 (41).

[192] Vgl. hierzu bereits oben 1. Kap. A. II. 2. c), S. 16.

[193] VDI-Nachrichten v. 5.6.1998, S. 18. Die Frequenznutzung ist in der Nutzungsbestimmung (NB) 30 der Frequenzbereichszuweisungsplanverordnung (FreqBZPV) der Regulierungsbehörde aufgrund der Ermächtigungsgrundlage in §§ 46 Abs. 1, 45 Abs. 2 TKG geregelt; vgl. hierzu Interview mit *W. Heidrich* (RegTP) in Funkschau v. 30.4.1999, S. 30.

[194] Comité Européenne de Normalisation Electrotechnique.

[195] *R. Sietmann*, Funkschau v. 5.2.1999, S. 76 (78); *H.-P. Kistner*, Funkschau v. 29.5.1998, S. 22 (23, 26); *M. Arzberger/K. Dostert/S. Gneiting*, Funkschau v. 21.6.1996, S. 70 (71).

[196] *H.-P. Kistner/W. Pauler*, Funkschau v. 30.4.1999, S. 28 (31); *M. Zimmermann/K. Dostert*, Funkschau v. 6.2.1998, S. 22 (27).

zum Teilnehmeranschluß zu substituieren.[197] Die verschiedenen diskutierten Lösungen liefern in der Regel weder eine im Vergleich zum Festnetz adäquate Übertragungsqualität, noch gewährleisten sie die für multimediale Anwendungen erforderlichen Übertragungsraten. Sie sind für den Einsatz im Massenmarkt der Sprachtelefonie aufgrund ihrer Kosten wirtschaftlich nicht zu realisieren. Eine allen Anforderungen genügende einheitliche Lösung des Zugangsproblems existiert gegenwärtig nicht; es werden vielmehr verschiedene Technologien – verbesserte Kupferkabeltechniken, eigene drahtgebundene Anschlußleitungen, Funksysteme und -techniken, Stromnetze, TV-Breitbandkabelnetze und das Internet – zum Einsatz kommen.[198] Wettbewerber sind deshalb kurz- und mittelfristig auf den Zugang zur Teilnehmeranschlußleitung zwingend angewiesen.

[197] Vgl. zur Beurteilung alternativer Anschlußtechnologien *Monopolkommission*, Wettbewerb auf Telekommunikations- und Postmärkten, Tz. 27 ff.; *W. Möschel*, MMR 2001, S. 3 (4).

[198] *E. Schnorpfeil*, in: *F. Arnold* (Hrsg.), Handbuch der Telekommunikation, Bd. 1, Kap. 3.4.1.1., S. 31; *P. Zimmers*, in: *H. Schulte* (Hrsg.), Telekommunikation, Bd. 2, Teil 9, Kap. 11.3., S. 12; *M. De Prycker/T. Van Landegem/F. Van den Brande*, Elektrisches Nachrichtenwesen 1994, S. 231 (237); *D. Carballal/D. Delodderel/G. Salamanca*, Alcatel Telecom Rundschau 1996, S. 166 (173).

B. Wirtschaftsfaktor Telekommunikation

I. Marktvolumina und Bedeutung

Die technischen Entwicklungen im Bereich der Mikroprozessor- und Chiptechnik[199], der Digitalisierung[200] und Datenkompressionsverfahren[201] (Konvergenz der Technik)[202] bewirken als Basisinnovationen[203] zu Beginn des 21. Jahrhunderts das Zusammenwachsen bisher getrennter Märkte der Computertechnik, Unterhaltungselektronik, Telekommunikation und der Medien zu einem einheitlichen Wirtschaftsbereich des Informationsmarktes (Konvergenz der Märkte).[204] Der weltweite Branchenumsatz in den zur Informationswirtschaft zusammengefaßten Marktsektoren[205] betrug 1999 knapp 1,6 Bio. Euro.[206] Damit ist die Informationswirtschaft neben dem Tourismussektor der zweitgrößte Wirtschaftszweig, für den jährliche Wachstumsraten zwischen 7 und 15 % prognostiziert werden.[207] Die geplanten Investitionen innerhalb der nächsten zehn

---

[199] Vgl. hierzu *EITO/EEIG* (Hrsg.), European Information Technology Observatory 1999, S. 82 und 84.

[200] Siehe oben 1. Kap. A. I. 2., S. 6 ff.

[201] *R. Stransfeld*, in: *A. Büllesbach* (Hrsg.), Datenschutz im Telekommunikationsrecht, S. 197 (201 f.); zur Entwicklung von Netztechnologien *A. Schill*, in: *M. Schulte* (Hrsg.), Technische Innovation und Recht, S. 107 (108 f.).

[202] *EG-Kommission*, Grünbuch zur Konvergenz der Branchen Telekommunikation, Medien und Informationstechnologie und ihren ordnungspolitischen Auswirkungen v. 3.12.1997, KOM (97) 623 endg., S. 2 (Grünbuch Konvergenz); *K. Scheja*, CR 1998, S. 358 (359); *A. Tettenborn*, MMR 1998, S. 18 (20); *A. Bartosch*, ZUM 1998, S. 209 ff.; *O. Köster/ H. Nitschke*, MMR 1998, S. 400 (401); *B. Holznagel*, Beilage zu MMR 9/1998, S. 12 ff.; *D. Beese/J. Merkt*, MMR 2000, S. 532 (533).

[203] *BMWi* (Hrsg.), Die Informationsgesellschaft, Editorial.

[204] *BMWi* (Hrsg.), Info 2000, S. 16; *D. Beese/J. Merkt*, MMR 2000, S. 532 (533).

[205] Informationstechnologie (Computer- und Datenkommunikation-Hardware, Büroausstattungen, Software und Dienstleistungen), Telekommunikation-Hardware und Telekommunikationsdienstleistungen.

[206] *EITO/EEIG* (Hrsg.) European Information Technology Observatory 2000, S. 378.

[207] *BMWi* (Hrsg.), Info 2000, S. 17; *EG-Kommission*, Mitteilung der Kommission, Die Bedeutung der Informationsgesellschaft für die Politik der Europäischen Union, KOM (96), 395 endg., S. 1.

Jahre werden auf über 2 Bio. DM geschätzt.[208] Der Anteil der Telekommunikation an der Informationswirtschaft belief sich 1998 weltweit auf 717,9 Mrd. ECU und stellte mit mehr als 50 % das stärkste Marktsegment dar. In Europa[209] erreichte der Telekommunikationsmarkt 1999 ein Umsatzvolumen von 493,1 Mrd. Euro und wies damit gegenüber dem Vorjahr eine Wachstumsrate von 31,0 % auf.[210] In der Bundesrepublik Deutschland wurden 1999 insgesamt über 100 Mrd. DM Umsatz erwirtschaftet.[211] Der deutsche Telekommunikationsmarkt bildet damit den größten Teilmarkt Europas.[212]

Innerhalb des Telekommunikationsbereichs wurden allein auf dem Markt für Telekommunikationsdienstleistungen 1996 weltweit 670 Mrd. US-Dollar umgesetzt.[213] Dieses Marktvolumen soll sich bis zum Jahr 2006 auf 1000 Mrd. US-Dollar nahezu verdoppeln.[214] Im Rahmen der Telekommunikationsdienstleistungen stellt der Sprachtelefondienst auch zu Beginn des multimedialen Informationszeitalters das stärkste Marktsegment dar. Von den im Dienstleistungssektor in Deutschland 1998 insgesamt erzielten 88 Mrd. DM Umsatz entfielen allein 46 Mrd. DM und damit 52 % auf die Übermittlung von Sprache (Festnetztelefonie).[215] Bei den Festnetzanschlüssen fallen zwar die Wachstumsprognosen aufgrund des hohen Marktsättigungsgrades[216] gering aus; diese Einbußen werden jedoch seit 1999 durch eine Steigerung des Gesprächsvolumens infolge des Wettbewerbs und fallender Preise, insbesondere auch durch

---

208 *BMWi* (Hrsg.), Info 2000, S. 19.

209 Einschließlich der Oststaaten.

210 *EITO/EEIG* (Hrsg.), European Information Technology Observatory 2000, S. 378.

211 *Reg TP* (Hrsg.), Telekommunikations- und Postmarkt 1999, S. 4; *RegTP* (Hrsg.), Jahresbericht 2000, S. 9; vgl. zur Marktentwicklung auch *Monopolkommission*, Wettbewerb auf Telekommunikations- und Postmärkten, Tz. 14 ff.

212 *H. Klodt*, Wettbewerb und Regulierung in der Telekommunikation, S. 12.

213 Handelsblatt v. 17.2.1997, S. 1; F.A.Z. v. 17.2.1997, S. 13. Vgl. zur Zusammensetzung der einzelnen Einnahmen der Netzbetreiber in den USA und der BRD, *Th. Kiessling*, Optimale Marktstrukturregulierung in der Telekommunikation, S. 28 f.

214 *P. Boehringer/G. Vogelsang*, in: *Booz/Allen/Hamilton* (Hrsg.), Telekommunikation in der Welt von morgen, S. 9 (11); *S. Kerschner-Aceval/H.-P. Kistner*, Funkschau v. 27.3.1997, S. 45.

215 *Reg TP*, Telekommunikations- und Postmarkt 1999, S. 4.

216 Die Zahl der Telefonhauptanschlüsse betrug 1995 knapp über 40 Millionen bei ca. 35 Millionen Haushalten in Deutschland, *Deutsche Telekom AG* (Hrsg.), Deutsche Telekom – Unternehmenszahlen auf einen Blick, S. 9.

Umsatzzuwächse auf dem Mobilfunkmarkt kompensiert.[217] Das durchschnittliche Gesprächsvolumen betrug 1999 pro Tag über 600 Mio. Minuten.[218] Im 1. Halbjahr 2000 betrug das Verkehrsvolumen 746 Mio. Minuten und wird voraussichtlich ein Jahresgesamtvolumen von 290 Mrd. Minuten erreichen.[219] Dadurch ergibt sich eine Verkehrssteigerung im Festnetz von über 60 % in den letzten drei Jahren.[220]

Wesentlicher Wachstumsmotor des Sprachtelefondienstes ist der Mobilfunk. Weltweit telefonierten im Jahr 2000 über 512 Mio. Menschen, davon in Europa über 183 Mio. mobil.[221] Die Anzahl der Mobilfunktelefonierer in Deutschland betrug im Jahr 2000 bereits 48,14 Mio. mit einer Penetrationsrate von rund 59 %.[222] Die Bundesrepublik Deutschland stellt damit in Westeuropa vor Italien und Großbritannien den größten Mobilfunkmarkt dar.[223] Für den Bereich der Satellitenkommunikation wird das Marktvolumen bis zum Jahr 2002 auf 5,5 Mrd. US-Dollar geschätzt.[224] Infolge weiteren technischen Fortschritts kann sich die Internet-Telefonie voraussichtlich zu einem echten Massendienst entwikkeln, der laut Marktanalysten bis Ende des Jahres 2005 einen Umsatz von 60 Mrd. US-Dollar aufweisen soll.[225] Dabei wird für Europa bis 2003 ein Gesamtumsatz von 3,9 Mrd. US-Dollar prognostiziert.[226] Neben diesen Märkten entsteht mit wachsendem Wettbewerb ein neuer Markt für den Netzzugang und für Zusammenschaltungen (Inter-Carrier-Handel).[227] Wie die Telefonie der Zukunft

---

[217] *RegTP* (Hrsg.), Jahresbericht 2000, S. 9.

[218] *Reg TP* (Hrsg.), Telekommunikations- und Postmarkt im Jahre 1999, S. 8.

[219] *RegTP* (Hrsg.), Jahresbericht 2000, S. 12.

[220] *RegTP* (Hrsg.), Jahresbericht 2000, S. 12.

[221] *EITO/EEIG* (Hrsg.), European Information Technology Observatory 2000, S. 439.

[222] *RegTP* (Hrsg.), Jahresbericht 2000, S. 19.

[223] *RegTP* (Hrsg.), Jahresbericht 2000, S. 19.

[224] F.A.Z. v. 4.1.1999, S. 28.

[225] Nach einer Studie des Londoner Marktforschungsunternehmen Ovum Research laut *S. Kerschner*, Funkschau v. 16.4.1999, S. 22. Andere Schätzungen gehen von 16 Mio. Nutzern bis 2000 aus, *H.-P. Kistner*, Funkschau v. 8.1.1999, S. 18 (22).

[226] F.A.Z. v. 26.8.1999, S. 23.

[227] *Reg TP* (Hrsg.), Telekommunikations- und Postmarkt im Jahre 1999, S. 4; *EG-Kommission*, Mitteilung der Kommission über die Anwendung der Wettbewerbsregeln auf Zugangsvereinbarungen im Telekommunikationsbereich (98/C 265/02), ABl. EG Nr. C 265/2 v. 22.8.1998, Tz. 45.

aussehen wird – ob traditionell in Form einer Fernsprechanlage, eines schnurlosen Telefons, eines Mobilfunk- oder Satellitenfunkgeräts oder über die Datenleitungen des Internet – wird sich in den nächsten Jahren zeigen. Der Kommunikationsbedarf für die Übermittlung von Sprache scheint jedoch unbegrenzt zu sein. Sowohl die Europäische Union als auch die Bundesrepublik Deutschland erhoffen sich durch die Telekommunikationsbranche bis zum Jahr 2010 einen Wachstums- und Beschäftigungsschub, der europaweit 6 Mio. und in der Bundesrepublik Deutschland allein bis zu 1,5 Mio. neue Arbeitsplätze schaffen soll.[228] Es wird daher angenommen, daß von der Telekommunikation bedeutende Impulse für Industrie und Wirtschaft gegen die Arbeitslosen- und Strukturkrise in Europa zu Beginn des 21. Jahrhunderts ausgehen. Im Zuge der Globalisierung wird ihr eine Schlüsselfunktion für die internationale Wettbewerbsfähigkeit Europas und Deutschlands zukommen.

II. Anbieterstrukturen

Ein einheitlicher europäischer Markt für Sprachtelefondienste existiert derzeit nicht. Die nationalen Telekommunikationsmärkte der Mitgliedstaaten waren mit Ausnahme Großbritanniens, Finnlands und Schwedens bis zur europäischen Liberalisierung durch Monopolrechte der jeweils staatlichen Telekommunikationsunternehmen geprägt.[229] Aufgrund historischer, verwaltungs- und ordnungspolitischer Traditionen bildeten sich unterschiedliche Marktstrukturen heraus. Gegenwärtig befinden sich sämtliche nationalen Märkte in der Transformation vom Monopol- zum Wettbewerbsmarkt.[230] Gleichwohl lassen sich alte

---

[228] *BMWi* (Hrsg.), Info 2000, S. 9.

[229] Vgl. zum Telekommunikationsrecht in den Mitgliedstaaten vor Liberalisierung *Th.-S. Kluth*, Telekommunikation als Regelungsgegenstand, S. 95 ff.; *R. Doll/S.-E. Heun/ T. Lohmann*, CR 1992, S. 363 ff., 416 ff., 492 ff., 561 ff. und 622 ff.

[230] Mit Ausnahme Luxemburgs (1.7.1998), Spaniens (1.12.1998), Irlands (1.1.2000), Portugals (1.1.2000) und Griechenlands (1.1.2002), denen die Kommission gemäß Art. 2 Abs. 2 Satz 3 ihrer Richtlinie v. 28.6.1990 über den Wettbewerb auf dem Markt für Telekommunikationsdienste (90/388/EWG), ABl. EG Nr. L 192/10 v. 24.7.1990, S. 10, besondere Umsetzungsfristen gewährte; vgl. Entscheidungen der Kommission zu Luxemburg (568/97/EG), ABl. EG Nr. L 234/7 v. 26.8.1997, S. 7, zu Spanien (603/97/EG), ABl. EG Nr. L 243/48 v. 5.9.1997, S. 48, zu Irland (114/97/EG), ABl. EG Nr. L 41/8 v. 12.2.1997, S. 8, zu Portugal (310/97/EG), ABl. EG

und neue Telekommunikationsanbieter in strategische Gruppen einteilen, die – trotz nationaler Besonderheiten – in unterschiedlich ausgeprägter Form in allen Märkten anzutreffen sind. Sprachtelefondienste werden in Europa von den ehemaligen staatlichen Monopolunternehmen und seit 1. Januar 1998 von alternativen „carriern" angeboten. Alternative „carrier" sind sämtliche Unternehmen, die Sprachtelefondienste kommerziell über eigene oder angemietete Übertragungswege in Konkurrenz zum vormaligen Monopolisten anbieten.[231] In Anbetracht seiner Größe, Attraktivität und Bedeutung als umsatzstärkster Teilmarkt Europas soll zur Veranschaulichung repräsentativ die Anbieterstruktur des deutschen Telekommunikationsmarktes aufgezeigt werden.[232]

Insgesamt bieten in Deutschland 1.680 Unternehmen Telekommunikationsdienstleistungen an.[233] Dabei verfügen 263 Unternehmen über eine Übertragungswege- (Lizenzklasse 3) und Sprachtelefondienstlizenz (Lizenzklasse 4).[234] Telefondienste werden bereits von über 70 Unternehmen im Wettbewerb erbracht, die sich – aufgrund der Marktdiversifikation und der technischen Varianten – nach folgenden strategischen Gruppen unterscheiden lassen.[235]

(1) *globale Vollanbieter* – globale strategische Allianzen[236] („global player"), die weltweit auf jeweils nationalen Märkten internationale Großkunden für umfassende Telekommunikationsdienste aus einer Hand akquirieren,[237]

Nr. L 133/19 v. 24.5.1997, S. 19 und Griechenland (607/97/EG), ABl. EG Nr. L 245/6 v. 9.9.1997, S. 6.

231 *T. J. Gerpott*, Wettbewerbsstrategien im Telekommunikationsmarkt, S. 181; *ders.*, in: *H. Kubicek/ D. Klumpp/G. Müller/K.-H. Neumann/E. Raubold/A. Roßnagel* (Hrsg.), Jahrbuch Telekommunikation und Gesellschaft 1996, S. 34.

232 Vgl. hierzu *H. Hermann*, Wettbewerbsstrategien alternativer Telekommunikationsunternehmen in Deutschland, S. 45 ff.

233 *Reg TP* (Hrsg.), Telekommunikations- und Postmarkt im Jahre 1999, S. 6 (Stand: 1.7.1999).

234 *Reg TP* (Hrsg.), Telekommunikations- und Postmarkt im Jahre 1999, S. 24.

235 Vgl. zur Systematisierung *T. J. Gerpott*, Wettbewerbsstrategien im Telekommunikationsmarkt, S. 202 ff.

236 Zum Begriff der strategischen Allianz siehe *G. Götz*, Strategische Allianzen, S. 31; *J. Neitzel*, Die Auslandstätigkeit der Deutschen Telekom, S. 148; vgl. auch allgemein *J. Basedow/Ch. Jung*, Strategische Allianzen, S. 26 f.; *L. Brittan*, in: *K. Hansen* (Hrsg.), Strategische Allianzen – Eine neue Herausforderung für die Wettbewerbspolitik, S. 41 ff.

(2) *nationale Vollanbieter* – ehemals nationale staatliche Monopolunternehmen sowie nationale Energie- und Verkehrsversorgungsunternehmen mit eigener Netzinfrastruktur („big player") und ausländische Unternehmen, die auf nationalen Märkten der Mitgliedstaaten mit umfassendem Telekommunikationsdiensteangebot auftreten,[238]

(3) *regionale Sprachtelefondienstanbieter* – kommunale Ausgründungen von Stadtwerken mit eigener Netzinfrastruktur, die auf lokal begrenzten Märkten Sprachtelefondienste anbieten,[239]

(4) *spezialisierte Regionalanbieter* – Unternehmen, die für spezielle Kundenkreise (Geschäftskunden) auf lokal begrenzten Märkten Telekommunkationsdienste über Hochgeschwindigkeitsnetze anbieten,[240]

(5) *reine Infrastruktur-Anbieter* – kommunale Stadtwerke und TV-Kabelnetzbetreiber, die selbst keine Telekommunikationsdienste anbieten,[241]

(6) *reine Dienste-Anbieter (service provider)* – Unternehmen, die ohne eigene Netzinfrastruktur lokal unbegrenzt Sprachtelefondienste anbieten (Telefongesellschaften ohne Netz),[242]

(7) *Internet-Anbieter (internet service provider)* – Unternehmen, die bisher Internet-Zugänge anbieten und ihren Dienst um die Internet-Telefonie erweitern oder reine Internet-Telefonie-Anbieter,[243]

---

[237] Globale strategische Allianzen sind *Concert*, *World Partners*, *Unisource* und *Global One*; vgl. *H. Hengenburg*, zfbf 1998, S. 479 (493 f.); *K. W. Grewlich*, Konflikt und Ordnung in der globalen Kommunikation, S. 69 f.; *D. Elixmann*, in: *H. Kubicek/ D. Klumpp/G. Müller/K.-H. Neumann/E. Raubold/A. Roßnagel* (Hrsg.), Jahrbuch Telekommunikation und Gesellschaft 1996, S. 50 (61 f.); *A. Graf von Gneisenau/ H. C. Koth*, in: *Booz/Allen/Hamilton* (Hrsg.), Telekommunikation in der Welt von morgen, S. 227 (242); F.A.Z. v. 30.9.1999, S. 29.

[238] Zum Beispiel Viag Interkom, Mannesmann Arcor, o.tel.o., AT&T, Tele Danmark.

[239] Zum Beispiel NetCologne (Köln), die im Gegensatz zu nationalen Vollanbietern bereits seit 1.1.1998 Ortsgespräche anbieten, M'Net (München), HanseNet (Hamburg), VEW TELNET (Dortmund), NEFkom (Nürnberg), KomTel (Flensburg); vgl. hierzu *S. Kerschner*, Funkschau v. 3.9.1999, S. 34 ff.

[240] Zum Beispiel Colt Telecom (Frankfurt), Isis Multimedia (Düsseldorf).

[241] Zum Beispiel TSS Telekabel Service Süd (Berlin/Augsburg), Transnet (Leipzig).

[242] Zum Beispiel RWE Talkline (Elmshorn), Debitel (Stuttgart).

(8) *Satellitenkommunikation-Anbieter* – internationale Konsortien, die weltweit Satellitenkommunikation anbieten,[244]

(9) *Mobilfunk-Anbieter* – Unternehmen, die mobile Dienste und Sprachtelefonie anbieten[245] und

(10) *TV-Breitbandkabel-Anbieter* – Unternehmen aus dem Medienbereich, die über eigene TV-Breitbandkabelnetze Telekommunikationsdienste anbieten.[246]

Zwischen diesen Gruppen können sich Überschneidungen ergeben. So versuchen etwa ehemalige staatliche Monopolunternehmen durch Kooperationen und Beteiligungen in strategischen Allianzen der globalen Vollanbieter am internationalen Telekommunikationsmarkt zu partizipieren. Sie besetzen neue Geschäftsfelder der Internet- und Satellitenkommunikation, um bei Einführung dieser Technologien am Markt präsent zu sein. Umgekehrt sind ausländische Unternehmen auf inländische Partner angewiesen, um die jeweils nationalen Märkte besser erschließen zu können. Infolge der Integration von Festnetz- und Mobilfunktelefonie (Konvergenz der Netze)[247] treten nationale Vollanbieter zudem als Mobilfunkanbieter auf. Andere strategische Gruppen konzentrieren sich auf räumliche (regionale und spezialisierte Anbieter, Infrastruktur-Anbieter) und sachliche Teilmärkte (Internet-, Mobilfunk- und Satellitendienste). Sie bieten Sprachtelefondienste ohne (reine service provider)[248] oder umfassende Telekommunikationsdienste mit eigener Infrastruktur an (TV-Breitbandkabelnetzbetreiber).

---

[243] Zum Beispiel Level3, Bay Networks, Cisco Systems, 3Com, PSINet, JFAX, Metronet, *EITO/EEIG* (Hrsg.), European Technology Observatory 1999, S. 128; siehe auch Manager Magazin 3/1998, S. 205.

[244] Von den ursprünglich 5 Netzbetreibern (Odyssey Telecommunications International (OTI), Globalstar, Teledisc, Iridium, ICO Global Communications) haben 2 (Iridium, ICO) bei US-amerikanischen Konkursgerichten im August 1999 ihre Zahlungsunfähigkeit angemeldet, F.A.Z. v. 16.8.1999, S. 19 und v. 30.8.1999, S. 25.

[245] DeTe-Mobil (C/D 1-Netz), Mannesmann Mobilfunk GmbH (D 2-Netz), E-plus Mobilfunk GmbH (E-plus Netz), E-2 Mobilfunk GmbH & Co. KG (E 2-Netz); vgl. zum Mobilfunkmarkt *J. Kurtsiefer*, Die Deregulierung der Mobilfunkmärkte Deutschlands, S. 86 ff.

[246] Z.B. Bertelsmann-Konzern.

[247] Hierzu *E. Wrobel*, Alcatel Telecom Rundschau 1997, S. 180 ff.

[248] Zur Bedeutung von „service providern" im Mobilfunkmarkt, *E.-J. Mestmäcker*, Beilage zu MMR 8/1998, S. 8 und 12; *P. Salje*, Zur marktbeherrschenden Stellung der Betreiber von Mobilfunknetzen, S. 24 ff.

Der Markt wird sich allgemein von der Wettbewerbspositionierungsphase (1993/94-1998)[249] über eine Transformationsphase mit sektorspezifischer Regulierung (3-5 Jahre)[250] entwickeln und das Ausscheiden einiger Wettbewerber bewirken.[251] Diese Konsolidierungsphase soll schließlich zu funktionsfähigem Wettbewerb ohne staatliche Regulierung führen. Während der ersten Phase kristallisierten sich verschiedene Marktstrategien und Konzepte heraus, die sich in national[252] und international[253] wechselnden Unternehmenszusammenschlüssen und strategischen Allianzen niederschlugen.[254] Den nationalen Vollanbietern gemeinsam war die Suche nach einem internationalen, finanzkräftigen und im Telekommunikationsgeschäft erfahrenen Partner.[255]

---

249 Zum marktwirtschaftlichen Transformationsprozeß der Telekom und den Marktstrategien der neuen Netzbetreiber *T. J. Gerpott*, Wettbewerbsstrategien im Telekommunikationsmarkt, S. 123 ff. und 181 ff.; *H. Hermann*, Wettbewerbsstrategien alternativer Telekommunikationsunternehmen in Deutschland, S. 27 ff.; *S. Eikelmann/ R. Perillieux*, in: *Booz/Allen/Hamilton* (Hrsg.), Telekommunikation in der Welt von morgen, S. 247 ff.

250 Zur wirtschaftswissenschaftlichen Begründung staatlicher Regulierung *W. Burr*, Netzwettbewerb in der Telekommunikation, S. 147 f.; *A. Picot/W. Burr*, zfbf 1996, S. 173 (175).

251 Siehe nur die Übernahme des Festnetzgeschäfts von o.tel.o. durch Mannesmann Arcor, F.A.Z. v. 7.4.1999, S. 17 und v. 28.5.1999, S. 17.

252 Vgl. allein die wechselnden Unternehmensbeteiligungen und Allianzen von RWE (zunächst beteiligt an CNI, dann Allianz mit Viag/BT und schließlich Gemeinschaftsunternehmen mit Veba), F.A.Z. v. 8.9.1995, S. 24 und v. 10.10.1996, S. 20; Der Spiegel v. 14.11.1996, S. 96. Siehe zu den nationalen und internationalen Beteiligungen deutscher Unternehmen *S. Kerschner*, Funkschau v. 1.10.1999, S. 18 f.

253 Vgl. nur die gescheiterte Fusion zwischen BT und MCI, sowie die Übernahme durch Worldcom im Herbst 1997, F.A.Z. v. 9.12.1997, S. 27; SZ v. 17.10.1997, S. 29 oder die gescheiterte Fusion der Deutschen Telekom mit Telecom Italia im Frühjahr 1999 und die anschließende Allianz mit der spanischen Telefónica, F.A.Z. v. 23.4.1999, S. 13; v. 25.5.1999, S. 23 und v. 26.7.1999, S. 15. Zur Beteiligung von AT&T und BT an Japan Telecom, F.A.Z. v. 23.4.1999, S. 16.

254 *W. A. Knetsch*, CR 1996, S. 568 (569).

255 AT&T als internationaler Partner von Mannesmann Arcor, sowie BT und Telenor als Partner von Viag Interkom.

III. Kollidierende Interessen im Spannungsfeld der Zusammenschaltung

Ziel der Netzzusammenschaltung ist es, Telekommunikationsleitungen zur Vermeidung ökonomisch und ökologisch unvernünftiger und deshalb nicht zu rechtfertigender Investitionen zu nutzen.[256] Die rechtliche Verpflichtung, einem Wettbewerber und Konkurrenten eigene Leitungen zu überlassen, ist jedoch aus wirtschaftspolitischer und wirtschaftverfassungsrechtlicher Sicht bereits fragwürdig. Berücksichtigt man, daß die freie, soziale Marktwirtschaft auf dem – zwar sozialpflichtigen, aber – umfassend gewährten Eigentum als entscheidendem Produktionsfaktor beruht[257], so liegt es nahe, daß Unternehmen, die Telekommunikationsdienstleistungen im freien Markt anbieten wollen, eigene Übertragungsleitungen aufbauen und errichten. Verfassungsrechtlich stellt sich die Frage, ob normative Regeln über Netzzusammenschaltungen mit der grundrechtlichen Eigentumsfreiheit[258] zu vereinbaren sind.[259] Zunächst sollen jedoch die Interessen der durch die Zusammenschaltung Betroffenen aufgezeigt werden.

1. Interessen der Zusammenschaltungspetenten

Primäres Ziel der neu in den Markt eintretenden Wettbewerber ist die Gewinnerzielung und -maximierung. Da der Aufbau eigener Leitungen kosten- und zeitintensiv ist, beanspruchen sie deshalb den Zugang und die Nutzung bestehender Netze zu eigenen (Wettbewerbs-)Zwecken. Die Mitbenutzung fremder

---

[256] *M. Fehling*, VerwArch 86 (1995), S. 600; *ders.*, AöR 121 (1996), S. 59.

[257] BVerfGE 50, S. 290 (338) und 58, S. 300 (339); *H.-J. Papier*, in: *Th. Maunz/G. Dürig* (Hrsg.), Grundgesetz, Art. 14 Rdnr. 34; *R. Wendt*, in: *M. Sachs* (Hrsg.), Grundgesetz, Art. 14 Rdnr. 4.

[258] Auf die Untersuchung der ebenso betroffenen Berufsfreiheit wird im vorliegenden Rahmen nicht eingegangen. Vgl. hierzu aber eingehend für den Energiesektor *R. Scholz/S. Langer*, Europäischer Binnenmarkt und Energiepolitik, S. 257 ff.

[259] *M. Schmidt-Preuß* bezeichnet die durch das Wettbewerbspostulat und den Grundrechtsschutz geprägte Konfliktlage anschaulich als „wettbewerbspolitisches und wirtschaftsverfassungsrechtliches Paradox", *M. Schmidt-Preuß*, RdE 1996, S. 1 (2); *ders.*, AG 1996, S. 1 (7).

Leitungen kann sich dabei auf das gesamte Netz bzw. Teile hiervon oder auf den Teilnehmeranschluß beziehen. Wettbewerber verlangen entweder die Nutzung gesamter Netzeinrichtungen (Leitungen, Multiplexer, Modulatoren etc.) oder lediglich die Zurverfügungstellung von Telekommunikationsleitungen ohne Übertragungs- und Vermittlungstechnik („blanker Draht“).[260] Je nach Marktstrategie, Unternehmensstruktur und Leistungsfähigkeit fordern sie lediglich wenige Einwählknoten[261] oder möglichst viele Zusammenschaltungspunkte auf niedrigen Netzhierarchieebenen[262].

Neben dem Zugang sind faire Vertragsbedingungen hinsichtlich einer Zusammenschaltungsvereinbarung das zweite Hauptinteresse der Zusammenschaltungspetenten. Um Wettbewerbsnachteile zu vermeiden, ist es ihr Ziel, von den Zusammenschaltungsverpflichteten die gleichen Bedingungen zu erhalten, wie diese anderen Wettbewerbern, verbundenen Unternehmen oder Tochtergesellschaften gewähren. Zusammenschaltungsbedingungen können sich dabei auf technische[263], betriebswirtschaftliche[264] und rechtliche[265] Fragen beziehen.[266]

Wettbewerber sind drittens daran interessiert, Zusammenschaltungsvereinbarungen zügig abzuschließen, um in den Markt eintreten zu können. Dabei sind sie bereits im Vorfeld und im Rahmen der Verhandlungen auf Auskünfte und Informationen über das Netz der zugangsgewährenden Betreiber angewie-

---

260 Zum sog. entbündelten Zugang zur Teilnehmeranschlußleitung VG Köln, MMR 1998, S. 102 (103); OVG Münster, MMR 1998, S. 98 (99); *Ch. Engels/G. Knieps*, Zugang zu wesentlichen Leistungen, S. 32; *K.-M. Fuhr/B. Kerkhoff*, MMR 1998, S. 6 (7 f.); *K. W. Riehmer*, MMR 1998, S. 59 (60).

261 Zwei Zusammenschaltungspunkte im Anordnungsverfahren *AugustaKom GmbH*, Reg TP, MMR 1999, S. 429 (430); drei Zusammenschaltungspunkte im Verfahren *EconoPhone GmbH*, Reg TP, MMR 1999, S. 430 (431).

262 Andererseits kann auch das verpflichte Unternehmen mehrere Zusammenschaltungspunkte verlangen, um Kapazitätsengpässe zu vermeiden, vgl. Reg TP, MMR 1999, S. 430 ff. m. Anm. *H.-J. Piepenbrock*, S. 435 (437).

263 Anzahl, Ort der Zusammenschaltungspunkte, Kollokation, Durchleitung der Gebührenimpulse, Rufnummernportabilität etc.

264 Kostenrechnung, Inkassovereinbarungen, Rechnungsstellung der Kunden, etc.

265 Ansprüche auf Signalübermittlungen und Entgelt, Zutrittsrechte bei physischer Kollokation, Haftung, etc.

266 Siehe zu Zusammenschaltungsvereinbarungen *P. M. Rütter*, Archiv PT 1993, S. 362 (372).

sen. Eigene Informationen sollen jedoch möglichst nicht offenbart werden, denn hieraus könnte auf die geplante Geschäftsstrategie oder technische Innovationen geschlossen werden.

Als Gegenleistung für die Mitbenutzung sind Zusammenschaltungspetenten zwar generell bereit, ein Entgelt zu zahlen. Sie akzeptieren in der Regel die Zahlung der durch die Zusammenschaltung verursachten Kosten, jedoch nicht die Umlage tatsächlicher Errichtungskosten der in Anspruch genommenen Leitungen sowie Verzinsungen des dabei eingesetzten Kapitals. Sie berufen sich in aller Regel darauf, daß sie ein entsprechendes Netz kostengünstiger aufgebaut hätten.[267] Keinesfalls wollen sie durch zu hohe Zusammenschaltungsentgelte finanzielle Altlasten ehemals staatlicher Monopolunternehmen sanieren.

2. Interessen der Zusammenschaltungsverpflichteten

Potentiell zusammenschaltungspflichtige Unternehmen wollen in erster Linie Gewinn erzielen, deshalb bestehende Marktanteile sichern und Wettbewerber vom Markt fernhalten. Sie haben kein Interesse, unmittelbaren Konkurrenten den Markteintritt zu erleichtern, indem sie ihnen gestatten, ihre Netze mitzubenutzen.[268] Eigene Netze sollen vielmehr nur zum eigenen Vorteil im Wettbewerb als Produktionsfaktor eingesetzt und andere von der Nutzung ausgeschlossen werden. Die Funktionsfähigkeit und Sicherheit des Netzes vor externen Einflüssen soll geschützt werden, Kapazitäten erhalten bleiben und sowohl technischer[269] und sachlicher[270] (Mehr-) Aufwand vermieden werden. Primäres Interesse zusammenschaltungspflichtiger Unternehmen ist deshalb die Verweige-

---

[267] Laut *S. Weyhenmeyer* (NetCologne) ist eine Erschließung der Endkunden in Neubaugebieten zum Preis zwischen 500,-- DM und 800,-- DM möglich, während die Telekom für den Teilnehmeranschluß in den neuen Ländern 2000,-- DM pro Kunde investierte, Symposium „Wie geht es weiter auf den liberalisierten Telekommunikationsmärkten?" am 10.2.1998 in Frankfurt am Main.

[268] *M. Schmidt-Preuß*, AG 1996, S. 1 (7).

[269] Kollokation, Rufnummernportabilität, Gebührenimpulsdurchleitung, etc.

[270] Verwaltung, Abrechnung, etc.

rung der Netzzusammenschaltung.[271] Dabei berufen sich verpflichtete Unternehmen auf technische Schwierigkeiten und Kapazitätsauslastungen des Netzes.[272] Protektionistische Handlungsweisen sind zudem die Verzögerung von Vertragsverhandlungen[273] sowie die Informations- und Auskunftsverweigerung. Ferner werden Zusammenschaltungspunkte lediglich begrenzt angeboten, die Rufnummernportabilität und Durchleitung von Gebührenimpulsen[274] verweigert sowie die Abnahme von Mindestmengen an Gesprächsaufkommen[275] verlangt.

Sekundäres Interesse der zusammenschaltungspflichtigen Netzbetreiber ist die Erzielung eines möglichst hohen Entgelts.[276] Dadurch könnten sie frühere Errichtungskosten amortisieren und freie Kapazitäten gewinnbringend auslasten. Das Zusammenschaltungsentgelt sollte dabei – neben den durch die Zusammenschaltung verursachten Kosten, den anteilsmäßigen Errichtungskosten und der angemessenen Kapitalverzinsung – einen Gewinnanteil für die Mitbenutzung der Leitungen aufweisen.[277]

Eine Netzverbindung kann andererseits – je nach Art der Zusammenschaltung – auch im Interesse eines Netzbetreibers liegen. Ist unmittelbare Konkurrenz und ein Kundenverlust durch die Zusammenschaltung nicht zu befürchten bzw. dient die Zusammenschaltung sogar der Kundensicherung, so dürften die Verpflichteten selbst an einer Zusammenschaltung interessiert sein. Dies ist der Fall, wenn sie auf den Telefonverkehr aus anderen Netzen angewiesen sind,

---

271 Die Zusammenschaltung wurde insbesondere sog. Verbindungsnetzbetreibern verweigert. Hierzu und zur Diskussion über deren Netzbetreibereigenschaft *H.-W. Hefekäuser*, MMR Aktuell 4/1998, S. VIII; *ders.*, MMR Aktuell 2/1999, S. VII f.; *R. Schütz*, MMR Aktuell 11/1998, S. V f.; siehe auch die öffentliche Anhörung der Regulierungsbehörde, Mitteilung Nr. 134/1998, ABl. Reg TP 1998, S. 1643 ff., und deren Ergebnis, Mitteilung Nr. 73/1999, ABl. Reg TP 4/1999, S. 759.

272 Reg TP, MMR 1999, S. 430 (433) m. Anm. *H.-J. Piepenbrock*, S. 435 (437).

273 Vgl. nur den Abbruch der Verhandlungen der Deutschen Telekom mit Verbindungsnetzbetreibern, F.A.Z. v. 26.6.1998, S. 13.

274 F.A.Z. v. 20.5.1998, S. 17.

275 Reg TP, MMR 1999, S. 430 (434) m. Anm. *H.-J. Piepenbrock*, S. 435 (439).

276 Vgl. zur Entgeltdebatte F.A.Z. v. 28.8.1998, S. 20; v. 5.11.1998, S. 19 und v. 9.2.1999, S. 17; siehe auch *H.-W. Hefekäuser*, MMR Aktuell 5/1998, S. VIII; *ders.*, MMR Aktuell 7/1998, S. XIII; *ders.*, MMR 11/1998, S. X; Reg TP, MMR 1998, S. 621 ff.; Reg TP, MMR 1998, S. 681 ff.

277 *M. Schmidt-Preuß*, AG 1996, S. 1 (8).

etwa weil ein Kunde aus dem Festnetz in ein Mobilfunk- oder Satellitennetz telefonieren möchte. Aus diesem Grund wird insbesondere bei Fest-/Mobilfunk- bzw. Satellitennetzzusammenschaltungen die Verhandlungssituation nicht durch konträre, sondern interdependale Interessen der Parteien geprägt. Gleiches gilt beispielsweise, wenn alternative Netze, z. B. das Internet oder Stromnetze, eine zweite nationale, konkurrenzfähige Infrastrukturplattform bieten. Um in diesem Fall Kundenabwanderungen zu vermeiden und die interoperable Kommunikation im eigenen Netz aufrechtzuerhalten, werden nationale Netzbetreiber einer Zusammenschaltung positiv gegenüber stehen.

3. Allgemeinwohlinteressen

Neben der aufgezeigten Interessenlage der Parteien gilt es, allgemeine, hiervon unabhängige und übergeordnete Interessen im Rahmen der Zusammenschaltung zu beachten. Diese ergeben sich aus gesellschaftlichen, sozioökonomischen, volkswirtschaftlichen und global-industriepolitischen Gesichtspunkten. Aufgabe und Zweck der Wirtschaftstätigkeit in der Telekommunikation ist die Bedarfsdeckung und Nachfragebefriedigung der Verbraucher mit Telekommunikationsdienstleistungen. Nachdem diese Versorgung in Europa aufgrund der Annahme, es handele sich um sog. natürliche Monopole[278] über Jahrzehnte in Monopolmärkten erfolgte, sollen Telekommunikationsdienstleistungen nun im Wettbewerb erbracht werden. Primäres Ziel der Deregulierungs- und Liberalisierungspolitik ist die Ermöglichung und Schaffung von Wettbewerb. Wettbewerb verfolgt dabei keinen Selbstzweck, sondern das wirtschaftspolitische Ziel, Telekommunikationsdienstleistungen effizient, leistungsgerecht und verbrauchergünstig zur Verfügung zu stellen und technische Innovationen zu fördern. Volkswirtschaftlich erstrebenswert, den freiheitlichen Wertvorstellungen sozialer Rechtsordnungen immanent, gewährleistet der Wettbewerb als konstituierender Faktor marktwirtschaftlicher Gesellschaften sozialen

---

[278] *H. Klodt*, Wettbewerb und Regulierung in der Telekommunikation, S. 35; *M. Voeth*, Entmonopolisierung von Märkten – Das Beispiel Telekommunikation, S. 19 ff.; *W. Burr*, Netzwettbewerb in der Telekommunikation, S. 66 f.; *P. Müller*, Telekommunikation in der europäischen Union, S. 61 ff.

Wohlstand und Sicherheit.[279] Wettbewerb in der Telekommunikation soll sich deshalb in erster Linie zugunsten der Verbraucher auswirken, indem die Kosten von Telekommunikationsdienstleistungen gesenkt werden, gleichzeitig aber auch die flächendeckende Versorgung der Bevölkerung mit einem Grundangebot von Diensten (Universaldienstleistungen) gewährleistet bleibt. Globales industriepolitisches Ziel ist es, die Telekommunikationsindustrie Europas im weltweiten Markt zu stärken. Die Zusammenschaltung soll dabei zugunsten der Endnutzer die interoperable Kommunikation zwischen verschiedenen Netzen ermöglichen. Als Allgemeinwohlinteressen sind deshalb im Rahmen der Zusammenschaltungsproblematik die Ermöglichung funktionsfähigen Wettbewerbs und der Schutz der Interessen der Verbraucher zu berücksichtigen.

4. Interessendreieck

In deregulierten Telekommunikationsmärkten kommt deshalb nationalen Regulierungsbehörden die Aufgabe zu, kollidierende Interessen der Zusammenschaltungsparteien unter Berücksichtigung des Wettbewerbsziels und der Verbraucherinteressen[280] auszugleichen. Das durch die Zusammenschaltung betroffene Interessengeflecht zeichnet sich dabei durch tripolare Beziehungen zwischen Zusammenschaltungspetenten, -verpflichteten und Verbrauchern – wie in Abbildung 3 dargestellt – aus.

---

[279] *Monopolkommission* (Hrsg.), Wettbewerbspolitik oder Industriepolitik, S. 25; *W. Burr*, Netzwettbewerb in der Telekommunikation, S. 11.

[280] Vgl. zu kollidierenden Privatinteressen allgemein *M. Schmidt-Preuß*, Kollidierende Privatinteressen im Verwaltungsrecht, S. 6 ff.,

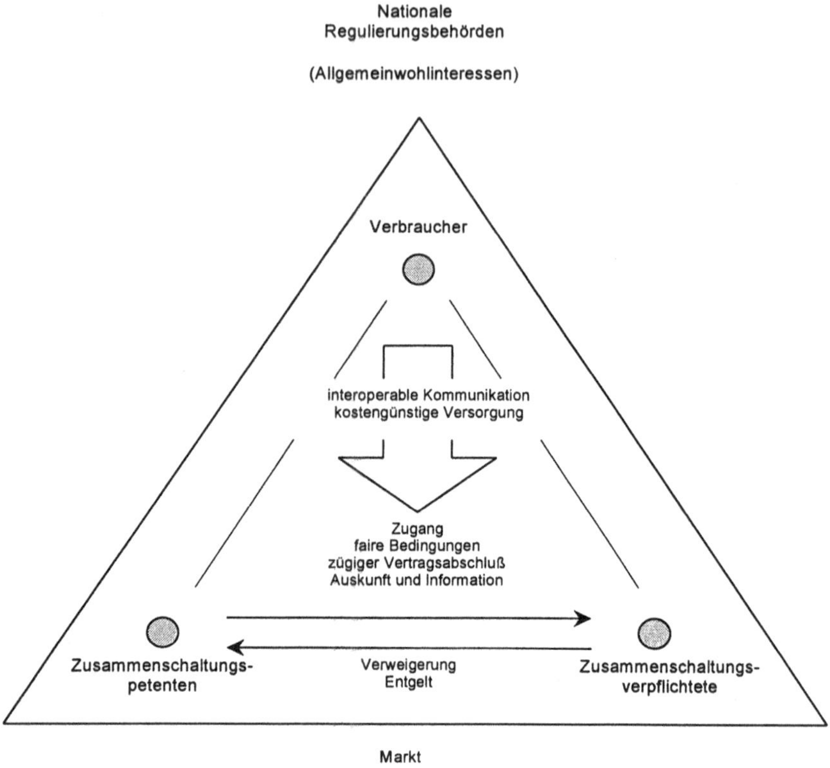

Abbildung 3 visualisiert das durch die Zusammenschaltung betroffene Interessengeflecht im Wettbewerbsmarkt.

2. Kapitel: Konkurrentennützige Inanspruchnahme fremder Infrastruktur als ordnungspolitisches Regulierungskonzept für den Übergang von Monopol- zu Wettbewerbsmärkten

Die wirtschaftverfassungsrechtliche Forderung der eigenen Infrastrukturerrichtung[281] versagt nicht nur im Telekommunikationsbereich, sondern auch in anderen Wirtschafts- und Industriesektoren, die für das Angebot von Produkten und Dienstleistungen bestimmte trassen- oder leitungsgebundene Einrichtungen erfordern.[282] Wettbewerber sind deshalb – neben der Telekommunikation – insbesondere in den Bereichen des Bahnverkehrs und der Energieversorgung[283] aus ökonomischen Gründen auf die Benutzung existierender Schienenwege bzw. Versorgungsleitungen angewiesen.[284] Auch hier ist der Aufbau eigener Einrichtungen kosten- und zeitintensiv und würde die Einführung des

---

[281] Siehe hierzu bereits oben 1. Kap. B. III., S. 51.

[282] Vgl. *C. Bittner*, Drittzulassung zu Infrastruktureinrichtungen, S. 43; *K. v. Miert*, WuW 1998, S. 7; *A. Klimisch/M. Lange*, WuW 1998, S. 15.

[283] Auf den Bereich der Post wird im vorliegenden Rahmen insofern nicht eingegangen, als es sich beim Postnetz nicht um leitungs- oder trassengebundene Einrichtungen handelt. Auch der Zugang zu Bodenabfertigungsdiensten für Luftfahrtunternehmen bleibt außer Betracht, da es sich bei Flughäfen – ebenso wie Seehäfen – um punktuelle Infrastruktureinrichtungen handelt. Vgl. zur Liberalisierung der Postmärkte die Richtlinie des Europäischen Parlaments und des Rates v. 15.12.1997 über die gemeinsamen Vorschriften für die Entwicklung des Binnenmarktes der Postdienste der Gemeinschaft und die Verbesserung der Dienstequalität (97/67/EG), ABl. EG Nr. L 15/14 v. 21.1.1998, S. 14; zum Zugang zu Flughafenanlagen die Richtlinie des Rates v. 15.10.1996 über den Zugang zum Markt der Bodenabfertigungsdienste auf den Flughäfen der Gemeinschaft (96/67/EG), ABl. EG Nr. L 272/36 v. 23.10.1996, S. 36.

[284] Vgl. zu den ökonomischen Besonderheiten dieser Infrastrukturen eingehend *G. Hermes*, Staatliche Infrastrukturverantwortung, S. 304 ff.

Wettbewerbs verzögern bzw. verhindern.[285] Aus diesem Grund soll zunächst die Mitbenutzung fremder Einrichtungen im Eisenbahn- und Energierecht[286] vorgestellt werden (hierzu A.), um in einem zweiten Schritt die gemeinschaftswohlorientierte Infrastrukturveranwortung (hierzu B.) aufzuzeigen. Ausgehend von der mitgliedstaatlichen Aufgabenwahrnehmung werden die Integrations- und Infrastrukturpolitik der Gemeinschaft im Rahmen transeuropäischer Netze und das sektorübergreifende, ordnungspolitische Konzept der konkurrentennützigen Inanspruchnahme fremder Infrastrukturen zur Wettbewerbsöffnung netzgebundener Industrien entwickelt.

A. Zugang, Transit und Durchleitung im europäischen Eisenbahn- und Energierecht

I. Zugangs- und Transitrechte zu Schienenwegen

Ziel der Richtlinie zur Schaffung des Binnenmarktes für den Schienenverkehr vom 29. Juli 1991 (EisbahnRL)[287] ist, Zugangs- und Transitrechte zu Schienenwegen zu garantieren.[288] Unter Zugang und Transit[289] ist die Mitbenutzung der

---

285 *M. Fehling*, AöR 121 (1996), S. 59 (60); *ders.*, VerwArch 86 (1995), S. 600; *M. Peneder*, Wirtschaft und Gesellschaft 1996, S. 215.

286 Vgl. zur Liberalisierung des Postsektors *Th. v. Danwitz*, Alternative Zustelldienste und Liberalisierung des Postwesens, S. 24; *H. Gröner/A. Knorr*, EWS 1996, S. 225 ff.; *J. Basedow*, EuZW 1996, S. 143 ff.; vgl. zum deutschen Recht *L. Gramlich*, NJW 1998, S. 866 ff.; *P. Badura*, Archiv PT 1997, S. 277 (279); *K. Stern*, DVBl. 1997, S. 309 ff.; zum Postmonopol *S. Neu*, Marktöffnung im nationalen und internationalen Postwesen, S. 9 ff.

287 Richtlinie des Rates v. 29.7.1991 zur Entwicklung der Eisenbahnunternehmen der Gemeinschaft (91/440/EWG), ABl. EG Nr. L 237/25 v. 24.8.1991, S. 25 (EisbahnRL); siehe hierzu *Th. Oppermann*, Europarecht, Rdnr. 1452; *J. Basedow/M. Dolfen*, in: *M. A. Dauses* (Hrsg.), Handbuch des EU-Wirtschaftsrechts, Kap. L, Rdnr. 236; *G. Fromm*, Int. Verkehrswesen 46 (1994), S. 97 (98).

288 Vgl. Art. 1 EisbahnRL. Stadt,- Vorort- und Regionalverkehr sind vom Anwendungsbereich der Richtlinie ausgeschlossen.

Schienentrassen des Betreibers der Eisenbahninfrastruktur durch Wettbewerber zu verstehen.

1. Netzzugang

Zugangs- und Transitrechte erhalten „internationale Gruppierungen“[290], die von mindestens zwei Eisenbahnunternehmen mit Sitz in verschiedenen Mitgliedstaaten zum Zwecke der grenzüberschreitenden Erbringung von Verkehrsleistungen gegründet werden können[291], in den jeweiligen Mitgliedstaaten ihrer Gründungsunternehmen. In anderen Mitgliedstaaten stehen ihnen zusätzlich Transitrechte zu, um den grenzüberschreitenden (Transit-) Verkehr zu ermöglichen (Art. 10 Abs. 1 EisbahnRL). Nationale Eisenbahnunternehmen besitzen ein Zugangsrecht zur Infrastruktur anderer Mitgliedstaaten zu angemessenen Bedingungen, jedoch nur für den grenzüberschreitenden kombinierten Güterverkehr[292] (Art. 10 Abs. 2 Satz 1 EisbahnRL).[293] Die Zugangspetenten müssen mit Infrastrukturbetreibern administrative, technische und finanzielle Vereinbarungen bezüglich der Verkehrssicherheit und -regelung zu nichtdiskriminierenden Bedingungen schließen (Art. 10 Abs. 3 EisbahnRL). Die Richtlinie schreibt somit Zugangs- und Transitrechte nur für den Netzzugang[294]

---

[289] Transit ist der Verkehr durch einen Mitgliedstaat, *P. Mückenhausen*, in: *C. O. Lenz* (Hrsg.), EG-Vertrag, Art. 71 Rdnrn. 8 und 11; *L. Eckert*, in: *J. F. Baur* (Hrsg.), Leitungsgebundene Energie und der Gemeinsame Markt, S. 11 (15).

[290] Zum Beispiel das durch die Unternehmen British Rail (BR), Deutsche Bundesbahn (DB), NV Nederlandse Spoorwegen (NS) und Société Nationale des Chemins de Fer Français (SNCF) gegründete Gemeinschaftsunternehmen „European Night Services Ltd.“ mit Sitz in London für den grenzüberschreitenden Personennachtverkehr durch den Kanaltunnel.

[291] Legaldefinition Art. 3, 3. Spstr. EisbahnRL.

[292] Auf Schiene, Straße und Wasser, *G. Nicolaysen*, Europarecht II, S. 448.

[293] Nach Vorschlägen der Kommission sollen Zugangs- und Transitrechte auf den gesamten Güterverkehr und internationale Personenverkehrsdienste ausgedehnt werden, Art. 10 des Vorschlags für eine Richtlinie des Rates v. 19.9.1995 zur Änderung der Richtlinie 91/440/EWG zur Entwicklung der Eisenbahnunternehmen der Gemeinschaft (95/C 321/06), ABl. EG Nr. C 321/10 v. 1.12.1995, S. 10 sowie des geänderten Vorschlags v. 13.2.1997 (97/C 124/03), ABl. EG Nr. C 124/25 v. 21.4.1997, S. 25.

[294] Vgl. zum Netzzugang nach § 14 AEG (Allgemeines Eisenbahngesetz – (AEG) v. 27.12.1993, BGBl. I S. 2378, 2369, ber. 1994 I S. 2439, verkündet als Art. 5 des Gesetzes

vor, der erforderlich ist, um grenzüberschreitende Verkehrsdienstleistungen zu erbringen.[295]

2. Zuweisung und Wegeentgelt

Um grenzüberschreitende Zugangsrechte zu gewährleisten, werden die Mitgliedstaaten durch die Richtlinie über die Zuweisung von Fahrwegkapazität und die Berechnung von Wegeentgelten (ZuFahrWeRL)[296] verpflichtet, Stellen und Verfahren für die gerechte und nichtdiskriminierende Zuweisung von Schienenkapazitäten zu errichten (Art. 1 Abs. 3, 3 Satz 1, 10 Abs. 1 ZuFahrWeRL). Zuweisungsstelle kann dabei eine Behörde oder der Fahrwegbetreiber selbst, d.h. der Infrastrukturbetreiber[297] sein. Zugangsverweigerungsgründe sind in den Richtlinien nicht ausdrücklich genannt; jedoch ist die erneute Prüfung eines Antrags auf Fahrwegzuweisung bei der nächsten Fahrwegänderung möglich, wenn der ursprüngliche Antrag mangels ausreichender Kapazität abgelehnt wurde (Art. 10 Abs. 3 ZuFahrWeRL). Im Umkehrschluß können somit Kapazitätsengpässe die Verweigerung des Zugangs begründen. Informationsansprüche der Zugangspetenten sind lediglich hinsichtlich der Infrastrukturqualität und -kapazität geregelt (Art. 9 Abs. 3 ZuFahrWeRL).[298]

---

zur Neuordnung des Eisenbahnwesens (Eisenbahnneuordnungsgesetz – (ENeuOG)); vgl. zu möglichen Formen der Diskriminierung *G. Aberle/A. Hetterich*, Int. Verkehrswesen 45 (1993), S. 15 (16 ff.).

295 *J. Erdmenger*, in: *H. v. d. Groeben/J. Thiesing/C.-D. Ehlermann* (Hrsg.), EU-/EG-Vertrag, Art. 75 Rdnr. 36; *J. Basedow/M. Dolfen*, in: *M. A. Dauses* (Hrsg.), Handbuch des EU-Wirtschaftsrechts, Kap. L, Rdnr. 236.

296 Richtlinie des Rates v. 19.7.1995 über die Zuweisung von Fahrwegkapazität der Eisenbahn und die Berechnung von Wegeentgelten (95/19/EG), ABl. EG Nr. L 143/75 v. 27.6.1995, S. 75 (ZuFahrWeRL).

297 Kritisch *R. Eiermann*, NJW 1998, S. 1846 (1847).

298 Vgl. insgesamt zu den Richtlinien im Eisenbahnsektor *T. Heinemann*, Int. Verkehrswesen 51 (1999), S. 174 (175 f.); *G. Schulz*, Das Eisenbahnwesen des Bundes und die Stellung der deutschen Bahnen auf dem Europäischen Binnenmarkt, S. 258 ff.; *M. Schmalbach*, Wettbewerb auf der Schiene, S. 21 ff.; *G. Fromm*, Int. Verkehrswesen 46 (1994), S. 97 (98); *H. Schmuck*, Int. Verkehrswesen 46 (1994), S. 195 ff.; *ders.*, TranspR 1992, S. 41 (42 ff.); *A. v. Loesch*, ZögU 1991, S. 185 ff.; allgemein zur Entwicklung des europäischen Eisenbahnrechts *S. Magiera*, in: *W. Blümel* (Hrsg.), Verkehrswegerecht im Wandel, S. 35 ff.

Die Mitgliedstaaten sind ferner verpflichtet, Vorschriften über die Festlegung des zu leistenden Entgelts für die Mitbenutzung fremder Schienentrassen zu erlassen. Als Kriterien für das Nutzungsentgelt können dabei vor allem die gefahrenen Zugkilometer, die Zusammensetzung des Zuges, dessen Geschwindigkeit und Achslast sowie die Dauer der Benutzung berücksichtigt werden (Art. 8 EisbahnRL).[299] Der Fahrwegbetreiber kann nach Art und Zeit des Verkehrsdienstes, der Marktlage sowie der Art und Abnutzung des Fahrwegs das Entgelt erheben (Art. 8 Abs. 1 ZuFahrWeRL). Die Aufwendungen für Fahrwege müssen langfristig durch die Erträge aus den Wegeentgelten einschließlich staatlicher Beihilfen ausgeglichen werden (Art. 6 Abs. 1 ZuFahrWeRL).[300] Sowohl die Eisenbahnrichtlinie als auch die Richtlinie über die Zuweisung von Fahrwegkapazitäten geben somit nur allgemeine Kriterien für die Berechnung des Nutzungsentgelts vor.[301] Gegen Entscheidungen der Zuweisungsstelle und die Festsetzung des Nutzungsentgelts durch den Fahrwegbetreiber können Eisenbahnunternehmen bei einer von den Mitgliedstaaten zu schaffenden, unabhängigen Stelle Beschwerde einlegen, deren Entscheidung gerichtlich überprüfbar sein muß (Art. 13 ZuFahrWeRL).

Die Mitbenutzung fremder Schienenwege für den grenzüberschreitenden Verkehr erfolgt somit im europäischen Eisenbahnrecht durch obligatorische Zugangs- und Transitrechte, die eine unabhängige Behörde oder der Fahrwegbetreiber unter Festsetzung des zu leistenden Nutzungsentgelts gewährt und die nur bei unzureichender Fahrwegkapazität verweigert werden können.[302]

---

[299] Die *DB Netz AG* verlangt pro Kilometer Schiene durchschnittlich 10,- DM, während in den Niederlanden der Preis für die Nutzung der Schienentrassen bei etwa 0,50 DM liegt; F.A.Z. v. 12.10.1999, S. 12.

[300] Das Bundeskartellamt eröffnete im Herbst 1999 gegen die *Deutsche Bahn AG* ein Mißbrauchsverfahren wegen überhöhter Trassenpreise, da private Eisenbahngesellschaften 35 % mehr für die Nutzung der Schienen zahlen mußten als DB-Tochterunternehmen, F.A.Z. v. 12.10.1999, S. 12.

[301] *J. Basedow/M. Dolfen*, in: *M. A. Dauses* (Hrsg.), Handbuch des EU-Wirtschaftsrechts, Kap. L, Rdnr. 236.

[302] Vgl. zur Umsetzung in deutsches Recht *R. Eiermann*, NJW 1998, S. 1846 f.; *M. Ronellenfitsch*, DÖV 1996, S. 1028 (1030 ff.); *G. Fromm*, DVBl. 1994, S. 187 (190 ff.); vgl. zur Umsetzung in einzelnen EG-Staaten *H. Lindemann/D. Oelschläger*, Int. Verkehrswesen 50 (1998), S. 318 ff. (Großbritannien, Schweden, Frankreich); siehe zur Privatisierung der europäischen Bahnen *J. Cornet*, Int. Verkehrswesen 45 (1993), S. 519 ff.

II. Energiedurchleitung in Versorgungsnetzen

Die Elektrizitätsbinnenmarktrichtlinie (EltRL)[303] vom 19. Dezember 1996 und die Erdgasbinnenmarktrichtlinie (ErdgasRL)[304] vom 21. Juli 1998[305] regeln primär die freie Erzeugung und Lieferung von Energie[306], die Verpflichtung zur buchtechnischen Entflechtung und Kostentransparenz bisher vertikal integrierter Unternehmen („unbundling")[307] sowie die Direktleitung von Elektrizität und Gas an Abnehmer[308] und den Netzzugang zu fremden Leitungsnetzen.[309] Der im Energierecht für die Mitbenutzung fremder Versorgungsnetze gebräuchliche Begriff der „Durchleitung"[310] bedeutet im rein technisch-physikalischen Sinn, daß Energie an einer Stelle in das Übertragungs- und Versorgungsnetz eingespeist und an anderer Stelle wieder entnommen wird.[311] Die eingespeiste und

---

[303] Richtlinie des Europäischen Parlaments und des Rates v. 19.12.1996 betreffend gemeinsame Vorschriften für den Elektrizitätsbinnenmarkt (96/92/EG), ABl. EG Nr. L 27/20 v. 30.1.1997, S. 20 (EltRL).

[304] Richtlinie des Europäischen Parlaments und des Rates v. 22.6.1998 betreffend gemeinsame Vorschriften für den Erdgasbinnenmarkt (98/30/EG), ABl. EG Nr. L 204/1 v. 21.7.1998, S. 1 (ErdgasRL).

[305] Vgl. zu den Richtlinien insgesamt *J. F. Baur*, RdE 1999, S. 85 (88 f.); insbesondere zur EltRL *M. Meyer-Renschhausen/M. Sieling*, ZögU 1999, S. 115 (117 f.); *G. Britz*, RdE 1997, S. 85 ff.; *dies.*, EuZW 1997, S. 334 ff.; *B. Rapp-Jung*, RdE 1997, S. 133 ff.; *B.-M. Zinow*, Elektrizitätswirtschaft 1998, S. 31; *J. F. Baur*, ET 1997, S. 624 ff.; *ders.*, ET 1996, S. 474 ff.; zur ErdgasRL *G. Apfelstedt*, ZNER 1999, S. 18 ff.; *H. Lutz*, RdE 1999, S. 102 (110 f.); *F. v. Burchard/H. Riemer*, ET 1998, S. 782 ff.; *M. Seidel/M. Weyand*, ET 1999, S. 603 ff.; *A. Riemer/M. Weyand*, ET 1998, S. 46 ff.

[306] Art. 1 EltRL (Erzeugung, Übertragung und Verteilung von Elektrizität), Art. 1 ErdgasRL (Fernleitung, Verteilung, Lieferung und Speicherung von Erdgas).

[307] Art. 13-15 EltRL; Art. 12, 13 ErdgasRL.

[308] Direktleitung ist eine zum Verbundnetz zusätzlich errichtete Leitung für den Kundenanschluß, Art. 2 Nr. 12 EltRL; Art. 2 Nr. 14 ErdgasRL.

[309] Art. 16-22 EltRL; Art. 14-23 ErdgasRL.

[310] *K. Köster*, Wettbewerbsorientierte Stromversorgung im Pool-System, S. 39 m.w.N.; *B.-M. Zinow*, Rechtsprobleme der grenzüberschreitenden Durchleitung von Strom in einem EG-Binnenmarkt für Energie, S. 28; *J. Pfeifer*, Stromdurchleitungen nach deutschem, europäischem und amerikanischem Recht, S. 7.

[311] *R. Lukes*, RdE 1998, S. 49 (52); *U. Büdenbender*, Energierecht, Rdnr. 643 ff.; *M. Schmidt-Preuß*, RdE 1996, S. 1 (2); *A. Rapp*, Die gemeinschaftsrechtliche Verwirklichung von Wettbewerb in der leitungsgebundenen Energiewirtschaft, S. 8.

entnommene Energie ist dabei nicht identisch[312], so daß – im Gegensatz zur Signalübertragung in der Telekommunikation[313] – Elektrizität und Gas gerade nicht „durchgeleitet" werden.[314] Insofern ist die Bezeichnung „Durchleitung" unzutreffend.[315] Die Elektrizitäts- und Erdgasbinnenmarktrichtlinie verzichten daher auf den Durchleitungsbegriff[316] und sprechen allgemein nur vom „Netzzugang".[317] Dabei handelt es sich technisch um den „Zusammenschluß von Versorgungsnetzen zur Einspeisung und Entnahme von Energie".[318]

---

[312] Einspeisung und Entnahme müssen technisch nicht zeitgleich erfolgen. Die Definition der Durchleitung in der deutschen Verbändevereinigung zwischen BDI, VIK und VDEW sieht jedoch eine zeitgleiche Entnahme innerhalb einer Meßperiode vor; Verbändevereinigung über Kriterien zur Bestimmung von Durchleitungsentgelten v. 22.5.1998, Vorspann i.V.m Anlage 1, abgedruckt bei *W. Obernolte/W. Danner*, Energiewirtschaftsrecht, Kap. I C 30.

[313] Siehe hierzu oben 1. Kap. A. III. 1., S. 27.

[314] *P. Salje*, RdE 1998, S. 169 (170).

[315] *H. D. Jarass*, Europäisches Energierecht, S. 45; *B.-M. Zinow*, Rechtsprobleme der grenzüberschreitenden Durchleitung von Strom in einem EG-Binnenmarkt für Energie, S. 28; siehe zur Kritik am Durchleitungsbegriff auch *H. Fischerhof*, Stromdurchleitungen über fremde Netze als Rechtsproblem, S. 21.

[316] In diesem Sinne jedoch noch Art. 10 Abs. 2 des Vorschlags der Kommission v. 24.2.1992 für eine Richtlinie des Rates betreffend gemeinsame Vorschriften für den Elektrizitätsbinnenmarkt (92/C 65/04), ABl. EG Nr. C 65/4 v. 14.3.1992, S. 4 (9); Art. 9 Abs. 2 des Vorschlags der Kommission v. 24.2.1992 für eine Richtlinie des Rates betreffend gemeinsame Vorschriften für den Erdgasbinnenmarkt (92/C 65/05), ABl. EG Nr. C 65/14 v. 14.3.1992, S. 14 (18).

[317] Anders das deutsche Recht in § 6 Abs. 1 EnWG (Gesetz über die Elektrizitäts- und Gasversorgung (Energiewirtschaftsgesetz – EnWG) v. 24.4.1998, BGBl. I S. 730, verkündet als Art. 1 des Gesetzes zur Neuregelung des Energiewirtschaftsrechts). Vgl. auch § 103 Abs. 5 Satz 2 Nr. 4 GWB a.F. (Gesetz gegen Wettbewerbsbeschränkungen v. 26.8.1998, BGBl. I S. 2546).

[318] *P. Salje* verwendet zur Veranschaulichung das Bild eines Teiches, in den Wasser eingeleitet und an anderer Stelle abgezapft wird; *P. Salje*, RdE 1998, S. 169 (170); vgl. auch *R. Lukes*, RdE 1998, S. 49 (52, Fn. 23).

1. Elektrizitätsbinnenmarkt

a) Netzzugang

Aufgrund der unterschiedlich monopolistisch und pluralistisch geprägten nationalen Elektrizitätsmärkte Europas[319] bestehen zwischen potentiellen Kunden und neuen Wettbewerbern in der Regel keine direkten Versorgungsleitungen, so daß die Durchleitung von Elektrizität über fremde Leitungsnetze zur Wettbewerbsöffnung erforderlich ist.[320] Die Durchleitung wird deshalb in der Elektrizitätsbinnenmarktrichtlinie[321] durch verschiedene Regelungen des Netzzugangs realisiert.[322]

Der Netzzugang auf Vertragsbasis (Art. 17 Abs. 1 EltRL) verpflichtet die Mitgliedstaaten, Maßnahmen zu treffen, damit Kunden[323], Elektrizitätsversorgungsunternehmen (EVU) und Elektrizitätserzeuger untereinander Lieferverträge privatautonom vereinbaren können. Als besondere Form des Zugangs auf Vertragsbasis sieht die Richtlinie das sog. „geregelte System" des Zugangs vor (Art. 17 Abs. 4 EltRL). Danach ist auf der Grundlage von veröffentlichten Tarifen ausdrücklich ein Netzzugangsrecht zu gewähren.

Das Alleinabnehmersystem eröffnet hingegen, insbesondere für die Mitgliedstaaten mit Staatsmonopolen[324], die Möglichkeit, daß ein Abnehmer in einem bestimmten Gebiet für den einheitlichen Betrieb des Übertragungssystems, die zentrale Abnahme und den zentralen Verkauf von Elektrizität verantwortlich ist.[325] Die Mitgliedstaaten müssen in diesem System ermöglichen, daß Kunden

---

[319] *F. J. Säcker/J. Busche*, ET 1998, S. 18; *P. M. Mombaur*, DÖV 1997, S. 571 (573).

[320] *W. Obernolte/W. Danner*, Energiewirtschaftsrecht, Kap. I B, § 5 Rdnr. 1; *Ch. Treffer*, ZG 1997, S. 38; *H. P. Hermann*, in: *G. Kühne/W. Straßburg/H. P. Hermann/J.-J. Rupp* (Hrsg.), Wettbewerb – Bestandsschutz – Umweltschutz, S. 25 (35).

[321] Vgl. zur umstrittenen Richtlinienkompetenz *F. J. Säcker/J. Busche*, ET 1998, S. 18 (19 f.); *J. F. Baur*, ET 1997, S. 624 (625 f.); eingehend bereits *R. Scholz/S. Langer*, Europäischer Binnenmarkt und Energiepolitik, S. 208 ff.; *U. Hüffer/K. Ipsen/P. J. Tettinger*, Die Transitrichtlinien für Gas und Elektrizität, S. 83 ff.

[322] Erwägungsgrund (32) EltRL; *F. J. Säcker/J. Busche*, ET 1998, S. 18 (19).

[323] Verteilunternehmen, Großhändler oder Endverbraucher, Art. 2 Nr. 7 EltRL.

[324] Etwa in Frankreich und Italien.

[325] Art. 2 Nr. 22 EltRL.

mit Erzeugern[326] innerhalb und außerhalb dieses Alleinabnehmersystems Lieferverträge aushandeln können (Art. 18 Abs. 1 ii), iii) EltRL). Unabhängigen Erzeugern[327] muß ferner eingeräumt werden, mit Betreibern der Übertragungs- und Verteilnetze den Zugang auszuhandeln, um mit Kunden außerhalb des Alleinabnehmersystems Lieferverträge schließen zu können (Art. 18 Abs. 1 iv) EltRL). Der Alleinabnehmer kann so verpflichtet werden, Strom abzunehmen, der Gegenstand eines Liefervertrags zwischen Kunde und einem (Konkurrenz-) Erzeuger ist, den er anschließend an den Kunden zum Preis des (Konkurrenz-) Erzeugers abzüglich des Durchleitungsentgelts abgibt (Art. 18 Abs. 2 EltRL).[328] Dadurch wird Wettbewerb auch im Gebiet des Alleinabnehmers eröffnet.[329]

Beide Grundsysteme des Netzzugangs gehen zunächst vom privatautonom verhandelten Zugang der Parteien aus. Dabei müssen die Parteien den Grundsatz von Treu und Glauben berücksichtigen und dürfen ihre Verhandlungsposition nicht mißbrauchen, indem sie z.B. Vertragsabschlüsse vereiteln (Art. 20 Abs. 2 EltRL). Der Netzzugang soll jeweils nach objektiven, transparenten und nichtdiskriminierenden Kriterien erfolgen (Art. 16 Satz 2 EltRL). Streitig ist, ob die Elektrizitätsbinnenmarktrichtlinie neben diesem Ausschließlichkeitsmodell der Netzzugangssysteme auch die Kombination beider Systeme innerhalb eines Mitgliedstaates zuläßt, wie sie durch die Novellierung des deutschen Energiewirtschaftsrechts in §§ 6, 7 EnWG[330] erfolgt ist.[331] Unabhängig von der

---

[326] Jede natürliche oder juristische Person, die Elektrizität produziert, Art. 2 Nr. 2 EltRL.

[327] Unabhängige Erzeuger üben weder Übertragungs- noch Verteilungsfunktionen im Gebiet des Alleinabnehmersystems aus, Art. 2 Nr. 4 a) EltRL.

[328] *G. Britz*, RdE 1997, S. 85 (89).

[329] Nach Art. 16 Satz 1 EltRL können die Mitgliedstaaten das System nach Art. 17 „und/oder" nach Art. 18 EltRL wählen. Siehe zum Alleinabnehmersystem auch *R. Lukes*, ET 1998, S. 26 (31 ff.); *A. Rinne*, Die Energiewirtschaft zwischen Wettbewerb und öffentlicher Aufgabe, S. 26; *G. Britz*, RdE 1997, S. 85 (89).

[330] Vgl. allgemein zum deutschen Energiewirtschaftsrecht *H. Lecheler/J. Gundel*, EWS 2001, S. 249 ff.; *U. Büdenbender*, DVBl. 2001, S. 952 ff.; *M. Kuxenko*, DÖV 2001, S. 151 ff.; *G. Kuhne*, BB Beilage zu 20/2000, S. 4 ff.; *Ch. Theobald/I. Zerke*, WuW 2001, S. 19 ff.; *R. Lukes*, BB 1998, S. 1217 ff.; *M. Cronenberg*, RdE 1998, S. 85 ff.; *P. Salje*, NVwZ 1998, S. 916 ff.; *G. Kühne/B. Scholtka*, NJW 1998, S. 1902 ff.; *H.-H. Lindemann/K. Köster*, DVBl. 1997, S. 527 ff.; insbesondere zur staatlichen Energieaufsicht *U. Büdenbender*, DVBl. 1999, S. 7 ff. und zum Netzzugang *ders.*, RdE 1999, S. 1 ff.; *K. M. Walter/J. v. Keussler*, RdE 1999, S. 190 (192 f.); *R. Lukes*, Beilage zu BB 48/1998, S. 8 ff.

[331] Für die Zulässigkeit beider Systeme innerhalb eines Mitgliedstaates *R. Lukes*, ET 1998, S. 26 (27 ff.); *H. P. Hermann*, in: *G. Kühne/W. Straßburg/H. P. Hermann/J.-J. Rupp* (Hrsg.),

Wortlautinterpretation des Art. 16 EltRL[332] ist die Kombination der Zugangssysteme aufgrund der unterschiedlichen Marktstrukturen in den Mitgliedstaaten nach dem allgemeinen Subsidiaritätsprinzip (Art. 5 EG[333]) und dem Harmonisierungsgedanken, wie er in Art. 3 Abs. 1 Satz 1 EltRL zum Ausdruck kommt, zu bejahen. Danach müssen beide Netzzugangssysteme lediglich zu gleichwertigen wirtschaftlichen Ergebnissen und einer vergleichbaren Marktöffnung führen, so daß sie auch parallel innerhalb eines Mitgliedstaates angewandt werden können.[334]

Explizite Regelungen über das für den Netzzugang zu leistende Entgelt enthält die Elektrizitätsbinnenmarktrichtlinie nicht.[335] Zur Gewährleistung der Transparenz und Erleichterung der Zugangsverhandlungen sieht Art. 17 Abs. 3 EltRL lediglich die Pflicht zur Veröffentlichung von Richtwerten vor, die auf dem Durchschnitt der ausgehandelten Preise des jeweiligen Vorjahres beruhen sollen. Darüber hinaus sind Betreiber der Übertragungsnetze verpflichtet, anderen Netzbetreibern ausreichende Informationen zur Verfügung zu stellen, um die Interoperabilität der Netze zu gewährleisten (Art. 7 Abs. 4 EltRL). Wirtschaftlich sensible Informationen, von denen Netzbetreiber in Ausübung ihrer Geschäftstätigkeit Kenntnis erlangen, sind vertraulich zu behandeln (Art. 9 EltRL).[336]

Die Mitgliedstaaten können von der Anwendung der Vorschriften über den Netzzugang absehen, soweit sie zu der Einschätzung gelangen[337], daß der

---

Wettbewerb – Bestandsschutz – Umweltschutz, S. 25 (45); *P. Franke*, ET 1999, S. 273 (274); *J. Grawe*, Elektrizitätswirtschaft 1997, S. 1309; *B.-M. Zinow*, Elektrizitätswirtschaft 1998, S. 31 (32); a.A. *F. J. Säcker/J. Busche*, ET 1998, S. 18 (22).

[332] Siehe oben Fn. 329.

[333] Vertrag zur Gründung der Europäischen Gemeinschaft v. 25.3.1957, BGBl. II Nr. 23 v. 19.8.1957, S. 766 in der Fassung des Vertrags von Amsterdam v. 2.10.1997, ABl. EG Nr. C 340/1 v. 10.11.1997, S. 1; siehe hierzu allgemein *M. Hilf/E. Pache*, NJW 1998, S. 705 ff.; *R. Streinz*, EuZW 1998, S. 137 ff.

[334] *P. Franke*, ET 1999, S. 273 (274).

[335] Vgl. zur Berechnung von Durchleitungsentgelten *H.-P. Schwintowski*, ZNER 1998, S. 9 (15); *D. C. Mead*, Elektrizitätswirtschaft 1997, S. 881 ff.; *B. Hannes/C. Rottenbacher*, Elektrizitätswirtschaft 1997, S. 931 ff.; siehe auch Ziff. 2 der deutschen Verbändevereinigung, abgedruckt bei *W. Obernolte/W. Danner*, Energiewirtschaftsrecht, Kap. I C 30.

[336] Gleiches gilt für Verteilnetzbetreiber, Art. 12 EltRL.

[337] Vgl. Erwägungsgrund (13) EltRL.

Netzzugang die Erfüllung der gemeinwirtschaftlichen Verpflichtungen, die sie EVU grundsätzlich auferlegen können (Art. 3 Abs. 3 EltRL), tatsächlich oder rechtlich verhindern würde. Solche gemeinwirtschaftlichen Verpflichtungen müssen sich auf die Versorgung, Regelmäßigkeit, Qualität und den Preis von Stromlieferungen sowie auf Aspekte des Umwelt- und Verbraucherschutzes beziehen (Art. 3 Abs. 2 EltRL) und dienen einer angemessenen flächendeckenden Grundversorgung im Sinne der Daseinsvorsorge.[338] Aufgrund der ausdrücklichen und uneingeschränkten Verweisung in Art. 3 Abs. 2 EltRL auf Art. 86 EG[339], der inhaltlichen Übereinstimmung beider Vorschriften[340] sowie ihrer Entstehungsgeschichte[341] können solche Verpflichtungen nur unter den Voraussetzungen des Art. 86 EG auferlegt werden, d.h. die Mitgliedstaaten müssen einzelne EVU mit einer Grundversorgung i.S. des Art. 86 Abs. 2 EG betrauen.[342] Ein völliger Ausschluß des Netzzugangs ist indes nicht möglich, da die Richtlinie von ihrer Ziel- und Zwecksetzung insgesamt auf eine Wettbewerbsöffnung gerichtet ist.[343] Die Elektrizitätsbinnenmarktrichtlinie enthält hierfür nationale Marktöffnungsklauseln, die auf der Grundlage einer Gemein-

---

338 *G. Britz*, RdE 1997, S. 85 (90). Vgl. zur Daseinsvorsorge *E. Forsthoff*, Rechtsfragen der leistenden Verwaltung, S. 22 ff.

339 Vgl. auch Erwägungsgrund (19) EltRL.

340 *Ch. Theobald*, AöR 122 (1997), S. 372 (395). Von Sachnähe sprechen *F. J. Säcker/ J. Busche*, ET 1998, S. 18 (22); a.A. *G. Britz*, RdE 1997, S. 85 (92), die aufgrund des unterschiedlichen Wortlauts eine sachliche Divergenz sieht.

341 Sowohl der ursprüngliche als auch der abgeänderte Kommissionsvorschlag (94/C 123/01) spricht in den Erwägungsgründen wie in Art. 16 bzw. Art. 15 Abs. 1, 3 Abs. 2 von „öffentlichen Dienstleistungspflichten", ABl. EG Nr. C 123/1 v. 4.5.1994, S. 1 (17 f.); die Stellungnahme des Europäischen Parlaments in Art. 4 a sogar von „Aufgaben im allgemeinen wirtschaftlichen Interesse", ABl. Nr. C 329/150 v. 6.12.1993, S. 150 (163). Ob die unterschiedliche Formulierung im Ergebnis eine sachliche oder nur sprachliche Differenzierung darstellt, kann zwar endgültig durch die Entstehung der Vorschrift nicht entschieden werden, die Sachnähe spricht jedoch für Letzteres.

342 Vgl. zu den nach Art. 86. Abs. 2 EG im allgemeinen wirtschaftlichen Interesse gerechtfertigten staatlichen Im- und Exportmonopolen für Elektrizität und Gas in Frankreich, Spanien, Italien und den Niederlanden EuGH v. 23.10.1997, Rs. C 157 160/94 (Kommission jeweils gegen Frankreich, Spanien, Italien, Niederlande), Slg. 1997-I, S. 5699 ff., 5789 ff., 5815 ff., 5851 ff.; (Kommission/Frankreich) = RdE 1998, S. 62 ff. m. Anm. *M. Litpher*, S. 83 = EuZW 1998, S. 76 ff. m. Anm. *H. Lecheler*, S. 84 ff. (Kommission/Spanien) = RdE 1998, S. 70 ff. Siehe zu den Urteilen *J. F. Baur*, RdE 1999, S. 85 ff.; *P. J. Tettinger*, RdE 1999, S. 45 ff.; *H. Lecheler/J. Gundel*, RdE 1998, S. 92 ff.

343 Vgl. Erwägungsgründe (2) und (9) EltRL; *G. Britz*, RdE 1997, S. 85 (92).

schaftsquote beruhen (Art. 19 Abs. 1 EltRL).[344] Die Gemeinschaftsquote berechnet sich nach dem Marktanteil der Endverbraucher mit einem Jahresverbrauch über 40 GWh im Verhältnis zum Gesamtjahresverbrauch innerhalb der Mitgliedstaaten.[345] Die Kommission bildete hieraus einen Mittelwert, der zu einer Marktöffnung von 23 % (ab 19.2.1999)[346] der gesamten EU-Stromabgabe führt.[347]

Zusammenfassend sieht die Elektrizitätsbinnenmarktrichtlinie die Mitbenutzung fremder Versorgungsnetze als Netzzugang auf Vertragsbasis, als geregeltes System nach veröffentlichten Tarifen und als Alleinabnehmersystem vor[348] und eröffnet somit den Mitgliedstaaten einen weiten Umsetzungsspielraum. Regelungen über das Durchleitungsentgelt und Informationspflichten sind in Grundzügen enthalten.

b) Verweigerungsgründe und Streitbeilegung

Die Durchleitung kann sowohl im System des Netzzugangs auf Vertragsbasis als auch im Alleinabnehmersystem verweigert werden, falls der Betreiber des Übertragungsnetzes nicht über die erforderliche Kapazität verfügt (Art. 17 Abs. 5, 18 Abs. 4 EltRL).[349] Die Verweigerung muß dabei zusätzlich im Allge-

---

[344] *A. Rinne*, Die Energiewirtschaft zwischen Wettbewerb und öffentlicher Aufgabe, S. 27. Das deutsche EnWG sieht indessen die vollständige Marktöffnung vor.

[345] *S. Thiele*, Elektrizitätswirtschaft 1998, S. 26 f.

[346] 28 % seit 19.2.2000 bzw. 33 % ab 19.2.2003, *EG-Kommission*, Die Wettbewerbspolitik der Europäischen Gemeinschaft, XXVIII. Bericht über die Wettbewerbspolitik, SEK (1999) 743 endg., S. 44; *W. Ludwig/H. Odenthal*, RdE 1998, S. VI.

[347] Während die Marktöffnung in den Mitgliedstaaten positiv bewertet wird, bestehen Defizite bzgl. eines transeuropäischen Leitungsnetzes.

[348] Die EltRL enthält somit insgesamt 3 Netzzugangssysteme; *EG-Kommission*, Die Wettbewerbspolitik der Europäischen Gemeinschaft, XXVIII. Bericht über die Wettbewerbspolitik, SEK (1999) 743 endg., S. 45; *R. Lukes*, RdE 1998, S. 49 (52); *K. M. Walter/J. v. Keussler*, RdE 1999, S. 190 (192).

[349] In Deutschland wurden erste Verweigerungsfälle von den regionalen Energieversorgern *Elektromark* (Hagen), F.A.Z. v. 13.1.1999, S. 16, *ENBW Transportnetze AG* (Stuttgart), F.A.Z. v. 14.7.1999, S. 24, *BEWAG* (Berlin), F.A.Z. v. 30.7.1999, S. 17 und *GEW Gas-, Elektrizitäts- und Wasserwerke AG* (Köln) gegenüber der *Yellostrom GmbH*, F.A.Z. v. 12.8.1999, S. 17, bekannt.

meinwohlinteresse begründet sein. Lediglich für den Fall auferlegter gemeinwirtschaftlicher Verpflichtungen durch Betrauungsakt (Art. 3 Abs. 3 EltRL i.V.m. Art. 86 Abs. 2 EG), kann der Netzzugang durch die Mitgliedstaaten zusätzlich eingeschränkt werden.[350]

Die Mitgliedstaaten werden in Art. 20 Abs. 3 der Richtlinie verpflichtet, „von den Parteien unabhängige Stellen zur Streitbeilegung" bei Zugangsstreitigkeiten zu errichten. Inwieweit Streitbeilegungsstellen eine rechtsverbindliche Entscheidung treffen können oder ob sie lediglich auf eine gütliche Einigung der Parteien im Wege eines Vergleichs hinwirken sollen, wird durch die Formulierung „Streitbeilegung" nicht vorgegeben. Aus europäischem Recht ergibt sich somit keine Pflicht, den Streitbeilegungsstellen die Kompetenz zur Anordnung des Netzzugangs einzuräumen.[351]

c) Subjektiver Rechtsanspruch

Da Kapazitätsengpässe – außer bei auferlegten gemeinwirtschaftlichen Verpflichtungen – abschließende Verweigerungsgründe darstellen, könnte eine Durchleitungspflicht und hierzu korrespondierend ein Durchleitungsanspruch für die Fälle bestehen, in denen freie Netzkapazitäten vorliegen. Gegen diesen Umkehrschluß ist einzuwenden, daß die Elektrizitätsbinnenmarktrichtlinie vom privatautonom verhandelten Netzzugang ausgeht und somit lediglich ein Verhandlungsrecht vorsieht, aber keinen Kontrahierungszwang begründet. Zudem gewährt die Richtlinie nur im geregelten System ausdrücklich ein Netzzugangsrecht (Art. 17 Abs. 4 EltRL). Auch im Alleinabnehmersystem erfolgt der Zugang entweder aufgrund veröffentlichter Tarife oder privatautonomer Verhandlungen (Art. 18 Abs. 3 EltRL). Der Kommissionsvorschlag vom 24. Februar 1992[352] sah

---

[350] *H. P. Hermann*, in: *G. Kühne/W. Straßburg/H. P. Hermann/J.-J. Rupp* (Hrsg.), Wettbewerb – Bestandsschutz – Umweltschutz, S. 25 (36); *F. J. Säcker/J. Busche*, ET 1998, S. 18 (22).

[351] Vgl. zur richtlinienkonformen Umsetzung der EltRL in deutsches Recht *R. Lukes*, ET 1999, S. 80 (81 ff.).

[352] Art. 14 des Vorschlags für eine Richtlinie des Rates betreffend gemeinsame Vorschriften für den Elektrizitätsbinnenmarkt (92/C 65/04), ABl. EG Nr. C 65/4 v. 14.3.1992, S. 4 (10).

zwar einen obligatorischen Netzzugang vor, der jedoch nach heftiger Kritik[353] mangels Mehrheit im Ministerrat zugunsten des verhandelten Netzzugangs aufgegeben wurde.[354] Europarechtlich wird durch die verschiedenen Grundtypen der Zugangssysteme (Zugang auf Vertragsbasis, Alleinabnehmersystem) keine Verpflichtung begründet, einen subjektiven Rechtsanspruch auf Netzzugang zu schaffen.[355] Im Rahmen des „geregelten Netzzugangs" ist ein solcher Anspruch des Durchleitungspetenten jedoch aufgrund des eindeutigen Wortlauts, der insofern keinen Umsetzungs- und Gestaltungsspielraum offen läßt, zu bejahen.[356]

2. Gasbinnenmarkt

Die Erdgasbinnenmarktrichtlinie[357] enthält der Elektrizitätsbinnenmarktrichtlinie vergleichbare Regelungen.[358] Nach Art. 14 ErdgasRL können die Mitgliedstaaten zwischen dem Netzzugang auf Vertragsbasis, der die Aushandlung kommerzieller Liefervereinbarungen nach Treu und Glauben vorsieht (Art. 15,

[353] *C. Bittner*, Drittzulassung zu Infrastruktureinrichtungen, S. 45; siehe zur Kritik *S. Klaue*, in: *J. F. Baur* (Hrsg.), Aktuelle Probleme des Energierechts, S. 63 (68); *J. F. Baur/M. Moraing*, Rechtliche Probleme einer Deregulierung der Elektrizitätswirtschaft, S. 59 ff.; *M. Schröder*, in: *J. F. Baur* (Hrsg.), Die Europäische Gemeinschaft und das Recht der leitungsgebundenen Energie, S. 79 (90); *R. Scholz/S. Langer*, Europäischer Binnenmarkt und Energiepolitik, S. 284 f.

[354] *W. Pluge*, RdE 1993, S. 169 (171). Vgl. zur Entstehungsgeschichte der EltRL *H. D. Jarass*, Europäisches Energierecht, S. 32.

[355] *R. Lukes*, RdE 1998, S. 49 (52); *H.-H. Lindemann/K. Köster*, DVBl. 1997, S. 527 (528).

[356] *Ch. Treffer*, ZG 1997, S. 38 (41); *B. Rapp-Jung*, RdE 1997, S. 133 (135); a.A. *R. Lukes*, RdE 1998, S. 49 (53).

[357] Vgl. *F. v. Burchard*, in: *J. Schwarze* (Hrsg.), Netzzugang im Wirtschaftsrecht, S. 191 (192 ff.); zu früheren, den Gasbinnenmarkt betreffenden Richtlinien *F. v. Burchard* in: *F. v. Burchard/L. Eckert*, Natural Gas and EU Energy Law, S. 27 ff.; *ders.*, EuZW 1992, S. 693 ff.; allgemein zum Netzzugang in der Gasindustrie *J. P. Stern*, Third Party Access in European Gas Industries, S. 93 ff.; *R. Scholz/S. Langer*, Europäischer Binnenmarkt und Energiepolitik, S. 174 ff.

[358] Vgl. zu den Unterschieden *M. Seidel/M. Weyand*, ET 1999, S. 603. Eine Umsetzung in nationales deutsches Recht durch einen eigenen Durchleitungstatbestand für Gas ist nicht erfolgt. Die Durchleitung richtet sich vielmehr nach § 19 Abs. 4 Nr. 4 GWB; siehe hierzu *H. Lutz*, RdE 1999, S. 102 (106 ff.).

21 Abs. 1 ErdgasRL), und dem Zugang nach festen veröffentlichten Tarifen im geregelten System (Art. 16 ErdgasRL) wählen.[359] Der Zugang kann verweigert werden, wenn keine ausreichende Kapazität zur Verfügung steht oder die Erfüllung gemeinwirtschaftlicher Verpflichtungen durch das zugangsverpflichtete EVU gefährdet wäre (Art. 17 ErdgasRL).

Ausnahmen von der Verpflichtung, Netzzugang zu gewähren, können EVU beantragen, wenn sie durch den Zugang in ernsthafte wirtschaftliche und finanzielle Schwierigkeiten aufgrund unbedingter Zahlungsverpflichtungen geraten, die im Rahmen langfristiger Energielieferungsverträge eingegangen wurden (Art. 25 ErdgasRL).[360] Zugangsstreitigkeiten sollen durch eine unabhängige Stelle beigelegt werden (Art. 21 Abs. 2, 23 Abs. 3 ErdgasRL). Explizite Regelungen über das Durchleitungsentgelt sind mit Ausnahme der Pflicht der Erdgasunternehmen, ihre wesentlichen Geschäftsbedingungen[361] für die Nutzung des Netzes zu veröffentlichen, in der Richtlinie nicht enthalten.[362] Sie regelt jedoch Informationspflichten und die Pflicht zur Vertraulichkeit bzgl. wirtschaftlich sensibler Informationen (Art. 7 Abs. 3, 8, 11 und 12 ErdgasRL). Auch die Liberalisierung des Gasmarktes erfolgt nur sukzessive.[363] Lediglich für gasbefeuerte Stromerzeugungsanlagen und Endverbraucher mit einem Jahresmindestbedarf von 25 Mio. Kubikmeter (Industrieabnehmer) gewährt die Erdgasbinnenmarktrichtlinie den Netzzugang (Art. 18 Abs. 2 ErdgasRL). Die Mindestmarktöffnungsquote der mitgliedstaatlichen Gasmärkte beträgt im ersten Jahr 20 % des Gesamtgasverbrauchs und erhöht sich nach fünf Jahren auf 28 % bzw. nach zehn Jahren auf 33 % (Art. 18 Abs. 3, 4 ErdgasRL).[364]

---

[359] Ein Alleinabnehmersystem ist im Vergleich zur EltRL nicht vorgesehen.

[360] Die Richtlinie sieht in Art. 19 auch die Reziprozität vor (Schutzklausel für den Gasimport aus Nicht-EG-Staaten); siehe hierzu *R. Lukes*, RIW 1998, S. 581 ff.

[361] Hierzu zählen vor allem Durchleitungsentgelte, die in Deutschland – wie für die Elektrizitätsdurchleitung – durch eine Verbändevereinbarung geregelt werden sollen, F.A.Z. v. 9.6.1999, S. 22.

[362] Siehe hierzu *R. Rieg*, ET 1998, S. 160 (161).

[363] *F. v. Burchard/H. Riemer*, ET 1998, S. 782.

[364] *EG-Kommission*, Die Wettbewerbspolitik der Europäischen Gemeinschaft, XXVIII. Bericht über die Wettbewerbspolitik, SEK (1999) 743 endg., S. 17; *H. Piltz*, RdE 1999, S. 60.

III. Zusammenfassung

Die europarechtlichen Regelungen der Mitbenutzung fremder Schienenwege und Energieversorgungsleitungen im Eisenbahn- und Energiesektor weisen zahlreiche Parallelen auf, sind jedoch in Umfang und Intensität unterschiedlich ausgeprägt. In beiden Bereichen herrscht der Grundsatz der Privatautonomie, d.h. grundsätzlich obliegt es den Parteien, den Zugang selbst zu verhandeln. Ein subjektiver Rechtsanspruch steht „internationalen Gruppierungen" und nationalen Eisenbahngesellschaften sowie – im geregelten System – auch Energieversorgungsunternehmen zu. Zugangsstreitigkeiten können durch eine unabhängige Stelle beigelegt werden. Verweigerungsgründe bestehen lediglich bei Kapazitätsengpässen, im Energiebereich zusätzlich, wenn die Erfüllung gemeinwirtschaftlicher Verpflichtungen nicht sichergestellt werden kann. Abstrakte Regelungen über die Berechnung des zu leistenden Zugangsentgelts werden zwar im Eisenbahnrecht vorgegeben; die Energierechtsrichtlinien enthalten diesbezüglich nur Veröffentlichungspflichten, sehen jedoch im stärkeren Maße Informations- und Vertraulichkeitspflichten der zugangsverpflichteten Betreiber vor. Während die Marktöffnung im Energiesektor sukzessive nach Marktanteilsquoten erfolgt, bleibt sie im Eisenbahnsektor insoweit zurück, als lediglich begrenzte Zugangsrechte für den grenzüberschreitenden Verkehr gewährt werden.[365]

---

[365] Der Zugang zu Schienenwegen nach § 14 AEG i.V.m. § 1 ff. EIBV (Verordnung über die Benutzung der Eisenbahninfrastruktur v. 12.2.1997, BGBl. I S. 3153) ist hingegen umfassend geregelt.

B. Gemeinwohlorientierte Infrastrukturverantwortung

Eisenbahngleise, Energieversorgungs- und Telekommunikationsleitungen wurden in den Mitgliedstaaten traditionell durch den Staat errichtet und betrieben (hierzu I.). Erst Ende der 80er Jahre rückten diese Infrastrukturen aufgrund zunehmender Globalisierung und verschärften Wettbewerbsdrucks in das nähere Blickfeld der Gemeinschaftspolitik.[366] Im Zuge globaler Liberalisierungs- und Deregulierungspolitik setzte sich auch auf europäischer Ebene die Auffassung durch, Staatsmonopole abzuschaffen und Wettbewerb in diesen Wirtschaftsbereichen zu ermöglichen.[367] Der Wettbewerbsöffnung netzgebundener Industrien ist dabei sektorübergreifend eine gemeinschaftswohlorientierte Infrastrukturverantwortung gemeinsam, die durch die Aufnahme des XV. Titels über transeuropäische Netze in den EG-Vertrag[368] zum Ausdruck kommt (hierzu II.) und durch das Konzept der konkurrentennützigen Inanspruchnahme fremder Infrastrukturen als zentrales Regulierungsinstrument europäischer Wettbewerbspolitik (hierzu III.) zur Konsolidierung des Binnenmarktes in netzgebundenen Industrien verwirklicht wird.[369]

I. Infrastrukturvorsorge als Hoheitsaufgabe der Mitgliedstaaten

Die Entwicklung der europäischen Eisenbahnen[370] war zunächst durch den Dualismus zwischen privatwirtschaftlich und staatlich betriebenen Eisenbahnen

---

[366] Siehe nur *EG-Kommission*, Grünbuch über die Entwicklung des Gemeinsamen Marktes für Telekommunikationsdienstleistungen und Telekommunikationsendgeräte v. 30.6.1987, KOM (87) 290 endg.; *EG-Kommission*, Der Binnenmarkt für Energie, KOM (88) 238 endg.; *EG-Kommission*, Mitteilung über eine Eisenbahnpolitik der Gemeinschaft, KOM (89) 564 endg.

[367] *G. Hermes*, Staatliche Infrastrukturverantwortung, S. 163; *J. F. Baur*, RdE 1992, S. 165 (167); vgl. zur Eisenbahnpolitik der Gemeinschaft *Th. Oppermann*, Europarecht, Rdnr. 1452.

[368] Ursprünglich als Titel XII. durch den „Vertrag über die Europäische Union unterzeichnet zu Maastricht am 7.2.1992“ in den EG eingefügt, ABl. EG Nr. C 191/1 v. 29.7.1992, S. 1.

[369] Vgl. *EG-Kommission*, Die Wettbewerbspolitik der Europäischen Gemeinschaft, XXVIII. Bericht über die Wettbewerbspolitik, SEK (1999) 743 endg., S. 28.

[370] Siehe zur Entwicklung in Deutschland die Beiträge von *G. Püttner*, S. 467 ff. und *R. Bartlsperger*, S. 13 (17, Fn. 12 m.w.N.), jeweils in: *K. Grupp* (Hrsg.), Planung – Recht –

geprägt.[371] Wurden seit 1825[372] Eisenbahnen durch die private Wirtschaft und die Nationalstaaten parallel aufgebaut, ließ sich gegen Ende des 19. Jahrhunderts in Europa[373] eine Verstaatlichungswelle beobachten, die bis Ende der 20er Jahre private Bahnen nahezu beseitigte.[374] Hintergründe dieses Wandels waren insbesondere militärische Zwecke, Wirtschaftskrisen, unterschiedliche Tarifsysteme, das Interesse einer flächendeckenden Erschließung, die defizitäre Lage vieler Eisenbahngesellschaften, mangelndes privates Interesse und Kapital[375], der vorherrschende Gedanke der Notwendigkeit einer staatlichen Kontrolle des Eisenbahnwesens[376] sowie fiskalische Motive.[377] Die Errichtung der Eisenbahninfrastruktur wurde teilweise geradezu als staatskonstituierender Faktor angesehen.[378] In sämtlichen Mitgliedstaaten bestanden folglich Monopolrechte, die – in unterschiedlicher Intensität – durch den Staat beherrscht wurden.[379]

Erst die Eisenbahnrichtlinie aus dem Jahr 1991 bewirkte sodann – neben einzelnen mitgliedstaatlichen Reformbestrebungen[380] – de facto[381] eine (Re-)

Rechtsschutz (Fs. f. *W. Blümel*); vgl. zum Eisenbahnbau in Preußen *K. Bracht*, Der Bau der ersten Eisenbahnen in Preußen, S. 14 ff. und 74 ff.

371 *G. Hermes*, Staatliche Infrastrukturverantwortung, S. 267; *Th. Nipperdey*, Deutsche Geschichte 1866-1918, Bd. I, S. 261.

372 Eröffnung der ersten Eisenbahnlinien am 27.9.1825 (Stockton-Darlington), 15.9.1830 (Liverpool-Manchester) und 7.12.1835 (Nürnberg-Fürth), *M. Ronellenfitsch*, DÖV 1996, S. 1028 (1030, Fn. 18).

373 Mit Ausnahme Großbritanniens, den Niederlanden, Spanien und Frankreich.

374 *W. Fischer* (Hrsg.), Handbuch der europäischen Wirtschafts- und Sozialgeschichte, Bd. V, S. 194; *D. Ziegler*, Eisenbahnen und Staat im Zeitalter der Industrialisierung, S. 24.

375 *D. Ziegler*, Eisenbahnen und Staat im Zeitalter der Industrialisierung, S. 534.

376 Zum Beispiel durch Genehmigungspflichten für Lokomotiven i. S. des Gefahrenabwehrrechts, *M. Ronellenfitsch*, DÖV 1996, S. 1028 (1030, Fn. 18); vgl. zur Einführung der Gefährdungshaftung durch § 1 (Reichs-)Haftpflichtgesetz als Reaktion des Rechts auf technische Entwicklungen *K. Vieweg*, in: *M. Schulte* (Hrsg.), Technische Innovation und Recht, S. 35 (47 f.).

377 *G. Hermes*, Staatliche Infrastrukturverantwortung, S. 267; *C.-F. Laaser*, Wettbewerb im Verkehrswesen, S. 121

378 *H. Krüger*, Marktwirtschaftliche Ordnung und öffentliche Vorhaltung der Verkehrswege, S. 4; siehe auch *M. Fehling*, AöR 121 (1996), S. 59 (81 f.).

379 *Th. Oppermann*, Europarecht, Rdnr. 1450.

380 *E. Schmidt-Aßmann*/*H. C. Röhl*, DÖV 1994, S. 577 (578).

381 Eine Privatisierungspflicht sieht die EisBahnRL nicht vor.

Privatisierung der europäischen Bahnen[382], indem sie die rechnungsmäßige Trennung zwischen dem Betrieb der Eisenbahninfrastruktur und der Erbringung von Verkehrsdienstleistungen vorsieht[383], die Unabhängigkeit der Geschäftsführung der Eisenbahnunternehmen verlangt[384] und deren Verpflichtung zu marktwirtschaftlichem Verhalten anordnet.[385] Damit endete die fast 100jährige Geschichte der Staatsbahnen und Bahnmonopole Europas.

Im Gegensatz zur Eisenbahn liegen bei den europäischen Energieversorgungsmärkten sehr unterschiedliche Marktstrukturen vor.[386] Der ordnungsrechtliche Rahmen der Elektrizitäts- und Gasmärkte reicht dabei über (gebiets-) monopolistische[387] und pluralistische[388] Strukturen bis zur rein staatlichen[389]

---

[382] *M. Ronellenfitsch*, DÖV 1996, S. 1028 (1032). Vgl. zur deutschen Bahnstrukturreform *B. Wegener*, DÖV 1996, S. 305 ff.; *K. Grupp*, DVBl. 1996, S. 591 ff.; *Ch. Heinze*, BayVBl. 1994, S. 266 ff.; *ders.*, NVwZ 1994, S. 748 ff.; *G. Fromm*, in: *W. Blümel* (Hrsg.), Verkehrswegerecht im Wandel, S. 59 (66 f.).

[383] Art. 1, 2. Spstr. EisbahnRL.

[384] Zur Gewährleistung der Unabhängigkeit müssen die Eisenbahngesellschaften über ein Vermögen, einen Haushaltsplan und eine eigene Rechnungsführung verfügen, Art. 4 EisbahnRL.

[385] Art. 5 Abs. 1; Erwägungsgrund (3) EisbahnRL.

[386] Vgl. zu den Energiemärkten der Mitgliedstaaten *H. P. Hermann*, in: *J. F. Baur* (Hrsg.), Neue Strukturen der Energieversorgung, S. 111 (119 ff.); *J. Grawe*, in: *R. Lukes* (Hrsg.), Ein EWG-Binnenmarkt für Elektrizität – Realität oder Utopie?, S. 165 f.; *H. Eiß/R. Lukes/H. Pick/ W. Schulz*, Die Ordnung des Elektrizitätsmarktes der Europäischen Gemeinschaft, S. 184 ff., 250 ff., 326 ff., 400 ff., 482 ff., 546 ff., 607 ff. und 676 ff.; *B.-M. Zinow*, Rechtsprobleme der grenzüberschreitenden Durchleitung von Strom in einem EG-Binnenmarkt für Energie, S. 50 ff. und 64 ff.; *J. Basedow*, in: *E.-J. Mestmäcker/H. Gröner/J. Basedow*, Die Gaswirtschaft im Binnenmarkt, S. 165 (166); siehe auch die zahlreichen Fundstellen bei *F. J. Säcker/J. Busche*, ET 1998, S. 18 (Fn. 6); vgl. zu Deutschland *A. Rinne*, Die Energiewirtschaft zwischen Wettbewerb und öffentlicher Aufgabe, S. 19 ff.

[387] Zum Beispiel in Deutschland durch Demarkations- und Konzessionsverträge, *R. Lukes*, Beilage zu BB 48/1998, S. 2; *A. Rinne*, Die Energiewirtschaft zwischen Wettbewerb und öffentlicher Aufgabe, S. 23 ff. oder in den Niederlanden durch geschlossene Versorgungssysteme, *G. J. L. Zijl*, ET 1993, S. 624.

[388] Etwa in Belgien und Dänemark, jedoch mit starker staatlicher Kontrolle.

[389] In Frankreich, Griechenland, Italien, Irland, Portugal. Vgl. zum französischen, portugiesischen und italienischen Markt *A. Fiquet*, in: *P. J. Tettinger* (Hrsg.), Strukturen der Versorgungswirtschaft in Europa, S. 15 (18 und 21 f.); *ders.*, ET 1992, S. 554 ff.; *J. Penedos*, ET 1992, S. 626 ff.; *K. Ferrari*, in: *P. J. Tettinger* (Hrsg.), Strukturen der Versorgungswirtschaft in Europa, S. 47 ff.

oder (anteilsmäßig[390]) privaten[391] Energieversorgung mit vertikal vollständig integrierten oder entflechteten Unternehmen.[392] In allen EG-Staaten erfolgte die Elektrizitätsversorgung durch tatsächliche oder rechtliche Monopole und stand unter starker staatlicher Einflußnahme.[393] Im Bereich der Erdgasversorgung fand ebenso in keinem der Mitgliedstaaten Wettbewerb statt.[394] Europas Energiewirtschaft ist deshalb seit jeher von der hoheitlichen Aufgabenwahrnehmung der Mitgliedstaaten bzw. einer besonderen Staatsnähe gekennzeichnet.

Im Telekommunikationssektor bestanden in sämtlichen Mitgliedstaaten Monopole.[395] Dabei ist zwischen Ländern mit ursprünglich gemischt staatlich-privatwirtschaftlichem System und anschließender Verstaatlichung[396] und solchen mit traditionellen Staatsmonopolen[397] zu unterscheiden. In Deutschland sah bereits Art. 44 der Paulskirchenverfassung aus dem Jahr 1849 die Errichtung von Telegraphenanlagen durch den Staat vor.[398] Art. 48 der Verfassung des Norddeutschen Bundes (1867)[399] bestimmte, das Telegraphenwesen als

---

390 Zum Beispiel in Spanien als staatlich-privatwirtschaftlich gemischtes System, *L. P. Alfonso*, in: *P. J. Tettinger* (Hrsg.), Strukturen der Versorgungswirtschaft in Europa, S. 33; *Ch. Le Nestour*, ET 1995, S. 796.

391 Zum Beispiel in Luxemburg durch privates Monopol.

392 *F. J. Säcker/J. Busche*, ET 1998, S. 18; vgl. auch *H. P. Hermann*, in: *P. J. Tettinger* (Hrsg.), Strukturen der Versorgungswirtschaft in Europa, S. 105 (115); *E. L. Schüppstuhl/ K. H. Maier*, WuW 1995, S. 375 (378); *J. F. Baur*, in: *ders.* (Hrsg.), Aktuelle Probleme des Energierechts, S. 77 (78).

393 *H. P. Hermann*, in: *J. F. Baur* (Hrsg.), Neue Strukturen der Energieversorgung, S. 111 (141).

394 *P. Faross*, in: *J. F. Baur* (Hrsg.), Aktuelle Probleme des Energierechts, S. 51 (55).

395 *Th.-S. Kluth*, Telekommunikation als Regelungsgegenstand, S. 133; *W. Hoffmann-Riem*, DVBl. 1999, S. 125; *R. Schulte-Braucks*, EWS 1990, S. 11; *A. Pappalardo*, in: *E.-J. Mestmäker* (Hrsg.), Kommunikation ohne Monopole, S. 202.

396 Dänemark (57 private Betreiber/Verstaatlichung 1897), Italien (24 private Betreiber zwischen 1893 und 1907), Niederlande (Verstaatlichung 1904), Großbritannien (Verstaatlichung 1868); vgl. zum Recht der einzelnen Mitgliedstaaten nur *Th.-S. Kluth*, Telekommunikation als Regelungsgegenstand, S. 95 ff.; *R. Doll/S.-E. Heun/Th. Lohmann*, CR 1992, S. 363 ff., 416 ff., 492 ff., 561 ff. und 622 ff.

397 Belgien, Frankreich, Griechenland, Irland, Luxemburg, Spanien.

398 *M. Sprißler*, Archiv PF 1991, S. 159 (164). Vgl. allgemein zum Monopol im Fernmeldewesen in Deutschland *P. M. Rütter*, Archiv PF 1991, S. 57 ff.; *D. Martina*, NJW 1995, S. 681 ff.; *L. Gramlich*, VerwArch 88 (1997), S. 598 (605).

399 Identisch mit Art. 48 der Reichsverfassung von 1871.

einheitliche Staatsverkehrsanstalt einzurichten und zu verwalten.[400] Das Telegraphenregal (Monopol) wurde einfachgesetzlich erstmals in § 1 des Gesetzes über Telegraphenwesen (TelG) vom 6. April 1892[401] normiert und in § 1 des Gesetzes über Fernmeldeanlagen (FAG) vom 14. Januar 1928[402] neugefaßt bis es schließlich durch das Telekommunikationsgesetz (TKG) zum 1. August 1996[403] bzgl. alternativer Übertragungswege aufgehoben wurde.[404] Vor der Marktöffnung durch die Europäische Gemeinschaft liberalisierten bereits Großbritannien (1981)[405], Dänemark (1987)[406], Finnland und Schweden (1993)[407] ihre Telekommunikationsmärkte.[408]

Die drei Infrastrukturbereiche Eisenbahn, Energieversorgung und Telekommunikation zählen somit zu den klassischen Gebieten der öffentlichen Versorgungswirtschaft[409], die in staatlicher Verantwortung erbracht wurden.[410]

---

400 Die Verfassungsbestimmungen sind jeweils abgedruckt bei *M. Sprißler*, Archiv PF 1991, S. 159 (178).

401 RGBl. 1892, S. 467.

402 RGBl. I 1928, S. 8.

403 BGBl. I S. 1120. Vgl. hierzu allgemein *R. Schütz/M. Esser-Wellié*, AfP 1995, S. 580 ff.; *F. Twickel*, NJW-CoR 1996, S. 226; *A. Börnsen*, ZG 1996, S. 323 ff.; *J. Scherer*, NJW 1996, S. 2953 ff.; *A. Kemmler*, Archiv PT 1996, S. 321 ff.; *Ch. Hiltl/K. Großmann*, BB 1996, S. 169 ff.; *L. M. Büchner*, CR 1996, S. 581 (586); *H.-W. Hefekäuser/A. Wehner*, CR 1996, S. 698 ff.; *H.-P. Schwintowski*, CR 1997, S. 630; *H. Fangmann*, Das neue Telekommunikationsgesetz, S. 189 ff.

404 *H.-W. Moritz/H. R. Neus*, CR 1997, S. 239; *H.-W. Hefekäuser/A. Wehner*, CR 1996, S. 698.

405 Vgl. *Th. Königshofen*, Archiv PF 1992, S. 85 ff.; *P. M. Rütter*, Archiv PT 1993, S. 362 (363).

406 Vgl. hierzu *R. Fahle/G. Stanossek/H.-P. Kistner*, Funkschau v. 10.10.1997, S. 42 (43).

407 *M. Geppert/E.-O. Ruhle/F. Schuster*, Handbuch Telekommunikation, Rdnr. 80; *R. Fahle/G. Stanossek/H.-P. Kistner*, Funkschau v. 7.11.1997, S. 50.

408 Siehe bereits oben 1. Kap. B. II., S. 48.

409 *P. J. Tettinger*, RdE 1999, S. 45.

410 Vgl. *G. Hermes*, Staatliche Infrastrukturverantwortung, S. 284; *H. P. Hermann*, in: *J. F. Baur* (Hrsg.), Neue Strukturen der Energieversorgung, S. 111 (141 f.).

II. Schaffung transeuropäischer Netze als Integrations- und Infrastrukturpolitik der Gemeinschaft

Diese traditionell mitgliedstaatliche Verantwortung für den Bau und die Errichtung von Schienenwegen, Energieversorgungs- und Telekommunikationsleitungen wird – neben den Marktöffnungsmaßnahmen – durch eine verstärkte Infrastrukturpolitik der Gemeinschaft überlagert[411], ohne den Mitgliedstaaten ihre originäre Zuständigkeit zu entziehen.[412] Art. 154 EG begründet keine ausschließliche und eigenständige Infrastrukturkompetenz[413], da die Gemeinschaft lediglich zum Auf- und Ausbau transeuropäischer Netze[414] beiträgt sowie den Verbund, die Interoperabilität[415] und den Zugang zu einzelstaatlichen Netzen fördert. Vorrangiges Ziel ist dabei, insulare, eingeschlossene und entlegene Gebiete mit den zentralen Gemeinschaftsgebieten zu verbinden. Rechtlich umgesetzt werden diese Aufgaben durch Leitlinien des Rates und Europäischen Parlaments unter Billigung der betroffenen Mitgliedstaaten (Art. 156 EG). Leitlinien können dabei Ziele, Prioritäten und Grundzüge transeuropäischer Netze sowie Vorhaben von „gemeinsamem Interesse" enthalten (Art. 155 EG). Die Ausweisung solcher Vorhaben ist Voraussetzung für eine finanzielle Unterstützung durch die Gemeinschaft (Art. 155, 3. Spstr. EG).

Obwohl Leitlinien inhaltlich lediglich einen Orientierungsrahmen[416] bieten bzw. eine Verhaltenspflicht auferlegen[417] und die Rolle der Gemeinschaft auf

---

[411] *J. Erdmenger* spricht von „geteilter", *A. Frohnmeyer* von „gemischter" Kompetenz, *J. Erdmenger*, in: *H. v. d. Groeben/J. Thiesing/C.-D. Ehlermann* (Hrsg.), EU-/EG-Vertrag, Art. 129b Rdnr. 5; *A. Frohnmeyer*, in: *E. Grabitz/M. Hilf* (Hrsg.), Kommentar zur Europäischen Union, vor Art. 129 b-d Rdnr. 4.

[412] *J. Erdmenger*, in: *H. v. d. Groeben/J. Thiesing/C.-D. Ehlermann* (Hrsg.), EU-/EG-Vertrag, Art. 129c Rdnr. 40.

[413] *I. Erberich*, in: *A. Bleckmann*, Europarecht, Rdnr. 2730.

[414] Vgl. zum Begriff der transeuropäischen Netze *A. Frohnmeyer*, in: *E. Grabitz/M. Hilf* (Hrsg.), Kommentar zur Europäischen Union, vor Art. 129b-d Rdnr. 1; *R. Dieter/J. W. Grüter*, in: *C. O. Lenz* (Hrsg.), EG-Vertrag, Art. 154-156 Rdnrn. 9 und 11 f.

[415] Im Sinne der technischen Kompatibilität bzw. des reibungslosen Ineinandergreifens der Netze *J. Erdmenger*, in: *H. v. d. Groeben/J. Thiesing/C.-D. Ehlermann* (Hrsg.), EU-/EG-Vertrag, Art. 129c Rdnr. 19; *A. Frohnmeyer*, in: *E. Grabitz/M. Hilf* (Hrsg.), Kommentar zur Europäischen Union, Art. 129b Rdnr. 10, 129c Rdnr. 9; *R. Dieter/J. W. Grüter*, in: *C. O. Lenz* (Hrsg.), EG-Vertrag, Art. 154 Rdnr. 20.

[416] *R. Dieter/J. W. Grüter*, in: *C. O. Lenz* (Hrsg.), EG-Vertrag, Art. 155 Rdnr. 2.

eine Koordinierungsfunktion[418] bzw. auf diejenige eines „intelligenten Inspirateurs und begrenzten Mitfinanziers"[419] beschränkt sein soll, darf ihre Bedeutung und Wirkung nicht unterschätzt werden. Ziel und Zweck der Leitlinien ist es, die bisherigen, lediglich über zwischenstaatliche Grenzen hinweg verbundenen, nationalen Netze für die Bedürfnisse der Unionsbürger sowie des Binnenmarktes zu gestalten.[420] Das Zusammenwachsen Europas als einheitlicher Wirtschaftsraum und politische Union wird durch die Errichtung transeuropäischer Straßen, Schienen- und Wasserwege, Energieversorgungsleitungen sowie Daten- und Telefonkabel besonders gegenständlich.[421] Die infrastrukturpolitischen Entscheidungen und Projekte im Zuge der deutschen Wiedervereinigung zeigen zudem die Bedeutung dieser Netze für die innere Einheit Deutschlands. Auch für die Konsolidierung des Binnenmarktes ist deshalb ein transeuropäischer Netzverbund von existentieller Bedeutung.[422]

Europäische Leitlinien sind bisher für alle drei netzgebundenen Infrastrukturbereiche[423] in der Rechtsform der Entscheidung ergangen, die an die Mitgliedstaaten gerichtet und daher für diese in ihren Zielen, Grundsätzen und Prioritäten rechtsverbindlich sind (Art. 249 EG).[424] Die Bindungswirkung der Leitlinien ist dabei jedoch insofern problematisch als seit der Liberalisierung der Bau und

---

417 *J. Erdmenger*, in: *H. v. d. Groeben/J. Thiesing/C.-D. Ehlermann* (Hrsg.), EU-/EG-Vertrag, Art. 129c Rdnr. 18.

418 *I. Erberich*, in: *A. Bleckmann*, Europarecht, Rdnr. 2734.

419 *Th. Oppermann*, Europarecht, Rdnr. 1478.

420 *R. Dieter/J. W. Grüter*, in: *C. O. Lenz* (Hrsg.), EG-Vertrag, Vorbem. Art. 154-156 Rdnrn. 9 f.

421 *Th. Oppermann*, Europarecht, Rdnr. 1478.

422 Vgl. zur Bedeutung transeuropäischer Netze *EG-Kommission*, Transeuropäische Netze, Bericht der Gruppe der persönlichen Beauftragten der Staats- bzw. Regierungschefs, S. 10; *EG-Kommission*, Wachstum, Wettbewerb, Beschäftigung – Weißbuch, Beilage zu 6/93 Bull. EG, S. 82; *G. Hermes*, Staatliche Infrastrukturverantwortung, S. 328; *K. v. Miert*, WuW 1998, S. 7.

423 Siehe hierzu insgesamt *A. Frohnmeyer*, in: *E. Grabitz/M. Hilf* (Hrsg.), Kommentar zur Europäischen Union, Art. 129d Rdnr. 7 ff.; *J. Erdmenger*, in: *H. v. d. Groeben/J. Thiesing/C.-D. Ehlermann* (Hrsg.), EU-/EG-Vertrag, Art. 129b Rdnrn. 6 ff.

424 *J. Erdmenger*, in: *H. v. d. Groeben/J. Thiesing/C.-D. Ehlermann* (Hrsg.), EU-/EG-Vertrag, Art. 129c Rdnrn. 16 ff.; *A. Frohnmeyer*, in: *E. Grabitz/M. Hilf* (Hrsg.), Kommentar zur Europäischen Union, Art. 129b Rdnr. 2; *I. Erberich*, in: *A. Bleckmann*, Europarecht, Rdnr. 2734; vgl. auch *R. Dieter/J. W. Grüter*, in: *C. O. Lenz* (Hrsg.), EG-Vertrag, Art. 155 Rdnr. 13.

die Errichtung von Energieversorgungs- und Telekommunikationsleitungen durch private Unternehmen erfolgen.[425] Die Leitlinien für Verkehrsnetze[426] sehen in Art. 2 anhand eines kartographischen Netzleitschemas die Integration von Land-, See- und Luftverkehrsnetzen bis zum Jahr 2010 vor.[427] Bereits 1994 wurden durch den Rat 14 prioritäre Verkehrsprojekte gebilligt.[428] Zahlreiche gemeinsame Vorhaben bzgl. Elektrizitäts- und Erdgasnetzen sind in den Leitlinien für transeuropäische Energienetze[429] geplant.[430] Die Mitgliedstaaten sind verpflichtet, erforderliche Genehmigungsverfahren schnell abzuschließen, um diese Vorhaben zu beschleunigen.[431] Ziel ist die effektive Verwirklichung des Energiebinnenmarktes, die Entwicklung und Integration weniger begünstigter Gemeinschaftsregionen sowie die Sicherung der Energieversorgung durch Kooperationen mit Drittländern.[432] Im Telekommunikationssektor soll mit der Entscheidung Nr. 2717/95/EG[433] die Entwicklung des EURO-ISDN zu einem transeuropäischen Netz sowie die Einführung eines integrierten Breitbandkommunikationsnetzes (IBC-Netz) unter Anbindung insularer, eingeschlossener und

---

[425] *R. Dieter/J. W. Grüter*, in: *C. O. Lenz* (Hrsg.), EG-Vertrag, Art. 155 Rdnr. 2.

[426] Entscheidung Nr. 1692/96/EG des Europäischen Parlaments und des Rates v. 23.7.1996 über Leitlinien für den Aufbau eines transeuropäischen Verkehrsnetzes, ABl. EG Nr. L 228/1 v. 6.9.1996, S. 1.

[427] Zum Beispiel geplante Hochgeschwindigkeitsstrecken zwischen Brüssel und Aachen, Madrid und Barcelona, Anhang I, Abschn. 3, Ziffrn. 3.1 und 3.5 der Leitlinie für Verkehrsnetze. Vgl. zum Bau von Hochgeschwindigkeitsstrecken in einzelnen Mitgliedstaaten *M. Wilckens*, Int. Verkehrswesen 49 (1997), S. 120 ff.

[428] Zum Beispiel Hochgeschwindigkeitszüge auf den Strecken Paris – Brüssel – Köln – Amsterdam – London und Lyon – Turin – Mailand – Venedig – Triest, Anhang III, Ziffrn. 2 und 6 der Leitlinie für Verkehrsnetze.

[429] Entscheidung Nr. 1254/96/EG des Europäischen Parlaments und des Rates v. 5.6.1996 über eine Reihe von Leitlinien betreffend die transeuropäischen Netze im Energiebereich, ABl. EG Nr. L 161/147 v. 29.6.1996, S. 147; vgl. zur Entwicklung *F. v. Burchard* in: *F. v. Burchard/L. Eckert*, Natural Gas and EU Energy Law, S. 73 ff.

[430] Zum Beispiel der Anschluß einzelner Elektrizitätsnetze an die europäischen Verbundnetze durch Unterwasserkabel zwischen Nordirland und Schottland, Griechenland und Italien oder der Aufbau von Gasnetzen entlang der portugiesischen Atlantik- und griechischen Ägäisküste, Anhang I der Leitlinie für Energienetze.

[431] Art. 6 Abs. 6 der Leitlinie für Energienetze.

[432] Art. 3 der Leitlinie für Energienetze.

[433] Entscheidung Nr. 2717/95/EG des Europäischen Parlaments und des Rates v. 9.11.1995 über Leitlinien für die Entwicklung des EURO-ISDN (diensteintegrierendes digitales Fernmeldenetz) zu einem transeuropäischen Netz, ABl. EG Nr. L 282/16 v. 24.11.1995, S. 16.

entlegener Gemeinschaftsgebiete gefördert werden.[434] Die Leitlinien zu transeuropäischen Telekommunikationsnetzen[435] weisen Vorhaben von gemeinsamem Interesse in einem Dreischichtenmodell – Anwendungen[436], Basisdienste[437] und Basisnetze – aus. Neben EURO-ISDN und IBC-Netzen ist die Markteinführung von ATM-Netzen[438], der Verbund bestehender Netze und die weitere Entwicklung von ortsfesten, mobilen und satellitengestützten Netzen vorgesehen.[439]

Zur Verwirklichung des infrastrukturellen Binnenmarktes unterstützt, koordiniert und finanziert die Gemeinschaft durch ihre Integrations- und Infrastrukturpolitik die Entwicklung transeuropäischer Netze.[440] Eisenbahnlinien, Energieversorgungs- und Telekommunikationsleitungen werden somit maßgeblich durch europäische Vorgaben und Maßnahmen als Teil der gemeinwohlorientierten Infrastrukturverantwortung mitgestaltet.

III. Inanspruchnahme fremder Infrastruktur als Steuerungsinstrument der gemeinschaftlichen Wettbewerbspolitik

Zentrales und wesentliches Steuerungsinstrument der gemeinwohlorientierten Infrastrukturverantwortung ist die Wettbewerbspolitik der Gemeinschaft. Aus ökonomischen und technischen Gründen erfordert die Marktöffnung netzgebundener Industrien zwingend die Mitbenutzung existierender Einrichtun-

---

[434] Art. 3 EURO-ISDN Leitlinie.

[435] Entscheidung Nr. 1336/97/EG des Europäischen Parlaments und des Rates v. 17.6.1997 über Leitlininen für transeuropäische Telekommunikationsnetze, ABl. EG Nr. 183/12 v. 11.7.1997, S. 12.

[436] Insbesondere Fernunterricht, Telematik- (in den Bereichen Medizin, Verkehr, Umwelt, KMU, Arbeitsmarkt) und Bibliotheksdienste, elektronische Ausschreibungen sowie Telearbeit.

[437] Zum Beispiel elektronische Post, Dateitransfersysteme, Online-Zugänge zu Datenbanken und Videodiensten sowie digitale Unterschriften.

[438] Siehe hierzu oben 1. Kap. A. I. 2. b), S. 9.

[439] Anhang I Nr. 3 der Leitlinie für Telekommunikationsnetze.

[440] Vgl. *A. Frohnmeyer*, in: *E. Grabitz/M. Hilf* (Hrsg.), Kommentar zur Europäischen Union, Art. 129b Rdnr. 6.

gen.[441] Obwohl der Netzzugang sektorspezifisch geregelt ist, bildet er – in unterschiedlicher Terminologie als Zugangs- und Transitrecht, Durchleitung („third party access") oder Zusammenschaltung („interconnection") – in Form der „konkurrentennützigen Inanspruchnahme fremder Infrastrukturen"[442] den Kern der gemeinschaftsrechtlichen Wettbewerbspolitik im Eisenbahn-, Energie- und Telekommunikationssektor.[443] Der Zugang ist in allen Bereichen konkurrentennützig, da er unmittelbaren Wettbewerbern der Monopolunternehmen eingeräumt wird. Aufgrund der normierten Zugangsrechte können neu in den Markt eintretende Unternehmen Infrastruktureinrichtungen „in Anspruch nehmen". Die eigentumsgrundrechtliche Relevanz der Inanspruchnahme kommt durch die Bezeichnung als Zugang zu „fremden" Infrastrukturen bereits zum Ausdruck. Der Begriff der Infrastruktur[444] selbst bezieht sich auf Schienenwege, Energieversorgungs- und Telekommunikationsleitungen.[445]

Die Inanspruchnahme fremder Infrastrukturen wird nicht nur im sektorspezifischen sekundären Eisenbahn-, Energie- und Telekommunikationsrecht verwirklicht, sondern auch rechtsgebietsübergreifend durch die Anwendung der primären Wettbewerbsvorschriften des EG-Vertrages, insbesondere in Form der

---

[441] Vgl. zur Wettbewerbspolitik der Gemeinschaft in diesen Industriebereichen *K. v Miert*, in: *FIW* (Hrsg.), Erfahrungen mit der Privatisierung von Monopolunternehmen, S. 5 ff.; *J. Schwarze*, in: *ders.* (Hrsg.), Netzzugang im Wirtschaftsrecht, S. 11 (13); speziell zur Telekommunikation *K. v. Miert*, WuW 1998, S. 7 ff.

[442] *R. Scholz/S. Langer* sprechen für den Energiesektor von der „Indienstnahme Privater zugunsten konkurrierender Privater" bzw. von der „konkurrentennützigen Indienstnahme des Durchleitungsverpflichteten"; *R. Scholz/S. Langer*, Europäischer Binnenmarkt und Energiepolitik, S. 176 und 259. Vgl. auch *W. Wegmann*, Regulierte Marktöffnung, S. 293, der von der „konkurrentennützigen Verpflichtung zur Zugangsgewähurng" ausgeht.

[443] Vgl. *O. Debaude/A. Drumaux*, in: *H. Cox* (Hrsg.), Öffentliche Dienstleistungen in der europäischen Union, S. 87 (90); *S. Stürmer*, Netzzugang und Eigentumsrechte in der Telekommunikation, S. 26. Vgl. allgemein zur Wettbewerbspolitik *M. Paulweber/A. Weinard*, EuZW 2001, S. 232 ff.

[444] Vgl. hierzu ausführlich *G. Hermes*, Staatliche Infastrukturverantwortung, S. 164 ff.; *K.-W. Schatz*, in: *H. Berger* (Hrsg.), Wettbewerb und Infrastruktur in Post- und Telekommunikationsmärkten, S. 122 (124 ff.); vgl. aus wirtschaftswissenschaftlicher Sicht *W. Burr*, Netzwettbewerb in der Telekommunikation, S. 7 f. m.w.N.; *R. Dieter/J. W. Grüter*, in: *C. O. Lenz* (Hrsg.), EG-Vertrag, Vorbem. Art. 154 Rdnr. 13.

[445] *G. Hermes*, Staatliche Infrastrukturverantwortung, S. 262.

„essential facilities doctrine"[446] bzw. der „Grundsätze zu Liefer- und Geschäftsverweigerungen"[447] im Rahmen des Art. 82 EG.[448] Danach kann unter bestimmten Voraussetzungen die Verweigerung des Zugangs zu „wesentlichen Einrichtungen" durch ein marktbeherrschendes Unternehmen als mißbräuchlich angesehen werden.

Die Gemeinschaft betreibt somit zwar eine auf die individuellen Anforderungen der Netzindustrien abgestimmte, vertikal getrennte, sektorale Wettbewerbspolitik. In sämtlichen sekundärrechtlichen Zugangsbestimmungen und der Entscheidungspraxis zu Art. 82 EG wird jedoch das „Konzept der konkurrentennützigen Inanspruchnahme fremder Infrastrukturen" umgesetzt. Neben „Vorhaben im gemeinsamen Interesse (transeuropäische Netze)" bilden Zugangsregeln und die Mißbrauchsaufsicht die rechtlichen Steuerungsinstrumente der gemeinschaftswohlorientierten Infrastrukturverantwortung.

---

[446] Nach der Entscheidungspraxis der Kommission, Entsch. v. 11.6.1992, (B & I Line/ Sealink Harbours), EG-Bull. Nr. 6, 1992, Tz. 1.3.30; Entsch. v. 21.12.1993, (Sea Containers/Stena Sealink), ABl. EG 1994 Nr. L 15/8, S. 8 ff.; Entsch. v. 21.12.1993, (Hafen von Rødby), ABl. EG 1994 Nr. L 55/52, S. 52 ff.

[447] Im Sinne der bisherigen EuGH-Rechtsprechung, EuGH v. 6.3.1974, verb. Rs. 6 und 7/73 (Commercial Solvents), Slg. 1974, S. 225 ff.; EuGH v. 6.4.1995, verb. Rs. C-241 und 242/91 P (Magill), Slg. 1995-I, S. 743 ff. = EuZW 1995, S. 339 ff.; EuGH v. 26.11.1998, Rs. C-7/97 (Bronner/Mediaprint), Slg. 1998-I, S. 7791 ff. = NJW 1999, S. 2259 ff. = EuZW 1999, S. 86 ff. = WuW 1999, S. 69 ff. = MMR 1999, S. 348 ff.

[448] *A. Klimisch*/*M. Lange*, WuW 1998, S. 15.

3. Kapitel: Konkurrentennützige Inanspruchnahme fremder Infrastruktur in der Telekommunikation

Die Zusammenschaltung von Telekommunikationsnetzen als konkurrentennützige Inanspruchnahme fremder Infrastruktur ist in verschiedenen Richtlinienbestimmungen geregelt.[449] Aus diesem Grund wird zunächst ein Überblick über die Entwicklung des europäischen Telekommunikationsrechts (hierzu A.) gegeben, um Zusammenschaltungsbedingungen für die Erbringung von Sprachtelefondiensten (hierzu B.) im einzelnen aufzeigen und einordnen zu können.

A. Entwicklung des europäischen Telekommunikationsrechts

Das europäische Telekommunikationsrecht[450] entwickelte sich zweigleisig durch Liberalisierungs- und Harmonisierungsvorschriften.[451] Die Kommission

[449] Mitteilung der Kommission an den Rat, das Europäische Parlament, den Wirtschafts- und Sozialausschuß und den Ausschuß der Regionen, Vierter Bericht über die Umsetzung des Reformpakets für den Telekommunikationssektor, KOM (98) 594 endg. v. 25.11.1998, S. 19.

[450] Der EG enthält außer in Art. 154 EG keinen eigenständigen Titel für die Telekommunikation, so daß europäisches Telekommunikationsrecht im wesentlichen aus sekundärem Gemeinschaftsrecht besteht; *H. Fangmann/K. Lörcher/W. Scheurle/M. Schwemmle/E. Wehner*, Telekommunikations- und Postrecht, S. 289; *E. Wiechert/J. Schmidt/Th. Königshofen*, Europäisches Telekommunikationsrecht, Ziff. 030, S. 17; vgl. auch *K. W. Grewlich*, Konflikt und Ordnung in der globalen Telekommunikation, S. 88; *W. Kilian*, Europäisches Wirtschaftsrecht, Rdnrn. 696 f. und 699.

[451] *B. Amory*, EuZW 1992, S. 75; *J.-E. de Cockborne*, EWS 1991, S. 346; *R. Schulte-Braucks*, EWS 1990, S. 11 (12).

erließ Liberalisierungsrichtlinien nach Art. 86 Abs. 3 EG, während die Harmonisierung durch Richtlinien des Rates[452] gemäß Art. 95 EG normiert wurde.[453] Liberalisierung[454] bezweckt die Aufhebung der besonderen oder ausschließlichen Rechte der staatlichen Fernmeldeverwaltungen (Monopolrechte). Die Harmonisierung betrifft hingegen die Rechtsangleichung der mitgliedstaatlichen Rechtsordnungen an das Gemeinschaftsrecht im Sinne eines offenen Netzzugangs (ONP[455]). Ziel ist es, gemeinschaftsweit harmonisierte Zugangs- und Nutzungsbedingungen für Telekommunikationsnetze und -dienste zu ermöglichen. Beide Regelungsbereiche können nicht isoliert voneinander betrachtet werden, sondern bedingen sich vielmehr wechselseitig. Die Gemeinschaft achtete zwar stets auf einen „sorgsamen Ausgleich“[456] und ein „ausgewogenes Verhältnis“[457], um eine kohärente Entwicklung zu gewährleisten.[458] Eine strikte vertikale Trennung gelang ihr jedoch nicht, da neben Maßnahmen zur Marktöffnung auch Fragen des Netzzugangs durch die Kommission geregelt wurden.[459]

Rechtsakte der Liberalisierung sind die Telekommunikationsendgeräterichtlinie und Telekommunikationsdiensterichtlinie sowie deren vier Änderungsrichtlinien (hierzu I.). Die Harmonisierung erfolgte insbesondere durch die ONP-Rahmenrichtlinie und die sie konkretisierenden Einzelrichtlinien einschließlich

[452] Zunächst nur durch den Rat, später unter Beteiligung des Europäischen Parlaments.

[453] Beachte die unterschiedlichen Verfahren zum Erlaß von Richtlinien nach Art. 95 i.V.m. Art. 251 EG und Art. 86 Abs. 3 EG; vgl. hierzu allgemein *H. Hetmeier*, in: *C. O. Lenz* (Hrsg.), EG-Vertrag, Art. 251 Rdnrn. 4 ff. und *E.-J. Mestmäcker*, in: *U. Immenga/E.-J. Mestmäcker* (Hrsg.), EG-Wettbewerbsrecht, Art. 90 Abs. 3 Rdnrn. 7 ff.

[454] Liberalisierung ist nicht mit Privatisierung gleichzusetzen, da die Gemeinschaft aus Art. 295 EG keine Kompetenz zur Regelung der Eigentumsordnung der Mitgliedstaaten besitzt. Vgl. zum Begriff der Liberalisierung *K. W. Grewlich*, Konflikt und Ordnung in der globalen Telekommunikation, S. 34.

[455] Open Network Provision.

[456] *EG-Kommission*, Prüfung der Lage im Bereich der Telekommunikationsdienste (1992), SEK (92) 1048 endg., Einl., S. 3.

[457] *EG-Kommission*, Konsultation zur Lage der Telekommunikationsdienste, KOM (93) 159 endg., Tz. 29 = BR.-Drs. 346/93.

[458] *W. Sauter*, in: *C. Scott/O. Audéoud* (Hrsg.), The Future of EC Telecommunications Law, S. 105.

[459] *J. Scherer*, in: *A. Büllesbuch* (Hrsg.), Datenschutz im Telekommunikationsrecht, S. 59 (60), spricht deshalb von einer „unzulänglichen Binnenharmonisierung“.

der Richtlinie zur Zusammenschaltung (hierzu II.).[460] Im Rahmen der Harmonisierung spielen ferner technische Normen und Spezifikationen eine zentrale Rolle (hierzu III.). Darüber hinaus war die uneingeschränkte Anwendung der Wettbewerbsvorschriften (Art. 86 Abs. 2 i.V.m. Art. 82 EG)[461] auf staatliche Telekommunikationsunternehmen normatives Instrument der Liberalisierung (hierzu IV.).[462]

I. Stufenweise asymmetrische Liberalisierung unterschiedlicher Intensität durch Aufhebung besonderer und ausschließlicher Rechte

Die Liberalisierung der Telekommunikation schritt stufenweise[463] und mit unterschiedlicher Intensität voran. Sie verlief in den Bereichen „Endgeräte", „Dienste" und „Netze" bei intendiertem Wettbewerbsschutz staatlicher Monopolunternehmen asymmetrisch.

---

460 Der ordnungsrechtliche Regulierungsrahmen umfaßt insgesamt 25 Gemeinschaftsmaßnahmen, die im Anhang I zum Diskussionspapier der Generaldirektion XIII., The 1999 Review: regulatory principles, S. 15, aufgelistet sind.

461 Sie diente insbesondere anderen Infrastrukturbereichen als Vorbild; *C.-D. Ehlermann*, EuR 1993, S. 134 (138).

462 Vgl. zur Entwicklung des Europäischen Telekommunikationsrechts insgesamt *S. Polster*, Das Telekommunikationsrecht der Europäischen Gemeinschaft, S. 11 ff.; *D. Bruhn*, Die Sicherstellung öffentlicher Aufgaben im Bereich der deutschen Telekommunikation unter dem Einfluß der europäischen Marktöffnung, S. 68 ff.; *E. Wiechert/J. Schmidt/Th. Königshofen*, Europäisches Telekommunikationsrecht, Ziff. 120, S. 1 ff.; *A. Bartosch*, K&R 1998, S. 339 ff.; *P. Ravaioli/P. Sandler*, The International Computer Lawyer 4 (1994), S. 2 ff. und S. 20 ff.; *H. Ungerer*, 19 (1996) Fordham International Law Journal, S. 1111 (1118 ff.); *R. Verrue/J.-E. de Cockborne*, in: *F. Arnold* (Hrsg.), Handbuch der Telekommunikation, Bd. 4, Kap. 11.2.0.0., S. 4 ff.; *R. Ellger*, in: *W. J. Adams* (Hrsg.), Singular Europe, S. 203 ff.; *J. Scherer*, in: *M. Bartsch/ B. Lutterbeck* (Hrsg.), Neues Recht für neue Medien, S. 25 (28 ff.); *ders.*, in: *A. Büllesbuch* (Hrsg.), Datenschutz im Telekommunikationsrecht, S. 59 (60 ff.); *P. N. Märkl*, Netzzusammenschaltung, S. 161 ff.; *J. Rieß*, Regulierung und Datenschutz, S. 50 ff.; *L. Ehring*, in: *Th. Hoeren/R. Queck* (Hrsg.), Rechtsfragen der Informationsgesellschaft, S. 32 (34 ff.); *K. Wessely/Ch. Hoenig*, MuR 1997, S. 55 ff.; *R. Hallenga*, Archiv PT 1996, S. 239 (234 ff.).

463 *D. Diemert*, in: *Th. Hoeren/R. Queck* (Hrsg.), Rechtsfragen der Informationsgesellschaft, S. 82.

1. Stufenweise Liberalisierung

Ausgehend vom richtungsweisenden Grünbuch der Kommission im Jahre 1987 „über die Entwicklung eines Gemeinsamen Marktes für Telekommunikationsdienstleistungen und Telekommunikationsgeräte"[464], durch das erstmals ein gesamtordnungspolitisches Konzept für die Vollendung des Binnenmarktes im Telekommunikationssektor vorgelegt wurde[465], öffnete die Gemeinschaft zunächst den Markt für Telekommunikationsendgeräte durch die Richtlinie der Kommission vom 16. Mai 1988.[466] Die Mitgliedstaaten wurden hierdurch verpflichtet, sämtliche, den nationalen Fernmeldeorganisationen gewährten, besonderen oder ausschließlichen Rechte bezüglich der Telekommunikationsendgeräte aufzuheben.[467] Sie mußten gewährleisten, daß gemeinschaftsweit Endgeräte eingeführt, vertrieben, eingerichtet, in Betrieb gesetzt und gewartet werden können.[468]

Durch die Richtlinie über den Wettbewerb auf dem Markt für Telekommunikationsdienste vom 28. Juni 1990[469] beseitigte die Kommission sämtliche besonderen und ausschließlichen Rechte für Telekommunikationsdienste mit

---

464 *EG-Kommission*, KOM (87) 290 endg. v. 30.6.1987 = BT.-Drs. 11/930; vgl. hierzu *R. Schulte-Braucks*, in: *J. Scherer* (Hrsg.), Telekommunikation und Wirtschaftsrecht, S. 1 ff.; *H. Ungerer/C. Nicholas*, Telekommunikation in Europa, S. 207 ff.; *M. Coleman*, ECLR 1990, S. 204 f.

465 Vgl. zur Entwicklung der europäischen Telekommunikationspolitik bis zum Grünbuch 1987 ausführlich *Th.-S. Kluth*, Telekommunikation als Regelungsgegenstand, S. 57 ff.; *M. Weinkopf*, Ökomonie des ONP-Konzepts, S. 6 ff.

466 Richtlinie der Kommission v. 16.5.1988 über den Wettbewerb auf dem Markt für Telekommunikations-Endgeräte (88/301/EWG), ABl. EG Nr. L 131/73 v. 27.5.1988, S. 73 (EndgeräteRL).

467 Art. 2 EndgeräteRL.

468 Art. 3 EndgeräteRL. Vgl. insgesamt zur EndgeräteRL *H. Fangmann*, EuZW 1991, S. 585 (586); *B. Amory*, EuZW 1992, S. 75 (76); *R. Ellger/Th.-S. Kluth*, Das Wirtschaftsrecht der internationalen Telekommunikation, S. 256 ff.; *C. Engel*, in: *M. A. Dauses* (Hrsg.), Handbuch des EU-Wirtschaftsrechts, Kap. E., Ziff. V, Rdnr. 13; *J. Rieß*, Regulierung und Datenschutz, S. 11.

469 Richtlinie der Kommission v. 28.6.1990 über den Wettbewerb auf dem Markt für Telekommunikationsdienste (90/388/EWG), ABl. EG Nr. L 192/10 v. 24.7.1990, S. 10 (TkDiensteRL).

Ausnahme des Sprachtelefondienstes[470] und schuf dadurch insbesondere einen Wettbewerbsmarkt für Telekommunikationsmehrwertdienste sowie für Sprach- und Datendienste geschlossener Benutzergruppen und Firmennetze.[471]

Die erste Änderungsrichtlinie[472] zur Telekommunikationsdiensterichtlinie bezog 1994 nach umfangreichen Vorarbeiten[473] Satellitenkommunikationsdienste und -netze in den Liberalisierungsprozeß ein.[474] Die Nutzung von Kabelfernsehnetzen für bereits liberalisierte Telekommunikationsdienste ermöglichte die zweite Änderungsrichtlinie aus dem Jahr 1995[475], während Mobilfunkdienste und -netze 1996 – auf der Basis des Mobilfunk-Grünbuchs[476] – durch die dritte Änderungsrichtlinie[477] vollständig liberalisiert wurden.

---

[470] Vom Anwendungsbereich der Richtlinie ausgeschlossen waren ferner Telex-, Mobilfunk- und Satellitenkommunikationsdienste, Art. 1 Abs. 2 TkDiensteRL. Zudem konnten die Mitgliedstaaten für paket- und leitungsvermittelte Datendienste den einfachen Wiederverkauf der Kapazität von Mietleitungen untersagen, Art. 3 TkDiensteRL.

[471] Mehrwertdienste sind solche Dienste, die neben der reinen Übertragung zusätzliche höherschichtige rechnergestützte Leistungselemente z. B. Auskunfts- und Ansagedienste, Anrufbeantworter, Btx u.a. aufweisen; vgl. hierzu *EG-Kommission*, Grünbuch 1987, KOM (87) 290 endg., S. 36; *J. Rieß*, Regulierung und Datenschutz, S. 32 ff.; *S. Böhm*, MMR 1998, S. 519.

[472] Richtlinie der Kommission v. 13.10.1994 zur Änderung der Richtlinie 88/301/EWG und 90/388/EWG, insbesondere betreffend die Satelliten-Kommunikation (94/46/EG), ABl. EG Nr. L 268/15 v. 19.10.1994, S. 15 (SatellitenRL).

[473] Vgl. *EG-Kommission*, Auf dem Weg zu europaweiten Systemen und Diensten – Grünbuch über ein gemeinsames Vorgehen im Bereich der Satellitenkommunikation in der Europäischen Gemeinschaft, KOM (90) 490 endg. v. 28.11.1990.

[474] Vgl. zur Regulierung der Satellitenkommunikation *A. Bartosch*, CR 2000, S. 214 (216 ff.); *Ch. Koenig/A. Neumann*, MMR 2000, S. 151 ff.; *Ch. Koenig/Ch. Zeiss*, EuZW 1999, S. 133 ff.

[475] Richtlinie der Kommission v. 18.10.1995 zur Änderung der Richtlinie 90/388/EWG hinsichtlich der Aufhebung der Einschränkungen bei der Nutzung von Kabelfernsehnetzen für die Erbringung bereits liberalisierter Telekommunikationsdienste (95/51/EG), ABl. EG Nr. L 256/49 v. 26.10.1995, S. 49 (KabelfernsehRL I).

[476] *EG-Kommission*, Auf dem Weg zu personal communications – Grünbuch der Kommission der Europäischen Gemeinschaften über ein Konzept für Mobilkommunikation und personal communications in der Europäischen Union, KOM (94) 145 endg. v. 16.5.1994.

[477] Richtlinie der Kommission v. 16.1.1996 zur Änderung der Richtlinie 90/388/EWG betreffend die mobile Kommunikation und Personal Communications (96/2/EG), ABl. EG Nr. L 20/59 v. 26.1.1996, S. 59 (MobilfunkRL).

Das Übertragungswegemonopol für sog. „alternative Netzinfrastrukturen“[478], um Telekommunikationsdienste mit Ausnahme des Sprachtelefondienstes erbringen zu können, wurde schließlich zum 1. Juli 1996 und das Sprachtelefondienstmonopol einschließlich der hierfür erforderlichen Übertragungswege zum 1. Januar 1998 durch die vierte Änderungsrichtlinie zur Telekommunikationsdiensterichtlinie[479] zur Einführung des vollständigen Wettbewerbs aufgehoben. Die fünfte Änderungsrichtlinie[480] vom 23. Juni 1999 sieht vor, daß keine Fernmeldeorganisation ein Kabelfernseh- und Telekommunikationsnetz in einer rechtlichen Einheit betreibt, wenn dieses Unternehmen eine marktbeherrschende Stellung bei der Bereitstellung öffentlicher Telekommunikationsnetze und Sprachtelefondienste innehat und auf dem gleichen räumlichen Markt ein Kabelfernsehnetz aufgrund ausschließlicher Rechte betreibt.[481] Infolge der Liberalisierung sind die Mitgliedstaaten somit verpflichtet, ihre Telekommunikationsmärkte vollständig zu öffnen[482] und Wettbewerb auf der Ebene der Netzinfrastruktur und des Sprachtelefondienstes zu ermöglichen.[483]

---

[478] „Alternative Netzinfrastrukturen“ sind Telekommunikationsnetze, die durch Private in Ausnahme zu staatlichen Monopolen errichtet und betrieben werden, somit insbesondere Netze der öffentlichen Versorgungsbereiche und Eisenbahngesellschaften. *EG-Kommission*, Wettbewerbspolitik der Europäischen Gemeinschaft, XXVI. Bericht über die Wettbewerbspolitik 1996, SEK (97) 628 endg., S. 46; *dies.*, Grünbuch über die Liberalisierung der Telekommunikationsinfrastruktur und der Kabelfernsehnetze, Teil II v. 25.1.1995: Ein gemeinsames Konzept zur Bereitstellung einer Infrastruktur für Telekommunikation in der Europäischen Union, KOM (94) 682 endg., S. 16 (Grünbuch Infrastruktur Teil II); *W. Bötsch*, in: *E. Witte* (Hrsg.), Das Telekommunikationsgesetz 1996, S. 3 (8).

[479] Richtlinie der Kommission v. 13.3.1996 zur Änderung der Richtlinie 90/388/EWG über die Einführung vollständigen Wettbewerbs auf dem Markt für Telekommunikationsdienste (96/19/EG), ABl. EG Nr. L 74/13 v. 22.3.1996, S. 13 (WettbRL).

[480] Richtlinie der Kommission v. 23.6.1999 zur Änderung der Richtlinie 90/388/EWG im Hinblick auf die Organisation ein- und demselben Betreiber gehörender Telekommunikations- und Kabelfernsehnetze in rechtlich getrennten Einheiten (1999/64/EG), ABl. EG Nr. L 175/39 v. 10.7.1999, S. 39 (KabelfernsehRL II).

[481] Art. 9 TKDiensteRL.

[482] Mit Ausnahme Luxemburgs (1.7.1998), Spaniens (1.12.1998), Irlands (1.1.2000), Portugals (1.1.2000) und Griechenlands (1.1.2002), siehe oben Fn. 228.

[483] Art. 2 Abs. 2 WettbRL. Vgl. insgesamt zur TkDiensteRL *B. Amory*, EuZW 1992, S. 75 (82); *H. Fangmann*, EuZW 1990, S. 48 (51); *R. Schulte-Braucks*, EWS 1990, S. 11 (14).

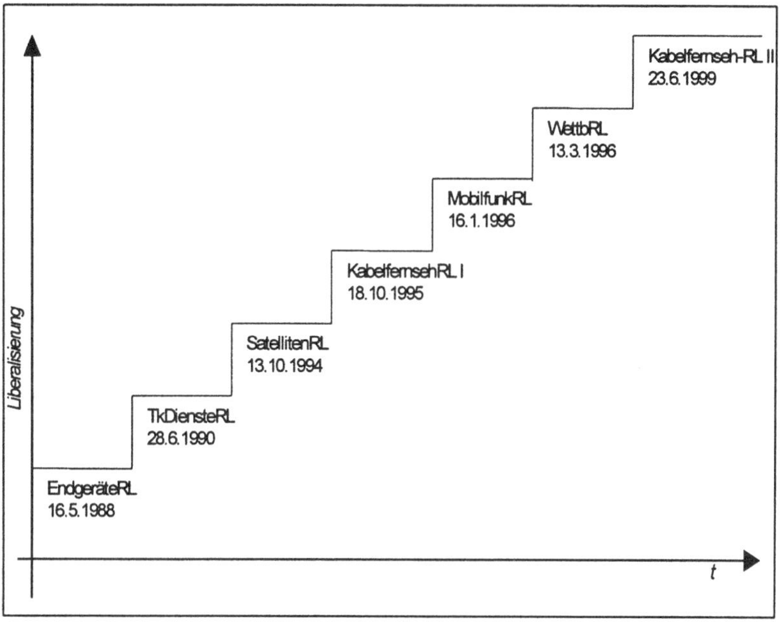

Abbildung 4: Chronologie der Liberalisierung

2. Intensität der Liberalisierung

Die einzelnen Liberalisierungsbereiche sind insofern durch eine unterschiedliche Intensität gekennzeichnet, als deren Marktvolumen und -öffnungsgrad stark differierte.[484] Der Endgerätemarkt war mit einem Anteil von ca. 10 - 15 % am Gesamtmarkt gegenüber dem Dienstemarkt (über 80 %) das volumenschwächere Marktsegment.[485] Für Telekommunikationsnetze bestand – mit Ausnahme des Beschaffungsmarktes für Übertragungs- und Vermittlungstech-

---

[484] *M. Weinkopf*, Ökomonie des ONP-Konzepts, S. 11.

[485] Vgl. zur Marktentwicklung zwischen 1994-1998 *EITO/EEIG* (Hrsg.), European Information Technology Observatory 1997, S. 279.

nik der staatlichen Monopolunternehmen – überhaupt kein Markt. Dieser entwickelt sich erst seit der Liberalisierung in Form des „Netzwettbewerbs"[486].

Die Mitgliedstaaten müssen der Kommission technische Spezifikationen und Zulassungsregeln für Endgräte mitteilen, die nach zeitlicher Priorität in unterschiedlichen Gruppen kategorisiert sind.[487] Telefonapparate für Hauptstellen unterfallen der Gruppe C, für die eine Vorlagefrist bis 30. Juni 1990 bestand, während technische Spezifikationen für schnurlose Telefone und mobile Funksprechgeräte – zu diesem Zeitpunkt neuartige Produkte mit geringem Marktanteil – bereits bis 30. September 1989, für Nebenstellenapparate und Modems bis Ende 1988 vorgelegt werden mußten.[488]

Im Bereich der Telekommunikationsdienste erzielten die nationalen Fernmeldeverwaltungen allein mit dem Sprachtelefondienst über 90 % des Gesamtdiensteumsatzes.[489] Liberalisiert wurden jedoch zunächst innovative, neuartig angebotene Dienste – Telekommunikationsmehrwert-, Satellitenkommunikations- und Mobilfunkdienste – , für die sich erst ein Markt bildete und deshalb Marktanteilsverluste der staatlichen Monopolbetreiber nicht zu befürchten waren. Die unterschiedliche Intensität der Liberalisierung verdeutlicht anhand des Marktöffnungsgrades Abbildung 5.

---

[486] Vgl. zum Netzwettbewerb aus wirtschaftswissenschaftlicher Sicht *Ch. B. Blankart/ G. Knieps*, S. 5 ff. und 12 ff.; *G. Knieps*, in: *P. Klemmer* (Hrsg.), Handbuch Europäische Wirtschaftspolitik, S. 1193 (1201 und 1203); *W. Burr*, Netzwettbewerb in der Telekommunikation, S. 116 f.; *H. Klodt*, Wettbewerb und Regulierung in der Telekommunikation, S. 54.

[487] Art. 8 EndgeräteRL.

[488] Art. 8 i.V.m. Anhang I der EndgeräteRL.

[489] *EG-Kommission*, Prüfung der Lage im Bereich der Telekommunikationsdienste (1992), SEK (92) 1048 endg., Ziff. 2.2.3., S. 13; *H. Fangmann*, EuZW 1990, S. 48 (51).

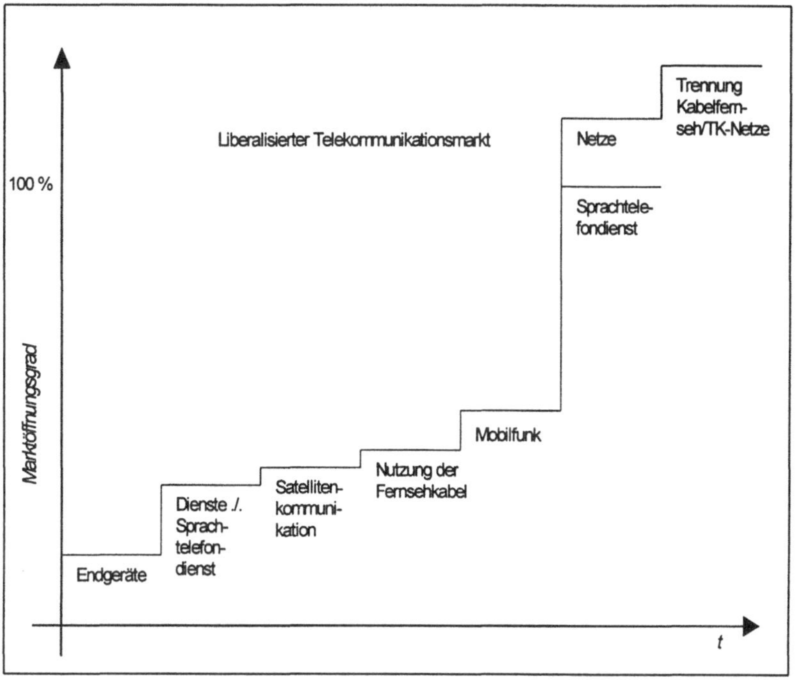

Abbildung 5: Intensität der Liberalisierung

3. Asymmetrische Liberalisierung bei intendiertem Wettbewerbsschutz staatlicher Monopolunternehmen

Die Öffnung der Telekommunikationsmärkte ist geprägt von einem asymmetrischen Ansatz. Die Bereiche „Endgeräte", „Dienste" und „Netze" wurden weder parallel noch in ihrer Gesamtheit zeitlich aufeinanderfolgend liberalisiert. Eine Zäsur erfolgte insofern, als einerseits das Sprachtelefondienstmonopol aufrechterhalten, jedoch Monopolrechte für „alternative Netzinfrastrukturen" aufgehoben wurden. Das Übertragungswegemonopol endete erst vollständig zeitgleich mit dem Sprachmonopol. Übertragungswege für Mobil- und Satellitenfunk wurden hingegen zugleich mit den jeweiligen Diensten liberalisiert.[490] Atypisch war auch die Öffnung der Kabelfernsehnetze für die Übertragung bereits liberalisierter Telekommunikationsdienste.[491] Abbildung 6 visualisiert im Verhältnis den Grad der Marktöffnung bezogen auf die jeweiligen Teilmärkte „Endgeräte", „Dienste" und „Netze".

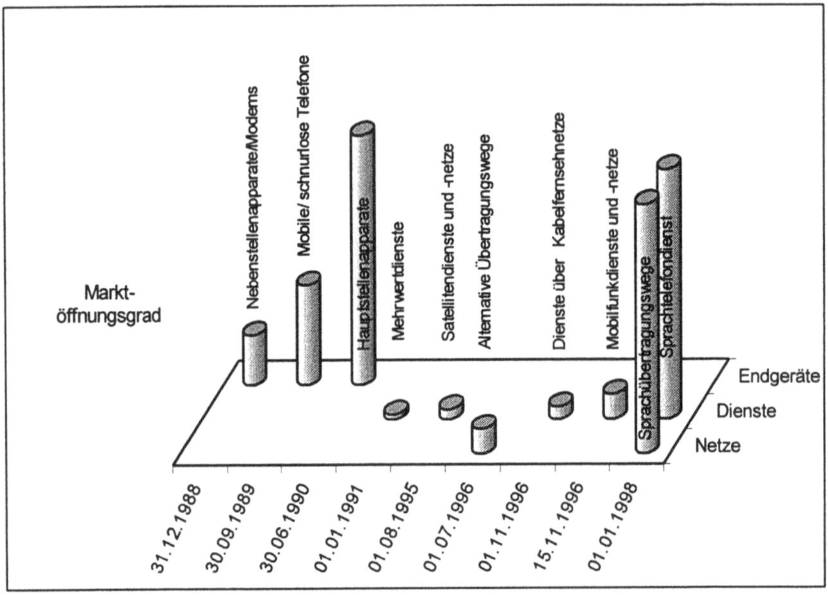

Abbildung 6: Asymmetrie der Liberalisierung

Die Gemeinschaft verfolgte zwar im Zeitpunkt der Diensteliberalisierung das Ziel, wirtschaftliches Wachstum und technische Innovationen zu fördern.[492]

490 Jeweils durch Änderung der TkDiensteRL gemäß Art. 1 Ziff. 3 MobilfunkRL, Art. 2 Ziff. 2 SatellitenRL.

491 Art. 1 Ziff. 2 KabelfernsehRL I.

492 Entschließung des Rates v. 30.6.1988 über die Entwicklung des gemeinsamen Marktes für Telekommunikationsdienste und -geräte bis 1992 (88/C 257/01), ABl. EG Nr. C 257/1 v. 4.10.1988, S. 1 (2).

Andererseits sollte die Errichtung kompatibler und digitalisierter Telekommunikationsnetze sichergestellt werden.[493] Die nationalen Fernmeldeverwaltungen erfüllten dabei die im allgemeinen wirtschaftlichen Interesse liegende Aufgabe (Art. 86 Abs. 2 EG), ein flächendeckendes Netz, an das alle Anbieter und Benutzer angeschlossen werden können, zu errichten.[494] Da sie die zum Aufbau eines solchen Netzes erforderlichen Finanzmittel aus dem Sprachtelefondienst erwirtschafteten, befürchtete die Kommission, daß private Anbieter aufgrund der unterschiedlichen Tarifstrukturen der nationalen Fernmeldeverwaltungen[495] lukrative Marktsegmente, wie den internationalen Telefondienst, erschließen könnten (sog. „Rosinenpicken"). Infolge der Mindereinnahmen beim Sprachtelefondienst wäre die Finanzkraft und das finanzielle Gleichgewicht der staatlichen Fernmeldeverwaltungen beeinträchtigt.[496] Die Anwendung der Grundfreiheiten des EG-Vertrages, insbesondere der Dienstleistungsfreiheit (Art. 49 EG) und der Wettbewerbsvorschriften (Art. 81, 82 EG) würde die Errichtung digitalisierter Netze deshalb tatsächlich gefährden (Art. 86 Abs. 2 EG).[497]

Die vollständige Marktöffnung beschloß der Rat schließlich im Jahr 1993[498], da inzwischen Flächendeckung und Digitalisierung der Telekommunikationsnetze erheblich verbessert worden waren und eine weitere Netzdurchdringung durch den Ausbau von Glasfasernetzen zu erwarten war.[499] Die Tarifstrukturen

---

[493] *EG-Kommission*, Grünbuch 1987, KOM (87) 290 endg., S. 50; Entschließung des Rates v. 30.6.1988 (88/C 257/01), ABl. EG Nr. C 257/1 v. 9.10.1988, S. 1 (2).

[494] Erwägungsgrund (18) TkDiensteRL.

[495] Nach dem Prinzip der Tarifeinheit im Raum wurden defizitäre Ortsgespräche durch höhere Ferngesprächspreise subventioniert; *G. Knieps*, in: *H. Diederich/W. Hamm/W. Zohlnhöfer* (Hrsg.), Die Deutsche Bundespost im Spannungsfeld der Wirtschaftspolitik, S. 129 (138); siehe auch *E. Witte*, ZögU 1997, S. 434 (441); zur Gebührenpolitik der Deutschen Telekom *Th. Schnöring*, Archiv PF 1988, S. 138 ff.

[496] Erwägungsgrund (18) TkDiensteRL, Erwägungsgrund (4) WettbRL.

[497] Erwägungsgrund (18) TkDiensteRL; Erwägungsgrund (4) WettbRL. Die Deutsche Telekom investierte allein für die Errichtung einer flächendeckenden Netzinfrastruktur in den neuen Ländern 60 Mrd. DM; vgl. *H. Fangmann/K. Lörcher/W. Scheurle/M. Schwemmle/E. Wehner*, Telekommunikations- und Postrecht, S. 2.

[498] Entschließung des Rates v. 22.7.1993 zur Prüfung der Lage im Bereich Telekommunikation und zu den notwendigen künftigen Entwicklungen in diesem Bereich (93/C 213/01), ABl. EG Nr. C 213/1 v. 6.8.1993, S. 1 (3). Entschließung des Rates v. 22.12.1994 über die Grundsätze und den Zeitplan für die Liberalisierung der Telekommunikationsinfrastrukturen (94/C 379/03).

[499] Erwägungsgrund (4) WettbRL.

der Telekommunikationsunternehmen waren so weit angepaßt, daß keine Wettbewerbsverzerrungen mehr zu befürchten waren.[500]

Am Übertragungswegemonopol hielt die Kommission ursprünglich fest, da sie die Sicherheit und Integrität der öffentlichen Netze bei externen Zugriffen Dritter als gefährdet erachtete.[501] Zudem sollte die finanzielle Ertragsfähigkeit staatlicher Fernmeldeverwaltungen gesichert werden, um die Errichtung digitaler Breitbandkommunikationsnetze zu gewährleisten.[502] Im Grünbuch zur Infrastruktur aus dem Jahr 1994 entwickelte die Kommission schließlich ein Zwei-Phasen-Modell für die Liberalisierung der Netzinfrastruktur. Netzinfrastrukturen für Satellitenfunkdienste, Mobilfunkdienste und bereits liberalisierte terrestrische Dienste einschließlich der Kabelfernsehnetze sollten in einem ersten Schritt unverzüglich dem Wettbewerb freigegeben werden[503], während die Aufhebung des Netzmonopols zur Erbringung von Sprachtelefondiensten erst ab 1998 kohärent mit der vollständigen Diensteliberalisierung angestrebt wurde.[504] Unter Vorsitz des ehemaligen Bundesministers für Post und Telekommunikation (BMPT) *Bötsch* beschloß der EU-Ministerrrat am 14.11.1994[505] die Liberalisierung der Infrastruktur bis 1. Januar 1998.[506] „Alternative Netzinfrastrukturen" wurden jedoch bereits zum 1. Juli 1996 vor dem Hintergrund der Kommissionsentscheidungen zu den Unternehmenskooperationen „Atlas"[507] und „Global

---

500 Erwägungsgrund (4) WettbRL.

501 *EG-Kommission*, Grünbuch 1987, KOM (87) 290 endg., S. 73.

502 *EG-Kommission*, Grünbuch 1987, KOM (87) 290 endg., S. 28, 50; *dies.*, Auf dem Weg zu einem wettbewerbsfähigen EG-weiten Telekommunikationsmarkt, KOM (88) 48 endg. v. 9.2.1998, S. 9.

503 Dies ist gemäß Art. 3c MobilfunkRL, Art. 1 Nr. 2 KabelfernsehRL und der Einbeziehung der Satellitenkommunikation in die TkDiensteRL für den Mobilfunk- und Satellitenfunk sowie für die Kabelfernsehnetze erfolgt.

504 *EG-Kommission*, Grünbuch zur Liberalisierung der Telekommunikationsinfrastruktur und der Kabelfernsehnetze, Teil I v. 25.10.1994: Grundsätze und Zeitrahmen, KOM (94) 440 endg., S. 28 f. (Grünbuch Infrastruktur Teil I).

505 F.A.Z. v. 15.11.1994, S. 15. Vgl. hierzu *A. Börnsen*, ZG 1996, S. 323 (325).

506 Entschließung des Rates v. 22.12.1994 über die Grundsätze und den Zeitplan für die Liberalisierung der Telekommunikationsinfrastrukturen (94/C 379/03), ABl. EG Nr. C 379/4 v. 31.12.1994, S. 4.

507 EG-Kommission, Bekanntmachung v. 15.12.1995, Sache IV/35.337 (Atlas), ABl. EG Nr. C 337/2, S. 2.

One"[508] zwischen der Deutschen Telekom, France Télecom und der amerikanischen Sprint Corp. dem Markt geöffnet.[509] Im Gegenzug für die erteilten Freistellungsgenehmigungen verpflichteten sich die französische und deutsche Regierung[510], ihre Übertragungswegemonopole bzgl. „alternativer Netzinfrastrukturen" aufzuheben.[511] Dadurch sei – laut Kommission – die finanzielle Ertragskraft der staatlichen Telekommunikationsunternehmen nicht beeinträchtigt, da über „alternative Netze" vor allem hochbitratige, bisher am Markt nicht angebotene, innovative Dienste erbracht werden.[512]

Obwohl die Aufrechterhaltung von Monopolrechten unterschiedlich begründet und der Markt zu verschiedenen Zeitpunkten geöffnet wurde, kann dennoch eine systematische Vorgehensweise festgestellt werden. In sämtlichen Liberalisierungsbereichen öffnete die Gemeinschaft zunächst jeweils nur umsatzschwache Teilmärkte (Nebenstellenapparate, Modems, Mobilfunkgeräte und schnurlose Telefone, Mehrwert-, Satelliten- und Mobilfunkdienste und -netze, alternative Übertragungswege), während stärkere Marktsegmente (Hauptstellenapparate, Sprachtelefondienste, Sprachübertragungswege), in denen nationale Monopolunternehmen die größte Marktmacht besaßen, nur zögerlich liberalisiert wurden.[513] Hierin zeigt sich – neben fiskalischen und technischen Motiven – der von der Gemeinschaft intendierte (Wettbewerbs-) Schutz zugunsten

---

508 EG-Kommission, Bekanntmachung v. 15.12.1995, Sache IV/35.617 (Phoenix), ABl. EG Nr. C 337/13, S. 13.

509 Antrag auf Negativtest bzw. Freistellung gemäß Art. 81 Abs. 3 EG i.V.m. Art. 4-9 VO Nr. 17 (Verordnung Nr. 17 des Rates v. 6.2.1962 – Erste Durchführungsverordnung zu den Artikeln 85 und 86 des Vertrags, ABl. EG v. 21.2.1962, S. 204). Vgl. hierzu *P. W. Schmitz-Morkramer*, Internationale strategische Allianzen in der Telekommunikation, S. 91 ff. und 104 ff.; *J. Neitzel*, Die Auslandstätigkeit der Deutschen Telekom, S. 151 ff. und 171 ff.; *ders.*, AfP 1996, S. 237 (239); *K. W. Grewlich*, Konflikt und Ordnung in der globalen Kommunikation, S. 120 ff.

510 *EG-Kommission*, Die Wettbewerbspolitik der Europäischen Gemeinschaft, XXVI. Bericht 1996, SEK (97) 628 endg., S. 30; *Monopolkommission* (Hrsg.), Die Telekommunikation im Wettbewerb, S. 10; *F. Twickel*, NJW-CoR 1996, S. 226 (230, Fn. 1). *W. Bötsch* gab zudem die Zusage, bis Ende Oktober 1996 mindestens zwei Lizenzen für die Errichtung und den Betrieb alternativer Übertragungswege zu vergeben.

511 EG-Kommission, Bekanntmachung v. 15.12.1995, Sache IV/35.337 (Atlas), ABl. EG Nr. C 337/2, S. 2 (11); EG-Kommission, Bekanntmachung v. 15.12.1995, Sache IV/35.617 (Phoenix), ABl. EG Nr. C 337/13, S. 13 (22).

512 Erwägungsgrund (26) WettbRL.

513 *M. Weinkopf*, Ökonomie des ONP-Konzepts, S. 11.

staatlicher Fernmeldeverwaltungen. Die asymmetrische Liberalisierung resultiert letztlich aus dem sich wandelnden Verständnis über die Erforderlichkeit staatlicher Monopole und der unterschiedlich intensiven Marktöffnung.

II. Phasenweise Harmonisierung durch Implementierung des offenen Netzzugangs

Entsprechend der Empfehlung der Kommission im Grünbuch von 1987[514] erließ der Rat im Sommer 1990 die ONP-Rahmenrichtlinie zur Verwirklichung des Binnenmarktes für Telekommunikationsdienste durch Einführung eines offenen Netzzugangs.[515] Um ein ausgewogenes Verhältnis und die Wechselbezüglichkeit zwischen Liberalisierung und Harmonisierung zu gewährleisten, stellte die Kommission ihre Telekommunikationsdiensterichtlinie, die sie bereits ein Jahr zuvor verabschiedet hatte[516] erst mit der ONP-Rahmenrichtlinie des Rates den Mitgliedstaaten zu.[517] Das ONP-Konzept resultierte aus dem diametralen Interessenkonflikt zwischen Wettbewerbsöffnung einerseits und Bewahrung von Monopolrechten andererseits.[518] Die Richtlinie verfolgte deshalb in einer ersten Phase das Ziel, die Bedingungen für einen offenen und effizienten Zugang zu öffentlichen Telekommunikationsnetzen und -diensten sowie deren Nutzung zu harmonisieren[519], um potentielle Konfliktfälle mit der Dienstleistungs- und Nie-

---

[514] *EG-Kommission*, Grünbuch 1987, KOM (87) 290 endg., S. 69.

[515] Richtlinie des Rates v. 28.6.1990 zur Verwirklichung des Binnenmarktes für Telekommunikationsdienste durch Einführung eines offenen Netzzugangs (Open Network Provision – ONP) (90/387/EWG), ABl. EG Nr. L 192/1 v. 24.7.1990, S. 1 (ONP-RahmenRL), geänd. durch die Richtlinie des Europäischen Parlaments und des Rates v. 6.10.1997 zur Änderung der Richtlinie 90/387/EWG und 92/44/EWG des Rates zwecks Anpassung an ein wettbewerbsorientiertes Telekommunikationsumfeld (97/51/EG), ABl. EG Nr. L 295/23 v. 29.10.1997, S. 23 (ONP-ÄnderungsRL). Vgl. auch *EG-Kommission*, Vorschlag für eine Richtlinie des Europäischen Parlaments und des Rates über einen gemeinsamen Rechtsrahmen für elektronische Kommunikationsnetze und -dienste, KOM (2000) 394 endg. v. 12.7.2000.

[516] Am 28.6.1989, vgl. Bull. EG 6/1989, Ziff. 2.1.95.

[517] *R. Schulte-Braucks*, EWS 1990, S. 11 (12); *ders.*, CR 1990, S. 672 (674); *C. Engel*, in: *M. A. Dauses* (Hrsg.), Handbuch des EU-Wirtschaftsrechts, Kap. E., Ziff. V Rdnr. 15.

[518] *Th.-S. Kluth*, Telekommunikation als Regelungsgegenstand, S. 292; *W. Sauter*, in: *C. Scott/O. Audéoud* (Hrsg.), The Future of EC Telecommunications Law, S. 105.

[519] Art. 1 Abs. 1 ONP-RahmenRL.

derlassungsfreiheit (Art. 43, 49 EG) sowie den Wettbewerbsvorschriften (Art. 81, 82, 86 EG) zu vermeiden.[520] Offener Netzzugang im Sinne der ONP-Rahmenrichtlinie begründete noch keine Netzzusammenschaltung, jedoch bereits die konkurrentennützige Inanspruchnahme fremder Infrastruktur durch neue Anbieter, die selbst weder eigene Netze noch Netzelemente betreiben, wohl aber liberalisierte Mehrwertdienste über Mietleitungen[521] anbieten.

Mit vollständiger Liberalisierung änderte sich das wettbewerbliche Umfeld, so daß sich die Zielsetzung der Harmonisierung auf die Regulierung der Zusammenschaltung von Telekommunikationsnetzen und die Gewährleistung der Grundversorgung der Bevölkerung (Universaldienst)[522] verlagerte (zweite Phase).[523] Als universeller Dienst wurde der Zugang zu Telekommunikationsdiensten für jedermann zu einem erschwinglichen Preis unabhängig von seiner geographischen Lage[524] bei gleichbleibender Qualität erklärt.[525] Um beide Regulierungsziele – Wettbewerbsöffnung und Gewährleistung des Universaldienstes – zu verwirklichen, sollten die Grundsätze und Maßnahmen des ONP-

---

[520] *EG-Kommission*, Grünbuch 1987, KOM (87) 290 endg., S. 69; *B. Amory*, EuZW 1992, S. 75 (82).

[521] Vgl. zum Netzzugang zu Mietleitungen die Richtlinie des Rates v. 5.6.1992 zur Einführung des offenen Netzzugangs bei Mietleitungen (92/44/EWG), ABl. EG Nr. L 165/27 v. 19.6.1992, S. 27, geänd. durch Art. 2 ONP-ÄnderungsRL (97/51/EG) v. 6.10.1997, ABl. EG Nr. L 295/23 v. 29.10.1997, S. 23. Siehe zur Auslegung des Begriffs der „staatlichen Fernmeldeorganisationen" i.S. der Mietleitungsrichtlinie EuGH v. 12.12.1996, Rs. C-302/94 (The Queen/Secretary of State for Trade & Industry), Slg. 1999-I, S. 6417 (6464), Tz. 45 f. = EuZW 1997, S. 252 (255) = CR 1997, S. 505 (506).

[522] Vgl. hierzu *L. Nett/W. Neu*, ZögU 1999, S. 134 ff.; *R. Schütz/M. Cornils*, DVBl. 1997, S. 1146; *H. Kubicek*, CR 1997, S. 1 (10); *G. Knieps*, in: *P. Klemmer* (Hrsg.), Handbuch Europäische Wirtschaftspolitik, S. 1193 (1204 ff.); *EG-Kommission*, Vorschlag für eine Richtlinie des Europäischen Parlaments und des Rates über den Universaldienst und Nutzerrechte bei elektronischen Kommunikationsnetzen und -diensten, KOM (2000) 392 endg. v. 12.7.2000.

[523] Vgl. Entschließung des Rates v. 7.2.1994 über die Grundsätze für den Universaldienst im Bereich der Telekommunikation (94/C 48/01), ABl. EG Nr. C 48/1 v. 16.2.1994, S. 1 (2); Entschließung des Rates v. 22.12.1994 über die Grundsätze und den Zeitplan für die Liberalisierung der Telekommunikationsinfrastrukturen (94/C 379/03), ABl. Nr. C 379/4 v. 31.12.1994, S. 4 (5); *EG-Kommission*, Grünbuch Infrastruktur Teil II, KOM (94) 682 endg., S. 136.

[524] Vgl. zum erfolgten Anschluß des US-amerikanischen Dorfes Libby Creek (Washington) an das Telefonnetz, nach dem sich jahrelang keine Telefongesellschaft zuständig fühlte, F.A.Z. v. 27.9.1999, S. 12.

[525] *EG-Kommission*, Konsultation zur Lage der Telekommunikationsdienste, KOM (93) 157 endg., Tz. 41, S. 23.

Konzepts auf die Zusammenschaltung und den Universaldienst[526] angewandt werden. Aufgrund der zentralen Bedeutung der Netzzusammenschaltung erließen das Europäische Parlament und der Rat schließlich die Richtlinie über die Zusammenschaltung und Sicherstellung des Universaldienstes.[527] Obwohl damit eine Vielzahl europäischer Regulierungen für den Netzzugang vorgegeben wurden, blieb der Teilnehmeranschlußbereich lange Zeit unreguliert. Erst mit der Verordnung über den entbündelten Zugang zum Teilnehmeranschluß vom 18.12.2000[528], die einen kostengünstigen Zugang zur Kommunikationsinfrastruktur, insbesondere für die Internet-Nutzung ermöglichen soll[529], gelten einheitliche Regelungen unmittelbar in sämtlichen Mitgliedstaaten. Gestützt auf Art. 95 EG wählten das Europäische Parlament und der Rat erstmals die Rechtsform der Verordnung, um harmonisierte Rahmenbedingungen für den entbündelten Zugang zum Teilnehmeranschluß rechtzeitig und einheitlich in den Mitgliedstaaten sicherzustellen.[530]

1. Offener Netzzugang

ONP-Bedingungen der Mitgliedstaaten können technische Schnittstellen, Netzabschlußpunkte, Nutzungsbedingungen, Tarifgrundsätze und den erforderlichen Zugang zu Frequenzen sowie Nummern, Adressen und Namen betref-

---

[526] *EG-Kommission*, Grünbuch Infrastruktur Teil II, KOM (94) 682 endg., S. 136.

[527] Richtlinie des Europäischen Parlaments und des Rates v. 30.6.1997 über die Zusammenschaltung in der Telekommunikation im Hinblick auf die Sicherstellung eines Universaldienstes und der Interoperabilität durch Anwendung der Grundsätze für einen offenen Netzzugang (ONP) (97/33/EG), ABl. EG Nr. L 199/32 v. 26.7.1997, S. 32 (ZusRL), geänd. durch die Richtlinie v. 24.9.1998 (98/61/EG), ABl. EG Nr. L 268/37 v. 3.10.1998, S. 37. Vgl. hierzu *D. Stolz*, K&R 1998, S. 292 ff. Vgl. zu Anpassungsvorschlägen *D. Lewin*/*D. Rogerson*, A review of the Interconnect Directive, S. 19 ff.; *EG-Kommission*, Vorschlag für eine Richtlinie des Europäischen Parlaments und des Rates über den Zugang zu elektronischen Kommunikationsnetzen und zugehörigen Einrichtungen sowie deren Zusammenschaltung, KOM (2000) 384 endg. v. 12.7.2000.

[528] Verordnung des Europäischen Parlaments und des Rates v. 18.12.2000 über den entbündelten Zugang zum Teilnehmeranschluß (EG Nr. 288/2000), ABl. EG Nr. L 336 v. 30.12.2000, S. 4 (TAL-VO).

[529] Erwägungsgrund (1) TAL-VO.

[530] Erwägungsgrund (14) TAL-VO.

fen, die im Anhang zur Richtlinie als Referenzgrundlage näher spezifiziert werden.[531] Sie sollen (1) ein Mindestangebot an Diensten sicherstellen, (2) den Zugang zu öffentlichen Telekommunikationsnetzen und -diensten einschließlich der Zusammenschaltung sowie (3) den Universaldienst in der Gemeinschaft gewährleisten. Ferner sollen zugunsten der Benutzer (4) Telekommunikationsdienste durch Festlegung technischer Schnittstellen, Normen und Spezifikationen gefördert werden.[532] Neben der Harmonisierungsfunktion besitzen ONP-Bedingungen somit auch eine Gewährleistungs-, Sicherstellungs- und Förderungsfunktion.

Materiell-rechtlich müssen ONP-Bedingungen sog. „fundamentalen Grundsätzen" entsprechen und deshalb

(1) auf objektiven Kriterien beruhen (*Objektivitätsgebot*),

(2) transparent sein und in geeigneter Form veröffentlicht werden (*Transparenzgebot*) sowie

(3) gleichen Zugang gewährleisten und – in Übereinstimmung mit dem Gemeinschaftsrecht – Diskriminierung ausschließen (*Gleichbehandlungsgebot und Diskriminierungsverbot*).[533]

Ziel und Zweck des ONP-Konzepts ist es, während der Transformation von Monopol- zu Wettbewerbsmärkten eine vergleichbare Ausgangsposition für neu in den Markt eintretende Unternehmen im Verhältnis zu bisherigen staatlichen Monopolunternehmen zu schaffen. Der europarechtlich vorgegebene Rahmen knüpft in Form des Gleichbehandlungsgrundsatzes und Diskriminierungsverbots an potentielle Grundrechtspositionen und Grundfreiheiten der Zugangspetenten an, während die durch die Inanspruchnahme fremder Infrastruktur in Grundrechtspositionen betroffenen Unternehmen und Netzeigentümer nicht explizit berücksichtigt werden.

---

[531] Art. 2 Nr. 8 i.V.m. Anhang ONP-RahmenRL.

[532] Art. 1 Abs. 3 ONP-RahmenRL.

[533] Art. 3 Abs. 1 ONP-RahmenRL.

2. Zugangs- und Nutzungsbeschränkungen

Der Zugang zu öffentlichen Telekommunikationsnetzen und -diensten darf durch ONP-Bedingungen nur eingeschränkt bzw. ausgeschlossen[534] werden, soweit dies aus Gründen geschieht, die auf sog. „grundlegenden Anforderungen" in Übereinstimmung mit dem Gemeinschaftsrecht beruhen (Art. 3 Abs. 2 ONP-RahmenRL).[535] Grundlegende Anforderungen sind nichtwirtschaftliche Gründe, die im allgemeinen öffentlichen Interesse liegen.[536] Mit dieser Formulierung übernimmt der Rat die vom Europäischen Gerichtshof entwickelte, der Dienstleistungsfreiheit immanente Schranke[537] des Allgemeininteresses.[538] Danach können nur nichtwirtschaftliche Gründe Beschränkungen der Dienstleistungsfreiheit begründen.[539]

Abschließende Gründe nichtwirtschaftlicher Art i.S. der ONP-Rahmen-richtlinie sind

(1) die Sicherheit des Netzbetriebs,

(2) die Aufrechterhaltung der Netzintegrität

(3) sowie in begründeten Fällen

(4) die Interoperabilität der Dienste,

(5) der Datenschutz,

---

[534] Der Wortlaut sieht zwar nur die „Einschränkung" des Zugangs vor. Diese kann sich jedoch bis zur „Verweigerung" ausweiten, wenn es die Einhaltung grundlegender Anforderungen erfordert.

[535] Art. 3 Abs. 2 ONP-RahmenRL.

[536] Art. 2 Nr. 6 ONP-RahmenRL.

[537] Eine dogmatische Einordnung – immanente Schranke oder Rechtfertigungsgrund – hat der EuGH bislang nicht vorgenommen; *R. Streinz*, Europarecht, Rdnr. 701.

[538] EuGH v. 3.12.1974, Rs. 33/74 (van Binsbergen), Slg. 1974, S. 1299 (1309), Tz. 10/12 = NJW 1975, S. 1095 f.; EuGH v. 31.3.1993, Rs. C-19/92 (Kraus), Slg. 1993-I, S. 1663 (1697), Tz. 32 = EuZW 1993, S. 322 (324); EuGH v. 30.11.1995, Rs. C-55/94 (Gebhard), Slg. 1994-I, S. 4165 (4197), Tz. 37 = EuZW 1995, S. 92 (95).

[539] EuGH v. 26.4.1988, Rs. 352/85 (Bond van Adverteerders), Slg. 1988, S. 2085 (2135), Tz. 34 = NJW 1989, S. 2189 (2191); *B. Beutler/R. Bieber/J. Pipkorn/J. Streil*, Die Europäische Union, S. 330.

(6) der Umweltschutz einschließlich der Bauplanungs- und Raumordnungsziele als auch

(7) die effiziente Nutzung des Frequenzspektrums und Verhinderung von Störungen zwischen funk- und raumgestützten oder terrestrischen Systemen.[540]

Sicherheit des Netzbetriebs bezweckt, daß öffentliche Netze auch in Notfällen verfügbar sind; durch die Netzintegrität soll die Funktions- und Anschlußfähigkeit innerhalb der Gemeinschaft gewährleistet werden, während die Interoperabilität die Einhaltung technischer Mindestspezifikationen, die für innovative Dienste festgelegt werden, verlangt.[541] Der Datenschutz umfaßt die Vertraulichkeit von Mitteilungen und den Schutz persönlicher Daten.[542] Die effiziente Nutzung des Funkfrequenzspektrums und die Vermeidung von Funkinterferenzen wurden durch die Liberalisierung des Mobil- und Satellitenfunks in den Katalog aufgenommen und erklären sich aus den technischen Besonderheiten dieser Netze.[543] Die Anforderungen der Sicherheit, Integrität und Interoperabilität schützen zugunsten des Betreibers das Netz vor einem Zusammenbruch oder Absturz aufgrund externer Einflüsse. Darüber hinaus bezwecken sie letztlich auch den Schutz der Endverbraucher und sind somit als allgemeines öffentliches Interesse gerechtfertigt. Daten- und Umweltschutz werden sekundärrechtlich als Rechtsgüter des Allgemeinwohls anerkannt.[544]

Neben diesen Einschränkungen des Netzzugangs dürfen ONP-Bedingungen – abgesehen von Einschränkungen, die mit dem Gemeinschaftsrecht vereinbar sind – keine weiteren Nutzungsbeschränkungen vorsehen (Art. 3 Abs. 3 ONP-RahmenRL). Ohne zusätzliche Verweigerungsgründe zu nennen, bezieht sich

---

540 Art. 3 Abs. 2, Art. 2 Nr. 6 ONP-RahmenRL.

541 Erwägungsgrund (9) TkDiensteRL.

542 Erwägungsgrund (9) TkDiensteRL.

543 Art. 1 Abs. 1 lit. b), Erwägungsgrund (6) MobilfunkRL.

544 Vgl. zum Datenschutz in der Telekommunikation die Richtlinie des Europäischen Parlaments und des Rates v. 15.12.1997 über die Verarbeitung personenbezogener Daten und den Schutz der Privatsphäre im Bereich der Telekommunikation (97/66/EG), ABl. EG Nr. L 24/1 v. 30.1.1998, S. 1; *EG-Kommission*, Vorschlag für eine Richtlinie des Europäischen Parlaments und des Rates über die Verarbeitung personenbezogener Daten und den Schutz der Privatsphäre in der elektronischen Kommunikation KOM (2000) 385 endg. v. 12.7.2000; siehe auch *J. Rieß*, Regulierung und Datenschutz, S. 91 ff.; *ders.*, in: *A. Büllesbach* (Hrsg.), Datenschutz im Telekommunikationsrecht, S. 127 ff.; *U. Wuermeling/S. Felixberger*, CR 1997, S. 230 ff.; *Th. Königshofen*, Archiv PT 1996, S. 19 ff.; *H. Garstka*, in: *M. Bartsch/B. Lutterbeck* (Hrsg.), Neues Recht für neue Medien, S. 293 ff.

die ONP-Rahmenrichtlinie in ihren Erwägungsgründen auf Art. 30, 46 und 86 Abs. 2 EG, so daß insbesondere zulässige Beschränkungen der Warenverkehrs-, Dienstleistungs- und Niederlassungsfreiheit[545] sowie die Erfüllung von Dienstleistungen im allgemeinen wirtschaftlichen Interesse[546], weitere Zugangsrestriktionen begründen können. Diese zusätzlichen Einschränkungen sind erforderlich und zulässig, da die ONP-Rahmenrichtlinie bzgl. des Netzzugangs keine strengeren Anforderungen normieren kann als die Vertragsvorschriften.

III. Technische Harmonisierung durch Festlegung von Normen und Spezifikationen

In der Telekommunikation sind europäische technische Normen bzw. Standards[547] konstitutive Voraussetzung für die Funktionsfähigkeit und Interoperabilität einer gemeinschaftsweiten Telekommunikationsinfrastruktur[548] und dienen der Beseitigung nichttarifärer technischer Handelshemmnisse[549]. Im Zuge verkürzter Forschungs-, Entwicklungs- sowie Produktzyklen in der Informations- und Kommunikationsindustrie ist die rasche Erarbeitung technischer Normen und Standards zur Schaffung größerer Absatzmärkte mit entsprechenden Grössen- und Verbundvorteilen unerläßlich.[550] In traditioneller Normungsarbeit[551]

---

545 Erwägungsgrund (7) ONP-ÄnderungsRL.

546 Erwägungsgrund (6) ONP-ÄnderungsRL.

547 Die Begriffe „Norm" und „Standard" werden meist synonym verwendet; vgl. nur *R. Rönck*, Technische Normen als Gestaltungsmittel des Europäischen Gemeinschaftsrechts, S. 22; *P. Marburger*, in: *P.-Ch. Müller-Graff* (Hrsg.), Technische Regeln im Binnenmarkt, S. 27 (28); *K. W. Grewlich*, Europa im globalen Technologiewettlauf, S. 125.

548 *J. Rieß*, Regulierung und Datenschutz, S. 59; *H. Knorr*, Ökonomische Probleme von Kompatibilitätsstandards, S. 116; vgl. allgemein zur Bedeutung technischer Normen und Standards *N. Anselmann*, RIW 1986, S. 936 ff.; *J. Niederbacher*, Das Recht der Technik in der europäischen Integration, S. 48 ff.; *P. Marburger*, Die Regeln der Technik, S. 247 ff.

549 Vgl. hierzu *K. Vieweg*, in: *P.-Ch. Müller-Graff* (Hrsg.), Technische Regeln im Binnenmarkt, S. 57 (58 ff.); *U. Böshagen*, in: *W. Hansen* (Hrsg.), Zertifizierung und Akkreditierung von Produkten und Leistungen der Wirtschaft, S. 17; allgemein *Ch. Tietje*, Normative Grundstrukturen der Behandlung nichttarifärer Handelshemmnisse in der WTO/GATT-Rechtsordnung, S. 30 ff.

550 Vgl. zur Bedeutung technischer Normen aus industrieller Sicht die Beiträge von *U. Müller/A. Graf* und *F. Harleß*, jeweils in: *K. Vieweg* (Hrsg.), Techniksteuerung und Recht;

kann diese Aufgabe nicht mehr geleistet werden. Zunehmende „de facto Normen" und Industriestandards[552] marktmächtiger Unternehmen bergen die Gefahr von Wettbewerbsverzerrungen, sofern sie nicht offen und transparent gestaltet sind. Das in technischen Innovationen verkörperte geistige Eigentum und der hieraus resultierende Wettbewerbsvorsprung darf andererseits nicht durch vorschnelle und frühzeitige Normung beeinträchtigt werden.[553] Die Europäische Gemeinschaft[554] versucht deshalb diesen gewandelten Anforderungen durch Aufgabenteilung zwischen EG-Kommission und europäischen Normungs- und Standardisierungsorganisationen gerecht zu werden, indem sie auch im Bereich der Telekommunikation die „Neue Konzeption"[555] anwendet.[556]

S. 235 ff. und S. 247 ff.; allgemein zu Funktionen technischer Normen *Th. Zubke-von Thünen*, Technische Normung in Europa, S. 133 ff.

551 Vgl. hierzu *R. Rönck*, Technische Normen als Gestaltungsmittel des Europäischen Gemeinschaftsrechts, S. 70 ff.; *J. Niederbacher*, Das Recht der Technik in der europäischen Integration, S. 64 ff. und 70 ff.

552 Nach *W. Möschel*, MMR 2001, S. 3 (6) wirken solche Standards wie Technologiekartelle. Vgl. zu den global-industriepolitischen Machtkämpfen zwischen Europa, Asien und den USA um den Standard der dritten Mobilfunkgeneration UMTS F.A.Z. v. 20.1.1999, S. 14.

553 Vgl. zum Spannungsfeld der Normungspolitik *J. Wenzel*, in: *V. Jung/H. J. Warnecke* (Hrsg.), Handbuch für die Telekommunikation, Kap. 6, S. 18 (27); *H. Fangmann*, EuZW 1991, S. 585 (586); *P. Quander*, in: *F. Arnold* (Hrsg.), Handbuch der Telekommunikation, Bd. 4, Kap. 11.3.1.1., S. 47.

554 Vgl. allgemein zur Normungspolitik der Gemeinschaft *H. Didier*, in: *K. Vieweg* (Hrsg.), Techniksteuerung und Recht, S. 225 ff.

555 Entschließung des Rates v. 7.5.1985 über eine neue Konzeption auf dem Gebiet der technischen Harmonisierung und der Normung (85/C 136/01), ABl. EG Nr. C 136/1 v. 4.6.1985, S. 1. Vgl. hierzu *H. Schepel/J. Falke*, Legal Aspects of Standardisation in the Member States of the EC and the EFTA, S. 22 ff.; *P. Marburger/R. Enders*, in: Jahrbuch des Umwelt- und Technikrechts 1994, S. 333 (342 ff.); *N. Anselmann*, in: *P.-Ch. Müller-Graff* (Hrsg.), Technische Regeln im Binnenmarkt, S. 101 (102 ff.); *F. Nicolas/ J. Repussard*, Gemeinsame Normen für die Unternehmen, S. 95 ff.

556 Erstmals in der Richtlinie des Rates v. 24.7.1986 über die erste Phase der gegenseitigen Anerkennung der Allgemeinzulassungen von Telekommunikations-Endgeräten (86/361/EWG), ABl. EG Nr. L 217/21 v. 5.8.1986, S. 21 (AnerkennungsRL) sowie in der Richtlinie des Rates v. 29.4.1991 zur Angleichung der Rechtsvorschriften der Mitgliedstaaten über Telekommunikationsendeinrichtungen einschließlich der gegenseitigen Anerkennung ihrer Konformität (91/263/EWG), ABl. EG Nr. L 128/1 v. 23.5.1991, S. 1 (AngleichungsRL) angewandt. Vgl. hierzu *R. Ellger/Th.-S. Kluth*, Das Wirtschaftsrecht der internationalen Telekommunikation, S. 261 ff.; *K. König*, CR 1990, S. 561 ff. Harmonisierte Bedingungen für Endgeräte und Satellitenfunkanlagen sowie deren Konformitätsanerkennung sind mittlerweile in der Richtlinie des

1. Europäische Normungsgremien

Europäische (privatrechtliche) Normungsgremien sind das Europäische Komitee für Normung (CEN)[557], das Europäische Komitee für elektrotechnische Normung (CENELEC)[558] und das Europäische Institut für Telekommunikationsnormen (ETSI)[559]. Bedeutung für die Normungsarbeit erlangte darüber hinaus die Europäische Konferenz der Post- und Fernmeldeverwaltungen (CEPT)[560]. Weltweit ist die Internationale Fernmeldeunion (ITU)[561] für Normung und Standardisierung in der Telekommunikation verantwortlich.[562]

Die CEPT (gegründet 1959) erarbeitete bis 1988 Empfehlungen für herstellerneutrale europäische Telekommunikationsnormen und Weltstandards.[563] CEN (1961) und CENELEC (1972) agieren seit 1988 als „gemeinsame Europäische Standardisierungsinstitution" ohne ihre rechtliche Selbständigkeit aufzugeben.[564] Mitglieder des CEN sind nationale Normungsorganisationen aus den EG-Mitgliedstaaten sowie den drei EFTA-Staaten und der Tschechischen

---

Europäischen Parlamentes und des Rates v. 9.3.1999 über Funkanlagen und Telekommunikationsendeinrichtungen und die gegenseitige Anerkenung ihrer Konformität (99/5/EG), ABl. EG Nr. L 9/10 v. 7.4.1999, geregelt, die die Richtlinie des Europäischen Parlaments und des Rates v. 12.2.1998 über Telekommunikations-endeinrichtungen und Satellitenfunkanlagen einschließlich der gegenseitigen Anerkennung ihrer Konformität (98/13/EG), ABl. G Nr. L 74/1 v. 12.3.1998, S. 1, ersetzt hat, vgl. hierzu *U. Kartmann*, MMR 2000, S. 741 ff.

557 Comité Européen de Normalisation.

558 Comité Européen de Normalisation Electrotechnique.

559 European Telecommunications Standards Institute.

560 Conférence Européene des Administrations des Postes et Télécommunications.

561 International Telecommunication Union.

562 Vgl. zu den europäischen Normungsinstitutionen *Th. Zubke-von Thünen*, Technische Normung in Europa, S. 632 ff.; *H. Schepel/J. Falke*, Legal Aspects of Standardisation in the Member States of the EC and the EFTA, S. 3 ff.; *R. Rönck*, Technische Normen als Gestaltungsmittel des Europäischen Gemeinschaftsrechts, S. 52 ff. und 60 ff.; *G. Breulmann*, Normung und Rechtsangleichung in der Europäischen Wirtschaftsgemeinschaft, S. 41 ff.; *F. Nicolas/J. Repussard*, Gemeinsame Normen für die Unternehmen, S. 28 ff.

563 Zum Beispiel CEPT-Empfehlungen T/CAC 2-4 bzgl. Indikatoren und Überwachungstechniken für Netzleistungsaspekte der Qualität internationaler paketvermittelter Dienste.

564 Bereits 1981 vereinbarten CEN und CENELEC ihre Zusammenarbeit und stellten 1985 hierfür „Gemeinsame Regeln" auf; *R. Rönck*, Technische Normen als Gestaltungsmittel des Europäischen Gemeinschaftsrechts, S. 54.

Republik; Mitglieder des CENELEC sind die nationalen elektrotechnischen Normungsinstitute der EG- und EFTA-Staaten einschließlich der Tschechischen Republik.[565] Um sowohl dem stetig wachsenden Bedarf an Normung gerecht zu werden als auch die bisherige Normungsarbeit effizienter und unabhängiger zu gestalten[566], übernahm ETSI (1988) die Normungsaufgabe der CEPT und arbeitet seitdem eng mit CEN/CENELEC[567] in Technischen Komitees zusammen. ETSI setzt sich aus Telekommunikationsverwaltungen und nationalen Normungsorganisationen, Betreibern öffentlicher Telekommunikationsnetze, Diensteanbietern, Herstellern, Anwendern und Nutzern zusammen. Zu den 552 Vollmitgliedern kommen weitere 83 assoziierte Mitglieder weltweit hinzu.[568] Die Beteiligung und der Zugang zur Normungsarbeit ist für jeden, der ein berechtigtes Interesse hat, offen.[569]

Angesichts der Globalisierung in der Telekommunikation nimmt die ITU (gegründet 1865) eine herausragende Stellung bei der weltweiten Normung und Standardisierung ein.[570] Die Normungsarbeit erfolgt im Standardisierungssektor (ITU-T)[571], dessen oberstes Organ, die weltweite Konferenz zur Standardisierung in der Telekommunikation (WTSC)[572], zwar de jure unverbindliche ITU-Empfehlungen erläßt; de facto genießen diese Empfehlungen jedoch eine große Akzeptanz bei Netzbetreibern, Diensteanbietern, Herstellern und Ausrüstern

---

565 *H. Schepel/J. Falke*, Legal Aspects of Standardisation in the Member States of the EC and the EFTA, S. 3 und 7; *P. Schneider*, in: *H. Schulte* (Hrsg.) Telekommunikation, Bd. 1, Teil 5, Kap. 3, S. 25.

566 Vgl. allgemein zum Normungsbedarf die Mitteilung der EG-Kommission zum Ausbau der europäischen Normung: Maßnahmen für eine schnellere technologische Integration in Europa v. 8.10.1990, KOM (90) 456 endg., ABl. EG Nr. C 20/1 v. 28.1.1991, S. 1 (6 f.).

567 *P. Quander*, in: *F. Arnold* (Hrsg.), Handbuch der Telekommunikation, Bd. 4, Kap. 11.3.1.1., S. 44.

568 Zum Beispiel USA, Kanada, Japan und Australien.

569 Vgl. zum Normungsverfahren im einzelnen *H. Schepel/J. Falke*, Legal Aspects of Standardisation in the Member States of the EC and the EFTA, S. 131 ff.; *J. Niederbacher*, Das Recht der Technik in der europäischen Integration, S. 94 ff.

570 75 % aller ITU-Tagungen befassen sich mit Standardisierungsfragen und etwa 80 % der ITU-Beschlüsse ergehen zur Standardisierung; vgl. hierzu und zu einer eingehenden Darstellung der ITU *A. Tegge*, Die Internationale Telekommunikations-Union, S. 113; siehe auch *A. A. E. Noll*, MMR 1999, S. 465 ff.

571 ITU-Telecommunication Sector.

572 World Telecommunication Standardization Conference.

der Telekommunikationsindustrie und haben deshalb „quasi-normative" Wirkung.[573] Bedeutende Beispiele der ITU-Normungsarbeit sind die ITU-T Empfehlung G.707 für digitale synchrone Übertragungssysteme[574], die ITU-T Empfehlungsreihe I für ISDN[575] und der globale Mobilfunkstandard UMTS.[576]

2. Harmonisierte Telekommunikationsnormen

Harmonisierte Telekommunikationsnormen existieren für Konformitätsspezifikationen und Anschaltebedingungen von Telekommunikationsendgeräten, den offenen Netzzugang und die Zusammenschaltung von Telekommunikationsnetzen.[577]

1985 verpflichteten sich die Fernmeldeverwaltungen der CEPT und 18 europäische Netzbetreiber in einem „Memorandum of Understanding" europäische Telekommunikationsnormen (NET)[578] und – in einer weiteren Vereinbarung aus dem Jahr 1991 –, gemeinsame technische Vorschriften (CTR)[579] durch einen unabhängigen Ausschuß (TRAC)[580] zu erstellen.[581] Diese im Auftrag der Kommission[582] erarbeiteten insgesamt zwölf europäischen Telekommunikationsnormen gelten als gemeinsame Konformitätsspezifikationen, die in sämtlichen

---

[573] *A. Tegge*, Die Internationale Telekommunikations-Union, S. 121.

[574] ITU-T G.707: Synchronous Hierarchical Bit Rates.

[575] Zum Beispiel ITU-I.120: Intergrated Services Digital Networks (ISDNs); ITU-I.310: ISDN – Network Functional Principles oder ITU-I.361: B-ISDN ATM layer specification.

[576] Die Standardisierungsarbeiten im Rahmen der IMT-2000 Empfehlungen sind gegenwärtig noch nicht abgeschlossen. Einen Überblick über ITU-Empfehlungen gibt *A. Tegge*, Die Internationale Telekommunikations-Union, S. 215 ff.

[577] Vgl. zur Normung in der Telekommunikation *H. Knorr*, Ökonomische Probleme von Kompatibilitätsstandards, S. 123 ff.

[578] Norme Européene des Télécommunications.

[579] Common Technical Regulations. Nach Übernahme der Normungsarbeit durch ETSI zunächst als TBR (Technical Basis for Regulation) und seit 1996 als „Harmonized Standard" bezeichnet.

[580] Technical Regulations Application Committee.

[581] *H. Knorr*, Ökonomische Probleme von Kompatibilitätsstandards, S. 124; *P. Quander*, in: *F. Arnold* (Hrsg.), Handbuch der Telekommunikation, Bd. 4, Kap. 11.3.1.1., S. 37.

[582] Art. 4 Nr. 2 AnerkennungsRL.

Mitgliedstaaten bei der Zulassungsprüfung von Endgeräten angewandt werden müssen.[583] Anschaltebedingungen für Endgeräte wurden in einem zweistufigen Verfahren als gemeinsame technische Vorschrift erlassen.[584] Die Vorschriften müssen dabei grundlegende Anforderungen bzgl. der elektromagnetischen Verträglichkeit, des Netzschutzes, der effizienten Frequenznutzung sowie der Kommunikationsfähigkeit von Endeinrichtungen erfüllen.[585] Bis Ende 1998 erließ die Kommission – in Form der Entscheidung (Art. 251 EG) – 45 solcher gemeinsamen technischen Vorschriften.[586]

Sowohl die ONP-Rahmenrichtlinie als auch die Zusammenschaltungsrichtlinie sehen vor, daß die Kommission in ihrem Amtsblatt geeignete Normen für den offenen und effizienten Netzzugang[587] und die Zusammenschaltung veröffentlicht.[588] Bei Bedarf kann sie zusammen mit dem ONP-Ausschuß, der aus Vertretern der Mitgliedstaaten besteht, Normungsmandate vergeben. Die veröffentlichten Normen sind grundsätzlich rechtlich unverbindlich; die Mitgliedstaaten haben jedoch die Pflicht, deren Anwendung zu fördern. Sollte die freiwillige Anwendung der veröffentlichten Normen nicht ausreichen, um die gemeinschaftsweite Interoperabilität von Diensten zu gewährleisten, kann die Kommission in einem formellen Verfahren technische Normen und Spezifikationen verbindlich vorschreiben.[589]

---

[583] Art. 6 Abs. 3 AnerkennungsRL.

[584] Art. 6 Abs. 2 i.V.m. Art. 14 AngleichungsRL.

[585] Art. 4 lit. c)-g) AngleichungsRL.

[586] Zum Beispiel Entscheidung der Kommission v. 23.10.1996 über eine gemeinsame technische Vorschrift betreffend allgemeine Anschaltebedingungen für das öffentliche, europaweite, zellulare, terrestrische Digital-Mobilfunknetz, Phase II (96/630/EG), ABl. EG Nr. L 282/79 v. 1.1.1996, S. 79; Entscheidung der Kommission v. 31.10.1997 über eine gemeinsame technische Vorschrift mit Anschaltebedingungen für Schnittstellen von Endeinrichtungen zum Anschluß an digitale, unstrukturierte und strukturierte 140-Mbit/s-ONP-Mietleitungen (97/751/EG), ABl. EG Nr. L 305/66 v. 8.11.1997, S. 66.

[587] Vgl. *EG-Kommission*, Telekommunikation: Offener Netzzugang – Verzeichnis der ONP-Normen (sechste Ausgabe) (98/C 339/04), ABl. EG Nr. C 339/6 v. 7.11.1998, S. 6.

[588] Art. 5 Abs. 1 ONP-RahmenRL, Art. 13 Abs. 1 ZusRL.

[589] Art. 5 Abs. 1 i.V.m. Art. 9 ONP-RahmenRL, Art. 13 Abs. 2 i.V.m Art. 15 ZusRL.

IV. Uneingeschränkte Anwendung der EG-vertraglichen Wettbewerbsvorschriften

Bedeutung für die Entwicklung des europäischen Telekommunikationsrechts erlangten die Urteile des EuGH in Sachen *„British-Telecom“*[590], *„Télémarketing“*[591] und *„RTT“*[592] sowie zur *„Telekommunikationsendgeräte-“*[593] und *„-diensterichtlinie“*.[594] Daneben erließ die Kommission 1991 rechtlich unverbindliche Leitlinien über die Anwendung der EG-Wettbewerbsregeln im Telekommunikationsbereich[595], die sie in ihrer Mitteilung aus dem Jahr 1998 bezüglich Zugangsvereinbarungen präzisierte.[596]

1. Wirtschaftstätigkeit staatlicher Telekommunikationsunternehmen

Im Fall *„British-Telecom“* (BT) mußte der EuGH über die wirtschaftliche Tätigkeit des staatlichen Monopolunternehmens entscheiden. BT hatte durch Benutzungsordnungen („schemes“) kraft autonomer Rechtsetzungsbefugnis nach britischem Recht[597] privaten Nachrichtenübermittlungsagenturen verboten, Telexmeldungen aus anderen Mitgliedstaaten aufgrund niedrigerer Tarifstruktu-

[590] EuGH v. 20.3.1985, Rs. 41/83 (Italien/Kommission), Slg. 1985, S. 873 ff. = WuW 1986, S. 229 ff.

[591] EuGH v. 3.10.1985, Rs. 311/84 (CBEM/CLT und IPB), Slg. 1985, S. 3270 ff. = NJW 1986, S. 654 ff.

[592] EuGH v. 13.12.1991, Rs. C-18/88 (RTT), Slg. 1991-I, S. 5973 ff. = EuZW 1992, S. 250 ff.

[593] EuGH v. 19.3.1991, Rs. C-202/88 (Französische Republik/Kommission), Slg. 1991-I, S. 1259 ff. = EuZW 1991, S. 345 ff. = JZ 1992, S. 147 ff. m. Anmerk. *B. Großfeld/R. Schmitz*, S. 150 ff. = CR 1991, S. 537 ff. m. Anmerk. *J. Scherer*, S. 725 ff.

[594] EuGH v. 17.11.1992, verb. Rs. C-271/90, C-281/90 und C-289/90 (Spanien u.a./Kommission), Slg. 1992-I, S. 5859 ff. = EuZW 1993, S. 131 ff. = Archiv PT 1993, S. 67 ff. m. Anmerk. *R. Ewenz-Sandten*, S. 69 ff.

[595] *EG-Kommission*, Leitlinien für die Anwendung der EG-Wettbewerbsregeln im Telekommunikationsbereich (91/C 233/02), ABl. EG Nr. C 233/2 v. 6.9.1991, S. 2 (Leitlinien 1991).

[596] Mitteilung der Kommission über die Anwendung der Wettbewerbsregeln auf Zugangsvereinbarungen im Telekommunikationsbereich – Rahmen, relevante Märkte und Grundsätze (98/C 265/02), ABl. EG Nr. C 265/2 v. 22.8.1998, S. 2 (Mitteilung 1998).

[597] Teil 28 Post Office Act 1969 und Abschnitt 21 Telecommunications Act 1981.

ren über Großbritannien umzuleiten, worin die Kommission den Mißbrauch einer marktberrschenden Stellung sah.[598] Die gegen die Kommissionsentscheidung klagende Italienische Republik[599] machte geltend, eine rein rechtsetzende Tätigkeit eines öffentlichen Unternehmens aufgrund gesetzlicher Ermächtigung falle nicht in den Anwendungsbereich von Art. 82 EG. Der EuGH qualifizierte jedoch auch diese Tätigkeit als Unternehmenstätigkeit, da die britische Verordnungsermächtigung BT ermöglichte, im eigenen Ermessen Tarife und Bedingungen für ihre Dienstleistungen festzulegen. Die Benutzungsordnungen seien daher wesentlicher Bestandteil der Dienstleistungen, die selbst – in casu unstreitig, aber erstmals durch den Gerichtshof entschieden – eine Unternehmenstätigkeit darstellten.[600] Entscheidendes Kriterium für die Anwendung des Art. 82 EG war indes, daß öffentliche Monopolunternehmen die Rechtsbeziehungen zu ihren Kunden zwar aufgrund gesetzlicher Ermächtigungsgrundlage, aber ohne inhaltliche Einflußnahme und Vorgaben des Staates regeln konnten, so daß insofern kein Unterschied zu allgemeinen Geschäftsbedingungen von privaten Unternehmen bestand.[601] Nur unter dieser Prämisse sah der EuGH die rechtsetzende Tätigkeit als Teil der Wirtschaftsbetätigung an.[602] Das Urteil war – neben seinem außerordentlichen Stellenwert für die Anwendung der Wettbewerbsvorschriften auf staatliche Telekommunikationsunternehmen[603] – insoweit

---

[598] EG-Kommission, Entscheidung v. 10.12.1982, Sache IV/29.877 (British Telecom), ABl. EG Nr. L 360/36 v. 21.12.1982, S. 36 (42).

[599] In verfahrensrechtlicher Sicht war das BT-Urteil insofern bedeutsam, als erstmals ein Mitgliedstaat gegen eine Kommissionsentscheidung, die gegen ein Unternehmen eines anderen Mitgliedstaates gerichtet war, im objektiven Beanstandungsverfahren gemäß Art. 230 EG vorging. Großbritannien trat dem Verfahren auf Seiten der Kommission bei.

[600] EuGH v. 20.3.1985, Rs. 41/83 (Italien/Kommission), Slg. 1985, S. 873 (885 f.), Tz. 17 (20).

[601] *J. Scherer*, Telekommunikationsrecht und Telekommunikationspolitik, S. 429; *R. Schulte-Braucks*, WuW 1986, S. 202 (210); zum Begriff der Wirtschaftstätigkeit *C. Bittner*, Drittzulassung zu Infrastruktureinrichtungen, S. 62 ff.

[602] Vgl. insgesamt zum BT-Urteil *M. Ross*, European Law Review 1985, S. 457; *R. Schulte-Braucks*, WuW 1986, S. 202 (203 ff.); *ders.*, in: *E.-J. Mestmäcker* (Hrsg.), The Law and Economics of Transborder Telecommunications, S. 295 (300 ff.).

[603] Es wurde deshalb auch als „Meilenstein“ oder „leading case“ bezeichnet. Vgl. nur *P. Ravaioli/P. Sandler*, The International Computer Lawyer 4 (1994), S. 2 (3); *R. Ellger*, Telecommunication in Europe: in: *W. J. Adams* (Hrsg.), Singular Europe, S. 203 (232).

von besonderer Bedeutung, als es die Kommission ermutigte, ihre Liberalisierungspolitik auf Art. 86 EG zu stützen.[604]

2. Monopolisierung und Einschränkung von Wettbewerb auf Drittmärkten

Das Vorabentscheidungsverfahren „*Télémarketing*" betraf den Mißbrauch einer marktbeherrschenden Stellung (Art. 82 EG) durch Monopolisierung von Drittmärkten.[605] Der luxemburgische Betreiber des RTL-Fernsehens in Belgien beschloß, Fernsehzeiten für „Télémarketingmaßnahmen"[606] nur zur Verfügung zu stellen, wenn „Télémarketing" über den Telefonanschluß einer eigenen Tochtergesellschaft betrieben werde. Dadurch schloß er den bisherigen Anbieter vom Markt aus. Der EuGH erkannte, daß die Ausdehnung einer marktbeherrschenden Stellung auf einen benachbarten, aber getrennten Markt durch den Vorbehalt einer bestimmten Tätigkeit, die ein anderer Anbieter auf dem benachbarten Markt ausüben könnte, einen Mißbrauch im Sinne von Art. 82 EG darstellt, wenn dadurch die Gefahr droht, daß *jeglicher* Wettbewerb auf dem benachbarten Markt ausgeschlossen wird.[607] Er bezog sich dabei ausdrücklich auf seine grundlegende Entscheidung „*Commercial Solvents*", in der er die Warenlieferverweigerung eines Rohstoffes an einen Hersteller von Derivaten als mißbräuchlich erachtete, wenn der Lieferant selbst das Derivat herstellen will.[608] Angesichts des mit fortschreitender Liberalisierung erheblich wachsenden Mißbrauchspotentials bei Inanspruchnahme von Monopolleistungen, war

---

[604] *H. Ungerer*, 19 (1996) Fordham International Law Journal, S. 1111 (1132); *E. Wiechert/J. Schmidt/T. Königshofen*, Europäisches Telekommunikationsrecht, Ziff. 120, Rdnr. 25.

[605] Vgl. hierzu *R. Zäch*, Wettbewerbsrecht der Europäischen Union, S. 275; *M. Meinhard*, Immaterialgüterrechte, S. 124 f.; *C. Bittner*, Drittzulassung zu Infrastruktureinrichtungen, S. 123.

[606] Werbespots mit Einblendung einer Telefonnummer. Vgl. hierzu allgemein *Th.-Ch. Paefgen*, CR 1992, S. 385 ff.; *P. Gilles*, NJW 1988, S. 2424 ff.

[607] EuGH v. 3.10.1985, Rs. 311/84 (CBEM/CLT und IPB), Slg. 1985, S. 3270 (3278), Tz. 27.

[608] EuGH v. 6.3.1974, verb. Rs. 6/73 und 7/73 (Commercial Solvents), Slg. 1974, S. 223 (252), Tz. 25.

die Anwendung der Grundsätze über die Monopolisierung von nachgeordneten Drittmärkten[609] im Telekommunikationsbereich besonders bedeutsam.

Die Rechtssache „*RTT*" warf die Frage auf, ob das staatliche belgische Fernmeldeunternehmen RTT[610] aufgrund gesetzlicher Ermächtigung über die technische Zulassung der Anschlüsse von Fernsprechgeräten anderer Hersteller an sein Netz entscheiden durfte. Der Gerichtshof wiederholte zunächst die Grundsätze seines „*Télémarketing*"-Urteils und erkannte dessen Geltung auch für den Fall an, daß Wettbewerb auf benachbarten Märkten *nicht völlig* ausgeschlossen, aber zumindest *verfälscht*[611], d.h. eingeschränkt wird.

3. Gemeinschaftsrechtliche Kompetenz zur Liberalisierung der Telekommunikation

In seinen Entscheidungen zur „*Telekommunikationsendgeräte-*" und „*-diensterichtlinie*" bestätigte der EuGH die alleinige Rechtsetzungskompetenz der Kommission ohne Beteiligung des Rates und des Europäischen Parlaments aus Art. 86 Abs. 3 EG. Zuvor wurde diese Ermächtigungsgrundlage lediglich im Fall der Transparenzrichtlinie[612] in Anspruch genommen.

Der Gerichtshof argumentierte, daß Art. 86 Abs. 3 EG der Kommission die Kompetenz einräume, die Einhaltung der Vertragsverpflichtungen allgemein durch Richtlinien zu präzisieren. Art. 86 Abs. 1 EG gehe zwar von der Existenz besonderer und ausschließlicher Rechte aus. Diese seien deshalb jedoch nicht

---

[609] Vgl. hierzu allgemein *W. Möschel*, in: *U. Immenga/E.-J. Mestmäcker* (Hrsg.), EG-Wettbewerbsrecht, Art. 86 Rdnrn. 101-104.

[610] Régie des télégraphes et des téléphones.

[611] EuGH v. 13.12.1991, Rs. C-18/88 (RTT/GB-Inno-BM SA), Slg. 1991-I, S. 5973 (5981), Tz. 24, 25 = EuZW 1992, S. 250 (251).

[612] Richtlinie der Kommission v. 25.6.1980 über die Transparenz der finanziellen Beziehungen zwischen den Mitgliedstaaten und den öffentlichen Unternehmen (80/723/EWG), ABL. EG Nr. L 195/35 v. 29.7.1980, S. 35, geänd. durch die Richtlinie 85/413/EWG, ABl. EG Nr. L 229/20 v. 28.8.1995, S. 20 und die Richtlinie 93/84/EWG, ABL. EG Nr. L 254/16 v. 12.10.1993, S. 16. Siehe hierzu EuGH v. 6.7.1982, Rs. 188-190/80 (Französische Republik u.a./ Kommission), Slg. 1982, S. 2545; *I. F. Hochbaum*, ZögU 1985, S. 481 ff.

per se mit dem EG-Vertrag vereinbar.[613] Materiell-rechtlich beeinträchtigten nationale Einfuhrmonopole als „Maßnahmen gleicher Wirkung wie mengenmäßige Beschränkungen" den innergemeinschaftlichen Handel im Sinne der „*Dassonville*-Formel"[614], so daß ein Verstoß gegen Art. 28 EG vorliege.[615]

Die Möglichkeit, Monopolmärkte aufgrund der Ermächtigungsgrundlage des Art. 86 Abs. 3 EG zu liberalisieren, beruht somit auf einer Interpretation des Art. 86 Abs. 1 EG, die den Mitgliedstaaten nicht nur verbietet, dem Vertrag widersprechende Maßnahmen in Bezug auf öffentliche und privilegierte Unternehmen zu treffen oder beizubehalten, sondern erfordert, besondere oder ausschließliche Rechte selbst am Maßstab der Vertragsbestimmungen zu messen.[616] Soweit durch die Endgeräterichtlinie gefordert wurde, besondere Rechte aufzuheben, erklärte der EuGH Art. 2 der Richtlinie – im Ergebnis aus formalen Gründen (mangels ausreichender Begründung) – für nichtig, da die Kommission weder den Begriff der „besonderen Rechte" näher konkretisiert, noch aufgezeigt hatte, inwieweit solche Rechte gegen Vertragsbestimmungen verstoßen haben.[617]

Die alleinige Rechtsetzungskompetenz der Kommission stand im Fall der „*Telekommunikationsdiensterichtlinie*" erneut auf dem Prüfstein des EuGH, der sie unter Berufung auf sein Urteil zur Endgeräterichtlinie bestätigte.[618] Den

---

[613] EuGH v. 19.3.1991, Rs. C-202/88 (Französische Republik/Kommission), Slg. 1991-I, S. 1259 (1265), Tz. 20-22 = EuZW 1991, S. 345 (346); vgl. hierzu *B. Jansen*, NJW 1991, S. 3062 ff.; *K. Platteau*, ECLR 1991, S. 105 ff.; *F. v. Burchard*, EuZW 1991, S. 339 ff.; *I. F. Hochbaum*, in: *H. d. v. Groeben/J. Thiesing/C.-D. Ehlermann* (Hrsg.), Kommentar zum EU-/EG-Vertrag, Art. 90 Rdnr. 140.

[614] EuGH v. 11.7.1974, Rs. 8/74 (Dassonville), Slg. 1974, S. 837 (852), Tz. 5 = NJW 1974, S. 516.

[615] EuGH (Französische Republik/Kommission), Slg. 1991-I, S. 1259 (1267 f.), Tz. 33-39 = EuZW 1991, S. 345 (347).

[616] *E.-J. Mestmäcker*, in: *U. Everling* (Hrsg.), Europarecht – Kartellrecht – Wirtschaftrecht (Fs. f. *A. Deringer*), S. 79 (86); *ders.*, in: *U. Immenga/E.-J. Mestmäcker* (Hrsg.), Art. 37, 90 Rdnr. 51; *W. Möschel*, in: *FIW* (Hrsg.), Weiterentwicklung der Europäischen Gemeinschaften und der Marktwirtschaft, S. 89 (95).

[617] EuGH (Französische Republik/Kommission), Slg. 1991-I, S. 1259 (1270), Tz. 45-47 = EuZW 1991, S. 345 (348). Ferner wurden Art. 7 und 9 EndgeräteRL für nichtig erklärt.

[618] EuGH v. 17.11.1992, verb. Rs. C-271/90, C-281/90 und C-289/90 (Spanien u.a./Kommission), Slg. 1992-I, S. 5859 (5861), Tz. 12 = EuZW 1993, S. 131 ff.; vgl. hierzu *I. F. Hochbaum*, in: *H. d. v. Groeben/J. Thiesing/C.-D. Ehlermann* (Hrsg.), Kommentar zum

materiell-rechtlichen Einwand der belgischen Regierung, die Vertragsverpflichtungen aus Art. 49 EG müßten zunächst durch eine Richtlinie des Rates konkretisiert werden, bevor die Kommission sie verbindlich festlege[619], wehrte der Gerichtshof mit dem Argument ab, eine solche Beschränkung stehe der praktischen Wirksamkeit der Aufsichtsbefugnis der Kommission aus Art. 86 Abs. 3 EG entgegen, da Art. 49 EG unmittelbar anwendbares Primärrecht sei.[620]

4. Anwendung der Wettbewerbsvorschriften durch die Kommission

Die Leitlinien der Kommission über die Anwendung der Wettbewerbsregeln bezwecken, den Telekommunikationsnormanwendern Rechtssicherheit und Rechtsklarheit durch abstrakte (Auslegungs-)Regeln[621] zu verschaffen[622], ohne rechtsverbindlichen Charakter zu beanspruchen und künftige Entscheidungen im Einzelfall vorwegzunehmen.[623] Obwohl es sich normativ um Akte „sui generis" im Rahmen der Organisationsgewalt[624] der Gemeinschaftsorgane handelt, kommt den Leitlinien – zumindest für die praktische Rechtsanwendung – aufgrund ihres intendierten Zwecks eine gewisse „Außenwirkung" zu.[625]

EU-/EG-Vertrag, Art. 90 Rdnr. 150; *G. Wilms*, Das Europäische Gemeinschaftsrecht und die öffentlichen Unternehmen, S. 86 ff.; *A. Bach*, DWiR 1993, S. 84 ff.

619 Gemäß Art. 52 Abs. 2, 3 EG.

620 EuGH (Spanien u.a./Kommission), Slg. 1992-I, S. 5859 (5865), Tz. 20, 21 = EuZW 1993, S. 131 (132) = Archiv PT 1993, S. 67 (68).

621 *R. Ellger/Th.-S. Kluth*, Das Wirtschaftsrecht der internationalen Telekommunikation, S. 295; *C.-D. Ehlermann*, EuR 1993, S. 134 (142); *R. Ellger*, in: *W. J. Adams* (Hrsg.), Singular Europe, S. 203 (232, Fn. 113).

622 *EG-Kommission*, Leitlinien 1991, Vorwort, ABl. EG Nr. C 233/2 v. 6.9.1991, S. 2.

623 *EG-Kommission*, Leitlinien 1991, Tz. 10.

624 *A. Bleckmann*, in: *ders.*, Europarecht, Rdnr. 474.; *M. Herdegen*, Europarecht, Rdnr. 187; von „sonstigen Rechtsakten" zur Entscheidungsbildung der Gemeinschaftsorgane sprechen *B. Beutler/R. Bieber/J. Pipkorn/J. Streil*, Die Europäische Union, S. 200; von „Binnenrecht" *Th. Oppermann*, Europarecht, Rdnr. 578.

625 „Leitlinien" zur Anwendung des Wettbewerbsrecht gab es in keinem anderen Wirtschaftsbereich, *C.-D. Ehlermann*, EuR 1993, S. 134 (142). Vgl. nunmehr die Bekanntmachung der Kommission über die Anwendung der Wettbewerbsregeln auf den Postsektor und über die

a) Leitlinien (1991)

Mißbrauchsfälle nach Art. 82 EG ergaben sich aus dem spezifischen Stand der Liberalisierung.[626] Die Kommission bewertete insbesondere die Ausdehnung einer marktbeherrschenden Stellung, die ein Unternehmen infolge ausschließlicher Rechte auf einem bestimmten Markt innehat, auf nachgeordnete, separate, bereits liberalisierte Dienstemärkte[627] sowie Nutzungsrestriktionen bei der Erbringung von Monopolleistungen (Gestellung von Netz und Mietleitungen), auf die dritte Anbieter angewiesen sind, als wettbewerbsbeschränkend.[628] Solche wettbewerbsbeeinträchtigenden Nutzungsrestriktionen konnten insbesondere beim Zugang und der Nutzung des öffentlichen Telefonnetzes und bei Mietleitungen auftreten. Mögliche Mißbrauchsfälle ergaben sich ferner, wenn der Zugang zu Monopolleistungen gänzlich verweigert, Anschluß- und Benutzungsverbote für technische Einrichtungen bzw. private Mietleitungen auferlegt, Zusatzgebühren oder Sonderauflagen für Monopoldienste erhoben, Kundeninformationen vorenthalten oder konkurrierende Anbieter hinsichtlich des Preises und der Qualität von Monopolleistungen und -diensten benachteiligt wurden.[629]

Beurteilung bestimmter staatlicher Maßnahmen betreffend Postdienste (98/C 39/02), ABl. EG Nr. C 39/2 v. 6.2.1998, S. 2.

626 *W. Möschel*, in: *U. Immenga/E.-J. Mestmäcker* (Hrsg.), EG-Wettbewerbsrecht, Art. 86 Rdnr. 278.

627 Unter Bezugnahme auf das Télémarketing-Urteil des EuGH.

628 *EG-Kommission*, Leitlinien 1991, Tz. 86.

629 *EG-Kommission*, Leitlinien 1991, Tz. 89-98; hierzu *W. Möschel*, in: *E.-J. Mestmäcker* (Hrsg.), Kommunikation ohne Monopole II, S. 397 (405 f.); *R. Ellger/Th.-S. Kluth*, Das Wirtschaftsrecht der internationalen Telekommunikation, S. 297.

b) Mitteilung (1998)

Von wesentlicher Bedeutung für die Entwicklung der Telekommunikationsmärkte erachtet die Kommission die Anwendung der Wettbewerbsregeln auf Zugangsfragen.[630]

In ihrer Mitteilung aus dem Jahr 1998 differenzierte sie zunächst hinsichtlich des sachlich relevanten Produktmarktes zwischen dem Dienstleistungsmarkt für Endverbraucher und dem Markt für den Zugang zu Einrichtungen, die für die Erbringung dieser Dienstleistungen erforderlich sind: dem Netzzugangs- oder Zusammenschaltungsmarkt.[631] Eine marktbeherrschende Stellung nimmt sie unter Berufung auf die EuGH-Entscheidung „*Tetra Pak*"[632] im Telekommunikationssektor bei eng verbundenen vertikalen Märkten an, wenn ein Unternehmen auf einem dieser Märkte eine stark dominierende Stellung besitzt und dadurch in die Lage versetzt wird, den gesamten Markt zu beherrschen.[633] Daneben soll sich die Marktbeherrschung in erster Linie anhand der Möglichkeit beurteilen, den Zugang zu einer „wesentlichen Einrichtung" zu kontrollieren.[634] Die Kommission definiert als wesentliche Einrichtung jede „Einrichtung oder Infrastruktur, die wesentlich ist, um Kunden zu erreichen und/oder Wettbewerbern die Durchführung ihrer Geschäftstätigkeit zu ermöglichen, und die mit angemessenen Mitteln nicht neu geschaffen werden kann".[635]

Im Rahmen des Mißbrauchs nimmt sie ausdrücklich auf ihre im Verkehrsbereich getroffenen Entscheidungen „*Sea Containers/Stena Sealink*" und „*Rødby*" Bezug[636] und erklärt die Grundsätze der „essential facilities doctrine" im Tele-

---

630 *EG-Kommission*, Mitteilung 1998, ABl. EG Nr. C 265/2 v. 22.8.1998, S. 2, Tz. 4. Vgl. hierzu *P. N. Märkl*, Netzzusammenschaltung, S. 192 ff.; *K. W. Riehmer*, MMR 1998, S. 355 ff.; *J. Scherer*, MMR 1999, S. 315 (318 f.).

631 *EG-Kommission*, Mitteilung 1998, Tz. 44 f.

632 EuGH v. 14.11.1996, Rs. C-333/94 P (Tetra Pak/Kommission), Slg. 1996-I, S. 5951 ff.

633 *EG-Kommission*, Mitteilung 1998, Tz. 65-67.

634 *EG-Kommission*, Mitteilung 1998, Tz. 69.

635 *EG-Kommission*, Mitteilung 1998, Tz. 68.

636 EG-Kommission, Entsch. v. 21.12.1993, (Sea Containers/Stena Sealink), ABl. EG 1994 Nr. L 15/8, S. 8 ff.; Entsch. v. 21.12.1993, (Hafen von Rødby), ABl. EG 1994 Nr. L 55/52, S. 52 ff.; siehe auch Entsch. v. 11.6.1992, (B & I Line/Sealink Harbours), EG-Bull. Nr. 6, 1992, Tz. 1.3.30.

kommunikationsbereich für anwendbar.[637] Um den Zugang zu einer Einrichtung aufgrund der Wettbewerbsregeln des EG-Vertrags anordnen zu können, muß – neben weiteren Kriterien in Anlehnung an die Doktrin – ein Verstoß gegen das Diskriminierungsverbot vorliegen.[638] Darüber hinaus können durch den Zeitpunkt der Zugangsgewährung (Verhandlungsverzögerungen), technische Konfigurationen (technische Probleme ohne Sachzwang) und überhöhte Preise faktische Verweigerungen des Zugangs bestehen.[639]

V. Umsetzung in den Mitgliedstaaten

Die Umsetzung der umfangreichen europäischen Rechtsvorgaben in den Mitgliedstaaten[640] wird durch die Kommission streng überwacht und in bisher vier Berichten dem Rat, Europäischen Parlament, Wirtschafts- und Sozialausschuß sowie dem Ausschuß der Regionen mitgeteilt.[641] Eine umfassende Überprüfung der Harmonisierungsmaßnahmen erfolgte durch die „Review 1999“[642], in der Empfehlungen für die Anpassung des europarechtlichen Ord-

---

[637] *EG-Kommission*, Mitteilung 1998, Tz. 88.

[638] *EG-Kommission*, Mitteilung 1998, Tz. 91.

[639] *EG-Kommission*, Mitteilung 1998, Tz. 94-97.

[640] Vgl. zum nationalen Recht einzelner Mitgliedstaaten nach Liberalisierung die jeweiligen Beiträge in Beilage zu MMR 8/1999 von *P. Strivens/R. McKean* (United Kingdom), S. 3 ff.; *A. Guterman* (Belgium), S. 10 ff.; *R. Bricard/H. Urvoaz/A. Cabanes* (France), S. 14 ff.; *R. Giarda/G. Brunelli* (Italy), S. 18 ff.; *J. A. Tempelman/S. J. H. Gijrath* (Netherlands), S. 23 ff.; *I. Björck/J. Westin* (Sweden), S. 30 ff.; *M. Diez/X. Junquera/J. M. Balcells* (Spain), S. 35 ff. sowie die einzelnen Länderstudien in: *J. Scherer* (Hrsg.), Telecommunications Laws in Europe; vgl. zu Österreich *B. Hartsleben/W. Urbantschitsch*, MMR 2000, S. 744 ff.; *H.-U. Gebhardt/C. Vartian*, MMR 1999, S. 153 ff.; zu Frankreich *J. Kühling/R. Pfromm*, K&R 2000, S. 541 ff.; *F. Dupuis-Toubol/J.-P. Jouet*, Archiv PT 1998, S. 132 ff.; zu Griechenland *E. Kasselaki*, K&R 2000, S. 554 ff.; zu Spanien *J. Cremades/J. Grahler/J. Oberheiden*, MMR 2001, S. 32 (34 ff.).

[641] Mitteilung der Kommission an den Rat, das Europäische Parlament, den Wirtschafts- und Sozialausschuß und den Ausschuß der Regionen über die Umsetzung des Reformpakets für den Telekommunikationssektor, KOM (97) 236 endg., v. 29.5.1997; Erste Aktualisierung, KOM (97) 504 endg., v. 8.10.1997; Dritter Bericht, KOM (98) 80 endg., v. 18.2.1998; Vierter Bericht, KOM (98) 594 endg., v. 25.11.1998.

[642] Vgl. *EG-Kommission*, Generaldirektion XIII. Discussion Document, The 1999 Review: regulatory principles.

nungsrahmens bis zum Jahr 2003 infolge des technologischen Wandels und der geänderten Marktverhältnisse unter Berücksichtigung der Konsultationen zum Konvergenz-Grünbuch[643] ergingen.[644]

Während Ende 1996 in neun Mitgliedstaaten[645] alternative Netzinfrastrukturen dem Wettbewerb freigegeben und Monopolrechte im Bereich der Sprachtelefonie sowie der Übertragungswege fristgerecht bis 1. Januar 1998 aufgehoben wurden[646], bestanden in einzelnen Teilbereichen[647] erhebliche Umsetzungsdefizite, die bisher zu 89 Vertragsverletzungsverfahren[648] führten.[649] Obwohl die Kommission dennoch insgesamt mit dem Stand der Umsetzung zu-

---

643 Vgl. hierzu die Mitteilung der Kommission an den Rat, das Europäische Parlament, den Wirtschafts- und Sozialausschuß und den Ausschuß der Regionen, Die Konvergenz der Branchen Telekommunikation, Medien und Informationstechnologie und ihre ordnungspolitischen Auswirkungen, Ergebnisse der öffentlichen Konsultation zum Grünbuch, KOM (99) 108 endg. v. 9.3.1999.

644 Vgl. hierzu aus ökonomischer Sicht bereits *G. Knieps*, MMR 1999, S. 460 (462 ff.); allgemein *G. Knieps*, MMR 2000, S. 641 f.; *A. Huber/M. v. Mayerhofen*, 1999, S. 593 ff.; insbesondere zu den Richtlinienvorschlägen der Kommission *D. Beese/J. Merkt*, MMR 2000, S. 532 ff.; *Ch. Koenig/J. Kühling*, MMR 2001, S. 80 ff.; *Ch. Huppertz*, K&R 2001, S. 402 (408 ff.)

645 Außer den Mitgliedstaaten, denen zusätzliche Umsetzungsfristen eingeräumt wurden, kam lediglich Belgien der Umsetzungspflicht nicht nach.

646 Vgl. die tabellarischen Übersichten der Kommission, Erster Bericht, KOM (97) 236 endg., Anhang, S. 9 f. und Erste Aktualisierung, KOM (97) 504 endg., Anhang II, S. 18 f.; *EITO/EEIG* (Hrsg.), European Information Technology Observatory 1997, S. 75; *M. Geppert/E.-O. Ruhle/F. Schuster*, Handbuch Telekommunikation, Rdnrn. 56 ff.

647 Zum Beispiel bzgl. mangelnder Befugnisse der nationalen Regulierungsbehörden (Luxemburg, Deutschland), der Genehmigungsbedingungen (Belgien, Spanien, Frankreich, Italien) und Höhe der Genehmigungsgebühren (Frankreich, Deutschland), Problemen bei der Rufnummernportabilität (Schweden, Italien, Frankreich) oder fehlender Genehmigungen für DSC-1800 Systeme (Belgien, Italien, Spanien, Portugal); vgl. insgesamt hierzu *EG-Kommission*, Vierter Bericht, KOM (98) 594 endg., S. 15 ff.

648 30 Verfahren bzgl. Liberalisierungs- und 54 Verfahren bzgl. Harmonisierungsmaßnahmen, *EG-Kommission*, Vierter Bericht, KOM (98) 594 endg., S. 11; vgl. auch *J. Scherer*, Beilage zu MMR 8/1999, Editorial, S. 1 (2).

649 Zum Beispiel gegen Belgien, Dänemark, Deutschland, Griechenland, Italien, Portugal, Spanien und Luxemburg, *EG-Kommission*, Wettbewerbspolitik der Europäischen Gemeinschaft, XXVII. Bericht 1997, SEK (98) 636 endg., S. 104; *M. Geppert/E.-O. Ruhle/F. Schuster*, Handbuch Telekommunikation, Rdnr. 69.

frieden ist[650], äußert sie in Bezug auf Netzzusammenschaltungen Bedenken[651] wegen der überlangen Dauer der Verhandlungen[652], der geringen Anzahl von Zusammenschaltungsvereinbarungen im Festnetzbereich[653], der mangelnden Transparenz der Kostenrechnungssysteme[654] zur Berechnung von Zusammenschaltungsentgelten und der unzulänglichen Standardzusammenschaltungsangebote.[655]

VI. Zusammenfassung und Bewertung

Das europäische Telekommunikationsrecht entwickelte sich schrittweise auf Basis der dualen Rechtsetzungskompetenz von Kommission und Rat in Form von Liberalisierungs- und Harmonisierungsrichtlinien zur Marktöffnung und Rechtsangleichung.[656] Die Liberalisierung verlief asymmetrisch, während sich Harmonisierungsmaßnahmen in zwei Phasen dem Stand der Marktöffnung anpaßten. Der EuGH bestätigte durch seine Rechtsprechung die auf Art. 86 Abs. 3 EG gestützte Liberalisierungspolitik der Kommission. Neben harmonisierten Zugangsbedingungen soll Art. 82 EG die konkurrentennützige Inanspruchnahme fremder Infrastruktur ermöglichen. Funktionsfähigkeit und Interoperabilität europäischer Telekommunikationsnetze und -systeme werden durch die Normungsarbeit der Standardisierungsorganisationen gewährleistet.

---

650 Insbesondere wegen der sinkenden Preise um bis zu 40 % und 218 neuen Sprachtelefondienstbetreibern in der Gemeinschaft, *EG-Kommission*, Dritter Bericht, KOM (98) 80 endg., S. 2; *EG-Kommission*, Vierter Bericht, KOM (98) 594 endg., S. 7 und 13.

651 *EG-Kommission*, Vierter Bericht, KOM (98) 594 endg., S. 5, 21 und 25; *EITO/EEIG* (Hrsg.), European Information Technology Observatory 1999, S. 64.

652 In Belgien, Deutschland, Frankreich, Österreich.

653 Mit Ausnahme von Dänemark, Deutschland, Frankreich, Finnland, Schweden, Großbritannien.

654 In Deutschland, Frankreich, Österreich, Italien, Schweden.

655 Vgl. zu ersten Bewertungen der Liberalisierung in Deutschland *H.-W. Hefekäuser*, MMR 1999, S. 144 (145 ff.) einerseits und *K.-M. Fuhr/B. Kerkhoff*, MMR 1999, S. 213 (214 ff.) andererseits. *L. Gramlich*, CR 1999, S. 489 ff. Siehe zur Kritk an der Regulierungsbehörde *W. Möschel*, MMR 2001, S. 3 (6); *U. Müller/F. Schuster*, MMR 1999, S. 507 (509 ff.); *L. Gramlich*, CR 1999, S. 489 ff.

656 *J. Scherer*, in: *A. Büllesbuch* (Hrsg.), Datenschutz im Telekommunikationsrecht, S. 59 (60); *ders.*, Telecommunications Laws in Europe, Beilage zu MMR 8/1999, Editorial, S. 1.

Obwohl der gegenwärtige Stand der Entwicklung positiv bewertet werden kann, ist der Liberalisierungsprozeß rückblickend – insbesondere im Vergleich zu frühzeitig liberalisierten Märkten – kritisch zu beurteilen.[657] Aufgrund des intendierten Wettbewerbsschutzes staatlicher Monopolunternehmen, wurde die vollständige Marktöffnung, ungeachtet der Erfahrungen in Großbritannien[658] und den USA[659], zeitlich verzögert. Während sich in diesen Ländern die Telefonkosten erheblich reduzierten, herrschten in Kontinentaleuropa bis zum Jahr 1998 hohe Monopolpreise.[660] Die nur zögerliche Liberalisierungspolitik der Gemeinschaft und das Festhalten einiger Mitgliedstaaten an Monopolrechten waren jedenfalls im Hinblick auf die Verbraucherinteressen nicht gerechtfertigt. Im Zuge globaler Liberalisierungstendenzen[661] und angesichts der internationalen Positionierungsschwierigkeiten[662] europäischer Vollanbieter war die Marktöffnung wirtschaftlich vielmehr überfällig; europarechtlich war sie sogar zwingend geboten. Der EG-Vertrag enthält zwar per se kein Monopolverbot, da Art. 86 Abs. 1 EG von besonderen und ausschließlichen Rechten ausgeht. Monopolrechte sind jedoch am Maßstab der Grundfreiheiten und Wettbewerbsvorschriften zu messen und können nur im öffentlichen Interesse gerechtfertigt werden (Art. 86 Abs. 2 EG). Als öffentliches Interesse erachtet der EuGH auch

---

657 *Th. Kiessling*, Optimale Marktstrukturregulierung in der Telekommunikation, S. 196.

658 Vgl. hierzu *Ch. Humpert*, K&R 1999, S. 457 ff.; *M. Bock*, Die Regulierung der britischen Telekommunikationsmärkte, S. 21 ff; *C. D. Long*, Telecommunications Law and Practice, S. 9 ff.; *Th. Königshofen*, Archiv PF 1992, S. 85 ff.

659 Vgl. hierzu eingehend *B. Haar*, Marktöffnung in der Telekommunikation, S. 29 ff.; *P. N. Märkl*, Netzzusammenschaltung, S. 67 ff.; *K. Windthorst*, CR 1998, S. 281 (283 ff.); *H.-W. Moritz*/*H. R. Neus*, CR 1997, S. 239 ff.; *J. Kreile*, ZUM 1996, S. 227 ff.

660 Vgl. hierzu die Preisübersicht bei *P. J. J. Welfens*/*C. Graack*, Telekommunikationswirtschaft, S. 14. In Deutschland fielen die Preise nach Liberalisierung für Inlandsferngespräche je nach Verkehrszeit um bis zu 85 %, für Auslandsgespräche teilweise sogar um 89 %; *Reg TP* (Hrsg.), Telekommunikations- und Postmarkt im Jahre 1999, S. 8 f.; vgl. auch F.A.Z. v. 1.9.1999, S. 19.

661 Vgl. hierzu *K. W. Grewlich*, Konflikt und Ordnung in der globalen Telekommunikation, S. 39 ff.; *P. J. J. Welfens*/*C. Graack*, Telekommunikationswirtschaft, S. 28.

662 Siehe nur die gescheiterten Allianzen der Deutschen Telekom oben Fn. 251. Europäische Anbieter können sich zudem auf dem US-amerikanischen Markt nur wenig positionieren, während umgekehrt amerikanische Anbieter (z.B. Worldcom, MCI) massiv in den europäischen Markt drängen.

hier ausschließlich nur *nichtwirtschaftliche* Gründe.[663] Technische Sicherheits- und Integritätserwägungen waren danach zwar grundsätzlich geeignet, das Netzmonopol zu begründen; die Befürchtungen der Kommission erwiesen sich ex post jedoch als unhaltbar.[664] Die finanzielle Ertragssicherung der staatlichen Fernmeldeverwaltungen war deshalb als wirtschaftlicher Grund nicht geeignet, die Aufrechterhaltung des Übertragungswege- und Sprachtelefondienstmonopols zu rechtfertigen.[665]

Resümierend ist festzustellen, daß die Marktöffnung der Telekommunikation in Europa zwar bisher erfolgreich verlief, zu Lasten der Verbraucher jedoch zeitlich verzögert wurde und damit insgesamt verspätet erfolgte.

---

[663] EuGH v. 30.4.1974, Rs. 155/73 (Sacchi), Slg. 1974, S. 409 (430), Tz. 14 = EuR 1974, S. 369 (373), wobei lediglich in der italienischen Originalfassung des Urteils der Ausschluß „wirtschaftlicher" Rechtfertigungsgründe – „di carattere extra economico" – enthalten ist. EuGH v. 26.4.1988, Rs. 352/85 (Bond van Adverteerders), Slg. 1988, S. 2085 (2135), Tz. 34 = NJW 1989, S. 2189 (2191); *B. Beutler/R. Bieber/J. Pipkorn/J. Streil*, Die Europäische Union, S. 330.

[664] Dies wird durch zahlreiche Netzzusammenschaltungen ohne technische Probleme seit der Liberalisierung eindrucksvoll belegt. Insgesamt existieren in der Gemeinschaft 512 Zusammenschaltungsvereinbarungen, Stand: August 1998; *EG-Kommission*, Vierter Bericht, KOM (98) 594 endg., Anhang I, Ziff. 4.1.

[665] *Th.-S. Kluth*, Telekommunikation als Regelungsgegenstand, S. 156.

B. Zusammenschaltungsbedingungen für den Sprachtelefondienst

Zusammenschaltungsbedingungen für den Sprachtelefondienst lassen sich in vier Kategorien – allgemeine Prinzipien, Verhandlungsrechte und -pflichten, Zusammenschaltungsrechte und -pflichten sowie mitgliedstaatliche Aufsichtsrechte und -pflichten – systematisieren (hierzu IV.). Da Zusammenschaltungsbedingungen in verschiedenen Richtlinien geregelt sind, ist deren Verhältnis zueinander zunächst abstrakt zu bestimmen (hierzu I.). Ferner ist auf den Begriff des Sprachtelefondienstes (hierzu II.) sowie die Zusammenschaltung im rechtlichen Sinn (hierzu III.) einzugehen.

I. Rechtsquellen und sekundärrechtliches Rangverhältnis

Sekundärrechtliche Rechtsquellen der Zusammenschaltungsbedingungen sind die ONP-Rahmen-, ONP-Sprachtelefondienst-, Zusammenschaltungs- und die Telekommunikationsdiensterichtlinie.[666] Das Verhältnis dieser Richtlinien zueinander bestimmt sich nach ihrem Rang innerhalb des Sekundärrechts.[667]

ONP-Harmonisierungsrichtlinien beruhen auf der Kompetenznorm des Art. 95 EG , so daß sie formell-rechtlich gleichrangig nebeneinander bestehen. Die ONP-Rahmenrichtlinie nimmt jedoch insofern eine Sonderstellung ein, als sie für das Konzept des offenen Netzzugangs materiell-rechtliche Grundsätze und Prinzipien[668] aufstellt, die durch Einzelrichtlinien für bestimmte, im Anhang

---

[666] Vgl. *EG-Kommission*, Vierter Bericht über die Umsetzung des Reformpakets für den Telekommunikationssektor, KOM (98) 594, S. 19; Mitteilung der Kommission über Zusammenschaltungsentgelte in einem liberalisierten Telekommunikationsmarkt (98/C 84/03), ABl. EG Nr. C 84/3 v. 19.3.1998, S. 3.

[667] Vgl. allgemein zum Verhältnis innerhalb des Sekundärrechts *G. Schmidt*, in: *H. v. d. Groeben/J. Thiesing/C.-D. Ehlermann* (Hrsg.), Kommentar zum EU-/EG-Vertrag, Art. 189 Rdnr. 23; *A. Bleckmann*, in: *ders.*, Europarecht, Rdnr. 528; *Th. Oppermann*, Europarecht, Rdnr. 512; *B. Beutler/R. Bieber/J. Pipkorn/J. Streil*, Die Europäische Union, S. 205 f.

[668] Vgl. hierzu oben 3. Kap. A. II. 1., S. 102 f.

der Richtlinie aufgezählte Sachgebiete[669] – u.a. für den Sprachtelefondienst[670] – konkretisiert werden. Auf die in diesem Katalog nicht enthaltene Zusammenschaltung sind ONP-Grundsätze ebenfalls anwendbar[671], so daß ONP-Einzelrichtlinien und die Zusammenschaltungsrichtlinie nicht nur am Maßstab des Primärrechts zu messen, sondern auch im Einklang mit der ONP-Rahmenrichtlinie auszulegen sind.[672] Gemeinschaftsrechtlich ist diese – sekundärrechtlich[673] abgestufte – Normenhierarchie zulässig, da die ONP-Rahmenrichtlinie keine neue Kompetenz schafft[674] und deshalb nicht gegen das Prinzip der begrenzten Einzelermächtigung[675] verstößt. Sie begründet materiell-rechtlich lediglich eine Selbstbindung bezüglich bestimmter Grundsätze und Prinzipien – Rahmenbedingungen –, die an sich für jeden weiteren nachfolgenden Rechts-

---

[669] Mietleitungen, paket- und leitungsvermittelte Datenübermittlungsdienste, ISDN Telexdienst und ggf. Mobilfunkdienste; vgl. die hierzu getroffenen Gemeinschaftsakte der MietleitungsRL (92/44/EWG), ABl. EG Nr. L 165/27 v. 19.6.1992, S. 27; die Empfehlung des Rates v. 5.6.1992 zur harmonisierten Bereitstellung eines Mindestangebots an paketvermittelten Datendiensten nach ONP-Grundsätzen (92/382/EWG), ABl. EG Nr. L 200/1 v. 18.7.1992, S. 1 sowie die Empfehlung des Rates v. 5.6.1992 zur Einführung harmonisierter ISDN-Zugangsregelungen und eines ISDN-Mindestangebots nach ONP-Grundsätzen (92/383/EWG), ABl. EG Nr. L 200/18 v. 18.7.1992, S. 18.

[670] Richtlinie des Europäischen Parlaments und des Rates v. 13.12.1995 zur Einführung des offenen Netzzugangs (ONP) beim Sprachtelefondienst (95/92/EG), ABl. EG Nr. L 321/6 v. 30.12.1995, S. 6 (SprachtelefondienstRL), neugefaßt durch die Richtlinie 98/10/EG v. 26.2.1998, ABl. EG Nr. L 101/24 v. 1.4.1998, S. 24.

[671] Entschließung des Rates v. 22.7.1993, ABl. EG Nr. C 213/1 v. 6.8.1993, S. 1 (2); Entschließung des Rates v. 18.9.1993, ABl. EG Nr. C 258/1 v. 3.10.1995, S. 1 (3); Erwägungsgrund (1) ZusRL.

[672] Gemeinschaftsrechtlich können die ONP-RahmenRL und die sie konkretisierenden Einzelrichtlinien mit dem Verhältnis zwischen Grund- und Durchführungsverordnungen (z.B. landwirtschaftliche Marktordnungen zu Abschöpfungsregeln dieser Marktordnungen) verglichen werden. Vgl. *Th. Oppermann*, Europarecht, Rdnr. 512; *G. Schmidt*, in: *H. v. d. Groeben/ J. Thiesing/C.-D. Ehlermann* (Hrsg.), Kommentar zum EU-/EG-Vertrag, Art. 189 Rdnr. 23.

[673] Vgl. zur Notwendigkeit primärrechtlicher Abstufungen *M. Heintzen*, EuR 1994, S. 35 (37 ff.).

[674] Art. 6 ONP-RahmenRL a.F. bezieht sich für die zu erlassenden Einzelrichtlinien ausdrücklich auf die Ermächtigungsgrundlage des Art. 95 EG .

[675] Art. 5 EG . Vgl. hierzu *Ch. Calliess*, in: *Ch. Calliess/M. Ruffert* (Hrsg.), EUV/EGV, Art. 5 Rdnrn. 8 ff.; *G. Langguth*, in: *C.-O. Lenz* (Hrsg.), EG-Vertrag, Art. 5 Rdnrn. 9 ff.; *Th. Oppermann*, Europarecht, Rdnrn. 513 ff.

akt erneut normiert werden könnten.[676] Die „grundlegenden Anforderungen" und „fundamentalen Grundsätze" der ONP-Rahmenrichtlinie sind deshalb für die Mitgliedstaaten einerseits bindende Rechtsvorschriften i.S. des Art. 249 EG, andererseits verpflichten sie als Rechtsakte „sui generis" die Gemeinschaftsorgane selbst im Rahmen ihrer Organisationsgewalt.[677] Das Verhältnis der ONP-Einzelrichtlinien und Zusammenschaltungsrichtlinie zueinander bestimmt sich nach Kollisionsregeln der Richtlinien; fehlen solche Regelungen, so gelten die allgemeinen rechtsstaatlichen Grundsätze.[678]

Liberalisierungsrichtlinien der Kommission und Harmonisierungsrichtlinien des Rates stehen auf gleicher Normhierarchieebene, da beide Gemeinschaftsorgane grundsätzlich gleichberechtigt sind.[679] Kollisionsfälle können jedoch insofern auftreten, als die verschiedenen Richtlinien jeweils Legaldefinitionen[680] enthalten und einzelne Regulierungsbereiche[681] doppelt geregelt werden.[682] Auch hier entscheidet sich das sekundärrechtliche Rangverhältnis zunächst nach den Kollisionsregeln der Richtlinien; ergänzend sind allgemeine Grundsätze heranzuziehen.[683] Ob ein Kompetenzverstoß und damit ein Eingriff in die ONP-Politik des Rates vorliegt, ist – nach den Grundsatzentscheidungen des EuGH zur Marktöffnungskompetenz der Kommission aus Art. 86 Abs. 3 EG [684] – anhand der jeweils konkret kollidierenden Regelungen zu entscheiden.[685]

---

676 Konstruktiv ist die ONP-RahmenRL in etwa mit der deutschen Rahmengesetzgebung des Bundes und der Ausfüllung durch die Länder vergleichbar, wobei auf europäischer Ebene die Konkretisierung durch das gleiche Organ erfolgt.

677 Vgl. hierzu bereits oben 3. Kap. A. IV. 4., S. 126.

678 Insbesondere die Grundsätze „lex posterior derogat legi priori" und „lex specialis derogat legi generali"; *M. Ruffert*, in: *Ch. Calliess/M. Ruffert* (Hrsg.), EUV/EGV, Art. 249, Rdnr. 11; *B. Beutler/R. Bieber/J. Pipkorn/J. Streil*, Die Europäische Union, S. 206.

679 *A. Bleckmann*, in: *ders.*, Europarecht, Rdnr. 529; *Th. Oppermann*, Europarecht, Rdnr. 512, spricht vom „fehlenden Institutionenvorrang".

680 Zum Beispiel des Sprachtelefondienstes und der Zusammenschaltung.

681 Zum Beispiel die Zusammenschaltung oder das Verfahren zur Umlage der Nettokosten des Universaldienstes.

682 Vgl. bereits oben 3. Kap. A., S. 87.

683 Vgl. oben Fn. 678.

684 EuGH (Französische Republik/Kommission), Slg. 1991-I, S. 1259 ff.; EuGH (Spanien u.a./Kommission), Slg. 1992-I, S. 5859 ff. Vgl. hierzu oben 3. Kap. A. IV. 3., S. 115 ff.

685 Im Ergebnis allgemein ablehnend für Zusammenschaltungsbedingungen der TkDiensteRL *P. N. Märkl*, Netzzusammenschaltung, S. 178.

Die in den Richtlinien enthaltenen Legaldefinitionen[686] sind grundsätzlich nur im Rahmen der jeweiligen Richtlinie anwendbar. Ausnahmsweise gelten sie für andere Richtlinien, wenn diese hierauf verweisen.[687] Ein Vorrang der ONP-Bedingungen aufgrund ihres Regelungszwecks (Harmonisierung der Netzzugangsregeln) ist nicht anzunehmen, denn die in der Telekommunikationsdiensterichtlinie geregelten Zugangsfragen bestehen „unbeschadet einer Harmonisierung durch das Europäische Parlament und den Rat".[688] Als Kollisionsregel ist hier zwar eine Überprüfung der Vorschriften vorgesehen[689], um die Kohärenz der Liberalisierungs- und Harmonisierungsrichtlinien zu gewährleisten.[690] Solange jedoch Zusammenschaltungsbedingungen der Kommission nicht formell aufgehoben werden[691], sind sie weiterhin geltendes Recht.[692] Nach Sinn und Zweck ist deren Anwendungsbereich auszulegen und danach zu bestimmen, ob sie im Einzelfall tatsächlich mit ONP-Zugangsregeln kollidieren.

Im Ergebnis können somit Mehrfachdefinitionen und doppelt geregelte Regulierungsbereiche als Folge der dualen Rechtsetzungskompetenz von Kommission und Rat nicht ausgeschlossen werden. Materiell-rechtlich ist keinem Regelungsbereich der Vorrang einzuräumen. Die doppelte Rechtsetzung der Gemeinschaft trägt somit die Gefahr der Rechtsunsicherheit in sich und führt zu potentiellen Umsetzungsschwierigkeiten der Mitgliedstaaten. Bestehende Divergenzen sind Ausdruck einer „unzulänglichen Binnenharmonisierung".[693]

---

[686] Zum Beispiel in Art. 1 TkDiensteRL, Art. 2 ONP-RahmenRL, Art. 2 Abs. 1 ZusRL und Art. 2 Abs. 2 SprachtelefondienstRL.

[687] Zum Beispiel Legaldefinitionen der ONP-RahmenRL, auf die Art. 2 Abs. 2 ZusRL, Art. 2 Abs. 1 SprachtelefondienstRL verweisen. Art. 2 Abs. 3 SprachtelefondienstRL verweist zusätzlich auf Begriffsbestimmungen der ZusRL.

[688] Art. 3d, 4a TkDiensteRL.

[689] Jeweils nach Harmonisierung des Netzzugangs durch das Europäische Parlament und den Rat, Art. 4a Abs. 3; 4c TkDiensteRL.

[690] *P. N. Märkl*, Netzzusammenschaltung, S. 178, sieht deshalb die Zusammenschaltungsbedingungen der TkDiensteRL als Interimslösung der Kommission an.

[691] Eine Aufhebung ist frühestens aufgrund der „Review 1999" zu erwarten.

[692] *Ch. Koenig/S. Loetz*, K&R 1999, S. 298 (299); hiervon ausgehend auch *K. v. Miert*, WuW 1998, S. 7 (13).

[693] Vgl. bereits oben 3. Kap. A., S. 87, Fn. 454.

II. Sprachtelefondienst

Vor vollständiger Liberalisierung erfolgte die Abgrenzung zwischen vorbehaltenen Monopoldiensten (hierzu 1.) und bereits liberalisierten Diensten anhand der Definition des Sprachtelefondienstes.[694] Nach Liberalisierung entscheidet sie darüber, ob in Frage stehende Sprachkommunikationsdienste nach innerstaatlichem Recht im Rahmen des Gemeinschaftsrechts lizenz- oder genehmigungs- (hierzu 2.) bzw. lediglich anmeldepflichtig sind. Eine rechtliche Sonderstellung nimmt die Internet-Telefonie (hierzu 3.) ein.

1. Sprachtelefondienstmonopol

Das Sprachtelefondienstmonopol wurde durch die Kommission restriktiv ausgelegt.[695] Nur der traditionelle Telefondienst sollte zur Sicherung der finanziellen Ertragsfähigkeit der staatlichen Fernmeldeverwaltungen im Monopolbereich verbleiben.[696] Dienste, die zusätzliche Merkmale aufwiesen oder deren Hauptzweck nicht in der Übermittlung von Sprache bestand, wurden deshalb vom Monopol zugunsten des Wettbewerbs ausgenommen.[697] So erachtete die Kommission Telefonkartendienste, die aufgrund zusätzlicher Leistungen[698] vom herkömmlichen Sprachtelefondienst nicht befriedigt wurden, aus der Sicht der Benutzer als gesonderten und somit liberalisierten Markt.[699] Gleiches galt für die Bildtelefonie: die Sprachübermittlung war als Nebenleistung technisch von

---

694 *K. Windthorst/N. Franke*, CR 1999, S. 14 (20); *R. Müller-Terpitz*, MMR 1998, S. 65 (67).

695 Mitteilung der Kommission an das Europäische Parlament und den Rat über den Stand der Umsetzung der Richtlinie 90/388/EWG über den Wettbewerb auf dem Markt für Telekommunikationsdienste (95/C 275/02), ABl. EG Nr. C 275/2 v. 20.10.1995, S. 2 (6) (Stand der Umsetzung 1995).

696 Vgl. oben 3. Kap. A. I. 3., S. 95 ff.

697 *EG-Kommission*, Stand der Umsetzung 1995, ABl. EG Nr. C 275/2 v. 20.10.1995, S. 2 (6).

698 Zum Beispiel die Bezahlung durch Kredit-, Abbuchkarten oder Schnellanwählsysteme.

699 *EG-Kommission*, Stand der Umsetzung 1995, ABl. EG Nr. C 275/2 v. 20.10.1995, S. 2 (6).

der Bildübertragung trennbar und nicht Hauptzweck des Dienstes.[700] Den Mitgliedstaaten oblag die Beweislast dafür, daß innovative Sprachkommunikationsdienste dem Sprachtelefondienstmonopol unterfielen.[701] Indem die Kommission zur Auslegung des Sprachtelefondienstmonopols maßgeblich auf die Sicht der Benutzer abstellte, zog sie das „funktionelle Bedarfsmarktkonzept“[702] zur Bestimmung des sachlich relevanten Produktmarktes i.S. der Art. 81, 82 EG heran. Danach umfaßt der sachlich relevante Produktmarkt sämtliche Erzeugnisse und Dienstleistungen, die aus der Sicht der Verbraucher aufgrund ihrer Eigenschaften, Preise und ihres Verwendungszwecks als austauschbar oder substituierbar angesehen werden.[703]

2. Lizenzierter Sprachtelefondienst

Die Mitgliedstaaten können Einzelgenehmigungsverfahren für den liberalisierten Sprachtelefondienst nach Art. 2 Abs. 3 Satz 2 TkDiensteRL vorsehen, während andere Dienste lediglich einer Allgemeingenehmigungs- oder Anmeldungspflicht unterliegen.[704] Sinn und Zweck der Einzelgenehmigung ist die Gewährleistung der ONP-Bedingungen, d.h. Sprachtelefondienstanbieter müssen die „grundlegenden Anforderungen“ i.S. des ONP-Konzepts gewährlei-

---

[700] *EG-Kommission*, Stand der Umsetzung 1995, ABl. EG Nr. C 275/2 v. 20.10.1995, S. 2 (16); vgl. auch *R. Müller-Terpitz*, MMR 1998, S. 65 (68).

[701] *EG-Kommission*, Stand der Umsetzung 1995, ABl. EG Nr. C 275/2 v. 20.10.1995, S. 2 (6).

[702] Vgl. hierzu *W. Möschel*, in: *U. Immenga/E.-J. Mestmäcker* (Hrsg.), EG-Wettbewerbsrecht, Art. 86 Rdnrn. 43 ff.; *W. Weiß*, in: *Ch. Calliess/M. Ruffert* (Hrsg.), EUV/EGV, Art. 81 Rdnrn. 95 f.

[703] *EG-Kommission*, Entsch. v. 4.11.1988 (Sabena), ABl. 1988, Nr. L 317/47, S. 47 (50), Tz. 49; Entsch. v. 26.7.1988 (Tetra Pak I), ABl. Nr. L 272/27, S. 27 (33), Tz. 29; *dies.*, Bekanntmachung v. 3.9.1986 über Vereinbarungen von geringer Bedeutung, die nicht unter Artikel 85 Absatz 1 des Vertrags zur Gründung der Europäischen Wirtschaftsgemeinschaft fallen (86/C 231/02), ABl. 1986, Nr. C 231/2 v. 12.9.1986, S. 2 (3), Tz. 11; *dies.*, Bekanntmachung über die Definition des relevanten Marktes im Sinne des Wettbewerbsrechts der Gemeinschaft, ABl. EG Nr. C 372/5 v. 9.12.1997, S. 5, Tz. 7 und 15 ff.; *dies.*, Leitlinien 1991, Tz. 7 f. und 25 ff.; *dies.*, Mitteilung 1998, Tz. 43.

[704] Erwägungsgrund (10) WettbRL.

sten.[705] Die Genehmigungspflicht soll dabei die Erfüllung von besonderen Aufgaben im allgemeinen wirtschaftlichen Interesse (Art. 86 Abs. 2 EG), die Erbringung von Finanzierungsbeiträgen für den Universaldienst[706] und eine flächendeckende Versorgung mit Mobilkommunikation[707] sicherstellen. Zusätzlich können gewerbliche Genehmigungsvoraussetzungen hinsichtlich der Dauerhaftigkeit, Verfügbarkeit und Qualität des Dienstes aufgestellt werden.[708]

Diese Genehmigungsverfahren sind durch die Richtlinie des Europäischen Parlaments und Rates für Allgemein- und Einzelgenehmigungen harmonisiert worden.[709] Nach Art. 7 Abs. 2, 8 Abs. 1 i.V.m. Anhang Ziff. 4.8. GenehmigungsRL können an Einzelgenehmigungen[710] für die Erbringung von Sprachtelefondiensten Auflagen u.a. hinsichtlich der unternehmerischen und technischen Leistungsfähigkeit und der Mindestbetriebsdauer eines Dienstes geknüpft werden.[711] Zugunsten der Endverbraucher müssen diese möglichst einfach geregelt sein und der Dienstleistungs- und Niederlassungsfreiheit entsprechen.[712] Im deutschen Recht wurde die Lizenzpflicht[713] für Sprachtelefondien-

---

[705] Art. 3 TkDiensteRL; Erwägungsgründe (9 f.), Art. 7 Abs. 1 lit. c), 8 Abs. 1 i.V.m. Anhang, Ziff. 2.1. GenehmigungsRL.

[706] Erwägungsgrund (9) WettbRL.

[707] Erwägungsgrund (18) MobilfunkRL.

[708] Art. 3 TkDiensteRL.

[709] Richtlinie des Europäischen Parlaments und des Rates v. 10.4.1997 über einen gemeinsamen Rahmen für Allgemein- und Einzelgenehmigungen für Telekommunikationsdienste (97/13/EG), ABl. EG Nr. L 117/15 v. 7.5.1997, S. 15 (GenehmigungsRL). Vgl. auch *EG-Kommission*, Vorschlag für eine Richtlinie des Europäischen Parlaments und des Rates über die genehmigung elektronischer Kommunikationsnetze und -dienste, KOM (2000) 386 endg. v. 12.7.2000.

[710] Im Gegensatz zu Einzelgenehmigungen, die Unternehmen bestimmte Rechte verleihen, sind Allgemeingenehmigungen Genehmigungen, die aufgrund einer Gruppenfreistellung Unternehmen davon entbinden, vor Ausübung der aus der Genehmigung herrührenden Rechte, die ausdrückliche Zustimmung der nationalen Regulierungsbehörden einzuholen; Art. 2 Abs. 1 lit. a) 1. SpStr. GenehmigungsRL.

[711] Zusätzliche Auflagen können sich auf die Zuteilung von Nummern, die tatsächliche Nutzung und effiziente Verwaltung von Funkfrequenzen, auf Umweltschutz- und Raumplanungsmaßnahmen, die Kollokation, die Bereitstellung des Universaldienstes sowie auf Mietleitungen, Eigentumsverhältnisse und Betreiber mit beträchtlicher Marktmacht beziehen; Anhang Ziff. 4.1.-4.9. GenehmigungsRL.

[712] Erwägungsgrund (4) GenehmigungsRL.

[713] Vgl. zum Begriff der „Lizenz" *W. Spoerr/M. Deutsch*, DVBl. 1997, S. 300 (303).

stanbieter noch vor Erlaß der Genehmigungsrichtlinie in § 6 Abs. 1 Nr. 2 TKG normiert.[714]

a) Richtliniendefinitionen

Der Sprachtelefondienst umfaßt nach der Telekommunikationsdiensterichtlinie

> „die kommerzielle Bereitstellung für die Öffentlichkeit des direkten Transports und der Vermittlung von Sprache in Echtzeit von und zu den Netzabschlußpunkten des öffentlichen, vermittelten Netzes, wobei jeder Benutzer das an solch einem Netzabschlußpunkt angeschlossene Endgerät zur Kommunikation mit einem anderen Netzabschlußpunkt verwenden kann".715

Die ONP-Sprachtelefondienstrichtlinie a.F.[716] verwies zunächst auf die Begriffsbestimmung der ONP-Rahmenrichtlinie[717] erklärt nunmehr in ihrer Neufassung Sprachtelefondienst als

> „einen der Öffentlichkeit für die kommerzielle Bereitstellung des direkten Transports von Sprache in Echtzeit über das (die) öffentliche(n) vermittelte(n) Telekommunikationsnetz(e) verfügbaren Dienst, so daß jeder Nutzer das an einem Netzabschlußpunkt an einem bestimmten Standort angeschlossene Endgerät zur Kommunikation mit dem Nutzer eines an einem anderen Netzabschlußpunkt angeschlossenen Endgeräts verwenden kann".[718]

---

[714] Vgl. hierzu *W. Schulz/U. Wassner*, ZUM 1999, S. 513 (516); *N. Nolte*, CR 1996, S. 459 ff.; *K.-D. Scheurle*, in: *E. Witte* (Hrsg.), Das Telekommunikationsgesetz 1996, S. 17 ff.; *M. Geppert/E.-O. Ruhle/F. Schuster*, Handbuch Telekommunikation, Rdnrn. 110 ff.; *Ch. Hiltl/K. Großmann*, BB 1996, S. 169 (170 f.); zum Versteigerungsverfahren nach § 11 Abs. 1 TKG *E.-O. Ruhle/M. Geppert*, MMR 1998, S. 175 ff.; *B. Grzeszick*, DVBl. 1997, S. 878 (880 ff.).

[715] Art. 1 Abs. 1, 7. SpStr. TkDiensteRL a.F.; Art. 1 Abs. 1, 15. SpStr. TkDiensteRL n.F.

[716] Art. 2 Abs. 1 SprachtelefondienstRL a.F.

[717] Die Definition des Art. 2 Ziff. 7 ONP-RahmenRL wurde durch die Änderungsrichtlinie 97/51/EG v. 6.10.1997, ABl. EG Nr. L 295/23 v. 29.10.1997, S. 23, ersatzlos gestrichen, stimmte aber nahezu wortgleich überein mit der Definition der ONP-SprachtelefondienstRL. n.F.

[718] Art. 2 Abs. 2 lit. e) SprachtelefondienstRL n.F.

Differenzen ergeben sich insofern, als die Telekommunikationsdiensterichtlinie auf das *öffentlich vermittelte Netz* (der ehemals staatlichen Monopolunternehmen vor Liberalisierung) abstellt, während nach den ONP-Definitionen die Übermittlung von Sprache über die *öffentlichen vermittelten Telekommunikationsnetze* (der ehemaligen Monopolbetreiber und Wettbewerber nach Liberalisierung) maßgeblich ist.[719] Voraussetzung des Sprachtelefondienstes ist somit die kommerzielle Übermittlung von Sprache in Echtzeit über öffentliche vermittelte Telekommunikationsnetze.[720]

aa) Sprache in Echtzeit

Sprache sind die im menschlichen Kehlkopf über die Stimmbänder als Membran erzeugten Laute, denen jeweils ein bestimmter Bedeutungsgehalt zugemessen wird, um die zwischenmenschliche Kommunikation zu ermöglichen.[721] Die Sprachübertragung muß dialogisch und akustisch in Echtzeit erfolgen. Einseitige kommunikative Anwendungen wie der Aufruf von „Web-Seiten" oder lediglich die Abfrage elektronischer Post fallen daher nicht unter die Kommunikationsart Sprache.[722] Solche Anwendungen greifen vielmehr auf gespeicherte Daten zurück und werden nicht akustisch ausgetauscht.[723] Die Massenkommunikationsmittel Rundfunk und Fernsehen weisen hingegen die erforderliche Dialogform nicht auf. Echtzeit bedeutet, daß die vom Sender ausgesandten Sprachsignale beim Empfänger ohne wesentliche Verzögerung zeitgleich, unmittelbar akustisch wahrnehmbar sind.[724] Zur Kommunikation unter physisch

---

719 Die Differenzen erklären sich aus dem spezifischen Entwicklungsstand der Liberalisierung.

720 Vgl. zu den einzelnen Richtliniendefinitionen des Sprachtelefondienstes *J. Scherer*, in: *A. Büllesbach* (Hrsg.), Datenschutz im Telekommunikationsrecht, S. 59 (69, Fn. 25).

721 *R. Schütz*, BB 1996, S. 1445; *ders.*, in: TKG-Kommentar, § 6 Rdnr. 57.

722 Sie werden vielmehr als neue Multimediadienste eingestuft; vgl. *EG-Kommission*, Der Status der Sprachübermittlung im Internet nach Maßgabe des Gemeinschaftsrechts und insbesondere der Richtlinie 90/388/EWG (98/C 6/04), ABl. EG Nr. C 6/4 v. 10.1.1998, S. 4 (Fn.1) (Status Internet-Telefonie).

723 Auch bei der unmittelbaren Computerkommunikation in Form von „Chats" oder über elektronische Post.

724 *R. Schütz*, BB 1996, S. 1445.

Anwesenden darf somit kein wesentlicher Unterschied bestehen. Welche Sprachlaufzeitverzögerungen noch hingenommen werden können, ist ungeklärt, da zunächst auf das subjektive Empfinden der Kommunikationspartner abzustellen ist. Objektive Anhaltspunkte liefern jedoch technische Normen für Laufzeitverzögerungen[725], die Signalübertragungszeiten oberhalb 400 ms als kritischen Grenzwert ansehen.[726] Das Echtzeitkriterium ist jedenfalls dann nicht erfüllt, wenn Sprache zwischengespeichert oder mit zeitlichem Abstand übermittelt wird.

bb) Kommerzielle Übermittlung

Kommerzielle (gewerbliche) Telekommunikationsdienste sind nur die mit Gewinnerzielungsabsicht gegen Entgelt bereitgestellten Leistungen.[727] Übermittlung im nachrichtentechnischen Sinn bedeutet die Übertragung und Vermittlung von Signalen[728] und erfaßt somit die Voraussetzungen des direkten Transports und der Vermittlung von Sprache.[729] Obwohl die Kommission in ihrer Mitteilung zum Stand der Umsetzung der Telekommunikation aus dem Jahr 1995[730] die Tatbestandsvoraussetzungen des Sprachtelefondienstes erläutert, definiert sie die Begriffe „Transport und Vermittlung“ nicht näher, sondern zählt negativ Dienste[731] auf, die Sprache nicht direkt transportieren. Auf den – im

---

[725] Zum Beispiel CCITT-Empfehlung G.131, Stability End Echo; ITU-T-Empfehlung G.114, One Way Transmission Time.

[726] *K. Windthorst/N. Franke*, CR 1999, S. 14 (20); *R. Müller-Terpitz*, MMR 1998, S. 65 (67).

[727] Vgl. allgemein zum Gewerbebegriff *G. Kahl*, in: *R. v. Landmann/G. Rohmer* (Hrsg.), GewO I, § 1 Rdnr. 3.

[728] Siehe oben 1. Kap. A. I., S. 5.

[729] *P. M. Rütter*, Archiv PF 1991, S. 57 (78).

[730] *EG-Kommission*, Stand der Umsetzung 1995, ABl. EG Nr. C 275/2 v. 20.10.1995, S. 2 (6).

[731] Speichervermittlung, Sprachpost, Kreditkarten, die im Rahmen von Finanztransaktionen Zugang zum Netz bieten sowie zusätzliche Dienste, die den günstigsten Weg durch das Netz ermitteln; *EG-Kommission*, Stand der Umsetzung 1995, ABl. EG Nr. C 275/2 v. 20.10.1995, S. 2 (6).

deutschen Schrifttum[732] lange Zeit umstrittenen – Begriff der Vermittlung geht sie nicht ein.

Eine Vermittlung liegt nach dem maßgeblichen technischen Verständnis nur vor, wenn die Teilnehmer ihre Kommunikationspartner beliebig auswählen können. Erforderlich ist deshalb, daß Anbieter über ein Vermittlungsnetz verfügen und die im Koppelnetz ankommenden Signale über die Koppelmatrix zum gewünschten Empfänger weiterleiten.[733] Dauerhaft oder lediglich zeitweise festgeschaltete Verbindungen bedürfen dagegen keiner Vermittlungstätigkeit.[734] Erfolgt – wie bei Rückrufdienstleistungen („Call-back"-Dienste)[735] – die Vermittlung in einem anderen als dem Sitzstaat des Unternehmens, so liegt zunächst im Sitzstaat kein lizenzpflichtiger Sprachtelefondienst vor. Genehmigungspflichtig kann die Tätigkeit jedoch nach dem nationalen Recht des Mitgliedstaates sein, in dem die Vermittlung geschaltet wird, wenn zur Vermittlungstätigkeit auch der Transport von Sprache hinzukommt.[736]

cc) Öffentliche vermittelte Telekommunikationsnetze

Vom lizenzpflichtigen Sprachtelefondienst erfaßt wird ferner lediglich die Sprachübermittlung „von und zu den Endabschlußpunkten des öffentlichen vermittelten Telekommunikationsnetzes".[737] Ein vermitteltes Netz besteht aus mindestens einem Vermittlungsknoten, in dem eine Vermittlungstätigkeit erfolgt. Das öffentliche Telekommunikationsnetz ist nach der Legaldefinition der Telekommunikationsdiensterichtlinie n.F. ein Telekommunikationsnetz, über das

---

[732] Vgl. einerseits *P. M. Rütter*, Archiv PF 1991, S. 57 (75 ff.); *P. Kirchhof*, JdDB 1991, S. 475 (485 ff.), die unter „Vermittlung" jede Form der Sprachübertragung verstehen und andererseits *J. Scherer*, Archiv PF 1991, S. 268 (274), der Vermittlung im rein funktionalen Sinn als das Zusammenschalten von Netzelementen ohne Übertragung von Sprache auffaßt. Siehe hierzu auch *R. Schütz*, in: TKG-Kommentar, § 6 Rdnr. 58.

[733] Vgl. oben 1. Kap. A. I. 2. b), S. 10.

[734] *H. Schadow/K. Schierloh*, MMR Aktuell 7/1998, S. V.

[735] Vgl. hierzu *J. Scherer*, NJW 1998, S. 1607 (1608 f.)

[736] *EG-Kommission*, Status Internet-Telefonie, ABl. EG Nr. C 6/4 v. 10.1.1998, S. 4 (Fn. 2).

[737] Vgl. auch Art. 2 Abs. 2 lit. e) SprachtelefondienstRL n.F.; Art. 10 Abs. 1 SprachtelefondienstRL a.F.

öffentliche Telekommunikationsdienste angeboten werden.[738] Öffentliche Telekommunikationsdienste sind wiederum für die Öffentlichkeit verfügbare Dienste.[739] Telekommunikationsnetze werden als Übertragungs- und gegebenenfalls Vermittlungseinrichtungen definiert, „mit denen Signale zwischen Netzabschlußpunkten über Draht oder Funk, auf optischem oder anderem elektromagnetischen Weg übermittelt werden können".[740] Die gemeinschaftsrechtliche Begriffsterminologie der „Öffentlichkeit" ist nicht mit hoheitlichen oder öffentlichen Aufgaben gleichzusetzen, sondern grenzt den Adressatenkreis von geschlossenen Benutzergruppen und Firmennetzen („corporate networks")[741] ab. Während Firmennetze als Netze einer einzelnen Organisation[742] definiert werden, genügt für eine geschlossene Benutzergruppe ein dauerhaft gemeinsames Geschäftsinteresse.[743] Telekommunikationsdienste und -netze für die Öffentlichkeit sind deshalb die für jedermann unter gleichen Bedingungen offen zugänglichen Dienste bzw. Netze.[744] Sowohl die Kommunikation der Teilnehmer eines geschlossenen Nutzerkreises oder Firmennetzes untereinander als auch von und zu außenstehenden Nutzern gilt deshalb nicht als lizenzpflichtiger Sprachtelefondienst.[745]

Während die ursprüngliche Definition der Telekommunikationsdiensterichtlinie in der Fassung von 1990 „die öffentliche Telekommunikationsinfrastruktur" und damit die Festnetze der staatlichen Monopolunternehmen als öffentliches Telekommunikationsnetz verstand[746], geht ihre Neuformulierung durch die Wettbewerbsrichtlinie aus dem Jahr 1996 bereits nach dem Wortlaut davon aus, daß mehrere öffentliche Netze innerhalb eines Mitgliedstaates existieren

---

[738] Art. 1 Abs. 1, 4. SpStr. TkDiensteRL n.F.

[739] Art. 1 Abs. 1, 5. SpStr. TkDiensteRL n.F.

[740] Art. 1 Abs. 1, 20. SpStr. TkDiensteRL n.F.; Art. 2 Nr. 2 ONP-RahmenRL.

[741] Vgl. *E. G. Berger/L. Gramlich*, CR 1999, S. 150 (152).

[742] Unternehmen und Tochtergesellschaften nach jeweils mitgliedstaatlichem Gesellschaftsrecht.

[743] *EG-Kommission*, Stand der Umsetzung 1995, ABl. EG Nr. C 275/2 v. 20.10.1995, S. 2 (8).

[744] *EG-Kommission*, Stand der Umsetzung 1995, ABl. EG Nr. C 275/2 v. 20.10.1995, S. 2 (5); *E. G. Berger/L. Gramlich*, CR 1999, S. 150 (153).

[745] Vgl. zu möglichen Formen der Sprachtelefondiensterbringung, die nicht unter das Monopol fielen *R. Schütz*, BB 1996, S. 1445 (1448); *ders.* in: TKG-Kommentar, § 6 Rdnr. 63.

[746] Art. 1 Abs. 1, 3. SpStr. TkDiensteRL a.F.

können.[747] Im Zeitpunkt der Liberalisierung der Satelliten- und Mobilfunkdienste in den Jahren 1994 und 1996 war es deshalb konsequent, diese Dienste nicht als Sprachtelefondienste einzuordnen, da der Austausch von Sprache nicht über das öffentliche Telekommunikationsnetz erfolgte.[748] Im Zuge der Aufhebung des Übertragungswegemonopols entstehen jedoch weitere Telekommunikationsfestnetze, die der Allgemeinheit zu gleichen Bedingungen zugänglich sind. Diese Netze sind öffentliche Telekommunikationsnetze i.S. der neugefaßten Definition.

Mobilfunk- und Satellitenkommunikationsnetze könnten zwar grundsätzlich auch hierunter subsumiert werden, da deren Teilnehmer mangels gemeinsamer geschäftlicher Interessen keine geschlossene Benutzergruppe bilden. Aus dem Wortlaut des Art. 3 Abs. 3 TkDiensteRL folgt jedoch, daß funkgestützte Netze nicht als öffentliche Telekommunikationsnetze gelten, denn die Mitgliedstaaten können Genehmigungsverfahren „für die Errichtung und Bereitstellung von *öffentlichen* Telekommunikationsnetzen und für *andere* Telekommunikationsnetze, die die Nutzung von Funkfrequenzen erfordern"[749], einführen. Zudem werden Mobilfunknetze und -dienste mit wenigen Ausnahmen vom Anwendungsbereich der ONP-Sprachtelefondienstrichtlinie ausgenommen.[750] Im Egebnis sind öffentliche Telekommunikationsnetze i.S. der Definition des Sprachtelefondienstes nur feste drahtgebundene Netze. Die Sprachübermittlung über neu errichtete alternative Festnetze kann dabei in zweifacher Hinsicht genehmigungspflichtig sein: als Sprachtelefondienst und in Form der Errichtung und Bereitstellung eines öffentlichen Telekommunikationsnetzes.[751] Während die Errichtung und der Betrieb funkgestützter Netze ebenfalls einer Genehmigungspflicht unterzogen werden können, ist die Sprachübermittlung über mobile Telefonnetze nicht genehmigungspflichtig.[752]

---

[747] Wie bereits die Definition des Sprachtelefondienstes nach der ONP-Rahmenrichtlinie a.F. und nunmehr gemäß Art. 2 Abs. 2 lit. e) SprachtelefondienstRL n.F., *G. Bönsch*, in: TKG-Kommentar, § 59 Rdnr. 3.

[748] Erwägungsgrund (16) SatellitenRL; Erwägungsgrund (18) MobilfunkRL.

[749] Vgl. zur Genehmigungspflichtigkeit von Satellitennetzen *Ch. Koenig/Ch. Zeiss*, EuZW 1999, S. 133 ff.

[750] Art. 1 Abs. 2 ONP-SprachtelefondienstRL n.F.

[751] *M. Geppert/E.-O. Ruhle/F. Schuster*, Handbuch Telekommunikation, Rdnr. 118.

[752] *M. Geppert/E.-O. Ruhle/F. Schuster*, Handbuch Telekommunikation, Rdnr. 114.

Übermittlung „von und zu den Endabschlußpunkten des öffentlichen Netzes“[753] bedeutet, daß die Übermittlung ausschließlich über das öffentliche Telekommunikationsnetz erfolgen muß. Ein Diensteanbieter mit eigenem Netz für einen geschlossenen Benutzerkreis, der seine Teilnehmer über eine Mietleitung an das öffentliche Netz anschließt, vermittelt deshalb keine Gespräche zwischen Netzabschlußpunkten, da die Verbindung lediglich vom Endpunkt der Mietleitung zu einem anderen Endpunkt des öffentlichen Netzes hergestellt wird.[754]

Im deutschen Recht wurde der Sprachtelefondienstbegriff während des Monopols insofern nur unzureichend umgesetzt, als § 1 Abs. 4 FAG Telefondienst als „Vermittlung von Sprache für andere“ definierte und §§ 4-6 TVerleihV[755] für geschlossene Benutzergruppen zusammengefaßter Unternehmen Allgemeingenehmigungen bzw. für sonstige Benutzergruppen eine Einzelgenehmigung vorsah.[756] Mit Erlaß des TKG[757] bestehen keine Defizite mehr, da die in § 3 Nr. 15 TKG enthaltene Definition des Sprachtelefondienstes nahezu wörtlich aus Art. 2 Abs. 2 lit. e) SprachtelefondienstRL übernommen wurde.[758]

---

[753] Vgl. oben Fn. 737.

[754] *EG-Kommission*, Stand der Umsetzung 1995, ABl. EG Nr. C 275/2 v. 20.10.1995, S. 2 (6); vgl. auch *J. Scherer*, in: *A. Büllesbach* (Hrsg.), Datenschutz im Telekommunikationsrecht, S. 59 (70).

[755] Verordnung zur Öffnung von Märkten für Dienstleistungen sowie zur Regelung von Inhalt, Umfang und Verfahren im Bereich der Telekommunikation v. 19.10.1995 – Telekommunikations-Verleihungsverordnung (TVerleihV), BGBl. I S. 1434.

[756] *EG-Kommission*, Stand der Umsetzung 1995, ABl. EG Nr. C 275/2 v. 20.10.1995, S. 2 (Anhang I, S. 16); *J. Scherer*, NJW 1996, S. 2953 (2956, Fn. 19); *R. Schütz*, BB 1996, S. 1445 (1446).

[757] Die gemeinschaftswidrige Umsetzung wurde zuvor durch mehrere Verfügungen des BMPT zum „Genehmigungskonzept Corporate Networks“ korrigiert; BMPT ABl. 1993, S. 3 ff. und 26 ff.; vgl. hierzu *Th. Königshofen*, Archiv PT 1994, S. 39 (43 ff.); *R. Schütz*, in: TKG-Kommentar, § 6 Rdnr. 62; *E. G. Berger/L. Gramlich*, CR 1999, S. 150 (153).

[758] Lediglich die Formulierung „kommerzielle Bereitstellung“ wurde durch „gewerbliche Bereitstellung“ ersetzt. *J. Scherer*, in: *A. Büllesbach* (Hrsg.), Datenschutz im Telekommunikationsrecht, S. 59 (69); *H.-W. Moritz/A. Niebler*, CR 1997, S. 697 (699).

b) Universal-Sprachtelefondienst

Neben der Wettbewerbsöffnung ist die flächendeckende Sicherstellung eines universellen Telekommunikationsdienstes weiteres Ziel der Gemeinschaft.[759] Der Umfang des Universaldienstes wird durch die Sprachtelefondienstrichtlinie geregelt[760] und umfaßt den Netzanschluß und Zugang zum Telefondienst, die Aufnahme in Verzeichnisse und Auskunftsdienste, die flächendeckende Bereitstellung von Telefonzellen sowie besondere Maßnahmen für behinderte Nutzer und solche mit speziellen sozialen Bedürfnissen.[761] Darüber hinaus muß gewährleistet werden, daß Nutzer, die über einen Anschluß zum öffentlichen Telefonnetz verfügen, geeignete Endgeräte an das Netz anschließen können sowie gebührenfreien Zugang zu Notrufdiensten haben.[762] Bis spätestens Ende 2001[763] müssen die Tonfrequenzwahl sowie die Einzelgebührenerfassung und eine selektive Anrufsperre zur Verfügung gestellt werden.[764] Von Betreibern mit beträchtlicher Marktmacht sind schließlich die Rufnummernanzeige des Anrufers, die direkte Durchwahl zu Nebenstellenanlagen und die Anrufweiterschaltung anzubieten, sofern diese Merkmale technisch durchführbar und wirtschaftlich rentabel sind.[765] Hinsichtlich des gemeinschaftsweiten Zugangs zu gebührenfreien Diensten[766], kostenteiligen Diensten[767], privaten Informationsdiensten/ Kioskdiensten[768], Vermittlungs- und Auskunftsdiensten in anderen Mitgliedstaaten sowie der gemeinschaftsweiten Rufnummernanzeige des Anrufers

[759] Entschließung des Rates v. 7.2.1994 über die Grundsätze für den Universaldienst im Bereich der Telekommunikation (94/C 48/01), ABl. EG Nr. C 48/1 v. 16.2.1994, S. 1 (2).

[760] Vgl. hierzu *L. Nett/W. Neu*, ZögU 1999, S. 134 (136).

[761] Art. 5-8 SprachtelefondienstRL.

[762] Art. 9 SprachtelefondienstRL.

[763] Die Mitgliedstaaten konnten einen Betreiber benennen, der diese Dienstemerkmale bis spätestens Ende 1998 zur Verfügung stellen mußte.

[764] Art. 14 SprachtelefondienstRL.

[765] Art. 15 Abs. 1 i.V.m. Anhang I, Teil 2 SprachtelefondienstRL.

[766] Zum Beispiel Service 130, Freephone, Numéro Vert. Vgl. zum Service 130 *U. Lohaus*, Telefonieren zum Nulltarif und unlauterer Wettbewerb, S. 5 ff.

[767] Der Anrufer zahlt hier nur einen Teil der Gebühren.

[768] Die Gebühren für die Inanspruchnahme des Dienstes werden mit den Gesprächsgebühren kombiniert.

müssen Einschränkungen abgeschafft werden.[769] Der Universal-Sprachtelefondienst ist somit ein Dienst, der anhand konkreter Leistungsmerkmale definiert wird und dadurch enger gefaßt ist als die allgemeine Definition des Sprachtelefondienstes. Zum Mindestangebot des europäisch gewährleisteten Universaldienstes zählen infolge des unterschiedlichen Entwicklungsstandes in den Mitgliedstaaten gegenwärtig noch keine[770] ISDN-Leistungsmerkmale.[771]

c) Umsetzungsdefizit

Da die Sprachübermittlung über Festnetze in Form der Bereitstellung eines Telekommunikationsnetzes und als Sprachtelefondienst genehmigungspflichtig sein kann, ist durch Auslegung der Gemeinschaftsvorschriften[772] zu prüfen, ob die Mitgliedstaaten zwei Genehmigungen für Betreiber alternativer Netze, die Sprachtelefondienste anbieten, vorsehen können. Diese Frage ist insofern von Bedeutung, als § 6 Abs. 1, 2 Nr. 2 TKG zwei Lizenztatbestände begründet[773]

---

[769] Art. 15 Abs. 2 i.V.m. Anhang I, Teil 3 SprachtelefondienstRL.

[770] Erwägungsgrund (8) ZusRL. Der Universaldienst-Begriff wurde bewußt offen gestaltet, um neue Entwicklungen und damit auch das ISDN berücksichtigen zu können.

[771] Im deutschen Recht ist der Universaldienst in §§ 17 ff. TKG i.V.m. der Telekommunikations-Universaldienstverordnung (TUDLV) v. 30.1.1997, BGBl. I S. 141 geregelt und umfaßt u.a. den Sprachtelefondienst mit ISDN-Leistungsmerkmalen auf dem öffentlichen Telekommunikationsnetz mit einer Bandbreite von 3,1 KHz. Vgl. hierzu *R. Schütz/M. Cornils*, DVBl. 1997, S. 1146 (1147 f.); *R. Schütz*, in: TKG-Kommentar, Anh. § 17 Rdnr. 3.

[772] Vgl. allgemein zur Auslegung europäischen Rechts *A. Bleckmann*, in: *ders.*, Europarecht, Rdnrn. 537 ff.; *Th. Oppermann*, Europarecht, Rdnrn. 682 ff.; *H. P. Ipsen*, Europäisches Gemeinschaftsrecht, § 5 Rdnrn. 70 ff.; *B. Beutler/R. Bieber/J. Pipkorn/ J. Streil*, Die Europäische Union, S. 245 ff.

[773] *N. Nolte*, CR 1996, S. 459 (460). Die Sprachtelefondienstlizenz schließt nach § 6 Abs. 2 Nr. 2 Satz 2 TKG ausdrücklich nicht das Recht zum Betreiben von Übertragungswegen ein.

und dadurch pro Lizenz Gebühren in Höhe von mehreren Millionen DM[774] anfallen.[775]

Sowohl Art. 2 Abs. 3 Satz 2 TkDiensteRL als auch Art. 7 Abs. 2 GenehmigungsRL zählen den Sprachtelefondienst, öffentliche Telekommunikationsnetze und andere funkgestützte Netze als mögliche lizenzpflichtige Bereiche kumulativ auf. Art. 3 TkDiensteRL enthält Meldepflichten für Lizenzverfahren „bezüglich des Sprachtelefondienstes *und* der Bereitstellung öffentlicher Telekommunikationsnetze“. Die verwendete Konjunktion „und“ bedeutet nach gewöhnlichem Sprachgebrauch, daß „sowohl“ das eine „als auch“ zusätzlich das andere gemeint sein kann[776], so daß danach mehrere Genehmigungsverfahren zulässig wären.

Art. 2 Abs. 3 Satz 1 TkDiensteRL ermöglicht, Lizenzierungs-, Allgemeingenehmigungs- oder Anmeldeverfahren für die „Erbringung von Telekommunikationsdienstleistungen *oder* die Errichtung und Bereitstellung von Telekommunikationsnetzen“ einzuführen. Da die Konjunktion „oder“ als Kombination oder Ausschließlichkeit der angeführten Möglichkeiten verstanden werden kann, läßt der Wortlaut keine definitive Auslegung zu. Sinn und Zweck der Vorschrift ist sicherzustellen, daß die Genehmigungsbedingungen jeweils objektiv, nichtdiskriminierend, verhältnismäßig und transparent gestaltet werden, falls eine Genehmigungspflicht besteht. Auch der systematische Zusammenhang spricht deshalb für jeweils selbständige Lizenzierungsbereiche.

Andererseits gestattete Art. 2 Abs. 2 Satz 2 TkDiensteRL den Mitgliedstaaten, besondere und ausschließliche Rechte bis 1. Januar 1998 „für den Sprachtelefondienst und die Errichtung und Bereitstellung öffentlicher Telekommunikationsnetze“ aufrechtzuerhalten. Erfaßt wurden dadurch lediglich

---

[774] Ursprünglich sollten 40 Mio. DM Gebühren pro Lizenz gefordert werden. Die Gebühr für eine Übertragungswegelizenz beträgt 10,6 Mio. DM; für das Angebot von Sprachtelefondiensten immerhin noch 3 Mio. DM; Anlage zu § 1 Abs. 1 TKLGebV (Telekommunikations-Lizenzgebührenverordnung v. 28.7.1997, BGBl. I S. 1936); *R. Schütz/J.-P. Nüsken*, MMR 1998, S. 523; *J. Heimlich*, NVwZ 1998, S. 122.

[775] *P. N. Märkl*, Netzzusammenschaltung, S. 237 f.; *R. Schütz*, in: TKG-Kommentar, § 16 Rdnr. 3. Vgl. allgemein zur Konkurrentenklage im Versteigerungs- und Ausschreibungsverfahren (§§ 10, 11 TKG) unterlegener Konkurrenten *R. Heine/A. Neun*, MMR 2001, S. 352 ff.

[776] Vgl. zur Wortinterpretation der Konjunktionen „und“, „oder“ *R. Lukes*, ET 1998, S. 26 (27); *F. J. Säcker/J. Busche*, ET 1998, S. 18 (21).

Übertragungswege für den Sprachtelefondienst.[777] Die Mitgliedstaaten dürfen ferner „in Bezug auf die Bereitstellung von Sprachtelefondiensten und der *zugrundeliegenden* Infrastruktur" gewerbliche Genehmigungsvoraussetzungen aufstellen, die erforderlich bzw. unerläßlich sind, um die Erfüllung „grundlegender ONP-Anforderungen" sowie der im allgemeinen öffentlichen Interesse übertragenen Aufgaben nach Art. 86 Abs. 2 EG und des Finanzierungsbeitrags zum Universaldienst sicherzustellen.[778] Genehmigungsauflagen sollen dabei die Dauerhaftigkeit, Verfügbarkeit und Qualität des Dienstes gewährleisten. Einzelgenehmigungen sind auf eine beschränkte, vorher festgelegte Anzahl zu begrenzen.[779] Der Genehmigungstatbestand ist somit an bestimmte materiellrechtliche Voraussetzungen gebunden und knüpft an den Monopolbereich der Sprachtelefonie einschließlich der hierfür erforderlichen Übertragungswege an.

Für alternative Netzbetreiber, die Sprachtelefondienste anbieten, kann die Einhaltung dieser Anforderungen allerdings in einem Verfahren geprüft werden.[780] Die Normierung zweier Tatbestände mit mehrfach anfallenden Lizenzgebühren verstößt deshalb gegen das Verhältnismäßigkeitsprinzip („unerläßliche" und „erforderliche" Lizenzverfahren) und führt zu faktischen Marktzutrittsschranken, die mit dem Ziel der Wettbewerbsöffnung nicht vereinbar sind. Festnetzbetreiber werden im Vergleich zu Mobilfunkbetreibern, die infolge der Liberalisierungsentwicklung lediglich eine Übertragungswegelizenz benötigen, ungleich behandelt. Dabei vermag die frühzeitige Marktöffnung des Mobilfunks und die Tatsache, daß es sich um einen von der Festnetztelefonie unterschiedlichen, sachlichen Produktmarkt handelt[781], diese Ungleichbehandlung ebensowenig zu rechtfertigen wie die geringere Marktanteilsquote und –penetrationsrate, so daß auch ein Verstoß gegen den nationalen Gleichheitsgrundsatz vorliegt. Im historischen Kontext wäre es schließlich konsequent, den zuletzt be-

---

[777] Vgl. oben 3. Kap. A. I. 1., S. 90.

[778] Erwägungsgrund (9) WettbRL.

[779] Erwägungsgrund (13) GenehmigungsRL.

[780] Gemäß § 6 Abs. 4 TKG können zwar mehrere Lizenzen in einem Verfahren zusammengefaßt werden, dennoch sind zwei Gebührentatbestände gegeben; *R. Schütz*, in: TKG-Kommentar, § 6 Rdnr. 94.

[781] *E.-J. Mestmäcker*, Beilage zu MMR 8/1998, S. 11; *Th. Tschentscher/H. Neumann*, BB 1997, S. 2437 (2443); *P. Salje*, Zur marktbeherrschenden Stellung der Betreiber von Mobilfunknetzen, S. 19; vgl. *ders.*, K&R 1998, S. 331 ff.

stehenden Monopolbereich einheitlich in den lizenzierten Bereich der Sprachtelefonie zu transformieren.

Eine doppelte Genehmigungspflicht für alternative Sprachtelefondienst-Netzbetreiber ist deshalb im Ergebnis mit europäischem Recht nicht vereinbar. § 6 Abs. 1, 2 Nr. 2 Satz 2 TKG verstößt insofern gegen Gemeinschaftsrecht.[782]

3. Internet-Telefonie

Die Sprachübermittlung über das Internet[783] wird von der Kommission in allen technischen Varianten – von PC zu PC, von PC zu Telefon und von Telefon zu Telefon[784] – nicht als lizenzpflichtiger Sprachtelefondienst beurteilt.[785] Dabei scheitert die Subsumtion zunächst am Echtzeitkriterium[786], denn infolge des durch die Paketvermittlung bedingten Zeitabstands zwischen Sender und Empfänger werde die Übertragungsqualität der traditionellen Festnetztelefonie

---

[782] Vgl. zu gemeinschaftswidrigen Lizenzgebühren und der Unvereinbarkeit der TKLGebV mit Europarecht und nationalem Verfassungsrecht BVerwG v. 19.9.2001 6 C 12, 13, 19, 22, 23, 42, 43 und 49/00; VG Köln, MMR 2001, S. 193 f. m. Anm. *D. Beese*, S. 195; VG Köln, MMR 1999, S. 373 (374 ff.) = CR 1999, S. 434 ff.; *R. Schütz/J.-P. Nüsken*, MMR 1998, S. 523 (527 f.); *J. Scherer*, in: *A. Büllesbach* (Hrsg.), Datenschutz im Telekommunikationsrecht, S. 59 (71). Das OVG Münster hat mit Beschluß v. 27.10.1999 hingegen die Rechtmäßigkeit und Vereinbarkeit des § 16 Abs. 1 TKLGebV mit europäischem Gemeinschaftsrecht bestätigt, OVG Münster, MMR 2000, S. 115 (116) m. Anm. *D. Naumann* und *H.-U. Gebhardt*, S. 116 f. = CR 2000, S. 222 (223).

[783] Vgl. zur wettbewerbsrechtlichen Zulässigkeit, die Internet-Telefonie zu bewerben, *E. Rindtorff*, NJW-CoR 1997, S. 490 ff.; *R. Schick*, NJW-CoR 1998, S. 486 (491); zur Behandlung von Internet-Protokoll-Adressen als (Telefon-)Rufnummern *Ch. Koenig/A. Neumann*, K&R 1999, S. 145 ff.

[784] Vgl. hierzu oben 1. Kap. A. IV. 2. a), S. 39.

[785] *EG-Kommission*, ABl. EG Nr. C 177 v. 27.6.2000, S. 4 ff.; *EG-Kommission*, Status Internet-Telefonie, ABl. EG Nr. C 6/4 v. 10.1.1998, S. 4 (6); im Ergebnis ebenso *Ch. Mertens*, MMR 2000, S. 77 (79); *K. Windthorst/N. Franke*, CR 1999, S. 14 (20); *R. Müller-Terpitz*, MMR 1998, S. 65 (68); *A. Göckel*, K&R 1998, S. 250 ff.; *R. Schick*, NJW-CoR 1998, S. 486 (490); *M. Esser-Wellié/F.-E. Hufnagel*, AfP 1998, S. 43 (46); *H.-W. Moritz/ A. Niebler*, CR 1997, S. 697 (702).

[786] Vgl. zur Einordnung als öffentlichen Telekommunikationsdienst *K. Windthorst/N. Franke*, CR 1999, S. 14 (16 f.).

nicht erreicht.[787] In der Telefon-zu-Telefon Variante über „Internet-Gateways" seien zwar die Zeitverzögerungen kürzer, aufgrund möglicher Warteschlangen und Staus der gleichberechtigen Datenpakete sei die Übermittlung von Sprache jedoch weniger verläßlich und von geringerer Qualität.[788] Das Kriterium der kommerziellen Bereitstellung sei in zweierlei Hinsicht nicht erfüllt: eine gewerbsmäßige Leistungserbringung sei bislang von Internet-Diensteanbietern nicht beabsichtigt[789] und zudem stelle die Internet-Telefonie lediglich eine zusätzliche Nebenleistung im Rahmen des gesamten Internet-Zugangs dar.[790] Die erforderliche technische Ausrüstung (Modem, „Telefon-Software" und „Internet-Gateways") bewirke zwar nicht, daß Internet-Telefonierer einen geschlossenen Benutzerkreis[791] bilden, denn der Dienst stehe jedem zu gleichen Bedingungen zur Verfügung.[792] Eine Übermittlung über das öffentliche Telekommunikationsnetz liege jedoch nicht vor, wenn der Internet-Anschluß durch eine Mietleitung (keine Übermittlung von und zu Netzabschlußpunkten des öffentlichen Netzes[793]) realisiert wird oder – in der PC zu PC Variante – nur Internet-Nutzer miteinander telefonieren können, die über geeignete Modems und „Telefon-Software" verfügen, da in diesem Fall nicht jeder Benutzer sein Endgerät zur Kommunikation mit jedem anderen Nutzer verwenden kann.[794]

Infolge der zu erwartenden technischen Verbesserungen und bei Reservierung entsprechender Bandbreiten hält die Kommission allerdings eine abweichende Beurteilung für möglich, sobald die Internet-Telefonie entgeltlich angeboten und die Inanspruchnahme dieses Dienstes aus Verbrauchersicht unabhängig von der Nutzung anderer Computeranwendungen, jedoch insbesondere

---

787 *H.-W. Moritz/A. Niebler*, CR 1997, S. 697 (700), verneinen aufgrund der Paketvermittlung bereits den Transport von Sprache.

788 *EG-Kommission*, Status Internet-Telefonie, ABl. EG Nr. C 6/4 v. 10.1.1998, S. 4 (6).

789 Für die PC zu Telefon und Telefon zu Telefon-Variante über „Gateways" dürfte mittlerweile die Bereitstellung der Internet-Telefonie entgeltlich erfolgen, *K. Windthorst/N. Franke*, CR 1999, S. 14 (20).

790 *EG-Kommission*, Status Internet-Telefonie, ABl. EG Nr. C 6/4 v. 10.1.1998, S. 4 (5).

791 Vgl. zur engen Auslegung des Begriffs der „Öffentlichkeit" *H.-W. Moritz/A. Niebler*, CR 1997, S. 697 (700).

792 *EG-Kommission*, Status Internet-Telefonie, ABl. EG Nr. C 6/4 v. 10.1.1998, S. 4 (5).

793 Vgl. hierzu oben 3. Kap. B. II. 2. a) cc), S. 135.

794 *EG-Kommission*, Status Internet-Telefonie, ABl. EG Nr. C 6/4 v. 10.1.1998, S. 4 (6).

auch wegen der günstigen Preise[795] zum entscheidenden Beweggrund für einen Internet-Anschluß wird.[796] In der Folge könnten die Mitgliedstaaten eine Lizenzpflicht und einen Beitrag zur Finanzierung des Universaldienstes für Internet-Sprachtelefondienst-Anbieter vorsehen.[797]

Die Kommission beurteilt die Internet-Telefonie – ebenso wie das Sprachtelefondienstmonopol – aus der Sicht der Verbraucher anhand des Kriteriums der „funktionellen Austauschbarkeit" (Art. 82 EG).[798] Während dadurch in Monopolzeiten neuartige Dienste dem Monopol entzogen wurden, kann die Substitution im liberalisierten Markt dazu führen, die Internet-Telefonie künftig als lizenzpflichtigen Sprachtelefondienst einzuordnen. Jedoch dürfte das Telefonieren über das Internet selbst bei kommerziellem Angebot und gleicher Qualität preislich erheblich günstiger sein als die traditionelle Telefonie.[799] Auch der von der Kommission geforderte Hauptzweck der Nutzung des Internets zum Telefonieren ist bei den vielseitigen Anwendungsmöglichkeiten dieses Mediums kaum verifizierbar. Allein aufgrund des Preises und Verwendungszwecks besteht deshalb aus Sicht der Verbraucher keine Austauschbarkeit, so daß auch bei technisch gleichwertiger Realisierung die Internet-Telefonie keinen lizenzpflichtigen Sprachtelefondienst darstellt.

Obwohl das Kriterium der „Austauschbarkeit" gegenwärtig zum gewünschten Ergebnis führt[800], ist zu fragen, ob es rechtlich zulässig und regulatorisch sinnvoll ist.[801] Unabhängig von der dogmatischen Einordnung als ungeschriebenes Tatbestandmerkmal[802] begründet die „funktionelle Austauschbarkeit" eine restriktive Auslegung des lizenzierten Sprachtelefondienstes. Dadurch soll die

---

795 Im Internet kann weltweit zum Ortstarif telefoniert werden, da lediglich die Übertragunskosten zur nächsten Ortsvermittlungsstelle anfallen.

796 *EG-Kommission*, Status Internet-Telefonie, ABl. EG Nr. C 6/4 v. 10.1.1998, S. 4 (7).

797 Vgl. zu den Rechtsfolgen der Einordnung als Sprachtelefondienstanbieter *K. Windthorst/N. Franke*, CR 1999, S. 14 (21 f.); *R. Müller-Terpitz*, MMR 1998, S. 65 (68 f.).

798 *R. Müller-Terpitz*, MMR 1998, S. 65 (67).

799 Vergleichbare Preise sind zu erwarten, falls klassische Telefonanbieter ihre Preise drastisch senken oder die weltweite Internet-Telefonie nicht mehr zum Ortstarif angeboten wird.

800 *H.-W. Moritz/A. Niebler*, CR 1997, S. 697 (703); *R. Schick*, NJW-CoR 1998, S. 486 (492).

801 Kritik bzgl. des systematischen Prüfungsstandorts äußern *K. Windthorst/N. Franke*, CR 1999, S. 14 (22, Fn. 81).

802 *K. Windthorst/N. Franke*, CR 1999, S. 14 (20).

Lizenzpflicht auf den traditionellen, herkömmlichen Telefondienst beschränkt bleiben. Hintergrund dieser Einschränkung sind die flächendeckende Verbreitung und der hohe Marktanteil der klassischen Telefonie über das Festnetz. Die flächendeckende qualitative Bereitstellung dieses Dienstes soll im liberalisierten Telekommunikationsmarkt durch die Genehmigungspflichtigkeit gewährleistet werden. Als Auslegungsgrundsatz ist das Kriterium der Austauschbarkeit deshalb zulässig und gerechtfertigt.

Aus regulatorischer Sicht kann die Heranziehung des Subtitutionsprinzips zwar erforderlich sein, um technische Ausgestaltungen von Telekommunikationsdiensten zu erfassen, die lediglich den Zweck haben, rechtliche Vorgaben zu umgehen („bypassing").[803] Entscheidendes Kriterium für eine Lizenzpflicht ist jedoch der Regulierungszweck. Nur wenn es die Einhaltung „grundlegender Anforderungen" und die Gewährleistung eines dauerhaft, verfügbaren, qualitativen Dienstes[804] erfordern, sollten neue, mit der herkömmlichen Festnetztelefonie vergleichbare Formen der Sprachübermittlung, die sich auf dem Markt bereits etabliert haben, lizenzpflichtig werden. Die konsequente Anwendung des Austauschbarkeitskriteriums würde etwa im Mobilfunkbereich künftig dazu führen, daß die Mitgliedstaaten – neben der Lizenz zur Errichtung funkgestützter Netze – für Mobilfunkbetreiber als Sprachtelefondienstanbieter eine Lizenz einführen könnten, da hier die Substitution mit der Festnetztelefonie aufgrund technischer Konvergenz[805] und sinkender Mobilfunkpreise noch früher als bei der Internet-Telefonie zu erwarten ist.[806] Eine (zweite) Lizenz wäre allerdings – abgesehen von der Tatbestandswirkung der Netzlizenz[807] – durch den Zweck der Genehmigungspflicht nicht gerechtfertigt.

---

803 *K. Windthorst/N. Franke*, CR 1999, S. 14 (20).

804 Sowie zur Einhaltung weiterer Auflagen, die an die Lizenz geknüpft werden können; vgl. oben Fn. 711.

805 Vgl. oben 1. Kap. B. I., S. 44.

806 Vgl. bereits das Mobil-/Festnetz Angebot „Genion" von *Viag Interkom*.

807 Rechtlich ist die Lizenz als begünstigender Verwaltungsakt zu qualifizieren; *W. Spoerr/M. Deutsch*, DVBl. 1997, S. 300 (303); *M. Geppert/E.-O. Ruhle/F. Schuster*, Handbuch Telekommunikation, Rdnr. 108. Vgl. allgemein zur Tatbestandswirkung von Verwaltungsakten *F. O. Kopp/U. Ramsauer*, VwVfG, Vorbem. § 35 Rdnr. 26; *W. Schäfer*, in: *K. Obermayer* (Hrsg.), VwVfG, § 43 Rdnr. 12; *H. Maurer*, Allgemeines Verwaltungsrecht, § 11 Rdnr. 8; *H. Faber*, Verwaltungsrecht, § 20 III c).

Für die Internet-Telefonie folgt daraus, daß eine Lizenzpflicht nur eingeführt werden sollte, wenn es die Einhaltung „grundlegender Anforderungen" erfordert. Hinsichtlich des finanziellen Beitrags zum Universaldienst ist die Qualifizierung von Internet-Telefonie-Anbietern als Sprachtelefondienstanbieter aus dem Gleichheitsgrundsatz indes gerechtfertigt, sofern die Mitgliedstaaten einen Finanzierungsbeitrag für Sprachtelefondienstanbieter[808] erheben.[809]

Nach deutschem Recht beurteilt sich die Lizenzpflichtigkeit von Internet-Telefonie-Anbietern neben der Qualifizierung als Sprachtelefondienst zusätzlich danach, ob die Sprachübermittlung „auf der Basis selbst betriebener Telekommunikationnetze" (§ 6 Abs. 1 Nr. 2 TKG) erfolgt. Der Betrieb eines Telekommunikationsnetzes hängt dabei maßgeblich von der rechtlichen und tatsächlichen Kontrolle (Funktionsherrschaft) über die Gesamtheit der zur Erbringung von Telekommunikationsdiensten unabdingbaren Funktionen, unabhängig von der rechtlichen Verfügungsmacht über das Netz, ab (§ 3 Nr. 2 TKG). Aufgrund der Infrastruktur des Internets[810] ist nach einer Auffassung diese Voraussetzung für Internet-Telefonie-Anbieter nicht erfüllt, da diese allenfalls die Funktionsherrschaft über den Endkundenanschluß bis zum Einwählknoten in der nächsten Ortsvermittlungsstelle ausüben.[811] Hiergegen wird unter Berufung auf die Regulierungsbehörde eingewandt, der Betrieb eines Telekommunikationsnetzes setze lediglich die Vermittlung über zwei Netzknoten auf unterschiedlichen Grundstücken[812] voraus. Als rechtliche oder tatsächliche Verfügungsmacht sei die Funktionsherrschaft über einen Netzknoten ausreichend, um die Umgehung der Lizenzpflicht durch besondere Netzkonfigurationen zu vermeiden.[813] Ent-

---

[808] Das Gemeinschaftsrecht ermöglicht eine solche Differenzierung, da zur Umlage der Nettokosten lediglich auf „Sprachtelefondienstanbieter" abgestellt wird, während § 21 Abs. 1 TKG „lizenzpflichtige Sprachtelefondienstanbieter" als Normadressat des Universaldienstbeitrags nennt.

[809] Diese Verpflichtung hat bislang keine praktische Relevanz, da der Universaldienst durch ehemals nationale Monopolbetreiber gewährleistet wird.

[810] Vgl. oben 1. Kap. A. IV. 2. a), S. 39.

[811] *H.-W. Moritz/A. Niebler*, CR 1997, S. 697 (703); *R. Schütz*, in: TKG-Kommentar, § 6 Rdnr. 79.

[812] Diese Voraussetzung resultiert aus § 6 Abs. 1 Nr. 1 TKG, der eine Lizenzpflicht für den Betrieb von Übertragungswegen lediglich für Grundstücksgrenzen überschreitende Telekommunikationsnetze normiert.

[813] *R. Müller-Terpitz*, MMR 1998, S. 65 (68); *R. Schick*, NJW-CoR 1998, S. 486 (490 f.).

scheidend ist jedoch, daß Internet-Telefonie-Anbieter die zum Aufbau und zur Aufrechterhaltung der Verbindung *unabdingbaren Funktionen*[814] kontrollieren. Dies ist der Fall, wenn sie die hierzu erforderlichen wesentlichen Leistungen selbst erbringen, d.h. in der PC-zu-PC Variante „Internet-Gateways" betreiben und die Adressierung zum Empfänger bestimmen.[815] Der Transport auf den einzelnen, in fremdem Eigentum stehenden Netzwerken, ist dann lediglich als untergeordnete Funktion aufzufassen.

III. Zusammenschaltung im rechtlichen Sinn

Neben technischen Aspekten[816] enthält der Begriff der „Zusammenschaltung" auch ein rechtliches, wertendes Element: den Zweck der Zusammenschaltung[817], der im Rahmen der Auslegung zu berücksichtigen ist.

1. Richtliniendefinitionen

Legaldefinitionen der „Zusammenschaltung" sind sowohl in der Telekommunikationsdienste- als auch in der ONP-Rahmen- und der Zusammenschaltungsrichtlinie geregelt.[818] Die Sprachtelefondienstrichtlinie verweist auf die Begriffsbestimmung der ONP-Rahmenrichtlinie.[819] Die Kommission definiert gemäß Art. 1 Abs. 1, 21. SpStr. TkDiensteRL „Zusammenschaltung" als

> „die physische und logische Verbindung von Telekommunikationseinrichtungen von Organisationen, die Telekommunikationsnetze und/oder Telekommunikations-

[814] Der Begriff „unabdingbar" impliziert, daß nicht alle Funktionen kontrolliert werden müssen; der der „Funktionen", daß es nicht auf die Kontrolle des Netzes ankommt.

[815] Vgl. für eine Differenzierung bzgl. der Kontrolle der Informationsübermittlung *K. Windthorst/N. Franke*, CR 1999, S. 14 (21).

[816] Siehe hierzu oben 1. Kap. A. III. 1., S. 28.

[817] Vgl. zur Bedeutung der Funktionalität des Zusammenschaltungsbegriffs *M. Parschalk/ A. Zuser*, MuR 1999, S. 44.

[818] Vgl. oben Fn. 666.

[819] Art. 2 Abs. 1 SprachtelefondienstRL.

dienste bereitstellen bzw. erbringen. Die Zusammenschaltung ermöglicht Benutzern einer Organisation die Kommunikation mit anderen Benutzern derselben oder einer anderen Organisation oder den Zugang zu Diensten derselben Organisation oder einer dritten Organisation".

Nach Art. 2 Ziff. 7 ONP-Rahmen- und Art. 2 Abs. 1 lit. a) Zusammenschaltungsrichtlinie[820] ist „Zusammenschaltung"

> „die physische und logische Verbindung von Telekommunikationsnetzen, die von derselben oder einer anderen Organisation genutzt werden, um Benutzern einer Organisation die Kommunikation mit Benutzern derselben oder einer anderen Organisation oder den Zugang zu den von einer anderen Organisation angebotenen Diensten zu ermöglichen. Dienste können von den beteiligten Parteien erbracht werden oder von anderen Parteien, die Zugang zum Netz haben".[821]

Die Zusammenschaltung umfaßt danach die Schnittstellenverknüpfung zweier Telekommunikationsnetze nicht nur, um die Kommunikation zwischen Benutzern dieser Netze zu ermöglichen, sondern auch, um den Zugang zu Diensten einer anderen – dritten – Organisation (doppelte Zwecksetzung) zu gewährleisten.[822] Art. 1 Abs. 1, 21. SpStr. TkDiensteRL geht ausdrücklich hiervon aus. Im Rahmen der Art. 2 Ziff. 7 ONP-RahmenRL und Art. 2 Abs. 1 lit. a) ZusRL folgt dieses Ergebnis aus einem Vergleich des Wortlautes: differenziert wird in Satz 2 beider Vorschriften zwischen „*beteiligten* Parteien" der Zusammenschaltung und „*anderen* Parteien, die Zugang zum Netz haben". Hieraus wird deutlich, daß mit anderen Parteien, nur dritte, von den Parteien verschiedene, Telekommunikationsorganisationen gemeint sein können.

Aus dem Wortlaut und der Grammatik der Definitionen der Harmonisierungsrichtlinien ergibt sich, daß Netzzusammenschaltung nur die logische und physische Verknüpfung von Telekommunikationsnetzen ist.[823] Lediglich der Zweck der Zusammenschaltung kann – neben der Gewährleistung inter-

---

820 Mit lediglich grammatikalischen Abweichungen in Satz 2.

821 Vgl. zu den einzelnen Legaldefinitionen *Ch. Koenig/S. Loetz*, K&R 1999, S. 298 (299); *N. Nolte*, BB 1996, S. 2629 (2630); *E. G. Berger*, CR 1999, S. 222 (228).

822 *J. Scherer*, in: *A. Büllesbach* (Hrsg.), Datenschutz im Telekommunikationsrecht, S. 59 (77, Fn. 41); *N. Nolte*, BB 1996, S. 2629, (2630); *H.-J. Piepenbrock*, in: TKG-Kommentar, § 35 Rdnr. 18.

823 Vgl. *M. Bock/S. B. Völcker*, CR 1998, S. 473 (475).

operabler Kommunikation – auch in der Zugangsgewährung zu Diensten bestehen. Im Kontext der ONP-Rahmenrichtlinie und der gesamten Entwicklung des europäischen Telekommunikationsrechts stellt sich die Zusammenschaltung lediglich als ein möglicher Anwendungsfall des offenen Netzzugangs dar.[824]

Während die Telekommunikationsdiensterichtlinie auf die Verbindung der Telekommunikationseinrichtungen von *Netzbetreibern* und *Diensteanbietern* abstellt, umfassen die Definitionen der Harmonisierungsrichtlinien lediglich die Verknüpfung zwischen Telekommunikationsnetzen, ohne konkrete Adressaten zu nennen. Dieses Defizit wird jedoch durch einzelne Vorschriften der Zusammenschaltungsrichtlinie[825] ausgeglichen, in denen explizit auf Organisationen abgestellt wird, die Telekommunikationsnetze und/oder Telekommunikationsdienste anbieten.[826] Die vom Wortlaut differierenden Legaldefinitionen der Kommissions- und Ratsrichtlinien sind deshalb im Ergebnis deckungsgleich.[827] Ein Kollisionsproblem stellt sich insofern nicht.

Zusammenschaltung kann folglich umfassend definiert werden als technische Schnittstellenverknüpfung von Netzelementen verschiedener Telekommunikationsnetze für die Durchleitung elektrischer Signale (technisches Element), um die interoperable Kommunikation innerhalb eines Netzes oder zwischen Benutzern der zusammengeschalteten Netze und den Zugang zu Diensten, die auf dem Netz – auch von Dritten – angeboten werden, zu ermöglichen (rechtliches Element).

Die Gewährleistung der interoperablen Kommunikation als finaler Zusammenschaltungszweck und wertendes Element des Zusammenschaltungsbegriffs ist bei Auslegung und Anwendung einzelner Zusammenschaltungsbedin-

---

[824] A.A. *J. Wieland/B. Enderle*, MMR 1999, S. 379 (380); wohl auch *E. G. Berger*, CR 1999, S. 222 (229); *H.-J. Piepenbrock*, in: TKG-Kommentar, § 33 Rdnr. 93, die die gemeinschaftsrechtliche Definition der Zusammenschaltung als Oberbegriff auch für den Netzzugang auffassen.

[825] Art. 3, 4 ZusRL.

[826] *H.-J. Piepenbrock*, in: TKG-Kommentar, § 33 Rdnr. 95.

[827] A.A. bzgl. des Adressatenkreises *J. Scherer*, in: *A. Büllesbach* (Hrsg.), Datenschutz im Telekommunikationsrecht, S. 59 (77 f.); *L. Gramlich*, CR 1997, S. 65, der sich aber auf den Gemeinsamen Standpunkt des Rates v. 18.6.1996 bezieht, ABL. EG Nr. C 220/13 (17) v. 29.7.1996, in dem der entscheidende Satz 2 noch nicht enthalten ist.

gungen, insbesondere im Rahmen einer Zusammenschaltunganordnung durch nationale Regulierungsbehörden zu beachten. Darüber hinaus sind der übergeordnete Zweck, die Ermöglichung des Wettbewerbs in der Telekommunikation, sowie allgemein die Ziele des EG-Vertrags zu berücksichtigen.[828] Die Normauslegung und -anwendung im konkreten Einzelfall muß sich deshalb an den Grundsätzen des freien Waren- und Dienstleistungsverkehrs (Art. 3 lit. c) i.V.m. Art. 14 Abs. 2 EG), des unverfälschten Wettbewerbs (Art. 3 lit. g) i.V.m. Art. 81 ff. EG) und der Förderung transeuropäischer Netze (Art. 3 lit. n) i.V.m. Art. 154 Abs. 1 EG) orientieren. Dadurch werden die im Interessendreieck aufgezeigten Belange der Allgemeinheit und Verbraucher rechtlich bereits durch die Definition der Zusammenschaltung erfaßt.[829]

2. Umsetzungsdefizite

§ 3 Nr. 24 TKG definiert Zusammenschaltung als denjenigen „Netzzugang, der die Verbindung von Telekommunikationsnetzen herstellt, um Nutzern, die an verschiedenen Telekommunikationsnetzen angeschlossen sind, die mittelbare oder unmittelbare Kommunikation zu ermöglichen“. Diese Definition erweist sich in vierfacher Hinsicht als nicht europarechtskonform: Telekommunikationsdiensteanbieter ohne eigenes Netz fallen nicht unter die Zusammenschaltungsdefinition (1); die Schnittstellenverknüpfung nur von Teilen eines Telekommunikationsnetzes wird nicht erwähnt (2) und finaler Zweck der Zusammenschaltung ist lediglich, die Kommunikationsfähigkeit zwischen Teilnehmern verschiedener Netze zu ermöglichen (3).[830] Der Zugang zu Diensten, die auf diesem Netz angeboten werden, wird schließlich gänzlich ausgespart (4)[831]. Allenfalls durch richtlinienkonforme Auslegung[832] im Zusammenhang mit

[828] Vgl. allgemein zu den Vertragszielen und ihrer Bedeutung *J. Ukrow*, in: *Ch. Calliess/ M. Ruffert* (Hrsg.), EUV/EGV, Art. 2 Rdnrn. 2 ff. und 13 ff.; *M. Zuleeg*, in: *H. v. d. Groeben/ J. Thiesing/C.-D. Ehlermann* (Hrsg.), Kommentar zum EU-/EG-Vertrag, Art. 2 Rdnrn. 1 ff.

[829] Vgl. oben 1. Kap. B. III. 4., S. 57.

[830] *H.-J. Piepenbrock*, in: TKG-Kommentar, § 33 Rdnr. 94; § 35 Rdnr. 27.

[831] *G. Manssen*, in: *ders.* (Hrsg.), Telekommunikations- und Multimediarecht, C § 35 Rdnr. 2.

[832] Vgl. zur Erforderlichkeit richtlinienkonformer Auslegung *H.-J. Piepenbrock*, in: TKG-Kommentar, § 35 Rdnr. 29.

§ 3 Nr. 9 TKG, der als Netzzugang auch die Verknüpfung zwischen Netzelementen und den Zugang zu Diensten definiert, könnten die Defizite (2) und (4) ausgeräumt werden. Wird jedoch die Zusammenschaltung als Unterfall des Netzzugangs aufgefaßt[833], so kann § 3 Nr. 24 TKG als „lex specialis" nicht gemeinschaftskonform ausgelegt werden.[834] Der Zusammenschaltungsbegriff des TKG ist deshalb nicht europarechtskonform.

Als besonderes Rechtsproblem erwies sich im deutschen Recht nicht die Zusammenschaltungsdefinition, sondern vielmehr der Begriff des Telekommunikationsnetzes sowie dessen Mindestanforderungen. Hintergrund war ein Streit um die von „Verbindungsnetzbetreibern"[835] zu leistenden Zusammenschaltungsentgelte.[836] Die Deutsche Telekom forderte von diesen Betreibern[837] ein höheres Entgelt für die Inanspruchnahme des Netzes[838] mit der Begründung, die von der Regulierungsbehörde festgelegten Zusammenschaltungstarife gälten nur für öffentliche Telekommunikationsnetze. Verbindungsnetzbetreiber würden aber mangels Funktionsherrschaft[839] bzw. wegen mangelnder Netzinvestitionen[840] kein Telekommunikationsnetz betreiben. Ihnen sei deshalb keine Zusammenschaltung, sondern nur ein besonderer Netzzugang zu gewähren. Tatsächlich wickelten einige Anbieter[841] ihren bundesweit angebotenen Sprachtelefondienst lediglich über eine Vermittlungsstelle und einen Zusam-

---

833 Allgemeine Ansicht, die sich bereits aus dem Wortlaut der Zusammenschaltungsdefinition ergibt, *J. Scherer*, NJW 1996, S. 2953 (2961); *N. Nolte*, BB 1996, S. 2629 (2630); *L. Gramlich*, CR 1997, S. 65; *M. Bock/S. B. Völcker*, CR 1998, S. 473; *E. G. Berger*, CR 1999, S. 222 (229); *J. Wieland/B. Enderle*, MMR 1999, S. 379 (380); *W. Spoerr*, MMR 2000, S. 674 (679); *J. Cremades/J. Grahler/J. Oberheiden*, MMR 2001, S. 32 (33).

834 *Ch. Koenig/S. Loetz*, K&R 1999, S. 298 (299).

835 Im europäischen Recht ist der Begriff des „Verbindungsnetzes" nicht enthalten; vgl. *P. N. Märkl*, Netzzusammenschaltung, S. 172.

836 Vgl. zum Zusammenschaltungsanspruch eines internationalen Verbindungsnetzbetreibers Reg TP, MMR 1999, S. 52; hierzu *V. Weißhaar*, MMR Aktuell 12/1998, S. XVIII.

837 Insgesamt waren nach Angaben der Deutschen Telekom 70 Unternehmen betroffen.

838 F.A.Z. v. 26.6.1998, S. 13.

839 *H.-W. Hefekäuser*, MMR Aktuell 4/1998, S. VIII; vgl. auch *ders.*, MMR Aktuell 2/1999, S. VII f.; *ders.*, MMR 1999, S. 144 (145); *J. Uelner*, in: *J. Schwarze* (Hrsg.), Netzzugang im Wirtschaftsrecht, S. 125 ff.

840 *M. Esser-Wellié/F.-E. Hufnagel*, AfP 1998, S. 290 (293).

841 Zum Beispiel Talkline und Mobilcom, *E. G. Berger*, CR 1999, S. 222 (223); *M. Bock/S. B. Völcker*, CR 1998, S. 473 (479).

menschaltungspunkt ohne eigene oder angemietete Infrastrukturen mit der Folge „atypischer Verkehrsströme“[842] ab. Die Regulierungsbehörde hat daraufhin die (Mindest-)Voraussetzungen eines Telekommunikationsnetzes festgelegt, indem sie als konstituierende Merkmale zumindest einen Vermittlungsknoten und drei Übertragungswege (von Teilnehmer A zum Vermittlungsknoten und von dort wahlweise zu Teilnehmer B und C)[843] forderte.[844] Diese, zuvor bereits von *Schütz*[845] vorgeschlagene, am Zweck der Netzdefinition des § 3 Nr. 21 TKG orientierte, funktionelle Betrachtungsweise, folgt letztlich aus der technisch-physikalischen Funktion des Telekommunikationsnetzes[846] – der Übermittlung und Vermittlung elektrischer Signale.[847]

IV. Zusammenschaltungsbedingungen

Zusammenschaltungs*vereinbarungen* sind privat rechtliche Verträge „sui generis“[848], die durch öffentlich-rechtliche Vorschriften und Bindungen sowie An-

---

842 Atypische Verkehrsströme sind Telefonvermittlungen, die nicht den günstigsten Weg durch das Netz nehmen. So z.B. ein über das Netz der Deutschen Telekom von München zum Vermittlungsknoten eines Wettbewerbers nach Hamburg geleitetes Gespräch, das dieser über das Telekom-Netz zum Empfänger nach Stuttgart weiterleitet. Vgl. auch *E. G. Berger*, CR 1999, S. 222 (226 f.), der die Netzbetreiber-Eigenschaft anhand der Zuführung erheblicher atypischer Verkehrsströme bestimmen will.

843 Vgl. oben 3. Kap. B. II. 2. a) cc), S. 134 f.

844 Reg TP, Mitteilung Nr. 73/1999, ABl. Reg TP 4/1999, S. 739 ff. Die im Rahmen der öffentlichen Anhörung aufgeworfenen Fragen der Regulierungsbehörde sind mit kritischer Kommentierung abgedruckt bei *M. Esser-Wellié/E. Braun*, AfP 1998, S. 606 (607 f.).

845 *R. Schütz*, MMR Aktuell 11/1998, S. V.

846 *M. Bock/S. B. Völcker*, CR 1998, S. 473 (479) sowie *V. Weißhaar/M. Koenig*, MMR 1998, S. 475 (477), ziehen zur Begründung Art. 7 Abs. 3 ZusRL über diskriminierungsfreie Zusammenschaltungsentgelte heran. Insofern ist allerdings Voraussetzung, daß Verbindungsnetzbetreiber unter die gemeinschaftsrechtliche Zusammenschaltungsdefinition zu subsumieren sind, die wiederum die Verknüpfung von Telekommunikationsnetzen oder -teilen voraussetzt.

847 Vgl. oben 1. Kap. A. I. 2., S. 7 f.

848 *H.-Ch. Salger/R. Traugott*, in: TKG-Kommentar, Anh. § 39, Anlage zu § 5 Abs. 2 NZV, Rdnr. 10; *L. Gramlich*, CR 1997, S. 65 (68), spricht von einem Dauerschuldverhältnis eigener Art mit miet-, werk- und dienstvertraglichem Charakter; *P. N. Märkl*, Netzzusammenschaltung, S. 315, erachtet miet- und geschäftsbesorgungsvertragliche Elemente lediglich als Durchfüh-

ordnungen der Regulierungsbehörden überlagert werden.[849] Hingegen bilden Zusammenschaltungs*bedingungen* – in Abgrenzung zu den Vertragsbedingungen der Parteien – die Gesamtheit der ordnungsrechtlichen, die Zusammenschaltung regelnden Vorschriften. Anhand der vier Systematisierungskategorien – allgemeine Prinzipien (hierzu 1.), Verhandlungsrechte und -pflichten (hierzu 2.), Zusammenschaltungsrechte und -pflichten (hierzu 3.), Zugang zur Teilnehmeranschlußleitung (hierzu 4.) und mitgliedstaatliche Aufsichtsrechte und -pflichten (hierzu 5.) – sind gemeinschaftsrechtliche Vorgaben für Netzzusammenschaltungen sowie deren jeweilige Umsetzung in deutsches Recht zu untersuchen.

1. Allgemeine Prinzipien

Als allgemeine Prinzipien lassen sich – neben „fundamentalen ONP-Grundsätzen"[850] – der Vorrang der Privatautonomie vor staatlichem Kontrahierungszwang (hierzu a)), Informationspflichten der Betreiber (hierzu b)), die Kostenorientierung von Zusammenschaltungsentgelten (hierzu c)) und der Grundsatz der abschließenden Verweigerungsgründe nichtwirtschaftlicher Art (hierzu d))[851] aus der Vielzahl der sekundärrechtlichen Vorschriften herleiten.

---

rungvereinbarungen eines gesellschaftsähnlichen Kooperationsverhältnisses. Hiergegen spricht jedoch, daß die Parteien subjektiv keinen gemeinsamen Zweck verfolgen und sich ihre Interessen widersprechen. Vgl. hierzu für das Energierecht *P. Salje*, RdE 1998, S. 169 (171); allgemein zu Telekommunikationsverträgen *P. Schmitz*, MMR 2001, S. 150 ff.

[849] *L. Gramlich*, CR 1997, S. 65 (66); vgl. allgemein zum Verhältnis von Privatrecht und Öffentlichem Recht sowie deren Überlagerungen *K. Larenz/M. Wolf*, BGB-AT, § 1 I 3, 5; *H. J. Wolff/O. Bachof/ R. Stober* Verwaltungsrecht I, § 22 Rdnrn. 71 ff.

[850] Etwa der Transparenz- und Gleichbehandlungsgrundsatz für Zusammenschaltungsentgelte (Art. 7 Abs. 2, 3 ZusRL) oder der Transparenz-, Nichtdiskriminierungs- und Verhältnismäßigkeits- bzw. Objektivitätsgrundsatz für die Kosten der Universaldienstverpflichtung (Art. 5 Abs. 1 ZusRL) und für das Verfahren und die Zuweisung von Telefonnummern und Numerierungsbereiche (Art. 12 Abs. 3 ZusRL). Für Mobil-/Festnetz- und Festnetzzusammenschaltungen gelten jeweils die Grundsätze der Objektivität, Nichtdiskriminierung, Transparenz und Verhältnismäßigkeit (Art. 3d; Art. 4a Abs. 1 TkDiensteRL).

[851] Vgl. zu dieser Kategorisierung bereits oben 3. Kap. B., S. 135. Allgemeine Prinzipien werden dabei „vor die Klammer" gezogen.

a) Privatautonomie und innerstaatliche Anordnung

Das europäische Recht[852] geht vom Primat der Vertragsfreiheit aus[853] und sieht lediglich subsidiär einen – staatlich angeordneten – Kontrahierungszwang[854] vor.[855]

aa) Vorrang kommerzieller Vertragsverhandlungen

Die Mitgliedstaaten müssen die Voraussetzungen dafür schaffen, daß Zusammenschaltungsvereinbarungen ausgehandelt werden können[856] bzw. sind verpflichtet, sämtliche Beschränkungen aufzuheben, die Vertragsverhandlungen behindern.[857] Technische und kommerzielle Zusammenschaltungsvereinbarungen sollen von den Parteien privatautonom ausgehandelt werden.[858] Den nationalen Regulierungsbehörden obliegt die Pflicht, auf Ersuchen einer Partei oder von Amts wegen, Fristen zu bestimmen, binnen derer Zusammenschaltungsvereinbarungen abzuschließen sind[859]; sie können, falls die Parteien innerhalb der vorgegeben Frist keine Einigung erzielen, auch ein förmliches Verfahren festlegen, um eine Vereinbarung herbeizuführen.[860] Werden sie bei

---

[852] Art. 4a Abs. 3 TkDiensteRL; Art. 4 Abs. 1 ZusRL.

[853] *K. W. Riehmer*, MMR 1998, S. 59 (Fn. 2); *H. W. Hefekäuser/C. Dreier*, CR 1997, S. 110 (111); *J. Scherer*, in: *A. Büllesbach* (Hrsg.), Datenschutz im Telekommunikationsrecht, S. 59 (78).

[854] Vgl. allgemein zum Kontrahierungszwang nach deutschem Recht *Staudinger/R. Bork*, Vorbem. zu §§ 145 ff. Rdnrn. 12 ff.; *MüKo/E. Kramer*, Vor. § 145 Rdnrn. 9 ff.; *Soergel/M. Wolf*, Vor. § 145 Rdnrn. 102 ff.; *RGRK/H. Piper*, Vor. § 145 Rdnrn. 23 ff.; *W. Flume*, AT II, § 33, 6; *S. Vykydal*, Der kartellrechtliche Kontrahierungszwang, S. 27 ff.

[855] *L. Gramlich*, 1997, S. 65 (66); *N. Nolte*, BB 1996, S. 2629 (2631).

[856] Art. 4a Abs. 3 Satz 1 TkDiensteRL. Vgl. auch Art. 11 Abs. 2 SprachtelefondienstRL a.F., für den Sonderzugang zum Netz Art. 10 Abs. 2 SprachtelefondienstRL a.F.; Art. 16 Abs 3 SprachtelefondienstRL n.F.

[857] Art. 3 Abs. 1 Satz 1 ZusRL.

[858] Art. 3 Abs. 1 Satz 3 ZusRL; Art. 11 Abs. 2 SprachtelefondienstRL a.F.; für den Sonderzugang zum Netz Art. 10 Abs. 2 SprachtelefondienstRL a.F.; Art. 16 Abs. 3 SprachtelefondienstRL n.F.

[859] Art. 9 Abs. 3 Satz 4 ZusRL.

[860] Art. 9 Abs. 3 Satz 5 ZusRL.

Streitigkeiten von einer Partei angerufen, so sind sie verpflichtet, in einem Streitbeilegungsverfahren Uneinigkeiten auszuräumen und gegebenenfalls Zusammenschaltungsbedingungen festzulegen oder die Zusammenschaltung anzuordnen[861]. Aufgrund ihrer umfassenden Aufsichtsbefugnis[862], können sie in bestimmten Fällen[863] auch von Amts wegen tätig werden.[864]

bb) Einschränkungen kommerzieller Vertragsverhandlungen

Der Vorrang der Privatautonomie[865] wird jedoch in zweifacher Hinsicht eingeschränkt:[866] Nach Art. 9 Abs. 2 Satz 2 i.V.m. Anhang VII Abschnitt 1, lit. a)-h) ZusRL können nationale Regulierungsbehörden für bestimmte Bereiche allgemein einzuhaltende Vorab-Bedingungen (ex ante Bedingungen) aufstellen[867] oder nach Abschnitt 2, lit. a)-s) des Anhangs Empfehlungen für Punkte aussprechen, die durch Zusammenschaltungsvereinbarungen abgedeckt werden sollen (Vertragsempfehlungen)[868]; nach Art. 9 Abs. 3 Satz 1 und 3

---

[861] Art. 9 Abs. 5 ZusRL; Art. 4 a) Abs. 3 TkDiensteRL. Vgl. für den Sonderzugang zum Netz Art. 10 Abs. 3, 1. Hs. SprachtelefondienstRL a.F., Art. 16 Abs. 4, 1. Hs. SprachtelefondienstRL n.F.

[862] Art. 3 Abs. 2, 9 Abs. 1 ZusRL.

[863] Art. 9 Abs. 3, 6 ZusRL; vgl. für den Sonderzugang zum Netz Art. 10 Abs. 3, 2. Hs. SprachtelefondienstRL a.F., Art. 16 Abs. 4, 2. Hs. SprachtelefondienstRL n.F.

[864] Vgl. hierzu insgesamt *P. N. Märkl*, Netzzusammenschaltung, S. 170 ff.; *L. Gramlich*, CR 1997, S. 65 (66).

[865] Vgl. oben Fn. 852.

[866] *L. Gramlich*, CR 1997, S. 65 (67 f.).

[867] Als Vorab-Bedingungen werden genannt:
- Streitbeilegungsverfahren,
- Veröffentlichungen über den Zugang zu Zusammenschaltungsvereinbarungen,
- die Bereitstellung eines gleichwertigen Zugangs und die Übertragbarkeit von Nummern,
- die gemeinsame Nutzung von Einrichtungen einschließlich der Kollokation,
- die Aufrechterhaltung grundlegender Anforderungen und durchgehender Dienstequalität,
- die Zuteilung und Nutzung von Numerierungsressourcen,
- gesondert auszuweisende Anteile des Zusammenschaltungsentgelts.

[868] Vertragsempfehlungen für Zusammenschaltungsvereinbarungen betreffen:
- die Beschreibung der bereitzustellenden Zusammenschaltungsleistungen,

ZusRL müssen sie auf Ersuchen einer Partei im Verlauf der Verhandlungen vorgeben, welche Punkte von der Zusammenschaltungsvereinbarung umfaßt werden sollen oder spezifische Bedingungen festlegen, die von den Parteien einzuhalten sind[869] (konkret-individuelle Vertragsbestimmungen).[870]

Die im Anhang VII Abschnitt 1 und 2 ZusRL geregelten Bedingungen[871] überschneiden sich teilweise. Dabei legen ex ante Bedingungen keine „Mindestvertragsbestimmungen“ fest[872], da sie über die „essentialia negotii“[873] hin-

---

- Zahlungsbedingungen einschließlich Abrechnungsverfahren,
- Standorte der Zusammenschaltungspunkte,
- technische Zusammenschaltungsnormen,
- Interoperabilitätstests,
- Maßnahmen zur Erfüllung grundlegender Anforderungen,
- geistige Eigentumsrechte,
- Festlegungen zu und Abgrenzung von Haftung und Schadensersatz,
- Festlegungen zu Zusammenschaltungsentgelten und deren Weiterentwicklung,
- Streitbeilegungsverfahren zwischen den Parteien vor Anrufung der nationalen Regulierungsbehörden,
- Laufzeiten und Neuaushandlung von Vereinbarungen,
- Verfahren hinsichtlich der Änderung von Netz- oder Diensteangeboten,
- Sicherstellung eines gleichwertigen Zugangs,
- gemeinsame Nutzung von Einrichtungen,
- Zugang zu Hilfs-, Zusatz- und innovativen Dienstleistungen,
- Verkehrs- und Netzmanagement,
- Unterhaltung und Qualität von Zusammenschaltungsdienstleistungen,
- Vertraulichkeit nicht-öffentlicher Teile von Vereinbarungen und
- die Schulung von Personal.

869 Vorgaben für Zusammenschaltungsvereinbarungen sind:
- Bedingungen zur Sicherstellung wirksamen Wettbewerbs,
- technische Bedingungen,
- Tarife, Liefer- und Nutzungsbedingungen,
- Bedingungen zur Einhaltung relevanter Normen und grundlegender Anforderungen,
- Bedingungen hinsichtlich des Umweltschutzes und zur Aufrechterhaltung einer durchgehenden Dienstequalität.

870 Vgl. hierzu insgesamt *P. N. Märkl*, Netzzusammenschaltung, S. 173; *D. Diemert*, in: *Th. Hoeren*/*R. Queck* (Hrsg.), Rechtsfragen der Informationsgesellschaft, S. 82 (93).

871 Diese stimmen im wesentlichen mit § 5 NZV überein. Vgl. hierzu ausführlich *H.-Ch. Salger*/*R. Traugott*, in: TKG-Kommentar, Anh. § 39, Anlage zu § 5 Abs. 2 NZV, Rdnrn. 14 ff.

872 A.A. *L. Gramlich*, CR 1997, S. 65 (68).

ausgehen. Das Gemeinschaftsrecht eröffnet hier nur einen Umsetzungsspielraum zugunsten der Mitgliedstaaten, d.h. nationale Regulierungsbehörden können, müssen aber keine Vorab-Bedingungen erlassen[874], während sie hingegen verpflichtet sind, darauf hinzuwirken, daß Vertragsempfehlungen in Zusammenschaltungsvereinbarungen eingehalten werden.[875] Sachliche Überschneidungen sind deshalb wegen des abweichenden Regelungszwecks gerechtfertigt. Infolge ihrer unterschiedlichen Verbindlichkeit – Vorab-Bedingungen einerseits als die Parteien bindende Vertragsbestimmungen, die in deren Privatautonomie und Handlungsfreiheit eingreifen und lediglich unverbindliche Vertragsempfehlungen andererseits[876] – ergibt sich, daß die Themen des Abschnitts 1 zur Einhaltung des Bestimmtheitsgrundsatzes *abschließend* aufgeführt sind[877], während neben denjenigen des Abschnitts 2 *weitere* Vertragsbestandteile von den nationalen Regulierungsbehörden empfohlen werden können. Die gemäß Art. 9 Abs. 3 Satz 3 ZusRL während der Vertragsverhandlungen[878] zu erlassenden Bedingungen (konkret-individuelle Vertragsbedingungen)[879] sind bereits aufgrund des Wortlauts der Vorschrift[880] und wegen ihres Charakters als Einzelfallregelung nicht abschließender Natur.

---

873 „Essentialia negotii" einer Zusammenschaltungsvereinbarung sind neben den Vertragsparteien die Pflicht zur Durchleitung elektrischer Signale und das Zusammenschaltungsentgelt; vgl. hierzu ausführlich *P. N. Märkl*, Netzzusammenschaltung, S. 303 ff.

874 *J. Scherer*, in: *A. Büllesbach* (Hrsg.), Datenschutz im Telekommunikationsrecht, S. 59 (78).

875 Art. 9 Abs. 2 Satz 2 ZusRL.

876 In den empfohlenen Vertragsvereinbarungen sind aus Sicht der Vertragspraxis nicht alle zweckmäßigen Regelungen enthalten. Ergänzend können etwa Regelungen über das anzuwendende nationale Recht, den Gerichtsstand, Schriftform- oder salvatorische Klauseln sinnvoll sein; *H.-Ch. Salger/R. Traugott*, in: TKG-Kommentar, Anh. § 39, Anlage zu § 5 Abs. 2 NZV, Rdnr. 64. Insofern kann jedoch auf die Selbstregulierung der Parteien vertraut werden.

877 A.A. *L. Gramlich*, CR 1997, S. 65 (68); *H.-Ch. Salger*, in: TKG-Kommentar, 1. Aufl. 1997, Anh. § 39, Anlage zu § 5 Abs. 2 NZV Rdnr. 2, die lediglich auf den Wortlaut abstellen.

878 Nach Art. 9 Abs. 3 S. 2 ZusRL können ausnahmsweise bereits getroffene Zusammenschaltungsvereinbarungen geändert werden.

879 Diese können Bedingungen zur Sicherstellung des Wettbewerbs, technische Bedingungen, Tarife, Liefer- und Nutzungsbedingungen, Bedingungen hinsichtlich der Einhaltung relevanter Normen und grundlegender Anforderungen, Bedingungen hinsichtlich des Umweltschutzes und zur Aufrechterhaltung einer durchgehenden Dienstequalität umfassen.

880 Die in Fn. 879 genannten Bedingungen werden „unter anderem" aufgezählt.

cc) Umsetzungsdefizit

Der Grundsatz der Vertragsfreiheit gilt im deutschen Recht allgemein[881] und mußte deshalb nicht ausdrücklich umgesetzt werden.[882] Einschränkungen der Privatautonomie durch allgemeine Vorab-Bedingungen der Regulierungsbehörde sehen weder das TKG noch die hierzu erlassenen Rechtsverordnungen[883] vor. In § 5 Abs. 2 i.V.m. der Anlage zur NZV sind zwar einzelne Vertragsbestandteile aufgelistet[884], an denen sich Zusammenschaltungsvereinbarungen orientieren sollen.[885] Diese Auflistung enthält allerdings lediglich einen unverbindlichen Rahmen für den Abschluß einer Vereinbarung.[886] Das in § 8 NZV

---

[881] Vgl. hierzu *Staudinger/H. Dilcher*, Einl. zu §§ 104 - 185 Rdnrn. 5 ff.; *MüKo/E. Kramer* Vor. § 145 Rdnrn. 2 ff.; *Soergel/M. Wolf*, Vor. § 145 Rdnrn. 22 ff.; *RGRK/H. Piper* Vor. § 145 Rdnrn. 20 ff.; *K. Larenz/M. Wolf*, BGB-AT, § 34 III; *W. Flume*, AT II, § 1, 8 a); *D. Medicus*, AT, § 17 I, 2 b).

[882] Zum Ausdruck kommt er etwa in § 37 Abs. 2 TKG, der von der Subsidiarität der Zusammenschaltungsanordnung ausgeht; *H.-J. Piepenbrock*, in: TKG-Kommentar, § 37 Rdnr. 9.

[883] Zum Beispiel die Telekommunikations-Universaldienstleistungsverordnung (TUDLV) v. 30.1.1997 (BGBl. I S. 141), Telekommunikations-Lizenzgebührenverordnung (TKLGebV) v. 28.7.1997 (BGBl. I S. 1936), Telekommunikations-Entgeltregulierungsverordnung (TEntgV) v. 1.10.1996 (BGBl. I S. 1492), Telekommunikations-Kundenschutzverordnung (TKV) v. 11.12.1997 (BGBl. I 1997 S. 2910), Netzzugangsverordnung (NZV) v. 23.10.1996 (BGBl. I S. 1568), Frequenzgebührenverordnung (FGebV) v. 21.5.1997 (BGBl. I S. 1226), Freuquenznutzungsbeitragsverordnung (FBeitrV) v. 19.11.1996 (BGBl. I S. 1790), Telekommunikationszulassungsverordnung (TZulV) v. 20.8.1997 (BGBl. I 1997, 2117). Insgesamt enthält das TKG 17 Ermächtigungsgrundlagen zum Erlaß von Rechtsverordnungen; vgl. hierzu *J. Scherer*, NJW 1998, S. 1607 (1608).

[884] Als zu regelnde Punkte sind enthalten: Beschreibung der einzelnen Leistungen, Zugang zu zusätzlichen Dienstleistungen, Sicherstellung eines gleichwertigen Zugangs, Standorte der Anschlußpunkte, gemeinsame Nutzung von Einrichtungen und Kollokation, Technische Normen für den besonderen Netzzugang, Interoperabilitätstests, Verkehrs-/Netzmanagement, Aufrechterhaltung und Qualitätssicherung der Dienstleistungen, Festlegung der Entgelte und deren Laufzeit, Zahlungsbedingungen, Festlegung der Haftungs- und Schadensersatzpflichten, Regelungen in Bezug auf geistiges Eigentum, Maßnahmen zur Erfüllung grundlegender Anforderungen, Schulung des Personals, Laufzeit und Neuaushandlung der Vereinbarung, Verfahren zur Änderung von Leistungen, Verfahren zur Herbeiführung einer Regulierungsentscheidung, Schutz der vertraulichen Teile der Vereinbarung.

[885] Im Rahmen einer Zusammenschaltungsanordnung nach § 37 TKG i.V.m. § 9 NZV kann sich die Regulierungsbehörde an diesen aufgelisteten Vertragsbestandteilen orientieren; *M. Bock/S. B. Völcker*, CR 1998, S. 473 (476).

[886] *H.-J. Piepenbrock*, in: TKG-Kommentar, Anh. § 39, § 5 NZV Rdnr. 9.

geregelte Schlichtungsverfahren kann nur auf Antrag beider Parteien, der hinsichtlich des Verfahrensgegenstands bindend ist, eingeleitet werden.[887] Die Regulierungsbehörde hat somit nach nationalem Recht keine Möglichkeit, in Vertragsverhandlungen einzugreifen und entsprechend Art. 9 Abs. 2, 3 ZusRL die Privatautonomie der Parteien zu beschränken.[888] Auch über § 37 TKG i.V.m. § 9 NZV kann die Regulierungsbehörde nicht in laufende Vertragsverhandlungen eingreifen, da die hierdurch gewährte Anordnungsbefugnis das Scheitern der Zusammenschaltungsverhandlungen[889] voraussetzt.[890] Da nationale Regulierungsbehörden europarechtlich jedoch auf Antrag einer Partei ihre Aufsichtsrechte ausüben müssen, ist das deutsche Telekommunikationsrecht insofern gemeinschaftswidrig.[891]

b) Informationspflichten der Betreiber

Informationspflichten umfassen Auskunfts-, Vertraulichkeits- und Veröffentlichungspflichten der Betreiber mit beträchtlicher Marktmacht oder solchen, denen weiterhin besondere oder ausschließliche Rechte gewährt werden[892]. Zu bestimmten Informationen muß lediglich der Zugang gewährt werden. Berechtigt sind potentielle oder konkrete Verhandlungspartner und – allgemein – die Öffentlichkeit.

---

[887] *K. W. Riehmer*, MMR 1998, S. 59 (61); *N. Nolte*, BB 1996, S. 2629 (2632); *Th. Tschentscher/H. Neumann*, BB 1997, S. 2437 (2438).

[888] *L. Gramlich*, CR 1997, S. 65 (69). Mißverständlich *H.-Ch. Salger*, in: TKG-Kommentar, 1. Aufl. 1997, Anh. § 39, Anlage zu § 5 Abs. 2 NZV Rdnr. 3, der § 5 NZV am Maßstab des Art. 9 Abs. 3 ZusRL mißt.

[889] Vgl. zu den Anforderungen des „Scheiterns von Vertragsverhandlungen" *Ch. König/S. Loetz*, K&R 1999, S. 298 (300); *J. Scherer*, in: *M. Bartsch/B. Lutterbeck* (Hrsg.), Neues Recht für neue Medien, S. 25 (49); *L. Gramlich*, CR 1997, S. 65 (68).

[890] *K. W. Riehmer*, MMR 1998, S. 59 (62); *H.-W. Hefekäuser/Ch. Dreier*, CR 1997, S. 110 (111).

[891] *H.-Ch. Salger*, in: TKG-Kommentar, 1. Aufl. 1997, Anh. § 39, Anlage zu § 5 Abs. 2 NZV Rdnr. 3; *L. Gramlich*, CR 1997, S. 65 (69).

[892] Siehe zu Übergangsfristen einzelner Mitgliedstaaten oben 1. Kap. B. II., S. 47, Fn. 230.

aa) Pflicht zur Auskunft und Vertraulichkeit

Während es den Mitgliedstaaten nach Art. 6 lit. b) ZusRL obliegt, sicherzustellen, daß die zur Zusammenschaltung Verpflichteten ihren Vertragspartnern die notwendigen Informationen und Spezifikationen mitteilen[893], um den Abschluß von Vereinbarungen zu erleichtern, müssen Zusammenschaltungspetenten ihre Netzplanung und -konfiguration aus rein faktischen Gründen infolge der tatsächlichen Verhandlungssituation offenlegen.[894] Solche de jure und de facto auszutauschenden Informationen umfassen sämtliche Punkte, deren Kenntnis für den Abschluß einer Zusammenschaltungsvereinbarung erforderlich ist.[895] Die Gefahr des Mißbrauchs der in diesem Zusammenhang gewonnenen Informationen soll durch eine besondere Zweckbindung verhindert werden. Dabei ist die Weitergabe von Informationen an Dritte (externe Vertraulichkeit) zwar nicht ausdrücklich normiert; sie ergibt sich jedoch als vertragliche bzw. vorvertragliche[896] Nebenpflicht der Zusammenschaltungsvereinbarung.[897] Nach Art. 6 lit. d) ZusRL dürfen darüber hinaus marktbeherrschende Unternehmen Informationen aus Vertragsverhandlungen nur zum Zwecke der Zusammenschaltung verwenden; die Weiterleitung an andere Abteilungen, Tochtergesellschaften oder Partner zu Wettbewerbszwecken ist untersagt (interne Vertraulichkeit).[898] Ein Verstoß gegen diese Vertraulichkeitspflichten, dessen Nachweis in der Praxis allerdings nur schwer zu führen sein dürfte, kann – neben zivil-

[893] *H.-J. Piepenbrock*, in: TKG-Kommentar, Anh. § 39, § 4 NZV Rdnr. 3.

[894] Vgl. zu den konträren Interessen der Parteien oben 1. Kap. B. III., S. 52 ff.

[895] Vgl. zu den erforderlichen technischen und betriebswirtschaftlichen Informationen oben 1. Kap. B. III. 1., S. 52.

[896] Die Beachtung vertraglicher Schutzpflichten gilt bereits für das Stadium der Vertragsverhandlungen und kann Schadensersatzansprüche aus c.i.c. begründen; vgl. *Staudinger/M. Löwisch*, Vorbem. zu §§ 275 ff., Rdnrn. 56 und 61 ff.; *MüKo/V. Emmerich*, Vor § 275 Rdnrn. 54 und 79 ff.; *Palandt/H. Heinrichs*, § 276 Rdnr. 70.

[897] Vgl. zur dogmatischen Einordnung der Zusammenschaltungsvereinbarung oben 3. Kap. B. IV., S. 169 (Fn. 848).

[898] Vgl. zur Differenzierung nach interner und externer Vertraulichkeitspflicht auch *H.-J. Piepenbrock*, in: TKG-Kommentar, Anh. § 39, § 7 NZV Rdnr. 1.

rechtlichen Ansprüchen im nationalen Recht[899] – wettbewerbsrechtlich den Mißbrauch einer marktbeherrschenden Stellung (Art. 82 EG) begründen.[900]

bb) Veröffentlichungspflichten und Zugang zu bestimmten Informationen

Gemäß Art. 4a Abs. 2 TkDiensteRL oblag Telekommunikationsunternehmen die Pflicht, Zusammenschaltungsbedingungen einschließlich der technischen Zusammenschaltungspunkte und Schnittstellen bis 1. Juli 1997 zu veröffentlichen.[901] Diese Pflicht bezog sich auf Standardbestimmungen und -bedingungen sowie auf Zusammenschaltungspreise[902] und richtete sich an bisherige staatliche Monopolunternehmen.[903]

Nach Art. 7 Abs. 3 ZusRL ist ein Standardzusammenschaltungsangebot zu veröffentlichen, das den Markterfordernissen entsprechend in Einzelelemente einschließlich der Tarife aufgegliedert ist. Für unterschiedliche Kategorien von Zusammenschaltungspetenten können unterschiedliche Bedingungen und Entgelte vorgesehen werden, wenn die Art der Zusammenschaltung eine Differenzierung objektiv rechtfertigt. Die Zusammenschaltungsrichtlinie differenziert in Art. 14 Abs. 1 und 2 zwischen Informationen, die veröffentlicht und spezifischen Informationen, die lediglich zugänglich gemacht werden müssen.[904] Die

[899] Nach deutschem Recht kommen Schadensersatzansprüche aus c.i.c. (vgl. oben Fn. 896), p.V.V., § 40 TKG, § 823 Abs. 2 BGB i.V.m. § 7 NZV in Betracht; *H.-J. Piepenbrock*, in: TKG-Kommentar, Anh. § 39, § 7 NZV Rdnr. 2.

[900] EuGH v. 6.4.1995, verb. Rs. C-241/91 P und C-242/91 P (RTE und ITP/Kommission), Slg. 1995-I, S. 743 (824 f.), Tz. 53 ff. = EuZW 1995, S. 339 (342) m. Anm. *R. Bechtold*, S. 345 ff.

[901] Vgl. *M. Geppert/E.-O. Ruhle/F. Schuster*, Handbuch Telekommunikation, Rdnr. 63.

[902] Erwägungsgrund (13) WettbewerbsRL.

[903] *H.-J. Piepenbrock*, in: TKG-Kommentar, Anh. § 39, § 8 NZV Rdnr. 27. Solange besondere und ausschließliche Rechte gewährt werden, müssen sämtliche Zugangs- und Nutzungsbedingungen veröffentlicht werden, Art. 4 TkDiensteRL; Art. 11 Abs. 3 SprachtelefondienstRL n.F.

[904] Neben dem Standardzusammenschaltungsangebot sind weitere zu veröffentlichende Informationen:

- ex ante Bedingungen der Regulierungsbehörden (Art. 9 Abs. 2 ZusRL),
- Bedingungen, die auf grundlegenden Anforderungen beruhen (Art. 10 ZusRL) und

Veröffentlichung muß in leicht zugänglicher Form erfolgen, während spezifische Informationen auf Antrag an Werktagen kostenlos einsehbar sein müssen.[905] Im Veröffentlichungsblatt der Regulierungsbehörde ist jeweils bekannt zu geben, in welcher Form Informationen veröffentlicht bzw. wann und wo sie eingesehen werden können.[906]

Begünstigte der Veröffentlichungspflicht und des Einsichtnahmerechts sind jeweils „interessierte Parteien". Dieser Begriff wird in der Zusammenschaltungsrichtlinie nicht definiert. In Abgrenzung zu „Benutzern" [907], unter denen „Einzelpersonen, einschließlich Verbraucher, oder Organisationen, die Telekommunikationsdienste für die Öffentlichkeit nutzen und nachfragen", zu verstehen sind, impliziert der „Partei"-Begriff, daß potentiell Zusammenschaltungsbeteiligte Normadressaten sind. Eigene Rechte können sie aus den „fundamentalen Grundsätzen" des Nichtdiskriminierungs- und Gleichbehandlungsgebots im Rahmen des offenen Netzzugangs herleiten und dadurch ihr (berechtigtes) Interesse an Zusammenschaltungsvereinbarungen begründen.

cc) Umsetzungsdefizit

Ein Umsetzungsdefizit bzgl. der Pflicht zur vertraulichen Behandlung der aus Zusammenschaltungsverhandlungen gewonnenen Informationen wird zum Teil

---

- Hauptbestandteile der nationalen Numerierungspläne sowie nachträgliche Änderungen (Art. 12 Abs. 4 ZusRL).

905 Informationen, die zugänglich gemacht werden müssen, sind:
- Zusammenschaltungsvereinbarungen mit Ausnahme der Bestimmungen, die auf die Geschäftsstrategien der Parteien schließen lassen, jedenfalls aber Zusammenschaltungsentgelte, Geschäftsbedingungen und Beiträge zu Universaldienstverpflichtungen (Art. 6 lit. c) ZusRL),
- Verfahren, um eine Einigung bei Verhandlungen über die Zusammenschaltung herbeizuführen (Art. 9 Abs. 3 ZusRL),
- zeitliche Begrenzungen von Zusammenschaltungspflichten (Art. 4 Abs. 1 Satz 3 ZusRL) und
- die Ergebnisse der Überprüfung der Kostenrechnung und das Teilungsverfahren der Nettokosten für Universaldienstbeiträge (Art. 5 Abs. 3, 5 ZusRL).

906 Art. 14 Abs. 1, 2 ZusRL.

907 Art. 2 Abs. 1 lit. e) ZusRL.

insofern angenommen, als §§ 7, 5 NZV i.V.m. § 35 TKG diese Pflicht für Verhandlungspartner[908] nur bei Vertragsverhandlungen mit marktbeherrschenden Betreibern enthalten.[909] Verhandeln hingegen zwei nicht marktbeherrschende Unternehmen, besteht keine Zweckbindung.[910] Ein Verstoß gegen Gemeinschaftsrecht wird hierdurch allerdings nicht begründet, da sich die Pflicht zur Vertraulichkeit europarechtlich nur auf „Informationen bezieht, die eine Organisation mit beträchtlicher Marktmacht für eine angestrebte Zusammenschaltung erhalten hat" (Art. 6 lit. d) ZusRL) und somit nur für marktbeherrschende Unternehmen gilt.[911] Die Verpflichtung des § 7 NZV, der Unternehmen zur internen Vertraulichkeit nur bei Verhandlungen mit marktbeherrschenden Betreibern verpflichtet, widerspricht daher nicht europäischen Vorgaben.[912]

Die Umsetzung europäischen Rechts ist jedoch in Bezug auf Art. 4a Abs. 2 TkDiensteRL und Art. 7 Abs. 3 ZusRL, die eine Veröffentlichung von Standardzusammenschaltungsbedingungen bzw. -angeboten vorsehen, unzureichend.[913] § 6 Abs. 5 NZV verpflichtet die Regulierungsbehörde, Zusammenschaltungsbedingungen zu veröffentlichen, von denen zu erwarten ist, daß sie in einer Vielzahl von Vereinbarungen getroffen werden. Der Regulierungsbehörde wird für diese Prognoseentscheidung ein Beurteilungsspielraum eingeräumt[914], der zunächst voraussetzt, daß eine bestimmte Anzahl von Zusammenschaltungsvereinbarungen vorgelegt wird (Diagnose), um daraus zu schließen, welche Bedingungen Bestandteil einer Vielzahl von Vereinbarungen

---

[908] Im Unterschied zu Art. 6 lit. a) ZusRL bezieht sich das Vertraulichkeitsgebot des § 7 NZV nach dessen Wortlaut auf beide Vertragspartner.

[909] *H.-J. Piepenbrock*, in: TKG-Kommentar, Anh. § 39, § 7 NZV Rdnr. 9.

[910] *G. Manssen*, in: *ders.* (Hrsg.), Telekommunikations- und Multimediarecht, C § 39 Rdnr. 29.

[911] *H.-J. Piepenbrock*, in: TKG-Kommentar, Anh. § 39, § 7 NZV Rdnr. 7. Die Begriffe der „beträchtlichen Marktmacht" und „marktbeherrschenden Stellung" unterscheiden sich zwar in Wortlaut und Inhalt. Da die Marktmacht durch die nationalen Regulierungsbehörden bestimmt wird (Art. 4 Abs. 3 ZusRL), kommt es an dieser Stelle nicht auf eine Unterscheidung an; vgl. zum Verhältnis zwischen nationalen Behörden und der Kommission *EG-Kommission*, Mitteilung 1998, ABl. EG Nr. C 265 v. 22.8.1998, S. 2 (4 f.), Tz. 12 f.

[912] A.A. *H.-J. Piepenbrock*, in: TKG-Kommentar, Anh. § 39, § 7 NZV Rdnr. 9.

[913] *H.-J. Piepenbrock*, in: TKG-Kommentar, Anh. § 39, § 6 NZV Rdnr. 26; *K v. Miert*, WuW 1998, S. 7 (11).

[914] *H.-J. Piepenbrock*, in: TKG-Kommentar, Anh. § 39, § 6 NZV Rdnr. 23; *M. Geppert/E.-O. Ruhle/F. Schuster*, Handbuch Telekommunikation, Rdnr. 301.

werden (Prognose). Dieser durch die Netzzugangsverordnung bedingte ex-post-Ansatz entspricht nicht gemeinschaftsrechtlichen Vorgaben, die auf eine frühzeitige Veröffentlichung der Zusammenschaltungsbedingungen staatlicher Monopolunternehmen (bis 1. Juli 1997)[915] bzw. marktbeherrschender Unternehmen abstellen. Ein Verstoß gegen Gemeinschaftsrecht liegt ebenso vor, wenn die Regulierungsbehörde Bedingungen veröffentlicht, die sie selbst als künftige Standardbedingungen einschätzt, da das gemeinschaftsrechtliche Standardangebot durch die Betreiber mit beträchtlicher Marktmacht zu bestimmen ist.[916] § 7 NZV weist deshalb ein erhebliches Umsetzungsdefizit auf.[917]

c) Kostenorientierte Zusammenschaltungsentgelte

Konfliktträchtigster Verhandlungs- bzw. Anordnungspunkt bei Netzzusammenschaltungen ist das von dem Zusammenschaltungspetenten zu leistende Entgelt.[918] Zusammenschaltungsentgelte müssen von den Betreibern kostenorientiert und transparent ermittelt werden (Art. 7 Abs. 2 ZusRL).[919] Kostenorientierung bedeutet, Entgelte aufgrund des Verursachungsprinzips nach den tatsächlich anfallenden Kosten der Zusammenschaltung zu bestimmen.[920] Als maßgeblicher Kostenansatz (hierzu a)) sollen die „zukunftsrelevanten langfristi-

---

[915] Art. 4a Abs. 2 TkDiensteRL. Die Deutsche Telekom kam dieser Verpflichtung nicht nach, *M. Geppert/E.-O. Ruhle/F. Schuster*, Handbuch Telekommunikation Rdnr. 72 und 301.

[916] *H.-J. Piepenbrock*, in: TKG-Kommentar, Anh. § 39, § 6 NZV Rdnr. 26; *J. Scherer*, in: *A. Büllesbach* (Hrsg.), Datenschutz im Telekommunikationsrecht, S. 59 (79).

[917] *H.-J. Piepenbrock*, in: TKG-Kommentar, Anh. § 39, § 6 NZV Rdnr. 26.

[918] Zusammenschaltungsentgelte der Wettbewerber weisen einen Anteil zwischen 40 und 60 % der Gesamtinvestitionen auf; vgl. *EG-Kommission*, Mitteilung der Kommission über Zusammenschaltungsentgelte in einem liberalisierten Telekommunikationsmarkt (98/C 84/03), ABl. EG Nr. C 84/3 v. 19.3.1998, S. 3 (4) (Mitteilung über Zusammenschaltungsentgelte); *dies.*, Empfehlung der Kommission v. 8.1.1998 zur Zusammenschaltung in einem liberalisierten Telekommunikationsmarkt (Teil 1 – Zusammenschaltungsentgelte) (98/195/EG), ABl. EG Nr. L 73/42 v. 12.3.1998, S. 42; *Th. Ehrmann/Th. Mellewigt*, zfbf 1997, S. 255 (258).

[919] Vgl. auch Art. 12 Abs. 2 SprachtelefondienstRL a.F., Art. 17 Abs. 2 SprachtelefondienstRL n.F.

[920] Erwägungsgrund (10) ZusRL; *EG-Kommission*, Empfehlung für Zusammenschaltungsentgelte (98/195/EG), ABl. EG Nr. L 73/42 v. 12.3.1998, S. 42 (43).

gen durchschnittlichen zusätzlichen Kosten (FL-LRAIC[921])" zugrunde gelegt werden, die in geeigneter Weise (hierzu b)) zu erfassen sind.

aa) „FL-LRAIC"-Kostenansatz („Forward Looking – Long Run Average Incremental Costs")

Der Grundsatz der Kostenorientierung kommt durch die Beweislastregel des Art. 7 Abs. 2 Satz 2 ZusRL zum Ausdruck.[922] Danach sind Organisationen, die ihre Infrastruktur für eine Zusammenschaltung bereitstellen, dafür beweispflichtig, daß die geforderten Zusammenschaltungsentgelte lediglich auf den *tatsächlichen Kosten* der Zusammenschaltung einschließlich einer *vertretbaren Investitionsrendite* beruhen. Auch die ONP-Rahmenrichtlinie sieht für Tarife im Rahmen des offenen Netzzugangs und damit für Zusammenschaltungstarife[923] eine angemessene Umlegung der Gesamtkosten sowie eine notwendige Investitionsrendite[924] vor.[925] Unter vertretbarer bzw. notwendiger Investitionsrendite ist eine angemessene Verzinsung des für die konkrete Zusammenschaltung erforderlichen, anteilsmäßig eingesetzten Kapitals zu verstehen. Sie orientiert sich an dem üblicherweise am Markt erzielbaren Kapitalzins.[926] Praxisrelevante Schwierigkeiten treten auf, wenn Betreiber die tatsächlichen Kosten der Zu-

---

921 Forward Looking – Long Run Average Incremental Costs.

922 Vgl. hierzu auch *WIK/EAC* (Hrsg.), Network Interconnection in the Domain of ONP, S. 85 ff.; *Arthur Andersen* (Hrsg.), Cost allocation and accounting principles, S. 37.

923 Die Zusammenschaltung ist ein Fall des Netzzugangs; vgl. oben 3. Kap. B. III. 1., S. 162.

924 Die Investitionsrendite bestimmt sich grundsätzlich nach den Kapitalkosten (Eigen- und Fremdkapitalkosten) und dem Wert des eingesetzten Kapitals (Kapitalwert). Kapitalkosten sollen dabei die Opportunitätskosten der durch die Zusammenschaltung beanspruchten Netzelemente enthalten, während das eingesetzte Kapital einzelnen Geschäftsfeldern und somit den Netzelementen der Zusammenschaltung zuzurechnen ist; *EG-Kommission*, Empfehlung der Kommission v. 8.4.1998 zur Zusammenschaltung in einem liberalisierten Telekommunikationsmarkt (Teil 2 – getrennte Buchführung und Kostenrechnung) (98/322/EG), ABl. EG Nr. L 141/6 v. 13.5.1998, S. 6 (19 f.) (Empfehlung für getrennte Buchführung und Kostenrechnung).

925 Anhang Nr. 3 ONP-RahmenRL.

926 *F. Schuster/S. Stürmer*, in: TKG-Kommentar, Anh. § 27, § 3 TEntgV Rdnr. 17 ff.

sammenschaltung nicht nachweisen können[927] oder wollen[928] bzw. sich wegen der zugrundeliegenden Kostenrechnungsdaten auf Betriebs- und Geschäftsgeheimnisse[929] berufen.

Die Kommission empfiehlt die tatsächlichen Kosten verkehrsabhängig nach den „zukunftsrelevanten langfristigen durchschnittlichen zusätzlichen Kosten“ (FL-LRAIC) der Zusammenschaltung zu ermitteln.[930] Sie rechtfertigt den von ihr gewählten Kostenansatz aus der Annahme, daß (zukunftsrelevante) langfristige Grenzkosten[931] mit den Anforderungen an die Entwicklung eines wettbewerbsorientierten Marktes am besten korrelieren und den Kosten eines effizienten Betreibers, der innovative Telekommunikationstechnik einsetzt, nahezu entsprechen.[932]

Der Kostenansatz der *zukunftsrelevanten* Kosten basiert auf dem Grundsatz der effizienten Leistungsbereitstellung und zielt darauf ab, während der Markttransformationsphase ein Entgelt zu errechnen, daß dem Preis für Zusammen-

---

[927] Mangels ausreichender Kostenrechnungssysteme bzw. Vorlage vollständiger qualitativer und quantitativer Unterlagen; vgl. Reg TP, MMR 1999, S. 496 (497) m. Anmerk. *F. Schuster*, S. 500 ff.

[928] So kam z.B. die Deutsche Telekom ihrer Kostennachweispflicht im Verfahren zu Netzzugangsentgelten für „Internet Service Provider (ISP)“ trotz Aufforderung der Regulierungsbehörde nicht nach. Die Regulierungsbehörde bewertete den nicht erbrachten Nachweis lediglich als Beweisvereitelung und verhängte kein Zwangsgeld. Vgl. Reg TP, MMR 1999, S. 557 (561) m. kritischer Anmerk. *R. Schütz*, S. 566 (567).

[929] *M. Bock/S. B. Völcker*, CR 1998, S. 473 (482); *Th. Mellewigt/B. Theissen*, MMR 1998, S. 589 (594); *Th. Tschentscher/H. Neumann*, BB 1997, S. 2437 (2440 f.); vgl. auch Reg TP, MMR 1998, S. 562 (563); Reg TP, MMR 1998, S. 681 (682); Reg TP, MMR 1999, S. 114 (115 f.)

[930] Erwägungsgrund (10) ZusRL; *EG-Kommission*, Empfehlung für Zusammenschaltungsentgelte, ABl. EG Nr. L 73/42, S. 42 (43). Einen Überblick über Länder, die diese Methode gegenwärtig bzw. künftig anwenden, ist enthalten in der Mitteilung über Zusammenschaltungsentgelte, ABl. EG Nr. C 84/3 v. 19.3.1998, S. 3 (5).

[931] Unter Grenzkosten ist der Kostenzuwachs zu verstehen, der durch die Produktion der jeweils letzten Produktionseinheit eines Gutes entsteht; *G. Wöhe*, Einführung in die Allgemeine Betriebswirtschaftslehre, S. 602; *J. Reese*, in: *H. Corsten/M. Reiß* (Hrsg.), Betriebswirtschaftslehre, S. 781; *V. Jung*, Allgemeine Betriebswirtschaftslehre, S. 422. Als Obergrenze sind die Kosten anzusetzen, die anfallen würden, wenn die Zusammenschaltung unabhängig von anderen Leitungen bereitgestellt wird („stand-alone costs“); Erwägungsgrund (10) ZusRL.

[932] Erwägungsgrund (10) ZusRL; *EG-Kommission*, Empfehlung für Zusammenschaltungsentgelte (98/195/EG), ABl. EG Nr. L 73/42 v. 12.3.1998, S. 42 und 43.

schaltungen im Wettbewerb gleichkommt.[933] Im Wettbewerb können Unternehmen für die Preise ihrer Produkte nicht deren Anschaffungskosten (Ist-Kosten) ansetzen, wenn sie gegen Konkurrenzprodukte, die effizienter hergestellt werden und somit ein besseres Preis-Leistungs-Verhältnis aufweisen, bestehen wollen.[934] Infolge des Wettbewerbsdrucks müssen sie deshalb ihre Kalkulation der künftigen Entwicklung anpassen, d.h. ihrer Kalkulation – auf Plankostenbasis – die Kosten zugrundelegen, die bei aktuellen Investitionen anfallen würden.[935] Eine Ermittlung der Zusammenschaltungsentgelte auf Basis der historischen Anschaffungs- und Herstellungskosten als vergangenheitsbezogene Berechnungsmethode würde ehemalige staatliche Monopolunternehmen begünstigen[936], so daß statt der historischen Vollkosten, die Kosten einer effizienten (zukunftsorientierten) Leistungsbereitstellung anzusetzen sind.[937]

Zusätzliche Kosten sind diejenigen Kosten, die durch die Produktion eines weiteren Absatzgutes im Vergleich zu den Kosten verursacht werden, die entstehen, ohne dieses zusätzliche Erzeugnis zu produzieren.[938] Im Rahmen der Zusammenschaltung sind deshalb lediglich die durch die Zusammenschaltung kausal verursachten Kosten zusätzliche Kosten.[939] *Durchschnittliche* zusätzliche Kosten ergeben sich, wenn die zusätzlichen Kosten durch die jeweilige Ausbringungsmenge an Produkten und Gütern dividiert wird.[940] Als Ausbringungsmenge kann bei der Zusammenschaltung die Anzahl der durchgeleiteten

---

[933] *EG-Kommission*, Mitteilung über Zusammenschaltungsentgelte, ABl. EG Nr. C 84/3 v. 19.3.1998, S. 3 (6); vgl. *L. Becker*, K&R 1999, S. 112 (115).

[934] Vgl. zur Effizienz *R. Schütz/R.-O. Müller*, MMR 1999, S. 128 (133); *L. Becker*, K&R 1999, S. 112 (114).

[935] *EG-Kommission*, Mitteilung über Zusammenschaltungsentgelte, ABl. EG Nr. C 84/3 v. 19.3.1998, S. 3 (5).

[936] *EG-Kommission*, Mitteilung über Zusammenschaltungsentgelte, ABl. EG Nr. C 84/3 v. 19.3.1998, S. 3 (6, Fn. 9).

[937] Vgl. *R. Schütz/R.-O. Müller*, MMR 1999, S. 128 (133); *L. Becker*, K&R 1999, S. 112 (114).

[938] *F. Schuster/S. Stürmer*, in: TKG-Kommentar, Anh. § 27, § 3 TEntgV Rdnr. 7; *M. Geppert/E.-O. Ruhle/F. Schuster*, Handbuch Telekommunikation, Rdnr. 210; *Th. Mellewigt/B. Theissen*, MMR 1998, S. 589 (590 f.); *I. Vogelsang*, MMR 1998, S. 594 (595); *R. Schütz/R.-O. Müller*, MMR 1999, S. 128 (133).

[939] *W. Neu/K.-H. Neumann*, Interconnection Agreements in Telecommunications, S. 4.

[940] *F. Schuster/S. Stürmer*, in: TKG-Kommentar, Anh. § 27, § 3 TEntgV Rdnr. 7.

Gespräche in Abhängigkeit des Wochentags und der Tageszeit (Verkehrsvolumen) angenommen werden.[941] In zeitlicher Hinsicht sind die *langfristigen Kosten* innerhalb eines bestimmten Planungszeitraums anzusetzen, denn nur bei langfristiger Betrachtung zeigt sich, daß sämtliche Kosten, d.h. auch die Fix-Kosten von der Ausbringungsmenge abhängen und somit variabel sind.[942] Dadurch soll gewährleistet werden, daß Zusammenschaltungsentgelte auf Vollkostenbasis (kausale Kosten und anteilsmäßige Fix-Kosten) berechnet werden.

bb) Kostenermittlung

Infolge des Transparenzgebots müssen die der Berechnung des Zusammenschaltungsentgelts zugrunde gelegten Kostendaten detailliert aufgegliedert und hinreichend dokumentiert werden.[943] Art. 7 Abs. 3 Satz 6 i.V.m. Anhang IV ZusRL enthält eine Liste mit Beispielen einzelner Elemente der Zusammenschaltungskosten. Danach kann differenziert werden zwischen

(1) Kosten der erstmaligen physischen Herstellung der Zusammenschaltung (technische Schnittstellenverknüpfung),[944]

(2) Kosten der Benutzung von Gerätschaften und Betriebsmitteln (Kollokation)[945],

(3) Kosten der verkehrsabhängigen Übermittlung von Signalen,[946]

(4) Kosten für bereitgestellte Hilfs- und Zusatzdienste[947] und

---

[941] *EG-Kommission*, Mitteilung über Zusammenschaltungsentgelte, ABl. EG Nr. C 84/3 v. 19.3.1998, S. 3 (4).

[942] *Th. Mellewigt/B. Theissen*, MMR 1998, S. 589 (590); *R. Schütz/R.-O. Müller*, MMR 1999, S. 128 (133).

[943] Telefonnetzbetreiber mit beträchtlicher Marktmacht und einem Jahresumsatz über 20 Mio. ECU sowie Telekommunikationsnetz- und -diensteanbieter, denen in anderen Sektoren ausschließliche Rechte gewährt werden, mit einem Jahresumsatz über 50 Mio. ECU sind gemäß Art. 8 i.V.m. Anlage VI ZusRL zur getrennten Buchführung verpflichtet.

[944] Hierunter fallen auch Kosten für Kompatibilitätsprüfungen und Umrüstungen.

[945] Vgl. zu Kollokationskosten Reg TP, MMR 1998, S. 621 (623); Reg TP, MMR 1998, S. 681 (683); *Eutelis Consult/Horrocks Technology/Tera Consultants* (Hrsg.), Recommended Practices for Collocation and other Facilities Sharing for Telecommunications Infrastructure, S. 33.

[946] Je nach Dauer der Gesprächsverbindung oder der hierfür zusätzlich erforderlichen Netzkapazität.

(5) Kosten für einen angemessenen Anteil an gemeinsamen Kosten und Gemeinkosten[948] sowie an Kosten, die für die Gewährung eines gleichwertigen Zugangs, die Nummernportabilität und die Einhaltung grundlegender Anforderungen entstehen.[949]

Weitere Bestandteile, die in Kostenrechnungssystemen aufgenommen werden können, sind beispielhaft in Art. 7 Abs. 5 i.V.m. Anhang V ZusRL aufgezählt. Neben den verwendeten Kostenstandards[950], dem Verfahren der Kostenzurechnung[951] und Buchführungvereinbarungen[952] sollen sämtliche Kostenelemente angegeben werden, die „zusammen das Zusammenschaltungsentgelt ausmachen, einschließlich eines Gewinnelements".[953] Hieraus ist zu schließen, daß das Zusammenschaltungsentgelt neben den tatsächlichen Kosten und der Investitionsrendite auch einen Gewinn i.S. eines „echten Entgelts" aufweisen kann.[954]

Die Kommission äußerte sich weiterhin detailliert zu Bestandteilen des Zusammenschaltungsentgelts im Zusammenhang mit der Anrufzustellung.[955]

---

[947] Zum Beispiel Zugang zu Teilnehmerverzeichnisdiensten, Datenerfassung, Gebührenimpulsdurchleitungen, Entgeltabrechnung mit dem Kunden (Inkasso), u.a.

[948] Gemeinkosten sind Kosten, die nicht unmittelbar und eindeutig einer Leistung zugeordnet werden können (z.B. Abschreibungen, EDV, Versicherungen, Gehälter, Verwaltung etc.); *G. Wöhe*, Einführung in die Allgemeine Betriebswirtschaftslehre, S. 1111; *E. Troßmann*, in: *H. Corsten/M. Reiß* (Hrsg.), Betriebswirtschaftslehre, S. 328; *V. Jung*, Allgemeine Betriebswirtschaftslehre, S. 1072; *I. Vogelsang*, MMR 1998, S. 594 (595 f.); *R. Schütz/R.-O. Müller*, MMR 1999, S. 128 (133).

[949] Vgl. zu einzelnen Entgeltpositionen Reg TP, MMR 1998, S. 621 ff.; Reg TP 1998, S. 681 (685 ff.); Reg TP, MMR 1999, S. 114 (118 f.); *WIK/EAC* (Hrsg.), Network Interconnection in the Domain of ONP, S. 86; *S. Stürmer*, Netzzugang und Eigentumsrecht in der Telekommunikation, S. 70 f.

[950] Vollkosten, langfristige durchschnittliche zusätzliche Kosten, Grenzkosten, „stand-alone-costs" einschließlich der Kostengrundlagen (historische Ist-Kosten, Wiederbeschaffungswerte).

[951] Zum Beispiel Zurechnungsverfahren für Gemeinkosten.

[952] Zum Beispiel Abschreibungsdauer für wesentliche Anlagegüter.

[953] Anhang V, Ziff. 2 ZusRL.

[954] Aus verfassungsrechtlichen Gründen halten einen Gewinnanteil für die Inanspruchnahme fremder Infrastruktur generell für erforderlich *M. Schmidt-Preuß*, Verfassungskonflikt um die Durchleitung?, RdE 1996, S. 1 (8); *J. F. Baur/M. Moraing*, Rechtliche Probleme einer Deregulierung der Elektrizitätswirtschaft, S. 70 f.; *P. N. Märkl*, Netzzusammenschaltung, S. 299; *W. Wegmann*, Regulierte Marktöffnung, S. 214 ff.

[955] *EG-Kommission*, Empfehlung für Zusammenschaltungsentgelte (98/195/EG), ABl. EG Nr. L 73/42 v. 12.3.1998, S. 42 (Anhang I, Ziff. 1-4).

Dabei erachtet sie ein Entgelt für die ausschließliche Überlassung der Teilnehmeranschlußleitung für nicht gerechtfertigt, da hierdurch keine zusätzlichen Kosten für den Netzbetreiber entstehen. Ein Ausgleich für Zugangsdefizite[956] sei nur zulässig, wenn die Mitgliedstaaten den ehemaligen Monopolbetreibern regulatorische Beschränkungen bei der Gestaltung der Endkundentarife auferlegen.[957] Kosten eines erfolglosen Verbindungsaufbaus[958] könnten nur berücksichtigt werden, wenn der etablierte Netzbetreiber nachweist, daß die Ursache hierfür nicht in der mangelnden Leistungsfähigkeit seines Netzes liegt.[959] Werden Zusammenschaltungsentgelte durch Abschläge des Endkundentarifs berechnet, so entspreche dies dann nicht dem Gemeinschaftsrecht, wenn Endkundentarife nicht kostenorientiert gestaltet sind.[960]

(1) Kostenrechnungssysteme

Um das Zusammenschaltungsentgelt nach dem „FL-LRAIC"-Kostenansatz ermitteln und überprüfen zu können, sind neue, qualifizierte Kostenrechnungssysteme erforderlich, die es ermöglichen, die tatsächlich anfallenden Kosten (Kostenartenrechnung) nach dem Verursachungsprinzip (Kostenstellenrechnung) den jeweiligen Kostenträgern (Kostenträgerrechnung) auf der Basis von Wiederbeschaffungskosten nach dem gegenwärtigen Zeitwert zuzurechnen.[961] Anhang Nr. 3 der ONP-RahmenRL verpflichtet deshalb die Mitgliedstaaten,

---

956 Zum Beispiel Defizite bei der Bereitstellung von Teilnehmeranschlußleitungen, die im Monopolmarkt durch überhöhte Preise bei Fern- und Auslandsgesprächen ausgeglichen werden können.

957 *EG-Kommission*, Empfehlung für Zusammenschaltungsentgelte, ABl. EG Nr. L 73/42, S. 42 (43 und Anhang I, Ziff. 1); *dies.*, Mitteilung der Kommission v. 27.11.1996 über Bewertungskriterien für nationale Systeme der Kostenrechnung und Finanzierung im Universaldienst in der Telekommunikation und Leitlinien für die Mitgliedstaaten für die Anwendung dieser Systeme, KOM (96) 608 endg., Anhang B.

958 Zum Beispiel wenn der Anruf aus Kapazitätsgründen nicht bis zum Empfänger durchgeleitet werden kann.

959 Auch Kosten der Anrufeinrichtung, d.h. Kosten für zusätzliche Verarbeitungskapazität müssen nachgewiesen werden.

960 Bei kostenorientierten Endkundentarifen ist die Abschlagsberechnung „unerwünscht", da sie Marktneulingen die Tarifstruktur der etablierten Betreiber aufzwinge.

961 *Th. Ehrmann/Th. Mellewigt*, zfbf 1997, S. 255 (259).

sicherzustellen, daß Tarife für den Zugang zu Netzressourcen nach den jeweiligen Netzmerkmalen aufgegliedert werden.[962] Zusammenschaltungsentgelte müssen deshalb nach Art. 7 Abs. 4 ZusRL hinreichend differenziert sein, damit Zusammenschaltungspetenten nicht für Leistungen zahlen, die sie nicht in Anspruch nehmen.[963] Gemäß Art. 4a Abs. 4 TkDiensteRL gewährleisten die Mitgliedstaaten, daß die Kostenelemente, die für die Preisgestaltung der Zusammenschaltungsangebote erheblich sind, in den Kostenrechnungssystemen der Telekommunikationsorganisationen ausgewiesen werden (Transparenzgebot).[964]

Diese Entbündelungs- und Entflechtungspflichten sollen sicherstellen, daß Zusammenschaltungsentgelte für Zusammenschaltungspetenten und Regulierungsbehörden verständlich, nachvollziehbar und berechenbar sind. Hierin zeigt sich aber auch die Schwäche des Systems, das ausschließlich auf den Daten und Informationen der Betreiber beruht.[965] In ihrer Empfehlung zur Zusammenschaltung in einem liberalisierten Telekommunikationsmarkt Teil 2[966] gibt die Kommission deshalb detaillierte Hinweise zur Einführung getrennter Buchführungs- und Kostenrechnungssysteme[967], insbesondere zur Aufgliederung der Betriebskosten in einzelne Geschäftstätigkeiten[968], zur Zurechnung der Kosten

---

[962] Harmonisierte Tarifgrundsätze beziehen sich auf Endkunden- und Zusammenschaltungstarife.

[963] Nach Art. 12 Abs. 4 SprachtelefondienstRL a.F., Art. 17 Abs. 4 SprachtelefondienstRL n.F. müssen Endkundentarife für Dienstemerkmale, die zusätzlich zum Anschluß an das feste öffentliche Telekommunikationsnetz bereitgestellt werden, entsprechend aufgegliedert sein, damit Nutzer nicht für Leistungen zahlen müssen, die sie nicht beanspruchen.

[964] Siehe auch Erwägungsgrund (10) TkDiensteRL.

[965] Selbst wenn ehemaligen Monopolunternehmen kein erhebliches Eigeninteresse an höheren Kosten zu unterstellen ist, sind Verzerrungen nicht auszuschließen, da deren Kostendaten wiederum auf (austauschbaren) Buchführungsdaten beruhen; *I. Vogelsang*, MMR 1998, S. 594 (595).

[966] *EG-Kommission*, Empfehlung für getrennte Buchführung und Kostenrechnung, ABl. EG Nr. L 141/6 v. 13.5.1998, S. 6.

[967] Vgl. hierzu *A. Bartosch*, EuZW 1999, S. 421 (425).

[968] Unterschieden werden das Kern- (Vermittlungsinfrastruktur) und Ortsanschlußnetz (Teilnehmeranschluß-Infrastruktur), das Einzelkundengeschäft sowie sonstige Tätigkeiten.

nach dem Kostenverursachungsprinzip[969] und zur Bewertung des Anlagevermögens auf Basis der Wiederbeschaffungskosten[970].

Da die erforderliche Umstellung auf geeignete Rechnungssysteme sowohl zeit- als auch kostenintenisv ist und die Ermittlung des Wiederbeschaffungswertes von Telekommunikationseinrichtungen nach dem „Current Cost Accounting" komplexe betriebswirtschaftliche Berechnungen erfordert[971], empfiehlt die Kommission den nationalen Regulierungsbehörden, sich während eines Übergangszeitraums bzgl. der Zusammenschaltungsentgelte an der auf dem Vergleichsmarktkonzept beruhenden Methode der „besten gegenwärtigen Praxis" zu orientieren.[972] Darüber hinaus können analytische Kostenmodelle herangezogen werden.[973]

---

[969] Ausgehend von der Erfassung der Betriebs- und Kapitalkosten sowie buchtechnischen Eintragungen (z.B. Abschreibungen) sollen diese Kosten in vier Schritten unmittelbar einzelnen Telekommunikationsdiensten oder den Kostenpools der Netzkomponenten sowie der verwandten und sonstigen Funktionen zugeordnet werden. Vgl. im einzelnen auch das Flußdiagramm zur Kostenzurechnung *EG-Kommission*, Empfehlung für getrennte Buchführung und Kostenrechnung, ABl. EG Nr. L 141/6 v. 13.5.1998, S. 6 (Anhang, Abbildung 1); vgl. auch *Arthur Andersen* (Hrsg.), Cost allocation and accounting principles, S. 105.

[970] Die Bewertung soll auf der Grundlage des „Current Cost Accounting (CCA)" nach den Nettowiederbeschaffungskosten eines identischen Wirtschaftsguts erfolgen, ergänzt um den Wert eines modernen Äquivalenzguts („Modern Equivalent Asset – MEA"), wenn das Wirtschaftsgut infolge technologischen Wandels nicht mehr hergestellt wird. Dabei können Anpassungen hinsichtlich der Beschaffungspreise und der in Ansatz zu bringenden Betriebskosten erforderlich werden, die durch eine Neubewertung der Abschreibung unter Berücksichtigung der Inflation des Werts des konkreten Wirtschaftsguts und der allgemeinen Inflation des Eigenkapitals nach der Finzanzkapitalerhaltung („Financial Capital Maintenance – FCM") erfolgen soll. Vgl. im einzelnen *EG-Kommission*, Empfehlung für getrennte Buchführung und Kostenrechnung, ABl. EG Nr. L 141/6 v. 13.5.1998, S. 6 (Anlage); *Arthur Andersen* (Hrsg.), Cost allocation and accounting principles, S. 39 ff.

[971] Vgl. oben Fn.970.

[972] *EG-Kommission*, Empfehlung für Zusammenschaltungsentgelte, ABl. EG Nr. L 73/42, S. 42 (43); *Th. Ehrmann/Th. Mellewigt*, zfbf 1997, S. 255 (263); für die parallele Anwendung von Kostenrechnungssystemen und Vergleichsmarktkonzept *A. Picot/W. Burr*, zfbf 1997, S. 264 (267).

[973] *EG-Kommission*, Empfehlung für Zusammenschaltungsentgelte (98/195/EG), ABl. EG Nr. L 73/42 v. 12.3.1998, S. 42; *dies.*, Mitteilung über Zusammenschaltungsentgelte, ABl. EG Nr. C 84/3 v. 19.3.1998, S. 3 (7); *dies.*, Empfehlung für getrennte Buchführung und Kostenrechnung, ABl. EG Nr. L 141/6 v. 13.5.1998, S. 6.

(2) „Best current practice" („beste gegenwärtige Praxis")

Nach dem Konzept der „besten gegenwärtigen Praxis" (BCP) werden in den Mitgliedstaaten zu bestimmten Stichtagen[974] Daten zu Zusammenschaltungsentgelten erhoben. Hierzu wird zunächst zwischen Netzzusammenschaltungen auf lokaler- (Ortsvermittlungsebene[975]), Einfachtransit- (Großstadtebene[976]) und Doppeltransit- (nationale Ebene[977]) Ebene unterschieden. Aus den jeweiligen niedrigsten und drittniedrigsten Kosten der Anrufzustellung zu Spitzenzeiten, d.h. den verkehrsabhängigen Kosten für die Weiterleitung der Signale aus dem rufenden in das zustellende Netz pro Minute[978] werden sodann Preisspannen als Empfehlung gebildet.[979] Die Kommission sieht danach für das Jahr 1999 für Zusammenschaltungen auf der

Ortsvermittlungsebene	0,5 - 1,0 Hundertstel ECU/min.,
auf der Großstadtebene	0,8 - 1,6 Hundertstel ECU/min. und
auf nationaler Ebene	1,5 - 2,3 Hundertstel ECU/min. vor.[980]

Die nationalen Regulierungsbehörden sollen anhand der ermittelten Preisspannen überprüfen, ob die von den ehemaligen Monopolbetreibern erhobenen Entgelte für die Entwicklung eines wettbewerbsfähigen Marktes geeignet sind. Liegen die geforderten Zusammenschaltungsgebühren außerhalb der Bandbreiten, so sollen die Regulierungsbehörden von der Möglichkeit nach Art. 7 Abs. 2 Satz 2 ZusRL Gebrauch machen und von den Unternehmen eine

974 Zuletzt zum 1.3.1999 und 1.9.1999.

975 Erschließung aller Teilnehmer einer bestimmten Ortsvermittlung.

976 Erschließung aller Teilnehmer einer Großstadt oder eines größeren Raumes.

977 Erschließung sämtlicher nationaler Teilnehmer.

978 Hingegen nicht die Kosten für die Herstellung der Zusammenschaltung oder die Anzahl der Zusammenschaltungspunkte.

979 Vgl. im einzelnen *EG-Kommission*, Mitteilung über Zusammenschaltungsentgelte, ABl. EG Nr. C 84/3 v. 19.3.1998, S. 3 (7); *dies.*, Empfehlung für Zusammenschaltungsentgelte (98/195/EG), ABl. EG Nr. L 73/42 v. 12.3.1998, S. 42 (Anhang II).

980 Der „beste gegenwärtige Preis" hat sich danach gegenüber 1998 nur geringfügig verringert (1998: Ortsvermittlungsebene 0,6 - 1,0 ECU/min; Großstadtebene 0,9 - 1,8 ECU/min; nationale Ebene 1,5 - 2,3 ECU/min).

vollständige Begründung sowie gegebenenfalls die Anpassung der Tarife fordern.[981]

Das Verfahren der „besten gegenwärtigen Praxis" beruht auf einem Vergleichsmarktkonzept[982] („benchmarking"[983]), das auf den sachlich – jeweils durch die drei Zusammenschaltungsebenen getrennten – und räumlich relevanten Märkten der Mitgliedstaaten basiert.[984] Schwäche dieses Verfahrens ist, daß lediglich europäische Vergleichsdaten erhoben werden und Informationen aus Ländern mit frühzeitig liberalisierten Telekommunikationsmärkten, wie den USA, Großbritannien, Japan oder Neuseeland, außer Betracht bleiben.[985] Die Vergleichsdaten beruhen wiederum auf vergangenheitsbezogenen, nicht adäquaten Kostenrechnungssystemen und gehen auf die einseitige Preissetzung der ehemaligen Monopolunternehmen zurück[986], so daß der „beste gegenwärtige Preis" lediglich einen gemittelten Schätzwert darstellen kann.[987] Mit Empfehlung vom 20.03.2000 der EG-Kommission wurden die Zusammenschaltungsentgelte um durchschnittlich 8 % reduziert.[988]

---

[981] *EG-Kommission*, Mitteilung über Zusammenschaltungsentgelte, ABl. EG Nr. C 84/3 v. 19.3.1998, S. 3 (5).

[982] Vgl. hierzu allgemein *F. Schuster/S. Stürmer*, in: TKG-Kommentar, Anh. § 27, § 3 TEntgV Rdnrn. 22 ff.; *L. Becker*, K&R 1999, S. 112 (115 ff.).

[983] *Th. Mellewigt/B. Theissen*, MMR 1998, S. 589; *R. Schütz/R.-O. Müller*, MMR 1999, S. 128 (131).

[984] Vgl. zum Problem der Vergleichbarkeit nationaler Telekommunikationsmärkte *A. Picot/W. Burr*, zfbf 1997, S. 264 (266).

[985] *Th. Ehrmann/Th. Mellewigt*, zfbf 1997, S. 255 (263).

[986] *I. Vogelsang*, MMR 1998, S. 594 (595, Fn. 1), hält das Vergleichsmarktkonzept für einen „großen Zirkelschluß", falls alle Länder hiernach verfahren würden.

[987] *Th. Kiessling*, Optimale Marktstrukturregulierung in der Telekommunikation, S. 202, sieht in der Festlegung von Richtwerten die Gefahr der „Zementierung" der bestehenden Marktunterschiede in den Mitgliedstaaten, mit der Folge, daß ein einheitlicher Standard zur Kostenermittlung nicht mehr gesucht werde.

[988] *EG-Kommission*, Empfehlung für Zusammenschaltungsentgelte, ABl. EG Nr. L 83 v. 20.03.2000, S. 30.

(3) Analytische Kostenmodelle

Analytische Kostenmodelle sind von der Kostenrechnung der Betreiber losgelöste Methoden der Kostenermittlung, die darüber hinaus den nationalen Regulierungsbehörden als Referenzmodell zur Überprüfung von Zusammenschaltungsentgelten dienen können. Das Gemeinschaftsrecht enthält explizit keine Aussagen über Kostenmodelle.[989] In ihren Empfehlungen zur Zusammenschaltung[990] und der Mitteilung über Zusammenschaltungsentgelte[991] nimmt die Kommission jedoch auf analytische Kostenmodelle Bezug, so daß davon auszugehen ist, daß solche Modelle zur Ermittlung bzw. Überprüfung von Zusammenschaltungsentgelten herangezogen werden können.[992] Das Gemeinschaftsrecht, das den Grundsatz der Kostenorientierung verbunden mit einer Beweislastregel zu Lasten der verpflichteten Netzbetreiber enthält, steht insofern nicht entgegen.[993]

Im Rahmen analytischer Kostenmodelle werden grundsätzlich zwei Verfahren, die „Bottom-up"-Methode und der „Top-down"-Ansatz diskutiert.[994] Das im Auftrag der britischen Regulierungsbehörde OFTEL nach dem Ingenieuransatz entwickelte „Bottom-up"-Modell[995] ermittelt Zusammenschaltungskosten ausgehend von der Nachfrage modellhaft nach den für die Zusammenschaltung not-

---

[989] Auch die Implementierung bestimmter Kostenrechnungssysteme wird nicht vorgeschrieben; *EG-Kommission*, Empfehlung für Zusammenschaltungsentgelte (98/195/EG), ABl. EG Nr. L 73/42 v. 12.3.1998, S. 42; *dies.*, Vierter Bericht über die Umsetzung des Reformpakets für den Telekommunikationssektor, KOM (98) 594 endg. v. 25.11.1998, S. 20; *R. Doll/R. Wieck*, MMR 1998, S. 280 (283).

[990] *EG-Kommission*, Empfehlung für Zusammenschaltungsentgelte (98/195/EG), ABl. EG Nr. L 73/42 v. 12.3.1998, S. 42; *dies.*, Empfehlung für getrennte Buchführung und Kostenrechnung, ABl. EG Nr. L 141/6 v. 13.5.1998, S. 6.

[991] *EG-Kommission*, Mitteilung über Zusammenschaltungsentgelte, ABl. EG Nr. C 84/3 v. 19.3.1998, S. 3 (7).

[992] Vgl. oben 973.

[993] A.A. *R. Doll/R. Wieck*, MMR 1998, S. 280 (284), die insofern die Vereinbarkeit bezweifeln, als das Gemeinschaftsrecht allein von der Kostenrechnung der Betreiber ausgeht.

[994] Vgl. zu den in den USA diskutierten „Cost Proxy Models" *R. Doll/R. Wieck*, MMR 1998, S. 280 (282 f.); *Th. Mellewigt/B. Theissen*, MMR 1998, S. 589 (591).

[995] *OFTEL* (Hrsg.), Long run incremental costs: the bottom-up model (March 1997).

wendigen Netzelementen, die durch Ingenieurregeln bestimmt werden.[996] Die „Top-down"-Methode[997] nimmt hingegen die Buchführungsdaten der ehemaligen Monopolunternehmen als Ansatzpunkt der Gesamtkosten des Unternehmens und gliedert sämtliche Kosten anhand von über 500 Kostenstellen kontinuierlich auf, die schließlich den einzelnen Telekommunikationsdiensten zugerechnet werden.[998] Beide Modelle können keine exakten Ergebnisse liefern, da Unternehmen zu komplex sind, um alle Kostenbestandteile modellhaft zu erfassen. Zudem hängen die Ergebnisse zu stark von den zugrundegelegten Annahmen (Ingenieurregeln, Kostenstellen) ab.[999] Infolge der komplexen wirtschafts-technischen Anforderungen erachtet es die Kommission deshalb für erforderlich, die Ergebnisse von „Bottom-up"-Verfahren durch „Top-down"-Berechnungen zumindest gegenzuprüfen.[1000] Nur so ließen sich Zusammenschaltungskosten kalkulieren, die grob richtig seien.[1001]

cc) Richtlinienkonforme Umsetzung

Zusammenschaltungsentgelte sollen sich nach deutschem Recht gemäß § 39 i.V.m. §§ 24 Abs. 1, 27 Abs. 4 TKG i.V.m. § 3 Abs. 1 TEntgV[1002] an den Kosten der *effizienten Leistungsbereitstellung* orientieren.[1003] Diese Kosten

---

[996] Im Rahmen dieses Modells geht der „scorched-node"-Ansatz vom vorhandenen Netz der etablierten Betreiber aus, während das „scorched-earth"-Verfahren eine optimale Netzstruktur auf der „grünen Wiese" zugrunde legt.

[997] *OFTEL* (Hrsg.), Long run incremental cost methodology (November 1997); *OFTEL* (Hrsg.), Long run incremental costs: Relationships and Parameters (November 1997), prepared for OFTEL by BT.

[998] Vgl. zu beiden Modellen im einzelnen *R. Doll/R. Wieck*, MMR 1998, S. 280 (282); *I. Vogelsang*, MMR 1998, S. 594 (596 f.); *R. Schütz/R.-O. Müller*, MMR 1999, S. 128 (132).

[999] *I. Vogelsang*, MMR 1998, S. 594 (596 f.).

[1000] *EG-Kommission*, Empfehlung für getrennte Buchführung und Kostenrechnung, ABl. EG Nr. L 141/6 v. 13.5.1998, S. 6 (7).

[1001] *EG-Kommission*, Mitteilung über Zusammenschaltungsentgelte, ABl. EG Nr. C 84/3 v. 19.3.1998, S. 3 (7).

[1002] Telekommunikations-Entgeltregulierungsverordnung v. 1.10.1996, BGBl. I S. 1492.

[1003] Vgl. zur Auslegung des § 39 TKG *J. Scherer/U. Ellinghaus*, MMR 2000, S. 201 (205); *K.-M. Fuhr/B. Kerkhoff*, NJW 1997, S. 3209 (3210 f.), die nur Zusammenschaltungsentgelte marktbeherrschender Unternehmen als genehmigungspflichtig erachten. A.A. Reg TP, MMR

berechnen sich aus den *langfristigen zusätzlichen Kosten* der Zusammenschaltung und einem angemessenen Zuschlag für *leistungsmengenneutrale Gemeinkosten* sowie einer *angemessenen Verzinsung des eingesetzten Kapitals* (§ 3 Abs. 2 TEntgV).[1004] Ein Gewinnanteil ist hierin zwar ausdrücklich nicht enthalten[1005]; infolge der Verweisung (§ 39 TKG) auf die Regulierungsvorschriften für kostenorientierte Endkundentarife (§§ 24, 27 TKG) ist jedoch davon auszugehen, daß auch Zusammenschaltungsentgelte einen Gewinn aufweisen können.

Zur Überprüfung der Tarife kann die Regulierungsbehörde neben dem Kostennachweis der Betreiber durch geeignete Kostenrechnungssysteme (§ 3 Abs. 1 TEntgV) zusätzlich[1006] ein Vergleichsmarktverfahren[1007] heranziehen (§ 3 Abs. 3 TEntgV). Umstritten ist, ob auch analytische Kostenmodelle, wie sie im Auftrag der Regulierungsbehörde für das Orts- und Verbindungsnetz[1008] entwikkelt wurden, Grundlage von Regulierungsentscheidungen sein können.[1009] Da

---

1998, S. 681 (682); Reg TP, MMR 1999, S. 114 (116); *H.-J. Piepenbrock*, in: TKG-Kommentar, § 39 Rdnr. 11; *P. N. Märkl*, Netzzusammenschaltung, S. 254; *K. Hummel*, CR 2000, S. 291; zur Rückwirkung von Entgeltgenehmigungen *S. Lünenbürger*, CR 2001, S. 84 ff.; *F. Schuster*, MMR 2001, S. 298 (302 f.) und allgemein zur Entgeltregulierung *B. Stamm*, Die Entgeltregulierung im Telekommunikationsgesetz, S. 155 ff.

[1004] Vgl. hierzu grundlegend Reg TP, MMR 1998, S. 562 (563 f.) m. Anmerk. *H. Posser/P. Rädler*, S. 566 ff.; *K. Schmidt*, K&R 1999, S. 385 ff.; *L. Becker*, K&R 1999, S. 112 (114 f.); *V. Großkopf/K. Ritgen*, CR 1998, S. 86 ff.; zur Regulierung von Verbraucherpreisen *U. Immenga*, WuW 1999, S. 949 ff.

[1005] *P. N. Märkl*, Netzzusammenschaltung, S. 299.

[1006] Im Verfahren ISP (vgl. oben Fn. 928) hat die Regulierungsbehörde allein auf einen internationalen Preisvergleich abgestellt, nachdem die Deutsche Telekom keine Kostennachweise erbrachte, Reg TP, MMR 1999, S. 557 (561). Kritik hierzu übt *R. Schütz*, MMR Aktuell 7/1999, S. VIII (IX) sowie in seiner Entscheidungsanmerkung, MMR 1999, S. 566 (567).

[1007] Vgl. allgemein zum Vergleichsmarktverfahren *L. Becker*, K&R 1999, S. 112 (118 ff.); *F. Schuster/S. Stürmer*, in: TKG-Kommentar, Anh. § 27, § 3 TEntgV Rdnrn. 22 ff.

[1008] *WIK* (Hrsg.), Ein analytisches Kostenmodell für das Ortsnetz (Stand: 4.3.1998); vgl. zur Bewertung der Stellungnahmen zu diesem Modell *G. Knieps*, MMR 1998, S. 598 (599 ff.); *WIK* (Hrsg.), Ein analytisches Kostenmodell für das nationale Verbindungsnetz (Stand: 14.9.1999).

[1009] Vgl. zu deren begrenzter Aussagekraft *R. Doll/R. Wieck*, MMR 1998, S. 280 (281); *dies.*, MMR 1998, S. 659 ff.; für deren Ungeeignetheit *G. Knieps*, MMR 1998, S. 598 (602); a. A. *Th. Mellewigt/B. Theissen*, MMR 1998, S. 589 (590), die in analytischen Modellen die Grundlage zur Überprüfung der Kostennachweise sehen; *I. Vogelsang*, MMR 1998, S. 594; *R. Schütz/R.-O. Müller*, MMR 1999, S. 128 (132); *F. Schuster/S. Stürmer*, in: TKG-Kommentar, Anh. § 27, § 3 TEntgV Rdnr. 32.

die Kostenrechnung selbst bei geeigneten und implementierten Rechnungssystemen keine exakte Berechnung des Zusammenschaltungsentgelts ermöglicht[1010] und sich Vergleichsmarktkonzepte hierzu ebenso nur bedingt eignen, wenn die Vergleichsdaten nicht kostenorientiert ermittelt werden, sind auch analytische Modelle als Kontrollmaßstab im Rahmen des § 3 Abs. 1 TEntGV anzuerkennen.[1011]

Zusammenschaltungsentgelte wurden erstmals im Herbst 1997 durch das BMPT[1012] im Anrufungsverfahren nach § 37 TKG i.V.m. § 9 NZV[1013] wegen mangelnder Kostennachweise der Deutschen Telekom im Wege eines internationalen Vergleichsmarktverfahrens[1014] für vier Entfernungszonen – City (1,97 Pf/min.), Regio 50 (3,36 Pf/min.), Regio 200 (4,25 Pf/min.) und Fern (5,14 Pf/min) jeweils für die Hauptzeit[1015] – befristet bis zum 31.12.1999 festgelegt.[1016] Damit waren die Tarife zwar um bis zu 100 % günstiger als die ursprünglich von der Deutschen Telekom geforderten Zusammenschaltungsent-

[1010]Die Kostenrechnung, insbesondere die Kostenzurechnung und Bewertung der Wiederbeschaffungswerte, ist keine exakte Wissenschaft und vermag deshalb die gewünschten Ergebnisse nicht zu liefern; vgl. *I. Vogelsang*, MMR 1998, S. 594 (595).

[1011]*Th. Mellewigt/B. Theissen*, MMR 1998, S. 589 (590); *F. Schuster/S. Stürmer*, in: TKG-Kommentar, Anh. § 27, § 3 TEntgV Rdnr. 2.

[1012]BMPT Mitteilungen Nr. 173 (Mannesmann Arcor) und Nr. 174/1997 (o.tel.o), ABl. BMPT 30/1997, S. 1721 sowie Mitteilungen Nr. 193 (Viag Interkom) und Nr. 194/1997 (Colt Telecom), ABl. BMPT 32/1997, S. 1754. Die Entgelte wurden durch Verfügung 11/1998 der Regulierungsbehörde zum Grundangebot (§ 6 Abs. 5 NZV) erklärt; ABl. Reg TP 3/1998 v. 18.2.1998, S. 288.

[1013]Vgl. zu den einzelnen Streitpunkten ausführlich *M. Geppert/E.-O. Ruhle/F. Schuster*, Handbuch Telekommunikation, Rdnr. 371 ff.

[1014]Einbezogen wurden Großbritannien, Frankreich, Schweden, Finnland, die Niederlande, Dänemark, Spanien, Australien, Japan und die USA.

[1015]9-21 Uhr. In der Nebenzeit (21-9 Uhr) betragen die Entgelte 1,24 Pf./min., 2,02 Pf./min., 2,35 Pf./min., und 3,16 Pf./min. in den jeweiligen Entfernungszonen.

[1016]Vgl. hierzu *H. Schadow*, in: *J. Schwarze* (Hrsg.), Netzzugang im Wirtschaftsrecht, S. 85 (106 f.); zur Kritik am Verfahren und den ermittelten Tarifen *M. Geppert/E.-O. Ruhle/F. Schuster*, Handbuch Telekommunikation, Rdnr. 379 und Fn. 51; *U. Müller/F. Schuster*, MMR 1999, S. 507 (514), sprechen von einem „faulen Kompromiß“ zugunsten der Deutschen Telekom.

gelte[1017], sie lagen jedoch im oberen Bereich der Preisspannen der „besten gegenwärtigen Praxis".[1018]

Während zum Teil die Forderung bestand, die Regulierungsbehörde müsse Zusammenschaltungsentgelte im Verfahren nach § 30 TKG senken, weil sie eine Reduzierung der – ebenfalls kostenorientierten – Endkundentarife der Deutschen Telekom um 69 % genehmigte und somit zwingend erhebliche Kostenersparnisse zugrunde lagen, die sich – in entsprechendem Abstand – auch auf Zusammenschaltungstarife auswirken hätten müssen[1019], beantragte die Deutsche Telekom[1020] die rückwirkende Ergänzung der Zusammenschaltungsentgelte aufgrund zusätzlicher Kosten durch sog. atypische Verkehrsströme[1021], nachdem die Regulierungsbehörde festgelegt hatte, daß diese Kosten von dem verursachenden Unternehmen zu tragen sind.[1022] Ihr Antrag wurde abgelehnt[1023], da sie die konkreten Kosten – „aufgrund der qualitativen und quantitativen Unvollständigkeit"[1024] der vorgelegten Kostenunterlagen und einer „Vielzahl schwerwiegender Mängel"[1025] hinsichtlich der Kostenzurechnung – nicht nachweisen konnte.

Auch die Zusammenschaltungsentgelte, die seit 1.3.2000[1026] befristet bis 31.1.2001 gelten, wurden durch die Regulierungsbehörde erneut im Wege

---

[1017] *T. J. Gerpott*, K&R 1999, S. 49 (50).

[1018] *M. Geppert/E.-O. Ruhle/F. Schuster*, Handbuch Telekommunikation, Rdnr. 375; *T. J. Gerpott*, K&R 1999, S. 49 (50); *EG-Kommission*, Vierter Bericht über die Umsetzung des Reformpakets für den Telekommunikationssektor, KOM (98) 594 endg. v. 25.11.1998, S. 21.

[1019] *U. Müller/F. Schuster*, MMR 1999, S. 507 (514); vgl. zu der von *A. Börnsen* geforderten Überprüfung F.A.Z. v. 18.11.1999, S. 17.

[1020] Der Antrag sah eine Erhöhung der Zusammenschaltungstarife um bis zu 41 % vor; vgl. *R. Schütz*, MMR Aktuell 7/1999, S. VIII (IX).

[1021] Vgl. hierzu oben 3. Kap. B. III. 2., S. 151 (Fn. 833).

[1022] Reg TP, Mitt. Nr. 73/1999, ABl. 4/1999, S. 739 (740).

[1023] Reg TP, MMR 1999, S. 496 ff. m. Anmerk. *F. Schuster*, S. 500 ff., der die Entscheidung zwar der Sache nach, aber nicht in der Begründung für zutreffend erachtet.

[1024] Reg TP, MMR 1999, S. 496 (497).

[1025] Reg TP, MMR 1999, S. 496 (498).

[1026] Wegen des befürchteten Jahr-2000-Problems wurden die ursprünglichen Engelte beibehalten, die jedoch für Januar und Februar 2000 nachträglich zu stornieren sind.

eines internationalen Vergleichmarktverfahrens[1027] festgelegt und betragen für die vier Entfernungszonen 1,17 Pf7min. (City), 2,92 Pf/min. (Regio 50), 3,69 Pf/min. (Regio 200) und 4,47 Pf./min. (Fern).[1028] Die Regulierungsbehörde erachtete dabei die von der Deutschen Telekom vorgelegten Kostennachweise für in sich widersprüchlich und genehmigte als milderes Mittel gegenüber der Ablehnung des Antrags niedrigere Tarife[1029], die im Vergleich zur „besten gegenwärtigen Praxis" höher/niedriger liegen.

Die Regulierungsbehörde ermittelt Zusammenschaltungsentgelte ab 1.6.2001 nach den Kosten der Inanspruchnahme der einzelnen genutzten Elemente des Netzes durch die Verkehrsführung der Wettbewerber.[1030] Die Entgelte werden danach auf der Basis der genutzten Netzelemente („element based charging") bemessen und betragen für die Terminierung und Zuführung in der Hauptzeit[1031] 0,0124 DM/Min. (Nebenzeit[1032] 0,083 DM/Min.) für die Tarifzone I (Tarifzone II: Hauptzeit 0,0190 DM/Min., Nebenzeit 0,0124 DM/Min.).[1033]

Mit Beschluß vom 18.12.2000 hob das VG Köln[1034] die von der Regulierungsbehörde im Rahmen einer Zusammenschaltungsanordnung nach § 37 TKG auf der Basis des „element based charging" angeordneten Zusammenschaltungsentgelte im einstweiligen Rechtsschutzverfahren mit der Begründung auf, die Anordnung von Zusammenschaltungsentgelten setze einen

[1027] Einbezogen sind Großbritannien, Schweden, Norwegen, Niederlande, Irland, Dänemark, Italien, Spanien, Finnland, Schweiz und Österreich, jedoch nicht die USA; Reg TP, MMR 2000, S. 233 (240). Vgl. zu Zusammenschaltungsentgelten in Österreich *B. Hartsleben/W. Urbantschitsch*, MMR 2000, S. 744 (748).

[1028] Reg TP, MMR 2000, S. 233 (234) m. Anm. *F. Schuster*, S. 241 ff. Die Tarife wurden gemäß § 6 Abs. 5 NZV zum Grundangebot erklärt, ABl. Reg TP, Vfg. 5/2000, 7/2000 und 8/2000, S. 6, 9 und 15. Vgl. hierzu *H.-J. Piepenbrock/U. Müller*, K&R 2000, S. 110 ff.

[1029] Reg TP, MMR 2000, S. 233 (239).

[1030] RegTP, MMR 2001, S. 262 (266); hierzu *R. Schütz*, MMR Aktuell 10/2000, S. X f.

[1031] Montag bis Freitag 9.00 Uhr bis 18.00 Uhr.

[1032] Montag bis Freitag 9.00 Uhr bis 18.00 Uhr, Samstage, Sonntage und bundeseinheitliche Feiertage 0.00 Uhr bis 24.00 Uhr.

[1033] RegTP, MMR 2001, S. 262 (264).

[1034] VG Köln, MMR 2001, S. 410 f. = K&R 2001, S. 229; hierzu *R. Schütz*, MMR Aktuell 2/2001, S. X; *F. Schuster*, MMR 2001, S. 298 (302 f.); *H.-J. Hefekäuser*, MMR Aktuell 3/2001, S. XII f.; *K. Hummel*, CR 2001, S. 440 ff.; *W. Spoerr*, K&R 2001, S. 213 ff.

förmlichen Antrag nach § 28 TKG voraus.[1035] Entgelte können deshalb nicht im Verfahren nach § 37 TKG festgesetzt werden.[1036] Bereits der Wortlaut des § 39 TKG, der für die Zusammenschaltung auf die Entgeltregulierungsvorschriften verweise, unterscheide begrifflich zwischen einer Zusammenschaltungsanordnung als solcher und der erst anschließenden Durchführung der Entgeltfestsetzung nach dem eigenständigen Regelungskomplex des Dritten Teils des TKG.[1037] Die Interessen der Wettbwerber seien hinreichend geschützt, da Entgelte vor Genehmigung nicht geleistet und Zusammenschaltungsleistungen aufgrund der sofort vollziehbaren Anordnung nach § 37 TKG erbracht werden müßten. Auf einen förmlichen Antrag des Zusammenschaltungspflichtigen könne deshalb nicht verzichtet werden.[1038] Schließlich ergebe sich aus europarechtlichen Regelungen nicht, inwieweit eine staatlicherseits angeordnete Zusammenschaltung auch Regelungen über Entgelte beinhalten darf.[1039] Das OVG Münster bestätigte das VG Köln mit Beschluß vom 3.5.2001.[1040]

Die Erwägungen des VG Köln überzeugen nicht. Neben der formalistischen und systemwidrigen Sicht[1041] geht auch der europarechtliche Einwand des VG Köln fehl. Die Mitgliedstaaten sind bereits gem Art. 4a Abs. 2 S. 2 TkDiensteRL verpflichtet, eine Entscheidung auf Antrag einer Partei zu erlassen, die die notwendigen betrieblichen und finanziellen Anforderungen für eine Zusammenschaltung festlegen, wenn kommerzielle Verhandlungen zu keinem Ergebnis führen.[1042] Auch Art. 9 Abs. 6 ZusRL ermöglicht den nationalen Regulierungsbehörden als „ultima ratio“, die Zusammenschaltung anzuord-

---

[1035] VG Köln, MMR 2001, S. 410.

[1036] Anders ausdrücklich nochmals die Regulierungsbehörde mit Beschluß v. 26.1.2001, RegTP, MMR 2001, S. 342 (343); vgl. hierzu *P. Rädler*, MMR Aktuell 5/2001, S. XIV f.

[1037] VG Köln, MMR 2001, S. 410.

[1038] VG Köln, MMR 2001, S. 410 (411).

[1039] VG Köln, MMR 2001, S. 410 (411).

[1040] OVG Münster, CR 2001, S. 447 ff. m. Anm. *P. Rädler* = K&R 2001, S. 424.

[1041] *R. Schütz*, MMR Aktuell 2/2001, S. X; vgl. zur Kritik auch *F. Schuster*, MMR 2001, S. 298 (302 f.); *K. Hummel*, CR 2001, S. 440 (442); *P. Rädler*, CR 2001, S. 451 (452) in seiner Urteilsanmerkung.

[1042] *K. Hummel*, CR 2001, S. 440 (444); a.A. OVG Münster, CR 2001, S. 424 (426) mit dem Argument Art. 4a Abs. 3 S. 2 TkDiensteRL könne auch in zwei selbständigen von einander unabhängigen Verfahren erfüllt werden.

nen und ggf. Zusammenschaltungsbedingungen festzulegen.[1043] Zu Zusammenschaltungsbedingungen zählen insbesondere Zusammenschaltungsentgelte. Zudem enthielt § 38 des Gesetzentwurfs zum TKG (endgültig § 37 TKG) die Befugnis der Regulierungsbehörde, die technischen, betrieblichen und wirtschaftlichen Bedingungen für Zusammenschaltungen festzusetzen.[1044] Die endgültige Fassung in § 37 TKG der Vorschrift sollte klarstellen, daß die Regulierungsbehörde die Zusammenschaltung als solche anordnen kann und nicht nur auf einzelne Bedingungen beschränkt ist.[1045]

d) Abschließende Verweigerungsgründe

Die Zusammenschaltung darf nur[1046] aus Gründen nichtwirtschaftlicher Art, die im allgemeinen Interesse liegen, eingeschränkt bzw. verweigert werden.[1047]

aa) Gründe nichtwirtschaftlicher Art

Die in der ONP-Rahmenrichtlinie aufgezählten Gründe nichtwirtschaftlicher Art werden durch Art. 10 ZusRL konkretisiert.[1048] Danach erfordert die Sicherheit des Netzbetriebs, die Verfügbarkeit von Telekommunikationsnetzen und -diensten bei schwerwiegenden Netzausfällen[1049] oder in außergewöhnlichen

---

[1043] *K. Hummel*, CR 2001, S. 440 (444); *W. Spoerr*, K&R 2001, S. 213 (215 f.).

[1044] Gesetzentwurf zum TKG, BT-Drs. 13/3609, S. 14; *K. Hummel*, CR 2001, S. 440 (443).

[1045] Beschlußempfehlung und Bericht des Ausschusses für Post und Telekommunikation (17. Ausschuß), BT-Drs. 13/4864 v. 12.6.1996, S. 78. Vgl. *W. Spoerr*, K&R 2001, S. 213 (214).

[1046] Erwägungsgrund (6) ÄnderungsRL ONP-RahmenRL; Erwägungsgrund (13) ZusRL.

[1047] Art. 2 Ziff. 6, 3 Abs. 2 ONP-RahmenRL; vgl. hierzu bereits oben 3. Kap. A. II. 2., S. 111 f.

[1048] Vgl. auch Art. 13 SprachtelefondienstRL für den Zugang von Endnutzern zu Sprachtelefondienstnetzen.

[1049] Die Sprachtelefondienstrichtlinie stellt hier auf katastrophenbedingte Zusammenbrüche des Netzes ab; vgl. Art. 13 Abs. 2 lit. b) SprachtelefondienstRL.

Fällen höherer Gewalt[1050]. Ein schwerwiegender Netzausfall kann – neben höherer Gewalt – insbesondere durch Störungen des zusammengeschaltenen Netzes ausgelöst werden. Zusammenschaltungsbedingungen, die den Schutz der Netzintegrität betreffen, müssen objektiv, nichtdiskriminierend und verhältnismäßig sein.[1051] Interoperabilitätsbedingungen i.S. der Zusammenschaltungsrichtlinie sind vor allem technische Normen und Spezifikationen sowie Maßnahmen zur Sicherstellung einer zufriedenstellenden Übertragungsqualität.[1052] Zugangsbeschränkungen aus Datenschutzgründen sind nur zulässig, wenn sie mit geltendem Gemeinschaftsrecht, insbesondere den Datenschutzrichtlinien[1053], vereinbar sind.[1054] Darüber hinaus sind weitere Einschränkungen aus den in Art. 46 und 30 EG genannten Gründen, vor allem aus Gründen der öffentlichen Sicherheit und Ordnung, möglich.[1055]

bb) Eigentumsrechte

Eigentumsrechte werden im Rahmen des ONP-Konzepts als Verweigerungsgründe nicht ausdrücklich genannt. Zu untersuchen ist jedoch, ob die „grundlegenden Anforderungen" der Netzsicherheit und -integrität Eigentumsrechte beinhalten und somit Eigentumsschutz bezwecken.

[1050] Extreme Witterungsbedingungen, Erdbeben, Hochwasser, Blitzschlag oder Feuer (Art. 10 lit. a) ZusRL). Vgl. zum Netzausfall der Deutschen Telekom in Reutlingen durch den Brand einer Vermittlungsstelle F.A.Z. v. 7.8.1998, S. 10.

[1051] Art. 10 lit. b) ZusRL. Vgl. auch Art. 13 Abs. 2 lit. b) SprachtelefondienstRL, in dem für den Begriff der Netzintegrität insbesondere auf den Schutz von Netzeinrichtungen, Software und gespeicherten Daten abgestellt wird, die der normale Netzbetrieb erfordert.

[1052] Art. 10 lit. c) SprachtelefondienstRL.

[1053] Richtlinie v. 24.10.1995 des Europäischen Parlaments und des Rates zum Schutz natürlicher Personen bei der Verarbeitung personenbezogener Daten und zum freien Datenverkehr (95/46/EG), ABl. Nr. L 281/31 v. 23.11.1995; Richtlinie v. 15.12.1997 des Europäischen Parlaments und des Rates über die Verarbeitung personenbezogener Daten und den Schutz der Privatsphäre im Bereich der Telekommunikation (97/66/EG), ABl. EG Nr. L 24/1 v. 30.1.1998, S. 1. Vgl. hierzu *H.-H. Schild*, EuZW 1996, S. 549 ff.; *ders.*, EuZW 1999, S. 69 ff.

[1054] Art. 10 lit. d) SprachtelefondienstRL.

[1055] Erwägungsgrund (7) ÄnderungsRL ONP-RahmenRL; Erwägungsgrund (13) ZusRL.

Die Sicherheit des Netzbetriebs bezweckt, Betriebs- und Funktionsstörungen durch fehlerhafte Vermittlung oder inkompatible Software sowie Netzausfälle durch Überlastung zu verhindern. Diese Schutzfunktion besteht zugunsten der Netzeigentümer, da ihr Eigentum vor Funktionsschäden bewahrt werden soll. Die Netzsicherheit bezweckt jedoch nicht ausschließlich den Schutz der Betreiber, sondern vielmehr die Funktionsfähigkeit des Netzes zugunsten der Nutzer. Die Zusammenschaltungsrichtlinie geht in Art. 10 lit. a) ersichtlich von externen, unabhängig von den Parteien verursachten, Netzstörungen aus, wenn sie auf außergewöhnliche Fälle höherer Gewalt abstellt. Schwerwiegende Netzausfälle beruhen hingegen auf Netzstörungen, die ursächlich durch das zusammengeschaltete Netz ausgelöst werden.[1056] In beiden Fällen sind die Betreiber verpflichtet, die betroffenen Dienste auf höchstem Niveau aufrechtzuerhalten.[1057] Ziel und Zweck der Anforderungen an die Netzsicherheit ist daher primär, die Funktionsfähigkeit des Netzes zugunsten der Nutzer zu gewährleisten und nur indirekt, da zwangsläufig damit verbunden, der Schutz der Netzeigentümer. Der Sicherheit des Netzbetriebs ist somit lediglich ein mittelbarer Eigentumsschutz immanent.

Zweck der Netzintegrität[1058] ist der Schutz einzelner Netzkomponenten und Übermittlungstechniken vor Beschädigungen z.B. durch Kabelbrände, Blitzschlag oder Hochwasser. Darüber hinaus soll durch die Netzintegrität ebenfalls die Funktionsfähigkeit des Netzes gewährleistet werden.[1059] Auch hierdurch wird das Eigentum der Netzbetreiber in seiner Funktion und Substanz geschützt.

Allein die Notwendigkeit, diese Anforderungen einzuhalten, rechtfertigt es jedoch nicht, die Aushandlung von Zusammenschaltungsbedingungen zu verweigern.[1060] Es können vielmehr verhältnismäßige, nichtdiskriminierende und ob-

---

[1056] Eine Unterscheidung in „schwerwiegende Netzausfälle" und „Fälle höherer Gewalt" wäre ansonsten sinnlos.

[1057] Art. 10 lit. a) ZusRL; vgl. auch Art. 13 Abs. 2 lit. a) SprachtelefondienstRL.

[1058] Im Sinne von „Unversehrtheit".

[1059] Erwägungsgrund (9) TkDiensteRL („normales Funktionieren" der öffentlichen Netze); Art. 13 Abs. 2 lit. b) SprachtelefondienstRL (Schutz der Netzeinrichtungen, die der „normale Netzbetrieb" erfordert); Reg TP, MMR 1999, S. 430 (433).

[1060] Art. 10 lit. a), lit. b) ZusRL.

jektive Bedingungen zur Gewährleistung dieser Ziele gestellt werden.[1061] Erst die Nichterfüllung angemessener Vertragsbedingungen zum Schutz des Netzes kann eine Zusammenschaltungsverweigerung begründen. Daraus ist zu schließen, daß Netzeigentümer eine Zusammenschaltung nicht verweigern können, indem sie sich auf ihr Eigentumsrecht berufen.

cc) Richtlinienkonforme Umsetzung

Die Umsetzung europarechtlicher Vorgaben hinsichtlich der Gründe, die eine Verweigerung der Netzzusammenschaltung rechtfertigen, erfolgt in den §§ 33 Abs. 1 Satz 2, 35 Abs. 2 Satz 2 TKG durch Verweisung auf die „grundlegenden Anforderungen" des Art. 3 Abs. 2 ONP-Rahmenrichtlinie.[1062] Diese Verweisung wirft insbesondere zwei Fragen auf: aus der Sicht des nationalen Verfassungsrechts nach der Wahrung des rechtsstaatlichen Bestimmtheitsgebots[1063] und aus der Sicht der Gemeinschaftsrechts die Frage nach ordnungsgemäßer Richtlinienumsetzung.

Die Transformation von Richtlinien in nationales Recht muß es Unionsbürgern ermöglichen, ihre Rechte und Pflichten zu erkennen und deshalb den rechtsstaatlichen Grundsätzen der Rechtssicherheit und Rechtsklarheit genügen.[1064] Der nationale Gesetzgeber ist infolgedessen verpflichtet, die nationale Rechtslage eindeutig, hinreichend klar und bestimmt zur Gewährleistung der praktischen Wirksamkeit des Gemeinschaftsrechts („effet utile")[1065] zu gestal-

---

[1061] Art. 10 lit. a), lit. b) ZusRL.

[1062] *H.-J. Piepenbrock*, in: TKG-Kommentar, § 33 Rdnr. 67. Weitere Verweisungen bzw. Inbezugnahmen des Gemeinschaftsrechts finden sich in §§ 5, 34 Abs. 1, 35 Abs. 5, 41 Abs. 2, 59 Abs. 3 und 4, 60 Abs. 2 und 3 TKG. Vgl. hierzu und insbesondere zu § 23 TKG *W. Hoffmann-Riem*, DVBl. 1999, S. 125 (129 ff.); *W. Büchner*, in: TKG-Kommentar, § 23 Rdnr. 2.

[1063] Vgl. allgemein zu weiteren verfassungsrechtlichen Anforderungen statischer und dynamischer Verweisungen *Th. Klindt*, DVBl. 1998, S. 373 (375 f.); *Th. Clemens*, AöR 111 (1986), S. 65 (81 ff.); *F. Ossenbühl*, DVBl. 1967, S. 401 (402 ff.).

[1064] *R. Streinz*, in: *J. Isensee/P. Kirchhof* (Hrsg.), Handbuch des Staatsrechts, Bd. VII, § 182 Rdnr. 15; *M. Schweitzer/M. Hummer*, Europarecht, S. 360.

[1065] EuGH v. 8.4.1976, Rs. 48/75 (Royer), Slg. 1976, S. 497 (517), Tz. 74/75 = NJW 1976, S. 2065 (2067).

ten.[1066] Eine wörtliche Übernahme des Richtlinientextes, wie zum Teil im deutschen Schrifttum[1067] bei sehr detaillierten Richtlinien ohne tatsächlichen Umsetzungsspielraum gefordert wird[1068], ist hingegen nicht erforderlich.[1069]

Die §§ 33 Abs. 1 Satz 2, 35 Abs. 2 Satz 2 TKG nehmen auf die „Richtlinie 90/387/EWG des Rates vom 28. Juni 1990 (ABl. EG Nr. L 192 S. 1)" konkret Bezug, so daß es sich um eine statische Verweisung auf die ONP-Rahmenrichtlinie in ihrer ursprünglichen Fassung handelt.[1070] Nach dem eindeutigen Wortlaut ist folglich die Konkretisierung der abschließenden Verweigerungsgründe durch Art. 10 ZusRL nicht erfaßt. Der deutsche Gesetzgeber wollte jedoch mit der Gesetzestechnik der Verweisung eine besondere Richtlinientreue dokumentieren[1071], da die Regelungen zur Zusammenschaltung die Prinzipien des sekundären Gemeinschaftsrechts verwirklichen sollen.[1072] Im Kontext der gesamten Entwicklung des Telekommunikationsrechts, der Konzeption der Richtlinie als einen die Gemeinschaftsorgane selbst bindenden Rechtsakt bzgl. des Verfahrens (formelle Bindung) und des Inhalts weiterer Gemeinschaftsakte (materielle Bindung)[1073] sowie des im Zeitpunkt des Inkrafttretens des TKG bereits vorliegenden Entwurfs der Zusammenschaltungsrichtlinie[1074], ist die

---

[1066] *M. Herdegen*, Europarecht, Rdnr. 179.

[1067] *A. Bleckmann*, in: *ders.*, Europarecht, Rdnr. 441; vgl. auch *Th. Oppermann*, Europarecht, Rdnr. 552; *H. Hetmeier*, in: *C. O. Lenz* (Hrsg.), EG-Vertrag, Art. 249 Rdnr. 10.

[1068] Die Mittel- und Formfreiheit mutiert dabei nach *H. P. Ipsen*, Europäisches Gemeinschaftsrecht, S. 459, zum „perfekten Umsetzungsgebot".

[1069] EuGH v. 27.4.1988, Rs. 252/85 (Kommission/Französische Republik), Slg. 1988, S. 2243 (2263), Tz. 5; EuGH v. 30.5.1991, Rs. C-361/88 (Kommission/Bundesrepublik Deutschland), Slg. 1991-I, S. 2567 (2600), Tz. 15 = EuZW 1991, S. 440 (441); EuGH v. 20.3.1997, Rs. C-96/95 (Kommission/Bundesrepublik Deutschland), Slg. 1997-I, S. 1653 (1679), Tz. 35 = EuZW 1997, S. 348 (350).

[1070] Vgl. zur Differenzierung *Th. Klindt*, DVBl. 1998, S. 373 (374); *Th. Clemens*, AöR 111 (1986), S. 65 (80); *F. Ossenbühl*, DVBl. 1967, S. 401.

[1071] Vgl. auch *W. Büchner*, in: TKG-Kommentar, § 23 Rdnr. 1.

[1072] Begründung zum Gesetzentwurf v. 30.1.1996, BT-Drs. 13/3609, S. 35 und 46.

[1073] Vgl. hierzu oben 3. Kap. B. I., S. 125.

[1074] Vgl. Vorschlag der Kommission für eine Richtlinie über die Zusammenschaltung in der Telekommunikation durch Anwendung der Grundsätze für einen offenen Netzzugang (ONP) v. 31.8.1995, ABl. EG Nr. C 313/7 v. 24.11.1995, S. 7. Die Anwendnung der ONP-Grundsätze auf die Zusammenschaltung wurde durch den Rat bereits 1993 beschlossen, vgl. oben 3. Kap. B. I., S. 135 (Fn. 663).

Verweisung als umfassende Verweisung auf die gemeinschaftsrechtlichen Begriffe der „grundlegenden Anforderungen" auszulegen.[1075] Sie wird dadurch jedoch nicht zur dynamischen Verweisung, denn die Zusammenschaltungsrichtlinie stellt in ihrem Art. 10 keine neuen „grundlegenden Anforderungen" auf[1076], sondern konkretisiert lediglich inhaltlich die bestehenden abschließenden Verweigerungsgründe der ONP-Rahmenrichtlinie.[1077] Insofern handelt es sich um eine, in Form einer Richtlinienbestimmung gegebene, normative Auslegung des unbestimmten Rechtsbegriffs der „grundlegenden Anforderungen".[1078] Der nationale Bestimmtheitsgrundsatz wird bei statischen Verweisungen als gewahrt erachtet.[1079]

Einer ordnungsgemäßen Richtlinienumsetzung entsprechen nationale Verweisungen auf das Gemeinschaftsrecht jedoch nur, wenn durch die Verweisung die Anwendung des Gemeinschaftsrechts in klarer und bestimmter Weise gewährleistet wird.[1080] Die Begünstigten einer Richtlinienbestimmung müssen deshalb in der Lage sein, von ihren Rechten Kenntnis zu erlangen und diese

---

[1075] *W. Hoffmann-Riem*, DVBl. 1999, S. 125 (131) sieht in der Verweisungtechnik ein „System wechselseitig koordinierter Rechtsetzung" zwischen EG-Recht und mitgliedstaatlichem Recht.

[1076] Vgl. auch Art. 22 Abs. 5 SprachtelefondienstRL a.F., Art. 13 Abs. 2 SprachtelefondienstRL n.F.

[1077] Art. 10 ZusRL nimmt ausdrücklich auf Art. 3 Abs. 2 ONP-RahmenRL und die dort genannten grundlegenden Anforderungen Bezug.

[1078] Auch die Regulierungsbehörde geht von diesem Ansatz aus, wenn sie feststellt, weder die ONP-Rahmenrichtlinie noch die Zusammenschaltungsrichtlinie definiere den Begriff der „Netzintegrität", Reg TP, MMR 1999, S. 430 (433).

[1079] Ständige Rspr. BVerfGE 5, S. 25 (31 f); BVerfGE 22, S. 330 (346); BVerfGE 92, S. 191 (197). Selbst dynamische Verweisungen sind nicht schlechthin verfassungswidrig, wenn der Inhalt der in Bezug genommenen Norm „im wesentlichen feststeht", BVerfGE 26, S. 338 (365 ff.); BVerfGE 78, S. 32 (36); vgl. auch BayVGH, BayVBl. 1996, S. 141 (142); *M. Sachs*, in: *ders.* (Hrsg.), Grundgesetz, Art. 20 Rdnr. 123; *F. E. Schnapp*, in: *I. v. Münch/Ph. Kunig* (Hrsg.), Grundgesetz, Art. 20 Rdnr. 25.

[1080] EuGH v. 30.5.1991, Rs. C-361/88 (Kommission/Bundesrepublik Deutschland), Slg. 1991-I, S. 2567 (2600), Tz. 15 = EuZW 1991, S. 440 (441). Eine pauschale Verweisung reicht indes nicht aus; EuGH v. 20.3.1997, Rs. C-96/95 (Kommission/Bundesrepublik Deutschland), Slg. 1997-I, S. 1653 (1679), Tz. 36 = EuZW 1997, S. 348 (350); *M. Ruffert*, in: *Ch. Calliess/M. Ruffert* (Hrsg.), EUV/EGV, Art. 249 Rdnr. 52; *H. Hetmeier*, in: *C. O. Lenz* (Hrsg.), EG-Vertrag, Art. 249 Rdnr. 10.

ggf. auch vor nationalen Gerichten einklagen können.[1081] Ein pauschaler (Anwendungs-)Vorbehalt oder Vorrang zugunsten des Gemeinschaftsrechts erfüllt diese Anforderungen der Umsetzungspflicht nicht.[1082]

Aufgrund der Inbezugnahme des Art. 3 Abs. 2 ONP-RahmenRL im TKG sind Wettbewerbern als begünstigten Normadressaten der Netzzusammenschaltung die abschließenden Verweigerungsgründe und damit ihre eigene Rechte bekannt.[1083] Die Verweisung auf „grundlegende Anforderungen" des ONP-Rechts genügt somit sowohl nationalem Verfassungsrecht als auch gemeinschaftsrechtlichen Umsetzungsanforderungen.

„Grundlegende Anforderungen" standen erstmals im Verfahren „*EconoPhone*"[1084] auf dem Prüfstand der Regulierungsbehörde, als die Deutsche Telekom einem Wettbewerber ein Vertragsangebot vorlegte, das u.a. bei Überschreitung des Verkehrsstroms von 48,8 Erlang aus und in den Grundeinzugsbereich[1085] einer Zusammenschaltung, die Verpflichtung vorsah, weitere Zusammenschaltungsorte[1086] auf der Ebene der 23 Grundeinzugsbereiche[1087] zur Vermeidung

---

[1081] EuGH v. 30.5.1991, Rs. C-361/88 (Kommission/Bundesrepublik Deutschland), Slg. 1991-I, S. 2567 (2600), Tz. 15 = EuZW 1991, S. 440 (441); EuGH v. 20.3.1997, Rs. C-96/95 (Kommission/Bundesrepublik Deutschland), Slg. 1997-I, S. 1653 (1679), Tz. 36 = EuZW 1997, S. 348 (350).

[1082] EuGH v. 20.3.1997, Rs. C-96/95 (Kommission/Bundesrepublik Deutschland), Slg. 1997-I, S. 1653 (1679), Tz. 36 = EuZW 1997, S. 348 (350); vgl. auch OVG Münster, DVBl. 1997, S. 60 ff.; *M. Ruffert*, in: *Ch. Calliess/M. Ruffert* (Hrsg.), EUV/EGV, Art. 249 Rdnr. 52; *H. Hetmeier*, in: *C. O. Lenz* (Hrsg.), EG-Vertrag, Art. 249 Rdnr. 10.

[1083] *Th. Klindt*, DVBl. 1998, S. 373 (380), plädiert sogar für eine generell zulässige dynamische Verweisung auf EG-Recht, während *M. Hilf*, EuR 1993, S. 1 (18), diese generell für unzulässig hält. Vgl. auch allgemein *S. Himmelmann*, DÖV 1996, S. 145 ff.; *H.-W. Rengeling*, DVBl. 1995, S. 945 ff.

[1084] Reg TP, MMR 1999, S. 430 ff. m. Anm. *H.-J. Piepenbrock*, S. 435 ff. (EconoPhone); vgl. auch Reg TP, MMR 1999, S. 428 f. (First Telecom); Reg TP, MMR 1999, S. 429 f. (AugustaKom).

[1085] Grundeinzugsbereiche sind die durch Ortsnetzkennzahlen (ONKz) 2-9 durch Voranstellung der Ziffer 0 erfaßten Ortsnetze. Dem Zusammenschaltungspunkt in München (ONKz 89) sind z.B. die Grundeinzugsbereiche 80, 81, 85, 86, 87, 89 zugeordnet, dem Zusammenschaltungspunkt in Hamburg (ONKz 40) die Grundeizugsbereiche 40, 41.

[1086] Insgesamt sind bundesweit 294 Zusammenschaltungspunkte vorgesehen.

[1087] Essen, Düsseldorf, Köln, Dortmund, Berlin, Leipzig, Dresden, Erfurt, Rostock, Magdeburg, Hamburg, Bremen, Kiel, Hannover, Bielefeld, Mannheim, Frankfurt, Stuttgart, Karlsruhe, München, Augsburg, Nürnberg, Würzburg.

atypischer Verkehrsströme zu akzeptieren (sog. „Migrationspflicht"). Die Regulierungsbehörde ließ dabei die Frage offen, ob die Verursachung atypischer Verkehrsströme eine abstrakte Gefährdung der Funktionsfähigkeit des Netzes[1088] darstelle und die zur Vermeidung dieser Verkehrsströme angeordnete Migrationspflicht durch „grundlegende Anforderungen" der Netzintegrität gerechtfertigt sei. Funktionsbeeinträchtigungen und Qualitätseinbußen[1089] von Telekommunikationsdienstleistungen seien objektiv nicht feststellbar, da diese Beurteilung maßgeblich von subjektiven Maßstäben der Wettbewerber und deren Kunden abhänge. Die Migrationspflicht sei jedoch als präventive Maßnahme geeignet und verhältnismäßig, um atypischen Verkehr zu reduzieren und damit zusätzliche Investitionskosten zu vermeiden.[1090]

Gegen die gleichlautende Regulierungsentscheidung im Verfahren *„First Telecom"* ordnete das VG Köln mit Beschluß vom 20.10.1999 gemäß § 80 Abs. 5 VwGO die aufschiebende Wirkung aus zwei Gründen an.[1091] Die Regulierungsbehörde hatte die Migrationsregel erst nach Anordnung gegen den Antragsteller in ihrem Amtsblatt veröffentlicht und damit gegen Art. 10 lit. b) Satz 3 ZusRL verstoßen.[1092] Danach müssen Zusammenschaltungsbedingungen, die den Schutz der Netzintegrität betreffen, auf zuvor festgelegten objektiven Kriterien beruhen. In der Veröffentlichung wurde die Migrationsregel jedoch nicht als objektives Erfordernis der Netzintegrität begründet, sondern lediglich als Grundangebot i.S. der §§ 9 Abs. 6, 6 Abs. 5 NZV bekannt gemacht.[1093] Neben diesem formalen Fehler sah das VG Köln die Migrati-

---

[1088] Im öffentlichen Anhörungsverfahren zu Verbidnungsnetzen und öffentlichen Telekommunikationsnetzen forderten die Wettbewerber, daß für die Anordnung einer Migrationspflicht eine konkrete Gefahr für das Netz der Deutschen Telekom durch atypischen Verkehr vorliegen müsse; Reg TP, Mitt. Nr. 73/1999, ABl. 4/1999, S. 739 (753).

[1089] Verschlechterungen der Übertragungsqualität betreffen tatsächlich das Kriterium der Interoperabilität von Telekommunikationsdiensten und nicht die Netzintegrität, Art. 10 lit. c) ZusRL.

[1090] Vgl. zur Kritik an der Regulierungsentscheidung *H.-J. Piepenbrock* in seiner Urteilsanmerkung MMR 1999, S. 435 ff.; zu den Feststellungen der Regulierungsbehörde im Anhörungsverfahren *M. Esser-Wellié/H. Braun*, AfP 1998, S. 606 (608).

[1091] VG Köln, MMR 2000, S. 54 f. m. Anm. *H.-J. Piepenbrock*, S. 55 f. = CR 2000, S. 108 f.; vgl. hierzu *F.-E. Hufnagel/P. Rädler*, AfP 2000, S. 56 (59 f.)

[1092] Dabei ging das Gericht nicht auf die Frage der unmittelbaren Anwendbarkeit der Richtlinienbestimmung ein; vgl. hierzu *J. Wieland/B. Enderle*, MMR 1999, S. 379 (383).

[1093] VG Köln, MMR 2000, S. 54 (55).

onspflicht, die gemäß der Begründung der Antragsgegnerin der Vermeidung zusätzlicher Investititionskosten und der betriebswirtschaftlichen Optimierung diene, auf wirtschaftliche Gründe gestützt. Die Netzzugangsbeschränkung widerspreche daher den enumerativen, abschließenden „grundlegenden Anforderungen" der ONP-Rahmenrichtlinie (Art. 3 Abs. 2, 2 Nr. 6).[1094]

Sowohl die Regulierungsbehörde als auch das VG Köln ließen die Frage offen, ob die Migrationspflicht aus Gründen der Netzintegrität[1095] den Netzzugang beschränken kann.[1096] Atypische Verkehrsströme können mangels ausreichender Kapazität allgemein dazu führen, daß Anrufe nicht zugestellt („Besetztfälle"), Signallaufzeiten erhöht und die Vermittlung im Netz („Routing") erschwert werden.[1097] Die Funktionsfähigkeit des Netzes und damit die Netzintegrität sind deshalb beeinträchtigt, sofern diese Auswirkungen nachgewiesen werden. Zurückführen lassen sich die Funktionsstörungen jedoch auf Kapazitätsprobleme, die grundsätzlich Netzzugangsbeschränkungen rechtfertigen. Die Migrationspflicht hingegen beruht auf wirtschaftlichen Gründen der effektiven Netzauslastung der Deutschen Telekom und ist deshalb als Netzzugangsrestriktion nicht gerechtfertigt.[1098]

Die Entscheidung des VG Köln wurde durch Beschluß des OVG Münsters vom 23.2.2000 aufgehoben.[1099] Nach Ansicht des Oberverwaltungsgerichts sei die Migrationspflicht sowohl aus Gründen der Netzintegrität als auch wegen der Wahrung der Interoparabilität gerechtfertigt. Hinsichtlich des Schwellenwertes stehe der Regulierungsbehörde als fachkundiger Behörde ein Einschätzungsspielraum zu, der nicht überschritten worden sei.[1100]

[1094] VG Köln, MMR 2000, S. 54 (55).

[1095] Vgl. zum Begriff oben 3. Kap. A. II. 2., S. 104.

[1096] Da es sich um einen gemeinschaftsrechtlichen Begriff handelt, ist allein der EuGH zu dessen Auslegung zuständig, so daß das VG Köln zur Auslegung ein Vorabentscheidungverfahren nach Art. 234 EG hätte einleiten müssen.

[1097] Reg TP, Mitt. Nr. 73/1999, ABl. 4/1999, S. 739 (752).

[1098] Dem VG Köln ebenso zustimmend in seiner Urteilsanmerkung *H.-J. Piepenbrock*, MMR 2000, S. 55 (56).

[1099] *R. Schütz*, MMR Aktuell 5/2000, S. IX.; *F.-E. Hufnagel/P. Rädler*, AfP 2000, S. 151 (156).

[1100] Zitiert nach *R. Schütz*, oben Fn. 1099.

2. Verhandlungsrechte und -pflichten

Das europäische Recht verfolgt in seinen Kernvorschriften zur Zusammenschaltung ein abgestuftes System zwischen Verhandlungs- und Zusammenschaltungsrechten bzw. -pflichten. Auch hinsichtlich dieser Zusammenschaltungsregelungen ist zwischen den einzelnen Richtlinien zu differenzieren.

a) Sprachtelefondienstrichtlinie (95/62/EG und 98/10/EG)

Die Sprachtelefondienstrichtlinie a.F. enthielt in Art. 11 die Zusammenschaltung mit dem festen öffentlichen Telefonnetz, normierte jedoch kein Verhandlungsrecht.[1101] Zumutbaren Anträgen auf Zusammenschaltung von Betreibern fester Telefonnetze in anderen Mitgliedstaaten und Mobilfunkbetreibern innerhalb eines Mitgliedstaates[1102], mußte stattgegeben werden. Aus der Pflicht zur Zusammenschaltung konnte deshalb im Wege des Erst-recht-Schlusses ein Verhandlungsrecht der Begünstigten angenommen werden. Nach Inkrafttreten der Zusammenschaltungsrichtlinie[1103] wurde Art. 11 durch die Neufassung der Sprachtelefondienstrichtlinie, die nunmehr lediglich den Sonderzugang zum Netz (Art. 16 SprachtelefondienstRL n.F.) vorsieht[1104], ersatzlos gestrichen.[1105] Im Rahmen des Sondernetzzugangs sind Betreiber des festen öffentlichen Telefonnetzes mit beträchtlicher Marktmacht verpflichtet, „plausible Anträge“ zu

---

[1101]Vgl. zur SprachtelefondienstRL *E.-J. Mestmäcker/H. Schweitzer*, Netzwettbewerb, Netzzugang und „Roaming“ im Mobilfunk, S. 28 f.

[1102]Auch für Mobilfunkbetreiber anderer Mitgliedstaaten, wenn sie der Kommission von der entsprechenden nationalen Regulierungsbehörde gemeldet wurden; Art. 11 i.V.m. 26 Abs. 3 SprachtelefondienstRL.

[1103]Am 20.7.1997; Art. 24 ZusRL.

[1104]Sondernetzzugang ist der Zugang zu anderen als den in Anhang II Teil 2 aufgezählten Schnittstellen (Einzelanschluß-, Mehrfachanschluß-, Durchwahlschnittstellen, ISDN-Basis- und Primärmultiplexanschlüsse, Schnittstellen für Trägerdienste des Sprachtelefondienstes, sonstige übliche Schnittstellen); Art. 16 SprachtelefondienstRL n.F.

[1105]Vgl. Erwägungsgrund (4), Anhang V SprachtelefondienstRL n.F.

bearbeiten[1106], sofern nicht technische und kommerzielle Alternativen bestehen.[1107] Auch hieraus kann ein Verhandlungsrecht der Begünstigten (Telekommunikationsdiensteanbieter) geschlossen werden.[1108]

b) Telekommunikationsdiensterichtlinie (90/388/EG)

Art. 4a Abs. 3 TkDiensteRL verpflichtet die Mitgliedstaaten, sicherzustellen, daß Betreiber von Telekommunikationsnetzen „und/oder" Anbieter von Telekommunikationsdiensten, wenn sie dies wünschen, eine Zusammenschaltungsvereinbarung im Hinblick auf einen besonderen Netzzugang entsprechend ihren Bedürfnissen aushandeln können.[1109] Diese Vorschrift beinhaltet – neben dem Grundsatz der Privatautonomie[1110] – gleichzeitig ein Recht auf Verhandlung über eine Netzzusammenschaltung.[1111] Zur Verhandlung verpflichtet sind Telekommunikationsorganisationen, d.h. ehemalige staatliche Monopolunternehmen i.S. der Telekommunikationsdiensterichtlinie[1112], anspruchsberechtigt sämtliche Organisationen, die infolge der Liberalisierung Telekommunikationsnetze oder -dienste bereitstellen. Für Mobilfunkbetreiber normiert Art. 3d Abs. 2 TkDiensteRL das Recht auf Zusammenschaltung mit dem öffentlichen Telekommunikationsnetz. Auch hier ist – im Wege des Erst-recht-Schlusses – ein Verhandlungsrecht anzunehmen.

[1106] Vgl. auch Art. 5 SprachtelefondienstRL, der für die Bereitstellung von Netzanschlüssen und den Zugang zu Telefondiensten der Endverbraucher einen „vertretbaren Antrag" voraussetzt.

[1107] Der beantragte Sondernetzzugang darf darüber hinaus im Verhältnis zu den verfügbaren Mitteln nicht unangemessen sein.

[1108] Vgl. auch Art. 3-7 MietleitungsRL, die umfangreiche Regelungen für die Bereitstellung von Mietleitungen enthalten.

[1109] *J. Wieland/B. Enderle*, MMR 1999, S. 379 (380).

[1110] Vgl. hierzu oben 3. Kap. B. IV. 1. a), S. 169.

[1111] Vgl. Erwägungsgrund (13) WettbewerbsRL.

[1112] Vgl. Art. 1 Abs. 1, 1. Spstr. TkDiensteRL, der allerdings auch heute noch den Begriff der „Fernmeldeorganisationen" verwendet.

c) Zusammenschaltungsrichtlinie (97/33/EG)

In der Zusammenschaltungsrichtlinie ist das Recht und die Pflicht zur Verhandlung in Art. 4 i.V.m. Anhang II in einem differenziert ausgestalteten System für verschiedene Telekommunikationsorganisationen geregelt.[1113] Während Art. 4 Abs. 1 Satz 1, 1. Hs. i.V.m. Anhang II ZusRL bestimmten Organisationen ausdrücklich das Recht einräumt, eine gegenseitige Zusammenschaltung *auszuhandeln*, sind diese Organisationen nach Art. 4 Abs. 1, Satz 1, 2. Hs. i.V.m. Anhang II ZusRL zur Verhandlung *verpflichtet*, wenn sie von den in Anhang II genannten Organisationen um eine Zusammenschaltung ersucht werden.[1114]

aa) Recht auf Verhandlung

Anhang II ZusRL unterscheidet vier Gruppen von Organisationen, denen ein Recht auf Verhandlung zusteht.[1115] Ihnen ist gemeinsam, daß sie jeweils Trägerfunktionen aufweisen, d.h. Infrastrukturen bereitstellen, die zur Erbringung von Telekommunikationsdiensten erforderlich sind. Im einzelnen handelt es sich um Betreiber, die

(1) Mietleitungen zu den Räumlichkeiten der Benutzer oder

(2) Telekommunikationsleitungen zwischen der Gemeinschaft und Drittländern bereitstellen und zu diesem Zweck über ausschließliche oder besondere Rechte verfügen oder

(3) aufgrund nationaler Lizenzierungsbedingungen[1116] zur Zusammenschaltung befugt sind.[1117]

[1113] *E.-J. Mestmäcker/H. Schweitzer*, Netzwettbewerb, Netzzugang und „Roaming" im Mobilfunk, S. 30 f.

[1114] Vgl. *H.-J. Piepenbrock*, in: TKG-Kommentar, § 37 Rdnr. 4; *L. Gramlich*, CR 1997, S. 65 (66).

[1115] *D. Diemert*, in: *Th. Hoeren/R. Queck* (Hrsg.), Rechtsfragen der Informationsgesellschaft, S. 82 (87).

[1116] Zum Beispiel nach Ziff. 5 Verwaltungsvorschrift über Verhaltensregelungen für die Bereitstellung von Monopolleistungen für Zwecke des digitalen zellularen Mobilfunks (D-Netze), ABl. BMPT 37/1991, S. 1695; § 3 Abs. 3 D-2 Mobilfunklizenz, ABl. BMPT 37/1991, S. 1681; Ziff. 3 E-1 Mobilfunklizenz, ABl. BMPT 11/1993, S. 229.

Die für die praktische Rechtsanwendung bedeutendste Gruppe bilden

(4) Organisationen, die feste und/oder mobile öffentliche Telekommunikationsnetze betreiben und/oder der Öffentlichkeit zugängliche Telekommunikationsdienste anbieten und den Endzugang zu Netzabschlußpunkten über eine nur einmal vergebene Nummer des nationalen Numerierungsplans kontrollieren.[1118]

Kontrolle des Endzugangs besitzt derjenige, der Telekommunikationsdienste an den jeweiligen Netzabschlußpunkten kontrollieren bzw. anderen Diensteanbietern den Zugang zum Endkunden an diesem Punkt verweigern kann.[1119] Sie wird ausgeübt durch den Besitz des physischen drahtgebundenen oder drahtlosen Endkundenzugangs oder die Fähigkeit, die für den Zugang erforderliche nationale Nummer zu ändern oder zurückzuziehen.[1120]

Das Verhandlungsrecht über eine gegenseitige Netzzusammenschaltung steht somit nach Art. 4 Abs. 1, 1. Hs. i.V.m. Anhang II ZusRL Fest-, Mobilfunknetzbetreibern und Telekommunikationsdiensteanbietern zu, sofern sie den Endkundenzugang kontrollieren.[1121] Über einen lokalen drahtgebundenen Zugang zum Endkunden verfügen – abgesehen von den etablierten Betreibern – gegenwärtig lediglich regionale Vollanbieter[1122], spezialisierte Regionalanbieter[1123] und reine Infrastruktur-Anbieter[1124]. Nationale Vollanbieter, die Inhaber einer PMP-Richtfunklizenz[1125] sind und Mobilfunkbetreiber realisieren den mobilen Zugang zum Endkunden.[1126]

[1117] Anhang II, Nr. 2-4 ZusRL.

[1118] Anhang II, Nr. 1 ZusRL.

[1119] Anhang II, Anmerkungen ZusRL.

[1120] Anhang II, Anmerkungen ZusRL.

[1121] *E.-J. Mestmäcker/H. Schweitzer*, Netzwettbewerb, Netzzugang und „Roaming“ im Mobilfunk, S. 31.

[1122] Zum Beispiel NetCologne.

[1123] Zum Beispiel Colt Telecom.

[1124] Zum Beispiel VEW Telnet (Dortmund), HanseNet (Hamburg), M-Net (München).

[1125] Zum Beispiel Viag Interkom, Mannesmann Arcor, Callino, Star One.

[1126] Vgl. zur Klassifizierung der Anbieter oben 1. Kap. B. II., S. 48 f.

bb) Pflicht zur Verhandlung

Die in Anhang II aufgezählten Organisationen sind gemäß Art. 4 Abs. 1, 2. Hs. ZusRL zur Aushandlung von Netzzusammenschaltungen verpflichtet, wenn Betreiber dieser Kategorie eine Zusammenschaltung nachfragen.[1127] Diese Pflicht trifft in der Regel ehemals staatliche Monopolunternehmen. Verpflichtet werden können jedoch auch Anbieter, die bereits Teilnehmerzugänge realisieren und kontrollieren.[1128] Somit ergibt sich eine Vielzahl vorstellbarer Fallkonstellationen. Die Verhandlungspflicht – als Minus – obliegt zudem Betreibern, die zur Zusammenschaltung verpflichtet sind.

d) Inhalt und Rechtsnatur

Im Rahmen der ordnungsrechtlichen Vorgaben stellt sich die Frage, wie das Verhandlungsrecht bzw. die Pflicht zum Verhandeln inhaltlich gestaltet sind, unter welchen Voraussetzungen ein „Verhandeln" vorliegt, d.h. mit welchen Anforderungen Betreiber ihre Verhandlungspflicht erfüllen und welche Folgen sich aus der Nichterfüllung der Verhandlungspflicht ergeben. Schließlich ist die Rechtsnatur der Verhandlungspflicht zu bestimmen.

Das Recht auf und die Pflicht zur Verhandlung über eine Netzzusammenschaltung bedeutet zunächst, daß die Parteien mit dem ernsthaften Ziel in Kontakt treten, eine Zusammenschaltungsvereinbarung abzuschließen.[1129] Dabei kann sich bereits die erste Kontaktaufnahme wegen interner Zuständigkeits- und Kompetenzfragen schwierig und zeitintensiv gestalten.[1130] Aber auch unberechtigte Verzögerungstaktiken wie der Einwand, es fehle eine prüfungs-

---

[1127] A.A. *D. Diemert*, in: *Th. Hoeren/R. Queck* (Hrsg.), Rechtsfragen der Informationsgesellschaft, S. 82 (90), die eine Zusammenschaltungspflicht mit dem Argument annimmt, eine bloße Verhandlungspflicht ohne Abschlußpflicht liefe ins Leere.

[1128] Vgl. oben Fn. 1122-1125.

[1129] Vgl. *Ch. Koenig/S. Loetz*, K&R 1999, S. 298 (300); *J. Scherer*, in: *M. Bartsch/B. Lutterbeck* (Hrsg.), Neues Recht für neue Medien, S. 25 (49); Reg TP, MMR 1999, S. 52 (54).

[1130] In der Regel werden Zusammenschaltungspetenten schriftlich bei etablierten Betreibern die Zusammenschaltung nachfragen. Die Nachfrage stellt dabei lediglich eine unverbindliche „invitatio ad offerendum" dar.

und verhandlungsfähige Nachfrage, vorgeschobene fehlende Informationen und Nachweise[1131], vorenthaltene eigene Informationen[1132], eine überlange Prüfungsdauer der Nachfrage aufgrund personeller Engpässe[1133], angebliche technische Einwände gegen die Realisierbarkeit[1134] bis zur Frage der Kosten[1135] stören die Vertragsverhandlungen.[1136] Offensichtlich nicht realisierbare Vertragsbedingungen mit dem beabsichtigten Ziel, den Abschluß einer Zusammenschaltungsvereinbarung scheitern zu lassen, begründen Zweifel an der Ernsthaftigkeit der Verhandlungen. Die Nachfrage nach einer Netzzusammenschaltung muß deshalb in angemessener Frist seriös, konkret und ernsthaft bearbeitet werden, um der Verhandlungspflicht zu genügen.[1137]

Darüber hinaus enthält das Verhandlungsrecht eine Rechtsposition, d.h. werden Verhandlungen im oben geschilderten Sinn nicht aufgenommen bzw. abgebrochen, so muß Zusammenschaltungspetenten materiell-rechtlich ein subjektiver (einklagbarer) Rechtsanspruch auf Vornahme einer Handlung, d.h. auf Abgabe eines Angebots auf Netzzusammenschaltung, zustehen. Die Mitgliedstaaten sind deshalb verpflichtet, den Normadressaten ein materiellrechtliches Verhandlungsrecht im jeweils nationalen Recht einzuräumen.[1138] Inhaltlich begründet das Verhandlungsrecht als Recht „sui generis" keinen Kontrahierungs-, jedoch einen Verhandlungszwang.[1139] Dieser setzt voraus, daß die zur Verhandlung verpflichteten Betreiber ein substantiiertes Angebot vorlegen, das als tragfähige Grundlage geeignet ist, weiteren, konkreten Ver-

---

[1131] Zum Beispiel der Nachweis des Betriebs eines öffentlichen Telekommunikationsnetzes im Verfahren eines internationalen Verbindungsnetzbetreibers, Reg TP, MMR 1999, S. 52 (53).

[1132] Vgl. zu den wechselseitigen Informations- und Auskunftspflichten oben 3. Kap. B. IV. 1. b) aa), S. 177 f.

[1133] Etwa mangels ausreichender Zahl von Mitarbeitern; Reg TP, MMR 1999, S. 52 (54).

[1134] Insbesondere aus Gründen der Netzsicherheit und -integrität; vgl. hierzu oben 3. Kap. B. IV. 1. d) aa), S. 200 ff.

[1135] Vgl. hierzu oben 3. Kap. B. IV. 1. c), S. 165 ff.

[1136] Vgl. zur Interessenlage der Parteien oben 1. Kap. B. III., S. 52 ff.

[1137] *Ch. Koenig/S. Loetz*, K&R 1999, S. 298 (300); *L. Gramlich*, CR 1997, S. 65 (66); *H.-J. Piepenbrock*, in: TKG-Kommentar, § 37 Rdnr. 1; vgl. auch VG Köln, MMR 1998, S. 102 (103); Reg TP, MMR 1999, S. 52 (54).

[1138] *W. Spoerr*, MMR 2000, S. 674 (676).

[1139] *E.-J. Mestmäcker/H. Schweitzer*, Netzwettbewerb, Netzzugang und „Roaming" im Mobilfunk, S. 42.

handlungen zum Zweck eines zeitnahen Vertragsabschlusses zu dienen.[1140] Das Recht auf Verhandlung stellt somit eine Einschränkung der Privatautonomie (Abschlußfreiheit)[1141] dar und ist zumindest in Bezug auf die allgemeine Handlungsfreiheit[1142] grundrechtsrelevant.[1143]

Zweifelhaft erscheint der dogmatische Ansatz, Verhandlungsrechte und -pflichten zu trennen. Insbesondere stellt sich die Frage, ob nicht dem Recht auf Verhandlung eine Verhandlungspflicht immanent ist. Art. 4 Abs. 1 ZusRL nennt zwar ausdrücklich keinen Normadressaten, enthält jedoch in Halbsatz 2 das Recht der betreffenden Organisationen, eine Zusammenschaltung *gegenseitig* auszuhandeln. Soll dieses Verhandlungsrecht nicht leerlaufen, so ist anzunehmen, daß Organisationen des Anhangs II zum Verhandeln verpflichtet sind, falls sie von anderen Organisationen, die im Anhang aufgeführt sind, darum ersucht werden. Dem subjektiven Verhandlungsrecht steht somit korrespondierend eine Verhandlungspflicht gegenüber. Die in Art. 4 Abs. 1 Satz 1, 2. Hs. ZusRL ausdrücklich normierte Pflicht der Betreiber zum Verhandeln folgt deshalb bereits aus dem Verhandlungsrecht und kann insofern nur deklaratorische Bedeutung haben. Im Ergebnis ist die Unterscheidung zwischen Verhandlungsrechten und -pflichten in Art. 4 Abs. 1 ZusRL weder inhaltlich noch sprachlich gelungen.

Das Verhandlungsrecht als Recht „sui generis“ kann schließlich als materiellrechtlicher Anspruch auf Abgabe eines konkreten und ernsthaften Angebots zum Abschluß einer privatrechtlichen Zusammenschaltungsvereinbarung in angemessener Frist definiert werden.

[1140] VG Köln, MMR 1998, S. 102 (103), das jedoch aufgrund der Komplexität der Zusammenschaltungsvereinbarung nicht auf einen annahmefähigen Antrag i.S. der §§ 145 ff. BGB abstellt. Zustimmend *Th. Tschentscher/H. Neumann*, BB 1997, S. 2437 (2439).

[1141] Die Abschlußfreiheit umfaßt auch das Recht, den Vertragspartner frei auszuwählen und in Verhandlungen zu treten.

[1142] Allgemein als Grundrecht anerkannt; vgl. etwa EuGH v. 21.5.1987, Rs. 133-136/85 (Rau), Slg. 1987, S. 2289 (2338) Tz. 15 ff. = NJW 1987, S. 2148; *A. Bleckmann*, in: *ders.*, Europarecht, Rdnr. 110; *Th. Oppermann*, Europarecht, Rdnr. 492; *R. Streinz*, Europarecht, Rdnr. 372.

[1143] Auch das eigentumsgrundrechtlich geschützte Recht am eingerichteten und ausgeübten Gewerbebetrieb (allgemein Unternehmensrecht) und die Berufsfreiheit sind betroffen.

e) Richtlinienkonforme Umsetzung

Die europäischen Vorgaben bzgl. der Verhandlungsrechte und -pflichten werden durch § 36 TKG umgesetzt.[1144] § 36 TKG normiert für *jeden* Betreiber eines öffentlichen Telekommunikationsnetzes die Pflicht, anderen Betreibern auf Nachfrage ein Angebot auf Netzzusammenschaltung abzugeben.[1145] Eine Verhandlungspflicht[1146] besteht demnach nur zwischen öffentlichen Netzbetreibern. Auch das nationale Recht wählt den Ansatz der Verhandlungspflicht und räumt öffentlichen Netzbetreibern nur indirekt ein – aus der Verpflichtung zur Angebotsabgabe folgendes – Verhandlungsrecht ein. Die Verhandlungspflicht beinhaltet als Kehrseite ein materielles Verhandlungsrecht aus dem gesetzlichen Schuldverhältnis zwischen öffentlichen Netzbetreibern, das durch Nachfrage einer Zusammenschaltung entsteht[1147]. Obwohl es sich folglich um einen zivilrechtlichen Anspruch handelt, weist § 71 TKG Streitigkeiten im Rahmen des vierten Teils des TKG (§§ 33-39) den Beschlußkammern der Regulierungsbehörde zu[1148], die durch Verwaltungsakt entscheiden. Dieser dogmatische Widerspruch[1149] hat jedoch insofern keine praxisrelevanten Folgen, als bei Verlet-

---

[1144] *E.-J. Mestmäcker/H. Schweitzer*, Netzwettbewerb, Netzzugang und „Roaming" im Mobilfunk, S. 41.

[1145] *K. W. Riehmer*, MMR 1998, S. 59; *H.-W. Hefekäuser/Ch. Dreier*, CR 1997, S. 110 (111); *H.-P. Schwintowski*, CR 1997, S. 630 (635); a.A. *W. Spoerr*, MMR 2000, S. 674 (675), der aus § 36 TKG bereits die Verpflichtung zur Zusammenschaltung ableitet.

[1146] A.A. *H. Schadow*, in: *J. Schwarze* (Hrsg.), Netzzugang im Wirtschaftsrecht, S. 85 (103), der im Zusammenspiel mit § 37 TKG eine Zusammenschaltungspflicht sieht.

[1147] Vgl. hierzu allgemein *Palandt/H. Heinrichs*, Einf. v. § 305 Rdnr. 5. Nach *W. Spoerr*, MMR 2000, S. 674 (676) begründet § 36 TKG eine öffentlich-rechtliche Verhandlungspflicht, deren Ziel der Abschluß eines privtrechtlichen Vertrages ist.

[1148] Vgl. allgemein zu den Aufgaben der Regulierungsbehörde *L. Gramlich*, CR 1998, S. 463 (467); *R. Müller-Terpitz*, ZG 1997, S. 257 (267).

[1149] Dies gilt umso mehr, als Streitigkeiten aus verwaltungsrechtlichen Schuldverhältnissen den ordentlichen Gerichten zugewiesen werden; vgl. hierzu *H. Maurer*, Allgemeines Verwaltungsrecht, Rdnr. § 28 Rdnr. 2; *H.-U. Erichsen*, Das Verwaltungshandeln, in: *ders.* (Hrsg.), Allgemeines Verwaltungsrecht, § 29 Rdnr. 1; *H.-J. Wolff/O. Bachof/R. Stober*, Verwaltungsrecht I, § 55 Rdnr. 51.

zung der Verhandlungspflicht statt deren Anordnung sogleich die Zusammenschaltung durch die Wettbewerber geltend gemacht werden kann.[1150]

Inhaltlich ist § 36 TKG einerseits weiter gefaßt als die Zusammenschaltungsrichtlinie[1151], indem er jedem öffentlichen Netzbetreiber und nicht nur solchen, die den Endkundenzugang kontrollieren, ein Verhandlungsrecht einräumt[1152], andererseits enger, weil nur Netzbetreibern und nicht auch Diensteanbietern dieses Recht gewährt wird. Das „Betreiben eines Telekommunikationsnetzes" ist jedoch in § 3 Nr. 2 TKG legal definiert als bloße Funktionsherrschaft durch die rechtliche oder tatsächliche Kontrolle der Funktionen, die zur Erbringung von Telekommunikationsdienstleistungen unabdingbar sind, so daß die Betreibereigenschaft nicht zwingend das Eigentum am Netz voraussetzt[1153] und deshalb auch Diensteanbietern mit angemieteten Netzen ein Recht zur Verhandlung zusteht. Die in § 36 TKG normierte Verhandlungspflicht entspricht deshalb in Verbindung mit der Netzbetreiberdefinition gemeinschaftsrechtlichen Vorgaben.

Mit den Anforderungen an Zusammenschaltungsverhandlungen befaßte sich die Regulierungsbehörde erstmals im Anordnungsverfahren eines schweizerischen Verbindungsnetzbetreibers, der die Zusammenschaltung mit dem Netz der Deutschen Telekom begehrte.[1154] Dabei überprüfte sie u.a. die Praxis der Deutschen Telekom, potentielle Zusammenschaltungspartner zunächst in multilateralen Verhandlungsrunden über ihr Netzkonzept zu informieren statt konkrete, bilaterale Verhandlungen zu führen. Zwar sei dieses Konzept grundsätzlich zulässig, da die Verhandlungsführung im Ermessen der Parteien liege. Das

---

[1150] Vgl. nur die ersten Zusammenschaltungsanordnungen der Regulierungsbehörde, Reg TP (TeleLev), ABl. Reg TP 17/1998, S. 1973 f.; Reg TP (ID-Switch), MMR 1999, S. 52 ff.; Reg TP (AugustaKom), MMR 1999, S. 429 f.; Reg TP (EconoPhone), MMR 1999, S. 430 ff.; Reg TP (First Telecom), MMR 1999, S. 428 f.; siehe auch Reg TP, MMR 1999, S. 686 f. m. Anm. *A. Stein*, S. 687 f.; Reg TP, CR 1999, S. 769 f. m. Anm. *M. Esser-Wellié/E. Braun*, S. 770 ff. Gegen die Entscheidung „First Telecom" wurde die aufschiebende Wirkung gemäß § 80 Abs. 5 VwGO durch das VG Köln angeordnet, VG Köln, MMR 2000, S. 54 f. m. Anm. *H.-J. Piepenbrock*, S. 55 f.; vgl. auch *L. Gramlich*, CR 1999, S. 489 (492).

[1151] Insoweit auch *H. Schadow*, in: *J. Schwarze* (Hrsg.), Netzzugang im Wirtschaftsrecht, S. 85 (100); vgl. aber oben Fn. 1146.

[1152] *N. Nolte*, BB 1996, S. 2629 (2632).

[1153] *R. Schütz*, in: TKG-Kommentar, § 6 Rdnr. 33.

[1154] Reg TP, MMR 1999, S. 52 ff.; vgl. hierzu *V. Weißhaar*, MMR Aktuell 12/1998, S. XVIII f.

Ermessen der Deutschen Telekom reduziere sich jedoch auf eine „zügige und zielgerichtete“ Verhandlungsführung im konkreten Einzelfall. Deshalb brauche sich ein Betreiber, der die „rechtlichen, ökonomischen und technischen Probleme“ einer Zusammenschaltung beherrsche, nicht auf multilaterale Informationsgespräche verweisen zu lassen. Der Grundsatz der Gleichbehandlung gebiete vielmehr, auch Ungleiches ungleich zu behandeln, so daß sich die Deutsche Telekom nicht darauf berufen könne, die Anträge auf Zusammenschaltung nach der zeitlichen Reihenfolge ihres Eingangs zu behandeln.[1155] Die Regulierungsbehörde stellte ausdrücklich klar, daß die Verzögerungsmaßnahmen „im Hinblick auf § 36 TKG weder in der Verhandlungsphase noch im Anordnungsverfahren die Beendigung bzw. Verweigerung der Aufnahme von Verhandlungen rechtfertigen“.[1156] Damit wurde das Verhandlungsrecht als eigenständiges Recht anerkannt.[1157] Abbildung 7 faßt die einzelnen Verhandlungsrechte und -pflichten zusammen.

Verhandlungsrechte und -pflichten				
	Art. 11 Abs. 1 Sprachtelefondienst RL a.F.	Art. 16 Abs. 1 SprachtelefondienstRL n.F.	Art. 4a Abs. 3, 3d Abs. 2 TkDiensteRL	Art. 4 Abs. 1 i.V.m. Anhang II ZusRL
Begünstigte (Verhandlungsrecht)	Festnetzbetreiber anderer Mitgliedstaaten Mobilfunkbetreiber des Mitgliedstaates bzw.	Telekommunikationsdiensteanbieter im Rahmen des Sondernetzzugangs	Netzbetreiber, Diensteanbieter Mobilfunkbetreiber	Festnetz-, Mobilfunkbetreiber, Diensteanbieter, die den Endkundenzugang kontrollieren

[1155] Reg TP, MMR 1999, S. 52 (54).

[1156] Reg TP, MMR 1999, S. 52 (54).

[1157] Vgl. *E.-J. Mestmäcker/H. Schweitzer*, Netzwettbewerb, Netzzugang und „Roaming“ im Mobilfunk, S. 41; *Ch. Engel/G. Knieps*, Zugang zu wesentlichen Leistungen, S. 57; a.A. für das deutsche Recht nach § 36 TKG *G. Manssen*, in: *ders.* (Hrsg.), Telekommunikations- und Multimediarecht, C § 36 Rdnr. 2. Vgl. auch die ersten Zusammenschaltungsanordnungen der Reg TP oben Fn. 1150. Auch aus den dort gestellten Anforderungen an das „Verhandeln“ kann bereits auf ein „Recht zum Verhandeln“ geschlossen werden.

	anderer Mitgliedstaaten, wenn gemeldet			Mietleitungsbetreiber, Zusammenschaltungsberechtigte aufgrund nationaler Lizenzirungsbedingungen, (Monopol-) Netzbetreiber, die über Leitungen zwischen der EG und Drittländern verfügen
Verpflichtete (Verhandlungspflicht)	Betreiber des festen öffentlichen Telefonnetzes	Betreiber des festen öffentlichen Telefonnetzes mit beträchtlicher Marktmacht	ehemals staatliche Monopolunternehmen	wie Berechtigte, bei Nachfrage einer dieser Organisationen de facto ehemals staatliche Monopolunternehmen
Inhalt	Abgabe eines konkreten und ernsthaften Angebots zum Abschluß einer privatrechtlichen Zusammenschaltungsvereinbarung (Verhandlungszwang)			
Rechtsnatur	materiell-rechtlicher Anspruch (Verhandlungsrecht als Recht „sui generis")			
Umsetzung	§ 36 TKG: nur Netzbetreiber berechtigt und verpflichtet, keine Einschränkung auf Kontrolle des Endkundenzugangs			

Abbildung 7: Verhandlungsrechte und -pflichten

3. Zusammenschaltungsrechte und -pflichten

Zusammenschaltungsrechte und -pflichten sind sowohl in der Sprachtelefondienstrichtlinie a.F. als auch in der Telekommunikationsdienste- und Zusammenschaltungsrichtlinie geregelt.[1158]

a) Sprachtelefondienstrichtlinie (95/62/EG und 98/10/EG)

Art. 11 Abs. 1 Sprachtelefondienstrichtlinie a.F. verpflichtete die Mitgliedstaaten sicherzustellen, daß zumutbaren Anträgen auf Zusammenschaltung mit dem festen öffentlichen Telefonnetz stattgegeben wird, wenn sie von Telekommunikationsunternehmen, die in einem anderen Mitgliedstaat ein festes öffentliches Telefonnetz betreiben, oder von Betreibern öffentlicher Mobiltelefondienste in demselben oder in einem anderen Mitgliedstaat[1159] gestellt wurden.[1160] Regelungsgegenstand der Zusammenschaltung war somit die länderübergreifende Telefonie im Festnetz, länderübergreifend vom Festnetz in ein Mobilnetz bzw. national vom Festnetz in ein Mobilfunknetz und umgekehrt.[1161] Eine Verpflichtung zur Zusammenschaltung bestand deshalb im Geltungszeitraum der Richtlinie[1162] lediglich für ehemals staatliche Monopolunternehmen.[1163]

Verpflichtet werden konnten staatliche Monopolunternehmen jedoch nur bei „zumutbaren Anträgen". Der Begriff der „Zumutbarkeit" impliziert zunächst die

[1158] Vgl. *N. Nolte*, BB 1996, S. 2629 (2630 f.); *P. N. Märkl*, Netzzusammenschaltung, S. 167; *J. Wieland*/*B. Enderle*, MMR 1999, S. 379 (380), die sich allerdings nur auf die TkDiensteRL und ZusRL beziehen.

[1159] Die Betreiber mußten der Kommission von den nationalen Regulierungsbehörden gemeldet worden sein, Art. 26 Abs. 3 SprachtelefondienstRL.

[1160] Vgl. hierzu bereits oben 3. Kap. B. IV. 2. a), S. 210.

[1161] Mobilfunknetzzusammenschaltungen waren vom Anwendungsbereich der Richtlinie ausgeschlossen, Art. 1 Abs. 2; Erwägungsgrund (4) SprachtelefondienstRL a.F.

[1162] 19.6.1996-30.6.1998, Art. 34 SprachtelefondienstRL a.F., Art. 33 SprachtelefondienstRL n.F.

[1163] Formal konnten seit vollständiger Liberalisierung zum 1.1.1998 auch alternative Festnetzbetreiber bis zur Aufhebung der SprachtelefondienstRL a.F. durch die Neuformulierung v. 26.2.1998 in Anspruch genommen werden.

Rechtmäßigkeit des Antrags, d.h. die Einhaltung allgemeiner ONP-Anforderungen.[1164] Darüber hinaus muß die Zusammenschaltungsverpflichtung gemäß Art. 3 Abs. 3 ONP-RahmenRL mit dem Gemeinschaftsrecht vereinbar sein. Prüfungsmaßstab ist höherrangiges Recht, insbesondere die als ungeschriebenes Primärrecht[1165] zu qualifizierenden europäischen Grundrechte der Eigentums- und Berufsfreiheit.[1166] Zumutbar ist ein Antrag schließlich nur, wenn er verhältnismäßig ist.[1167] Der unbestimmte Rechtsbegriff der „Zumutbarkeit" öffnet somit (auch) das Gemeinschaftsrecht für übergeordnete Wertungen[1168]. Die Sprachtelefondienstrichtlinie gewährt in ihrer Neufassung Telekommunikationsanbietern den Sondernetzzugang[1169] bereits bei „plausiblen Anträgen" (Art. 16 Abs. 1 SprachtelefondienstRL).[1170] Diese Relativierung rechtfertigt sich gemäß den Erwägungsgründen aus der besonderen Bedeutung des Telefonnetzes und -dienstes, ohne auf inhaltliche Unterschiede der Begriffe näher einzugehen.[1171]

[1164] Vgl. hierzu oben 3. Kap. A. II. 1., S. 102.

[1165] *M. Schweitzer*, Staatsrecht III, Rdnr. 401; *M. Herdegen*, Europarecht, Rdnr. 169; *H.-W. Rengeling*, Grundrechtsschutz in der Europäischen Gemeinschaft, S. 79.

[1166] EuGH v. 13.12.1979, Rs. 44/79 (Hauer), Slg. 1979, S. 3727 (3745), Tz. 17 = NJW 1980, S. 505 (506); EuGH v. 8.6.1986, Rs. 234/85 (Keller), Slg. 1986, S. 2897 (2912), Tz. 8 = NJW 1987, S. 568 (569).

[1167] Die Verhältnismäßigkeit der Zusammenschaltungspflicht folgt zwar nicht aus den allgemeinen ONP-Bedingungen, gilt jedoch als allgemeiner Rechtsgrundsatz und schränkt belastende Gemeinschaftsmaßnahmen ein.

[1168] Vgl. zur mittelbaren Drittwirkung von Grundrechten im deutschen Privatrecht *K. Stern*, Das Staatsrecht der Bundesrepublik Deutschland, Bd. III/1, § 76, 1; *W. Rüfner*, in: *J. Isensee/P. Kirchhof* (Hrsg.), Handbuch des Staatsrechts, § 117, Rdnr. 57; *K. Hesse*, Grundzüge des Verfassungsrechts der Bundesrepublik Deutschland, Rdnr. 356.

[1169] Vgl. Fn. 1104.

[1170] Vgl. *B. Bär-Bouyssière*, in: *J. Schwarze* (Hrsg.), Netzzugang im Wirtschaftsrecht, S. 69 (75, Fn. 35), der in der Neufassung weiterhin ergänzende Bestimmungen zur Zusammenschaltung sieht.

[1171] Erwägungsgrund (6) SprachtelefondienstRL n.F. Vom reinen Wortverständnis legt der Begriff des „plausiblen Antrags" geringere Anforderungen nahe.

b) Telekommunikationsdiensterichtlinie (90/388/EWG)

Die Mitgliedstaaten müssen gemäß Art. 4a Abs. 1 TkDiensteRL dafür sorgen, daß ehemals staatliche Monopolunternehmen die Zusammenschaltung „mit ihrem Sprachtelefondienst und Telekommunikationsnetz bereitstellen". Durch Absatz 3 Satz 2 dieser Vorschrift werden sie verpflichtet, bei Scheitern kommerzieller Verhandlungen „eine Entscheidung zu erlassen, die die notwendigen betrieblichen und finanziellen Bedingungen und Anforderungen für eine solche Zusammenschaltung festlegt". Daraus ergibt sich in Verbindung mit Absatz 1 indirekt die Zusammenschaltungspflicht ehemals staatlicher Monopolunternehmen.[1172] Begünstigte sind Unternehmen, denen das Recht zusteht, Sprachtelefondienste und Netze bereitzustellen. Zum Zeitpunkt der Einfügung des Art. 4a in die Telekommunikationsdiensterichtlinie[1173] waren dies lediglich Betreiber von Unternehmensnetzen („corporate networks") und Sprachtelefondienstanbieter für geschlossene Benutzergruppen sowie alternative Netzbetreiber.[1174] Ein Zusammenschaltungsrecht für Mobilfunkbetreiber mit dem festen öffentlichen Telekommunikationsnetz ist indessen in Art. 3d Abs. 2 TkDiensteRL ausdrücklich normiert.[1175]

[1172] *P. N. Märkl*, Netzzusammenschaltung, S. 170; *Ch. Engel/G. Knieps*, Zugang zu wesentlichen Leistungen, S. 52; vgl. *B. Bär-Bouyssière*, in: *J. Schwarze* (Hrsg.), Netzzugang im Wirtschaftsrecht, S. 69 (75, Fn. 39); *G. Manssen*, in: *ders.* (Hrsg.), Telekommunikations- und Multimediarecht, C § 33 Rdnr. 18; *J. Wieland/B. Enderle*, MMR 1999, S. 379 (380), die jedoch annehmen, daß die ZusRL das in Art. 4a TkDiensteRL genannte Verfahren konkretisiert.

[1173] Art. 1 Nr. 6 WettbewerbsRL.

[1174] Vgl. zur stufenweisen Liberalisierung oben 3. Kap. A. I. 1., S. 90.

[1175] Vgl. bereits oben 3. Kap. B. IV. 2. b), S. 193.

c) Zusammenschaltungsrichtlinie (97/33/EG)

Art. 4 Abs. 2 ZusRL verpflichtet die in Anhang I der Richtlinie genannten Organisationen mit beträchtlicher Marktmacht, „begründeten Anträgen" auf Netzzugang stattzugeben.[1176]

aa) Organisationen im Sinne des Anhangs I

Anhang I der Zusammenschaltungsrichtlinie zählt in 3 Abschnitten bestimmte Telekommunikationsnetze und -dienste auf, deren Betreiber zur Zusammenschaltung verpflichtet sind. In Abschnitt 1 werden zusammenfassend das feste öffentliche Telefonnetz und der feste öffentliche Telefondienst genannt.[1177] Ein öffentliches Telefonfestnetz ist ein Telekommunikationsnetz, das der Übermittlung von Sprache und Ton (Sprachtelefondienst, Telefax und Sprachband-Datenübertragungen) mit einer Bandbreite von 3,1 kHz[1178] zwischen Netzabschlußpunkten an festen Standorten dient. Der feste öffentliche Telefondienst wird definiert als Dienst, der es Endbenutzern an festen Standorten ermöglicht, Inlands- und Auslandsgespräche zu führen.[1179] Obwohl die Zusammenschaltungsrichtlinie hier nicht den Begriff des Sprachtelefondienstes wählt, entspricht der Telefondienst inhaltlich dessen Definition.

Die Definitionen des Abschnitts 3 für öffentliche mobile Telefonnetze und -dienste ergeben sich bereits aus den jeweiligen Begriffsbestimmungen.[1180]

[1176] *B. Bär-Bouyssière*, in: *J. Schwarze* (Hrsg.), Netzzugang im Wirtschaftsrecht, S. 69 (77); *P. N. Märkl*, Netzzusammenschaltung, S. 172; vgl. auch *W. Wegmann*, Regulierte Marktöffnung, S. 214 ff.

[1177] *D. Diemert*, in: *Th. Hoeren/R. Queck* (Hrsg.), Rechtsfragen der Informationsgesellschaft, S. 82 (87).

[1178] Entspricht der herkömmlichen Bandbreite zur Sprachübermittlung.

[1179] Dieser Dienst kann den Zugang zu Notrufdiensten, Unterstützung durch Vermittlungskräfte, Teilnehmerverzeichnisdienste, öffentliche Telefone, die Bereitstellung von Diensten unter Sonderbedingungen oder Sondereinrichtungen für Behinderte oder Benutzern mit besonderen sozialen Bedürfnissen umfassen; Anhang I, Abschnitt 1 ZusRL.

[1180] Öffentliche mobile Telefonnetze sind Telefonnetze, deren Netzabschlußpunkte sich nicht an festen Standorten befinden; ein öffentlicher mobiler Telefondienst ist ein Telefondienst,

Abschnitt 2 definiert die Bereitstellung von Mietleitungen als Mietleitungsdienst, für deren Betreiber ebenfalls eine Zusammenschaltungspflicht normiert wird. Mietleitungen sind Übertragungseinrichtungen zwischen Netzabschlußpunkten ohne Vermittlungstätigkeit, die aber Systeme zur effizienten Frequenznutzung sowie Leitweg- und Managementfunktionen einschließen können.[1181]

bb) Beträchtliche Marktmacht

Die Zusammenschaltungspflicht setzt eine „beträchtliche Marktmacht" des Verpflichteten voraus. Abweichend vom primärrechtlichen Begriff der „marktbeherrschenden Stellung" i.S. von Art. 82 EG wird durch Art. 4 Abs. 2 ZusRL[1182] das Kriterium der „beträchtlichen Marktmacht" als Regulierungsinstrument in das Gemeinschaftsrecht eingeführt.[1183] Die Zusammenschaltungsrichtlinie enthält hierzu zwar keine allgemeine Definition[1184], hält die „beträchtliche Marktmacht" jedoch für gegeben, wenn ein Unternehmen auf einem bestimmten Markt in der Gemeinschaft einen Marktanteil von 25 % besitzt (Art. 4 Abs. 3 ZusRL).[1185] Dabei handelt es sich um eine widerlegbare Vermutung, denn den nationalen Regulierungsbehörden bleibt es vorbehalten, festzulegen, ob ein Unternehmen trotz geringeren Marktanteils über „beträchtliche Marktmacht" verfügt.[1186] Zur Bestimmung sind – ebenso wie bei der Prüfung einer marktbe-

---

dessen Bereitstellung im Aufbau einer Funkverbindung zu einem mobilen Endbenutzer über ein mobiles Netz besteht; Anhang I, Abschnitt 3 ZusRL.

[1181] Anhang I, Abschnitt 2 ZusRL, Art. 2 Abs. 2, 1. SpStr. MietleitungsRL; *P. N. Märkl*, Netzzusammenschaltung, S. 167.

[1182] Siehe auch Art. 2 Abs. 2 lit. i) SprachtelefondienstRL n.F.

[1183] *E.-J. Mestmäcker*, Beilage zu MMR 8/1998, S. 5; *D. Diemert*, in: *Th. Hoeren/R. Queck* (Hrsg.), Rechtsfragen der Informationsgesellschaft, S. 82 (89).

[1184] Der Begriff wird in Art. 2 Abs. 2 lit. i) SprachtelefondienstRL nur scheinbar definiert, stellt die dort gegebene Begriffsbestimmung doch darauf ab, daß ein Unternehmen von der nationalen Regulierungsbehörde als Organisation mit beträchtlicher Marktmacht eingestuft wird.

[1185] *J. Scherer*, in: *M. Bartsch/B. Lutterbeck* (Hrsg.), Neues Recht für neue Medien, S. 25 (31, Fn. 32).

[1186] Auch bei höherem Marktanteil bleibt es den nationalen Regulierungsbehörden vorbehalten, die beträchtliche Marktmacht abzulehnen, Art. 4 Abs. 3 Satz 2 und 3; Erwägungsgrund (6) ZusRL. Vgl. zum Verhältnis zwischen Kommission und nationalen Regulierungsbehörden

herrschenden Stellung[1187] – neben dem Marktanteil eine Vielzahl von Faktoren zu berücksichtigen. Hierzu gehören nach Art. 4 Abs. 3 Satz 4 ZusRL die Möglichkeit des Unternehmens, Marktbedingungen zu beeinflussen, dessen Umsatz im Verhältnis zur Größe des Marktes, die Kontrolle über den Endkundenzugang, der Zugang zu Finanzmitteln sowie die Erfahrungen des Unternehmens auf dem sachlich relevanten Produktmarkt.[1188] Entscheidendes Kriterium ist – neben dem Marktanteil – die Möglichkeit der Kontrolle des Teilnehmerendzugangs.[1189]

Im Vergleich zur „Marktbeherrschung" impliziert der Begriff „beträchtliche Marktmacht", daß die Schwelle für eine Zusammenschaltungspflicht unterhalb der beherrschenden Stellung liegt.[1190] Diese Annahme wird durch die Praxis der Kommission[1191] und Rechtsprechung des Europäischen Gerichtshofes[1192] insofern gestützt, als – neben anderen Bestimmungsgrößen – ab einem Marktanteil von 40 % in der Regel eine beherrschende Stellung angenommen wird.[1193] Die Kommission geht zudem in ihrer Mitteilung zur Anwendung des Wettbewerbsrechts aus dem Jahr 1998[1194] von einem abgestuften Verhältnis zwischen „beträchtlicher Marktmacht" einerseits und „marktbeherrschender

EG-Kommission, Mitteilung 1998, ABl. EG Nr. C 265 v. 22.8.1998, S. 2 (4), Tz. 13 ff.; *D. Schroeder*, WuW 1999, S. 14 (25).

[1187] *W. Möschel*, in: *U. Immenga/E.-J. Mestmäcker* (Hrsg.), EG-Wettbewerbsrecht, Art. 86 Rdnrn. 63 ff.; *H. Schröter*, in: *H. v. d. Groeben/J. Thiesing/C.-D. Ehlermann* (Hrsg.), EU-/EG-Vertrag, Art. 86 Rdnr. 74; *V. Emmerich*, in: *M. A. Dauses* (Hrsg.), Handbuch des EU-Wirtschaftsrechts, Kap. H. I, Rdnr. 203; *W. Weiß*, in: *Ch. Calliess/M. Ruffert* (Hrsg.), EUV/EGV, Art. 82 Rdnr. 13.

[1188] Art. 4 Abs. 3 Satz 4, Erwägungsgrund (6) ZusRL; Art. 2 Abs. 2 lit. i) Unterabs. 3 SprachtelefondienstRL.

[1189] *EG-Kommission*, Mitteilung 1998, ABl. EG Nr. C 265 v. 22.8.1998, S. 2 (12), Tz. 69; *C. Hiltl/K. Großmann*, BB 1996, S. 169 (173, Fn. 36).

[1190] *E.-J. Mestmäcker*, Beilage zu MMR 8/1998, S. 5.

[1191] Kommission v. 4.11.1988 (Sabena), ABl. 1988, Nr. L 317/47, S. 47 (52), Tz. 24.

[1192] EuGH v. 14.2.1978, Rs. 27/76 (United Brands), Slg. 1978, S. 207 (290 ff.), Tz. 108/110 = NJW 1978, S. 2439 (2441).

[1193] *A. Schollmeier/D. Krimphove*, in: *A. Bleckmann*, Europarecht, Rdnr. 1935; *W. Möschel*, in: *U. Immenga/E.-J. Mestmäcker* (Hrsg.), EG-Wettbewerbsrecht, Art. 86 Rdnrn. 83 ff.; *H. Schröter*, in: *H. v. d. Groeben/J. Thiesing/C.-D. Ehlermann* (Hrsg.), EU-/EG-Vertrag, Art. 86 Rdnr. 81; *V. Emmerich*, in: *M. A. Dauses* (Hrsg.), Handbuch des EU-Wirtschaftsrechts, Kap. H. I, Rdnr. 204.

[1194] Vgl. hierzu oben 3. Kap. A. IV. 4. b), S. 119.

Stellung“ andererseits aus, da in der Regel bei beträchtlicher Marktmacht[1195] eine Situation wirtschaftlicher Macht vorliege, die nicht an eine beherrschende Stellung heranreiche.[1196]

Die Senkung der Marktanteilsschwelle bzgl. der „beträchtlichen Marktmacht“ im Vergleich zum primären Wettbewerbsrecht wird in der Zusammenschaltungsrichtlinie nicht näher begründet. Jedoch rechtfertigen die Transformation von Monopol- zu Wettbewerbsmärkten und die besondere Bedeutung der Zusammenschaltung zur Initiierung des Wettbewerbs die sektorspezifische Regulierung der Telekommunikation.[1197] Da der Marktanteilswert keine starre und schematisch anzuwendende Größe ist und weitere Faktoren zur Bestimmung der beträchtlichen Marktmacht eine Rolle spielen[1198], kann der Vermutungstatbestand des Art. 4 Abs. 3 ZusRL gerechtfertigt werden, obwohl Zweifel hinsichtlich des gemeinschaftsrechtlichen Begründungszwangs bestehen.[1199]

cc) Begründeter Antrag

Art. 4 Abs. 2 ZusRL statuiert die Zusammenschaltungspflicht nicht vorbehaltlos. Organisationen mit beträchtlicher Marktmacht sind vielmehr nur bei „begründeten Anträgen“ zur Zusammenschaltung verpflichtet.[1200] Die Zusam-

---

[1195] Organisationen mit beträchtlicher Marktmacht werden der Kommission von den nationalen Regulierungsbehörden gemeldet; Art. 18 Abs. 2, 2. SpStr., 3 ZusRL. Vgl. *EG-Kommission*, Notification of organisations with significant market power, v. 1.1.1999, 1.7.1999, 1.9.1999, 1.1.2000.

[1196] *EG-Kommission*, Mitteilung 1998, ABl. EG Nr. C 265 v. 22.8.1998, S. 2 (12), Tz. 73 (Fn. 57).

[1197] Die Bedeutung der Zusammenschaltung für den Wettbewerb wird in den Gemeinschaftsakten stets besonders betont. Vgl. nur Entschließung des Rates v. 22.7.1993, ABl. EG Nr. C 213/1, S. 1; *EG-Kommission*, Grünbuch Infrastruktur Teil II, KOM (94) 682 endg., S. 78; *dies.*, Fünfter Bericht über die Umsetzung des Reformpakets für den Telekommunikationssektor, KOM (99) 537 v. 11.11.1999, S. 15; Erwägungsgrund (5) ZusRL; Erwägungsgrund (25) SprachtelefondienstRL.

[1198] Vgl. oben 3. Kap. B. IV. 3. c) bb), S. 207.

[1199] Vgl. zum Begründungserfordernis nur EuGH v. 19.3.1991, Rs. C-202/88 (Französische Republik/Kommission), Slg. 1991-I, S. 1259 (1270), Tz. 45-47 = EuZW 1991, S. 345 (348).

[1200] *L. Gramlich*, CR 1997, S. 65 (66); *N. Nolte*, BB 1996, S. 2629 (2630); *H.-J. Piepenbrock*, in: TKG-Kommentar, § 35 Rdnr. 30.

menschaltungsrichtlinie verwendet hier zwar nicht den Begriff der „zumutbaren Anträge“ der Sprachtelefondienstrichtlinie a.F. bzw. der „plausiblen Anträge“ für den Sondernetzzugang[1201] nach deren Neuformulierung[1202]; der systematische Ansatz zur Einschränkung der Zusammenschaltungspflicht ist jedoch der Sache nach identisch. Nach Sinn und Zweck entsprechen sich die Begriffe der Zumutbarkeit und Begründetheit des Antrags. Denn ein „begründeter Antrag“ auf Netzzusammenschaltung liegt nur vor, wenn den fundamentalen ONP-Anforderungen entsprochen wird und kein abschließender Verweigerungsgrund nichtwirtschaftlicher Art (Rechtmäßigkeit) eingreift.[1203]

Fraglich ist indessen, ob ein *„begründeter* Antrag“ – wie das Zumutbarkeitskriterium der Sprachtelefondienstrichtlinie[1204] – zusätzlich verlangt, die Interessen und Rechte der Zusammenschaltungsverpflichteten zu berücksichtigen. Der Wortlaut läßt diese Interpretation zunächst nicht zu.[1205] Auch die Entstehungsgeschichte der Norm gibt hierüber keinen Aufschluß, denn bereits der Kommissionsvorschlag zur Richtlinie enthielt ohne nähere Begründung die endgültige sprachliche Fassung.[1206] Die Wahl unterschiedlicher Begriffe legt schließlich nahe, daß auch inhaltlich etwas anderes damit ausgedrückt werden soll.[1207] Andererseits sind jedoch keine Anhaltspunkte dafür gegeben, die Begriffe inhaltlich unterschiedlich auszulegen. Entscheidend ist, ob die Normenhierarchie des Gemeinschaftsrechts eine Interessenabwägung im Rahmen der Begründetheit des Antrags erfordert.

[1201] Oder den Begriff des „vertretbaren Antrags“ für Netzanschlüsse nach Art. 5 SprachtelefondienstRL; vgl. oben Fn. 1106.

[1202] Vgl. oben 3. Kap. B. IV. 2. a), S. 192.

[1203] Vgl. bereits oben zum „zumutbaren Antrag“ nach Art. 11 SprachtelefondienstRL.

[1204] So im Ergebnis wohl *E.-J. Mestmäcker/H. Schweitzer*, Netzwettbewerb, Netzzugang und „Roaming“ im Mobilfunk, S. 30.

[1205] Lediglich der Begriff des „zumutbaren Antrags“ legt diese Interpretation bereits vom Wortlaut her nahe. Wird die Begründetheit als Rechtmäßigkeit des Antrags aufgefaßt, so kann sie vorliegen, wenn (nur) die normierten Voraussetzungen erfüllt sind (Rechtmäßigkeit i.e.S.) oder wenn zusätzlich eine Interessenabwägung (Rechtmäßigkeit i.w.S.) stattfindet.

[1206] Art. 4 Abs. 2 des Vorschlags der Kommission v. 31.8.1995 für eine Richtlinie des Europäischen Parlaments und des Rates über die Zusammenschaltung in der Telekommunikation zur Gewährleistung des Universaldienstes und der Interoperabilität durch Anwendung der Grundsätze für einen offenen Netzzugang (ONP), ABl. EG Nr. C 313/7 v. 24.11.1995, S. 7.

[1207] Vgl. zur Mehrdeutigkeit einzelner Begriffe *R. Zippelius*, Juristische Methodenlehre, S. 46.

Sekundäres Gemeinschaftsrecht ist zwingend am Maßstab des Primärrechts zu messen und auszulegen.[1208] Dabei sind die aus allgemeinen Rechtsgrundsätzen und den gemeinsamen Verfassungsbestimmungen der Mitgliedstaaten hergeleiteten gemeinschaftsrechtlichen Grundrechte[1209] zu beachten. Eine vorbehaltlose Verpflichtung zur Zusammenschaltung auf abstrakt-genereller Ebene wäre deshalb auch für Betreiber mit beträchtlicher Marktmacht ohne Einzelfallprüfung nicht mit dem europäischen Grundrechtsschutz vereinbar.[1210] Zudem gebietet das Verhältnismäßigkeitsprinzip allgemein, im Rahmen der Zusammenschaltung die hierdurch erfolgende Belastung mit dem verfolgten Zweck abzuwägen.[1211] Dieses Ergebnis wird durch den Vergleich mit dem insofern treffenderen Begriff der „Zumutbarkeit“ deutlich.

Das Begründetheitserfordernis des Antrags erfordert deshalb, die Interessen und Rechte, d.h. vor allem das Grundrecht auf freie und uneingeschränkte Nutzung des Eigentums der potentiell Zusammenschaltungsverpflichteten zu berücksichtigen. Im Einzelfall kann bei überwiegendem Interesse der Zusammenschaltungsverpflichteten eine Verweigerung begründet sein.

d) Inhalt und Rechtsnatur

Auch bezüglich der Zusammenschaltungspflicht stellt sich die Frage nach deren Inhalt und Rechtsnatur. Die Zusammenschaltung ist zunächst auf die Gewährung des Netzzugangs i.S. der technischen Begriffsdefinition gerichtet,

---

[1208] *B. Beutler/R. Bieber/J. Pipkorn/J. Streil*, Die Europäische Union, S. 205; *A. Bleckmann*, in: *ders.*, Europarecht, Rdnr. 527; *Th. Oppermann*, Europarecht, Rdnr. 474; *R. Streinz*, Europarecht, Rdnr. 346.

[1209] *S. U. Pieper*, in: *A. Bleckmann*, Europarecht, Rdnr. 102; *Th. Oppermann*, Europarecht, Rdnr. 491; *R. Streinz*, Europarecht, Rdnr. 360; *S.-R. Eiffler*, JuS 1999, S. 1068 (1069); *W. Bausback*, ZRP 1999, S. 6 (7); vgl. zu den dogmatischen Grundlagen *Th. Jürgensen*, Transeuropäische Netze, S. 156 ff.

[1210] Insofern muß berücksichtigt werden, daß durch die Regelung des Art. 4 Abs. 2 ZusRL – im Gegensatz zu Art. 4a Abs. 1 TkDiensteRL – nicht nur ehemalige staatliche Monopolunternehmen zur Zusammenschaltung verpflichtet werden.

[1211] *Th. Kingreen*, in: *Ch. Calliess/M. Ruffert* (Hrsg.), EUV/EGV, Art. 6 EUV Rdnr. 73; *Th. Jürgensen*, Transeuropäische Netze, S. 235; *O. Müller-Michaels*, Grundrechtlicher Eigentumsschutz, S. 49.

d.h. auf die physikalisch-technische Schnittstellenverknüpfung sowie die Durchleitung elektrischer Signale.[1212] Neben dieser faktischen Durchführungspflicht beinhaltet die Zusammenschaltungspflicht auch eine rechtliche Verpflichtung – den Abschluß einer Zusammenschaltungsvereinbarung. Die Zusammenschaltungspflicht begründet deshalb einen Kontrahierungszwang[1213], der auf den Abschluß eines zivilrechtlichen Vertrags gerichtet ist. Infolge des Begründetheitserfordernisses auf der Tatbestandsseite, ist die Verpflichtung allerdings bedingt durch die Rechtmäßigkeit des Antrags.

Ähnlich dem Verhandlungsrecht ist im Umkehrschluß zur Zusammenschaltungspflicht ein Recht auf Zusammenschaltung der Anspruchsberechtigten anzunehmen.[1214] Die Mitgliedstaaten sind deshalb verpflichtet, ein materielles Recht auf Zusammenschaltung in nationales Recht umzusetzen.[1215]

e) Richtlinienkonforme Umsetzung

Der europarechtlich vorgegebene Kontrahierungszwang des Art. 4 Abs. 2 ZusRL wird im deutschen Recht durch § 35 Abs. 1 Satz 1 und 3 TKG umgesetzt.[1216] Betreiber von Telekommunikationsnetzen, die Telekommunikationsdienstleistungen für die Öffentlichkeit anbieten und auf diesem Markt über eine marktbeherrschende Stellung gemäß § 22 GWB a.F. (§ 19 GWB n.F.) verfügen, haben anderen Nutzern Zugang zu ihren Netzen zu ge-

---

[1212] Siehe hierzu oben 1. Kap. A. III. 1., S. 28.

[1213] Vgl. zum Kontrahierungszwang oben 3. Kap. B. IV. 1. a), S. 155, Fn. 844.

[1214] Vgl. oben 3. Kap. B. IV. 2. d), S. 196.

[1215] *Ch. Engel/G. Knieps*, Zugang zu wesentlichen Leistungen, S. 50. Die Vorschrift enthält deshalb keine nach dem Gemeinschaftsrecht unzulässige unmittelbare Drittwirkung einer Richtlinienbestimmung im Privatrechtsverhältnis.

[1216] Vgl. *E.-J. Mestmäcker/H. Schweitzer*, Netzwettbewerb, Netzzugang und „Roaming" im Mobilfunk, S. 32; *N. Lübben*, in: *U. Immenga/N. Lübben/H.-P. Schwintowski* (Hrsg.), Telekommunikation: Vom Monopol zum Wettbewerb, S. 47 (59); *Ch. Engel/G. Knieps*, Zugang zu wesentlichen Leistungen, S. 54; *G. Manssen*, in: *ders.* (Hrsg.), Telekommunikations- und Multimediarecht, C § 35 Rdnr. 3.

währen (§ 35 Abs. 1 Satz 1 TKG).[1217] Sie müssen insbesondere eine Zusammenschaltung ermöglichen (§ 35 Abs. 1 Satz 3 TKG).

Während Art. 4 Abs. 2 i.V.m. Anhang I ZusRL feste und mobile Telefonnetzbetreiber und feste oder mobile Telefonanbieter ohne eigenes Netz als Normadressaten der Zusammenschaltungspflicht nennt, stellt § 35 Abs. 1 Satz 1 TKG auf Netzbetreiber ab, die Telekommunikationsdienstleistungen anbieten.[1218] Der Adressatenkreis ist insofern erweitert, als sämtliche Dienstleistungen und nicht nur Telefondienste[1219] erfaßt werden.[1220] Zur Netzbetreibereigenschaft genügt die rechtliche oder tatsächliche Funktionsherrschaft[1221], so daß auch Diensteanbieter mit angemieteten Netzen unter § 35 Abs. 1 TKG fallen können.

Eine Zusammenschaltungspflicht besteht nur für Betreiber mit marktbeherrschender Stellung, die bei einem Marktanteilswert von 33 % vermutet wird (§ 35 Abs. 1 TKG i.V.m. § 22 Abs. 3 Nr. 1 GWB a.F./§ 19 Abs. 3 Satz 1 GWB n.F.).[1222] Diese – im Vergleich zum europäischen Recht höhere Schwelle – verstößt nicht gegen Gemeinschaftsrecht, da es sich in beiden Fällen lediglich um widerlegbare Vermutungen handelt.[1223] Die nationalen Regulierungsbehörden müssen allerdings bei der Beurteilung der marktbeherrschenden Stellung die maßgeblichen europäischen Bestimmungsfaktoren[1224] beachten. Ob sich in der Praxis aufgrund der unterschiedlichen Vermutungstatbestände Abweichungen ergeben, bleibt abzuwarten.[1225]

1217 *H. Schadow*, in: *J. Schwarze* (Hrsg.), Netzzugang im Wirtschaftsrecht, S. 85 (98).

1218 *J. Scherer*, in: *A. Büllesbuch* (Hrsg.), Datenschutz im Telekommunikationsrecht, S. 59 (78).

1219 Einschließlich Telefax und Sprachband-Datenübertragungen.

1220 *J. Scherer*, in: *A. Büllesbuch* (Hrsg.), Datenschutz im Telekommunikationsrecht, S. 59 (79).

1221 Vgl. oben 3. Kap. B. IV. 2. e), S. 199.

1222 Vgl. zur Verweisung des § 35 Abs. 1 TKG auf die marktbeherrschende Stellung nach § 22 GWB *Th. Lampert*, WuW 1998, S. 27 (33).

1223 *H.-Ch. Salger*/*R. Traugott*, in: TKG-Kommentar, § 32 Rdnr. 36; vgl. zur Rechtsnatur der Vermutungen *W. Möschel*, in: *U. Immenga*/*E.-J. Mestmäcker* (Hrsg.), GWB, § 19 Rdnr. 92; *H.-J. Ruppelt*, in: *E. Langen*/*H.-J. Bunte* (Hrsg.), KartR, § 22 Rdnr. 61 ff.; *R. Bechtold*, GWB, § 22 Rdnr. 44 ff.

1224 Art. 4 Abs. 3 ZusRL.

1225 Eine Nachbesserung hält insofern *N. Nolte*, BB 1996, S. 2629 (2632), für erforderlich.

Der entscheidende Unterschied zwischen europäischem und deutschem Telekommunikationsrecht besteht jedoch im Kriterium der Begründetheit. Art. 4 Abs. 2 ZusRL enthält eine Zusammenschaltungspflicht nur bei begründeten Anträgen, während § 35 Abs. 1 Satz 1 und 3 TKG die Zusammenschaltung zwingend anordnet. Hierdurch wird bereits abstrakt-generell ein unbedingter Kontrahierungszwang aufgestellt. Ein Wertungsspielraum, um berechtigte Interessen der marktbeherrschenden Unternehmen zu berücksichtigen, verbleibt nach dem Wortlaut der Vorschrift nicht.

Aus der systematischen Stellung des § 35 TKG könnte jedoch im Verhältnis zu § 33 TKG auf eine erforderliche Abwägung geschlossen werden. § 33 TKG[1226] enthält für marktbeherrschende Anbieter von Telekommunikationsdienstleistungen die Verpflichtung, Wettbewerbern zu ihren eigenen Bedingungen diskriminierungsfrei Zugang zu wesentlichen Leistungen zu gewähren, es sei denn, ungünstigere Bedingungen sind aus sachlichen Gründen gerechtfertigt.[1227] Diese sektorspezifische Bestimmung ist dem allgemeinen Diskriminierungsverbot der §§ 22, 26 GWB a.F. nachgebildet[1228] und erfordert für die Beurteilung, ob eine Abweichung gerechtfertigt ist, eine umfassende Interessenabwägung.[1229]

[1226] Vgl. hierzu insbesondere die Verfahren zum entbündelten Teilnehmerendzugang VG Köln, MMR 1998, S. 102 ff. = CR 1997, S. 639 ff.; VG Köln, MMR 1999, S. 238 ff. = CR 1999, S. 79 ff.; OVG Münster, MMR 1998, S. 98 ff. m. Anm. *K. W. Riehmer*, S. 100 ff.; OVG Münster, Beschl. v. 7.2.2000, 13 A 179-180/99 und zur Fakturierung und Inkassoeinziehung der Deutschen Telekom bei Call-by-Call-Verfahren Reg TP, MMR 2000, S. 298 ff. m. Anm. R. Schütz, S. 313 ff.

[1227] *H.-P. Schwintowski*, CR 1997, S. 630 (635); *H.-W. Hefekäuser/A. Wehner*, CR 1996, S. 698 (701); *J. Scherer*, NJW 1996, S. 2953 (2961).

[1228] Begr. Gesetzentwurf v. 30.1.1996, BR-Drs. 13/3609, S. 45; *H.-J. Piepenbrock*, in: TKG-Kommentar, § 33 Rdnr. 9. Die Regulierungsbehörde sieht in § 33 TKG keine Konkretisierung, sondern eine Ergänzung des allgemeinen Diskriminierungsverbots nach dem GWB, Reg TP, MMR 2000, S. 298 (302).

[1229] Begr. Gesetzentwurf v. 30.1.1996, BR-Drs. 13/3609, S. 46; vgl. zum Diskriminierungsverbot nach § 26 Abs. 2 GWB a.F. BGHZ 38, S. 90 (102) = NJW 1963, S. 293 (295) (Treuhandbüro); BGH v. 16.12.1986, WuW/E BGH, S. 2351 (2356) (Belieferungsunwürdige Verkaufsstätten II); v. 23.2.1988, WuW/E BGH, S. 2479 (2482) (Reparaturbetrieb); v. 7.3.1989, WuW/E BGH, S. 2584 (2588) (Lotterievertrieb); v. 12.3.1991, WuW/E BGH, S. 2707 (2715) (Krankentransportunternehmen II); v. 19.3.1996, WuW/E BGH, S. 3058 (3063) (Pay-TV Durchleitung); *K. Markert*, in: *U. Immenga/E.-J. Mestmäcker* (Hrsg.), GWB, 2. Aufl., § 26 Rdnr. 196; *K. P. Schultz*, in: *E Langen/H.-J. Bunte* (Hrsg.), KartR, § 26 Rdnr. 156.

In welchem Verhältnis die §§ 33, 35 TKG zueinander stehen, ist jedoch umstritten. Während einerseits § 33 TKG als „besondere Mißbrauchsaufsicht" eine zu § 35 TKG speziellere Regelung enthalten könnte[1230], bilde nach anderer Auffassung umgekehrt § 33 TKG den Grundtatbestand.[1231] § 35 TKG und die Netzzugangsverordnung konkretisieren danach den Zugang zu wesentlichen Leistungen (§ 33 TKG) hinsichtlich des besonderen Netzzugangs.[1232] Schließlich werden beide Vorschriften als voneinander unabhängig angesehen, die in ihrem unterschiedlichen Anwendungsbereich jeweils selbständig gelten.[1233]

Für die hier zu entscheidende Frage der erforderlichen Interessenabwägung führen sämtliche Auffassungen zu keinem eindeutigen Ergebnis. Denn Grund- und Spezialtatbestand enthalten keine (endgültige) Aussage darüber, ob § 35 TKG das Tatbestandsmerkmal der Abwägung umfaßt. Als engere Norm könnte in § 35 TKG die zwingende Verpflichtung zur Zusammenschaltung angenommen werden, während § 33 TKG den Zugang zu wesentlichen Leistungen in Anlehnung an den allgemeinen kartellrechtlichen Mißbrauchstatbestand nur nach Abwägung der betroffenen Interessen ermöglichen soll. Als Grundtatbestand müßte § 35 TKG nach allgemeinen Verständnis der Verhältnisfrage eine Abwägung enthalten. Wird ein Stufenverhältnis abgelehnt und werden die §§ 33, 35 TKG als zwei selbständige, voneinander unabhängige Tatbestände angesehen, so kann auch die systematische Auslegung die aufgeworfene Frage der Abwägung nicht beantworten.

Entscheidend ist deshalb allein Sinn und Zweck der Vorschrift des § 35 Abs. 1 Satz 3 TKG unter Beachtung des gesetzgeberischen Willens, wie er

---

[1230] Diese Interpretation werfen *E.-J. Mestmäcker/H. Schweitzer*, Netzwettbewerb, Netzzugang und „Roaming" im Mobilfunk, S. 49, und *Ch. Engel/G. Knieps*, Zugang zu wesentlichen Leistungen, S. 57, auf.

[1231] So die bisherige Rspr. des OVG Münster, MMR 1998, S. 98 f.; OVG Münster, CR 2000, S. 369 (372); VG Köln, MMR 1999, S. 238 (240), bestätigt durch BVerwG v. 25.4.2001, 6 C 6/00, Ziff. B. 3 b) bb) (2); *Th. Tschentscher/H. Neumann*, BB 1997, S. 2437 (2444 f.); *J. Scherer*, in: *M. Bartsch/B. Lutterbeck* (Hrsg.), Neues Recht für neue Medien, S. 25 (46); *G. Manssen*, in: *ders.* (Hrsg.), Telekommunikations- und Multimediarecht, C § 33 Rdnr. 1; *M. Holzhäuser*, MMR 2000, S. 466 (471); vgl. auch *A. Kemmler*, Archiv PT 1996, S. 321 (325); vgl. auch *W. Wegmann*, Regulierte Marktöffnung, S. 219 ff.

[1232] OVG Münster, MMR 1998, S. 98 f.; VG Köln, MMR 1999, S. 238 (240).

[1233] *Ch. Engel/G. Knieps*, Zugang zu wesentlichen Leistungen, S. 57; *E.-J. Mestmäcker/H. Schweitzer*, Netzwettbewerb, Netzzugang und „Roaming" im Mobilfunk, S. 51.

insbesondere durch die parlamentarische Entstehungsgeschichte der Norm zum Ausdruck kommt.[1234] Die ausdrückliche Erwähnung der Zusammenschaltung in Satz 3 des § 35 Abs. 1 TKG hat dabei grundsätzlich nur deklaratorische Bedeutung[1235], da sie lediglich einen Unterfall des Netzzugangs darstellt.[1236] Der Netzzugang nach § 35 Abs. 1 Satz 1 TKG ist jedoch zwingend und begründet eine allgemeine Zusammenschaltungspflicht[1237], die im Vergleich zur ursprünglichen Entwurfsfassung der Bundesregierung (§ 34 TKG-Entwurf)[1238] lediglich im Adressatenkreis auf marktbeherrschende Betreiber beschränkt wurde.[1239] Der Gesetzgeber sah sich infolge der Zusammenschaltungsrichtlinie nur daran gehindert, sämtlichen Betreibern unabhängig von ihrer Marktmacht, die Zusammenschaltung einzuräumen. Aufgrund der besonderen Bedeutung der Zusammenschaltung[1240] hat er jedoch an seiner Konzeption festgehalten, den Netzzugang uneingeschränkt zu gewähren. Nach dem Willen des Gesetzgebers sollte deshalb Wettbewerbern zur Schaffung chancengleichen und funktionsfähigen Wettbewerbs[1241] gegenüber marktbeherrschenden Betreibern ein unmittelbarer materiell-rechtlicher Anspruch auf Zusammenschaltung eingeräumt werden.[1242] Sofern es sich dabei um ehemals staatliche Monopolunternehmen handelt, ist diese Verpflichtung zwingend durch Art. 4a Abs. 1,

[1234] Vgl. allgemein zum Gesetzgebungsverfahren des TKG *L. M. Büchner*, CR 1996, S. 581 (586); *A. Börnsen*, ZG 1996, S. 323 (325 ff.).

[1235] Beschlußempfehlung und Bericht des Ausschusses für Post und Telekommunikation (17. Ausschuß), BT-Drs. 13/4864 v. 12.6.1996, S. 78.

[1236] Vgl. Nachweise unter Fn. 811.

[1237] Begr. Gesetzentwurf v. 30.1.1996, BR-Drs. 13/3609, S. 46; *C. Hiltl/K. Großmann*, BB 1996, S. 169 (174).

[1238] Gesetzentwurf der Bundesregierung v. 23.4.1996, BT-Drs. 13/4438 i.V.m. BT-Drs. 13/3609, S. 34. Der Referentenentwurf v. 27.7.1995 knüpfte hingegen in § 34 an eine marktbeherrschende Stellung nach § 22 GWB a.F. bzw. an einen Marktanteil von 25 % an. Hierzu *R. Schütz/M. Esser-Wellié*, AfP 1995, S. 580 (585 f.).

[1239] Beschlußempfehlung und Bericht des Ausschusses für Post und Telekommunikation (17. Ausschuß), BT-Drs. 13/4864 v. 12.6.1996, S. 72 und 78.

[1240] Begr. Gesetzentwurf v. 30.1.1996, BR-Drs. 13/3609, S. 35.

[1241] Begr. Gesetzentwurf v. 30.1.1996, BR-Drs. 13/3609, S. 35.

[1242] Die von *Ch. Engel/G. Knieps*, Zugang zu wesentlichen Leistungen, S. 57, vertretene Interpretation, Zweck des § 35 TKG sei (lediglich), Netzexternalitäten zu sichern und dadurch horizontalen Wettbewerb zwischen Anbietern auf dem gleichen sachlich relevanten Markt zu ermöglichen, betrifft letztlich den sachlichen Anwendungsbereich der Norm, jedoch nicht den hier zu beurteilenden Norminhalt.

3 TKDiensteRL vorgegeben.[1243] Indem der deutsche Gesetzgeber versucht, zwei unterschiedliche Richtlinienbestimmungen – Art. 4a Abs. 1, 3 TKDiensteRL und Art. 4 Abs. 2 ZusRL – in einer nationalen Vorschrift umzusetzen, ist die Gemeinschaftswidrigkeit der nationalen Norm bereits vorgegeben. Allenfalls durch eine europarechtskonforme Auslegung – zwingende Verpflichtung nur bei ehemals staatlichem Monopolunternehmen als marktbeherrschender Betreiber – wäre ein Umsetzungsdefizit zu verneinen.[1244] Dieser zwar gemeinschaftsrechtlich gebotenen Auslegung widerspricht jedoch der Wortlaut des § 35 TKG und der eindeutige gesetzgeberische Wille, wie er in der Entstehungsgeschichte des Gesetzes zum Ausdruck kommt.[1245] § 35 Abs. 1 TKG eröffnet somit keine Möglichkeit, zwischen kollidierenden Interessen der Zusammenschaltungsparteien abzuwägen.[1246]

Auch die Anordnungsbefugnis der Regulierungsbehörde aus § 37 Abs. 1 TKG ändert dieses Ergebnis nicht. Das BVerwG räumt in seiner Entscheidung vom 25.4.2001 dem Mißbrauchsverfahren nach § 33 TKG gegenüber der Anordnung der Zusammenschaltung nach § 37 TKG wegen der Absicht des Gesetzgebers, funktionsfähigen Wettbewerb zu fördern und sicherzustellen, den Vorrang ein, wenn sowohl die Voraussetzungen des § 33 TKG als auch des § 35 TKG gegeben sind.[1247] Ein solcher Vorrang ist indes nicht begründet, da auch die §§ 35, 37 TKG der Schaffung funktionsfähigen Wettbewerbs dienen.[1248] Die ausdrücklich im Gesetz geregelte Verpflichtung zur Zusammenschaltung als Fall des besonderen Netzzugangs in § 35 Abs. 1 Satz 3 TKG in Verbindung mit der Zusammenschaltungsanordnungbefugnis nach § 37 TKG liefe bei einem Vorrang des Mißbrauchsverfahrens für den Fall der Netzzusammenschaltung leer. Zudem muß die Zusammenschaltungsanordnung innerhalb einer Frist von 6 Wochen ergehen, während das Miß-

---

[1243] Vgl. hierzu oben 3. Kap. B. IV. 3. b), S. 205; *G. Manssen*, in: *ders.* (Hrsg.), Telekommunikations- und Multimediarecht, C § 33 Rdnr. 18.

[1244] So im Ergebnis durch teleogische Reduktion des Marktbeherrschungsbegriffs *Th. Lampert*, WuW 1998, S. 27 (34 ff.).

[1245] *E.-J. Mestmäcker/H. Schweitzer*, Netzwettbewerb, Netzzugang und „Roaming" im Mobilfunk, S. 57.

[1246] A.A. *V. Götz*, in: *J. Schwarze* (Hrsg.), Netzzugang im Wirtschaftsrecht, S. 129 (136).

[1247] BVerwG v. 25.4.2001, 6 C 6/00, Ziff. B. 3 b) bb) (3) = NVwZ 2001, S. 1399 ff.

[1248] Auch die Regulierunsgbehörde geht von 2 selbständigen Verfahren aus, RegTP, MMR 2001, S. 342 (343).

brauchsverfahren nicht fristgebunden ist.[1249] Sollte eine Zusammenschaltungsvereinbarung nicht zustandekommen, obwohl eine Verhandlungspflicht für sämtliche Betreiber und eine Zusammenschaltungspflicht für marktbeherrschende Betreiber besteht, kann die Regulierungsbehörde die Zusammenschaltung als solche im Verfahren nach § 37 TKG i.V.m. § 9 NZV anordnen.[1250]

Im Rahmen der Anordnung hat sie „die unternehmerische Freiheit eines jeden Netzbetreibers zur Gestaltung seines Telekommunikationsnetzes" (§ 37 Abs. 3 TKG i.V.m. § 9 Abs. 4 NZV) durch Abwägung zu berücksichtigen.[1251] Für marktbeherrschende Betreiber ist jedoch die Frage des „Ob" der Zusammenschaltung bereits verbindlich durch § 35 Abs. 1 TKG geregelt, so daß die Interessenabwägung, die § 9 Abs. 4 NZV eröffnet[1252], nur für Zusammenschaltungsfälle zwischen nicht marktbeherrschenden Unternehmen von Bedeutung ist.[1253] Über § 9 Abs. 4 NZV kann der Regulierungsbehörde entgegen § 35 Abs. 1 TKG auf Verordnungsebene kein Ermessen eingeräumt werden. Ein solcher Ermessensspielraum ist nicht durch die Ermächtigungsgrundlage des TKG zum Erlaß von Rechtsverordnungen hinsichtlich des besonderen Netzzugangs gedeckt.[1254] § 37 Abs. 3 i.V.m. § 35 Abs. 5 Satz 1 TKG ermächtigt die Bundesregierung nur durch Rechtsverordnung zu regeln, in welcher Weise die Zusammenschaltung zu ermöglichen ist und damit lediglich zur Regelung des „Wie" der Zusammenschaltung.[1255] Nach § 37 Abs. 3 Satz 1 und 2 TKG ist

---

[1249] RegTP, MMR 2001, S. 342 (343).

[1250] Beschlußempfehlung und Bericht des Ausschusses für Post und Telekommunikation (17. Ausschuß), BT-Drs. 13/4864 v. 12.6.1996, S. 78; *H.-J. Piepenbrock*, in: TKG-Kommentar, § 37 Rdnr. 2.

[1251] *H.-J. Piepenbrock*, in: TKG-Kommentar, Anh. § 39, § 9 NZV Rdnr. 14.

[1252] *P. N. Märkl*, Netzzusammenschaltung, S. 252.

[1253] *G. Manssen*, in: *ders.* (Hrsg.), Telekommunikations- und Multimediarecht, C § 33 Rdnr. 18, erachtet das Ermessen der Regulierungsbehörde im Rahmen des § 33 Abs. 2 TKG wegen der zwingenden Zusammenschaltungsanordnung nach Art. 4a Abs. 3 TKDiensteRL für reduziert. Zutreffenderweise muß dies für die Zusammenschaltung nach § 35 Abs. 1 S. 1, 3 TKG erst Recht gelten, wenn § 33 als Grundtatbestand aufgefaßt wird.

[1254] Vgl. hierzu *M. Paulweber*, Regulierungszuständigkeiten, S. 72 f.

[1255] Begründung zur NZV, Allgemeiner Teil, abgedruckt bei *K.-D. Scheurle/G. Lehr/Th. Mayen*, Telekommunikationsrecht, S. 95; *H.-J. Piepenbrock*, in: TKG-Kommentar, § 35 Rdnr. 49, Anh. § 39, § 1 NZV Rdnr. 2; *H.-W. Hefekäuser/A. Wehner*, CR 1996, S. 698 (702); *M. Paulweber*, Regulierungszuständigkeiten, S. 73, leitet die mangelnde Ermächtigungsgrundlage des § 35 TKG aus einem Vergleich zu § 33 TKG sowie systematisch aus der Bußgeldregelung des § 96 Abs. 1 Nr. 7 TKG, die zwar § 33 Abs. 2 S. 1 TKG, nicht jedoch § 35 Abs. 1,

sie schließlich nur befugt, die Einzelheiten, das Verfahren, den Inhalt und die Frist zur Durchführung einer Zusammenschaltungsanordnung nach § 37 Abs. 1 TKG verordnungsrechtlich vorzuschreiben.[1256] Dabei könnte zwar durch den Inhalt der Zusammenschaltungsanordnung auch die Frage, „ob“ eine Zusammenschaltung ergehen soll, mit erfaßt sein. Infolge der gesetzlichen Regelung in § 35 Abs. 1 Satz 1 und 3 TKG tritt jedoch eine Verordnungssperre ein, so daß durch eine im Rang unter dem Gesetz stehende Rechtsverordnung hierüber nicht mehr entschieden werden kann.[1257] Aufgrund des unbedingten Kontrahierungszwang setzt § 35 TKG die Zusammenschaltungspflicht nur unzureichend um. Abbildung 8 stellt die einzelnen Zusammenschaltungsrechte und -pflichten zusammen.

Zusammenschaltungsrechte und –pflichten				
	Art. 11 Abs. 1 SprachtelefondienstRL a.F.	Art. 16 Abs. 1 SprachtelefondienstRL n.F.	Art. 4a Abs. 3, 3d Abs. 2 TkDiensteRL	Art. 4 Abs. 2 i.V.m. Anhang I ZusRL
Begünstigte (Zusammenschaltungsrecht)	Festnetzbetreiber anderer Mitgliedstaaten Mobilfunkbetreiber des Mitgliedstaates bzw. anderer Mitgliedstaaten, wenn gemeldet	lediglich Sondernetzzugang	Netzbetreiber, Diensteanbieter; Mobilfunkbetreiber	alle die einen begründeten Antrag auf Netzzugang stellen

5 TKG als Ermächtigungsgrundlage für Zuwiderhandlungen gegen vollziehbare Anordnungen enthält, ab.

[1256] Insofern konkretisiert § 9 NZV lediglich § 37 TKG, der selbst jedoch keine Zusammenschaltunspflicht begründet; Begründung zur NZV, zu § 9, S. 98; *H.-J. Piepenbrock*, in: TKG-Kommentar, Anh. § 39, § 9 NZV Rdnr. 1.

[1257] *Ch. Engel/G. Knieps*, Die Vorschriften des Telekommunikationsgesetzes über den Zugang zu wesentlichen Leistungen, S. 43.

Verpflichtete (Zusammenschaltungspflicht)	Betreiber des festen öffentlichen Telefonnetzes	Betreiber des festen öffentlichen Telefonnetzes mit beträchtlicher Marktmacht	ehemals staatliche Monopolunternehmen	Betreiber des festen öffentlichen Telefonnetzes und -dienstes, Betreiber öffentlicher mobiler Telefonnetze und -dienste, Betreiber von Mietleitungen mit beträchtlicher Marktmacht
Inhalt	(faktische) Zusammenschaltung und Abschluß einer Zusammenschaltungsvereinbarung			
Rechtsnatur	materiell-rechtlicher Anspruch (durch die Rechtmäßigkeit des Antrags bedingter Kontrahierungszwang)			
Umsetzung	§ 35 Abs. 1 Satz 1 und 3 TKG: (faktische) Zusammenschaltung und Abschluß einer Zusammenschaltungsvereinbarung (unbedingter Kontrahierungszwang)			

Abbildung 8: Zusammenschaltungsrechte und -pflichten

4. Zugang zur Teilnehmeranschlußleitung

Der Zugang zur Teilnehmeranschlußleitung ist in der Verordnung über den entbündelten Zugang zum Teilnehmeranschluß vom 18.12.2000 (TAL-VO) europarechtlich und damit unmittelbar bindend auch für sämtliche Mitgliestaaten geregelt.[1258]

[1258] Die Verordnung trat am dritten Tag nach Veröffentlichung im Amtsblatt (30.12.2000) in Kraft.

a) Verordnung über den entbündelten Zugang zum Teilnehmeranschluß

Die TAL-VO unterscheidet in Art. 2 lit. e) TAL-VO den „vollständig entbündelten Zugang zum Teilnehmeranschluß", der die Nutzung des gesamten Frequenzspektrums der Kupferdoppelader ermöglicht („blanker Draht")[1259], und den „gemeinsamen Zugang zum Teilnehmeranschluß". Der gemeinsame Zugang sieht die Nutzung des höheren Frequenzbereichs für hochbitratige Internetzugänge vor, während das für Sprachtelefondienste genutzte Frequenzspektrum weiterhin durch den Leitungseigentümer genutzt werden kann.[1260]

Art. 3 Abs. 2 TAL-VO enthält für gemeldete Betreiber[1261] die Verpflichtung, „angemessenen Anträgen" auf entbündelten Zugang zu ihren Teilnehmeranschlüssen zu transparenten, fairen und nichtdiskriminierenden Bedingungen stattzugeben. Der Antrag kann nur auf Grund objektiver Kriterien abgelehnt werden, die sich auf die technische Realisierung und die notwendige Aufrechterhaltung der Netzintegrität beziehen. Ein angemessener Antrag setzt voraus, daß der Zugang erforderlich ist, um begünstigten Dritten zu ermöglichen, Dienste bereitzustellen, ohne die der Wettbewerb in dem betroffenen Bereich bei Verweigerung des Zugangs verhindert, beschränkt oder verzerrt würde.[1262] Es besteht weder eine Verpflichtung, den Zugang bereitzustellen, wenn der Zugangsverpflichtete keine Verfügungsbefugnis hat, noch zum Aufbau neuer lokaler Netzinfrastrukturen.[1263] Die Preise für den Zugang müssen sich gemäß nach Art. 3 Abs. 3 TAL-VO an den Kosten des Zugangs orientieren.[1264] Art. 4 Abs. 5 TAL-VO sieht bei Streitigkeiten über den Zugang ein Streitbeilegungsverfahren vor.

Gemeldete Betreiber sind nach Art. 1 Abs. 1 TAL-VO seit 31.12.2000 verpflichtet, ein Standardangebot für den entbündelten Zugang zu ihren Teilneh-

---

[1259] Art. 2 lit.f) TAL-VO.

[1260] Art. 2 lit. g) TAL-VO.

[1261] Gem. Anhang I, Abschnitt 1 ZusRL.

[1262] Erwägungsgrund (7) TAL-VO.

[1263] Erwägungsgrund (9) TAL-VO.

[1264] Dabei ist die Erzielung eines angemessenen Gewinns gedeckt, Erwägungsgrund (11) TAL-VO.

meranschlüssen zu veröffentlichen und auf aktuellen Stand zu halten.[1265] Die nationalen Regulierungsbehörden können gemäß Art. 4 Abs. 2 lit. a) TAL-VO Änderungen des Angebots, insbesondere der Preise verlangen, wenn die Änderungen gerechtfertigt sind.

Die Verordnung über den entbündelten Zugang zum Teilnehmeranschluß knüpft damit inhaltlich weitgehend an die Regulierung der Zusammenschaltung an.

b) Zugang zum Teilnehmeranschluß nach § 33 Abs. 1 Satz 1 TKG

Im deutschen Recht ist der Zugang zur Teilnehmeranschlußleitung in § 33 TKG i.V.m. § 2 NZV geregelt.[1266] Danach sind marktbeherrschende Betreiber, die Telekommunikationsdienstleistungen für die Öffentlichkeit anbieten, verpflichtet, Wettbewerbern wesentliche intern oder am Markt angebotene Leistungen zu gleichen Bedingungen anzubieten, wie sie intren genutzt werden, es sei denn Beschränkungen sind sachlich gerechtfertigt. Der Zugang kann nach § 33 Abs. 1 Satz 2 TKG insbesondere nach den grundlegenden Anforderungen der ONP-Rahmenrichtlinie beschränkt werden. § 2 Satz 2 NZV statuiert ausdrücklich die Pflicht zur Gewährung des entbündelten Zugangs zur Teilnehmeranschlußleitung.

[1265] Standardangebote müssen zwingend Angaben zu technischen Bedingungen des Zugangs (Standort des physischen Zugangs, Daten der Doppelader etc.), Kollokationsdiensten (Standorte, Gerätemerkmale, Zutrittsvorschriften etc.), informationstechnischen Systemen (Datenbanken, Wartungs- und Instandsetzungsarbeiten etc.) und Lieferbedingungen (Bearbeitungsfrist für Anträge, Vertragsbedingungen, Preise etc.) gemäß der Anlage der TAL-VO enthalten.

[1266] *M. Schmittmann/J. R. Busemann*, K&R 2000, S. 217 ff. Vgl. zur Regulierung der Teilnehmeranschlußleitung in den USA und in Großbritannien *M. Michalis/E.-O. Ruhle*, MMR 2001, S. 23 ff.

aa) Entbündelter Zugang

Der Zugang zur entbündelten Teilnehmeranschlußleitung bildete in der Bundesrepublik Deutschland neben dem Streit um die Zugangsgebühren das erste bedeutende gerichtliche Streitverfahren zwischen der Deutschen Telekom und den Wettbewerbern. Sowohl in den verwaltungsgerichtlichen einstweiligen Rechtsschutzverfahren im Jahr 1997[1267] als auch in den Hauptsacheentscheidungen des VG Köln vom 05.11.1998[1268] und des OVG Münster vom 07.02.2000[1269] wurde die Deutsche Telekom verpflichtet, entbündelten Zugang zu gewähren. Das BVerwG bestätigte mit Urteil vom 25.04.2001 im Ergebnis die Entscheidungen der Instanzgerichte.[1270]

Nachdem die Deutsche Telekom ihren Wettbewerbern Teilnehmeranschlußleitungen nur mit zwischengeschalteten Multiplexern (MuX/V5) bzw. nur vordefinierte Übertragungsleistungen mit bestimmten Bandbreiten und Bitraten zur Verfügung stellen wollte, wurde sie vom BMPT als Rechtsvorgängerin der Regulierungsbehörde gemäß § 33 Abs. 2 TKG aufgefordert, entsprechend § 33 Abs. 1 TKG i.V.m. § 2 NZV ein Angebot auf entbündelten Zugang zu wesentlichen Leistungen („blanker Draht") abzugeben. Lediglich im Einzelfall, etwa bei drohendem Verlust der Teilnehmeranschlußleitung für eigene Zwecke sollte diese Verpflichtung nicht bestehen. Das VG Köln bejahte nach Anrufung durch die Deutsche Telekom im Verfahren nach § 80 Abs. 5 VwGO die Rechtmäßigkeit der Regulierungsmaßnahme und wurde durch das OVG Münster im Beschwerdeverfahren bestätigt. Prozeßrechtlich endete dieses Verfahren durch übereinstimmende Erledigungserklärung, nachdem sich die Deutsche Telekom bereit erklärte, ein entbündeltes Angebot innerhalb einer bestimmten Frist abzugeben und die Regulierungsbehörde auf die Erhebung eines Bußgeldes verzichtete.[1271] In der Hauptsache wies das VG Köln die Klage endgültig ab.

[1267] VG Köln, MMR 1998, 102 ff.; OVG Münster, MMR 1998, 98 ff. mit Anm. *W. Riehmer*, S. 100 f.

[1268] VG Köln, MMR 1999, S. 238 ff. = CR 1999, S. 97 ff.

[1269] OVG Münster, CR 2000, S. 269 ff.; vgl. hierzu *F.-E. Hufnagel/P. Rädler*, AfP 2000, S. 151 (155 f.).

[1270] BVerwG vom 25.04.2001, 6 C 6/00 und 6 C 7/00 (Juris Dok.-Nr. WBRE410008194).

[1271] Vgl. hierzu *K. W. Riehmer*, MMR 1998, S. 100; *K.-M. Fuhr/B. Kerkhoff*, MMR 1998, S. 6 (8).

Das BVerwG führte in seiner Entscheidung vom 25.04.2001 aus, Ziel des § 33 TKG sei die Schaffung chancengleichen Wettbewerbs. Aufgrund ihres flächendeckenden Zugangs zu den Teilnehmeranschlüssen werde es der Deutschen Telekom ermöglicht, unternehmerische Dispositionen weitgehend unabhängig von den Wettbewerbern zu treffen. Dies führe zu einem Wettbewerbsvorsprung, der letztlich auf einem überkommenen Monopol beruhe. Wettbewerbern müsse deshalb bei der Ausgestaltung ihrer Telekommunikationsdienstleistungen eine unternehmerische Dispositionsfreiheit eingeräumt werden, die mit der der Deutschen Telekom vergleichbar sei. Eine solche Dispositionsfreiheit setze voraus, daß Wettbewerber den vollen Zugriff auf die Teilnehmeranschlußleitung erhalten, der nicht durch vorgeschaltete Einrichtungen (Multiplexer) oder Durchsatzkapazitäten (Bandbreiten) beschränkt werden könne. Ohne diesen Zugang blieben die Wettbewerber an die von der Deutschen Telekom verwendete Technik gebunden und wären an der Entwicklung innovativer Techniken gehindert.[1272]

Verweigert werden könne der Zugang nur, wenn dies sachlich gerechtfertigt sei. Neben den in § 33 Abs. 1 Satz 2 TKG beispielhaft genannten Verweigerungsgründen nach den grundlegenden Anforderungen kämen als Verweigerungsgründe die Selbtsnutzung, die Nutzung durch Dritte, Kapazitätsengpässe, technische Gegebenheiten, Bonitätserwägungen oder ähnliche Umstände in Betracht.[1273] Nach Erlaß der TAL-VO können indes Bonitätserwägungen und ähnliche Gründe eine Zugangsverweigerung nicht mehr begründen. Art. 3 Abs. 2 TAL-VO gestattet insofern die Verweigerung des endbündelten Zugangs nur wegen objektiver Kriterien, die sich auf die technische Realisierung oder die Netzintegrität beziehen.

bb) Zugangsentgelte

Neben der Problematik des entbündelten Zugangs zählen die Zugangsgebühren zu den umstrittensten Fragen im Teilnehmeranschlußbereich. Die Regulierungsbehörde reduzierte zwar ab 1.4.2001 die monatliche Gebühr für den

[1272] BVerwG v. 25.4.2001, 6 C 6/00, Ziff. B. 3 c) aa).

[1273] BVerwG v. 25.4.2001, 6 C 6/00, Ziff. B. 3 c) bb) und 4 b) cc).

Zugang zur entbündelten Kupferdoppelader von 25,40 DM[1274] um 1,00 DM auf 24,50 DM.[1275] Das genehmigte Zugangsentgelt führt jedoch nach wie vor zu einer Preis-Kosten-Schere, da die Deutsche Telekom ihren Endkunden den Teilnehmeranschluß für monatlich 21,39 DM zur Verfügung stellt.[1276] Die Regulierungsbehörde rechtfertigt die Preis-Kosten-Schere und fordert lediglich, daß die Preise an den Kosten der effizienten Leistungsbereitstellung ermittelt werden. Da die Entgeltregulierung im sog. Price-Cap-Verfahren erfolge, im Rahmen dessen Entgelte nach bestimmten Warenkörben festgelegt werden, könnten einzelne Leistungen des Warenkorbs unter den Kosten der effizienten Leistungsbereitstellung angeboten werden.[1277]

Gegen die Argumentation der Regulierungsbehörde spricht § 1 Abs. 2 TEntGV[1278]. Danach können Dienstleistungen nur dann in einem Warenkorb zusammengefaßt werden, wenn sich die erwartete Intensität des Wettbewerbs bei diesen Dienstleistungen nicht erheblich unterscheidet.[1279] Die Regulierungsbehörde faßt jedoch sowohl die Zugangsgebühren für den Teilnehmeranschluß als auch Orts-, Regional- und Ferntelefondienste für Privat- und Geschäftskunden in einem Warenkorb zusammen. Die Wettbewerbsintensität dieser Dienstleistungen ist dabei offensichtlich unterschiedlich.[1280]

[1274] ABl. RegTP Nr. 3/1999, S. 518 ff., vgl. *T. J. Gerpott/A. Walter*, K&R 2001, 386 ff.; *R. Schütz*, MMR Aktuell 3/1999, S. VI ff.; *H. Posser/P. Rädler*, MMR AKtuell 2/1999, S. V ff.; *H.-W. Hefekäuser*, MMR Aktuell 11/1998, S. X f.; *ders.*, MMR Aktuell 7/1998, S. XIII und bereits RegTP, MMR 1998, S. 500 ff.; *T. J. Gerpott/A. Walter*, K&R 2001, 386 ff.

[1275] RegTP, MMR 2001, S. 477 (479); vgl. hierzu *H.-W. Hefekäuser*, MMR Aktuelle 2/2001, S. XIII f. Zu Entgelten für T-DSL Anschlüssen RegTP, MMR 2001, S. 472 ff.

[1276] *R. Schütz*, MMR Aktuell 5/2001, S. XXI (XXIII).

[1277] RegTP, MMR 2001, S. 477 (480).

[1278] Telekommunikations-Entgeltregulierungsverordnung v. 01.10.1996, BGBl. I S. 1492.

[1279] *R. Schütz*, MMR Aktuell 5/2001, S. XXI (XXIV).

[1280] Vgl. hierzu die Entscheidungspraxis der Regulierungsbehörde zur marktbeherrschenden Stellung von Telekommunikationsanbietern z.B. RegTP, MMR 2001, 413 (Marktbeherrschung für Verbindungen USA) und 414 (keine Marktbeherrschung für Verbindungen Türkei).

cc) Sonstiger Mißbrauch

In der „Line-Sharing"-Entscheidung vom 30.3.2001 berücksichtigte die Regulierungsbehörde erstmals die TAL-VO.[1281] Wettbewerber begehrten den Zugang zur hochbitratigen Teilnehmeranschlußleitung, um Endkunden Hochgeschwindigkeits-Internet-Zugänge auf der Basis der DSL-Technik[1282] anbieten zu können. Die Nutzung des schmalbandigen Frequenzbereichs für den Sprachtelefondienst blieb der Deutschen Telekom vorbehalten. Zutreffend stellte die Regulierungsbehörde fest, daß die TAL-VO unmittelbar anwendbares Recht darstelle und dem Mißbrauchstatbestand des § 33 TKG vorgehe. „Line-Sharing" betreffe den Fall des in der Verordnung geregelten gemeinsamen Zugangs zum Teilnehmeranschluß.[1283]

Eine bereits am 07.06.2000 ergangene Entscheidung der Regulierungsbehörde[1284] betraf verschiedene Klauseln zur Kollokation des von der Deutschen Telekom verwendeten Standardvertrags für den Zugang zur Teilnehmeranschlußleitung (TAL-Standardvertrag).

Nach dem TAL-Standardvertrag der Deutschen Telekom kann der Kollokationsraum an einen anderen Standort verlegt werden, wenn dies aus betrieblichen Gründen der Deutschen Telekom erforderlich ist.[1285] Die Kosten der Verlegung für die Einrichtung des Kollokationsraumes, insbesondere für kabel- und übertragungstechnische Einrichtungen der Wettbewerber sind von von den Wettbwerbern selbst zu tragen. Hierdurch entstehen Kosten im unteren Bereich von 45.000,00 DM pro Kollokationsraum.[1286]

Eine weitere Klausel des TAL-Standardvertrags sieht für die Realisierung des räumlichen Zugangs eine Frist von 16 Kalenderwochen vor. Diese Bereitstel-

---

[1281] RegTP v. 30.3.2001, BK 3c-00/029; vgl. hierzu R. Schütz, MMR Aktuell 5/2001, S. XXI (XXII); *K. Schmidt*, K&R 2001, S. 377 ff.

[1282] Digital Subscriber Line.

[1283] Vgl. zur Zulässigkeit des Resale (Wiederverkauf) im Teilnehmeranschlußbereich RegTP, MMR 2001, S. 485 ff.

[1284] RegTP, MMR 2000, S. 500 ff. m. Anm. *F. J. Mayer*, S. 509 ff.

[1285] Anlage 2, Ziff. 4.2.4 TAL-Standardvertrag.

[1286] RegTP, MMR 2000, S. 500 (505).

lungsfrist wird als unverbindliche Regelbearbeitungsfrist zugesagt.[1287] Die Bereitstellung für den Zugang zum Teilnehmeranschluß beträgt nach dem TAL-Standardvertrag 10 Tage.[1288]

Die Regulierungsbehörde erachtete diese Regelungen als nicht nachvollziehbar, da sie nicht auf objektiven Kriterien beruhen und deshalb in diskriminierender Weise einen gleichwertigen Zugang verhindern.[1289] Der Deutschen Telekom wurde deshalb auferlegt, die Klauseln dahingehend abzuändern, daß sie sich zur Übernahme von 50 % der Kosten bei der Verlegung eines Kollokationsraumes verpflichtet, die Bereitstellungsfrist des Kollokationsraumes verbindlich gestaltet und die Bereitstellung des Teilnehmeranschlusses innerhalb einer Frist von 7 Tagen gewährt.[1290]

Begründet wurde die hälftige Kostentragungspflicht mit einem Vergleich zu Standard-Zusammenschaltungsverträgen der Deutschen Telekom, die eine entsprechende Kostentragung vorsehen. Die Regulierungsbehörde erachtete beide Interessenlagen als prinzipiell identisch.[1291] Die Verbindlichkeit der Bereitstellungsfrist des Kollokationsraumes ergebe sich aus der erforderlichen Planungssicherheit der Wettbewerber. Trete nur ein Wettbewerber hinzu oder werde der Kollokationsraum erweitert, sei die Bereitstellungsfrist von 16 auf 7 Kalenderwochen zu verkürzen.[1292] Die Bereitstellungsfrist für den Teilnehmeranschluß wird u.a. mit einem Vergleich zu den USA begründet, in denen Teilnehmeranschlüsse innerhalb von 5 Werktagen bereitgestellt werden. Obwohl die Vergleichbarkeit nicht beurteilt werden könne, zieht die Regulierungsbehörde diese Frist mit einen Sicherheitszuschlag von 40 % zur Bestimmung der Bereitstellungsfrist heran. Zudem würde die Deutsche Telekom ihren Kunden Teilnehmeranschlüsse innerhalb von 10 Tagen zur Verfügung stellen. Da die Bereitstellung an Wettbewerber weniger aufwendig sei, rechtfertige sich eine Frist von 7 Tagen.[1293]

[1287] Anlage 5, Ziff. 0 Satz 1 TAL-Standardvertrag.

[1288] Anlage 5, Ziff. 2.3.1 TAL-Standardvertrag.

[1289] RegTP, MMR 2000, S. 500 (505 ff.).

[1290] RegTP, MMR 2000, S. 500 (509).

[1291] RegTP, MMR 2000, S. 500 (505).

[1292] RegTP, MMR 2000, S. 500 (506).

[1293] RegTP, MMR 2000, S. 500 (507).

5. Mitgliedstaatliche Aufsichtsrechte und -pflichten

Die Gemeinschaft weist den nationalen Regulierungsbehörden für die Entwicklung eines wettbewerbsfähigen Telekommunikationsmarktes eine zentrale Rolle zu.[1294] Die allgemeinen Grundsätze, Zusammenschaltungsvereinbarungen frei auszuhandeln und der aus der Zusammenschaltungspflicht folgende Kontrahierungszwang[1295] werden durch innerstaatliche Aufsichtsbefugnisse und -verpflichtungen der Regulierungsbehörden ergänzt. Im Rahmen der nationalen Staats- und Wirtschaftsaufsicht[1296] üben sie als unabhängige Behörden[1297] Kontroll-, Schlichtungs-, Förderungs- und Sicherungsfunktionen aus. Neben ihrer allgemeinen Aufgabe, eine angemessene, effiziente und adäquate Zusammenschaltung zu fördern und zu sichern (hierzu a)), lassen sich die Pflicht, Zusammenschaltungsstreitigkeiten beizulegen, das Recht, Zusammenschaltungsvereinbarungen zu prüfen (hierzu b)), sowie das Recht, Zusammenschaltungen anzuordnen (hierzu c)), unterscheiden.

a) Förderungs- und Sicherungspflicht

Die Mitgliedstaaten sind gemäß Art. 3 Abs. 2 ZusRL verpflichtet, eine angemessene und effiziente Zusammenschaltung der in Anhang I genannten Telekommunikationsnetze[1298] sicherzustellen, um eine gemeinschaftsweite Interoperabilität des Telefondienstes zu gewährleisten. Nach Art. 9 Abs. 1 ZusRL obliegt den nationalen Regulierungsbehörden die Aufgabe, im Interesse aller und zum größtmöglichen wirtschaftlichen Nutzen eine adäquate Zusammen-

---

[1294] *EG-Kommission*, Mitteilung 1998, ABl. EG Nr. C 265 v. 22.8.1998, S. 2 (4), Tz. 14; Erwägungsgrund (12) ZusRL.

[1295] Vgl. hierzu oben 3. Kap. B. IV. 3. d), S. 211.

[1296] Vgl. hierzu allgemein *L. Gramlich*, VerwArchiv 1997, S. 598 (605 ff.); *M. Ruffert*, AöR 124 (1999), S. 237 (244 f.); zur Europäisierung des deutschen Verwaltungsrechts *W. Hoffmann-Riem*, DVBl. 1999, S. 125 ff.

[1297] Art. 5a Abs. 2 ONP-RahmenRL; Art. 7 TkDiensteRL; vgl. zu bestehenden Umsetzungsdefiziten in den Mitgliedstaaten *EG-Kommission*, Fünfter Bericht über die Umsetzung des Reformpakets für den Telekommunikationssektor, KOM (99) 537 v. 11.11.1999, S. 10 ff.

[1298] Feste und mobile öffentliche Telefonnetze, Mietleitungsnetze.

schaltung von Telekommunikationsnetzen zu fördern.[1299] Adäquat ist eine Zusammenschaltung, wenn sie der Nachfrage und den Anträgen der Zusammenschaltungspetenten entspricht.[1300] Art. 9 Abs. 1 Satz 2 ZusRL enthält dabei nicht abschließende Ziele, die als Wertungskriterien zugunsten der Zusammenschaltungspetenten von den nationalen Regulierungsbehörden zu berücksichtigen sind, so z.B. die Förderung eines wettbewerbsorientierten Marktes oder die Sicherstellung einer zufriedenstellenden „any-to-any"-Kommunikation der Benutzer.[1301] Insbesondere aber das Kriterium der „adäquaten" Zusammenschaltung beeinflußt als positive Wertentscheidung den Beurteilungsmaßstab zugunsten der Zusammenschaltungspetenten.[1302]

b) Prüfungsrecht und Streitbeilegungspflicht

Um ihrer Förderungs- und Sicherungspflicht nachzukommen, haben nationale Regulierungsbehörden gemäß Art. 9 Abs. 4 ZusRL das Recht, Zusammenschaltungsvereinbarungen von öffentlichen Netzbetreibern oder Diensteanbietern in ihrer Gesamtheit zu prüfen. Im Sinne einer effektiven und umfassenden Aufsicht ist die Bestimmung nach ihrem Sinn und Zweck weit auszulegen und auf Ersuchen der Behörde[1303] eine Vorlagepflicht der Betreiber zu

---

[1299] *D. Diemert*, in: *Th. Hoeren/R. Queck* (Hrsg.), Rechtsfragen der Informationsgesellschaft, S. 82 (92); *E.-J. Mestmäcker/H. Schweitzer*, Netzwettbewerb, Netzzugang und „Roaming" im Mobilfunk, S. 32 f.

[1300] Erwägungsgrund (12) ZusRL.

[1301] Weitere, gemäß Art. 9 Abs. 1 Satz 2 ZusRL zu berücksichtigende Ziele sind
- die faire und geeignete Entwicklung eines harmonisierten europäischen Telekommunikationsmarktes,
- die notwendige Zusammenarbeit zwischen den nationalen Regulierungsbehörden der Mitgliedstaaten,
- der Auf- und Abbau transeuropäischer Netze und Dienste, die Zusammenschaltung nationaler Netze und Dienste sowie der Zugang zu solchen Netzen und Diensten,
- der Nichtdiskriminierungs- und Verhältnismäßigkeitsgrundsatz sowie
- die Aufrechterhaltung und Entwicklung eines Universaldienstes.

[1302] Vgl. zum Begriff der adäquaten Zusammenschaltung oben, Fn. 1300.

[1303] Dem Wortlaut nach statuiert Art. 9 Abs. 4 ZusRL nur ein Prüfungsrecht.

bejahen.[1304] Soweit es für wirksamen Wettbewerb oder die Interoperabilität von Diensten erforderlich ist, können die Regulierungsbehörden in Ausnahmefällen auch Änderungen bereits getroffener Zusammenschaltungsvereinbarungen verlangen (Art. 9 Abs. 3 Satz 2 ZusRL).[1305] Das Prüfungsrecht verdeutlicht die Kontrollfunktion der nationalen Regulierungsbehörden.

Gemäß Art. 9 Abs. 5 ZusRL haben sie ferner auf Ersuchen einer Partei die Pflicht, Streitigkeiten zwischen nationalen Betreibern innerhalb von sechs Monaten zu beseitigen und einen fairen Ausgleich zwischen den berechtigten Interessen der Parteien zu schaffen.[1306] Der Streit soll durch eine für die Parteien ausführlich zu begründende Entscheidung beigelegt werden, die der Öffentlichkeit zugänglich gemacht werden muß.[1307] Auch für diese Streitbeilegung werden nicht abschließend zu berücksichtigende Entscheidungskriterien vorgegeben. Dabei nennt Art. 9 Abs. 5 Satz 2 ZusRL Belange, die jeweils für – etwa die Sicherstellung gleichwertiger Zugangsvereinbarungen oder die Förderung innovativer Marktangebote – und gegen eine Zusammenschaltung – z.B. die Berücksichtigung technischer und wirtschaftlicher Alternativen zur Zusammenschaltung[1308] oder die Notwendigkeit, die Netzintegrität und Interoperabilität aufrechtzuerhalten – sprechen.[1309] Eine auf abstrakt-genereller Ebene normierte Wertentscheidung zugunsten der Zusammenschaltungspetenten und damit verbundene Verschiebung des Beurteilungsspielraums kann – anders als im Rahmen der allgemeinen Förderungs- und Sicherungsfunktion nach Art. 9

[1304]Für umfassende Kontrolle und regulatorische Befugnisse *L. Gramlich*, CR 1997, S. 65 (70); vgl. auch *H.-J. Piepenbrock*, TKG-Kommentar, Anh. § 39, § 6 Rdnr. 8.

[1305]*L. Gramlich*, CR 1997, S. 65 (68).

[1306]*L. Gramlich*, CR 1997, S. 65 (70); *K. W. Riehmer*, MMR 1998, S. 59 (61).

[1307]Vgl. zur Pflicht, Informationen zugänglich zu machen 3. Kap. B. IV. 1. b) bb), S. 162.

[1308]Vgl. zu Substitutionstechnologien oben 1. Kap. A. IV., S. 33 ff.

[1309]Weitere Belange nach Art. 9 Abs. 5 Satz 2 ZusRL sind

- die Interessen der Benutzer,
- die ordnungspolitischen Verpflichtungen oder Einschränkungen einer Partei,
- die Art des Antrags im Vergleich zu den zur Verfügung stehenden Mitteln, um ihm stattzugeben,
- die relative Marktstellung der Parteien,
- die Interessen der Öffentlichkeit, z.B. des Umweltschutzes,
- die Förderung des Wettbewerbs sowie
- die Aufrechterhaltung des Universaldienstes.

Abs. 1 ZusRL[1310] – für das Streitbeilegungsverfahren nicht angenommen werden. Neben der Kontroll- und Sicherungsfunktion obliegt den nationalen Regulierungsbehörden folglich auch eine Schlichtungsfunktion.[1311]

c) Zusammenschaltungsanordnungsbefugnis

Die nationalen Regulierungsbehörden haben als weitreichendste Maßnahme die Befugnis, eine Zusammenschaltung anzuordnen.[1312] Ermächtigungsgrundlagen hierfür sind Art. 4a Abs. 3 Satz 2 TkDiensteRL und Art. 9 Abs. 6 ZusRL.[1313] Dabei ist zwischen gebundenen und Ermessensentscheidungen zu differenzieren.

aa) Gebundene Entscheidungen

Eine Verpflichtung der Behörde, die Zusammenschaltung anzuordnen, folgt aus Art. 4a Abs. 3 Satz 2 TkDiensteRL. Scheitern kommerzielle Verhandlungen, sind die Mitgliedstaaten verpflichtet, auf Ersuchen einer Partei eine Entscheidung zu erlassen, die die betrieblichen und finanziellen Bedingungen[1314] und Anforderungen der Zusammenschaltung festlegt. Da die Festlegung solcher Bedingungen die Zusammenschaltung voraussetzt, sind die Mitgliedstaaten zur Anordnung verpflichtet.[1315]

In der Zusammenschaltungsrichtlinie findet sich eine solche bindende Regelung nicht. Weder aus Art. 9 Abs. 5 ZusRL, der lediglich das Streitbeilegungsverfahren beinhaltet, noch aus Art. 9 Abs. 3 Satz 5 und Abs. 6 ZusRL

[1310] Vgl. oben 3. Kap. B. IV. 4. a), S. 221.

[1311] *J. Scherer*, in: *A. Büllesbuch* (Hrsg.), Datenschutz im Telekommunikationsrecht, S. 59 (79).

[1312] *H.-J. Piepenbrock*, in: TKG-Kommentar, § 37 Rdnr. 3.

[1313] Vgl. auch Art. 11 Abs. 2 i.V.m. Art. 10 Abs. 3 und 4 SprachtelefondienstRL.

[1314] Vgl. hierzu oben 3. Kap. B. IV. 1. c), S. 165 ff.

[1315] *J. Wieland/B. Enderle*, MMR 1999, S. 379 (380); *P. N. Märkl*, Netzzusammenschaltung, S. 170.

kann eine Anordnungsverpflichtung geschlossen werden, da beide Vorschriften der Behörde einen Ermessensspielraum einräumen.[1316]

bb) Ermessensentscheidungen

Schließen die Parteien innerhalb der von der Regulierungsbehörde vorgegebenen Frist keine Zusammenschaltungsvereinbarung, kann die Behörde Maßnahmen treffen, um nach einem von ihr festgelegten Verfahren, eine Vereinbarung herbeizuführen (Art. 9 Abs. 3 Satz 5 ZusRL).[1317] Das Verfahren ist jedoch darauf gerichtet, einen privatautonomen Vertragsschluß der Parteien herbeizuführen.[1318] Die Maßnahmen sind somit ultima ratio des Verhandlungsgrundsatzes und der Vertragsfreiheit, um die Parteien noch zum Abschluß eines Zusammenschaltungsvertrags zu bewegen. Art. 9 Abs. 3 Satz 5 ZusRL enthält demnach keine Ermächtigungsgrundlage, eine Zusammenschaltung anzuordnen.[1319]

Eine solche Ermächtigung findet sich jedoch in Art. 9 Abs. 6 ZusRL. Danach können die nationalen Regulierungsbehörden unter Beachtung des Verhältnismäßigkeitsgrundsatzes und der Interessen der Benutzer als letzte Möglichkeit die Zusammenschaltung zwischen Betreibern öffentlicher Telekommunikationsnetze und/oder Anbietern öffentlicher Telekommunikationsdienste verlangen oder Zusammenschaltungsbedingungen festlegen, um wesentliche öffentliche Interessen zu schützen.[1320] Adressaten einer Zusammenschaltungsanordnung sind somit Netzbetreiber und/oder Diensteanbieter unabhängig von ihrer

---

[1316] Vgl. zu den Befugnissen nach Art. 9 Abs. 3 und 6 ZusRL *D. Diemert*, in: *Th. Hoeren/R. Queck* (Hrsg.), Rechtsfragen der Informationsgesellschaft, S. 82 (93 f.).

[1317] *L. Gramlich*, CR 1997, S. 65 (67).

[1318] Erwägungsgrund (12) ZusRL. Eine Zusammenschaltungsanordnung ist nur im Interesse der Benutzer zulässig. Die Berücksichtigung der Benutzerinteressen wird allein in Art. 9 Abs. 6 ZusRL vorausgesetzt.

[1319] A.A. *D. Diemert*, in: *Th. Hoeren/R. Queck* (Hrsg.), Rechtsfragen der Informationsgesellschaft, S. 82 (96).

[1320] *J. Wieland/B. Enderle*, MMR 1999, S. 379 (380); *H.-J. Piepenbrock*, in: TKG-Kommentar, § 37 Rdnr. 3; *L. Gramlich*, CR 1997, S. 65 (66); *Ch. Koenig/ S. Loetz*, K&R 1999, S. 298 (300).

Marktmacht.[1321] Der den nationalen Regulierungsbehörden eingeräumte Ermessensspielraum bezieht sich sowohl auf das Entschließungs- als auch auf das Auswahlermessen, d.h. die Behörde kann über das „Ob“ und „Wie“ der Zusammenschaltung entscheiden. Inhalt der Entscheidung sind die Anordnung selbst, einzelne Punkte oder bestimmte Bedingungen der Zusammenschaltung.[1322] Der Ermessensspielraum wird durch den Verhältnismäßigkeitsgrundsatz[1323] und den Schutz wesentlicher öffentlicher Interessen einschließlich der Benutzerinteressen begrenzt (Art. 9 Abs. 6 ZusRL).

Die Anordnung muß deshalb erforderlich, geeignet und angemessen sein.[1324] Verhältnismäßig ist die Entscheidung nur, wenn die berechtigten Interessen und Rechtspositionen der Zusammenschaltungsparteien beachtet und im Ergebnis gegeneinander abgewogen werden.[1325] Hieraus folgt, daß Eigentumsgrundrechte potentiell Zusammenschaltungsverpflichteter zwingend in die Ermessensentscheidung einzubeziehen sind. Andererseits müssen das Ziel und der Zweck der Anordnung darin bestehen, wesentliche öffentliche Interessen zu schützen. Hierbei handelt es sich um den Schutz bedeutender Gemeinschaftsbelange.[1326] Zu bedeutenden telekommunikationspezifischen Gemeinschafts-

---

[1321] *H.-J. Piepenbrock*, in: TKG-Kommentar, § 37 Rdnr. 2.

[1322] Vgl. Reg TP, MMR 1999, S. 428 (429); Reg TP, MMR 1999, S. 430 (432); *M. Bock/S. B. Völcker*, CR 1998, S. 473 (475 ff.); *Ch. Koenig/S. Loetz*, K&R 1999, S. 298 (301 f.), die zur Begründung auf Art. 3 Abs. 1 ZusRL abstellen. Können die Regulierungsbehörden einzelne Vertragsbedingungen vorab abstrakt festlegen, so muß ihnen diese Befugnis erst recht im konkret-individuellen Anordnungsverfahren eingeräumt werden.

[1323] Vgl. Art. 5 EG ; EuGH v. 19.6.1980, verb. Rs. 41, 121 u. 796/79 (Testa), Slg. 1980, S. 1979 (1997), Tz. 21; EuGH v. 29.2.1996, Rs. C-296/93 und C-307/93 (Französische Republik u. Irland/Kommission), Slg. 1996-I, S. 795 (842), Tz. 30; *E. Pache*, NVwZ 1999, S. 1033 ff.; *W. G. Grupp/G. Schäder*, EWS 1993, S. 27 ff.

[1324] EuGH v. 11.7.1989, Rs. 265/87 (Schräder), Slg. 1989, S. 2237 (2269), Tz. 21; *Ch. Calliess*, in: *Ch. Calliess/M. Ruffert* (Hrsg.), EUV/EGV, Art. 5 Rdnr. 45; *J. Schwarze*, Europäisches Verwaltungsrecht, Bd. II, S. 836; *Th. Jürgensen*, Transeuropäische Netze, S. 232 ff.

[1325] Das Abwägungsgebot folgt unmittelbar aus dem Verhältnismäßigkeitsgrundsatz (EuGH v. 13.12.1979, Rs. 44/79 (Hauer), Slg. 1979, S. 3727 (3747), Tz. 23 = NJW 1980, S. 505 (506)) und kommt in Art. 9 Abs. 5 ZusRL bzgl. der Streitbeilegungspflicht zum Ausdruck, indem die Regulierungsbehörden verpflichtet werden, „einen fairen Ausgleich zwischen den berechtigten Interessen beider Parteien“ zu schaffen.

[1326] Hierzu zählen in erster Linie die Ziele der Gemeinschaft gemäß Art. 3 EG, aber auch die Beachtung des Umweltschutzes, Art. 6 EG. Vgl. hierzu *M. Zuleeg*, in: *H. v. d. Groeben/J. Thiesing/C.-D. Ehlermann* (Hrsg.), EU-/EG-Vertrag, Art. 3b Rdnrn. 3-9.

belangen zählen insbesondere die Schaffung von Wettbewerb und die Gewährleistung der „any-to-any"-Kommunikation zwischen Benutzern unterschiedlicher Telekommunikationsnetze. Die Anordnung der Zusammenschaltung kann von Amts wegen oder auf Ersuchen einer Partei erfolgen, da die Regulierungsbehörden jederzeit handeln können, sofern dies aus Benutzerinteressen erforderlich ist.[1327]

Eine Zusammenschaltung ist zwingend anzuordnen, wenn der Ermessensspielraum auf Null reduziert ist. Besteht folglich ein Kontrahierungszwang (Art. 4a Abs. 1, 3 TkDiensteRL, Art. 4 Abs. 2 ZusRL), so muß eine Zusammenschaltungsanordnung ergehen. Die verpflichteten Netzeigentümer werden dadurch nicht schutzlos gestellt, denn die Zusammenschaltungspflicht besteht gerade nur hinsichtlich begründeter Anträge. Die Interessen der Betreiber mit beträchtlicher Marktmacht (Eigentums- und Berufsfreiheit) können dabei im Einzelfall zu einem unbegründeten Antrag führen. Im Unterschied zur Ermessensentscheidung erfolgt bei der Ermessensreduzierung eine Abwägung kollidierender Interessen zwar nicht auf der Rechtsfolgen-, jedoch auf der Tatbestandsseite.[1328]

Als Ergebnis ist festzuhalten, daß die nationalen Regulierungsbehörden als ultima ratio eine Zusammenschaltungsanordnung unter Beachtung des Verhältnismäßigkeitsgrundsatzes und Berücksichtigung wesentlicher Gemeinschafts- und Benutzerinteressen erlassen können. Gegenüber ehemaligen staatlichen Monopolunternehmen und – bei begründeten Anträgen – gegenüber Unternehmen mit beträchtlicher Marktmacht i.S. des Anhang I ZusRL sind sie hierzu verpflichtet.

[1327] Erwägungsgrund (12) ZusRL; vgl. *Ch. Koenig/S. Loetz*, K&R 1999, S. 298 (301).

[1328] Vgl. zur Ermessenslehre nach deutschem Verwaltungsrecht nur *H. Faber*, Verwaltungsrecht, § 14; *F. Ossenbühl*, Rechtsquellen und Rechtsbindungen der Verwaltung, in: *H.-U. Erichsen* (Hrsg.), Allgemeines Verwaltungsrecht, § 10 Rdnrn. 10 ff.; *H.-J. Wolff/O. Bachof/R. Stober*, Verwaltungsrecht I, § 31 Rdnrn. 31 ff.

d) Umsetzungsdefizite

Der europäische Regelungskomplex der mitgliedstaatlichen Aufsichtsrechte und -pflichten wird im deutschen Recht unterschiedlich umgesetzt. Dabei ist zwischen der allgemeinen Staatsaufsicht nach §§ 71, 72 Abs. 1 TKG einschließlich des Prüfungsrechtes und dem Schlichtungsverfahren nach § 8 NZV (hierzu aa)) sowie der Zusammenschaltungsanordnung gemäß § 37 Abs. 1 TKG i.V.m. § 9 Abs. 1 NZV (hierzu bb)) zu unterscheiden.

aa) Allgemeine Staatsaufsicht, Prüfungsrecht und Schlichtungsverfahren

In Bezug auf die Zusammenschaltung findet sich weder im TKG noch in der NZV eine spezielle Aufgabennorm der Regulierungsbehörde.[1329] Gemäß § 71 TKG nimmt sie jedoch die allgemeine Staatsaufsicht wahr[1330] und überwacht die Einhaltung des Gesetzes und der danach erlassenen Rechtsverordnungen.[1331] Diese Überwachungskompetenz umfaßt nach dem Zweck des TKG auch die Förderung des Wettbewerbs in der Telekommunikation (§ 1 TKG).[1332] Eines der Ziele der Regulierung ist, chancengleichen und funktionsfähigen Wettbewerb sicherzustellen (§ 2 Abs. 2 Nr. 2 TKG).[1333] Von wesent-

---

[1329]Vgl. zum Aufbau, der Organisation und den Aufgaben der Regulierungsbehörde *R. Müller-Terpitz*, ZG 1997, S. 257 (260 ff.); *L. Gramlich*, CR 1998, S. 463 (464 ff.); zur Unabhängigkeit der Behörde *K. Oertl*, Die Unabhängigkeit der Regulierungsbehörde nach §§ 66 ff. TKG, S. 154 ff. und 348 ff.; zum Verhältnis zwischen Bundeskartellamt und Regulierungsbehörde *W. Möschel*, Beilage zu MMR 3/1999, S. 3 ff.; *B. Martenczuk*, CR 1999, S. 363 ff.; *W. Eschweiler*, K&R 2001, S. 238 ff. Ein erstes Resumée der Tätigkeit der Behörde ziehen *L. Gramlich*, CR 2001, S. 373 ff.; *ders.*, CR 1999, S. 489 ff.; *U. Müller/F. Schuster*, MMR 1999, S. 507 ff.; *W. Eschweiler*, K&R 1998, S. 530 ff.

[1330]§ 66 Abs. 1 TKG umschreibt lediglich den Zweck der Errichtung der Regulierungsbehörde und überträgt der Behörde keine hoheitlichen Aufgaben. Diese ergeben sich vielmehr aus den einzelnen Kompetenznormen des TKG; *M. Geppert*, in: TKG-Kommentar, § 66 Rdnr. 10; a.A. *U. Müller/F. Schuster*, MMR 1999, S. 507 (509).

[1331]*B. Kerkhoff*, in: TKG-Kommentar, § 71 Rdnr. 3.

[1332]Begründung der Bundesregierung zum Gesetzentwurf BT-Drs. 13/4438, S. 4 i.V.m. BT-Drs. 13/3609, S. 34; *L. Gramlich*, CR 1998, S. 463.

[1333]Vgl. zu den Zielen insgesamt *F. Schuster*, in: TKG-Kommentar, § 2 Rdnrn. 3 ff.; *Ch. Engel*, Beilage zu MMR 3/1999, S. 7.

licher Bedeutung für den Wettbewerb ist dabei die Zusammenschaltung von Telekommunikationsnetzen.[1334] Ziel der Regulierung ist deshalb auch, die Zusammenschaltung zu fördern und zu sichern.[1335] Gemäß §§ 1, 2 Abs. 2 Nr. 2, 71 Abs. 1 TKG obliegt diese Aufgabe der nationalen Regulierungsbehörde.[1336]

Ein Recht, Zusammenschaltungsvereinbarungen in ihrer Gesamtheit zu prüfen, ist ebenfalls nicht geregelt.[1337] § 35 Abs. 1 TKG i.V.m. § 6 Abs. 1 NZV enthält insoweit nur die Vorlagepflicht marktbeherrschender Unternehmen und normiert kein Prüfungsrecht der Behörde.[1338] Dieses Recht ist allerdings aus der allgemeinen Befugnisnorm des § 72 Abs. 1 TKG abzuleiten.[1339] Danach kann die Behörde Auskünfte über die wirtschaftlichen Verhältnisse eines Unternehmens verlangen (§ 72 Abs. 1 Nr. 1 TKG) und geschäftliche Unterlagen einsehen und prüfen (§ 72 Abs. 1 Nr. 2 TKG). Zu den wirtschaftlichen Verhältnissen zählen alle internen und externen, tatsächlichen und rechtlichen Beziehungen des Unternehmens, die seine Marktposition bestimmen.[1340] Geschäftliche Unterlagen sind sämtliche Unterlagen, aus denen sich wiederum die wirtschaftlichen Verhältnisse ergeben.[1341] Das allgemeine Auskunfts- und Prüfungsrecht umfaßt somit auch Zusammenschaltungsvereinbarungen. Entscheidender Unterschied zum europäischen Recht ist jedoch, daß die Einsichtnahme und Prüfung von Zusammenschaltungsverträgen vor Ort, d.h. im Unternehmen erfolgen muß.[1342]

Erhebliche Divergenzen bestehen bezüglich der Streitbeilegung. Ein Schlichtungsverfahren ist zwar in § 8 NZV für Streitigkeiten über besondere

---

[1334] *K.-D. Scheurle*, in: *E. Witte* (Hrsg.), Das Telekommunikationsgesetz 1996, S. 17 (26); *D. Wolf*, Editorial MMR 6/1998, S. 273; *H.-P. Schwintowski*, CR 1997, S. 630 (634).

[1335] Vgl. *L. Gramlich*, CR 1998, S. 463 (467).

[1336] Vgl. *H. Schadow*, in: *J. Schwarze* (Hrsg.), Netzzugang im Wirtschaftsrecht, S. 85 (89); *A. Kemmler*, Archiv PT 1996, S. 321 (328); *H.-J. Piepenbrock*, in: TKG-Kommentar, Anh. § 39, § 6 NZV Rdnr. 8; *P. N. Märkl*, Netzzusammenschaltung, S. 242.

[1337] *L. Gramlich*, CR 1997, S. 65 (70).

[1338] *H.-J. Piepenbrock*, in: TKG-Kommentar, Anh. § 39, § 6 NZV Rdnr. 8.

[1339] *H.-J. Piepenbrock*, in: TKG-Kommentar, Anh. § 39, § 6 NZV Rdnr. 8; *L. Gramlich*, CR 1997, S. 65 (70) stellen insofern auf die Aufgabenzuweisung aus § 71 Abs. 1 TKG ab.

[1340] *B. Kerkhoff*, in: TKG-Kommentar, § 72 Rdnr. 21; *R. Bechtold*, GWB, § 46 Rdnr. 8.

[1341] *B. Kerkhoff*, in: TKG-Kommentar, § 72 Rdnr. 33; *S. Klaue*, in: *U. Immenga/E.-J. Mestmäcker* (Hrsg.), GWB, 2. Aufl., § 46 Rdnr. 43.

[1342] § 72 Abs. 1 Nr. 2 TKG.

Netzzugänge und damit auch für Zusammenschaltungsstreitigkeiten vorgesehen.[1343] Sinn und Zweck dieses Verfahrens ist, trotz aufgetretener Streitigkeiten, einen Vertragsschluß durch die Parteien herbeizuführen.[1344] Das Verfahren kann jedoch nur durchgeführt werden, wenn ein marktbeherrschendes Unternehmen gemäß § 35 Abs. 1 TKG an der Streitigkeit beteiligt ist und die Parteien die Regulierungsbehörde gemeinsam anrufen.[1345] Insofern erfüllt das Schlichtungsverfahren nach § 8 NZV nicht die europäischen Vorgaben des Art. 9 Abs. 5 ZusRL.[1346]

bb) Zusammenschaltungsanordnungen

Rechtsgrundlage für eine Zusammenschaltungsanordnung ist § 37 Abs. 1 TKG i.V.m. § 9 Abs. 1 NZV.[1347] Danach ordnet die Regulierungsbehörde die Zusammenschaltung auf Ersuchen einer Partei an, wenn zwischen Netzbetreibern keine Zusammenschaltungsvereinbarung zustande kommt.[1348] Die Behörde kann von jedem Beteiligten unabhängig von seiner Marktmacht schriftlich mit Begründung angerufen werden (§ 9 Abs. 2 Satz 1 NZV). Dabei sind die nachgefragten Leistungen unter Angabe des Zeitpunktes sowie diejenigen Punkte, über die keine Einigung erzielt wurde, darzulegen (§ 9 Abs. 2 Satz 2 NZV).[1349]

[1343] Vgl. zur Art des Verfahrens *L. Gramlich*, CR 1997, S. 65 (71); *K. W. Riehmer*, MMR 1998, S. 59 (61).

[1344] Hinweise des BMPT zur Zusammenschaltung von öffentlichen Telekommunikationsnetzen, Vfg. 104/1997, ABl. BMPT II/97 v. 30.4.1997, S. 603, III.

[1345] *M. Geppert/E.-O. Ruhle/F. Schuster*, Handbuch Telekommunikation, Rdnr. 302.

[1346] Ebensowenig dem Anordnungsverfahren nach Art. 4a Abs. 3 TkDiensteRL; *H.-J. Piepenbrock*, in: TKG-Kommentar, Anh. § 39, § 8 NZV Rdnr. 11; lediglich zweifelnd an der Gemeinschaftskonformität *G. Manssen*, in: *ders.* (Hrsg.), Telekommunikations- und Multimediarecht, C § 39 Rdnr. 31.

[1347] *Ch. Koenig/S. Loetz*, K&R 1999, S. 298 (299).

[1348] Vgl. zu den bisherigen Anordnungen oben Fn. 1150.

[1349] Vgl. zu den formalen Anforderungen Hinweise des BMPT zur Zusammenschaltung von öffentlichen Telekommunikationsnetzen, Vfg. 104/1997, ABl. BMPT II/97 v. 30.4.1997, S. 603.

Eine Entscheidung der Behörde von Amts wegen ist hingegen nicht möglich[1350], so daß insofern bereits ein Umsetzungsdefizit besteht.[1351]

Das Nichtzustandekommen einer Zusammenschaltungsvereinbarung bedeutet letztlich Uneinigkeit der Parteien, die sich auf die gesamte Vereinbarung oder auch nur auf einzelne Punkte der Vereinbarung beziehen kann.[1352] Die Parteien müssen deshalb zumindest miteinander in Kontakt treten und Verhandlungen aufnehmen.[1353] Ausreichend ist auch, wenn eine Partei ein bestimmtes Zusammenschaltungsbegehren an den potentiellen Vertragspartner richtet, dieser aber die Aufnahme von Verhandlungen endgültig und ernsthaft verweigert[1354] bzw. ohne sachlichen Grund verzögert[1355], da es ansonsten im Belieben des Zusammenschaltungsverpflichteten läge, den Antrag nach § 37 TKG einseitig zu vereiteln. Aus diesem Grund ist auch ein ernsthaftes Bemühen *beider* Parteien um einen Vertragsabschluß nicht erforderlich.[1356] Ebensowenig setzt § 37 TKG den Abbruch, den Stillstand oder das erklärte Scheitern der Verhandlungen voraus.[1357] Die Gründe für das Nichtzustandekommen des Vertrags sind ebenfalls unerheblich, so daß es auf ein Verschul-

---

[1350] *Ch. Koenig/S. Loetz*, K&R 1999, S. 298 (300); *N. Nolte*, BB 1996, S. 2629 (2633); *Th. Tschentscher/ H. Neumann*, BB 1997, S. 2437 (2438).

[1351] *G. Manssen*, in: *ders.* (Hrsg.), Telekommunikations- und Multimediarecht, C § 39 Rdnr. 37.

[1352] Insofern ist auch eine Teilanrufung der Regulierungsbehörde möglich; Hinweise des BMPT zur Zusammenschaltung, ABl. BMPT II/97 v. 30.4.1997, S. 603, IV. 4.; *J. Scherer*, NJW 1998, S. 1607 (1612).

[1353] *H.-J. Piepenbrock*, in: TKG-Kommentar, § 37 Rdnr. 1; *J. Scherer*, NJW 1998, S. 1607 (1612); *Ch. Koenig/S. Loetz*, K&R 1999, S. 298 (300); a.A. *W. Spoerr*, MMR 2000, S. 674 (677), der ernsthafte Bemühungen um eine vertragliche Lösung anstatt tatsächlicher Verhandlungen ausreichen läßt.

[1354] Nach Auffassung der Regulierungsbehörde genügt es, wenn auf ein ernsthaftes und unmißverständliches Zusammenschaltungsbegehren kein Angebot oder nur ein Angebot abgegeben wird, das nicht angenommen wird; Reg TP, MMR 1999, S. 52 (54).

[1355] Als unzulässige Verzögerungsgründe werden in der Literatur aus der Vertragspraxis etwa das mehrfache Absagen von Terminen, das Vorschieben von Terminschwierigkeiten, eine zu geringe Anzahl von Mitarbeitern für Verhandlungen genannt, *G. Manssen*, in: *ders.* (Hrsg.), Telekommunikations- und Multimediarecht, C § 37 Rdnr. 5.

[1356] *Ch. Koenig/S. Loetz*, K&R 1999, S. 298 (300); *H.-J. Piepenbrock*, in: TKG-Kommentar, § 37 Rdnr. 1.

[1357] A.A. *L. Gramlich*, CR 1997, S. 65 (68).

den nicht ankommt.[1358] Entscheidend ist vielmehr das Fehlen einer privatautonomen Vereinbarung.[1359] Eine Abgrenzung zu der in § 8 NZV für das Schlichtungsverfahren geregelten Voraussetzung der „Verhandlungsstreitigkeit" ist dabei kaum möglich.[1360]

Der Wortlaut des § 37 Abs. 1 TKG impliziert, daß die Regulierungsbehörde eine Zusammenschaltungsanordnung zwingend erlassen *muß*, wenn eine Vereinbarung der Parteien nicht zustandekommt.[1361] Zu unterscheiden ist jedoch, ob eine Zusammenschaltungs- oder lediglich eine Verhandlungspflicht besteht.[1362]

Die Zusammenschaltungspflicht für marktbeherrschende Unternehmen gemäß § 35 Abs. 1 TKG ist nur an deren Marktmacht geknüpft und von keinen weiteren Voraussetzungen abhängig, d.h. den anspruchsberechtigten Nutzern steht ein materiell-rechtlicher Anspruch zu. Hieraus folgt, daß die Regulierungsbehörde die Zusammenschaltung gegenüber marktbeherrschenden Unternehmen anordnen muß.[1363] § 37 Abs. 1 TKG i.V.m. § 9 Abs. 1 NZV enthält deshalb in dieser Fallkonstellation eine Anordnungsverpflichtung. Die Regulierungsbehörde kann nur noch über das „Wie" der Zusammenschaltung entscheiden.

Besteht hingegen nur eine Verhandlungspflicht, wie sie § 36 TKG für jeden Netzbetreiber statuiert[1364], so enthält § 37 Abs. 1 TKG i.V.m. § 9 Abs. 1 NZV keine Anordnungsverpflichtung, sondern eröffnet der Regulierungsbehörde

---

[1358] Reg TP, MMR 1999, S. 430 (432); Reg TP, MMR 1999, S. 52 (54); *Th. Tschentscher/H. Neumann*, BB 1997, S. 2437 (2438); *J. Scherer*, in: *M. Bartsch/B. Lutterbeck* (Hrsg.), Neues Recht für neue Medien, S. 25 (49).

[1359] Reg TP, MMR 1999, S. 430 (432); Reg TP, MMR 1999, S. 52 (54); *H.-J. Piepenbrock*, in: TKG-Kommentar, § 37 Rdnr. 1.

[1360] Das Schlichtungsverfahren ist weder Voraussetzung noch schließt es das Anrufungsverfahren aus; *J. Scherer*, NJW 1998, S. 1607 (1612).

[1361] § 37 Abs. 1 TKG: „... ordnet die Regulierungsbehörde ... die Zusammenschaltung an".

[1362] Dies hängt davon ab, ob ein marktbeherrschendes oder nicht marktbeherrschendes Unternehmen verpflichtet werden soll, so daß sich in der Literatur auch diese Differenzierung findet; *Ch. Koenig/S. Loetz*, K&R 1999, S. 298 (300 f.); *P. N. Märkl*, Netzzusammenschaltung, S. 252.

[1363] *Ch. Koenig/S. Loetz*, K&R 1999, S. 298 (300).

[1364] Vgl. oben Fn. 1145.

vielmehr einen Ermessensspielraum.[1365] In diesem Fall muß geprüft werden, „ob" eine Zusammenschaltung angeordnet werden kann. Dies hängt davon ab, ob die konkret begehrte Zusammenschaltung technisch durchführbar, aus Wettbewerbszwecken erforderlich und im Interesse der Nutzer (i.S. von Endverbraucher) geboten ist.[1366] Insbesondere sind aber die Entscheidungskriterien des § 9 Abs. 4 NZV heranzuziehen. Dabei ist einerseits auf die Interessen der Zusammenschaltungspetenten abzustellen. Andererseits muß die unternehmerische Freiheit eines jeden Netzbetreibers, sein Netz selbst zu gestalten (§ 9 Abs. 4 NZV), berücksichtigt werden.[1367] Die Regulierungsbehörde hat somit im Rahmen ihrer Ermessensentscheidung nach § 37 Abs. 1 TKG i.V.m. § 9 Abs. 1 NZV die Berufs- und Wirtschaftsfreiheit sowie die Eigentumsfreiheit nicht marktbeherrschender Unternehmen durch Abwägung und Anwendung des Verhältnismäßigkeitsprinzips[1368] zu beachten.[1369]

Europäisches und deutsches Telekommunikationsrecht entsprechen sich somit lediglich im Ansatz. Der entscheidende Unterschied besteht bei der Zusammenschaltungsanordnung gegenüber marktbeherrschenden Unternehmen. Während Art. 4 Abs. 2, 9 Abs. 6 ZusRL die Anordnung nur bei begründeten Anträgen vorschreiben und damit Raum für eine Abwägung lassen, ist die Anordnung nach §§ 37 Abs. 1 TKG, 9 Abs. 1 NZV i.V.m. § 35 Abs. 1 Satz 1 und 3 TKG verbindlich vorgeschrieben. Grundrechtsrelevante Rechtspositionen marktbeherrschender Unternehmen können nicht in die Entscheidung einbezogen werden, so daß im deutschen Recht ein erhebliches Umsetzungsdefizit besteht.

[1365] *P. N. Märkl*, Netzzusammenschaltung, S. 252. Für eine restriktive Anwendung der Anordnungsbefugnis gegenüber nicht marktbeherrschenden Unternehmen *H.-J. Piepenbrock*, in: TKG-Kommentar, 1. Aufl. 1997, § 37 Rdnr. 2.

[1366] Die Regulierungsbehörde hat ihre Anordnung im Verfahren „*First Telecom*" inhaltlich so gestaltet, „wie sie im Verhältnis der Parteien ... rechtlich geboten, zweckmäßig und angemessen" ist, Reg TP, MMR 1999, S. 428 (429).

[1367] *E.-J. Mestmäcker/H. Schweitzer*, Netzwettbewerb, Netzzugang und „Roaming" im Mobilfunk, S. 43.

[1368] Vgl. Reg TP, MMR 1999, S. 428 (429).

[1369] *H.-J. Piepenbrock*, in: TKG-Kommentar, Anh. § 39, § 9 NZV Rdnr. 14.

V. Zusammenfassung

Das europarechtliche System der Netzzusammenschaltung basiert auf der freien Vertragsverhandlung (Privatautonomie)[1370], gewährt Wettbewerbern ein materielles Recht auf Verhandlung über eine Zusammenschaltung[1371] und begründet für ehemalige staatliche Monopolunternehmen sowie für Unternehmen mit beträchtlicher Marktmacht einen auf Abschluß einer Zusammenschaltungsvereinbarung gerichteten Kontrahierungszwang.[1372] Die Zusammenschaltungspflicht wird durch Informationspflichten der Betreiber flankiert, um Zusammenschaltungspetenten die Realisierung ihrer Ansprüche zu ermöglichen.[1373] Lediglich aus Gründen nichtwirtschaftlicher Art, die abschließend aufgezählt sind und Eigentumsrechte der verpflichteten Betreiber unberücksichtigt lassen, kann der Netzzugang verweigert werden.[1374] Zusammenschaltungsentgelte müssen kostenorientiert sein und können einen Gewinnanteil enthalten.[1375] Die nationalen Regulierungsbehörden üben als unabhängige Behörden eine umfassende Wirtschaftsaufsicht aus, die unter Berücksichtigung des Verhältnismäßigkeitsgrundsatzes die Befugnis zur Anordnung einer Zusammenschaltung umfaßt.[1376]

Das deutsche Telekommunikationsrecht setzt die europäischen Regelungen insofern nur unzureichend um, als es für alternative Netzbetreiber, die Sprachtelefondienste anbieten, eine doppelte Genehmigungspflicht vorsieht[1377], die Zusammenschaltung abweichend definiert[1378], der Regulierungsbehörde keine Möglichkeit gewährt, allgemeine Vorab-Bedingungen für Zusammenschaltungsvereinbarungen zu erlassen[1379] und ein Schlichtungsverfahren, das von den Parteien gemeinsam eingeleitet werden muß, nur bei Beteiligung eines

---

[1370] Vgl. oben 3. Kap. B. IV. 1. a), S. 155 ff.
[1371] Vgl. oben 3. Kap. B. IV. 2. a), S. 192 ff.
[1372] Vgl. oben 3. Kap. B. IV. 3. d), S. 211 ff.
[1373] Vgl. oben 3. Kap. B. IV. 1. b), S. 160 ff.
[1374] Vgl. oben 3. Kap. B. IV. 1. d), S. 183 ff.
[1375] Vgl. oben 3. Kap. B. IV. 1. c), S. 165 ff.
[1376] Vgl. oben 3. Kap. B. IV. 4., S. 220 ff.
[1377] Vgl. oben 3. Kap. B. II. 2. c), S. 140.
[1378] Vgl. oben 3. Kap. B. III. 2., S. 151.
[1379] Vgl. oben 3. Kap. B. IV. 1. a) cc), S. 159.

marktbeherrschenden Betreibers vorsieht.[1380] Insbesondere ist jedoch die zentrale Zusammenschaltungsnorm des § 35 Abs. 1 Satz 3 TKG gemeinschaftsrechtswidrig, da für marktbeherrschende Betreiber ein unbedingter Kontrahierungszwang statuiert wird.[1381]

Im Vergleich zu den infrastrukturbeanspruchenden Wirtschaftssektoren der Bahn und Energieversorgung weist der auf vollständige Marktöffnung gerichtete Telekommunikationsbereich eine stärkere Regulierungsdichte auf. Das Konzept der konkurrentennützigen Inanspruchnahme fremder Infrastruktur zur Transformation von Monopol- zu Wettbewerbsmärkten wird dabei rechtsgebietsübergreifend durch den Grundsatz der freien Parteivereinbarung[1382] und der abschließenden (ausnahmsweisen) Verweigerungsgründe[1383] konkretisiert. Wettbewerbern sind subjektive Rechte zur Nutzung fremden Eigentums einzuräumen. Die Interessen und Rechte der verpflichteten Infrastruktur-Eigentümer scheinen dabei aufgrund des wettbewerbspolitischen Ziels der Marktöffnung in zu rechtfertigender Weise beeinträchtigt zu sein. Ob diese Annahme für den Bereich der Telekommunikation verifiziert werden kann, soll im folgenden Kapitel untersucht werden.

[1380] Vgl. oben 3. Kap. B. IV. 5. d) aa), S. 235 ff.

[1381] Vgl. oben 3. Kap. B. IV. 5. d) bb), S. 237 ff.

[1382] Art. 10 EisenbahnRL; Art. 17, 18 EltRL; Art. 14 ErdGasRL; Art. 4a Abs. 3 TkDiensteRL; Art. 11 Abs. 2 SprachtelefondienstRL a.F.; Art. 3 Abs. 1 ZusRL.

[1383] Kapazitätsgründe (Eisenbahn, Energie), gemeinwirtschaftliche Verpflichtungen i.S.v. Art. 86 EG (Energie), grundlegende Anforderungen (Telekommunikation).

4. Kapitel: Zusammenschaltung von Telekommunikationsnetzen im Spannungsfeld zwischen europäischem Eigentumsschutz und Wettbewerbsrecht

Um die Vereinbarkeit der Zusammenschaltungspflicht mit grundrechtlichem Eigentumsschutz (hierzu A.) zu prüfen, ist zwischen den sektoralen Bestimmungen des Telekommunikationsrechts (hierzu B.) und dem Netzzugang nach allgemeinem Wettbewerbsrecht (hierzu C.) zu differenzieren. Abschließend wird untersucht ob, die Kollision zwischen Eigentumsschutz und Wettbewerbsrecht durch eine umfassende Interessenabwägung (hierzu D.) systemkonform mit dem Gemeinschaftsrecht gelöst werden kann.

A. Europäischer Eigentumsschutz

Als Vorfragen des eigentumsrechtlichen Grundrechtsschutzes (hierzu III.) sind der konkrete Prüfungsmaßstab der Zusammenschaltung – nationale oder europäische Grundrechte – (hierzu I.) und das Verhältnis zwischen Grundrechten, Grundfreiheiten und ONP-Bedingungen (hierzu II.) allgemein zu klären. Im Anschluß werden die durch die Zusammenschaltung betroffenen Eigentumspositionen aufgezeigt (hierzu IV.), die Eingriffsqualität der Zusammenschaltung qualifiziert (hierzu V.) und deren Beschränkung durch das Verhältnismäßigkeitsprinzip und den Wesensgehaltsgrundsatz dargestellt (hierzu VI.).

I. Europäischer Grundrechtsschutz als Prüfungsmaßstab

Zur Festlegung des Prüfungsmaßstabs ist auf abstrakt-genereller Ebene zwischen Sekundärrecht und umgesetztem nationalen Recht zu differenzieren.[1384] Einer gesonderten Betrachtung bedarf der nationale Vollzugsakt, die Zusammenschaltungsanordnung durch die jeweiligen Regulierungsbehörden.[1385]

1. Gemeinschaftsgrundrechtsschutz

Obwohl die Gemeinschaftsverträge bis heute keine kodifizierten Grundrechte enthalten[1386], erkannte der Europäische Gerichtshof bereits 1969 die Existenz europäischer Grundrechte an.[1387] Gemeinschaftsgrundrechte werden aus den

---

[1384]Vgl. allgemein zur Rechtsnatur von Richtlinien und ihrer nationalen Umsetzungsbedürftigkeit *A. Bleckmann*, in: *ders.*, Europarecht, Rdnrn. 414 ff.; *Th. Oppermann*, Europarecht, Rdnrn. 547; *G. Schmidt*, in: *H. v. d. Groeben/J. Thiesing/C.-D. Ehlermann* (Hrsg.), EU-/EG-Vertrag, Art. 189 Rdnrn. 35 ff.; *M. Ruffert*, in: *Ch. Callies/M. Ruffert* (Hrsg.), EUV/EGV, Art. 249 Rdnr. 43 ff.; siehe auch *U. Ehricke*, EuZW 1999, S. 553 (554); *C. Luttermann*, EuZW 1998, S. 264 (265); *M. Hilf*, EuR 1993, S. 1 (4).

[1385]An dieser Stelle bleibt eine Zusammenschaltungsverpflichtung nach Art. 82 EG durch die Kommission, die in Teil C untersucht werden soll, unberücksichtigt.

[1386]Die am 7.12.2000 proklamierte Charta der Grundrechte der Europäischen Union bindet zwar die Organe der Union (Art. 51 Abs. 1 Grundrechtscharta), soll aber erst in die Verträge aufgenommen werden und damit rechtsverbindlich werden. Vgl. hierzu *E. Pache*, EuR 2001, S. 475 ff.; *P. J. Tettinger*, NJW 2001, S. 1010 ff.; *Ch. Callies*, EuZW 2001, S. 261 ff.; *Ch. Grabenwarter*, DVBl. 2001, S. 1 ff.; *S. Magiera*, DÖV 2000, S. 1017 ff.; *R. Knöll*, NJW 2000, S. 1845 ff.; *H. Däubler-Gmelin*, EuZW 2000, S. 1; *A. Weber*, NJW 2000, S. 537 ff.; *B. Losch/W. Ch. Radau*, ZRP 2000, S. 84 ff.; *M. Kenntner*, ZRP 2000, S. 423 ff.; *S. Baer*, ZRP 2000, S. 361 ff.; *G. Häfner/Ch. Strawe/R. Zuegg*, ZRP 2000, S. 365 ff.; *J. Meyer/M. Engels*, ZRP 2000, S. 368 ff.; *K. Ritgen*, ZRP 2000, S. 371 ff.; *N. Reich*, ZRP 2000, S. 375 ff.; *S. Alber/U. Widemaier*, EuGRZ 2000, S. 497 ff.; siehe bereits *C. O. Lenz*, NJW 1997, S. 3289 f.; *M. Hilf*, EuR 1991, S. 19 ff.; *I. Pernice*, NJW 1990, S. 2409 (2418 f.); vgl. auch den (unverbindlichen) Grundrechtskatalog des Europäischen Parlaments v. 12.4.1989, abgedruckt in EuGRZ 1989, S. 204 ff.

[1387]EuGH v. 12.11.1969, Rs. 29/69 (Stauder/Ulm), Slg. 1969, S. 419 (425), Tz. 7 = NJW 1970, S. 1016 (Ls.); vgl. zur Entwicklung insgesamt *Th. Jürgensen*, Transeuropäische Netze, S. 145 ff.; *B. Rickert*, Grundrechtsgeltung bei der Umsetzung europäischer Richtlinien, S. 45 ff.; *E. Chwolik-Lanfermann*, Grundrechtsschutz in der Europäischen Union, S. 47 ff.; *D. Feger*, Die Grundrechte im Recht der Europäischen Gemeinschaften, S. 94 ff.; *Th. Schilling*, EuGRZ 2000,

völkerrechtlichen Verträgen zum Menschenrechtsschutz, insbesondere aus der Europäischen Konvention zum Schutz der Menschenrechte und Grundfreiheiten (EMRK)[1388] und den gemeinsamen Verfassungsüberlieferungen der Mitgliedstaaten[1389] als allgemeine Rechtsgrundsätze – wie seit dem Vertrag von Maastricht in Art. 6 Abs. 2 EUV normiert[1390] – abgeleitet.[1391] Der Gerichtshof ermittelt die einzelnen Grundrechte im Wege der Rechtsvergleichung[1392] und erachtet keine Maßnahme des Gemeinschaftsrechts als rechtmäßig, die unvereinbar ist mit den geschützten Grundrechten der Mitgliedstaaten.[1393]

Obwohl der EuGH frühzeitig gemeinschaftsrechtliche Grundrechte anerkannte, betonte er ebenso, daß sich ihre Gewährleistung „in die Struktur und Ziele der Gemeinschaft einfügen" müsse[1394]. Grundrechte werden daher nicht

---

S. 3 (11 ff.); *J. Kokott*, AöR 121 (1996), S. 599 (605 ff.); *M. Notthaff*, RIW 1995, S. 541 ff.; *C. O. Lenz*, EuGRZ 1993, S. 585 ff.; *U. Everling*, in: *K. Stern* (Hrsg.), 40 Jahre Grundgesetz, S. 167 ff.

[1388] *G. C. Rodriguez Iglesias*, in: *U. Beyerlein/M. Bothe/R. Hofmann/ E.-U. Petersmann* (Hrsg.), Recht zwischen Umbruch und Bewahrung, Fs. f. *Rudolf Bernhardt*, S. 1269 ff.; *M. Hilf*, in: Fs. f. *Rudolf Bernhardt*, S. 1193 ff.; *H. P. Ipsen*, Europäisches Gemeinschaftsrecht, § 41 Rdnr. 29; *Ch. Busse*, NJW 2000, S. 1074 ff.; siehe auch die Beiträge zur Tagung „Europäische Menschenrechtskonvention und Europäisches Privatrecht" in RabelsZ 1999, S. 409 ff.; vgl. zu den Anforderungen einer Individualbeschwerde vor dem EGMR *M. Wittinger*, NJW 2001, S. 1238 ff.

[1389] *S. U. Pieper*, in: *A. Bleckmann*, Europarecht, Rdnr. 105 erachtet darüber hinaus das Gemeinschaftsrecht selbst als Erkenntnisquelle.

[1390] *S.-R. Eiffler*, JuS 1999, S. 1068 (1069); *B. Beutler*, in: *H. v. d. Groeben/J. Thieling/C.-D. Ehlermann*, (Hrsg.), EU-/EG-Vertrag, Art. F Rdnr. 33; vgl. zu Grundrechtsdefiziten *R. Bauboeck/J. Melchior*, in: *dies.* (Hrsg.), Grundrechte in der Europäischen Union, S. 127.

[1391] EuGH, Gutachten 2/94 v. 28.3.1996, Slg. 1996-I, S. 1759 (1789), Tz. 33 = EuZW 1996, S. 306 ff.; *R. Streinz*, Europarecht, Rdnr. 360; *Th. Oppermann*, Europarecht, Rdnr. 489; vgl. zu den Erkenntnisquellen ausführlich *Th. Kingreen*, in: *Ch. Callies/M. Ruffert* (Hrsg.), EUV/EGV, Art. 6 EUV Rdnrn. 33 ff.; *Ch. v. Milczewski*, Der grundrechtliche Schutz des Eigentums, S. 114 ff.; *E. Chwolik-Lanfermann*, Grundrechtsschutz in der Europäischen Union, S. 53 ff.; *M. Notthaff*, RIW 1995, S. 541 (542 ff.).

[1392] *G. C. Rodriguez Iglesias*, NJW 1999, S. 1 (6 ff.); *A. Bleckmann*, in: *J. F. Baur/P.-Ch. Müller-Graff/ M. Zuleeg* (Hrsg.), Europarecht – Energierecht – Wirtschaftsrecht, Fs. f. *Bodo Börner*, S. 29 ff.

[1393] EuGH v. 14.5.1974, Rs. 4/73 (Nold/Kommission), Slg. 1974, S. 491 (508), Tz. 14 = NJW 1975, S. 518 (520).

[1394] EuGH v. 17.12.1970, Rs. 11/70 (Internationale Handelsgesellschaft), Slg. 1970, S. 1125 (1135), Tz. 4 = NJW 1971, S. 343.

absolut und vorbehaltlos ohne Beschränkungen gewährt, sondern können durch die dem Allgemeinwohl der Gemeinschaft dienenden Ziele[1395], die soziale und gesellschaftliche Funktion[1396] und das öffentliche oder Allgemeininteresse[1397] eingeschränkt werden.[1398] Maßgeblich ist, ob die Beschränkung des Grundrechts einen unverhältnismäßigen und untragbaren Eingriff darstellt, der das Grundrecht in seinem Wesensgehalt verletzt.[1399]

Als allgemeine Rechtsgrundsätze des Primärrechts[1400] entfalten die Grundrechte Bindungswirkung gegenüber den Gemeinschaftorganen.[1401] Sie binden jedoch auch die Mitgliedstaaten, wenn diese Gemeinschaftsrecht vollziehen[1402], aufgrund EG-vertraglichen Vorbehalts die Grundfreiheiten einschränken (Art. 48 Abs. 3, 56, 66 EG)[1403] oder nationale Regeln im Anwendungsbereich des Ge-

---

[1395] EuGH v. 14.5.1974, Rs. 4/73 (Nold/Kommission), Slg. 1974, S. 491 (508), Tz. 14 = NJW 1975, S. 518 (520); EuGH v. 13.12.1979, Rs. 44/79 (Hauer), Slg. 1979, S. 3727 (3747), Tz. 23 = NJW 1980, S. 505 (506).

[1396] EuGH v. 11.7.1989, Rs. 265/87 (Schräder), Slg. 1989, S. 2237 (2268), Tz. 15; EuGH v. 13.7.1989, Rs. 5/88 (Wachauf), Slg. 1989, S. 2609 (2639), Tz. 18; EuGH v. 13.12.1994, Rs. C-306/93 (SMW Winzersekt), Slg. 1994-I, S. 5555 (5581), Tz. 22 = EuZW 1995, S. 109 (111); EuGH v. 5.10.1994, Rs. C-280/93 (Bananen), Slg. 1994-I, S. 4973 (5065), Tz. 78 ff. = NJW 1995, S. 945 (948) = EuZW 1994, S. 688 (692); EuGH v. 29.4.1999, Rs. C-293/97 (Standley), Slg. 1999-I, S. 2603 (2647), Tz. 54.

[1397] EuGH v. 14.5.1974, Rs. 4/73 (Nold/Kommission), Slg. 1974, S. 491 (508), Tz. 14 = NJW 1975, S. 518 (520).

[1398] Obwohl der EuGH unterschiedliche Begriffe wählt, können Grundrechtsschranken nur durch Gründe des Allgemeinwohls begründet werden; *Th. Jürgensen*, Transeuropäische Netze, S. 228; *A. Bleckmann*, in: *ders.*, Europarecht, Rdnr. 588.

[1399] EuGH v. 13.12.1979, Rs. 44/79 (Hauer), Slg. 1979, S. 3727 (3747), Tz. 23 = NJW 1980, S. 505 (506); vgl. zur Struktur der Grundrechte *Th. Kingreen*, in: *Ch. Callies/M. Ruffert* (Hrsg.), EUV/EGV, Art. 6 EUV Rdnrn. 64 ff.

[1400] Vgl. oben Fn. 1391.

[1401] *Th. Schilling*, EuGRZ 2000, S. 3 (40); *R. Streinz*, Europarecht, Rdnr. 367; *S. U. Pieper*, in: *A. Bleckmann*, Europarecht, Rdnr. 117; *B. Beutler*, in: *H. v. d. Groeben/J. Thieling/C.-D. Ehlermann*, (Hrsg.), EU-/EG-Vertrag, Art. F Rdnr. 79.

[1402] *S. U. Pieper*, in: *A. Bleckmann*, Europarecht, Rdnr. 117; *R. Streinz*, Europarecht, Rdnr. 368.

[1403] EuGH v. 18.6.1991, Rs. C-260/89 (ERT/DEP), Slg. 1991-I, S. 2925 (2964), Tz. 43 = EuZW 1991, S. 507 (510); EuGH v. 8.4.1992, Rs. C-62/90 (Kommission/BRD), Slg. 1992-I, S. 2575 (2609), Tz. 23 = EuZW 1992, S. 346 (348); EuGH v. 26.7.1997, Rs. C-368/95 (Familiapress), Slg. 1997-I, S. 3689 (3717), Tz. 24 = EuGRZ 1997, S. 344 (345); *R. Störmer*, AöR 123 (1998), S. 541 (567); *J. Kühling*, EuGRZ 1997, S. 296 (298 ff.); *Th. Jürgensen/I. Schlünder*, AöR 121 (1996), S. 200 (216); siehe auch die Darstellung bei *Th. Kingreen*,

meinschaftsrechts anwenden[1404]. Grundrechtsberechtigt sind neben den Markt- und Unionsbürgern[1405] auch juristische Personen des Privatrechts, selbst wenn sie mehrheitlich durch die öffentliche Hand betrieben werden (gemischtwirtschaftliche Unternehmen).[1406] Aufgrund des funktionalen Unternehmensbegriff des Gemeinschaftsrechts, werden alle grundfreiheitlich tätigen Wirtschaftsteilnehmer unabhängig von ihrer Rechtsform und den Beteiligungsverhältnissen in den Schutzbereich der Gemeinschaftsgrundrechte einbezogen.[1407] Für (gemischtwirtschaftliche) Telekommunikationsunternehmen kommt es somit bzgl. ihrer Grundrechtsberechtigung auf die nationale Rechtslage[1408] nicht an.[1409]

2. Sekundärrecht

Sowohl nach der Rechtsprechung des EuGH als auch der des BVerfG ist sekundäres Gemeinschaftsrecht am Maßstab des europäischen Grundrechtsschutzes zu messen.[1410] Dies folgt aus der über Jahrzehnte andauernden Diskussion und Rechtsprechung zur Verhältnisfrage zwischen europäischem und nationalem Recht. Während der EuGH bereits 1964 in der Entscheidung „*Co-*

Struktur der Grundfreiheiten, S. 164 ff. Auf schwerwiegende Verstöße beschränkend *M. Ruffert*, EuGRZ 1995, S. 518 (528); kritisch *A. Epiney*, Umgekehrte Diskriminierungen, S. 260.

[1404] EuGH v. 11.7.1985, verb. Rs. 60-61/84 (Cinéthèque), Slg. 1985, S. 2605 (2627), Tz. 26 = NJW 1986, S. 1421 (1423); EuGH v. 30.9.1987, Rs. 12/86 (Demirel), Slg. 1987, S. 3719 (3754), Tz. 28 = NJW 1988, S. 1442 (1444); EuGH v. 18.6.1991, Rs. C-260/89 (ERT/DEP), Slg. 1991-I, S. 2925 (2964), Tz. 42 = EuZW 1991, S. 507 (510); EuGH v. 29.5.1997, Rs. C-299/95 (Kremzow), Slg. 1997-I, S. 2629 (2645), Tz. 14; EuGH v. 18.12.1997, Rs. C-309/96 (Annibaldi), Slg. 1997-I, S. 7493 (7510), Tz. 13; vgl. hierzu *Th. Kingreen/R. Störmer*, Die subjektiv-öffentlichen Rechte des primären Gemeinschaftsrechts, EuR 1998, S. 263 (278 ff.).

[1405] *H.-W. Rengeling*, Grundrechtsschutz in der Europäischen Gemeinschaft, S. 201.

[1406] *P. J. Tettinger*, in: *J. F. Baur/P.-Ch. Müller-Graff/M. Zuleeg* (Hrsg.), Europarecht – Energierecht – Wirtschaftsrecht, Fs. f. *Bodo Börner*, S. 625 (639); *S. U. Pieper*, in: *A. Bleckmann*, Europarecht, Rdnr. 118.

[1407] *R. Scholz/S. Langer*, Europäischer Binnenmarkt und Energiepolitik, S. 245; *M. Schröder*, Kompetenz- und eigentumsrechtliche Fragen bei der Verwirklichung des Elektrizitätsbinnenmarktes, S. 49 f.

[1408] Zum Beispiel für die Deutsche Telekom nach Art. 19 Abs. 3 GG.

[1409] Vgl. zur deutschen Rechtslage *A. v. Arnauld*, DÖV 1998, S. 437 (448 ff.).

[1410] Vgl. nur *Th. Schilling*, EuGRZ 2000, S. 3 (30).

sta/ENEL“[1411] den Vorrang zugunsten des Sekundärrechts auch gegenüber nationalem Verfassungsrecht begründete[1412], ging das BVerfG 1974 in seinem „*Solange I*“-Beschluß[1413] noch von einem Vorbehalt der nationalen Grundrechte als Prüfungsmaßstab für das Sekundärrecht aus, „solange“ kein kodifizierter, dem Grundgesetz adäquater Grundrechtsschutz in der Gemeinschaft bestehe. Im „*Solange II*“-Beschluß[1414] von 1986 kehrte es schließlich den Vorbehalt um und nahm seine eigene Jurisdiktion zurück, „solange“ der EuGH einen dem Grundgesetz im wesentlichen gleich zu achtenden Grundrechtsschutz verbürge.[1415] Seit dem „*Maastricht*“-Urteil[1416] aus dem Jahr 1993 übt das BVerfG seine

---

[1411] EuGH v. 15.7.1964, Rs. 4/64 (Costa/ENEL), Slg. 1964, S. 1251 (1269 f.) = NJW 1964, S. 2371 (2372); vgl. auch EuGH v. 9.3.1978, Rs. 106/77 (Simmenthal), Slg. 1978, S. 629 (643 ff.), Tz. 14/16 ff. = NJW 1978, S. 1741; EuGH v. 29.4.1999, Rs. C-224/97 (Ciola/Vorarlberg), Slg. 1999-I, S. 2517 (2540), Tz. 33 f. = EuZW 1999, S. 405 (407) m. Anm. *Th. Schilling*, S. 407 f.

[1412] Vgl. zu Kollisionslösungen der Literatur *A. Bleckmann*, in: *ders.*, Europarecht, Rdnrn. 1070 ff.; *R. Streinz*, Europarecht, Rdnrn. 180 ff.; *H. P. Ipsen*, Europäisches Gemeinschaftsrecht, § 10 Rdnrn. 18 ff.; *L.-J. Constantinesco*, Das Recht der Europäischen Gemeinschaften, S. 658 ff.; *M. Zuleeg*, Das Recht der Europäischen Gemeinschaften im innerstaatlichen Bereich, S. 160 ff.

[1413] BVerfGE 37, S. 271 (285) = NJW 1974, S. 1697 (1699); vgl. hierzu *H. P. Ipsen*, BVerfG versus EuGH re „Grundrechte“, EuR 1975, S. 1 ff.

[1414] BVerfGE 73, S. 339 (387) = NJW 1987, S. 577 (582).

[1415] Vgl. zur „Solange“ Rechtsprechung *M. Selmayr/N. Prowald*, DVBl. 1999, S. 269 (270 f.); *H. Gersdorf*, AöR 119 (1994), S. 400 ff.; zusammenfassend *I. Pernice*, in: *A. Randelzhofer/R. Scholz/D. Wilke* (Hrsg.), Gedächtnisschrift f. *Eberhard Grabitz*, S. 523 ff.; grundlegend *R. Streinz*, Bundesverfassungsgerichtlicher Grundrechtsschutz und Europäisches Gemeinschaftsrecht, S. 43 ff.; *Ch. Tomuschat*, EuR 1990, S. 340 ff.; *R. Scholz*, NJW 1990, S. 941 ff.; *U. Everling*, EuR 1990, S. 195 ff.; *M. Herdegen*, EuGRZ 1989, S. 309 ff.; *M. Hilf*, EuGRZ 1987, S. 1 ff.; *T. Stein*, in: *W. Fürst/R. Herzog/D. C. Umbach* (Hrsg.), Fs. f. *Wolfgang Zeidler*, Bd. 2, S. 1711 (1726).

[1416] BVerfGE 89, S. 155 (175) = NJW 1993, S. 3047 (3049) = EuZW 1993, S. 667 (670); vgl. hierzu *M. Selmayr/N. Prowald*, DVBl. 1999, S. 269 (274 ff.); *R. Störmer*, AöR 123 (1998), S. 541 (546 f.) m.w.N.; *M. Fromont*, JZ 1995, S. 800 ff.; *J. A. Frowein*, ZaöRV 54 (1994), S. 1 ff.; *R. Streinz*, EuZW 1994, S. 329 ff.; *U. Everling*, Integration 1994, S. 165 ff.; *R. Wittkowski*, BayVBl. 1994, S. 359 ff.; *V. Götz*, JZ 1993, S. 1081 ff.; *C. O. Lenz*, NJW 1993, S. 3038 ff.; *E. Steindorff*, EWS 1993, S. 341 ff.; *Ch. Tomuschat*, EuGRZ 1993, S. 489 ff.; *A. Bleckmann/S. U. Pieper*, RIW 1993, S. 969 ff.; *U. Everling*, in: *A. Randelzhofer/R. Scholz/D. Wilke* (Hrsg.), Gd. f. *Eberhard Grabitz*, S. 57 ff.; *E. Klein*, in: *A. Randelzhofer/R. Scholz/D. Wilke* (Hrsg.), Gd. f. *Eberhard Grabitz*, S. 271 ff.; vgl. zu den Folgen des Maastricht-Urteils die einzelnen Beiträge in *P.-Ch. Müller-Graff/J. Schwarze* (Hrsg.), EuR, Beiheft zu 1/1999.

Gerichtsbarkeit in einem „Kooperationsverhältnis"[1417] mit dem EuGH aus. Der EuGH bietet im Einzelfall Grundrechtsschutz, während das BVerfG den unabdingbaren Grundrechtsstandard, also den Wesensgehalt der Grundrechte, gewährleistet.[1418] Dem BVerfG obliegt danach lediglich eine negative Evidenzkontrolle.[1419] Europäische Zusammenschaltungsbedingungen[1420] sind daher am Maßstab des Gemeinschaftsgrundrechtsschutzes zu messen.

3. Nationales, umgesetztes Sekundärrecht

Der Prüfungsmaßstab hinsichtlich des in nationales Recht umgesetzten Sekundärrechts ist umstritten.[1421] Formal begründet der Umsetzungsakt nationales Recht, das der Bindungswirkung des Art. 1 Abs. 3 GG und der Überprüfung durch das BVerfG unterworfen ist.[1422] Infolge der gemeinschaftsrechtlichen Tendenz zu inhaltlich detaillierten und konkreten Richtlinien stellt sich jedoch die Frage, ob nationale Umsetzungsakte lediglich „formale" Ausführungsakte des Gemeinschaftsrechts sind. Differenziert wird deshalb – neben der Annahme eines nationalen Verfassungsvorbehalts[1423] – überwiegend[1424] nach dem den Mitgliedstaaten bei der Umsetzung verbleibenden inhaltlichen Gestaltungs-

---

[1417] Vgl. hierzu G. C. *Rodriguez Iglesias*, NJW 2000, S. 1889 ff.; *G. Hirsch*, NJW 2000, S. 1817 (1818 ff.); *S.-R. Eiffler*, JuS 1999, S. 1068 (1070); *P. M. Huber*, EuZW 1997, S. 517 (519 ff.); *G. Hirsch*, NJW 1996, S. 2457 ff.; *J. Kokott*, AöR 119 (1994), S. 207 (216 ff.); *H. Gersdorf*, DVBl. 1994, S. 674 ff.; *M. Heintzen*, AöR 119 (1994), S. 564 (582 ff.); *R. Streinz*, in: Fs. f. Heymanns Verlag, S. 663 ff.

[1418] Vgl. zu den Anforderungen der Zulässigkeit einer Verfassungsbeschwerde wegen der Verletzung von Grundrechten durch sekundäres Gemeinschaftsrecht BVerfG, NJW 2000, S. 3124 (3125); *G. Nicolaysen/C. Nowak*, NJW 2001, S. 1233 (1235 f.).

[1419] *R. Streinz*, Europarecht, Rdnr. 217.

[1420] Vgl. hierzu oben 3. Kap. B. IV., S. 153.

[1421] Vgl. ausführlich zum Meinungsstand *B. Rickert*, Grundrechtsgeltung bei der Umsetzung europäischer Richtlinien, S. 114 ff., 142 ff. und 215 ff.; *Th. Jürgensen*, Transeuropäische Netze, S. 185 ff. und 205 ff.; *Th. Kingreen*, in: *Ch. Callies/M. Ruffert* (Hrsg.), EUV/EGV, Art. 6 EUV Rdnrn. 57 ff.

[1422] *A. Bleckmann*, in: *ders.*, Europarecht, Rdnr. 444; *R. Streinz*, Europarecht, Rdnr. 214.

[1423] *D. Blumenwitz*, NJW 1989, S. 621 (625); *D. H. Scheuing*, DÖV 1975, S. 145 (149).

[1424] Ohne nach einem Gestaltungsspielraum zu differenzieren *L.-J. Constantinesco*, Das Recht der Europäischen Gemeinschaften, S. 662 ff.

spielraum.[1425] Soweit ein solcher Spielraum besteht, ist der Umsetzungsakt weiterhin am Maßstab des Grundgesetzes zu messen, da es sich auch inhaltlich um einen nationalen Hoheitsakt handelt, während bei Richtlinienbestimmungen ohne Gestaltungsspielraum die Beschränkung der Jurisdiktion des BVerfG nach dem „*Solange II*"-Beschluß und dem „*Maastricht*"-Urteil eingreifen soll. Hier liegt lediglich formal, jedoch nicht inhaltlich ein nationaler Hoheitsakt vor, da die nationale Regelung bereits europarechtlich determiniert ist.[1426] Diese Differenzierung kann im Umkehrschluß durch den Beschluß des BVerfG zur Richtlinie über die Etikettierung von Tabakerzeugnissen[1427] aus dem Jahr 1989[1428] gestützt werden, in dem es die volle verfassungsgerichtliche Überprüfung des nationalen Umsetzungsaktes nur bejaht, wenn ein erheblicher Gestaltungsspielraum besteht.[1429] Nationale Zusammenschaltungsbedingungen, die durch europäische Richtlinien determiniert sind, unterliegen deshalb auch dem Prüfungsmaßstab der Gemeinschaftsgrundrechte.[1430]

[1425] *R. Streinz*, in: *J. Isensee/P. Kirchof* (Hrsg.), Handbuch des Staatsrechts, § 182 Rdnr. 33; *E. Klein*, VVDStRL 50 (1991), S. 56 (83 f.); *Th. Kingreen*, in: *Ch. Callies/M. Ruffert* (Hrsg.), EUV/EGV, Art. 6 EUV Rdnr. 59.

[1426] Vgl. *A. Bleckmann*, in: *ders.*, Europarecht, Rdnr. 445; *H.-W. Rengeling*, Grundrechtsschutz in der Europäischen Gemeinschaft, S. 190; *H.-W. Rengeling/A. Middeke/M. Gellermann*, Rechtsschutz in der Europäischen Union, Rdnr. 1040; *E. Chwolik-Lanfermann*, Grundrechtsschutz in der Europäischen Union, S. 191; *B. Rickert*, Grundrechtsgeltung bei der Umsetzung europäischer Richtlinien, S. 138, 145 und 152; *Th. Jürgensen*, Transeuropäische Netze, S. 196; *M. Ruffert*, EuGRZ 1995, S. 518 (527 ff.); *J.-P. Schneider*, AöR 119 (1994), S. 294 (299); *C. D. Classen*, EuZW 1993, S. 83 (86); *S. Gerstner/B. Goebel*, Jura 1993, S. 626 (632); *Ch. Tomuschat*, EuR 1990, S. 340 (344 f.); *U. Everling*, EuR 1990, S. 195 (213); *G. Nicolaysen*, EuR 1989, S. 215 (222); beschränkend auf unmittelbar geltende Richtlinienbestimmungen *Th. Jürgensen/I. Schlünder*, AöR 121 (1996), S. 200 (209); zweifelnd für Richtlinienumsetzungsakte *R. Störmer*, AöR 123 (1998), S. 541 (568); a.A. *V. Götz*, NJW 1992, S. 1849 (1853); *U. Di Fabio*, NJW 1990, S. 947 (952); *P. M. Huber*, AöR 116 (1991), S. 210 (236); *R. Scholz*, NJW 1990, S. 941 (945 f.); *A. Schmitt-Glaeser*, Grundgesetz und Europarecht als Elemente Europäischen Verfassungsrechts, S. 170.

[1427] Richtlinie des Rates vom 13.11.1989 zur Angleichung der Rechts- und Verwaltungsvorschriften der Mitgliedstaaten über die Etikettierung von Tabakerzeugnissen ABl. EG Nr. L 359/1 v. 8.12.1989, S. 1.

[1428] BVerfG, NJW 1990, S. 974; vgl. hierzu *G. Nicolaysen*, EuR 1988, S. 215 ff.

[1429] *B. Rickert*, Grundrechtsgeltung bei der Umsetzung europäischer Richtlinien, S. 145.

[1430] A.A. für § 6 EnWG *U. Büdenbender*, WuW 2000, S. 119 (128), der auf „innerhalb des Territoriums der Bundesrepublik Deutschland" beschränkte Vorgänge allein Art. 14 GG als Prüfungsmaßstab ansieht, ohne zu differenzieren, ob die gemeinschaftsrechtlichen Vorgaben

4. Nationale Vollzugsakte

Umstritten ist, ob diese Differenzierung auch auf den nationalen Verwaltungsvollzug anzuwenden ist. Dabei handelt es sich grundsätzlich um einen Akt nationaler Hoheitsgewalt, der im Rahmen der Normenhierarchie auf seine Rechtmäßigkeit zu überprüfen ist.[1431] Beziehen sich die Vorgaben einer europäischen Richtlinie jedoch nicht nur auf die legislative Ebene, sondern wirken sie sich bis auf den Verwaltungsvollzug aus, so wird im nationalen Recht der Sache nach Sekundärrecht angewandt.[1432] Eine Ausstrahlung des Gemeinschaftsrechts auf die Exekutive ist dann anzunehmen, wenn die Verwaltungsbehörden zwar (formal) nationales, jedoch durch Richtlinien zwingend vorgeschriebenes und inhaltlich identisches Recht ohne eigenen Beurteilungs- oder Ermessensspielraum und damit (materiell) europäisches Recht anzuwenden haben.[1433]

Aus der Diktion[1434] des „*Solange II*"-Beschlusses[1435] bzw. dessen Kernaussage[1436], folgt, daß auch eine nur mittelbare oder inzidente Überprüfung des Gemeinschaftsrechts ausgeschlossen ist. Im Umkehrschluß sind deshalb Verwaltungsentscheidungen, die sich bereits aus dem Gemeinschaftsrecht ergeben, bzgl. Grundrechtsverletzungen ebenso am Maßstab des europäischen Grundrechtsschutzes zu messen.[1437]

---

einen Gestaltungsspielraum für die Umsetzung noch eröffnen. Vgl. zur Kollision zwischen nationalem Recht und Gemeinschaftsrecht *Th. Schilling*, EuGRZ 2000, S. 3 (35).

[1431] Vgl. oben Fn. 1422.

[1432] Vgl. *E. Chwolik-Lanfermann*, Grundrechtsschutz in der Europäischen Union, S. 187.

[1433] *H.-W. Rengeling/A. Middeke/M. Gellermann*, Rechtsschutz in der Europäischen Union, Rdnr. 1046.

[1434] *A. Bleckmann*, in: *ders.*, Europarecht, Rdnr. 448.

[1435] BVerfGE 73, S. 339 (378) = NJW 1987, S. 577 (582).

[1436] *T. Stein*, in: *W. Fürst/R. Herzog/D. C. Umbach* (Hrsg.), Fs. f. *Wolfgang Zeidler*, Bd. 2, S. 1711 (1726).

[1437] *H. P. Ipsen*, Europäisches Gemeinschaftsrecht, § 41 Rdnr. 26; *A. Bleckmann*, in: *ders.*, Europarecht, Rdnr. 448; *T. Stein*, in: *W. Fürst/R. Herzog/D. C. Umbach* (Hrsg.), Fs. f. *Wolfgang Zeidler*, Bd. 2, S. 1711 (1726 f.).

II. Grundfreiheiten, ONP-Bedingungen und Grundrechte im System des Gemeinschaftsrechts

Der EG-Vertrag ist als einheitliches Vertragswerk auszulegen[1438], d.h. die in ihm enthaltenen Begriffe und Regelungskomplexe sind einheitlich und ohne inneren Widerspruch zu sehen.[1439] Verschiedene Regelungsmaterien, z.B. die Grundfreiheiten und das Wettbewerbsrecht, dürfen sich in ihren Wirkungen nicht widersprechen. Dieser Grundsatz gilt nicht nur für den Vertrag allein, sondern ist allgemein auf die gesamte Rechtsordnung der EU aufgrund der Normenhierarchie des Gemeinschaftsrechts[1440] anzuwenden. Die in den ONP-Bedingungen geregelte Zusammenschaltung von Telekommunikationsnetzen betrifft dabei einerseits Grundfreiheiten der Zusammenschaltungspetenten, andererseits Grundrechtspositionen der Zusammenschaltungsverpflichteten.

1. Grundfreiheiten und ONP-Bedingungen

Die Kommission begründete die Liberalisierung des Telekommunikationssektors im Rahmen des Art. 86 Abs. 3 EG aus Verstößen gegen die Grundfreiheiten des freien Waren- und Dienstleistungsverkehrs durch die den staatlichen Telekommunikationsunternehmen gewährten Monopolrechte.[1441] In ihrer Mitteilung über die Anwendung der Wettbewerbsregeln auf Zugangsvereinbarungen geht sie von zwei unterschiedlichen relevanten Produktmärkten aus – dem Markt für Telekommunikationsdienstleistungen und einen hiervon separaten Markt für den Zugang zu Einrichtungen, die für die Erbringung dieser Dienstlei-

---

[1438] *M. Zuleeg*, EuR 1969, S. 98 (108); *M. Pechstein*, EuR 1995, S. 247 (253 ff.); vgl. auch *S. Kadelbach*, in: *A. v. Bogdandy/C.-D. Ehlermann* (Hrsg.), Konsolidierung und Kohärenz des Primärrechts nach Amsterdam, S. 51 ff.; *P.-Ch. Müller-Graff*, EuR Beiheft zu 8/1998, S. 67 ff.

[1439] *H.-J. Glaesner*, in: *R. Bieber/G. Ress* (Hrsg.), Die Dynamik des Europäischen Gemeinschaftsrechts, S. 435; vgl. zum Rangverhältnis der Gemeinschaftsziele *J. Basedow*, in: *O. Due/M. Lutter/J. Schwarze* (Hrsg.), Fs. f. *Ulrich Everling*, Bd. I, S. 49 ff.

[1440] Vgl. hierzu *H. Hofmann*, Normenhierarchien im europäischen Gemeinschaftsrecht, S. 81 ff. und 93 ff.

[1441] Erwägungsgründe (5 und 6) TkDiensteRL; Erwägungsgründe (6 und 8) MobilfunkRL; Erwägungsgründe (7 und 19) SatellitenRL; Erwägungsgrund (8) KabelfernsehRL; Erwägungsgründe (3, 6, 8 und 13) WettbewerbsRL.

stungen erforderlich sind.[1442] Der freie Dienstleistungsverkehr wird folglich beschränkt, wenn die Mitgliedstaaten keine Zusammenschaltung ermöglichen.

Die im Rang unter den primärrechtlichen Grundfreiheiten stehenden sekundären ONP-Rahmenbedingungen müssen mit der Dienstleistungsfreiheit vereinbar sein.[1443] Sie können deshalb keine weitergehenden Einschränkungen des Netzzugangs aufstellen als es der freie Dienstleistungsverkehr[1444] erlaubt. Die normative Verklammerung beider Regelungsbereiche erfolgt, indem der offene Netzzugang nur durch „grundlegende Anforderungen" nicht wirtschaftlicher Art eingeschränkt werden kann.[1445] Mit dieser Formulierung werden die zwingenden Gründe des Allgemeininteresses aus der Rechtsprechung des EuGH aufgegriffen, die Beschränkungen der Dienstleistungsfreiheit ebenfalls nur aus Gründen nicht wirtschaftlicher Art rechtfertigen.[1446] Insofern sind Grundfreiheiten und ONP-Bedingungen systemkonform.

2. Grundfreiheiten und Grundrechte

Das Verhältnis zwischen Grundfreiheiten und Grundrechten ist in Rechtsprechung und Literatur umstritten.[1447] Die Gründe hierfür liegen vor allem in Unsi-

---

[1442] *EG-Kommission*, Mitteilung 1998 (98/C 265/02), ABl. EG Nr. C 265/2 v. 22.8.1998, S. 2, Tz. 39 f.

[1443] *H. D. Jarass*, in: *O. Due*/*M. Lutter*/*J. Schwarze* (Hrsg.), Fs. f. *Ulrich Everling*, Bd. I, S. 593 (608).

[1444] Vgl. hierzu allgemein *P. v. Wilmowsky*, EuR 1996, S. 362 ff.; *M. Kort*, JZ 1996, S. 132 (135 ff.); *A. Bleckmann*, EuR 1987, S. 28 (35 ff.).

[1445] Art. 2 Nr. 6 ONP-RahmenRL; Erwägungsgrund (7), Art. 6 Abs. 3 MietleitungsRL; Erwägungsgrund (40), Art. 22 Abs. 5 SprachtelefondienstRL a.F.; Erwägungsgrund (12), Art. 13 Abs. 5 SprachtelefondienstRL n.F.; Erwägungsgrund (13), Art. 10 ZusRL; vgl. auch Erwägungsgründe (7 f.) TkDiensteRL; Art. 2 Abs. 1 lit. a) GenehmigungsRL.

[1446] EuGH v. 3.12.1974, Rs. 33/74 (van Binsbergen), Slg. 1974, S. 1299 (1309), Tz. 10/12 = NJW 1975, S. 1095; EuGH v. 26.4.1988, Rs. 352/85 (Bond van Adverteerders), Slg. 1988, S. 2085 (2135), Tz. 34 = NJW 1989, S. 2189 (2191); EuGH v. 25.7.1991, Rs. C-288/89 (Collectieve Antennevoorziening Gouda), Slg. 1991-I, S. 4007 (4040), Tz. 11 = EuZW 1991, S. 699 (700); EuGH v. 29.4.1999, Rs. C-224/97 (Ciola/Vorarlberg), Slg. 1999-I, S. 2517 (2540), Tz. 16 = EuZW 1999, S. 405 (406).

[1447] Vgl. *Th. Jürgensen*, Transeuropäische Netze, S. 172 ff.; *W. Kluth*, AöR 122 (1997), S. 557 (580); *L. Gramlich*, DÖV 1996, S. 801 (805 ff.); *H. D. Jarass*, EuR 1995, S. 202 (226);

cherheiten hinsichtlich Rechtsnatur und dogmatischer Einordnung der Grundfreiheiten.[1448] Werden Grundfreiheiten als echte Grundrechte[1449] oder zumindest als grundrechtsgleiche Rechte[1450] erachtet, so ist der Kollisionsfall zwischen Grundfreiheiten und Grundrechten durch Abwägung der betroffenen Rechtsgüter zu lösen.[1451] Dem widerspricht jedoch das „*Bosman*"-Urteil des EuGH aus dem Jahr 1995[1452], in dem der Gerichtshof die Arbeitnehmerfreizügigkeit aus Art. 39 EG höher bewertet als die Vereinigungsfreiheit der Sportverbände. Aus den Ausführungen des EuGH wird deshalb zum Teil[1453] ein allgemeiner Vorrang der Grundfreiheiten gegenüber Grundrechten abgeleitet.

In der Rechtssache „*Bosman*" hielt der Europäische Gerichtshof die von Fußballverbänden erlassenen Transferbestimmungen, die einen Vereinswechsel eines Profifußballers bei abgelaufenem Vertrag nur gegen eine an den bisherigen Verein zu zahlende Transfer-, Ausbildungs- oder Förderungsentschädigung zulassen, zur Ausübung des Grundrechtes der Vereinigungsfreiheit von Fußballverbänden, -vereinen und Spielern nicht für erforderlich. Diese

---

zur Entwicklung der Grundfreiheiten *W. Mussler*, Die Wirtschaftsverfassung der Europäischen Gemeinschaft, S. 100 ff.

[1448] Vgl. zur Dogmatik der Grundfreiheiten *Th. Kingreen*, Struktur der Grundfreiheiten, S. 74 ff. (siehe auch den dort entwickelten Prüfungsaufbau, S. 182 ff.); *Th. Kingreen/R. Störmer*, EuR 1998, S. 263 (266 ff.); *H. D. Jarass*, EuR 1995, S. 202 ff.; *ders.*, in: *O. Due/M. Lutter/J. Schwarze* (Hrsg.), Fs. f. *Ulrich Everling*, Bd. I, S. 593 ff.; zur Rechtsprechung des EuGH bzgl. der Grundfreiheiten *A. Epiney*, NVwZ 1999, S. 1072 (1076 ff.); siehe auch allgemein *Th. Schilling*, EuGRZ 2000, S. 3 (9 ff.).

[1449] *A. Bleckmann*, in: *ders.*, Europarecht, Rdnr. 755.

[1450] *M. Schweitzer/W. Hummer*, Europarecht, S. 197.

[1451] *W. Kluth*, AöR 122 (1997), S. 557 (580); *L. Gramlich*, DÖV 1996, S. 801 (810); *S. Gerstner/B. Goebel*, Jura 1993, S. 626 (629); a.A. *Th. Kingreen*, in: *Ch. Callies/M. Ruffert* (Hrsg.), EUV/EGV, Art. 6 EUV Rdnr. 81.

[1452] EuGH v. 15.12.1995, Rs. C-415/93, (Bosman), Slg. 1995-I, S. 4921 ff. = EuZW 1996, S. 82 ff. m. Anm. *J. Wertenbruch*, S. 91 f. = NJW 1996, S. 505 ff.; vgl. hierzu *K. Vieweg*, in: *D. H. Jütting* (Hrsg.), Sportvereine in Europa zwischen Staat und Markt, S. 114 ff.; *W. Kluth*, AöR 122 (1997), S. 557 (558 ff.); *M. Hilf/E. Pache*, NJW 1996, S. 1169 ff.; *M. Nettesheim*, NVwZ 1996, S. 342 ff.; *C. Weber*, RdA 1996, S. 107 ff.; *S. Hobe/Ch. Tietje*, JuS 1996, S. 486 ff.; *Ch. Palme*, JZ 1996, S. 238 ff.; *W. Schroeder*, JZ 1996, S. 254 ff.; *H. G. Fischer*, Spurt 1996, S. 34 ff.; *R. Scholz/J. Aulehner*, Spurt 1996, S. 44 ff.

[1453] *Th. Kingreen*, in: *Ch. Callies/M. Ruffert* (Hrsg.), EUV/EGV, Art. 6 EUV Rdnr. 81; *Th. Kingreen/R. Störmer*, EuR 1998, S. 263 (286), vermuten dies aufgrund der Tatsache, daß der EuGH bei der Überprüfung des gemeinschaftlichen Handelns an den Grundfreiheiten die Grundrechte nicht erwähnt.

Transferregeln seien keine unausweichliche Folge der Vereinigungsfreiheit.[1454] Ohne die geschützten Rechtspositionen der Vereinigungsfreiheit zu konkretisieren, subtrahiert der EuGH die rechtsetzende Tätigkeit der Verbände von den durch das Vereinigungsrecht insgesamt geschützten Freiheiten und erachtet das Substrat für die Freiheitsgewährung als ausreichend. Eine den Ausführungen des EuGH zugrundeliegende Abwägung kann nach diesem Verständnis nicht ausgeschlossen werden.[1455]

Auch die zweite Kernaussage des Urteils, die Autonomie der Verbände zum Erlaß von Sportregeln, könne die dem einzelnen durch den Vertrag verliehenen Rechte nicht einschränken[1456], kann keinen allgemeinen Vorrang der Grundfreiheiten begründen. Anhaltspunkte, diese Urteilspassage zu verallgemeinern, bestehen nicht, da sich die angesprochenen Rechte nur auf die Freizügigkeit der Arbeitnehmer beziehen. Insbesondere stehen sich das individuelle Recht des Arbeitnehmers auf Freizügigkeit und das kollektive Freiheitsrecht der Fußballverbände gegenüber. Der Gerichtshof räumt deshalb allenfalls dem Individualrecht einen allgemeinen Vorrang ein.[1457] Die für die Vollendung des Binnenmarkts herausragenden Grundfreiheiten können im Ergebnis gegenüber Grundrechten keinen absoluten Vorrang beanspruchen.[1458]

[1454] EuGH v. 15.12.1995, Rs. C-415/93, (Bosman), Slg. 1995-I, S. 4921 (5065), Tz. 80 = NJW 1996, S. 505 (509).

[1455] *L. Gramlich*, DÖV 1996, S. 801 (810). Eine Abwägung durch den EuGH sehen indes *K.-U. Plath*, Individualrechtsbeschränkungen im Berufsfußball, S. 85; *H. G. Fischer*, Spurt 1996, S. 34 (35).

[1456] EuGH v. 15.12.1995, Rs. C-415/93, (Bosman), Slg. 1995-I, S. 4921 (5065), Tz. 81 = NJW 1996, S. 505 (509).

[1457] *L. Gramlich*, DÖV 1996, S. 801 (810).

[1458] *W. Kluth*, AöR 122 (1997), S. 557 (579 f.); *L. Gramlich*, DÖV 1996, S. 801 (810 f.); *W. Schroeder*, JZ 1996, S. 254 (256); *R. Scholz/J. Aulehner*, Spurt 1996, S. 44 (45); *S. Hobe/Ch. Tietje*, JuS 1996, S. 486 (490); *M. Krogmann*, Grundrechte im Sport, S. 217; *H.-R. Trommer*, Die Transferregelungen im Profisport im Lichte des „Bosman-Urteils" im Vergleich zu den Mechanismen im bezahlten amerikanischen Sport, S. 70.

3. ONP-Bedingungen und Grundrechte

Die Bedingungen des offenen Netzzugangs sind als sekundäres Gemeinschaftsrecht an den im Rang höher stehenden Grundrechten zu messen. Sie müssen daher sowohl auf abstrakt-genereller Ebene als auch im konkret-individuellen Anordnungsfall mit europäischem Grundrechtsschutz vereinbar sein.

III. Freiheit des Eigentums

Grundrechtlichen Eigentumsschutz gewährt der Europäische Gerichtshof seit Beginn der 70er Jahre. Ging er zunächst in der Rechtssache *„Nold/Hohe Behörde“*[1459] auf die von der Klägerin gerügte Verletzung des Art. 14 GG nicht ein und lehnte in der Entscheidung *„Ruhrkohle/Hohe Behörde“*[1460] die Beeinträchtigung eines erworbenen Besitzstandes noch mit der Begründung ab, das Gemeinschaftsrecht enthalte keinen allgemeinen Rechtsgrundsatz, daß erworbene Besitzstände nicht angetastet werden dürfen, so bejahte er später den Schutz des gewerblichen und kommerziellen Eigentums (*„Deutsche Grammophon“*)[1461] sowie den aus dem allgemeinen Grundsatz der Rechtssicherheit abgeleiteten Schutz des berechtigten Vertrauens (*„Westzucker“*)[1462] und erkannte 1974 erstmals ausdrücklich das in den Verfassungen aller Mitgliedstaaten geschützte Eigentumsgrundrecht an (*„Nold/Kommission“*)[1463]. Konkrete Ausführungen ergingen im Jahr 1979 in seinem grundlegenden Urteil *„Hauer“*.[1464] Das Eigen-

[1459] EuGH v. 20.3.1959, Rs. 18/57 (Nold/Hohe Behörde), Slg. 1959, S. 89 (107); ebenso EuGH v. 17.12.1970, Rs. 11/70 (Internationale Handelsgesellschaft), Slg. 1970, S. 1125 (1135), Tz. 3 = NJW 1971, S. 343.

[1460] EuGH v. 15.7.1960, verb. Rs. 36-38 und 40/59 (Ruhrkohle/Hohe Behörde), Slg. 1960, S. 885 (921).

[1461] EuGH v. 8.6.1971, Rs. 78/70 (Deutsche Grammophon Gesellschaft), Slg. 1971, S. 487 (500), Tz. 11 = NJW 1971, S. 1533 (1534).

[1462] EuGH v. 5.7.1973, Rs. 1/73 (Westzucker), Slg. 1973, S. 723 (731), Tz. 13.

[1463] EuGH v. 14.5.1974, Rs. 4/73 (Nold/Komission), Slg. 1974, S. 491 (507), Tz. 14 = NJW 1975, S. 518 (520).

[1464] EuGH v. 13.12.1979, Rs. 44/79 (Hauer), Slg. 1979, S. 3727 ff. = NJW 1980, S. 505 ff.

tumsgrundrecht wird dabei aus der gemeinsamen Verfassungskonzeption der Mitgliedstaaten abgeleitet, die sich insbesondere in Art. 1 des Zusatzprotokolls zur Europäischen Menschenrechtskonvention[1465] widerspiegele. Entsprechend der Differenzierung zwischen Enteignung und Inhalts- und Schrankenbestimmung entwickelt der EuGH zwei Formen eines möglichen Eigentumseingriffs: die Entziehung und Ausübungsbeschränkung des Eigentums. Staatliche Benutzungsregelungen seien zulässig, wenn sie mit dem Allgemeinwohlinteresse vereinbar und erforderlich sind.[1466]

Auch unter Berücksichtigung nachfolgender Urteile[1467] läßt sich die Überprüfung einer Eigentumsverletzung durch den Europäischen Gerichtshof in drei Schritten zusammenfassen: Auf die Feststellung, daß das Eigentum auch auf Gemeinschaftsebene geschützt wird (1), folgt die Erklärung des nur eingeschränkt gewährleisteten Schutzes (2). Die Einschränkung selbst muß schließlich verhältnismäßig sein und darf den Wesensgehalt des Eigentumsrechts nicht antasten (3).[1468]

[1465]Vgl. hierzu *M. Hartweg*, RabelsZ 1999, S. 561 ff.; *W. Fiedler*, EuGRZ 1996, S. 354 ff.; *O. Müller-Michaels*, Grundrechtlicher Eigentumsschutz, S. 62 ff.; *J. A. Frowein*, in: *G. Pfeifer/G. Wiesel K. Zimmermann* (Hrsg.), Fs. f. *Heinz Rowedder*, S. 49 ff.; *R. Dolzer*, in: *W. Fürst/R. Herzog/D. C. Umbach* (Hrsg.), Fs. f. *Wolfgang Zeidler*, Bd. 2, S. 1677 ff.

[1466]EuGH v. 13.12.1979, Rs. 44/79 (Hauer), Slg. 1979, S. 3727 ff. = NJW 1980, S. 505 (506 f.).

[1467]Vgl. EuGH v. 11.7.1989, Rs. 265/87 (Schräder), Slg. 1989, S. 2237 (2267 f.), Tz. 13 ff.; EuGH v. 13.7.1989, Rs. 5/88 (Wachauf), Slg. 1989, S. 2609 (2639), Tz. 17 ff.; EuGH v. 22.10.1991, Rs. C-44/89 (Deetzen II), Slg. 1991-I, S. 5119 (5157), Tz. 28 = EuZW 1992, S. 120 (122); EuGH v. 10.1.1992, Rs. C-177/90 (Kühn), Slg. 1992-I, S. 35 (63 f.), Tz. 16 f. = EuZW 1992, S. 155 (156); EuGH v. 13.12.1994, Rs. C-306/93 (SMW Winzersekt), Slg. 1994-I, S. 5555 (5581), Tz. 20 ff. = EuZW 1995, S. 109 (110 f.); EuGH v. 5.10.1994, Rs. C-280/93 (Bananen), Slg. 1994-I, S. 4973 (5065), Tz. 78 ff. = NJW 1995, S. 945 (948) = EuZW 1994, S. 688 (692); EuG v. 13.7.1995, verb. Rs. T-466, 469, 473, 474, 477/93 (O'Dwyer), Slg. 1995-II, S. 2071 (2104 f.), Tz. 98; EuGH v. 29.4.1999, Rs. C-293/97 (Standley), Slg. 1999-I, S. 2603 (2647), Tz. 54; vgl. auch die Nachweise bei *Th. Kingreen*, in: *Ch. Callies/M. Ruffert* (Hrsg.), EUV/EGV, Art. 6 EUV Rdnr. 94 (Fn. 213).

[1468]Vgl. allgemein zum eigentumsrechtlichen Grundrechtsschutz der Gemeinschaft *Th. Jürgensen*, Transeuropäische Netze, S. 121 ff.; *O. Müller-Michaels*, Grundrechtlicher Eigentumsschutz, S. 36 ff.; *Ch. v. Milczewski*, Der grundrechtliche Schutz des Eigentums, S. 53 ff.; *U. Ponski*, DÖV 2001, S. 265 (268 ff.); *Th. Schilling*, EuGRZ 1998, S. 177 (181 ff.); *J. Kokott*, AöR 121 (1996), S. 599 (607); *J. M. Thiel*, JuS 1991, S. 274 ff.; *K.-D. Borchardt*, in: *C. O. Lenz* (Hrsg.), EG-Kommentar, Art. 220 Rdnr. 43 ff.; *Th. Kingreen*, in: *Ch. Callies/ M. Ruffert* (Hrsg.), EUV/EGV, Art. 6 EUV Rdnrn. 94 ff.

1. Geschützte Rechtspositionen

Die Freiheit des Eigentums umfaßt den Schutz des Privateigentums als vermögenswertes Recht und gewährleistet dem einzelnen, sich im vermögensrechtlichen Bereich eigenverantwortlich zu entfalten.[1469] Als grundrechtlich geschützte Eigentumspositionen hat der EuGH bisher ohne abschließenden Charakter den Schutz des Grund und Bodens[1470], den Unternehmensschutz[1471] und den Investitionsschutz[1472] ausgesprochen. Daneben gewährleistet er im Rahmen der Rechtssicherheit den Schutz des „berechtigten Vertrauens“[1473] und „wohlerworbener Rechte“[1474]. Auch die entschädigungslose Entziehung der „Früchte der Arbeit“ des Einzelnen sei mit dem Eigentumsgrundrechtsschutz unvereinbar.[1475] Nicht geschützt werden hingegen bloße Erwerbsaussichten[1476]

[1469] *Ch. v. Milczewski*, Der grundrechtliche Schutz des Eigentums, S. 251; *O. Müller-Michaels*, Grundrechtlicher Eigentumsschutz, S. 43; *Th. Kingreen*, in: *Ch. Callies/M. Ruffert* (Hrsg.), EUV/EGV, Art. 6 EUV Rdnr. 99.

[1470] EuGH v. 13.12.1979, Rs. 44/79 (Hauer), Slg. 1979, S. 3727 (3746), Tz. 19 = NJW 1980, S. 505 (506).

[1471] EuGH v. 14.5.1974, Rs. 4/73 (Nold/Kommission), Slg. 1974, S. 491 (508), Tz. 14 = NJW 1975, S. 518 (520); EuGH v. 13.7.1989, Rs. 5/88 (Wachauf), Slg. 1989, S. 2609 (2639), Tz. 19; vgl. auch *O. Müller-Michaels*, Grundrechtlicher Eigentumsschutz, S. 39.

[1472] EuGH v. 13.7.1989, Rs. 5/88 (Wachauf), Slg. 1989, S. 2609 (2639), Tz. 19.

[1473] EuGH v. 5.7.1973, Rs. 1/73 (Westzucker), Slg. 1973, S. 723 (729); EuGH v. 28.4.1988, Rs. 179/86 (Deetzen I), Slg. 1988, S. 2355 (2373), Tz. 16; EuGH v. 28.4.1988, Rs. 120/86 (Mulder I), Slg. 1988, S. 2321 (2352), Tz. 23; EuGH v. 11.12.1990, Rs. C-189/89 (Spagl), Slg. 1990-I, S. 4539 (4579), Tz. 13 = EuZW 1991, S. 184 (185); EuGH v. 11.12.1990, Rs. C-217/89 (Pastätter), Slg. 1990-I, S. 4585 (4602), Tz. 13; EuGH v. 22.10.1991, Rs. C-44/89 (Deetzen II), Slg. 1991-I, S. 5119 (5154 f.), Tz. 20 = EuZW 1992, S. 120 (121); EuGH v. 10.1.1992, Rs. C-177/90 (Kühn), Slg. 1992-I, S. 35 (63), Tz. 14 = EuZW 1992, S. 155; EuGH v. 19.5.1992, verb. Rs. C-104/89 und C-37/90 (Mulder II), Slg. 1992-I, S. 3061 (3130), Tz. 6; EuGH v. 1.4.1993, verb. Rs. C-31-41/91 (Lageder), Slg. 1993-I, S. 1761 (1790), Tz. 33; EuGH v. 5.10.1994, Rs. C-400/92 (Deutschland/Kommission), EuZW 1995, S. 24 (26); EuGH v. 17.7.1997, Rs. C-183/95 (Affish BV), Slg. 1997-I, S. 4315 (4372), Tz. 29 = EuZW 1997, S. 730 (733); EuGH v. 23.11.1999, Rs. C-149/96 (Portugal), Tätigkeitsbericht 31/1999, S. 4.

[1474] EuGH v. 19.3.1975, Rs. 28/74 (Gillet), Slg. 1975, S. 463 (473), Tz. 4/5; EuGH v. 24.6.1976, Rs. 56/75 (Elz/Kommission), Slg. 1976, S. 1097 (1109), Tz. 18/20; EuGH v. 27.9.1979, Rs. 230/78 (Eridiana), Slg. 1979, S. 2749 (2768), Tz. 22.

[1475] EuGH v. 13.7.1989, Rs. 5/88 (Wachauf), Slg. 1989, S. 2609 (2639), Tz. 19.

[1476] EuGH v. 14.5.1974, Rs. 4/73 (Nold/Kommission), Slg. 1974, S. 491 (508), Tz. 14 = NJW 1975, S. 518 (520).

oder bestehende Marktanteile[1477]. Auch die Privatnützigkeit des Eigentums hat der EuGH bislang nicht ausdrücklich anerkannt.[1478]

2. Zulässige Beschränkungen

Beschränkungen des Eigentums sind aus Gründen des Allgemeinwohlinteresses zulässig. Dabei rezipiert der Gerichtshof die soziale bzw. gesellschaftliche Funktion[1479] des Eigentums aus den mitgliedstaatlichen Verfassungen, die es erlauben, die Benutzung des Privateigentums im Allgemeinwohlinteresse zu regeln.[1480]

3. Ungerechtfertigte Eingriffe

Eigentumsbeschränkungen sind aufgrund des Gemeinschaftswohls nur zulässig, wenn sie einen verhältnismäßigen Eingriff darstellen, der den Wesensgehalt des Eigentums nicht antastet. Die Verhältnismäßigkeit kann sich insbesondere aus nur geringfügigen Beeinträchtigungen[1481], zeitlich befristeten Maßnahmen[1482] oder auch dann ergeben, wenn den mitgliedstaatlichen Verwaltungsbehörden ein Ermessensspielraum gewährt wird, der es ihnen ermöglicht,

---

[1477] EuGH v. 5.10.1994, Rs. C-280/93 (Bananen), Slg. 1994-I, S. 4973 (5065), Tz. 79 = NJW 1995, S. 945 (948) = EuZW 1994, S. 688 (692).

[1478] Befürwortend *R. Scholz*/*S. Langer*, Europäischer Binnenmarkt und Energiepolitik, S. 272; ablehnend unter Hinweis auf Art. 295 EG *Ch. v. Milczewski*, Der grundrechtliche Schutz des Eigentums, S. 249.

[1479] Vgl. hierzu *Th. Jürgensen*, Transeuropäische Netze, S. 236.

[1480] EuGH v. 13.12.1979, Rs. 44/79 (Hauer), Slg. 1979, S. 3727 (3747), Tz. 23 = NJW 1980, S. 505 (506).

[1481] EuGH v. 17.12.1970, Rs. 11/70 (Internationale Handelsgesellschaft), Slg. 1970, S. 1125 (1135), Tz. 4 = NJW 1971, S. 343 (344).

[1482] EuGH v. 13.12.1979, Rs. 44/79 (Hauer), Slg. 1979, S. 3727 (3747), Tz. 23 = NJW 1980, S. 505 (507).

Grundrechte ausreichend zu berücksichtigen[1483]. Der Wesensgehalt gilt bei verhältnismäßigen Maßnahmen stets als gewahrt.[1484]

IV. Durch Zusammenschaltung betroffene Eigentumspositionen

Eigentumsrelevante und durch die Zusammenschaltung von Telekommunikationsnetzen betroffene Rechtspositionen sind das Leitungseigentum der Betreiber und die ihnen zugewiesenen Funkfrequenzen.

1. Leitungseigentum

Infolge der Zusammenschaltung von Telekommunikationsnetzen wird es Dritten ermöglicht, das eigentumsgrundrechtlich geschützte Sacheigentum der Betreiber mitzubenutzen. Zusammenschaltungsverpflichtete Netzbetreiber können deshalb ihr Leitungseigentum nicht zu ihrer freien Disposition nutzen.[1485] Darüber hinaus müssen Netzeigentümer ihre Übertragungs- und Vermittlungstechnik – z.B. Multiplexer und Koppelmatrixen[1486] – zugunsten unmittelbarer Konkurrenten verwenden. Ihre Leistung beschränkt sich somit nicht nur auf die bloße Zur-Verfügung-Stellung des Leitungseigentums, sondern besteht im konkurrentennützigen Einsatz ihrer Technik. Im Falle der räumlichen Kollo-

---

[1483] EuGH v. 13.7.1989, Rs. 5/88 (Wachauf), Slg. 1989, S. 2609 (2640), Tz. 19.

[1484] *Th. Kingreen*, in: *Ch. Callies/M. Ruffert* (Hrsg.), EUV/EGV, Art. 6 EUV Rdnr. 76; *I. Pernice*, in: *E. Grabitz/M. Hilf* (Hrsg.), Kommentar zur Europäischen Union, Art. 164 Rdnr. 62d; *R. Scholz/S. Langer*, Europäischer Binnenmarkt und Energiepolitik, S. 255; *Th. Jürgensen*, Transeuropäische Netze, S. 235; *Ch. v. Milczewski*, Der grundrechtliche Schutz des Eigentums, S. 61; *P. M. Huber*, EuZW 1997, S. 517 (521).

[1485] *M. Schmidt-Preuß*, RdE 1996, S. 1 (3); *H.-J. Papier*, Durchleitungen und Eigentum, BB 1997, S. 1213 (1214); *R. Scholz/S. Langer*, Europäischer Binnenmarkt und Energiepolitik, S. 271; *J. F. Baur/M. Moraing*, Rechtliche Probleme einer Deregulierung der Elektrizitätswirtschaft, S. 59; *M. Schröder*, in: *J. F. Baur* (Hrsg.), Die Europäische Gemeinschaft und das Recht der leitungsgebundenen Energie, S. 79 (84 f.); vgl. zur allgemeinen Wirtschaftsfreiheit *U. Hüffer/K. Ipsen/P. J. Tettinger*, Die Transitrichtlinien für Gas und Elektrizität, S. 227; siehe auch BKartA, RdE 2000, S. 31 (35).

[1486] Vgl. hierzu oben 1. Kap. A. I. 2. a) bb), S. 9 f.

kation[1487] müssen der Zugang zum Netz, d.h. die Netzverbindung, aber auch erforderliche Wartungs- und Reparaturarbeiten in den Gebäuden und Räumen der Zusammenschaltungsverpflichteten gestattet werden. Damit verbunden ist ein Betretungs-, Aufenthalts- und Nutzungsrecht. Auch bei virtueller Kollokation ist bei auftretenden Störungen im Zweifel die Beseitigung der Störung durch den zusammengeschalteten Netzbetreiber zu ermöglichen, falls die Ursache in seiner Sphäre liegt und er Zugang zur Schnittstellenverknüpfung des zusammenschaltungsverpflichteten Betreibers benötigt. Infolge dieser Verpflichtungen ist die freie Verfügungsbefugnis über das Eigentum durch die Zusammenschaltung betroffen.[1488]

2. Funkfrequenzen

Der Schutz des Sacheigentums ist vor allem durch die vermögensrechtliche Zuordnung der Sache zu einem Rechtssubjekt gekennzeichnet.[1489] Aus dieser ausschließlichen Zuordnung resultiert die freie Verfügungsbefugnis des Rechtsinhabers. Eigentumsrechtlich sind deshalb neben Telekommunikationsleitungen die in mobilen Telekommunikationsnetzen als Übertragungsmedium genutzten Funkfrequenzen[1490] relevant.

Aufgrund des genehmigungspflichtigen Betriebs[1491] von Mobilfunknetzen werden in allen Mitgliedstaaten Mobilfunkbetreibern Funkfrequenzen zugeteilt. So sind z.B. in der Bundesrepublik Deutschland durch die jeweilige Lizenz für die Errichtung und den Betrieb von Mobilfunknetzen den D-1 und D-2 Netzen[1492] zunächst Frequenzbereiche zwischen 890-915 und 935-960 MHz[1493],

---

[1487] Vgl. hierzu oben 1. Kap. A. III. 3., S. 32.

[1488] *P. N. Märkl*, Netzzusammenschaltung, S. 297; *C. Bittner*, Drittzulassung zu Infrastruktureinrichtungen, S. 151; *K.-M. Fuhr/B. Kerkhoff*, MMR 1998, S. 6 (7); *M. Fehling*, AöR 121 (1996), S. 59 (90). Vgl. für den Energiebereich nur *M. Schmidt-Preuß*, AG 1996, S. 1 (6).

[1489] BVerfGE 1, S. 264 (277) = NJW 1952, S. 865 (866); *H.-J. Papier*, in: *Th. Maunz/ G. Dürig* (Hrsg.), GG, Art. 14 Rdnr. 56; *R. Wendt*, in: *M. Sachs* (Hrsg.), GG, Art. 14 Rdnr. 21.

[1490] Vgl. hierzu oben 1. Kap. A. II. 3. b), S. 22.

[1491] Vgl. Art. 7 Abs. 1 lit. a) GenehmigungsRL.

[1492] Die D 2-Netz Lizenz wurde in der Rechtsform des öffentlich-rechtlichen Vertrags erteilt.

den E-plus und E-2 Netzen Frequenzbereiche zwischen 1710-1880 MHz zugewiesen. Infolge dieser Zuordnung werden den Netzbetreibern ausschließliche Frequenznutzungsrechte gewährt.[1494] Diese Verfügungsbefugnis hat vermögenswerten Charakter, da sämtliche Betreiber neben den Lizenzgebühren zusätzlich Frequenznutzungsgebühren zu errichten haben.[1495] Funkfrequenzen stellen somit als Äquivalent zum Leitungseigentum der Festnetzbetreiber geschützte Eigentumspositionen dar. Eine Zusammenschaltung mit Festnetz- oder anderen Mobilfunkbetreibern tangiert diese Rechte gleichermaßen wie das Leitungseigentum.

3. Sonstige

Als Ausprägungen des Eigentumspositionen kommen der Informations-, Unternehmens- und Vertrauensschutz sowie die Privatnützigkeit des Eigentums als durch die Zusammenschaltung betroffene Rechtsgüter in Betracht.[1496]

a) Informationsschutz

Als spezielles, aus dem allgemeinen Unternehmensschutz abgeleitetes Teilrecht der Eigentumsfreiheit ist der Schutz von Betriebs- und Geschäftsgeheimnissen durch die Zusammenschaltung betroffen.[1497] Die informationelle Selbst-

---

[1493] Verwaltungsvorschrift über Verhaltensregelungen beim Errichten und Betreiben des D 1-Netzes, ABl. BMPT Nr. 37, v. 23.5.1991, S. 1689 (1690/Ziffer 12); Lizenz zum Errichten und Betreiben eines Netzes für Europaweite Digitale Zellulare Mobilfunkdienste D 2-Netz, ABl. BMPT Nr. 37, v. 23.5.1991, S. 1681 (1683/§ 18).

[1494] Abgesehen von hoheitlichen Einschränkungen.

[1495] Die Gebühren in Höhe von 4 bis 5,3 (E-2 Gebühr) Millionen DM je Kalenderjahr belegen den Vermögenswert dieser Rechtsposition.

[1496] Vgl. für den Energiebereich *R. Scholz/S. Langer*, Europäischer Binnenmarkt und Energiepolitik, S. 270; *M. Schröder*, in: *J. F. Baur* (Hrsg.), Die Europäische Gemeinschaft und das Recht der leitungsgebundenen Energie, S. 79 (85); *ders.*, Kompetenz- und eigentumsrechtliche Fragen bei der Verwirklichung des Elektrizitätsbinnenmarktes, S. 59.

[1497] Vgl. für den Energiebereich *R. Scholz/S. Langer*, Europäischer Binnenmarkt und Energiepolitik, S. 281.

bestimmung[1498] des Unternehmers wird insofern tangiert, als er unmittelbaren Konkurrenten Informationen und technische Daten über seine Netzkonfigurationen und -planungen mitteilen muß. Zwar unterfallen nicht sämtliche Unternehmensdaten dem Betriebs- und Geschäftsgeheimnisschutz[1499]. Jedoch ist zu berücksichtigen, daß es sich aufgrund des konkurrentennützigen Informations- und Datenaustauschs um wirtschaftlich sensible Daten[1500] handelt, deren Bekanntgabe sich auf die Wettbewerbsfähigkeit und damit auf die Stellung des informationspflichtigen Unternehmens im Markt auswirkt.[1501] Informationsberechtigte Betreiber können diese Daten wiederum zum eigenen Vorteil nutzen. Das „Datenwissen" und die „Information" werden somit zum Wettbewerbsfaktor (Information als Wettbewerbsfunktion) und fallen grundsätzlich in den ausschließlichen Verfügungsbereich des Informationsinhabers.[1502] Die Zuordnung unternehmensspezifischer Daten zum Unternehmen als Organisationseinheit wird durch Veröffentlichungs-, Auskunfts- und Informationspflichten zusammenschaltungspflichtiger Netzbetreiber aufgehoben und erlangt somit eigentumsgrundrechtliche Relevanz.

[1498] Vgl. hierzu allgemein BVerfGE 65, S. 1 (43) = NJW 1983, S. 419 (422). Der grundrechtliche Schutz der informationellen Selbsbestimmung wird gemeinschaftsrechtlich aus Art. 8 Abs. 1 EMRK abgeleitet; *W. Hoffmann-Riem*, AöR 123 (1998), S. 513 (519); *M. Mähring*, EuR 1991, S. 369 (373); Erwägungsgrund (10) der Richtlinie des Europäischen Parlaments und des Rates v. 24.10.1995 zum Schutz natürlicher Personen bei der Verarbeitung personenbezogener Daten und zum freien Datenverkehr, ABl. EG Nr. L 281/31 v. 23.11.1995, S. 31 ff.

[1499] Vgl. hierzu *H. A. Wolff*, NJW 1997, S. 98 ff.; *R. Breuer*, NVwZ 1986, S. 171 ff.; *M. Schröder*, UPR 1985, S. 394 ff.; *R. Lukes*, in: *R. Lukes/K. Vieweg/E. Hauck*, Schutz von Betriebs- und Geschäftsgeheimnissen in ausgewählten EG-Staaten, S. 12 ff.

[1500] Vgl. zum Abhören wirtschaftlicher Daten in Europa durch das US-amerikanische Lauschsystem „Echelon" F.A.Z. v. 24.2.2000, S. 1.

[1501] Vgl. *EG-Kommission*, Bekanntmachung über Vereinbarungen, Beschlüsse und aufeinander abgestimmte Verhaltensweisen, die eine zwischenbetriebliche Zusammenarbeit betreffen (Kooperationsbekanntmachung), ABl. 1968 EG Nr. C 75/3 v. 29.7.1968, S. 3.

[1502] *R. Scholz/S. Langer*, Europäischer Binnenmarkt und Energiepolitik, S. 281; differenzierend, ob die Information auf einer schutzwürdigen Leistung des Inhabers beruht *E. Hauck*, Wirtschaftsgeheimnisse – Informationseigentum kraft richterlicher Rechtsbildung?, S. 265.

b) Unternehmensschutz

Auch der Schutz des Unternehmens als solches wird durch die Zusammenschaltung tangiert.[1503] Der allgemeine Unternehmensschutz[1504] gewährleistet den Bestand und die Organisation der als Einheit im Unternehmen zusammengefaßten Sachgesamtheiten.[1505] Zusammenschaltungspflichtige Unternehmen müssen – auch nach erfolgter Zusammenschaltung – konkurrenzfähig sein, d.h. sie dürfen durch rechtlich normierte Zusammenschaltungspflichten nicht aus dem Markt verdrängt werden.[1506] Die Zusammenschaltung ist deshalb in Form des Verdrängungswettbewerbs eigentumsrechtlich relevant.

Der Unternehmensschutz kann auch unter dem Aspekt der Rechnungslegung grundrechtliche Bedeutung erlangen. Infolge der Verpflichtung, den Zusammenschaltungsentgelten nur langfristige zusätzliche Kosten zugrunde zu legen[1507], müssen Kostenrechnungssysteme, die diese Kosten erfassen, unter erheblichen finanziellen Aufwendungen erstellt und eingeführt werden, d.h. die Zusammenschaltung wirkt sich mittelbar auf die gesamte Buchführung, Bilanzierung und Kostenrechnung der Unternehmen aus. Insofern verursacht die Zusammenschaltungsverpflichtung nicht unerhebliche Folgen für die innerbetriebliche Organisation und Struktur.[1508] Zusammenschaltungspflichtige Unternehmen können sich jedoch insofern nicht auf ihr Eigentumsgrundrecht berufen, als sie hierdurch nicht vor der Einführung bestimmter Kostenrechnungssysteme und -methoden geschützt werden.[1509]

[1503] Vgl. hierzu *R. Scholz/S. Langer*, Europäischer Binnenmarkt und Energiepolitik, S. 279; *H.-J. Papier*, in: *Th. Maunz/G. Dürig* (Hrsg.), GG, Art. 14 Rdnrn. 95 ff.

[1504] Vgl. hierzu *Ch. Engel*, AöR 118 (1993), S. 169 ff.; *F. Ossenbühl*, AöR 115 (1990), S. 1 (26 ff.).

[1505] *M. Schröder*, in: *J. F. Baur* (Hrsg.), Die Europäische Gemeinschaft und das Recht der leitungsgebundenen Energie, S. 79 (91).

[1506] Vgl. für den Energiebereich *R. Scholz/S. Langer*, Europäischer Binnenmarkt und Energiepolitik, S. 280.

[1507] Vgl. oben 3. Kap. B. IV. 1. c), S. 182 ff.

[1508] Vgl. für den Energiebereich *R. Scholz/S. Langer*, Europäischer Binnenmarkt und Energiepolitik, S. 280.

[1509] Weder das deutsche noch das europäische Recht gewährleisten einen Schutz der wirtschaftlichen Rahmenbedingungen; BVerfGE 51, S. 193 (222) = NJW 1980, S. 383 (386);

c) Vertrauensschutz

Zusammenschaltungsverpflichtete Unternehmen können sich zudem auf den Schutz des berechtigten Vertrauens und wohlerworbener Rechte berufen.[1510] Aus diesem Grund sind langfristige, in Infrastrukturmaßnahmen getätigte Investitionen grundsätzlich als vermögenswerte, durch das Eigentumsgrundrecht geschützte Rechte in Betracht zu ziehen. Dabei darf es sich jedoch nicht um bloße Erwerbschancen handeln. Investitionen müssen sich vielmehr zu einem vermögensrechtlichen Bestand verfestigen, der eine vollständige Amortisierung erwarten läßt (Bestandsschutz).[1511] Die Rentabilität von Investitionen kann dabei durch frühzeitige Abnahmebindungen oder langfristige Lieferbeziehungen gesichert werden.[1512] Ein Vertrauen auf unveränderte wirtschaftliche Rahmen- und Umweltbedingungen, z.B. das Vertrauen auf eine mitgliedstaatlich eingeräumte Monopolstellung, rechtfertigt hingegen keinen Vertrauensschutz.[1513] Insofern sind Telekommunikationsnetze nicht als bestandsgeschützte Aufwendungen anzusehen, da staatliche Unternehmen in Monopolzeiten nicht darauf vertrauen dürfen, ihre Investitionen aufgrund ausschließlicher Rechte amortisieren zu können bzw. ihre erworbenen Marktanteile zu behalten[1514]. Auch Unternehmen, die unter Wettbewerbsbedingungen eine marktbeherrschende Stellung erwerben, können sich wegen des unternehmerischen Risikos nicht auf einen eigentumsrechtlichen Investititions- und Vertrauensschutz berufen.

EuGH v. 5.10.1994, Rs. C-280/93 (Bananen), Slg. 1994-I, S. 4973 (5065), Tz. 78 ff. = NJW 1995, S. 945 (948) = EuZW 1994, S. 688 (692).

[1510]Vgl. hierzu *J. Kokott*, AöR 121 (1996), S. 599 (626 ff.); *Th. Jürgensen*, Transeuropäische Netze, S. 240; *Ch. v. Milczewski*, Der grundrechtliche Schutz des Eigentums, S. 104 ff.; *K.-D. Borchardt*, Der Grundsatz des Vertrauensschutzes im Europäischen Gemeinschaftsrecht, S. 100 ff.

[1511]*P.-Ch. Müller-Graff*, Unternehmensinvestitionen und Investitionssteuerung im Marktrecht, S. 468.

[1512]Zum Beispiel im Energiebereich *R. Scholz/S. Langer*, Europäischer Binnenmarkt und Energiepolitik, S. 275; *M. Schröder*, Kompetenz- und eigentumsrechtliche Fragen bei der Verwirklichung des Elektrizitätsbinnenmarktes, S. 78 f.

[1513]*P.-Ch. Müller-Graff*, Unternehmensinvestitionen und Investitionssteuerung im Marktrecht, S. 468.

[1514]EuGH v. 5.10.1994, Rs. C-280/93 (Bananen), Slg. 1994-I, S. 4973 (5065), Tz. 78 ff. = NJW 1995, S. 945 (948) = EuZW 1994, S. 688 (692).

d) Privatnützigkeit

Aufgrund der konkurrentennützigen Fremdnutzung ist durch die Zusammenschaltung die Privatnützigkeit des Eigentums betroffen.[1515] Zwar muß im Rahmen der Eigentumsausübung die soziale und gesellschaftliche Funktion des Eigentums ebenfalls berücksichtigt werden. Der Grundsatz „Eigentum verpflichtet“ darf allerdings nicht zu einer Vergesellschaftung und Sozialisierung des Eigentums führen.[1516] Insbesondere die unentgeltliche Überführung von Eigen- in Fremdgebrauch des Eigentums (Fremdnützigkeit)[1517] stünde dem privaten Nutzen des Einzelnen entgegen.[1518]

V. Eingriffsqualität der Zusammenschaltung

Der Eigentumseingriff ist entsprechend der europäischen Differenzierung zwischen Eigentumsentziehung und Ausübungsbeschränkung zu qualifizieren.[1519] Dabei sind abstrakt-generelle und konkret-individuelle Eingriffe zu unterscheiden.

1. Abstrakt-generelle und konkret-individuelle Eingriffsakte

Abstrakt-generelle Eingriffsakte werden durch Art. 4a Abs. 1 TkDiensteRL und Art. 4 Abs. 2 i.V.m. Anhang I Zusammenschaltungsrichtlinie begründet.[1520] Infolge der normierten Zusammenschaltungspflicht wird allgemein für eine

---

[1515] Vgl. oben Fn. 1478.

[1516] Vgl. Art. 15 GG. Gemeinschaftsrechtlich ergibt sich die Sozialbindung des Eigentums aus dessen sozialer und gesellschaftlicher Funktion; vgl. hierzu oben Fn. 1479.

[1517] A.A. für § 19 Abs. 4 GWB *R. Bechtold*, GWB, § 19 Rdnr. 84.

[1518] Vgl. für den Energiebereich *R. Scholz/S. Langer*, Europäischer Binnenmarkt und Energiepolitik, S. 272; *B. Rickert*, Grundrechtsgeltung bei der Umsetzung europäischer Richtlinien, S. 78; *M. Schröder*, Kompetenz- und eigentumsrechtliche Fragen bei der Verwirklichung des Elektrizitätsbinnenmarktes, S. 60.

[1519] Vgl. oben 4. Kap. A. III., S. 256.

[1520] Vgl. hierzu oben 3. Kap. B. IV. 3., S. 203 ff.

Vielzahl von Fällen in geschützte Rechtspositionen des Eigentums eingegriffen. Auch die Befugnisnormen zur Zusammenschaltungsanordnung (Art. 4a Abs. 3 TkDiensteRL, Art. 9 Abs. 6 ZusRL)[1521] und Inhaltsbestimmung (Art. 9 Abs. 3 Satz 1 ZusRL)[1522] durch die nationalen Regulierungsbehörden stellen abstrakt-generelle Eingriffe dar. Allein die Befugnis, eine Zusammenschaltung bzw. Zusammenschaltungsbedingungen anzuordnen, beeinträchtigt bereits das Netzeigentum der Verpflichteten. Dies gilt gleichfalls für Auskunfts- und Informationspflichten der verpflichteten Betreiber (Art. 6 lit. b) ZusRL).[1523] Einen konkret-individuellen gemeinschaftsrechtlichen Eingriffsakt bilden die Mißbrauchsverfügung und Zusammenschaltungsanordnung der Kommission nach Art. 82 EG .[1524]

Im deutschen Recht stellt § 35 Abs. 1 Satz 1 und 3 TKG einen abstrakt-generellen Eingriffsakt dar.[1525] Die entsprechende nationale Befugnisnorm zur Anordnung der Zusammenschaltung (§ 37 Abs. 1 TKG i.V.m. § 9 Abs. 1 NZV)[1526] und das Informationsrecht der Zusammenschaltungspetenten (§ 4 NZV)[1527] begründen ebenso abstrakt-generelle Eingriffe. Konkret-individuelle Eingriffsakte sind die Zusammenschaltungsanordnungen der Regulierungsbehörde.

2. Leitungs- und Frequenzentzug

Die Entziehung des Eigentums ist nach der Rechtsprechung des Europäischen Gerichtshofs als finaler Zugriff auf das Eigentum zu verstehen.[1528] Ohne auf materielle Kriterien, wie etwa die Schwere des Eingriffs[1529] oder das aufer-

[1521] Vgl. hierzu oben 3. Kap. B. IV. 5. c), S. 231 ff.

[1522] Vgl. hierzu oben 3. Kap. B. IV. 1. a) bb), S. 156 ff.

[1523] Vgl. hierzu oben 3. Kap. B. IV. 1. b), S. 160 ff.

[1524] Vgl. oben Fn. 1385.

[1525] Vgl. *K.-M. Fuhr/B. Kerkhoff*, MMR 1998, S. 6 (7).

[1526] Vgl. hierzu oben 3. Kap. B. IV. 5. d) bb), S. 237 ff.

[1527] Vgl. hierzu oben 3. Kap. B. IV. 1. a) cc), S. 159 ff.

[1528] Vgl. oben 4. Kap. A. III., S. 256.

[1529] Vgl. die Schweretheorie des Bundesverwaltungsgerichts BVerwGE 5, S. 143 (145) = DVBl. 1957, S. 857; BVerwGE 32, S. 173 (179) = DVBl. 1970, S. 57 (59).

legte wirtschaftliche Opfer[1530], abzustellen, beurteilt der Gerichtshof den Entzug des Eigentums anhand zweckgerichteter und formaler Merkmale.[1531] Ob ein Entzug im konkreten Einzelfall vorliegt, entscheidet er anhand einer Subtraktionsmethode, indem er die nach der Beeinträchtigung verbleibenden Nutzungsmöglichkeiten und die Verfügungsbefugnis betrachtet.[1532] Eine Eigentumsentziehung ist demnach nur gegeben, wenn der finale Zweck des Gemeinschaftsrechtsaktes gerade darin besteht, das Eigentumsobjekt selbst, die völlige Verfügungsbefugnis hierüber oder sämtliche Nutzungsmöglichkeiten zu entziehen.[1533]

Zusammenschaltungspflichten und -anordnungen bezwecken nicht den Entzug des Leitungseigentums bzw. der zugewiesenen Funkfrequenz.[1534] Die Eigentumsobjekte verbleiben vielmehr grundsätzlich bei den Netzeigentümern, deren freie Verfügungsbefugnis nicht ausgeschlossen wird. Durch die Zusammenschaltung erfolgt deshalb kein Leitungs- bzw. Frequenzentzug.[1535]

3. Ausübungsbeschränkungen

Inwiefern eine Beschränkung der Ausübungsfreiheit durch die Zusammenschaltung von Telekommunikationsnetzen vorliegt, ist anhand der betroffenen

[1530] Vgl. die Sonderopfertheorie des Bundesgerichtshofs BGHZ 23, S. 30 (32) = NJW 1957, S. 538; BGH, NJW 1993, S. 1255 (1256); BGH, NuR 1993, S. 500 (503); vgl. jeweils zu den einzelnen Theorien *B. Schmidt-Bleibtreu/F. Klein*, GG, Art. 14 Rdnrn. 8a ff.

[1531] Entsprechend dem finalen Enteignungsbegriff des Bundesverfassungsgerichts BVerfGE 58, S. 300 (331) = NJW 1982, S. 745 (748); BVerfG, MMR 2000, S. 87 (88) = RdE 2000, S. 22 (23); vgl. hierzu *J. Lege*, Zwangskontrakt und Güterdefinition, S. 17 ff.; zur Entwicklung der Rechtsprechung *J. Eschenbach*, Der verfassungsrechtliche Schutz des Eigentums, S. 102 ff.

[1532] EuGH v. 13.12.1979, Rs. 44/79 (Hauer), Slg. 1979, S. 3727 (3747), Tz. 23 = NJW 1980, S. 505 (506).

[1533] Vgl. *O. Müller-Michaels*, Grundrechtlicher Eigentumsschutz, S. 46.

[1534] Vgl. hierzu für den Energiebereich *M. Schmidt-Preuß*, RdE 1996, S. 1 (3); *H.-J. Papier*, BB 1997, S. 1213 (1215); *B. Rickert*, Grundrechtsgeltung bei der Umsetzung europäischer Richtlinien, S. 88.

[1535] VG Köln, MMR 1998, S. 102 (104); VG Köln, MMR 1999, S. 238 (243); OVG Münster, MMR 1998, S. 98 (100); *P. N. Märkl*, Netzzusammenschaltung, S. 297; *C. Bittner*, Drittzulassung zu Infrastruktureinrichtungen, S. 153 f.

Eigentumspositionen zu beurteilen.[1536] Ausübungsbeschränkungen können in Form von positiven Verfügungs- und Nutzungsbeschränkungen sowie in negativen Ausschlußbeschränkungen bestehen.[1537]

a) Eingeschränkte Verfügungs- und Nutzungsbefugnis von Leitungseigentum und Funkfrequenzen

Die Befugnis, über das Eigentum nach eigenem Belieben zu verfügen, wird aufgehoben, wenn das Eigentum fremden Dritten zur Nutzung zu überlassen ist. Die Nutzung durch unmittelbare Wettbewerber ist zudem konkurrentennützig. Abstrakt-generelle Zusammenschaltungspflichten und konkret-individuelle Zusammenschaltungsanordnungen greifen somit in doppelter Hinsicht in die Ausübungsfreiheit des Eigentums ein: (1) Die eigentumsgrundrechtlich geschützte freie Nutzungs- und Verfügungsbefugnis der Netzeigentümer wird beschränkt und (2) unmittelbare Konkurrenten können von der Nutzung des Eigentums nicht ausgeschlossen werden.[1538]

[1536]Vgl. zur Qualifizierung des § 57 Abs. 1 Nr. 2 TKG als Inhalts- und Schrankenbestimmung BVerfG, MMR 2000, S. 87 (88) m. Anm. *F. Schuster*, S. 89 f. = RdE 2000, S. 22 (23); BGH, NJW 2000, S. 3206 (3209); vgl. auch *S. Möller*, RdE 1999, S. 217 (220 f.); *M. Haidinger/P. Rädler*, MMR 1999, S. 330 ff.; *F. Schuster*, MMR 1999, S. 137 (140 f.); *U. Ellinghaus*, CR 1999, S. 420 (423 ff.); *Th. Hoeren*, MMR 1998, S. 1 ff.; *H. Schäfer/Ch. Just*, Archiv PT 1997, S. 200 ff.; vgl. auch zur Verfassungsmäßigkeit des § 50 TKG *Th. Krimmel*, Unentgeltliche Leitungsrechte an öffentlichen Wegen für private Telekommunikationsunternehmen, S. 70 ff.

[1537]*R. Scholz/S. Langer*, Europäischer Binnenmarkt und Energiepolitik, S. 271.

[1538]Vgl. für den Energiebereich *U. Büdenbender*, WuW 2000, S. 119 (121); *R. Scholz/S. Langer*, Europäischer Binnenmarkt und Energiepolitik, S. 271; *U. Hüffer/K. Ipsen/P. J. Tettinger*, Die Transitrichtlinien für Gas und Elektrizität, S. 247; *M. Schröder*, Kompetenz- und eigentumsrechtliche Fragen bei der Verwirklichung des Elektrizitätsbinnenmarktes, S. 61; generell für Infrastrukturen *V. Götz*, in: *J. Schwarze* (Hrsg.), Netzzugang im Wirtschaftsrecht, S. 129 (135); *C. Bittner*, Drittzulassung zu Infrastruktureinrichtungen, S. 154 f.

b) Eingeschränkter Informationsschutz durch Auskunfts- und Informationspflichten

Die Auskunfts- und Informationspflichten marktbeherrschender Betreiber nach Art. 6 lit. b) ZusRL und § 4 NZV[1539] beeinträchtigen den eigentumsgrundrechtlichen Schutz von Geschäfts- und Betriebsgeheimnissen. Sämtliche Informationen und Spezifikationen, die für die Zusammenschaltung notwendig sind[1540], müssen danach Zusammenschaltungspetenten zur Verfügung gestellt werden. Ein Eingriff liegt durch die Aufhebung der ausschließlichen Zuordnung von Unternehmensdaten und die gleichzeitige Nutzung durch Konkurrenten vor.[1541]

c) Uneingeschränkter Unternehmensschutz mangels Wettbewerbsausschluß zusammenschaltungspflichtiger Betreiber

Ein Eingriff in den als Bestands- und Organisationsschutz gewährleisteten Schutz des Unternehmens ist nur gegeben, wenn infolge der Zusammenschaltung die Wettbewerbsfähigkeit zusammenschaltungspflichtiger Betreiber gefährdet ist. Die abstrakt-generelle Zusammenschaltungspflicht ehemals staatlicher Monopolunternehmen stellt dabei keinen Eingriff in den Bestand der Unternehmen dar. Sie verlieren zwar infolge der Liberalisierung Marktanteile, haben jedoch aufgrund ihrer Infrastruktur, ihres Marktanteils sowie technischen Know-hows trotz einsetzenden Wettbewerbs ausreichend wirtschaftliches Potential und Kapital, um konkurrenzfähig zu sein. Gleiches gilt für die Zusammenschaltungspflicht marktmächtiger Betreiber (Art. 4 Abs. 2 i.V.m. Anhang I ZusRL) bzw. marktbeherrschender Betreiber (§ 35 Abs. 1 Satz 1 und 3 TKG). Der Verlust von Marktanteilen begründet keinen Eigentumseingriff.[1542]

[1539] Vgl. hierzu oben 3. Kap. B. IV. 1. b), S. 160 ff.

[1540] Technische Daten über Netze, Leitwege-, Vermittlungs- und Übertragungsdaten, Informationen über Netzkonfigurationen und -strukturen u.a.

[1541] Vgl. bereits für den Energiebereich *R. Scholz/S. Langer*, Europäischer Binnenmarkt und Energiepolitik, S. 255.

[1542] EuGH v. 5.10.1994, Rs. C-280/93 (Bananen), Slg. 1994-I, S. 4973 (5065), Tz. 78 ff. = NJW 1995, S. 945 (948) = EuZW 1994, S. 688 (692).

d) Fremdnützigkeit statt Privatnützigkeit

Infolge der Zusammenschaltung können Leitungseigentum und Funkfrequenzen nicht mehr zum ausschließlich eigenen Nutzen verwendet, sondern müssen vielmehr konkurrentennützig bereitgestellt werden. Die Eigennützigkeit des Eigentums wandelt sich somit zur Fremdnützigkeit zugunsten der Wettbewerber.

Auch die ausschließliche Zuordnung von Unternehmensdaten zum Unternehmen wird durch Auskunfts- und Informationspflichten ebenso aufgehoben. Netzdaten können zwar weiterhin selbst genutzt, müssen aber auch Konkurrenten überlassen werden. Daten und Informationen über Netzkonfigurationen, -strukturen und -hierarchien sind deshalb ebenfalls fremdnützig. Die Zusammenschaltungspflicht und -anordnung sowie Auskunfts- und Informationspflichten der Betreiber stellen insofern Eingriffe in die Privatnützigkeit des Eigentums dar als eigentumsgrundrechtlich geschütztes Sacheigentum und Unternehmensdaten nicht mehr zum eigenen Vorteil, sondern zum Vorteil Dritter genutzt werden.[1543]

VI. Verhältnismäßigkeitsprinzip und Wesensgehaltsgarantie als Eingriffsschranken

Aus grundrechtlicher Sicht ist die Zusammenschaltungspflicht gerechtfertigt, wenn sie verhältnismäßig ist und den Wesensgehalt des Eigentums wahrt.[1544]

[1543] Vgl. für den Energiebereich *R. Scholz/S. Langer*, Europäischer Binnenmarkt und Energiepolitik, S. 273.

[1544] *P. N. Märkl*, Netzzusammenschaltung, S. 297. Vgl. zum Verhältnismäßigkeitsprinzip als Grundrechtsschranke *Ch. v. Milczewski*, Der grundrechtliche Schutz des Eigentums, S. 110; *E. Chwolik-Lanfermann*, Grundrechtsschutz in der Europäischen Union, S. 82.

1. Gemeinschaftsrechtlicher Verhältnismäßigkeitsgrundsatz

Das Verhältnismäßigkeitsprinzip erfordert eine umfassende Abwägung der durch die Zusammenschaltung betroffenen Interessen.[1545] Danach entscheidet sich, ob Eingriffe in das Eigentum oder Beschränkungen des Wettbewerbs im Telekommunikationssektor hinzunehmen sind. Maßnahmen, die zu Belastungen von Wirtschaftsteilnehmern führen, sind dabei nur rechtmäßig, wenn sie zur Erreichung legitimer Ziele geeignet und erforderlich sind und die auferlegten Belastungen in angemessenem Verhältnis zu den angestrebten Zielen stehen.[1546]

a) Verfolgung legitimer Gemeinschaftsziele durch Netzzusammenschaltungen

Primäres Ziel europäischer Telekommunikationspolitik ist es, den freien Waren- und Dienstleistungsverkehr (Art. 3 lit. c) EG) zu gewährleisten und funktionsfähigen Wettbewerb im Telekommunikationssektor zugunsten der Verbraucher zu ermöglichen. Die Gemeinschaft trägt darüber hinaus zum Auf- und Ausbau transeuropäischer Netze bei[1547], indem sie den Verbund und die Interoperabilität mitgliedstaatlicher Netze und den Zugang zu diesen Netzen, d.h. insbesondere auch die Zusammenschaltung, fördert (Art. 3 Abs. 1 lit. o) EG).[1548]

[1545] Vgl. *Th. Kingreen*, Struktur der Grundfreiheiten, S. 168 f.; *ders.*, in: *Ch. Callies/M. Ruffert* (Hrsg.), EUV/EGV, Art. 6 EUV Rdnr. 73; *E. Pache*, NVwZ 1999, S. 1033 (1037); *H.-W. Rengeling*, Grundrechtsschutz in der Europäischen Union, S. 213; *G. Nicolaysen*, Europarecht I, S. 64.

[1546] EuGH v. 13.12.1979, Rs. 44/79 (Hauer), Slg. 1979, S. 3727 (3747), Tz. 23 = NJW 1980, S. 505 (506); EuGH v. 11.7.1989, Rs. 265/87 (Schräder), Slg. 1989, S. 2237 (2269), Tz. 21; EuGH v. 13.7.1989, Rs. 5/88 (Wachauf), Slg. 1989, S. 2609 (2639), Tz. 18; EuGH v. 8.4.1992, Rs. C-62/90 (Kommission/Deutschland), Slg. 1992, S. 2575 (2609), Tz. 23; EuGH v. 13.5.1997, Rs. C-233/94 (Deutschland/Parlament und Rat), Slg. 1997-I, S. 2405 (2461), Tz. 54 = EuZW 1997, S. 436 (440); EuGH v. 26.10.1999, Rs. C-273/97 (Sirdar), EuZW 2000, S. 27 (28), Tz. 23 = NJW 2000, S. 499 (500); EuGH v. 11.1.2000, Rs. C-285/98 (Kreil), NJW 2000, S. 497 (498), Tz. 26; vgl. hierzu *Ch. Pollak*, Verhältnismäßigkeitsprinzip und Grundrechtsschutz in der Judikatur des Europäischen Gerichtshofs und des Österreichischen Verfassungsgerichtshofs, S. 34 ff.

[1547] Vgl. hierzu *Th. Jürgensen*, Transeuropäische Netze, S. 32 ff.

[1548] Vgl. hierzu allgemein oben 1. Kap. B. III. 4., S. 59 ff.

Sie verfolgt schließlich das Ziel, die globale Wettbewerbsfähigkeit der europäischen Telekommunikationsindustrie (Art. 3 Abs. 1 lit. m) EG) zu stärken. Ehemals staatliche Monopolunternehmen können infolge der Liberalisierung auf nationalen Märkten marktwirtschaftliche Erfahrungen sammeln und dadurch ihre Wettbewerbsposition im globalen Telekommunikationsmarkt stärken. Zu beachten sind ferner bei sämtlichen Maßnahmen der Gemeinschaft die Erfordernisse des Umweltschutzes (Art. 3 Abs. 1 lit. l), Art. 6 EG).[1549]

Neben diesen primärrechtlichen Zielen soll durch die Zusammenschaltung das Angebot eines Universaldienstes und die Interoperabilität von Telekommunikationsdiensten sichergestellt werden. Die (rechtliche) Gewährleistung der flächendeckenden Grundversorgung der Bevölkerung mit einem Mindestmaß an Telekommunikationsdiensten zu erschwinglichen Preisen ist infolge der Liberalisierung erforderlich[1550], wenn auch diese Aufgabe de facto weiterhin von ehemals staatlichen Monopolunternehmen[1551] wahrgenommen wird. Die mit der Zusammenschaltung verfolgten Ziele liegen im Allgemeinwohlinteresse der Gemeinschaft und stellen deshalb legitime Ziele dar.[1552]

b) Geeignetheit der Zusammenschaltung

Zur Erreichung legitimer Ziele sind Maßnahmen nur geeignet, wenn sie das angestrebte Ziel objektiv verwirklichen können.[1553] Dabei muß es sich nicht um die bestmögliche Maßnahme handeln, da den Gemeinschaftsorganen im Rah-

---

[1549] Vgl. in diesem Zusammenhang zur umweltrechtlichen Staatszielbestimmung des Art. 20a GG *H.-J. Papier*, BB 1997, S. 1213 (1216 f.); siehe auch zum Umweltschutz als staatliches Lenkungsziel *M. Fehling*, VerwArch 1995, S. 600 (608 ff.)

[1550] Vgl. hierzu bereits oben 3. Kap. A. II., S. 100.

[1551] Eine Verpflichtung zur Teilung der Nettokosten für die Erbringung des Universaldienstes (Art. 5 Abs. 1 ZusRL) ist bisher nicht erfolgt.

[1552] *C. Bittner*, Drittzulassung zu Infrastruktureinrichtungen, S. 156; vgl. allgemein zu Gemeinwohlbindungen öffentlicher Infrastrukturen *M. Fehling*, AöR 121 (1996), S. 59 (75 ff.).

[1553] *E. Pache*, NVwZ 1999, S. 1033 (1036) m.w.N.; *Th. Kingreen*, Struktur der Grundfreiheiten, S. 169; *J. Schwarze*, Europäisches Verwaltungsrecht, Bd. II, S. 833.

men ihrer Rechtssetzungskompetenzen ein Einschätzungs- und Gestaltungsspielraum zukommt.[1554]

Infolge der Verpflichtung zur Zusammenschaltung vormals staatlicher Monopolunternehmen und Unternehmen mit beträchtlicher Marktmacht wird Wettbewerbern der Markteintritt ermöglicht. Neue Anbieter können, ohne eigene Netzinfrastrukturen errichten zu müssen, unmittelbar Telekommunikationsdienste erbringen und in Konkurrenz zu ehemaligen Monopolunternehmen treten. Dadurch werden faktische Marktzutrittsschranken durch hohe Kapital- und Investitionskosten für die Errichtung eigener Infrastrukturen vermieden (Kapitalfaktor) und die Voraussetzungen für den Wettbewerb ohne zeitliche Verzögerung geschaffen (Zeitfaktor).[1555] Das nicht in Telekommunikationsinfrastruktur gebundene Kapital kann vielmehr betriebs- und volkswirtschaftlich sinnvoll eingesetzt werden.[1556] Eine de facto Verfestigung von Monopolstrukturen wird verhindert und ehemals staatliche Betreiber werden zu marktwirtschaftlichem Handeln gezwungen. Aufgrund der konkurrrentennützigen Inanspruchnahme fremder Infrastrukturen wird somit eine Vielzahl von Anbietern in die Lage versetzt, ohne hohe Investitionsvorleistungen rasch in den Telekommunikationsmarkt vorzudringen. Die Zusammenschaltungspflicht ist deshalb objektiv geeignet, Wettbewerb zu ermöglichen.[1557]

c) Erforderlichkeit der Zusammenschaltung

Von mehreren geeigneten Mitteln sind die am wenigsten belastenden Maßnahmen, d.h. die mildesten und damit erforderlichen Mittel, auszuwählen.[1558]

[1554] *R. Streinz*, Europarecht, Rdnr. 296; *Th. Oppermann*, Europarecht, Rdnr. 1393; *A. Bleckmann*, in: *ders.*, Europarecht, Rdnr. 558.

[1555] Vgl. *M. Fehling*, AöR 121 (1996), S. 59 (60).

[1556] Vgl. oben 2. Kap., S. 59.

[1557] VG Köln, MMR 1999, S. 238 (243); OVG Münster, MMR 1998, S. 98 (100); zweifelnd unter Verweisung auf die energierechtliche Literatur *C. Bittner*, Drittzulassung zu Infrastruktureinrichtungen, S. 157 ff.; ablehnend *B. Rickert*, Grundrechtsgeltung bei der Umsetzung europäischer Richtlinien, S. 80 f. m.w.N.

[1558] *E. Pache*, NVwZ 1999, S. 1033 (1036) m.w.N.; *Th. Kingreen*, Struktur der Grundfreiheiten, S. 170; *J. Schwarze*, Europäisches Verwaltungsrecht, Bd. II, S. 835.

Auch hier steht den rechtssetzungsgebenden Organen ein Entscheidungsspielraum zu.[1559] Netzwettbewerb und Wettbewerb bei Telekommunikationsdiensten könnte sich auch entwickeln, wenn neue Anbieter eigene Infrastrukturen errichten müßten. Da infolge der Liberalisierung der eigene Leitungsbau und -betrieb rechtlich ermöglicht wurde, könnte es deshalb an der Erforderlichkeit der Zusammenschaltungspflicht fehlen.

Hinsichtlich der Alternative des eigenen Leitungsbaus wird in der energierechtlichen Literatur – neben der rechtlichen Ermöglichung – zusätzlich darauf abgestellt, ob Wettbewerbern die Errichtung eigener Infrastrukturen auch zumutbar ist[1560] bzw. inwieweit sie auf die Nutzung fremder Netze angewiesen sind[1561]. Dabei kann es nicht allein auf die wirtschaftliche und finanzielle Leistungsfähigkeit potentieller Wettbewerber ankommen[1562], da für weniger potente Unternehmen ansonsten de facto Marktzutrittsschranken aufgebaut würden. In die Beurteilung müssen vielmehr gesamtökonomische und ökologische Erwägungen mit einbezogen werden.[1563] Globale und nationale Vollanbieter oder spezialisierte Regionalanbieter[1564] investieren zwar in eigene Infrastrukturen, indem sie bereits vorhandene Telekommunikationsnetze ausbauen[1565] bzw. neue Netze aufbauen[1566]. Betriebs- und volkswirtschaftlich ist jedoch der Bau eigener Telekommunikationsleitungen, d.h. die vollständige Duplizierung der existierenden nationalen Netze aufgrund irreversibler Kosten und vielfach vorhandener Netzkapazitäten wirtschaftlich nicht sinnvoll.[1567] Als irre-

[1559] Vgl. oben Fn. 1554.

[1560] *B. Rickert*, Grundrechtsgeltung bei der Umsetzung europäischer Richtlinien, S. 83; *R. Scholz/S. Langer*, Europäischer Binnenmarkt und Energiepolitik, S. 258.

[1561] *U. Hüffer/K. Ipsen/P. J. Tettinger*, Die Transitrichtlinien für Gas und Elektrizität, S. 230; *M. Schröder*, Kompetenz- und eigentumsrechtliche Fragen bei der Verwirklichung des Elektrizitätsbinnenmarktes, S. 64; *M. Schmidt-Preuß*, AG 1996, S. 1 (7).

[1562] *M. Schmidt-Preuß*, AG 1996, S. 1 (8), plädiert für eine Ermittlung der wirtschaftlichen Potenz unter Berücksichtigung der finanziellen Ressourcen anhand betriebswirtschaftlicher Gutachten.

[1563] A.A. *U. Hüffer/K. Ipsen/P. J. Tettinger*, Die Transitrichtlinien für Gas und Elektrizität, S. 231.

[1564] Vgl. zu den Anbieterstrukturen oben 1. Kap. B. II., S. 47 ff.

[1565] Zum Beispiel das Glasfasernetz entlang der Bahntrassen (Mannesmann Arcor) und die Netze der Energieversorger (REW, Veba, Viag).

[1566] Zum Beispiel Hochgeschwindigkeitscitynetze in Frankfurt und Düsseldorf.

[1567] Vgl. oben 2. Kap., S. 61.

versible oder versunkene Kosten werden in der Vergangenheit getätigte Aufwendungen bezeichnet, die ein Unternehmen beim Marktaustritt nicht wieder realisieren kann.[1568] Solange der Marktaustritt allerdings nicht beabsichtigt ist, werden diese Kosten kurzfristig bei der Preisbildung nicht berücksichtigt, so daß deren Untergrenze nur durch reversible Kosten bestimmt wird.[1569] Für potentielle Konkurrenzunternehmen stellen solche Kosten jedoch de facto eine Markteintrittsschranke dar, wenn sie ihrerseits versunkene Investitionen beim Markteintritt tätigen müßten.[1570] Sind deshalb Telekommunikationsinfrastrukturen mit ausreichender Kapazität vorhanden, so führt der eigene Leitungsbau (Duplizierung des vorhandenen Netzes) zur Ressourcenverschwendung, die gesamtwirtschaftlich nicht zu rechtfertigen ist. Dies wird offensichtlich, wenn der Teilnehmerendzugang in die Überlegungen einbezogen wird und jeder neue Anbieter eigene Leitungen zum privaten Endkunden verlegen sollte. Die Nutzung der Teilnehmeranschlußleitung durch Wettbewerber ist unentbehrlich[1571], da technische Alternativen und Substitutionstechnologien[1572] noch nicht bereitstehen.[1573]

Neben der wirtschaftlichen Ressourcenverschwendung käme es – sowohl in der Fernleitungsebene als auch im Ortnetzbereich – zusätzlich zu Umweltbelastungen, die durch Netzzusammenschaltungen vermieden werden können. Der Umweltschutz, der als gemeinschaftsrechtliche Querschnittsmaterie bei allen Maßnahmen der Gemeinschaftspolitik zu beachten ist (Art. 6 EG)[1574], gebietet folglich auch die Auslastung bestehender Netze.

Schließlich soll das Ziel des funktionsfähigen Wettbewerbs möglichst rasch erreicht und möglichst vielen Wettbewerbern der Markteintritt ermöglicht wer-

---

[1568] *R. Windisch*, in: *ders.* (Hrsg.), Privatisierung natürlicher Monopole im Bereich von Bahn, Post und Telekommunikation, S. (1) 59; *Th. Kiessling*, Optimale Marktstrukturregulierung in der Telekommunikation, S. 65; *W. Möschel*, MMR 2001, S. 3.

[1569] *G. Knieps*, MMR 1998, S. 275 (276); *ders.*, MMR 1999, S. 460 (462); *ders.*, Beilage zu MMR 2/2000, S. 3.

[1570] *G. Hermes*, Staatliche Infrastrukturgewährleistung, S. 318.

[1571] *M. Schmittmann/J. R. Busemann*, K&R 2000, S. 217 (218).

[1572] Vgl. hierzu oben 1. Kap. A. IV., S. 33 ff. Zu den Kosten von Teilnehmeranschlußleitungen *T. J. Gerpott/P. Winzer*, K&R 2000, S. 521 ff.

[1573] VG Köln, MMR 1999, S. 238 (241); *Monopolkommission*, Wettbewerb auf Telekommunikations- und Postmärkten, Tz. 57; *W. Möschel*, MMR 2001, S. 3 (4).

[1574] Vgl. hierzu S. 285 und Fn. 1549.

den. Der eigene Leitungsbau würde dieses Ziel erheblich verzögern und den Liberalisierungserfolg insgesamt gefährden. Erste Wettbewerbserfahrungen im Telekommunikationssektor belegen die erfolgreiche Transformation von Monopol- zu Wettbewerbsmärkten.[1575] Die Verpflichtung zur Zusammenschaltung ist deshalb zur Ermöglichung von Wettbewerb auch erforderlich.[1576]

d) Angemessenheit der Zusammenschaltung durch Abwägung

Die auferlegten Belastungen müssen schließlich in angemessenem Verhältnis zu den angestrebten Zielen stehen.[1577] Zur Beurteilung der Zusammenschaltungspflicht sind die damit verbundenen Eigentumseingriffe gegenüber Allgemeinwohlinteressen der Gemeinschaft abzuwägen.[1578] Diese Interessenabwägung stellt materiell-rechtlich das Entscheidungskriterium für die Rechtmäßigkeit der Maßnahmen dar.[1579] Nur wenn im Ergebnis Gründe des Allgemeinwohls als schutzwürdiger einzustufen sind, können Freiheitsbeschränkungen der verpflichteten Netzbetreiber gerechtfertigt werden. Die erforderliche Abwägung wird allerdings auf eine bloße Evidenzkontrolle durch den Europäischen Gerichtshof reduziert.

[1575] *EG-Kommission*, Fünfter Bericht über die Umsetzung des Reformpakets für den Telekommunikationssektor, KOM (99) 537, v. 11.11.1999, S. 29 ff.

[1576] VG Köln, MMR 1999, S. 238 (243); OVG Münster, MMR 1998, S. 98 (100); *P. N. Märkl*, Netzzusammenschaltung in der Telekomunikation, S. 298; *Monopolkommission*, Wettbewerb auf Telekommunikations- und Postmärkten, Tz. 75; a.A. für den Energiebereich *B. Rickert*, Grundrechtsgeltung bei der Umsetzung europäischer Richtlinien, S. 82 ff.; zweifelnd *C. Bittner*, Drittzulassung zu Infrastruktureinrichtungen, S. 165 ff. m.w.N. unter Verweisung auf den konkurrierenden eigenen Leitungsbau der Wettbewerber. Die Monopolkommission ist der Auffassung, daß weder im Bereich der Orts- noch der Ferngespräche nennenswerter Wettbewerb entstanden und auch in absehbarer Zeit nicht zu erwarten ist, *Monopolkommission*, Wettbewerb auf Telekommunikations- und Postmärkten, Tz. 55 und 59.

[1577] *E. Pache*, NVwZ 1999, S. 1033 (1036) m.w.N.; *Th. Kingreen*, Struktur der Grundfreiheiten, S. 173.

[1578] Vgl. allgemein zur Abwägung *M. Schmidt-Preuß*, Kollidierende Privatinteressen im Verwaltungsrecht, S. 52; *R. Beisenwenger*, Der nichtwettbewerbliche Boykott, S. 210 ff.; *H.-J. Koch*, in: *W. Erbguth/J. Oebbecke/H.-W. Rengeling/M. Schulte* (Hrsg.), Abwägung im Recht, S. 9 ff.; *F. Ossenbühl*, in: *W. Erbguth/J. Oebbecke/H.-W. Rengeling/M. Schulte* (Hrsg.), Abwägung im Recht, S. 25 ff.

[1579] *C. Bittner*, Drittzulassung zu Infrastruktureinrichtungen, S. 170.

aa) Evidenzkontrolle des EuGH bei Ermessens- und Gestaltungsspielräumen

Die Rechtmäßigkeit einer grundrechtsverletzenden Maßnahme ist nach Auffassung des EuGH nur beeinträchtigt, wenn die Maßnahme zur Erreichung des angestrebten Ziels *offensichtlich* ungeeignet oder unverhältnismäßig ist.[1580] Insbesondere bei Ermessensentscheidungen des Rates[1581], die dieser im Rahmen seiner politischen Verantwortung zur Verwirklichung einer gemeinsamen Marktorganisation[1582] trifft, erfolgt eine nur eingeschränkte gerichtliche Kontrolle.[1583] Den rechtsetzenden Gemeinschaftsorganen räumt der Gerichtshof vor allem dann einen weiten Gestaltungsspielraum ein, wenn sie einen komplexen wirtschaftlichen Sachverhalt zu beurteilen haben.[1584] Diese Offensichtlichskeitskontrolle wurde zwar bisher nur bei Maßnahmen der gemeinsamen Argrarpolitik i.S. von Art. 37 EG angewandt; jedoch ist davon auszugehen, daß der EuGH seinen Prüfungsmaßstab generell auf andere Zuständigkeits- und politische Verantwortungsbereiche des Rates[1585] ausweitet.[1586] Maßgeblich

[1580]EuGH v. 21.2.1979, Rs. 138/78 (Stölting), Slg. 1979, S. 713 (722), Tz. 7 = NJW 1979, S. 1769; EuGH v. 9.7.1985, Rs. 179/84 (Bozzetti), Slg. 1985, S. 2301 (2320), Tz. 24; EuGH v. 5.10.1994, Rs. C-280/93 (Bananen), Slg. 1994-I, S. 4973 (5065), Tz. 91 = NJW 1995, S. 945 (949) = EuZW 1994, S. 688 (693); EuGH v. 13.12.1994, Rs. C-306/93 (SMW Winzersekt), Slg. 1994-I, S. 5555 (5582), Tz. 21 = EuZW 1995, S. 109 (111).

[1581]EuGH v. 11.7.1989, Rs. 265/87 (Schräder), Slg. 1989, S. 2237 (2270), Tz. 22.

[1582]EuGH v. 5.10.1994, Rs. C-280/93 (Bananen), Slg. 1994-I, S. 4973 (5065), Tz. 89 f. = NJW 1995, S. 945 (948) = EuZW 1994, S. 688 (692).

[1583]Der EuGH billigt den Mitgliedstaaten ebenso einen Ermessensspielraum zu, wenn Grundrechte durch Maßnahmen der öffentlichen Sicherheit (Ausschluß von Frauen aus Kampfeinheiten der Royal Marines; Ausschluß von Frauen vom Dienst mit der Waffe) eingeschränkt werden; EuGH v. 26.10.1999, Rs. C-273/97 (Sirdar), EuZW 2000, S. 27 (28), Tz. 27 = NJW 2000, S. 499 (500); EuGH v. 11.1.2000, Rs. C-285/98 (Kreil), NJW 2000, S. 497 (498), Tz. 24.

[1584]EuGH v. 27.6.1989, Rs. 113/88 (Leukhardt), Slg. 1989, S. 1991 (2015), Tz. 20.

[1585]Zum Beispiel auf die gemeinsame Währungs-, Handels- oder Umweltpolitik; *O. Müller-Michaels*, Grundrechtlicher Eigentumsschutz, S. 51.

[1586]Vgl. insgesamt zur Kritik am Prüfungsmaßstab des EuGH *J. Caspar*, DÖV 2000, S. 349 (358 f.); *T. Stein*, „Bananen-Split"?, EuZW 1998, S. 261 ff.; *H. H. Rupp*, JZ 1998, S. 213 (216 f.); *M. Zuleeg*, NJW 1997, S. 1201 (1202); *A. Weber*, EuZW 1997, S. 165 (169); *P. M. Huber*, EuZW 1997, S. 517 (521); *U. Everling*, CMLR 1996, S. 401 ff.; *M. Nettesheim*, EuZW 1995, S. 106 (107 f.); *G. M. Berrisch*, EuR 1994, S. 461 (466 f.); *J. Coppel/A. O'Neill*, CMLRev. 1992, S. 669 ff.; zusammenfassend *E. Pache*, NVwZ 1999, S. 1033 (1040); *Th. Kingreen*, in: *Ch. Callies/M. Ruffert* (Hrsg.), EUV/EGV, Art. 6 EUV Rdnr. 74; vgl. auch *J. Kokott*, AöR 121

ist deshalb, ob der Gemeinschaft im Bereich der Telekommunikation ein Gestaltungsspielraum offensteht.

bb) Telekommunikationsrechtlicher Gestaltungsspielraum

Europäisches Telekommunikationsrecht wird von Kommission und Rat gemeinsam normiert.[1587] Sämtliche Kommissionsrichtlinien zur Liberalisierung des Telekommunikationsmarktes wurden mit Verstößen gegen die Grundfreiheiten und die Wettbewerbsregeln begründet.[1588] Die Kommission erfüllte mit Erlaß der Liberalisierungsrichtlinien ihre Aufgabe, die Einhaltung des EG-Vertrags zu überwachen (Art. 86 Abs. 3 EG).[1589] Ihr wird sowohl ein Entschließungs-[1590] als auch ein Auswahlermessen[1591] bzgl. der zu ergreifenden Maßnahmen eingeräumt.[1592] Auch im Rahmen der Harmonisierung von Netzzugangsbedingungen nach Art. 95 EG kommt der Gemeinschaft im Rahmen der Rechtsharmonisierung eine eigene gesetzgebungspolitische Aufgabe zu.[1593]

Maßnahmen im Bereich der Telekommunikation sind somit eigentumsgrundrechtlich – nach der Kontrolldichte des EuGH – nur dahin zu überprüfen, ob sie

(1996), S. 599 (608 f.); *A. v. Bogdandy/M. Nettesheim*, in: *E. Grabitz/M. Hilf* (Hrsg.), Kommentar zur Europäischen Union, Art. 3b Rdnr. 56.

[1587] Vgl. zur dualen Rechtsetzungskompetenz oben 3. Kap. A. I., S. 89.

[1588] Vgl. oben Fn. 1441.

[1589] Vgl. allgemein zu Art. 86 EGV *J. F. Baur*, RdE 1999, S. 85 ff.; *P. J. Tettinger*, RdE 1999, S. 45 ff.; *H. Lecheler/J. Gundel*, RdE 1998, S. 92 ff.; *U. Ehricke*, EuZW 1993, S. 211 ff.; *ders.*, Staatliche Eingriffe in den Wettbewerb – Kontrolle durch Gemeinschaftsrecht, S. 151 ff.; *G. Wilms*, Das Europäische Gemeinschaftsrecht und die öffentlichen Unternehmen, S. 30 ff.; *R. Benesch*, Die Kompetenzen der EG-Kommission aus Art. 90 Abs. 3 EWG-V, S. 39 ff.

[1590] EuG v. 27.10.1994, Rs. T-32/93 (Ladbroke), Slg. 1994-II, S. 1015 (1031), Tz. 37 = EuZW 1995, S. 186 (189).

[1591] EuGH v. 19.3.1991, Rs. C-202/88 (Frankreich/Kommission), Slg. 1991-I, S. 1223 (1264), Tz. 17 = EuZW 1991, S. 345 (346).

[1592] *E.-J. Mestmäcker*, in: *U. Immenga/E.-J. Mestmäcker* (Hrsg.), EG-Wettbewerbsrecht, Art. 90 Abs. 3 Rdnrn. 9 ff.

[1593] *B. Langeheine*, in: *E. Grabitz/M. Hilf* (Hrsg.), Kommentar zur Europäischen Union, Art. 100 Rdnr. 1; *W. Röttinger*, in: *C. O. Lenz* (Hrsg.), EG-Vertrag, Art. 94 Rdnr. 3.

zur Erreichung legitimer Ziele offensichtlich ungeeignet oder unverhältnismäßig sind.

cc) Erforderlichkeit umfassender Einzelabwägung

Ein nur eingeschränkter Prüfungsmaßstab bei grundrechtsverletzenden Maßnahmen ist abzulehnen. Weder die politische Verantwortung und der daraus folgende Beurteilungsspielraum gemeinschaftsrechtsetzender Organe noch die Gemeinschaftsziele als Schranken der Grundrechte können die Offensichtlichkeitskontrolle des EuGH rechtfertigen. Die Evidenzkontrolle und der Vorrang des Gemeinschaftsrechts auch gegenüber nationalen Grundrechten führen vielmehr zu einem verkürzten Rechtsschutz gegenüber Gemeinschaftsrechtsakten.

Die Annahme eines Ermessens- oder Gestaltungsspielraums entbindet den Gemeinschaftsgesetzgeber nicht von der Beachtung des allgemeinen rechtstaatlichen Grundsatzes der Verhältnismäßigkeit.[1594] Rechtsetzenden Organen ist zwar im Rahmen ihrer Kompetenzen stets ein Beurteilungs- und politischer Gestaltungsspielraum zuzubilligen. Insbesondere bei komplexen und (wirtschaftlich) schwierigen Sachverhalten muß eine solche Einschätzungsprärogative anerkannt werden.[1595] Ein Abwägungsdefizit liegt jedoch vor, wenn es zu einem Abwägungsvorgang nicht kommt.[1596] Gesetzgeberischer Beurteilungsspielraum und gerichtliche Kontrolle mutieren dabei mit der Folge, daß der EuGH seiner Aufgabe aus Art. 220 EG zur Wahrung des Rechts nicht mehr nachkommen kann.[1597] Beurteilungsspielräume können deshalb nicht dazu

[1594] Vgl. die Entscheidungen des EuGH v. 26.10.1999, Rs. C-273/97 (Sirdar), EuZW 2000, S. 27 (28), Tz. 28 ff. = NJW 2000, S. 499 (500); EuGH v. 11.1.2000, Rs. C-285/98 (Kreil), NJW 2000, S. 497 (498), Tz. 25 ff., in denen der Gerichtshof, das den Mitgliedstaaten eingeräumte Ermessen ausdrücklich – wenngleich in gewohnter Kürze – am Verhältnismäßigkeitsprinzip mißt. Kritisch zur Anwendung des Verhältnismäßigkeitsprinzips durch den EuGH *K. Ritgen*, ZRP 2000, S. 371 (372) m.w.N.; *J. Caspar*, DÖV 2000, S. 349 (357 ff.).

[1595] Vgl. oben Fn. 1554.

[1596] Nach *K. Ritgen*, ZRP 2000, S. 371 (372) verweigert der EuGH letztlich eine echte Verhältnismäßigkeitsprüfung.

[1597] *G. M. Berrisch*, EuR 1994, S. 461 (466); *M. Nettesheim*, EuZW 1995, S. 106 (107), unter Berufung auf die „gewaltenteilende-grundrechtswahrende" Funktion des EuGH.

führen, daß Gemeinschaftsmaßnahmen bereits rechtmäßig sind, falls ihre Geeignetheit bzw. Verhältnismäßigkeit zur Erreichung legitimer Ziele nicht völlig auszuschließen ist.[1598]

Auch die Gemeinschaftsziele als Schranken der Grundrechtsgewährleistung legitimieren die Offensichtlichkeitskontrolle des EuGH nicht. Zwar betont der Gerichtshof in ständiger Rechtsprechung, daß sich Grundrechte „in die Struktur und Ziele der Gemeinschaft einfügen müssen".[1599] Hieraus kann jedoch kein genereller Vorrang der Gemeinschaftsziele gegenüber den Grundrechten abgeleitet werden.[1600] Allenfalls die Wortlautinterpretation der Formulierung läßt den Schluß auf ein gestuftes Verhältnis zwischen Gemeinschaftszielen und Grundrechten zu. Grundrechtsschranken begründen allerdings im Verhältnis zu Gemeinschaftszielen kein Über-/Unterordnungsverhältnis, sondern beschränken die grundrechtliche Freiheitsgewährung im Einzelfall. Dies schließt andererseits nicht aus, im Rahmen der erforderlichen Abwägung[1601] Gemeinschaftsziele im Einzelfall zugunsten des Grundrechtsschutzes zurücktreten zu lassen.

Darüber hinaus zählen Grundrechte als allgemeine Rechtsgrundsätze zum ungeschriebenen Primärrecht[1602] und sind deshalb im Rahmen der Normenhierarchie im Verhältnis zu Gemeinschaftszielen als gleichrangig anzusehen.[1603] Werden Grundrechte zugunsten einzelner anerkannt, so muß sich diese Freiheitsgewährung gerade auch gegenüber gemeinschaftsrechtlichen Hoheitsakten durchsetzen können.[1604] Ansonsten liefe der Grundrechtsschutz leer. Die Zurücknahme der Jurisdiktion des BVerfG aufgrund des Kooperationsverhältnisses einerseits und der eingeschränkte Prüfungsmaßstab des EuGH

[1598] *Th. Kingreen*, in: *Ch. Callies/M. Ruffert* (Hrsg.), EUV/EGV, Art. 6 EUV Rdnr. 75; *E. Pache*, NVwZ 1999, S. 1033 (1040) weist auf die Unbestimmtheit der Angemessenheit hin und begrüßt im Grundsatz die Zurückhaltung des EuGH, da das Verhältnismäßigkeitsprinzip ansonsten zum „richterrechtlichen Letztentscheidungsrecht" führe. Auch er hält letztlich eine Intensivierung der gerichtlichen Kontrolle für wünschenswert.

[1599] Vgl. oben Fn. 1394.

[1600] So zumindest für das Verhältnis zwischen Grundfreiheiten und kollidierendem Vertragsrecht *H. D. Jarass*, in: *O. Due/M. Lutter/J. Schwarze* (Hrsg.), Fs. f. *Ulrich Everling*, Bd. I, S. 593 (608).

[1601] *H.-W. Rengeling*, Grundrechtsschutz in der Europäischen Union, S. 217.

[1602] Vgl. oben Fn. 1391.

[1603] *M. Heintzen*, EuR 1994, S. 35 ff.

[1604] *U. Di Fabio*, in: *K. Vieweg* (Hrsg.), Techniksteuerung und Recht, S. 9 ff.

andererseits führen jedoch zu einem Rechtsschutzdefizit.[1605] Nationale Grundrechte können als Prüfungsmaßstab nicht herangezogen werden[1606] und gemeinschaftrechtlicher Grundrechtsschutz wird nicht effektiv gewährleistet.[1607] Angesichts der Tendenz der Gemeinschaft, durch weite Auslegung ihre Zuständigkeit auszuweiten, degeneriert der Grundrechtsschutz in zentralen Wirtschaftsbereichen zunehmend.[1608] Grundrechtsschutz im Einzelfall, wie das Kooperationsverhältnis der „*Maastricht*"-Entscheidung voraussetzt, bietet der EuGH infolge seiner Evidenzkontrolle gerade nicht.[1609]

Im Ergebnis ist deshalb im Rahmen der Verhältnismäßigkeitsprüfung der Zusammenschaltung eine umfassende Abwägung der kollidierenden Interessen geboten[1610], um grundrechtlichen Eigentumsschutz auch auf Gemeinschaftsebene zu gewährleisten.

2. Wesensgehaltsgarantie

Als ultimative Schranke für Grundrechtseingriffe sieht der Europäische Gerichtshof[1611] die Garantie des Wesensgehalts von Grundrechten an. Dabei ist offen, ob der Wahrung des Wesensgehalts lediglich eine rechtstheoretische oder – neben dem Verhältnismäßigkeitsprinzip – eine eigenständige Bedeutung zukommt.

[1605] *R. Störmer*, AöR 123 (1998), S. 541 (568); *J. Caspar*, DÖV 2000, S. 349 (359).

[1606] Vgl. oben 3. Kap. B. V., S. 241 ff.

[1607] Vgl. oben Fn. 1586.

[1608] *Th. Kingreen*, in: *Ch. Callies/M. Ruffert* (Hrsg.), EUV/EGV, Art. 6 EUV Rdnr. 76.

[1609] A.A. *R. Störmer*, AöR 123 (1998), S. 541 (569), der aufgrund der parallelen Existenz nationaler und europäischer Grundrechte einen *zusätzlichen* Schutz der Unionsbürger annimmt.

[1610] *C. Bittner*, Drittzulassung zu Infrastruktureinrichtungen, S. 170.

[1611] Ständige. Rspr. EuGH v. 13.12.1979, Rs. 44/79 (Hauer), Slg. 1979, S. 3727 (3747), Tz. 23 = NJW 1980, S. 505 (506); EuGH v. 5.10.1994, Rs. C-280/93 (Bananen), Slg. 1994-I, S. 4973 (5065), Tz. 78 ff. = NJW 1995, S. 945 (948) = EuZW 1994, S. 688 (692).

a) Gemeinschaftsrechtlicher Wesensgehalt von Grundrechten

Begriff und Dogmatik des gemeinschaftsrechtlichen Wesensgehalts von Grundrechten sind bislang in der Rechtsprechung des EuGH noch weitgehend unscharf konturiert.[1612] Einerseits stellt der Gerichtshof in stereotyper Wiederholung seiner Formulierung aus dem Urteil „*Hauer*" darauf ab, daß Grundrechtsbeschränkungen nicht auf einen „im Hinblick auf dem verfolgten Zweck unverhältnismäßigen, nicht tragbaren Eingriff" beruhen dürfen, die die gewährleisteten Grundrechte „in ihrem Wesensgehalt" antasten.[1613] Danach könnten nur unverhältnismäßige Maßnahmen den Wesensgehalt von Grundrechten beeinträchtigen, der – respektive – bei verhältnismäßigen Maßnahmen stets gewahrt bliebe.[1614] Der Wesensgehaltsgarantie käme insofern neben dem Verhältnismäßigkeitsprinzip keine praxisrelevante Wirkung zu.[1615] Andererseits mißt der EuGH jedoch in einigen Urteilen[1616] die zu überprüfende Gemeinschaftsmaßnahme am Wesensgehalt des durch sie betroffenen Grundrechts, bevor er deren Verhältnismäßigkeit untersucht.[1617] Eine Beeinträchtigung lehnt er mit der Begründung ab, den Betroffenen verblieben stets weitere Nutzungsmöglichkeiten ihres Eigentums. In der Rechtssache „*SMW Winzersekt*"[1618] betont er schließlich ausdrücklich, daß keine Beeinträchtigung des Wesensge-

---

[1612] *R. Streinz*, Bundesverfassungsgerichtlicher Rechtsschutz und Europäisches Gemeinschaftsrecht, S. 420; *I. Pernice*, NJW 1990, S. 2409 (2416); *H.-W. Rengeling*, Grundrechtsschutz in der Europäischen Union, S. 25; *C. Bittner*, Drittzulassung zu Infrastruktureinrichtungen, S. 171.

[1613] Vgl. oben Fn. 1611.

[1614] Vgl. oben Fn. 1484.

[1615] *R. Scholz/S. Langer*, Europäischer Binnenmarkt und Energiepolitik, S. 255 (Fn. 77); *Ch. v. Milczewski*, Der grundrechtliche Schutz des Eigentums, S. 61; *I. Pernice*, NJW 1990, S. 2409; *P. M. Huber*, EuZW 1997, S. 521.

[1616] EuGH v. 8.10.1986, Rs. 234/85 (Keller), Slg. 1986, S. 2897 (2912 f.), Tz. 9-15; EuGH v. 13.12.1994, Rs. C-306/93 (SMW Winzersekt), Slg. 1994-I, S. 5555 (5582), Tz. 24 = EuZW 1995, S. 109 (111); EuGH v. 5.10.1994, Rs. C-280/93 (Bananen), Slg. 1994-I, S. 4973 (5065), Tz. 78 ff. = NJW 1995, S. 945 (948) = EuZW 1994, S. 688 (692); EuGH v. 15.4.1997, Rs. C-22/94 (Irish Farmer Association), Slg. 1997-I, S. 1809 (1840), Tz. 29.

[1617] *C. Bittner*, Drittzulassung zu Infrastruktureinrichtungen, S. 175 schließt hieraus eine eigenständige Bedeutung der Wesensgehaltsgarantie.

[1618] EuGH v. 13.12.1994, Rs. C-306/93 (SMW Winzersekt), Slg. 1994-I, S. 5555 (5582), Tz. 24 = EuZW 1995, S. 109 (111).

halts gegeben sei, falls die zu überprüfende Maßnahme nur die Modalitäten der Ausübung eines Grundrechts betrifft ohne den Bestand des Rechts selbst zu gefährden. Nach diesem Ansatz wird durch den Wesensgehalt lediglich der Kernbereich der grundrechtlichen Freiheitsgewährung als Bestand geschützt.[1619] Den Bestand ermittelt der EuGH im Wege der Subtraktionsmethode, indem er auf die nach dem Eingriff verbleibenden Nutzungsmöglichkeiten abstellt. Bezogen auf das Eigentumsgrundrecht wird der Wesensgehalt folglich nur angetastet, wenn es sich nicht lediglich um eine Ausübungsbeschränkung, sondern um einen Eigentumseingriff im Sinne des finalen Entzugs handelt.[1620]

b) Wahrung des Eigentumswesensgehalts bei Zusammenschaltungen

Netzzusammenschaltungen sind nicht als Entzug des Leitungseigentums oder der ausschließlich zugewiesenen Funkfrequenzen, sondern als Ausübungsbeschränkungen des Eigentumsrechts zu qualifizieren.[1621] Der Wesensgehalt als Bestandsschutz im Sinne des Kernbereichsschutzes wird deshalb nicht angetastet.

1619 *C. Bittner*, Drittzulassung zu Infrastruktureinrichtungen, S. 176; *O. Müller-Michaels*, Grundrechtlicher Eigentumsschutz, S. 53.

1620 *O. Müller-Michaels*, Grundrechtlicher Eigentumsschutz, S. 53.

1621 Vgl. oben 4. Kap. A. IV. 3), S. 262 ff.

B. Rechtfertigung abstrakt-genereller und konkret-individueller Eingriffe durch Zusammenschaltungspflichten und -anordnungen

Abstrakt-generelle Zusammenschaltungspflichten (hierzu I. und II.), Anordnungsbefugnisse (hierzu III.) und Informations- und Auskunftspflichten (hierzu IV.) sowie konkret-individuelle Zusammenschaltungsanordnungen (hierzu V.) sind mit den in der Telekommunikation verfolgten Gemeinschaftszielen abzuwägen.

I. Zusammenschaltungspflicht ehemals staatlicher Monopolunternehmen nach Art. 4a Abs. 1 Telekommunikationsdiensterichtlinie

Die Zusammenschaltungspflicht ehemals staatlicher Monopolbetreiber gemäß Art. 4a Abs. 1 TkDiensteRL[1622] und der damit verbundene Eingriff in das Eigentumsgrundrecht[1623] sind im Lichte eines besonderen sozialen und gesellschaftlichen Bezugs der unter Monopolzeiten errichteten und betriebenen Telekommunikationsinfrastruktur zu sehen.[1624] Eine gesteigerte soziale Funktion des Netzeigentums ergibt sich aus dem Aufbau und Betrieb von Telekommunikationsinfrastrukturen in Erfüllung mitgliedstaatlicher, gemeinwohlorientierter Staatsaufgaben[1625], der Gewährung ausschließlicher Rechte und der Finanzierung dieser Infrastrukturen durch öffentliche Mittel ohne wirtschaftliches Investitionsrisiko.[1626]

[1622] Vgl. hierzu im einzelnen oben 3. Kap. B. IV. 3. b), S. 205.

[1623] Vgl. oben 4. Kap. A. V., S. 266.

[1624] Vgl. *K.-M. Fuhr/B. Kerkhoff*, MMR 1998, S. 6 (11); *Ch. Koenig/J.-D. Braun*, NVwZ 1999, S. 1056 (1058).

[1625] Vgl. hierzu bereits oben 2. Kap. B. I., S. 75 ff.

[1626] Auch das BVerfG differenziert, ob das Eigentum durch staatliche Förderung erlangt wurde, BVerfGE 91, S. 294 (311) = NJW 1995, S. 511; hierzu kritisch *G. Wendt*, in: *M. Sachs* (Hrsg.), GG, Art. 14 Rdnr. 92.

1. Soziale und gesellschaftliche Funktion der Telekommunikationsinfrastruktur

In einer Reihe von Mitgliedstaaten wurden Telekommunikationsnetze im öffentlichen Allgemeinwohl durch den Staat errichtet.[1627] Andere ließen zunächst private Betreiber zu, führten jedoch – meist um die Jahrhundertwende – staatliche Monopole ein.[1628] Am Beispiel Deutschlands soll aufgezeigt werden, wie sich die staatliche Verantwortung und Aufgabenerfüllung sowie die rechtliche Zuordnung der Telekommunikationsinfrastruktur entwickelte.[1629]

a) Infrastrukturerrichtung als Staatsaufgabe im öffentlichen Interesse

Die erste optische Telegraphenlinie entstand in Deutschland 1832 zwischen Berlin und Koblenz, um Preussen mit seinen Rheinprovinzen aus militärischen Gründen nachrichtentechnisch besser zu verbinden; die erste elektrische Telegraphenverbindung wurde 1849 von Berlin nach Frankfurt hergestellt. Sie war wegen des Sitzes der Bundesversammlung (Deutscher Bund) politisch motiviert.[1630] Eine Rechtsgrundlage für den Bau dieser frühen Nachrichtenverbindungen und weiterer, in der Folgezeit auch in anderen deutschen Staaten, errichteter Telegraphenleitungen bestand mit Ausnahme Sachsens[1631] nicht. Telegraphennetze wurden de facto durch den Staat mit staatlichen Mitteln aufgebaut. Die Post- und Telegraphenverwaltung wurde im Norddeutschen Bund und im Kaiserreich durch Staatsverkehrsanstalten ausgeübt.[1632] Erst das Gesetz über Telegraphenwesen (TelG) vom 6. April 1892[1633] wies dem Reich ein

---

[1627] Vgl. oben Fn. 392.

[1628] Vgl. oben Fn. 391.

[1629] Vgl. zur Entwicklung in den Mitgliedstaaten ausführlich *Th.-S. Kluth*, Telekommunikation als Regelungsgegenstand, S. 95 ff.

[1630] *M. Sprißler*, Archiv PF 1991, S. 159 (163); vgl. zur historischen Entwicklung der Telegraphie und Telephonie oben Fn. 9.

[1631] Gesetz betreffend die Anlegung und Benutzung elektromagnetischer Telegraphen vom 21.9.1855, Königreich Sachsen, abgedruckt bei *M. Sprißler*, Archiv PF 1991, S. 159 (177).

[1632] *E. Witte*, ZöGU 1997, S. 434 (436).

[1633] Vgl. oben Fn. 396.

ausschließliches Errichtungs- und Betreibungsrecht zu.[1634] Planung und Bau der Infrastrukturen erforderten seit 1899 eine gemeinnützige Planfeststellung (§ 7 Telegraphenanlagengesetz[1635] – TWG).[1636] In der Weimarer Republik erfolgte 1924 durch das Reichspostfinanzgesetz (RPFG)[1637] die organisatorische und finanzielle Verselbständigung der Staatsverkehrsanstalten, indem der Reichspost- und Telegraphenbetrieb als selbständiges Unternehmen „Deutsche Reichspost" mit eigenem Sondervermögen ausgegliedert wurde.[1638] Die Planfeststellung wurde der Reichspost übertragen und ging später auf die Bundespost und die Deutsche Telekom[1639] über. Das Postverwaltungsgesetz vom 24. Juli 1953 (PostVerwG)[1640] übernahm die Regelung des RPFG und sah die Leitung der bundeseigenen Verwaltung unter der Bezeichnung „Deutsche Bundespost" in der bisherigen Organisationsform des Sondervermögens durch den Bundesminister für das Post- und Fernmeldewesen vor.[1641] Die Eigentumsbefugnisse an der Infrastruktur nahm dabei die Generaldirektion Telekom wahr. Im Zuge der Postreform 1989/90[1642] wurde durch das Postverfassungsgesetz (PostVerfG)[1643] das Sondervermögen Deutsche Bundespost (DBP) organisatorisch und funktionell auf drei selbständige, teilrechtsfähige öffentliche Unternehmen – DBP Postdienste, DBP Postbank und DBP Telekom – übertragen, um eine größere Kostentransparanz hinsichtlich von Quersubventionierungen der einzelnen Unternehmensbereiche zu erreichen.[1644] Aus dem öffentlichen

---

[1634] § 1 TelG.

[1635] Telegraphenwegegesetz – TelwegG v. 18.12.1899, RGBl. S. 705.

[1636] *R. Ellger/Th.-S. Kluth*, Das Wirtschaftsrecht der internationalen Telekommunikation, S. 41.

[1637] Reichpostfinanzgesetz – RPFG, RGBl. I, S. 287.

[1638] *L. Gramlich*, VerwArch 1997, S. 598 (605).

[1639] *M. Fehling*, AöR 121 (1996), S. 59 (76).

[1640] Gesetz zur Verwaltung der Deutschen Bundespost (Postverwaltungsgesetz – PostVerwG) v. 24.7.1953, BGBl. I, S. 676.

[1641] *L. Gramlich*, VerwArch 1997, S. 598 (607).

[1642] Gesetz zur Neustrukturierung des Post- und Fernmeldewesens und der Deutschen Bundespost (Poststrukturgesetz – PostStruktG) v. 8.6.1989, BGBl. I, S. 1026.

[1643] Gesetz über die Unternehmensverfassung der Deutschen Bundespost (Postverfassungsgesetz – PostVerfG) v. 8.6.1989, BGBl. I, S. 1026, verkündet als Artikel I des PostStruktG.

[1644] *L. Gramlich*, NJW 1994, S. 2785; vgl. zur Postreform I *M. Paulweber*, Regulierungszuständigkeiten, S. 33; *M. Voeth*, Entmonopolisierung von Märkten, S. 110 ff.; *W. Schatzschnei-*

Unternehmen DBP Telekom ist schließlich im Rahmen der zweiten Postreform 1994[1645] in Folge des Postumwandlungsgesetzes (PostUmwG)[1646] durch Umwandlung in eine private Aktiengesellschaft mit Mehrheitsanteilen des Bundes die Deutsche Telekom AG hervorgegangen (§ 1 Abs. 2 PostUmwG).[1647] Das Teilsondervermögen und Netzeigentum wurde zunächst von der DBP Telekom verwaltet und ging mit Umwandlung auf die Deutsche Telekom AG als Rechtsnachfolgerin über (§ 2 Abs. 1 PostUmwG).[1648] Der Bund gewährleistet nunmehr im Bereich der Post und Telekommunikation lediglich die flächendeckende angemessene und ausreichende Versorgung mit Dienstleistungen (Art. 87 f GG).[1649] Mit der Liberalisierung entfiel die Planfeststellung; Bau und Änderung neuer Telekommunikationslinien erfordern nur noch die Zustimmung des Trägers der Wegebaulast (§ 50 Abs. 3 TKG).[1650]

Planung, Errichtung und Betrieb der Telekommunikationsinfrastruktur wurden somit in historischer Rückschau als Staatsaufgaben im allgemeinen öffentlichen Interesse verstanden. Die Begründungen hierfür reichen – neben ursprünglich

---

der, NJW 1989, S. 2371 ff.; *E. Witte*, in: *P. Eichhorn* (Hrsg.), Unternehmensverfassung in der privaten und öffentlichen Wirtschaft, Fs. f. *E. Potthoff*, S. 213 ff.; *H. Fangmann*, CR 1989, S. 647 ff.; *R. Zuck*, MDR 1989, S. 779 f.

[1645] Gesetz zur Änderung des Grundgesetzes v. 30.8.1994, BGBl. I S. 2245 sowie das Gesetz zur Neuordnung des Postwesens und der Telekommunikation (Postneuordnungsgesetz – PTNeuOG) v. 14.9.1994, BGBl. I S. 2325, das alle Gesetze und Gesetzesänderungen der Postreform II zusammenfaßt.

[1646] Gesetz zur Umwandlung der Unternehmen der deutschen Bundespost in die Rechtsform der Aktiengesellschaft (Postumwandlungsgesetz – PostUmwG) v. 14.9.1994, BGBl. I S. 2325, 2339, verkündet als Artikel 3 des PTNeuOG.

[1647] Vgl. zur Postreform II *K. Stern*, DVBl. 1997, S. 309 ff.; *L. M. Büchner*, CR 1996, S. 581 ff.; *Th. Königshofen*, Archiv PT 1995, S. 112 ff.; *J. Wieland*, Die Verwaltung 1995, S. 315 ff.; *D. Müller-Using*, Archiv PT 1995, S. 46 ff.; *D. Martina*, NJW 1995, S. 681 ff.; *J. Scherer*, CR 1994, S. 418; *P. Lerche*, in: *J. Becker/P. Lerche/E.-J. Mestmäcker* (Hrsg.), Wanderer zwischen Musik, Politik und Recht, Fs. f. *Reinhold Kreile*, S. 377 (378 ff.); *M. Rottmann*, Archiv PT 1994, S. 193 ff.; *R. Scholz/J. Aulehner*, Archiv PT 1993, S. 221 ff.; zum Postrecht *P. J. Tettinger*, NVwZ 2000, S. 633 ff.; *O. Stark*, NJW 2000, S. 709 f.

[1648] Reg TP, MMR 2000, S. 233 (234); Reg TP, MMR 1999, S. 496; VG Köln, MMR 1999, S. 238 (243); *K.-M. Fuhr/B. Kerkhoff*, MMR 1998, S. 6 (10).

[1649] *P. Lerche*, in: *Th. Maunz/G. Dürig* (Hrsg.), Grundgesetz, Art. 87 f. Rdnrn. 71 ff.; *K. Windthorst*, in: *M. Sachs* (Hrsg.), GG, Art. 87 f. Rdnrn. 8 ff.; *M. Herdegen*, in: PostG-Kommentar, VerfGrdl. Rdnrn. 25 ff.; *G. Hermes*, Staatliche Infrastrukturverantwortung, S. 353 ff.

[1650] Vgl. hierzu *G. Hermes*, Staatliche Infrastrukturverantwortung, S. 241.

militärischen Erwägungen – über die Lehre von der Daseinsvorsorge, der Qualifizierung der Infrastrukturen als öffentliche Sachen, der staatskonstituierenden Funktion von Infrastrukturen, der flächendeckenden Grundversorgung bis zur staatlichen Inanspruchnahme von Grund und Boden und der ökonomischen Theorie der natürlichen Monopole.

aa) Lehre von der Daseinsvorsorge

Staatsaufgaben wurden lange Zeit mit dem von *Ernst Forsthoff* entwickelten Konzept der staatlichen „Daseinsvorsorge" begründet. *Forsthoff* ging im Zuge fortschreitender Industrialisierung, steigenden Bevölkerungswachstums und zunehmender Verstädterung von der Erkenntnis aus, daß neben der traditionellen Eingriffsverwaltung die leistende Verwaltung an Bedeutung gewinne.[1651] Unter Daseinsvorsorge verstand er deshalb sämtliche „Leistungen, auf welche der in modernen massentümlichen Lebensformen verwiesene Mensch lebensnotwendig angewiesen ist".[1652] Hierzu sollten insbesondere elementare Bedürfnisse wie die Versorgung mit Wasser, Gas und Elektrizität, die Verfügbarkeit von öffentlichen Verkehrsmitteln, die Post, Telegraphie und Telephonie zählen.[1653] Die staatliche Aufgabenwahrnehmung begründete er mit dem Sozialstaatsprinzip.[1654] Die Verwaltungswissenschaft[1655] betrachtete die Daseinsvorsorge als Staatsaufgabe in den Lebensbereichen, in denen eine praktische Notwendigkeit zur Befriedigung der Bedürfnisse der Bürger durch staatliches Handeln infolge marktwirtschaftlichen Versagens bestand. Im Umkehrschluß bedeutete dies, daß sich der Staat von der Daseinsvorsorge zurückziehen

---

[1651] *E. Forsthoff*, Rechtsfragen der leistenden Verwaltung, S. 24 ff. (unter Bezugnahme auf die bereits 1938 erschienene Monographie, Die Verwaltung als Leistungsträger).

[1652] *E. Forsthoff*, Rechtsfragen der leistenden Verwaltung, S. 27.

[1653] *E. Forsthoff*, Rechtsfragen der leistenden Verwaltung, S. 28.

[1654] *E. Forsthoff*, Rechtsfragen der leistenden Verwaltung, S. 27.

[1655] *P. Badura*, DÖV 1966, S. 624 (629 ff.); *M. Ronellenfitsch*, in: *J. Isensee/P. Kirchhof* (Hrsg.), Handbuch des Staatsrechts, § 84 Rdnr. 48; *W. Rüfner*, in: *J. Isensee/ P. Kirchhof* (Hrsg.), Handbuch des Staatsrechts, § 80; *K. Hesse*, Grundzüge des Verfassungsrechts, Rdnrn. 210 f.; *H. Faber*, Verwaltungsrecht, § 5 II, S. 32; *H. Maurer*, Allgemeines Verwaltungsrecht, § 2 Rdnr. 6; *J. Wieland*, Die Verwaltung 1995, S. 315 (317 f.). Vgl. zur Daseinsvorsorge nach europäischem Wettbewerbsrecht *J. Schwarze*, EuZW 2001, S. 334 ff.

kann, sofern private Unternehmen die Versorgung übernehmen. Begriff und Konzept der Daseinsvorsorge waren jedoch heftiger Kritik ausgesetzt.[1656] Insbesondere könne der Daseinsvorsorge nur soziologisch-deskriptive Funktion für die Ausweitung von Staatsaufgaben zukommen[1657], eine Abgrenzung zwischen privater Wirtschafts- und staatlicher Verwaltungstätigkeit sei mangels konkretisierbaren Inhalts nicht möglich[1658]. Im Ergebnis erfaßt deshalb die Lehre von der Daseinsvorsorge lediglich Aufgaben, die im besonderen öffentlichen Interesse liegen und deshalb durch den Staat erbracht werden.[1659]

bb) Infrastrukturen als öffentliches Eigentum

Von *Otto Mayer* wurden Infrastrukturen als öffentliche Sachen qualifiziert, die aufgrund ihres gesellschaftlichen Zwecks, als öffentliches Eigentum der Privatrechtsordnung entzogen seien.[1660] Die Theorie des „öffentlichen Eigentums" setzte sich jedoch in Rechtsprechung und Verwaltungswissenschaft nicht

---

[1656] Vgl. die zusammenfassende Darstellung bei *G. Hermes*, Staatliche Infrastrukturverantwortung, S. 116 ff.

[1657] *Th. Maunz*, VerwArch 1959, S. 315 (319).

[1658] *F. Ossenbühl*, DÖV 1971, S. 513 (517).

[1659] Der *Fortshoffsche* Ansatz wurde durch die in Frankreich bereits Ende des 19. Jahrhunderts entwickelte Rechtsfigur des „service public" beeinflußt. Der „service public" umschreibt die Verpflichtung des Staates zur Durchführung einer bestimmten Aktivität im öffentlichen Interesse. Als solche Verpflichtungen wurden ursprünglich nur „naturgemäße" Staatsaufgaben wie die Landesverteidigung, der Straßenbau oder das Schulwesen verstanden, während nach moderner französischer Lehre die Erforderlichkeit staatlicher Aufgabenwahrnehmung im Allgemeinwohlinteresse durch den Staat selbst bestimmt wird. Materiell-rechtlich werden spezifische – als Grundprinzipien oder „Gesetze" bezeichnete – Anforderungen erhoben, um einen Dienst als „service public" qualifizieren zu können. Hierfür muß es sich um eine kontinuierlich zu erbringende Tätigkeit handeln (continuité), die gegenüber den Verbrauchern in gleicher Weise (egalité) neutral, d.h. ohne Diskriminierung (neutralité) zu erbringen ist. Die Telekommunikation wurde durch das Gesetz über die Organisation des „service de la poste et des télécommunications" 1990 als „service public" eingestuft. *G. Hermes*, Staatliche Infrastrukturverantwortung, S. 110; *H. Lecheler*, RdE 1996, S. 212 (213 f.); *A. Fiquet*, in: *P. J. Tettinger* (Hrsg.), Strukturen der Versorgungswirtschaft, S. 15 (16 ff.); *R. Linkohr*, RdE 1995, S. 57 ff.; *Ch. Le Nestour/B.-M. Zinow*, RdE 1994, S. 129.

[1660] Insbesondere für die Eisenbahninfrastruktur *O. Mayer*, AöR 16 (1901), S. 38 (78 ff.).

durch. Auch die herrschende Lehre vom modifizierten Privateigentum[1661], der öffentlich-rechtlichen Überlagerung des Privateigentums durch hoheitlichen Widmungsakt, die an das Erfordernis staatlicher (Nutzungs-)Regeln anknüpft, kann die staatliche Aufgabenwahrnehmung nicht begründen. Sie erweist sich insofern als Zirkelschluß, als zur Begründung hoheitlich überlagerten Privateigentums ein Bedürfnis nach staatlicher Regelung vorausgesetzt wird, die Inanspruchnahme fremder Infrastrukturen (staatliche Nutzungsregelung) jedoch die Qualifizierung als öffentliche Sache gerade legitimieren soll.[1662]

cc) Infrastrukturen als staatskonstituierende Faktoren

Einen staatskonstituierenden und intergrationspolitischen Ansatz verfolgt *Herbert Krüger*, indem er die existentielle Bedeutung der Infrastrukturen für das staatliche Gemeinwesen hervorhebt.[1663] Nur der Staat könne aufgrund seiner Gemeinwohlbindung Infrastrukturen – Eisenbahnen, Straßen, Rohr- und Telekommunikationsleitungen – zur Raumüberwindung und damit zur sozialen und wirtschaftlichen Integration des Staatsgebietes bereitstellen.[1664] Private hingegen verfolgten stets erwerbswirtschaftliche Interessen (Gewinnerzielung), denen kein politischer und wirtschaftlicher Integrationseffekt zukomme.[1665]

Spätestens seit Einfügung des Art. 87 f. in das Grundgesetz zog sich der Staat aus der eigenen, alleinigen Wahrnehmung zur Infrastrukturerrichtung zurück und beschränkt sich fortan auf eine bloße Gewährleistungsfunktion durch private Anbieter.[1666] Dennoch wird dem Staat eine Art „Reservestellung"

[1661] *H. Faber*, Verwaltungsrecht, § 18 III, S. 152; *H.-J. Papier*, in: *H.-U. Erichsen* (Hrsg.), Allgemeines Verwaltungsrecht, § 40 Rdnr. 18.

[1662] *M. Fehling*, AöR 121 (1996), S. 59 (83).

[1663] *H. Krüger*, Marktwirtschaftliche Ordnung und öffentliche Vorhaltung der Verkehrswege, S. 4 ff. (zitiert nach *M. Fehling* vgl. oben Fn. 1662, S. 80 f.); *J. Isensee*, in: *J. Isensee/P. Kirchhof* (Hrsg.), Handbuch des Staatsrechts, § 57 Rdnr. 153; zusammenfassend *M. Fehling*, AöR 121 (1996), S. 59 (80 f.).

[1664] *H. Krüger*, Marktwirtschaftliche Ordnung und öffentliche Vorhaltung der Verkehrswege, S. 2 und 15.

[1665] *H. Krüger*, Marktwirtschaftliche Ordnung und öffentliche Vorhaltung der Verkehrswege, S. 2 und 15.

[1666] Vgl. oben Fn. 1649.

beigemessen, da ihm aufgrund des Sozialstaatsprinzips ein Grundversorgungsauftrag in den Bereichen obliegen soll, in denen Private die Versorgungsleistung nicht erbringen.[1667]

dd) Flächendeckende Grundversorgung

Der soziale Aspekt wurde auch historisch zur Begründung staatlichen Handelns herangezogen. Eine gleichmäßige, flächendeckende und angemessene Versorgung der Bevölkerung könne nur durch den Staat erfolgen, da sich Private bei mangelnder Rentabilität aus der Versorgung zurückzögen.[1668] Dieser Argumentationsstrang findet sich bis zuletzt zur Aufrechterhaltung staatlicher Monopole in der Telekommunikation.[1669]

ee) Staatliche Inanspruchnahme von Grund und Boden

Die staatliche Aufgabenwahrnehmung zur Errichtung von Infrastrukturen wird jüngst mit der staatlichen, zwangsweisen Inanspruchnahme fremder Grundstücke begründet.[1670] Enteignungen auch zugunsten Privater, z.B. im Eisenbahnbau, waren nur durch den Staat möglich. Infrastrukturprojekte für Straßen, Schienen und Wasserwege führten deshalb zum Erlaß territorialer Enteignungsgesetze für Vorhaben im allgemeinen Interesse. Das Bayerische Enteignungsgesetz von 1838[1671] sah dabei u.a. die Enteignung zugunsten des Straßen-, Eisenbahn- und Telegraphenbaus ausdrücklich vor. Seit 1899 bildete die Planfeststellung die Grundlage für staatliche Enteignungen.

[1667] Vgl. hierzu *M. Fehling*, AöR 121 (1996), S. 59 (82 f.).

[1668] *G. Otto*, Entmonopolisierung der Telekommunikation, S. 126 ff.

[1669] *Th.-S. Kluth*, Telekommunikation als Regelungsgegenstand, S. 149 ff.

[1670] *G. Hermes*, Staatliche Infrastrukturverantwortung, S. 273.

[1671] *G. Hermes*, Staatliche Infrastrukturverantwortung, S. 275.

ff) Ökonomische Theorie der natürlichen Monopole

Natürliche Monopole werden in den Wirtschaftswissenschaften regelmäßig dann angenommen, wenn nur ein einziges im Gegensatz zu mehreren konkurrierenden Unternehmen in der Lage ist, den relevanten Markt kostendeckend zu versorgen.[1672] Ursache hierfür ist in erster Linie das Zusammenwirken von Größen- (economies of scale) und Verbundvorteilen (economies of scope) mit hohen versunkenen Kosten (irrevisible costs) beim Marktaustritt des eingesessenen Unternehmens.[1673] Größenvorteile entstehen dann, wenn die langfristigen Durchschnittskosten mit zunehmender Unternehmensgröße sinken; Verbundvorteile hingegen durch die gleichzeitige Produktion mehrerer Güter bei gemeinsamer Nutzung unteilbarer Produktionsfaktoren.[1674] Solche Größen- und Verbundvorteile wurden in der wirtschaftswissenschaftlichen Literatur für Telekommunikationsnetze angenommen, da sie, je mehr Teilnehmer sie erschlossen, effizienter waren und technisch die Grundlage für die Erbringung von Telekommunikationsdiensten bildeten.[1675] Die Theorie der natürlichen Monopole erklärt jedoch lediglich marktwirtschaftliches Versagen in bestimmten Wirtschaftsbereichen, in denen Wettbewerb volkswirtschaftlich eher schädlich als nützlich ist.[1676] Die Wahrnehmung dieser Wirtschaftstätigkeit durch den Staat selbst ist nicht zwingend und könnte auch durch Private mit oder ohne staatliche Kontrolle erfolgen.

[1672] *W. Burr*, Netzwettbewerb in der Telekommunikation, S. 54; *R. Windisch*, in: *ders.* (Hrsg.), Privatisierung natürlicher Monopole im Bereich von Bahn, Post und Telekommunikation, S. 1 (41); *J. Müller/I. Vogelsang*, Staatliche Regulierung, S. 36; *J. Kruse*, Ökonomie der Monopolregulierung, S. 19.

[1673] *R. Windisch*, in: *ders.* (Hrsg.), Privatisierung natürlicher Monopole im Bereich von Bahn, Post und Telekommunikation, S. 1 (59); *M. Horn/G. Knieps/J. Müller*, Deregulierungsmaßnahmen in den USA: Schlußfolgerungen für die Bundesrepublik Deutschland, S. 44 f.

[1674] *G. Hermes*, Staatliche Infrastrukturverantwortung, S. 317.

[1675] *G. Knieps/J. Müller/C. Ch. v. Weizsäcker*, Die Rolle des Wettbewerbs im Fernmeldebereich, S. 75; *C. Ch. v. Weizsäcker*, in: *E.-J. Mestmäcker* (Hrsg.), Kommunikation ohne Monopole, S. 127 (128); vgl. zu weiteren natürlichen Monopolen *W. Burr*, Netzwettbewerb in der Telekommunikation, S. 65 f.

[1676] Auch die volkswirtschaftliche Theorie von „öffentlichen" und „meritorischen Gütern" erklärt lediglich marktwirtschaftliches Versagen bzw. rechtfertigt Regulierungseingriffe durch positive externe Effekte. Vgl. hierzu *M. Fehling*, AöR 121 (1996), S. 59 (86 f.); *K. Kühne*, in: *K. Oettle* (Hrsg.), Öffentliche Güter und öffentliche Unternehmen, S. 117 ff.

gg) Ergebnis

Die historische Betrachtung zeigt, daß sich sämtliche Begründungsansätze für Staatsaufgaben und Monopole in der Telekommunikation letztlich auf das öffentliche oder allgemeine Interesse der Aufgabenerfüllung reduzieren lassen.[1677] Die Deutsche Telekom muß sich daher als Rechtsnachfolgerin des Sondervermögens DPB Telekom auch die historisch gewachsene und bestehende besondere soziale und gesellschaftliche Bindung des Leitungseigentums[1678] aufgrund des Allgemeinwohlbezugs zurechnen lassen.[1679] Aus dem staatlichen Privileg entwickelte sich die staatliche Verpflichtung zur Gewährleistung einer angemessenen flächendeckenden Grundversorgung der Bevölkerung und damit zur staatlichen Infrastrukturverantwortung (Art. 87 f GG).[1680] Die Allgemeinwohlbindung haftet den Telekommunikationsleitungen unabhängig von der Art und Weise des Betriebs – in staatlicher Aufgabenwahrnehmung oder privatwirtschaftlicher Versorgungswirtschaft – und der rechtlichen Zuordnung – staatlicher Verwaltungsträger oder privatwirtschaftliches Unternehmen – an.[1681] Das Leitungseigentum der Deutschen Telekom unterliegt aus diesem Grund einer gesteigerten Sozialpflicht.[1682]

In jüngster Zeit wird teilweise angenommen, die Deutsche Telekom könne sich nicht auf eine eigentumsgrundrechtlich gewachsene Position, sondern lediglich auf das in Kenntnis künftiger Zusammenschaltungspflichten erlangte Eigentum berufen.[1683] Tatsächlich werden hier jedoch Ursache und Wirkung

---

1677 Vgl. zur Reduzierung von Staatsaufgaben *A. Benz*, Die Verwaltung 1995, S. 337 ff.; zur Privatiserung nach Gemeinschaftsrecht *R. Schmidt*, Die Verwaltung 1995, S. 281 ff.

1678 Vgl. zur erhöhten Sozialbindung des Leitungseigentums der deutschen Energieversorgungsunternehmens, BKartA, RdE 2000, S. 31 (35); skeptisch hierzu *G. Kuhne*, RdE 2000, S. 1 (6); a.A. *U. Büdenbender*, WuW 2000, S. 119 (132), der eine strengere Sozialbindung ablehnt, da Monopolrechte im Energierecht nicht zugunsten der Netzbetreiber geschaffen seien, sondern zur Sicherung einer ausreichenden und preisgünstigen Versorgung.

1679 Im Ergebnis auch *K.-M. Fuhr/B. Kerkhoff*, MMR 1998, S. 6 (11).

1680 Vgl. hierzu *G. Hermes*, Staatliche Infrastrukturverantwortung, S. 323 ff.

1681 Nach *M. Fehling*, AöR 121 (1996), S. 59 (80), handelt es sich lediglich um eine Verlagerung bereits bestehender Gemeinwohlbindungen.

1682 *M. Fehling*, AöR 121 (1996), S. 59 (88); im Ergebnis ebenso *K.-M. Fuhr/B. Kerkhoff*, MMR 1998, S. 6 (11); zustimmend auch *Ch. Koenig/J.-D. Braun*, NVwZ 1999, S. 1056 (1058).

1683 *K.-M. Fuhr/B. Kerkhoff*, MMR 1998, S. 6 (10 f.).

verkannt. Denn die besondere Sozialbindung besteht nicht aufgrund der Eigentumserlangung in Kenntnis der Liberalisierung, sondern allein aus dem vorhandenen Allgemeinwohlbezug der Infrastruktur. Die Zusammenschaltungspflicht allein begründet keinen erhöhten sozialen Bezug, sondern kann allenfalls aus einer besonderen Sozialpflichtigkeit gerechtfertigt sein.

b) Infrastrukturerrichtung mit öffentlichen Mitteln

Die erhöhte Sozialpflichtigkeit des Netzeigentums folgt neben dem Allgemeinwohlbezug aus einem weiteren, nicht unerheblicher Aspekt. Telekommunikationsinfrastrukturen wurden ausschließlich mit öffentlichen Mitteln ohne wirtschaftliches Investitionsrisiko errichtet.[1684] Der jeweilige Rechtsträger der Telekommunikationsleitungen konnte im Rahmen des zugewiesenen Haushalts ohne jegliches Kosten- und Finanzierungsrisiko und ohne Konkurrenzdruck die Mittel einsetzen.[1685] Zwar mußte die Deutsche Telekom 1994 über 125 Milliarden DM Staatsverbindlichkeiten übernehmen.[1686] Als unmittelbare Rechtsnachfolgerin der bundeseigenen Verwaltung hat sie die finanzielle Erblast jedoch mitzutragen. Infolge der Finanzierung des Netzes mit öffentlichen Mitteln besteht deshalb ebenfalls eine besondere soziale Bindung des Leitungseigentums.

Die beispielhaft aufgezeigte Entwicklung Deutschlands läßt sich in ähnlicher Form für Mitgliedstaaten mit staatlichen Telekommunikationsmonopolen[1687] nachweisen. Die Infrastrukturen dieser Mitgliedstaaten wurden im öffentlichen Interesse unter staatlicher Verantwortung errichtet und weisen deshalb ebenfalls eine erhöhte Sozialpflichtigkeit auf. In Mitgliedstaaten, in denen Monopole durch private Anbieter aufgrund staatlicher Konzessionsrechte ausgeübt wurden[1688], folgt diese Pflicht aus den Ausschließlichkeitsrechten. Telekommunikationsnetze wurden zwar durch Private errichtet und betrieben; die Übertragung

---

[1684] Vgl. VG Köln, MMR 1999, S. 238 (243); *Ch. Koenig/J.-D. Braun*, NVwZ 1999, S. 1056.

[1685] *K.-M. Fuhr/B. Kerkhoff*, MMR 1998, S. 6 (11).

[1686] Der Spiegel v. 14.10.1996, S. 118.

[1687] Vgl. oben Fn. 392.

[1688] Vgl. oben Fn. 391.

der staatlichen Verantwortung ändert allerdings nichts am Gemeinwohlbezug der Infrastruktur. Das Netzeigentum ehemals staatlicher und privater Monopolunternehmen in der Europäischen Gemeinschaft weist deshalb einen erhöhten sozialen und gesellschaftlichen Bezug auf.

2. Zusammenschaltungsentgelte

Die Verhältnismäßigkeit der Zusammenschaltungspflicht wird maßgeblich durch das Zusammenschaltungsentgelt bestimmt.[1689] Seit der Pflichtexemplarsentscheidung des BVerfG vom 14. Juli 1981[1690] ist anerkannt, daß die Verhältnismäßigkeit und damit Rechtmäßigkeit einer an sich unangemessenen, rechtswidrigen Inhalts- und Schrankenbestimmung durch eine finanzielle Entschädigung legitimiert werden kann (ausgleichspflichtige Inhalts- und Schrankenbestimmung).[1691] Unverhältnismäßige Eingriffe werden durch finanzielle Entschädigungen über die rechtsstaatliche Unzumutbarkeitsschwelle gehoben, indem sie das grundrechtliche Defizit finanziell aufwiegen.[1692] Voraussetzung der erforderlichen finanziellen Kompensation ist in der Regel eine besonders starke Belastung, ohne daß der Bestand des Eigentums entzogen würde.[1693] Wirkt sich diese Belastung im Einzelfall bei verschiedenen Betroffenen unterschiedlich intensiv aus, so gebietet der im Rahmen des Art. 14 Abs. 1 Satz 2 GG zu beachtende Gleichheitssatz eine finanzielle Entlastung[1694], die ebenso geboten ist, wenn der Eingriff von besonderer Intensität gekennzeichnet ist und in den Ertrag eigener Arbeit oder Leistung eingegriffen wird[1695]. Die Höhe der Entschädigung bemißt sich – mangels besonderer Regelungen

---

[1689] Vgl. allgemein für Netzzugangsregelungen *V. Götz*, in: *J. Schwarze* (Hrsg.), Netzzugang im Wirtschaftsrecht, S. 129 (136).

[1690] BVerfGE 58, S. 137 (148 ff.) = NJW 1982, S. 633 (635); BVerwGE 84, S. 361 (368); BVerwGE 94, S. 1 (10 ff.) = NJW 1993, S. 2949 (2950); BVerwG, NJW 1996, S. 409; BVerwG, AgrarR 1997, S. 164 (165); BGHZ 133, S. 265 (267) = NJW 1997, S. 391.

[1691] *R. König*, DVBl. 1999, S. 954 ff.; *V. Schlette*, JuS 1996, S. 204 ff.; *S. Wagner*, BayVBl. 1994, S. 705 ff.

[1692] *R. König*, DVBl. 1999, S. 954.

[1693] BVerfGE 58, S. 137 (149) = NJW 1982, S. 633 (635).

[1694] BVerfGE 58, S. 137 (150) = NJW 1982, S. 633 (635).

[1695] *B. Pieroth*/*B. Schlink*, Grundrechte, Rdnr. 934.

und aufgrund der dogmatischen Nähe zur Enteignung – nach Art. 14 Abs. 3 Satz 2 GG und umfaßt danach grundsätzlich die volle finanzielle Kompensation für den erlittenen Substanzverlust.[1696]

Der Europäische Gerichtshof hat sich mit einer entschädigungspflichtigen Eigentumsbeschränkung bislang noch nicht auseinandergesetzt. Ist jedoch die Zahlung eines bestimmten Geldbetrags für die Inanspruchnahme fremder Infrastruktur vorgesehen, so kann auch gemeinschaftsrechtlich der finanzielle Ausgleich als Kompensation die Verhältnismäßigkeit eines mit der Inanspruchnahme verbundenen Eigentumseingriffs begründen.[1697] Das Zusammenschaltungsentgelt ist deshalb als den Eigentumseingriff kompensierender finanzieller Ausgleich zu berücksichtigen.[1698]

3. Angemessenheit der Zusammenschaltungspflicht

Ausgangspunkte der Abwägung sind der gesteigerte soziale Bezug des Netzeigentums[1699] und das übergeordnete Ziel des funktionsfähigen Wettbewerbs in der Telekommunikation. Weitere Belange werden nach ihrer jeweiligen Bedeutung und Wirkung zu Gunsten oder zu Lasten der Zusammenschaltung in die Abwägung eingebracht.

Wettbewerbsermöglichung und Eigentumsschutz sind lediglich in ihrer rechtlichen Ausgangslage als gleichrangig anzusehen. Zwar besteht originär zwischen beiden kein besonderes Rangverhältnis; als EG-vertragliches Ziel und allgemeiner Rechtsgrundsatz sind sie grundsätzlich gleichwertig.[1700] Eine Wertungsverschiebung tritt jedoch auf abstrakter Ebene infolge des objektiv gerin-

---

[1696] *F. J. Baur/M. Moraing*, Rechtliche Probleme einer Deregulierung der Elektrizitätswirtschaft, S. 55 f.

[1697] *M. Fehling*, VerwArch 1995, S. 600 (606).

[1698] *W. Wegmann*, Regulierte Marktöffnung, S. 270 ff.

[1699] So auch die bundesverfassungsgerichtliche Rechtsprechung, die um so weitreichendere Befugnisse des Gesetzgebers zur Inhalts- und Schrankenbestimmung annimmt je stärker das Eigentum in einem sozialen Bezug steht und eine soziale Funktion ausübt, BVerfGE 95, S. 64 (84) = NJW 1997, S. 722; BVerfGE 84, S. 382 (385) = NJW 1992, S. 361; *W. Wegmann*, Regulierte Marktöffnung, S. 196.

[1700] Vgl. zur Verhältnisfrage 4. Kap. A. I. 2., S. 247.

geren Gewichts des Netzeigentums, resultierend aus dessen gesteigerter Sozialpflicht, ein.[1701] Die erhöhte Sozialpflichtigkeit der Infrastruktur reduziert dabei die eigentumsgrundrechtliche Position ehemaliger Monopolbetreiber.

Im Zusammenhang hierzu ist die binnenmarktrechtliche und sozioökonomische Bedeutung des Wettbewerbs in der Telekommunikation zu sehen.[1702] Dessen besondere Stellung kommt bereits durch die Verpflichtung zur Einführung einer offenen Marktwirtschaft mit freiem Wettbewerb (Art. 4 Abs. 3 EG) zum Ausdruck und zeigt sich in der Marktöffnung anderer zentraler Wirtschaftsbereiche wie der Elektrizitäts-, Gas- und Eisenbahnwirtschaft.[1703] Sozioökonomisch reichen die Folgen des Wettbewerbs von einer verbesserten Dienste- und Servicequalität, einer effizienteren Ressourcenallokation, einer gerechteren Kostenbelastung für unterschiedliche Nutzergruppen mangels Quersubventionierungen, einer flexibleren Anpassung an die Nachfrage und an wirtschaftliche Rahmendaten bis zu niedrigeren Verbraucherpreisen, mehr Arbeitsplätzen und einem erhöhten Innovationspotential der Industrie.[1704] Erste Liberalisierungserfahrungen bestätigen dies.[1705] Wettbewerb in der Telekommunikation enthält somit eine soziale, verbraucher-, arbeitsmarkt-, industriepolitische und technologische Dimension, so daß dem Ziel der Marktöffnung erhebliches Gewicht im Rahmen der Abwägung beizumessen ist.[1706]

[1701] Vgl. hierzu oben 4. Kap. B. I. 1., S. 286 ff.

[1702] *M. Schröter*, in: *H.v.d. Groeben/J. Thiesing/C.-D. Ehlermann* (Hrsg.), EU-/EG-Vertrag, Art. 86 Rdnr. 17; *Ch. Jung*, in: *E. Grabitz/M. Hilf* (Hrsg.), Das Recht der Europäischen Union, Art. 82 Rdnr. 6.

[1703] Vgl. hierzu oben 2. Kap. A., S. 60 ff.

[1704] *W. Burr*, Netzwettbewerb in der Telekommunikation, S. 16 ff.

[1705] Vgl. nur *EG-Kommission*, Fünfter Bericht über die Umsetzung des Reformpakets für den Telekommunikationssektor, KOM (99) 537 v. 11.11.1999, S. 33; *Monopolkommission*, Wettbewerb auf Telekommunikations- und Postmärkten, Tz. 14 ff.; *K.-D. Scheurle*, in: *FIW* (Hrsg.), Erfahrungen mit der Privatisierung von Monopolunternehmen, S. 29 ff.; *H. Schadow*, in: *J. Schwarze* (Hrsg.), Netzzugang im Wirtschaftsrecht, S. 85 (117 ff.); *B. Bär-Bouyssière*, in: *J. Schwarze* (Hrsg.), Netzzugang im Wirtschaftsrecht, S. 69 (78); aus der Sicht der Deutschen Telekom *H.-W. Hefekäuser*, in: *FIW* (Hrsg.), Erfahrungen mit der Privatisierung von Monopolunternehmen, S. 17 ff.

[1706] Einschränkend insofern für das deutsche Energierecht *U. Büdenbender*, WuW 2000, S. 119 (131), da die Wettbewerbsöffnung lediglich Fernziel sei und ihr deshalb kein determinierendes Gewicht zukommen könne.

Andererseits erscheint der Eigentumseingriff aufgrund der Konkurrentennützigkeit der Zusammenschaltung besonders belastend und deshalb im Widerspruch zum wirtschaftsverfassungsrechtlichen Postulat des eigenen Leitungsbaus zu stehen.[1707] Aus der Zweckbindung der Zusammenschaltung, die sich bereits aus ihrer Definition ergibt[1708], die interoperable Kommunikation zwischen Nutzern unterschiedlicher Netze zu Gunsten der Verbraucher zu ermöglichen, folgt, daß die Zusammenschaltung nicht nur konkurrentennützig, sondern in hohen Maße auch allgemeinnützig ist. Netzzusammenschaltungen erfolgen letztlich im Interesse der Verbraucher. Der Konkurrentennützigkeit kann deshalb nur ein eingeschränktes Gewicht zu kommen.

Die Zusammenschaltungspflicht wirkt nicht nur grundrechtsbeschränkend, sondern ebenso freiheitsgewährend zu Gunsten der Wettbewerber, indem der freie Dienstleistungsverkehr gemeinschaftsweit ermöglicht wird.[1709] Die herausragende Bedeutung der Grundfreiheiten im EG-Vertrag[1710] stärkt dabei das Gewicht der Zusammenschaltung. Die grundfreiheitliche Gewährleistungsfunktion der Zusammenschaltung ist deshalb im Verhältnis zum Eingriff in das sozialpflichtig gesteigerte Netzeigentum besonders zu beachten.

Abgeschwächt wird die Eigentumsbeschränkung schließlich durch das zu leistende Zusammenschaltungsentgelt.[1711] Gemeinschaftsrechtlich kann die Ausübung des Eigentums zwar grundsätzlich ohne finanzielle Entschädigung beschränkt werden. Auch kennt das Gemeinschaftsrecht eine der ausgleichspflichtigen Inhalts- und Schrankenbestimmung vergleichbare Rechtsfigur nicht. Funktion und Zweck des gewährten Zusammenschaltungsentgelts ist jedoch, einen finanziellen Ausgleich für die Mitbenutzung fremden Eigentums und zusätzlich eine Kompensation für die Inanspruchnahme dieses Eigentums durch unmittelbare Konkurrenten zu schaffen.[1712] Das sämtliche durch die Zusammenschaltung adäquat-verursachte Kosten umfassende Entgelt egalisiert

---

[1707] Vgl. oben Fn. 257.

[1708] Vgl. oben 3. Kap. B. III. 1, S. 148.

[1709] Vgl. oben 4. Kap. A. II. 1., S. 252.

[1710] *Th. Kingreen/R. Störmer*, EuR 1998, S. 263 (266); *R. Wernsmann*, EuR 1999, S. 754.

[1711] Vgl. oben 3. Kap. B. IV. 1. c), S. 165 ff.

[1712] *M. Fehling*, VerwArch 1995, S. 600 (606 f.); *W. Wegmann*, Regulierte Marktöffnung, S. 270 ff. *M. Schmidt-Preuß*, AG 1996, S. 1 (8).

den Eingriff insofern, als zumindest der negative Kostennachteil finanziell aufgehoben wird.

Schließlich sprechen auch allgemeine Kriterien wie die Art, Schwere, Intensität und Dauer des Eingriffs für eine Zusammenschaltungspflicht. Ehemals staatlichen Monopolbetreibern verbleiben nach erfolgter Zusammenschaltung weitere Nutzungsmöglichkeiten ihres Eigentums. Abgesehen von Leitungsengpässen in einzelnen Netzknoten- und -zugangspunkten, verfügen sie über beträchtliche Übertragungskapazitäten, so daß fremdgenutzte Leitungen aufgrund Modulations- und Multiplextechniken[1713] nicht ausschließlich durch Dritte genutzt werden. Es liegt in der Regel lediglich eine Mitnutzung vor.[1714] Das Netz muß zwar ständig, insbesondere in Gesprächsspitzenzeiten verfügbar sein, wird tatsächlich jedoch nur zeitweise genutzt. Der Eigentumseingriff beschränkt sich somit auf eine zeitlich punktuelle Inanspruchnahme.[1715]

Angesichts des herausragenden Ziels der Wettbewerbsermöglichung und der gesteigerten Sozialpflicht des Netzeigentums unter Berücksichtigung der gleichzeitigen Konkurrenten- und Allgemeinnützigkeit der Zusammenschaltung sowie deren grundfreiheitlich gewährleistender Funktion und der finanziellen Kompensation des Eingriffs durch das Zusammenschaltungsentgelt ist die Zusammenschaltungspflicht nach Art. 4a Abs. 1 TkDiensteRL mit gemeinschaftsgrundrechtlichen Eigentumsschutz vereinbar.

[1713] Vgl. hierzu 1. Kap. A. I. 2. a), S. 7 ff.

[1714] *W. Wegmann*, Regulierte Marktöffnung, S. 209 lehnt eine Zugangsverpflichtung ab, wenn keine freie Kapazitäten vorhanden sind. Ebenso für den Energiebereich *M. Schmidt-Preuß*, AG 1996, S. 1 (8).

[1715] Für einen grundsätzlichen Vorrang der Eigentumsinteressen bei Kapazitätsengpässen im deutschen Energierecht, mit dem Argument Art. 14 GG „denaturiere [ansonsten] zum Nießbrauchsrecht", *U. Büdenbender*, WuW 2000, S. 119 (132 und 134); ebenso *F. C. Haus*, WuW 1999, S. 1190 (1191). Das BKartA erachtet hingegen die Nutzungsinteressen der Wettbewerber als grundsätzlich gleichrangig, BKartA, RdE 2000, S. 31 (33).

4. Zusammenschaltungspflicht der Deutschen Telekom nach § 35 Abs. 1 Satz 1 und 3 TKG

Die Überprüfung der Zusammenschaltungspflicht der Deutschen Telekom nach § 35 Abs. 1 Satz 1 und 3 TKG am Maßstab des europäischen Eigentumsschutzes richtet sich danach, ob die gemeinschaftsrechtliche Vorgabe des Art. 4a Abs. 1 TkDiensteRL einen Gestaltungsspielraum für die Umsetzung einräumt oder die nationale Regelung bereits zwingend vorgibt.[1716] Nur im letztgenannten Fall stellt sich § 35 Abs. 1 Satz 1 und 3 TKG materiell-rechtlich als europäisches Recht dar und ist nach europäischen Maßstäben zu beurteilen.

Art. 4a Abs. 1 TkDiensteRL schreibt aufgrund seines eindeutigen Wortlauts die Zusammenschaltung zwingend vor und nennt die Adressaten der Verpflichtung, während sich die Begünstigten aus dem Sachzusammenhang – sämtliche zu diesem Zeitpunkt bereits am Markt agierende Netzbetreiber und Diensteanbieter – ergeben.[1717] Die Richtlinienbestimmung ist deshalb inhaltlich konkret und bestimmt, so daß den Mitgliedstaaten de facto keinerlei Gestaltungsfreiheit bei der Umsetzung verbleibt. Grundrechtlich ist die Zusammenschaltungspflicht der Deutschen Telekom jedoch unter den oben genannten Gesichtspunkten am Maßstab des europäischen Eigentumsschutzes gerechtfertigt.[1718]

II. Zusammenschaltungspflicht marktmächtiger Betreiber gemäß Art. 4 Abs. 2 i.V.m. Anhang I Zusammenschaltungsrichtlinie

Um die Zusammenschaltungspflicht marktmächtiger Betreiber gemäß Art. 4 Abs. 2 i.V.m. Anhang I ZusRL gemeinschaftsrechtlich zu rechtfertigen, ist zunächst zu differenzieren zwischen der Erlangung der beträchtlichen Marktmacht infolge der Gewährung ausschließlicher Rechte bzw. aufgrund eigener Leistun-

---

[1716] Vgl. oben 4. Kap. A. I. 3, S. 249.

[1717] Vgl. oben 3. Kap. B. IV. 3. b), S. 205.

[1718] Aufgrund der erhöhten Sozialpflichtigkeit des Leitungseigentums. Vgl. zu Eckwerten einer konkurrentenützigen Zugangsgewährung der Deutschen Telekom *W. Wegmann*, Regulierte Marktöffnung, S. 202 ff.

gen im Wettbewerb.[1719] Zu prüfen ist, ob der im privatwirtschaftlichen Interesse unter Wettbewerbsbedingungen neu errichteten Telekommunikationsinfrastruktur ein reduzierter sozialer und gesellschaftlicher Bezug anhaftet.

1. Organisationen mit beträchtlicher Marktmacht aufgrund eigener Leistungen im Wettbewerb

Zwar verfügte in Europa auch drei Jahre nach Liberalisierung noch kein Anbieter im Festnetzbereich – mit Ausnahme ehemals staatlicher Monopolunternehmen – über einen Marktanteil von 25 % und damit über eine marktmächtige Stellung i.S. von Art. 4 Abs. 3 Satz 1 ZusRL.[1720] Anders stellt sich jedoch die Situation im Mobilfunkmarkt dar, der in einigen Mitgliedstaaten bereits zu Beginn der 90er Jahre dem Wettbewerb freigegeben wurde[1721] und in dem Mobilfunkanbieter seit dieser Zeit erhebliche Marktanteile erworben haben.[1722] Zudem regelt Art. 4 Abs. 2 i.V.m. Anhang I ZusRL die Zusammenschaltungspflicht nicht nur kurzfristig für die Transformation des Monopol- zum Wettbewerbsmarkt[1723], sondern enthält eine sektorspezifische Regulierung, wenn auch das eigentliche Ziel der Liberalisierung darin besteht, einen sich selbstregulierenden Markt unter allgemeiner wettbewerbsrechtlicher Kontrolle zu schaffen.[1724] Es ist deshalb davon auszugehen, daß zwar ehemalige Mono-

[1719] *R. Bechtold*, GWB, § 19 Rdnr. 84; *Th. Lampert*, WuW 1998, S. 27 (35); vgl. auch BVerfGE 91, S. 294 (311) = NJW 1995, S. 511, das zur Rechtfertigung von Eingriffen in das Eigentum danach differenziert, ob die Eigentumsposition auf staatlicher oder eigener Leistung beruht.

[1720] *EG-Kommission*, Notification of organisations with significant market power, 15th September 1999.

[1721] Zum Beispiel in der Bundesrepublik Deutschland und Dänemark, vgl. *EG-Kommission*, Mobilfunk-Grünbuch, KOM (94) 145 endg. v. 27.4.1994, S. 17.

[1722] Vgl. etwa den Marktanteil des D-2 Netzes i.H.v. 42,2 % (Stand Juni 1999), *Reg TP* (Hrsg.), Telekommunikations- und Postmarkt im Jahre 1999, S. 13.

[1723] Im Gegensatz zu Art. 4a Abs. 3 TkDiensteRL.

[1724] Vgl. zur Rückführung der Regulierung durch die „Review 1999“ *EG-Kommission*, Entwicklung neuer Rahmenbedingungen für elektronische Kommunikationsinfrastrukturen und zugehörige Dienste: Kommunikationsbericht 1999; hierzu *J. Scherer*, CR 2000, S. 35 (40 ff.); für weiteren Regulierungsbedarf *Monopolkommission*, Wettbewerb auf Telekommunikations- und Postmärkten, Tz. 54 ff.; hierzu *K. Holthoff-Frank/M. Paulus*, MMR 2000, S. 187; zustimpolbetreiber ihre marktmächtige Position für eine nicht unerhebliche Zeit behaupten werden, andere Betreiber jedoch, etwa im Mobilfunkbereich oder in anderen Teilmärkten[1725], beträchtliche Marktmacht erreichen können. Auch im Festnetzbereich ist nicht auszuschließen, daß neue Anbieter mittel- bzw. langfristig Marktanteile von mehr als 25 % erzielen.[1726]

Hinsichtlich der eigentumsgrundrechtlichen Rechtfertigung der Zusammenschaltungspflicht ist zu fragen, ob das Netzeigentum neu in den Markt eintretender Betreiber mit potentiell beträchtlicher Marktmacht nicht einer reduzierten Sozialpflicht unterliegt. Als Marktneulinge und Konkurrenten der ehemaligen Monopolunternehmen agieren in der Gemeinschaft insbesondere solche Unternehmen, die bereits über Übertragungswege in der Telekommunikation verfügen.[1727] Teilweise werden dabei vorhandene Netze unter erheblichem Investitionsaufwand modernisiert und neu aufgebaut. Den Infrastrukturen der einzelnen Mitgliedstaaten gemeinsam ist, daß diese (Teil-)Netze im ausschließlich oder überwiegend privaten Interesse, jedenfalls nicht im Allgemeininteresse, bereitgestellt wurden bzw. seit der Liberalisierung privatwirtschaftlich durch eigene Leistung modernisiert, erbaut und betrieben werden. Wiederum am Beispiel Deutschlands soll aufgezeigt werden, daß die im Zeitpunkt der Liberalisierung neben dem Netz der Deutschen Telekom existierenden Übertragunsgwege lediglich einen reduzierten Gemeinwohlbezug aufweisen. Dies gilt um so mehr für unter Wettbewerbsbedingungen errichtete Mobilfunknetze.

mend *T. J. Gerpott*, MMR 2000, S. 191 ff.; hiergegen *G. Knieps*, MMR 2000, S. 266 (267 f.); *W. v. Meibom/A. v. d. Bussche*, MMR 2000, S. 206 ff.; *Ch. König/J. Kühling*, WuW 2000, S. 596 ff.

[1725] So verneint die Regulierungsbehörde eine marktbeherrschende Stellung der Deutschen Telekom für Verbindungsleistungen ins Ausland, Reg TP, MMR 2000, S. 316 (317) m. Anm. *A. v. d. Bussche*, S. 317 ff.; ebenso für sog. Erreichbarkeitsprodukte (Technische Einrichtungen, die die Erreichbarkeit des Endteilnehmers unabhängig von Fest- oder Mobilfunknetz gewährleisten), OVG Münster, MMR 2000, S. 379 (380) m. Anm. *Th. Mayen*, S. 381 f. = NJW 2000, S. 2833 (Ls.); anders für Resale-Angebote an Wiederverkäufer, Reg TP, MMR 2000, S. 243 ff. m. Anm. *U. Wuermeling*, S. 245 ff.; vgl. auch die Kritik an der Regulierungspraxis zur Beurteilung marktbeherrschender Stellungen durch die Regulierungsbehörde von *U. Immenga*, MMR 2000, S. 196 (200).

[1726] *Th. Lampert*, WuW 1998, S. 27 (33 f.).

[1727] Vgl. zur Anbieterstruktur oben 1. Kap. B. II., S. 47 f.

a) Reduzierte soziale und gesellschaftliche Funktion der Telekommunikationsinfrastruktur

Bereits das Telegraphengesetz von 1892[1728] ermöglichte in § 3 die konzessionsfreie Errichtung von Telegraphenanlagen entlang von Eisenbahnen und für behördeninterne Zwecke. Das Fernmeldeanlagengesetz von 1928[1729] übernahm diese Regelung und sah in seiner zuletzt geltenden Fassung die genehmigungsfreie Errichtung und den Betrieb von Fernmeldeanlagen vor, die von Transportanstalten auf ihren Linien ausschließlich zu eigenen Zwecken benutzt werden. Telekommunikationsleitungen entlang der Schienentrassen wurden jedoch nicht im öffentlichen Interesse errichtet. Entsprechend der Ermächtigungsgrundlage des § 3 FAG erfolgte die Verlegung der Leitungen ausschließlich zu eigenen, internen Kommunikationszwecken[1730]; das Telekommunikationsnetz der Bahn war deshalb ausnahmslos für einen geschlossenen Benutzerkreis vorgesehen und nicht für die Allgemeinheit konzipiert. Ein besonderer sozialer Bezug ist dieser Infrastruktur somit nicht gegeben, so daß im Zeitpunkt der Übernahme des Netzes durch Mannesmann Arcor im Sommer 1996[1731] kein historisch gewachsenes, erhöhtes sozialpflichtiges Eigentum bestand.

Auch den zur internen Kommunikation in den Fernüberland-Hochspannungsleitungen integrierten Lichtwellenleitern der Energieversorgungsunternehmen RWE[1732], Veba[1733] und Viag[1734] mangelt der Allgemeinwohlbezug. Energieversorgung wurde in Deutschland zwar von privaten, kommunalen, gemischtwirtschaftlichen und staatlichen Unternehmen betrieben.[1735] Infolge Konzessions- und Demarkationsverträgen entstanden gleichermaßen Gebietsmonopole, die

---

[1728] Vgl. oben Fn. 396.

[1729] Vgl. oben Fn. 397.

[1730] Vgl. zu den Monopolausnahmen *Th. Königshofen*, Archiv PT 1994, S. 39 (45).

[1731] Vgl. hierzu F.A.Z. v. 11.7.1996, S. 14 und 23.7.1996, S. 15.

[1732] RWE verfügte im Zeitpunkt der Liberalisierung über ein Hochgeschwindigkeitsnetz von 4.500 km mit einer Übertragungsgeschwindigkeit von 2,5 GigBit/s, F.A.Z. v. 10.10.1996, S. 20.

[1733] Der Veba-Konzern konnte bereits über eine Glasfasernetz von insgesamt 7.000 km verfügen, F.A.Z. v. 17.9.1996, S. 20.

[1734] Viag besaß im Liberalisierungszeitpunkt ein über 4.000 km langes Lichtwellenleiternetz in Bayern und Thüringen, Fachverband Informationstechnik im VDMA und ZVEI v. 30.1.1996.

[1735] Vgl. hierzu oben 2. Kap. B. I., S. 75.

durch das Energiewirtschaftsgesetz von 1935 aufgrund der Genehmigungspflicht neuer Betreiber mit dem Ziel, die vorhandene Versorgungsstruktur mit angemessenen Preisen nicht zu verändern, verstärkt wurden.[1736] Dennoch sind die Telekommunikationsnetze der Energieversorgungsunternehmen in Übereinstimmung zu § 3 FAG nur zu eigenen Kommunikationszwecken und damit nicht zur Versorgung der Allgemeinheit mit Telekommunikationsdiensten aufgebaut worden. Sie unterliegen deshalb keiner gesteigerten Sozialbindung.

Auch der Aufbau privater Mobilfunknetze unter Wettbewerbsbedingungen erfolgt im ausschließlich privatwirtschaftlichen Interesse. Für die Errichtung und den Betrieb der privaten D- und E-Netze fallen pro Kalenderjahr zwischen vier bis sechs Millionen DM Lizenzgebühren an.[1737] Im Gegenzug erhalten die Betreiber das ausschließliche Recht, die ihnen zugewiesenen Funkfrequenzen für einen Zeitraum von acht bis zehn Jahren zu nutzen, verpflichten sich zugleich aber, innerhalb einer bestimmten Frist bundesweit ein prozentual bestimmtes, flächendeckendes Netz zu errichten.[1738] Anders als der Aufbau der staatlichen Telekommunikationsinfrastruktur im Festnetzbereich werden Mobilfunknetze durch private Anbieter nicht im öffentlichen Interesse errichtet. Der Staat kommt lediglich seiner Infrastrukturverantwortung nach, indem er Lizenzen vergibt und dadurch Wettbewerb ermöglicht.[1739] Das wirtschaftliche Interesse privater Betreiber geht vielmehr dahin, eine bundesweite Netzabdeckung zu erreichen, um möglichst viele Kunden aquirieren zu können.[1740] Private Wirtschaftssubjekte handeln insofern ausschließlich zur Gewinnerzielung und -maximierung. Sie erbringen als Gegenleistung für das eigentumsgrundrechtlich geschützte Recht zur Nutzung der zugewiesenen Funkfrequenzen nicht unerhebliche Lizenz- und Frequenznutzungsgebühren[1741], die seit 1989 im freien Wettbewerb unter uneingeschränktem unternehmerischen Risiko neben den eigentlichen Netzko-

---

[1736]Vgl. zur Entwicklung des Energierechts *G. Hermes*, Staatliche Infrastrukturverantwortung, S. 30 ff.

[1737]Vgl. oben Fn. 1430.

[1738]D 1-Netz Verwaltungsvorschrift, ABl. 37/1991 BMPT v. 23.5.1991, S. 1695; D 2-Netz Lizenz, ABl. 37/1991 BMPT v. 23.5.1991, S. 1681; E 1-Netz Lizenz, ABl. 11/1993 BMPT v. 19.5.1993, S. 229; E 2-Netz Lizenz, ABl. 14/1997 BMPT v. 21.5.1997, S. 679.

[1739]Vgl. oben Fn. 1649.

[1740]Vgl. allgemein zur Interessenlage der Wettbewerber oben 1. Kap. B. III. 1, S. 52 ff.

[1741]Vgl. oben Fn. 764.

sten investiert werden müssen. Eine besondere soziale und gesellschaftliche Funktion von Mobilfunknetzen kann deshalb nicht angenommen werden.

b) Begründetheit der Zusammenschaltung als Öffnungsklausel im Gemeinschaftsrecht

Marktmächtige Betreiber sind zur Zusammenschaltung nur verpflichtet, wenn die Zusammenschaltungspetenten einen begründeten Antrag stellen.[1742] Das Begründetheitserfordernis des Zusammenschaltungsantrags erweist sich deshalb als Öffnungsklausel des Gemeinschaftsrechts bei der Rechtfertigung der Zusammenschaltungspflicht marktmächtiger Betreiber.

c) Angemessenheit der Zusammenschaltungspflicht

Ausgangspunkte zur Rechtfertigung der Zusammenschaltungspflicht marktmächtiger Betreiber sind das nur vermindert sozialpflichtige Netzeigentum und das Begründetheitserfordernis des Zusammenschaltungsantrags.[1743] Infolge der Öffnungklausel verlagert sich jedoch der Abwägungsvorgang auf die konkret-individuelle Ebene der Zusammenschaltungsanordnung im Einzelfall. Die abstrakt-generelle Zusammenschaltungspflicht wird deshalb nach der Rechtsprechung des EuGH[1744] insofern legitimiert, als den nationalen Regulierungsbehörden ausreichende Möglichkeiten verbleiben, um das Eigentumsrecht der Zusammenschaltungspflichtigen zu berücksichtigen. Eigentumsschutz wird somit im Einzelfall gewährleistet; die abstrakt-generelle Zusammenschaltungspflicht marktmächtiger Betreiber aufgrund eigener Leistungen ist deshalb gemeinschaftsgrundrechtlich nicht zu beanstanden.

[1742] Vgl. hierzu bereits oben 3. Kap. B. IV. 3. c) cc), S. 209 f.

[1743] *M. Schmidt-Preuß*, AG 1996, S. 1 (6), befürwortet für den Energiebereich eine uneingeschränkte Berufung auf Art. 14 GG, derjenigen Versorgungsunternehmen, die ihre Marktstellung aufgrund eigenen Leitungsbaus erworben haben.

[1744] Vgl. oben Fn. 1418.

2. Organisationen mit beträchtlicher Marktmacht aufgrund ausschließlicher Rechte

Auch nach erfolgreicher Liberalisierung verfügen in der Gemeinschaft im Festnetzbereich gegenwärtig lediglich ehemalige Monopolunternehmen über eine beträchtliche Marktmacht.[1745] Ihre marktmächtige Stellung gründet sich auf den unter Monopolzeiten erzielten Marktanteil, der zwar im Wettbewerb schrumpft, jedoch in absehbarer Zeit nicht unter den maßgeblichen Schwellenwert von 25 % sinkt.[1746] Soweit sich die abstrakt-generelle Zusammenschaltungspflicht des Art. 4 Abs. 2 i.V.m. Anhang I ZusRL auf ehemalige Monopolunternehmen bezieht, korrespondiert sie mit dem gemeinschaftsrechtlichen Eigentumsschutz.[1747] Zwar kann die Errichtung der Infrastruktur im öffentlichen Interesse unter ausschließlichen Rechten und die hierdurch bedingte gesteigerte Sozialpflicht des Netzeigentums zeitlich nicht unbegrenzt nachwirken.[1748] Entscheidend ist jedoch auch hier das Begründetheitserfordernis des Zusammenschaltungsantrags und die dadurch bedingte Verlagerung der Verhältnismäßigkeitsprüfung auf den konkreten Zusammenschaltungsfall.

3. Zusammenschaltungspflicht marktbeherrschender Betreiber gemäß § 35 Abs. 1 Satz 1 und 3 TKG

Fraglich ist, ob der die Zusammenschaltungsrichtlinie umsetzende, aufgrund seiner abstrakt zwingenden Verpflichtung richtliniendefizitäre § 35 TKG[1749] mit der Eigentumsfreiheit vereinbar ist. Dabei muß zunächst der korrekte Prü-

---

[1745] Vgl. Reg TP, MMR 2000, S. 233 (236); Reg TP, MMR 1999, S. 496; Reg TP, MMR 1998, S. 327 (328) für die Deutsche Telekom.

[1746] *Th. Lampert*, WuW 1998, S. 27 (33); Begründung Gesetzentwurf BT-Drs. 13/3609, S. 33 f.

[1747] Vgl. zur Rechtfertigung oben 4. Kap. B. I. 3., S. 297.

[1748] *M. Schmidt-Preuß*, AG 1996, S. 1 (7) hält im Energiebereich eine uneingeschränkte Berufung ehemaliger Gebietsmonopolisten auf Art. 14 GG für nicht zulässig.

[1749] Vgl. hierzu bereits oben 3. Kap. B. IV. 3 e), S. 212.

fungsmaßstab anhand des Gestaltungsspielraums des Art. 4 Abs. 2 ZusRL festgelegt werden.[1750]

Art. 4 Abs. 2 i.V.m. Anhang I ZusRL enthält detaillierte Vorgaben bzgl. der Zusammenschaltungsverpflichteten. Die Begünstigten ergeben sich wiederum aus dem Sachzusammenhang der Richtlinie. Allen begründeten Anträgen ist stattzugeben und damit allen nach der Richtlinie zulässigen Betreibern mit eigenem oder angemietetem Netz die Zusammenschaltung zu gewähren.[1751] Da der Begriff der Zusammenschaltung gemeinschaftsrechtlich vorgegeben wird[1752], können die Mitgliedstaaten keinerlei eigene Wertmaßstäbe ansetzen. Begründet ist das Zusammenschaltungsbegehren lediglich, wenn es sich nicht über materielle ONP-Grundsätze und die berechtigten Eigentumsinteressen der Verpflichteten hinwegsetzt.[1753] Wie diese Maßstäbe umzusetzen sind – durch Verwendung unbestimmter oder konkreter Rechtsbegriffe – bleibt den Mitgliedstaaten vorbehalten. Die nationale Regelung der Zusammenschaltungspflicht marktmächtiger Betreiber stellt sich deshalb materiell-rechtlich als europäisches Recht dar, das am Maßstab des gemeinschaftsrechtlichen Grundrechtsschutzes zu überprüfen ist.

§ 35 Abs. 1 Satz 1 und 3 TKG enthalten die genannten Wertungsmaßstäbe jedoch nicht.[1754] Soweit diese Vorschrift die Deutsche Telekom als marktbeherrschenden Betreiber zur Zusammenschaltung verpflichtet, ist der damit verbundene Eingriff in das Eigentum zwar infolge der gesteigerten Sozialpflichtigkeit des Leitungseigentums gerechtfertigt. Für potentiell marktbeherrschende Unternehmen im Festnetz- und insbesondere im Mobilfunkbereich entfällt damit allerdings das entscheidende Korrektiv zur eigentumsgrundrechtlichen Rechtfertigung. Die im Schrifttum vorgeschlagene Reduktion des Begriffs der „marktbeherrschenden Betreiber" auf Betreiber, die ihre Marktbeherrschung infolge eines gesetzlichen Monopols erlangt haben und im Zeitpunkt des Inkrafttretens des TKG über eine beherrschende Stellung verfügten[1755], würde die grundrechtliche Problematik zwar lösen, kann jedoch im Ergebnis nicht überzeugen.

[1750] Vgl. oben 4. Kap. A. I. 3., S. 249.

[1751] Vgl. oben 3. Kap. B. IV. 3. c), S. 206 ff.

[1752] Vgl. oben 3. Kap. B. III. 1., S. 148 ff.

[1753] Vgl. oben 3. Kap. B. IV. 3. c), S. 206.

[1754] Vgl. oben Fn. 1749.

[1755] So unter Berufung auf die Ziele des TKG *Th. Lampert*, WuW 1998, S. 27 (38).

Die zur Begründung[1756] herangezogenen Erwägungen des Gesetzgebers[1757] beziehen sich zwar ausschließlich auf die Deutsche Telekom. Hieraus allein kann allerdings nicht der Schluß gezogen werden, der Gesetzgeber habe mögliche Marktentwicklungen nicht bedacht. Entscheidend ist vielmehr, daß die Beschränkung auf marktbeherrschende Betreiber[1758] erst infolge der Zusammenschaltungs-richtlinie kurz vor Erlaß des Gesetzes in einem späten Verfahrensstand eingefügt wurde, um europäischen Vorgaben zu genügen.[1759] Der deutsche Gesetzgeber wollte ursprünglich sämtliche Netzbetreiber zur Zusammenschaltung verpflichten. Eine teleologische Reduktion entgegen dem Wortlaut des § 35 TKG ist vor diesem Hintergrund deshalb nicht angezeigt.[1760]

Ebensowenig überzeugt es, dem Marktbeherrschungsbegriff des § 35 Abs. 1 TKG hinsichtlich der Netzzusammenschaltung keinerlei inhaltliche Bedeutung mit der Begründung beizumessen, alle Netzbetreiber seien zu Verhandlungen verpflichtet und die Zusammenschaltung könne unabhängig davon, ob ein marktbeherrschendes Unternehmen beteiligt ist, durchgesetzt werden.[1761] Diese Auffassung verkennt die Differenzierung zwischen Verhandlungs- und Zusammenschaltungspflichten[1762] sowie die obligatorische Verpflichtung des § 35 Abs. 1 Satz 3 TKG[1763]. Aufgrund des gesetzlichen Kontrahierungszwangs kommt der Marktbeherrschung entscheidende Bedeutung für Netzzusammenschaltungspflichten zu.

Das Grundrechtsdefizit des § 35 TKG kann nicht durch § 37 Abs. 1 TKG i.V.m. § 9 Abs. 4 NZV korrigiert werden, da der hierdurch eingeräumte Ermessensspielraum auf Verordnungsyebene die zwingend vorgeschriebene Zusam-

---

1756 *Th. Lampert*, WuW 1998, S. 27 (34 f.).

1757 Begründung zum Gesetzentwurf BT-Drs. 13/3609 v. 30.1.1996, S. 33 f.

1758 Sowohl der Diskussionsentwurf v. 31.5.1995 (§ 36) als auch der Referentenentwurf vom 27.7.1995 (§ 35) für ein Telekommunikationsgesetz sahen die Zusammenschaltungspflicht nur für marktbeherrschende Betreiber vor.

1759 Beschlußempfehlung und Bericht des Ausschusses für Post und Telekommunikation BT-Drs. 13/4864 v. 12.6.1996, S. 72 und 78.

1760 So im Ergebnis auch *E.-J. Mestmäcker/H. Schweitzer*, Netzwettbewerb, Netzzugang und „Roaming" im Mobilfunk, S. 57.

1761 *U. Immenga*, MMR 2000, S. 141 (145).

1762 Vgl. hierzu oben 3. Kap. B. IV. 2. und 3., S. 192 ff. und S. 203 ff.

1763 Vgl. hierzu oben 3. Kap. B. IV. 3. e), S. 212.

menschaltungspflicht des § 35 Abs. 1 Satz 1 und 3 TKG nicht überwinden kann.[1764]

Ob die Zusammenschaltungspflicht nach § 35 Abs. 1 Satz 1 und 3 TKG mit dem Grundrechtsschutz vereinbar ist, beurteilt sich deshalb ausschließlich durch Abwägung auf abstrakt-genereller Ebene zwischen den Belangen des vermindert sozialpflichtigen Eigentums marktbeherrschender Betreiber und den telekommunikationsspezifischen Gemeinschaftszielen. Die Zusammenschaltungspflicht stellt dabei für Unternehmen, die ihre marktbeherrschende Stellung im Wettbewerb erlangt haben, einen besonders intensiven Eingriff dar.[1765] Insbesondere wird infolge der konkurrentennützigen Nutzung des Eigentums die im Wettbewerb mit vollem Unternehmensrisiko erbrachte Leistung entwertet, indem der Wert dieser Leistung unmittelbaren Konkurrenten zufällt.[1766] Die Privatnützigkeit kann dabei nicht durch Wettbewerbsziele und die grundfreiheitliche Funktion der Zusammenschaltung aufgewogen werden. Das grund- und wettbewerbsrechtliche Paradox[1767] offenbart sich gerade in der Zusammenschaltungspflicht solcher marktbeherrschenden Unternehmen. Die auf dem Eigentum basierende freiheitlich-soziale Marktwirtschaft wäre in Frage gestellt, würde man uneingeschränkt und ohne Differenzierung im Wettbewerb erfolgreiche Unternehmen verpflichten, ihr Produktionskapital unmittelbaren Konkurrenten einzuräumen. Ein solches System liefe auf ein privat subventioniertes Wettbewerbsmodell hinaus[1768], das unvereinbar mit den Grundstrukturen der bestehenden Wirtschaftsordnung[1769] ist. Auch das Wettbewerbsrecht verbietet marktbeherrschende Stellungen nicht generell.[1770] Lediglich an den Mißbrauch

---

1764 Vgl. oben 3. Kap. B. IV. 3. e), S. 212 f.

1765 Vgl. *Th. Lampert*, WuW 1998, S. 27 (35 f.), der eine besondere Mißbrauchskontrolle dieser Unternehmen nach dem TKG nach dessen Sinn und Zweck für nicht mehr gerechtfertigt ansieht.

1766 *M. Schmidt-Preuß*, RdE 1996, S. 1 (3) sieht dadurch eine Gefährdung der marktwirtschaftlichen Anreizfunktion des Eigentumsrechts, da der „return of investment" gefährdet sei.

1767 Vgl. oben Fn. 257.

1768 Vgl. *M. Schmidt-Preuß*, RdE 1996, S. 1 (3).

1769 Vgl. hierzu *P. J. Tettinger*, DVBl. 1999, S. 679 ff.

1770 *W. Möschel*, in: *U. Immenga/E.-J. Mestmäcker* (Hrsg.), EG-Wettbewerbsrecht, Art. 86 Rdnr. 1; *D. Dirksen*, in: *E. Langen/H.-J. Bunte* (Hrsg.), KartR, Art. 86 Rdnr. 71; *M. Schröter*, in: *H.v.d. Groeben/J. Thiesing/C.-D. Ehlermann* (Hrsg.), EU-/EG-Vertrag, Art. 86 Rdnr. 28.

dieser Marktmacht werden Folgen geknüpft[1771], die auch in Fällen der Lieferverweigerungen und des Zugangs zu wesentlichen Einrichtungen nicht vorbehaltlos bestehen. Die zwingende Verpflichtung zur Zusammenschaltung für marktbeherrschende Unternehmen, die ihre Stellung im Wettbewerb erlangt haben, ist deshalb unangemessen und unverhältnismäßig.

Sie könnte eigentumsgrundrechtlich jedoch gerechtfertigt sein, wenn andere Faktoren den Eingriff abmilderten. Unverhältnismäßige Eigentumseingriffe können finanziell durch das Zusammenschaltungsentgelt nur aufgewogen, wenn der Ausgleich die Konkurrentennützigkeit der Zusammenschaltung und damit die Entwertung der eigenen Leistung kompensiert.[1772] Diese Wirkung des Eingriffs muß entschädigt werden, um die Maßnahme über die Unzumutbarkeitsschwelle zu heben.

Maßgeblich ist deshalb der im Zusammenschaltungsentgelt enthaltene Gewinnanteil[1773]. Die Ermittlung des Gewinnanteils gestaltet sich jedoch problematisch, zumal der entzogene Wert der eigenen Leistung nicht meßbar und dadurch die Höhe des erforderlichen Gewinnanteils kaum bezifferbar ist. Der Gewinnanteil darf einerseits nicht zu hoch bemessen sein, um Zusammenschaltungsverpflichtete nicht zu stark zu belasten, andererseits aber auch nicht zu niedrig angesetzt werden, da sonst die Kompensationswirkung verfehlt würde.[1774] Vorgeschlagen wird deshalb eine doppelte, branchenübliche Verzinsung des eingesetzten Kapitals der Zusammenschaltung.[1775] Eine nochmalige, zusätzliche Verzinsung erscheint dabei geeignet, den Wert der entzogenen Eigenleistung als Pauschale annähernd auszugleichen.

[1771] Art. 82 EG stellt ein unmittelbar wirkendes Verbot des Mißbrauchs dar, vgl. Fn. 1770.

[1772] Vgl. oben 4. Kap. B. I. 2., S. 296.

[1773] Vgl. oben 3. Kap. B. IV. 1. c), S. 165. *W. Wegmann*, Regulierte Marktöffnung, S. 275 ff. fordert einen angemessenen Gewinnanteil; *M. Schmidt-Preuß*, AG 1996, S. 1 (8) für den Energiebereich eine Mindestverzinsung des eingesetzten Kapitals.

[1774] Vgl. oben 4. Kap. B. I. 3., S. 297.

[1775] Doppelt deswegen, da die einfache Eigenkapitalverzinsung als angemessene Rendite bereits in den zu ersetzenden Kosten enthalten ist.

III. Zusammenschaltungsanordnungsbefugnis und Festlegung von Zusammenschaltungsbedingungen gemäß Art. 9 Abs. 6 Zusammenschaltungsrichtlinie

Die abstrakte Befugnis der nationalen Regulierungsbehörden gemäß Art. 9 Abs. 6 ZusRL[1776], eine Zusammenschaltung anzuordnen, erlangt insofern unterschiedliches Gewicht und Bedeutung als eine Anordnung sowohl gegenüber ehemaligen Monopolbetreibern und Unternehmen mit beträchtlicher Marktmacht als auch solchen ohne marktmächtige Stellung erfolgen kann.[1777]

1. Anordnung der Zusammenschaltung als ultima ratio

Anordnungsbefugnis und Festlegung von Zusammenschaltungsbedingungen stehen unter einem mehrfachen Vorbehalt: sie müssen den Grundsatz der Verhältnismäßigkeit beachten und die letzte Möglichkeit darstellen, eine Zusammenschaltung zwischen den Parteien zu erreichen (Art. 9 Abs. 6 ZusRL).[1778] Zudem dürfen sie nur ergehen, um wesentliche öffentliche Interessen zu schützen. Aufgrund dieser dreifachen Schranke erweist sich Art. 9 Abs. 6 ZusRL als besonderer Ausdruck des ultima ratio-Prinzips. Den nationalen Regulierungsbehörden wird dadurch ermöglicht, auf konkret-individueller Ebene im Einzelfall Eigentumsinteressen der Verpflichteten zu wahren.[1779] Die Eigentumsposition verliert dabei linear an Bedeutung je sozialpflichtiger das Leitungseigentum der Verpflichteten ist.[1780] Anordnungsbefugnis und Zusammenschaltungpflicht korrespondieren insofern, als letztere aufgrund des Begründetheitserfordernisses unter dem Vorbehalt der Abwägung steht. Im Er-

---

[1776] Vgl. hierzu oben 3. Kap. B. IV. 5. c), S. 231 ff.

[1777] *P. N. Märkl*, Netzzusammenschaltung, S. 173.

[1778] Vgl. hierzu *D. Diemert*, in: *Th. Hoeren/R. Queck* (Hrsg.), Rechtsfragen der Informationsgesellschaft, S. 82 (96).

[1779] Im Sinne der Rechtsprechung des EuGH, vgl. oben Fn. 1418.

[1780] Die Sozialpflicht geht dabei umso weiter, je angewiesener Wettbewerber auf das Netz sind, BVerfGE 50, S. 290 (340) = NJW 1979, S. 699 (703); BVerfGE 68, S. 361 (368) = NJW 1985, S. 2633; *P.N. Märkl*, Netzzusammenschaltung, S. 297; *H.-J. Papier*, BB 1997, S. 1213 (1215).

gebnis ist die abstrakt-generelle Anordnungsbefugnis gemeinschaftsrechtlich nicht zu beanstanden.

2. Anordnungsbefugnis gemäß § 37 Abs. 1 TKG i.V.m. § 9 Abs. 1, 4 NZV

Ob § 37 Abs. 1 TKG i.V.m. § 9 Abs. 1, 4 NZV, der die Anordnungsbefugnis der Regulierungsbehörde in nationales Recht umsetzt, am europäischen Eigentumsschutz zu messen ist, entscheidet sich wiederum nach dem inhaltlichen Umsetzungsspielraum, den Art. 9 Abs. 6 ZusRL gewährt.[1781] Die Bestimmung legt den Mitgliedstaaten die Verpflichtung auf, ihre Regulierungsbehörden zu ermächtigen, die Zusammenschaltung gegenüber bestimmten Betreibern unter Wahrung des rechtsstaatlichen ultima ratio-Prinzips anzuordnen.[1782] Dadurch verbleibt den Mitgliedstaaten keine inhaltliche Gestaltungsmöglichkeit, so daß die nationale Regelung am gemeinschaftsrechtlichen Eigentumsschutz zu überprüfen ist.

Soweit § 37 Abs. 1 TKG i.V.m. § 9 Abs. 1, 4 NZV die Anordnung gegenüber marktbeherrschenden Unternehmen vorsieht, wird die durch § 9 Abs. 4 NZV eröffnete Abwägung allerdings insoweit verkürzt als § 35 Abs. 1 Satz 1 und 3 TKG materiell-rechtlich die Zusammenschaltung zwingend vorsieht.[1783] Eigentumsinteressen marktbeherrschender Unternehmen, die ihre Stellung im Wettbewerb erlangt haben[1784], können somit nicht ausreichend gewährleistet werden, so daß die abstrakt-generelle Anordnungsbefugnis des § 37 Abs. 1 TKG mit der Eigentumsfreiheit solcher Betreiber nicht vereinbar ist.

[1781] Vgl. oben 4. Kap. A. I. 4., S. 251.
[1782] Vgl. oben 3. Kap. B. IV. 5. c) bb), S. 232.
[1783] Vgl. oben 3. Kap. B. IV., S. 153.
[1784] Vgl. oben 4. Kap. B. II. 1., S. 302 ff.

IV. Informations- und Auskunftspflichten von Organisationen mit beträchtlicher Marktmacht gemäß Art. 6 lit. b) Zusammenschaltungsrichtlinie

Die Angemessenheit von Informations- und Auskunftspflichten marktmächtiger Unternehmen[1785] beurteilt sich maßgeblich danach, ob eine rechtmäßige Pflicht zur Zusammenschaltung besteht. Als vorgeschaltete, in ihrer Intensität gegenüber der Zusammenschaltung verminderte Maßnahmen, können solche Pflichten verhältnismäßige Eingriffe darstellen.

1. Notwendige Informationen

Zusammenschaltungsverpflichtete Netzbetreiber müssen lediglich die zur Zusammenschaltung notwendigen Informationen erteilen.[1786] Dadurch werden gleichzeitig Inhalt und Grenzen der Auskunftspflicht bestimmt. Der unbestimmte Rechtsbegriff der notwendigen Informationen umfaßt dabei zunächst alle objektiv zur Zusammenschaltung erforderlichen Auskünfte, d.h. nur solche, auf die neue Wettbewerber zwingend angewiesen sind. Daneben ermöglicht der Begriff, die Interessen der Zusammenschaltungsverpflichteten zu verfolgen. Berücksichtigt man auch im Rahmen der Auskunfts- und Informationspflichten das Verhältnismäßigkeitsprinzip, so sind notwendige Informationen nur solche, die gegenüber den Verpflichteten gleichzeitig das mildeste Mittel darstellen.[1787] Je weiter die Verhandlungen deshalb fortgeschritten sind, desto eher sind auch detaillierte Informationen zumutbar[1788] und müssen deshalb gewährt werden. Zudem zählen nicht alle Informationen zu geschützten Geschäfts- und Betriebsgeheimnissen.[1789] Soweit etwa technische Standards und Spezifikationen betroffen sind, müssen von den Zusammenschaltungsverpflichteten ohnehin

[1785] Vgl. hierzu oben 3. Kap. B. IV. 1. b) aa), S. 161.

[1786] Vgl. Fn. 882.

[1787] *G. Manssen*, in: *ders.* (Hrsg.), Telekommunikations- und Multimediarecht, C § 39 Rdnr. 13.

[1788] Vgl. zum Begriff der Zumutbarkeit oben 3. Kap. B. IV. 3. a), S. 203; *R. K. Albrecht*, Zumutbarkeit als Verfassungsmaßstab, S. 26.

[1789] *H.-J. Piepenbrock*, in: TKG-Kommentar, Anh. § 39, § 4 NZV Rdnr. 7.

die von der Gemeinschaft veröffentlichten Normen eingehalten werden[1790], so daß insofern keine Betriebsgeheimnisse verletzt werden.

Angesichts der Zweckbindung der zu erteilenden Informationen und des hohen Informationsbedürfnisses und der Bedeutung der Zusammenschaltung für den Wettbewerb sind abstrakt-generelle Informations- und Auskunftspflichten mit dem Eigentumsschutz vereinbar. Im Einzelfall kommt es darauf an, ob es den Auskunftsverpflichteten wegen ihres Geheimhaltungsinteresses zumutbar ist, Informationen zu erteilen.[1791]

2. Informations- und Auskunftspflichten gemäß § 4 NZV

Die in § 4 NZV normierten Informations- und Auskunftspflichten und deren Zweckbindung in § 7 NZV entsprechen nahezu wörtlich den europäischen Vorgaben. Der Begriff der „notwendigen Informationen" wurde im deutschen Recht durch den unbestimmten Rechtsbegriff der „benötigten Informationen" umgesetzt; Adressaten und Verpflichtete der Auskunftspflicht ergeben sich aus der Bezugnahme auf § 35 Abs. 1, 3 TKG.[1792] Mangels inhaltlichen Gestaltungsspielraums sind die nationalen Vorschriften am europäischen Grundrechtsschutz zu messen. Im Ergebnis sind sie abstrakt-generell zu rechtfertigen.

V. Zusammenschaltungsanordnungen nationaler Regulierungsbehörden

Konkret-individuelle Eingriffe in Form von Zusammenschaltungsanordnungen erfolgen durch die nationalen Regulierungsbehörden und stellen somit natio-

---

[1790] Nach Art. 5 Abs. 3 ONP-RahmenRL kann die Verbindlichkeit von Normen und Spezifikationen vorgeschrieben werden. Gem. Art. 13 Abs. 1 ZusRL sind die veröffentlichten Normen zur Zusammenschaltung „voll zu berücksichtigen".

[1791] Vgl. hierzu OVG Münster, MMR 1999, S. 553 ff. m. Anm. *Th. Mayen*, MMR 2000, S. 117 ff.; Reg TP, MMR 1999, S. 114 (115 f.); Reg TP, MMR 1998, S. 681 (682); Reg TP, MMR 1998, S. 562 (563).

[1792] Vgl. hierzu oben 3. Kap. B. IV. 3. e), S. 212 f.

nale Rechtsakte dar.[1793] Nur wenn sie zwingend auf europäische Vorgaben zurückzuführen sind, können sie am Maßstab des gemeinschaftsrechtlichen Eigentumsschutzes überprüft werden.[1794] Zu unterscheiden sind dabei Anordnungen gegenüber marktbeherrschenden Unternehmen – differenziert nach Festnetz- und Mobilfunkbetreibern (hierzu 2.) – und nicht marktbeherrschenden Unternehmen (hierzu 3.). Zunächst ist jedoch die Zusammenschaltungsanordnung – am Beispiel der Bundesrepublik Deutschland – rechtlich zu qualifizieren (hierzu 1.).

1. Inhalt und Rechtsnatur der Zusammenschaltungsanordnung

Entscheidend für die rechtliche Einordnung der Zusammenschaltungsanordnung ist deren Funktion[1795] und Bindungswirkung.

a) Streitregelnder Verwaltungsakt

Die Regulierungsbehörde trifft ihre Anordnungen auf Zusammenschaltung gemäß § 73 Abs. 1 Satz 1, 2 i.V.m. § 37 Abs. 1 TKG durch Verwaltungsakt (§ 35 Satz 1 VwVfG). Dabei handelt es sich um einen adressatenbelastenden, jedoch drittbegünstigenden Verwaltungsakt[1796] (Verwaltungsakt mit Drittwirkung[1797]). Die Interessenkonstellation, die der Zusammenschaltung zu Grunde liegt, entspricht indessen nicht derjenigen des klassischen Dreiecksverhältnisses zwischen Behörde, Begünstigtem und Belastetem. Auch die von *Schmidt-Preuß* entwickelten fünf Grundmodelle des multipolaren Verwaltungsrechtsver-

---

[1793] Vgl. oben 4. Kap. A. I. 4., S. 251.

[1794] Vgl. oben 4. Kap. A. I. 4., S. 251.

[1795] *Ch. Koenig/S. Loetz*, K&R 1999, S. 298 (303); vgl. zur Rechtsnatur auch *K. Hummel*, CR 2001, S. 440 (445).

[1796] *Ch. Koenig/S. Loetz*, K&R 1999, S. 298 (303).

[1797] Vgl. hierzu *H.-U. Erichsen*, in: *ders.* (Hrsg.), Allgemeines Verwaltungsrecht, § 19 Rdnr. 1; *H. Maurer*, Allgemeines Verwaltungsrecht, § 9 Rdnr. 50; *H. Faber*, Verwaltungsrecht, § 20 II.

hältnisses[1798] treffen im Kern auf die konkurrentennützige Inanspruchnahme fremder Infrastruktur nicht zu. Diese Dreiecksbeziehungen sind allesamt geprägt durch das Erfordernis staatlichen Handelns, d.h. eine Konfliktlösung kann nicht ohne den Staat erreicht werden, da öffentlich-rechtliche Normen in Form von Verboten mit Erlaubnisvorbehalten, Genehmigungs- oder Eingriffstatbeständen[1799] die zugrundeliegenden Sachverhalte regeln. Private sind zur Durchsetzung ihrer Interessen auf den Hoheitsträger angewiesen, da es (privaten) Dritten nicht möglich ist, dieses Interesse zu erfüllen. Die Zusammenschaltung kann und soll von den Parteien hingegen selbst mit dem Ziel, eine eigene Regelung herbeizuführen, verhandelt werden. Der Verhandlungspartner ist auch in der Lage, das Begehren auf Zusammenschaltung zu befriedigen. Die Konfliktlösung bleibt durch die Verhandlungsmaxime dem horizontalen Privatrechtsverhältnis der Zusammenschaltungsparteien vorbehalten. Nur bei Scheitern dieses Regelungsmechanismus´ greift – im Vertikalverhältnis Bürger/Staat – die staatliche Regulierung ein. Durch die Regulierungsbehörde wird ein Streit zwischen Privaten, eine bürgerlich-rechtliche Streitigkeit, geregelt.[1800] Sie hat dabei die kollidierenden Privatinteressen durch umfassende Abwägung in Ausgleich zu bringen.[1801] Aufgrund dieser Funktion kann die Zusammenschaltungsanordnung als „streitregelnder" Verwaltungsakt bezeichnet werden.[1802]

Die Rechtsfolgen der Anordnung sind abschließend noch nicht geklärt. So werden ein öffentlich-rechtliches Zusammenschaltungsverhältnis[1803] bzw. in Anlehnung an den aus Zeiten der Zwangsbewirtschaftung bekannten „diktierten

---

[1798] *M. Schmidt-Preuß*, Kollidierende Privatinteressen im Verwaltungsrecht, S. 9 ff., differenziert nach den Fallgruppen der Drittabwehr und -vornahme sowie der Gestaltungsabwehr und -vornahme und der Zugangskonkurrenz zu kapazitätsbeschränkten Einrichtungen.

[1799] *M. Schmidt-Preuß*, Kollidierende Privatinteressen im Verwaltungsrecht, S. 9 ff., nennt als Beispiele seiner Fallgruppen die Aufhebung einer Baugenehmigung, den Erlaß einer Stillegungsverfügung, die Erteilung einer Genehmigung, die Aufhebung einer drittschützenden Auflage oder den konkurrierenden Zugang zu kapazitätsbegrenzten öffentlichen Einrichtungen.

[1800] *Ch. Koenig/S. Loetz*, K&R 1999, S. 298 (303).

[1801] *M. Schmidt-Preuß*, Kollidierende Privatinteressen im Verwaltungsrecht, S. 52.

[1802] Vgl. auch *Ch. Koenig/S. Loetz*, K&R 1999, S. 298 (305), die den Begriff des „streitentscheidenden VA" bevorzugen. Vgl. zum „streitschlichtenden VA" *M. Schmidt-Preuß*, Kollidierende Privatinteressen im Verwaltungsrecht, S. 155 ff.

[1803] *K. W. Riehmer*, MMR 1998, S. 59 (63).

Vertrag"[1804] ein „angeordneter Vertrag", der zwar ein Privatrechtsverhältnis begründet, dessen Ursprung jedoch öffentlich-rechtlicher Natur ist, diskutiert.[1805] Ein (lediglich) öffentlich-rechtliches Zusammenschaltungsverhältnis sei anzunehmen, da die Zusammenschaltungsanordnung keine Pflicht zum Vertragsabschluß begründe[1806], während nach anderer Auffassung der Zusammenschaltungsanordnung eine unmittelbare privatrechtsgestaltende Wirkung zukomme, indem sie die fehlende Einigung der Parteien substituiere und zur Entstehung einer (einheitlich) privatrechtlichen Rechtsbeziehung führe.[1807]

Zur Beurteilung der Rechtsfolgen der Zusammenschaltungsanordnung sind deren Inhalt und Zweck maßgeblich. Bisherige Regulierungsentscheidungen[1808] beinhalten konkrete Verpflichtungen der Deutschen Telekom, bestimmte Leistungen (Terminierungs- und Zuführungsleistungen von Sprachsignalen[1809]) für öffentliche Telekommunikationsnetze der Wettbewerber zu erbringen.[1810] Dabei handelt es sich (zunächst) um faktische Pflichten zur Durchleitung elektrischer Sprachsignale ohne rechtliche Verpflichtung, einen Vertrag abzuschließen.[1811] Zweck der Anordnung ist jedoch, über die fehlende vertragliche Einigung der Parteien „hinwegzuhelfen", um Wettbewerbern den Markteintritt zu ermöglichen. Die mangelnde Einigung kann dabei durch staatliche Anordnung (Kontrahierungszwang) verordnet oder durch die Anordnung (oktroyierter Vertrag)

[1804] Vgl. hierzu *O. Palandt/H. Heinrichs*, Einf. v. § 145 Rdnr. 12; *R. Bork*, in: *J. v. Staudinger*, Vorbem. zu §§ 145 ff. Rdnr. 35 m.w.N.

[1805] *Ch. Koenig/S. Loetz*, K&R 1999, S. 298 (303 f.); *W. Spoerr*, MMR 2000, S. 674 (678); allgemein für den diktierten Vertrag BGH LM § 284 Nr. 1.

[1806] *K. W. Riehmer*, MMR 1998, S. 59 (63).

[1807] *Ch. Koenig/S. Loetz*, K&R 1999, S. 298 (303); *G. Manssen*, in: *ders.* (Hrsg.), Telekommunikations- und Multimediarecht, C § 37 Rdnr. 6. Vgl. auch *W. Spoerr*, MMR 2000, S. 674 (678), der eine öffentlich-rechtlich begründete privatrechtliche Sonderverbindung als gesetzliches Schuldverhältnis annimmt.

[1808] Vgl. oben Fn. 1124.

[1809] Zum Beispiel die Leistungen DTAG-B.1, DTAG-0.1-0.9, DTAG-Z.2-5, Econophone-B.1 und Econophone-0.5, Reg TP, MMR 1999, S. 430 (432); vgl. zu den Leistungen der Deutschen Telekom *A. Badura/R. Schneider*, in: *Th. Königshofen* (Hrsg.), Das neue Telekommunikationsrecht in der Praxis, S. 3 (9 f.).

[1810] Wettbewerber werden im Gegenzug zur Zahlung eines Zusammenschaltungsentgelts verpflichtet; vgl. Reg TP, Mitt. Nr. 342/1999, ABl. 14/1999, S. 2391 (2392); Reg TP, Mitt. Nr. 362/1999, ABl. 15/1999, S. 2466 (2467); Reg TP, Mitt. 464/1999, ABl. 19/1999, S. 3097.

[1811] Vgl. oben 1. Kap. A. III. 1., S. 28.

ersetzt werden. Entscheidend ist deshalb, ob die Zusammenschaltungsanordnung einen Kontrahierungszwang enthält. Dabei ist zu berücksichtigen, daß die Anordnungsbefugnis des § 37 TKG sowohl Fälle des § 35 Abs. 1 Satz 1 und 3 TKG als auch Fälle des § 36 TKG erfaßt, also Zusammenschaltungen mit und ohne Beteiligung eines marktbeherrschenden Unternehmens.[1812]

Auszugehen ist zunächst von der gesetzlich normierten Zusammenschaltungspflicht des § 35 TKG, der einen Kontrahierungszwang enthält.[1813] Die Anordnung gegenüber einem marktbeherrschenden Unternehmen *konkretisiert* dabei lediglich den gesetzlichen Kontrahierungszwang und kann die fehlende Einigung nicht substituieren. Hierfür spricht die dogmatische Nähe zu § 26 Abs. 2 GWB a.F.[1814] und § 19 Abs. 2 Nr. 4 GWB n.F.[1815], auf deren Basis ebenfalls ein Kontrahierungszwang begründet werden kann.[1816] Die Zusammenschaltungsanordnung tritt dabei als sektorspezifische Regelung des TKG an die Stelle der kartellrechtlichen Mißbrauchsverfügung. Im übrigen enthält § 37 TKG keinerlei Anhaltspunkte für eine Vergleichbarkeit mit anerkannten Fällen des „diktierten Vertrags"[1817], der als Ausnahme zur Privatautonomie besonders begründungsbedürftig ist. Betrifft die Zusammenschaltungsanordnung einen nicht marktbeherrschenden Betreiber, kann sie mangels Zusammenschaltungspflicht keinen gesetzlichen Kontrahierungszwang konkretisieren. Die Zusammenschaltungsanordnung *begründet* in diesem Fall – aufgrund der gebotenen einheitlichen Rechtsanwendung – vielmehr den Kontrahierungszwang. Im Unterschied zur Anordnung gegenüber marktbeherrschenden Betreibern hat die Anordnung *konstituierende* Wirkung.

Kommt der zusammenschaltungspflichtige Betreiber seiner Verpflichtung zum Vertragsabschluß nicht nach, bedarf es nicht der Klage *auf* Zusammenschaltung mit anschließender Klage *aus* Zusammenschaltung.[1818] Zusammen-

---

[1812] *H.-J. Piepenbrock*, in: TKG-Kommentar, § 37 Rdnr. 2.

[1813] Vgl. oben 3. Kap. B. IV. 1. a), S. 155.

[1814] BGHZ 36, S. 91 (100) = NJW 1962, S. 196 (199); *Palandt/H. Heinrichs*, Einf. v. § 145 Rdnr. 9.

[1815] Vgl. hierzu *M. Dreher*, DB 1999, S. 833 (834 ff.); *H. Weyer*, AG 1999, S. 257 (260 ff.); *G. v. Wallenberg*, K&R 2000, S. 152 (153 ff.).

[1816] *Palandt/H. Heinrichs*, Einf. v. § 145 Rdnr. 9.

[1817] Zum Beispiel in § 5 HausratsVO.

[1818] So jedoch *Ch. Koenig/S. Loetz*, K&R 1999, S. 298 (303).

schaltungspetenten können – aus Gründen der Prozeßökonomie – die Klage auf die vertragliche Leistung mit der Klage auf Vertragsabschluß verbinden.[1819] Das Zivilgericht ist dabei an die Tatbestandswirkung der Zusammenschaltungsanordnung gebunden.[1820] Die Gefahr einer Rechtswegspaltung – bei einem öffentlich-rechtlichen Zusammenschaltungsverhältnis, das nur einzelne Regelungen erfaßt, wären die Verwaltungsgerichte, für die übrigen vertraglichen Regelungen die Zivilgerichte zuständig[1821] – besteht bei Annahme eines Kontrahierungszwangs nicht.[1822] Die Zusammenschaltungsanordnung stellt demnach einen „streitregelnden Verwaltungsakt dar“, der gegenüber marktbeherrschenden Betreibern den gesetzlich normierten Kontrahierungszwang konkretisiert und gegenüber nicht marktbeherrschenden Betreibern konstituiert.

b) Beschränkte Bindungswirkung

Besonderes Kennzeichen des „streitregelnden Verwaltungsaktes“ ist dessen beschränkte Bindungswirkung gegenüber den Beteiligten.[1823] Eine Zusammenschaltungsanordnung ist gemäß § 37 Abs. 2 TKG nur zulässig, soweit und solange die Beteiligten keine Vereinbarung treffen.[1824] Die Verhandlungspflicht nach § 36 TKG besteht, auch bei Einschaltung der Regulierungsbehörde, auf-

---

[1819] *Palandt/H. Heinrichs*, Einf. v. § 145 Rdnr. 11.

[1820] *F. O. Kopp/U. Ramsauer*, VwVfG, Vorbem. § 35 Rdnr. 26; *W. Schäfer*, in: *K. Obermayer* (Hrsg.), VwVfG, § 43 Rdnr. 12. Einer feststellenden Wirkung bedarf es insofern nicht. Vgl. auch *Ch. Koenig/S. Loetz*, K&R 1999, S. 298 (303), die eine feststellende Wirkung der Zusammenschaltungsanordnung kritisch diskutieren.

[1821] *W. Jaeger*, in: *J. Schwarze* (Hrsg.), Netzzugang im Wirtschaftsrecht, S. 121; *K. W. Riehmer*, MMR 1998, S. 59 (63).

[1822] Eine Rechtswegspaltung wird auch vermieden, wenn ein einheitliches Privatrechtsverhältnis angenommen wird, da dann nur gegen die Anordnung der Zusammenschaltung, nicht jedoch bei Streitigkeiten der Parteien untereinander, der Verwaltungsrechtsweg eröffnet wäre; *Ch. Koenig/S. Loetz*, K&R 1999, S. 298 (304); *G. Manssen*, in: *ders.* (Hrsg.), Telekommunikations- und Multimediarecht, C § 37 Rdnr. 6.

[1823] Vgl. zum Rechtsinstitut des vorläufigen Verwaltungsaktes *K. Hummel*, CR 2000, S. 291 (292); *Th. Mayen*, CR 2000, S. 155 ff.

[1824] *H.-J. Piepenbrock*, in: TKG-Kommentar, § 37 Rdnr. 9; *J. Scherer*, NJW 1998, S. 1607 (1612).

grund § 37 Abs. 2 Satz 2 TKG fort.[1825] Selbst nach Erlaß der Zusammenschaltungsanordnung können sich die Parteien jederzeit hierüber hinwegsetzen, indem sie selbst eine abweichende Vereinbarung treffen[1826], ohne daß die Bestandskraft der Anordnung entgegen stünde. Umstritten sind jedoch die Folgen der vertraglichen Vereinbarungen für die Regulierungsanordnung, die nur eingeschränkt nach § 49 VwVfG aufgehoben werden kann. Vorgeschlagen wird deshalb die Anordnung der Zusammenschaltung unter der auflösenden Bedingung einer vertraglichen Vereinbarung (§ 36 Abs. 2 Nr. 2 VwVfG) oder ein Widerrufsvorbehalt[1827] (§ 36 Abs. 2 Nr. 3 VwVfG).[1828] Diejenigen, die einen „angeordneten Vertrag" annehmen, sehen in der Zusammenschaltungsanordnung lediglich eine punktuelle Regelung, die sich auf den im Zeitpunkt der Anordnung bestehenden Dissens der Parteien beziehe und somit spätere vertragliche Änderungen aufgrund des beschränkten Regelungsgegenstandes nicht mehr erfasse.[1829] Eine solche – zumindest de facto – innere Beschränkung ist dem allgemeinem Verwaltungsrecht jedoch fremd. Verwaltungsakte beinhalten stets die Regelung der Rechtslage im Zeitpunkt der Entscheidung[1830]; sie entfalten jedoch aufgrund ihrer Bestandskraft Wirkung für die Zukunft.[1831]

Einer auflösenden Bedingung bzw. eines Widerrufsvorbehalts bedarf es nicht, wenn der Verwaltungsakt seine innere Wirksamkeit durch Erledigung in anderer Weise (§ 43 Abs. 2 VwVfG) verliert. Erledigung wird insbesondere dann angenommen, wenn sich die Rechtswirkungen von Verwaltungsakten erschöpfen[1832]. Dabei kommt es maßgeblich auch auf den Sinn und Zweck sowie den Inhalt des Verwaltungsaktes, d.h. darauf an, ob die Regelung auch nach veränderten Umständen Geltung beanspruchen kann oder nicht. Indem die Parteien die Zusammenschaltung nachträglich vertraglich vereinbaren,

---

[1825] *H.-J. Piepenbrock*, in: TKG-Kommentar, § 37 Rdnr. 10.

[1826] *H.-J. Piepenbrock*, in: TKG-Kommentar, § 37 Rdnr. 11.

[1827] Zum Beispiel in den Zusammenschaltungsanordnungen der Reg TP, Mitt. Nr. 342/1999, ABl. 14/1999, S. 2391 (2392); Reg TP, Mitt. Nr. 362/1999, ABl. 15/1999, S. 2466 (2467); Reg TP, Mitt. 464/1999, ABl. 19/1999, S. 3097 (3098).

[1828] *K. W. Riehmer*, MMR 1998, S. 59 (63).

[1829] *Ch. Koenig/S. Loetz*, K&R 1999, S. 298 (304).

[1830] *H. Maurer*, Allgemeines Verwaltungsrecht, § 10 Rdnr. 3.

[1831] *H. Maurer*, Allgemeines Verwaltungsrecht, § 9 Rdnr. 39.

[1832] *W. Schäfer*, in: *K. Obermayer* (Hrsg.), VwVfG, § 43 Rdnr. 26; *W. Klappstein*, in: *H. J. Knack* (Hrsg.), VwVfG, § 43 Rdnr. 6; *F. O. Kopp/U. Ramsauer*, VwVfG, § 43 Rdnr. 16.

verliert die staatliche Anordnung des Kontrahierungszwangs ihren Sinn und Zweck. Die Zusammenschaltungspetenten haben ihr Ziel anderweitig erreicht, so daß die hoheitliche Anordnung gegenstandslos wird.[1833] Im Unterschied zum streitschlichtenden oder streitentscheidenden[1834] wird durch den streitregelnden Verwaltungsakt die privatrechtliche Streitigkeit gerade nicht abschließend hoheitlich entschieden. Da die Zusammenschaltungsanordnung einen Kontrahierungszwang enthält, die Anordnung mit Vertragsschluß jedoch gegenstandslos wird, ist dem Verwaltungsakt von Beginn an eine nur möglicherweise temporäre Geltung immanent. Ihm kommt daher lediglich eine beschränkte Bindungswirkung zu.[1835] Dies entspricht der Verhandlungsmaxime des TKG[1836] und ist im übrigen mit der allgemeinen Verwaltungsrechtsdogmatik vereinbar, wenn auch die potentielle Erledigung dem Verwaltungsakt eine neue dogmatische Qualität verleiht.[1837]

2. Zusammenschaltungsanordnungen gegenüber marktbeherrschenden Betreibern

In der Bundesrepublik Deutschland sind erste Zusammenschaltungsanordnungen gegenüber der Deutschen Telekom durch die Regulierungsbehörde bereits erlassen worden.[1838] Verwaltungsgerichtliche Entscheidungen zum Zu-

[1833] *H.-J. Piepenbrock*, in: TKG-Kommentar, § 37 Rdnr. 12, nimmt ein erledigendes Ereignis in der Hauptsache an, wenn die Parteien während des Anordnungsverfahrens eine Einigung erzielen.

[1834] Vgl. hierzu *M. Andreae*, Der streitentscheidende Verwaltungsakt, S. 14 ff.

[1835] A.A. *Ch. Koenig/S. Loetz*, K&R 1999, S. 298 (304), die aufgrund des streitentscheidenden Charakters der Zusammenschaltungsanordnung eine erhöhte Bindungswirkung annehmen.

[1836] Vgl. oben 3. Kap. B. IV. 1. a) cc), S. 159 f.

[1837] Vgl. zum vorläufigen VA oben Fn. 1823.

[1838] Reg TP (TeleLev), ABl. Reg TP 17/1998, S. 1973 f.; Reg TP (ID-Switch), MMR 1999, S. 52 ff.; Reg TP (AugustaKom), MMR 1999, S. 429 f.; Reg TP (EconoPhone), MMR 1999, S. 430 ff.; Reg TP (First Telecom), MMR 1999, S. 428 f.; siehe auch Reg TP, MMR 1999, S. 686 f. m. Anm. *A. Stein*, S. 687 f.; Reg TP, CR 1999, S. 769 f. m. Anm. *M. Esser-Wellié/E. Braun*, S. 770 ff. Vgl. auch *H.-J. Piepenbrock*, in: TKG-Kommentar, § 37 Rdnrn. 15 ff.

gang zu Teilnehmeranschlußleitungen liegen ebenfalls vor.[1839] Grundrechtsprüfungsmaßstab ist europäischer Eigentumsschutz, da die Zusammenschaltungspflicht ehemaliger staatlicher Monopolbetreiber durch Art. 4a Abs. 1 TkDiensteRL ohne Ermessensspielraum zwingend vorgegeben ist.[1840]

a) Festnetzbetreiber

Praxisrelevantester Fall einer Zusammenschaltungsanordnung ist die Anordnung gegenüber der Deutschen Telekom.[1841] Mit einem Marktanteil von über 75 % verfügt sie im Bereich der Sprachtelefonie[1842], insbesondere wegen des flächendeckenden Teilnehmerendzugangs[1843], über eine marktbeherrschende Stellung i.S. des § 35 Abs. 1 TKG i.V.m. § 22 GWB a.F./§ 19 GWB n.F.[1844] In den Verfahren um den entbündelten Zugang zur Teilnehmeranschlußleitung[1845] setzten sich das VG Köln[1846], das OVG Münster[1847] und das BVerwG[1848] mit der Verletzung des Eigentumsgrundrechts auseinander.[1849]

[1839] VG Köln, MMR 1998, S. 102 ff. = CR 1997, S. 639 ff.; VG Köln, MMR 1999, S. 238 ff. = CR 1999, S. 79 ff.; OVG Münster, MMR 1998, S. 98 ff. m. Anm. *K. W. Riehmer*, S. 100 ff.; OVG Münster, CR 2000, S. 369 ff.; BVerwG v. 25.4.2001, 6 C 6/00 (Juris-Dokumentennummer WBRE410008194) = NVwZ 2001, S. 1399 ff.

[1840] Vgl. zu Art. 4a TkDiensteRL oben 3. Kap. B. IV. 3. b), S. 225.

[1841] Vgl. oben Fn. 1808.

[1842] *Reg TP* (Hrsg.), Telekommunikations- und Postmarkt im Jahre 1999, S. 7. Berücksichtigt man inländische Ferngespräche, Auslandsgespräche und Gespräche von den Festnetzen in Mobilnetze, so erzielt die Deutsche Telekom einen Marktanteil von 65 %.

[1843] Die Deutsche Telekom verfügt über 98 % der Teilnehmeranschlußleitungen; *M. Schmittmann/J. R. Busemann*, K&R 2000, S. 217.

[1844] *H.-Ch. Salger/R. Traugott*, in: TKG-Kommentar, § 32 Rdnr. 37; Reg TP, MMR 1998, S. 494 (496); VG Köln, MMR 1999, S. 238 (240) = CR 1999, S. 79 (80); OVG Münster, NJW 1998, S. 3370 (3371) = MMR 1998, S. 493 (494).

[1845] Vgl. zum entbündelten Zugang zu Seekabelköpfen *D. Beese/D. Naumann*, MMR 2000, S. 33 ff.

[1846] VG Köln, MMR 1998, S. 102 ff. = CR 1997, S. 639 ff.; VG Köln, MMR 1999, S. 238 ff. = CR 1999, S. 79 ff.

[1847] OVG Münster, MMR 1998, S. 98 ff. m. Anm. *K. W. Riehmer*, S. 100 ff.; OVG Münster, CR 2000, S. 369 ff.

[1848] BVerwG v. 25.4.2001, 6 C 6/00.

[1849] Vgl. zum Sachverhalt bereits oben 3. Kap. B. IV. 4. b), S. 222

Die Ausführungen des VG Köln zu Art. 14 GG im einstweiligen Rechtsschutzverfahren begnügen sich mit der summarischen Feststellung, der begehrte Zugriff auf den blanken Draht der Teilnehmeranschlußleitung begründe eine nicht unerhebliche Einschränkung der Nutzung, Überwachung und Wartung des Telekommunikationsnetzes der Deutschen Telekom und damit einen Eingriff in Art. 14 GG.[1850] In der Hauptsacheentscheidung stellt das Gericht fest, daß die Zugangsverpflichtung, die zwar zeitlich beschränkt ist und gegen ein angemessenes Entgelt erfolgt, das Eigentumsgrundrecht der Deutschen Telekom berühre.[1851] Die Deutsche Telekom könne sich hierauf auch berufen, da sie im Hinblick auf das gesetzgeberische Ziel, faire Wettbewerbsbedingungen zu schaffen, grundrechtlich nicht anders zu beurteilen sei als ihre Wettbewerber.[1852] Das Gericht wirft die Frage auf, ob das Eigentum der Deutschen Telekom infolge der Errichtung ihrer Infrastruktur mit erheblichen öffentlichen Mitteln nicht von vornherein mit erhöhten Sozialbindungen belastet sei.[1853] Hierauf komme es jedoch im Ergebnis nicht an, da der vorliegende Eingriff auf einer zulässigen gesetzlichen Inhalts- und Schrankenbestimmung beruhe, die sich unmittelbar aus den §§ 33 Abs. 1 Satz 2, 35 TKG ergebe.[1854] Der Zugang zur Teilnehmeranschlußleitung sei mangels gleichwertigen technischen Ersatzes erforderlich und verhältnismäßig, denn die Verpflichtung bestehe nur bei frei vorhandenen Kapazitäten.[1855] Sollten Kapazitätsengpässe eintreten, sei die Deutsche Telekom nur zum gebündelten Zugang mit Multiplexeinrichtungen verpflichtet.[1856]

Den Erwägungen des VG Köln ist im Ergebnis zuzustimmen. Allerdings geht das Gericht ohne nähere Begründung von einer zulässigen Inhalts- und

---

[1850] VG Köln, MMR 1998, S. 102 (104) = CR 1997, S. 639 (641).

[1851] VG Köln, MMR 1999, S. 238 (243) = CR 1999, S. 79 (82).

[1852] Vgl. zur Grundrechtsfähigkeit gemischtwirtschaftlicher Unternehmen nach deutschem Recht BVerfGE 45, S. 63 ff. = NJW 1977 S. 1960 (1961 f.); BVerfG, NJW 1990, S. 1783.

[1853] VG Köln, MMR 1999, S. 238 (243) = CR 1999, S. 79 (82).

[1854] VG Köln, MMR 1999, S. 238 (243) = CR 1999, S. 79 (82).

[1855] VG Köln, MMR 1999, S. 238 (243) = CR 1999, S. 79 (82).

[1856] Vgl. hierzu allgemein *M. Schmittmann*/*J. R. Busemann*, K&R 2000, S. 217 (222); *J. Scherer*, NJW 1998, S. 1607 (1611); *ders.*, NJW 2000, S. 772 (777 f.).

Schrankenbestimmung des Art. 14 Abs. 1 GG[1857] durch die §§ 33 Abs. 1, Satz 2, 35 Abs. 1 TKG aus und prüft auf dieser Basis Erforderlichkeit und Angemessenheit der konkreten Maßnahme. Das Gericht erachtet den entbündelten Netzzugang für verhältnismäßig, sofern eine eigene Nutzung der Leitung möglich ist. Die verbleibende Nutzungsmöglichkeit entscheidet jedoch primär über die Abgrenzung zwischen Enteignung und Inhalts- und Schrankenbestimmungen[1858]; über die Rechtmäßigkeit der Eigentumsbeschränkung, die zusätzlich im Rahmen der Verhältnismäßigkeitsprüfung durch Abwägung der widerstreitenden Interessen zu prüfen ist[1859], trifft sie keine Aussage. Indem das VG Köln auf die verbleibenden Nutzungsmöglichkeiten abstellt, gelangt es ohne Abwägung zu seiner Prämisse der zulässigen Inhaltsbestimmung zurück. Zuzustimmen ist dem Gericht, wenn es die Verpflichtung des Netzzugangs unmittelbar aus §§ 33, 35 TKG ableitet und hierin eine obligatorische Regelung sieht.[1860] Der bestehende Eingriff in das Eigentum der Deutschen Telekom rechtfertigt sich tatsächlich nicht wegen der verbleibenden Nutzungsmöglichkeiten, sondern infolge der gesteigerten Sozialpflichtigkeit des Netzeigentums.[1861]

Die nur unzureichende Argumentation des VG Köln wird deutlich, überträgt man den Fall auf die Netzzusammenschaltung potentiell marktbeherrschender Festnetzbetreiber[1862]. Alternative Vollanbieter, die eine marktbeherrschende Stellung im Wettbewerb erlangt haben, sind gemäß § 35 Abs. 1 Satz 1 und 3 TKG ebenso wie die Deutsche Telekom unmittelbar zur Zusammenschaltung verpflichtet.[1863] Prüfungsmaßstab ist in diesem Fall der nationale Grundrechtsmaßstab, da die Zusammenschaltungsanordnung insofern nicht durch Art. 4 Abs. 2 ZusRL determiniert wird als das Gemeinschaftsrecht eine Zusammenschaltungspflicht nur bei begründeten Anträgen enthält und den nationalen

[1857] Da es sich im Verfahren um den Zugang zu wesentlichen Leistungen nach § 33 TKG handelte, ist Art. 14 GG Prüfungsmaßstab bzgl. des Eigentumsschutzes, da insofern die nationale Regel nicht durch Gemeinschaftsrecht determiniert wird.

[1858] Sowohl nach europäischem als auch deutschem Recht; vgl. hierzu oben 4. Kap. A. III. 1., S. 258.

[1859] Vgl. oben 3. Kap. B. IV. 3. e), S. 212 f.

[1860] Vgl. oben 3. Kap. B. IV. 3. e), S. 212 f.

[1861] Vgl. oben 4. Kap. B. I. 1., S. 286 ff.

[1862] Vgl. hierzu *Th. Lampert*, WuW 1998, S. 27 (34).

[1863] Vgl. oben 4. Kap. B. II. 3., S. 307 ff.

Regulierungsbehörden hierdurch ein ausreichender Beurteilungsspielraum offen steht.[1864] Wird zur eigentumsgrundrechtlichen Rechtfertigung allein auf die eigene Nutzungsmöglichkeit der Leitungen abgestellt, so offenbart sich das Abwägungsdefizit, da Netzbetreibern eigene Nutzungsmöglichkeiten – abgesehen von Kapazitätsengpässen – regelmäßig verbleiben.

In seinem Beschluß vom 7.2.2000 erachtet das OVG Münster den entbündeten Zugang zur Teilnehmeranschlußleitung nach §§ 33 Abs. 1, 35 Abs. 1 TKG als zulässige Inhalts- und Schrankenbestimmung, da der Einfachgesetzgeber substantielle Elemente des Eigentums abstrakt-generell modifizieren könne.[1865] Der entbündelte Zugang sei verhältnismäßig, wenn dem zugangsgewährenden Netzbetreiber eine „realistische Rückholmöglichkeit" des zur Verfügung gestellten Eigentums verbleibe, da die Zugangsgewährung ansonsten einer „Enteignung gleichkäme".[1866] Da der Eigentümer lediglich glaubhaft machen müsse, daß er oder ein anderer Wettbewerber einen Kunden gewonnen habe, der über die zur Mitbenutzung zurückverlangte Leitung versorgt werden soll, verliere der Eigentumseingriff an Intensität und sei deshalb zumutbar.[1867] All dies könne in der Vereinbarung (Rahmenangebot) über den Zugang vereinbart werden.[1868]

Diese Entscheidung indiziert entgegen der Auffassung des BKartA[1869], daß dem Netzeigentümer für die Versorgung eines – bestehenden oder nachträglich gewonnenen – eigenen Endkunden grundsätzlich die vorrangige Nutzung des Leitungseigentums einzuräumen ist.[1870] Allein die Möglichkeit, vertraglich die „Rückholmöglichkeit der Teilnehmeranschlußleitung" zu vereinbaren, rechtfer-

---

[1864] Insofern wirkt sich die nur unzureichende Binnenharmonisierung des Gemeinschaftsrechts auf das nationale Recht aus, als ehemalige Monopolunternehmen durch Art. 4a TKDiensteRL zwingend zur Zusammenschaltung, potentiell neue marktbeherrschende Unternehmen nach Art. 4 Abs. 2 ZusRL nur bei begründeten Anträgen zur Zusammenschaltung verpflichtet werden.

[1865] OVG Münster, CR 2000, S. 369 (373); vgl. hierzu *F.-E. Hufnagel/P. Rädler*, AfP 2000, S. 151 (155 f.).

[1866] OVG Münster, CR 2000, S. 369 (374).

[1867] OVG Münster, CR 2000, S. 369 (374).

[1868] OVG Münster, CR 2000, S. 369 (374).

[1869] BKartA, RdE 2000, S. 31 (34).

[1870] So bereits für §§ 6 EnWG, 19 Abs. 4 Nr. 4 GWB *U. Büdenbender*, WuW 2000, S. 119 (134).

tigt nach dem OVG Münster den Eigentumseingriff. Der Netzzugang Dritter ist damit bei bestehendem Bedarf des Zugangsverpflichteten ausgeschlossen.

Auch das BVerwG knüpft in seiner Entscheidung vom 25.04.2001[1871] an das „selbstverständliche" Recht der Deutschen Telekom an, die Teilnehmeranschlußleitung oder einen Teil ihrer Kapazität vom Wettbewerber zurückzufordern. Als „Rückforderungsgründe" werden die Selbstnutzung, die Nutzung durch dritte Wettbewerber, Kapazitätsengpässe, technische Gegebenheiten, Bonitätsbedenken bzgl. des Wettbewerbers oder ähnliche Umstände genannt.[1872] Die Zugangsverpflichtung als geeignetes und erforderliches Mittel zur Schaffung von Wettbewerb auf der Ortsnetzebene sei auch im engeren Sinne verhältnismäßig.[1873] Sofern ein Eingriff in die Eigentumsfreiheit anzunehmen sei, werde das Eigentum der Deutschen Telekom jedenfalls nicht verfassungsrechtlich unzulässig verletzt.[1874] Das Netz sei unter dem Schutz des staatlichen Monopols durch Verwendung öffentlicher Mitteln errichtet worden. Den hierdurch ausgewiesenen intensiven sozialen Bezug habe der Gesetzgeber durch die Regelungen der §§ 33, 35 TKG Rechnung getragen.[1875] Die Deutsche Telekom habe das Eigentum an ihren öffentlichen Telekommunikationsnetzen frühestens mit dem (ersten) Börsengang im November 1996 und der Aufhebung ihrer ausschließlichen Rechte aus § 1 Abs. 2 und 4 FAG in Kenntnis mit den der Herkunft ihres Eigentums entsprechenden Pflichten aus §§ 33, 35 TKG belastet erworben.[1876]

Die Begründung des BVerwG überzeugt aus zwei Gründen nur teilweise. Das BVerwG stellt für die Eigentumserlangung zunächst auf den Beginn der Privatisierung ab. Das Sondervermögen Deutsche Bundespost wurde jedoch bereits mit der Postreform I im Jahr 1989/90 durch das PostVerfG aufgeteilt und den öffentlichen Unternehmen DBP Postdienste, DBP Postbank und DBP Telekom

---

[1871] BVerwG v. 25.4.2001, 6 C 6/00 (Juris Dokumentennummer WBRE410008194).

[1872] BVerwG v. 25.4.2001, 6 C 6/00, Ziff. B. 3 c) bb) und 4 b) cc).

[1873] BVerwG v. 25.4.2001, 6 C 6/00, Ziff. B. 4 b) cc).

[1874] Das BVerwG prüft die Verletzung von Grundrechten durch die Zugangsverpflichtung in erster Linie am Maßstab der Berufsfreiheit wegen eines Eingriffs in die Vertragsabschlußfreiheit, der sich unmittelbar auf die Berufsausübung beziehe, BVerwG v. 25.4.2001, 6 C 6/00, Ziff. B. 4 b) aa).

[1875] BVerwG v. 25.4.2001, 6 C 6/00, Ziff. B. 4 c).

[1876] BVerwG v. 25.4.2001, 6 C 6/00, Ziff. B. 4 c).

übertragen. Im Zuge der Postreform II im Jahr 1994 erfolgte die (Eigentums-) Übertragung des Teilsondervermögens DBP Telekom auf die Deutsche Telekom AG.[1877] Maßgeblicher Zeitpunkt zur Beurteilung der Eigentumserlangung ist deshalb der Zeitpunkt der Umwandlung in eine Aktiengesellschaft. Die Deutsche Telekom AG als juristische Person mit eigener Rechtspersönlichkeit[1878] hat somit ihr Eigentum an der Netzinfrastruktur durch Umwandlung der Deutschen Bundespost bereits 1994 erlangt.[1879] Der Verkauf der mehrheitlich vom Bund gehalten Aktien an private Anteilseigner bewirkt keine Änderung der zivilrechtlichen Zuordnung des Eigentums zu dem Rechtsträger Deutsche Telekom AG.

Der vom BVerwG weiterhin genannte Zeitpunkt der Eigentumserlangung, die Aufhebung der ausschließlichen Rechte gemäß § 1 Abs. 2 FAG (Netzmonopol) nach Inkrafttreten des TKG vom 25.7.1996[1880] und gemäß § 1 Abs. 4 FAG (Sprachtelefondienstmonopol) zum 1.1.1998[1881], stellt zwar eine entscheidende Zäsur zwischen Monopol- und Wettbewerbsmarkt dar, begründet jedoch keine mit den Pflichten der §§ 33, 35 TKG belastete Eigentumserlangung der Deutschen Telekom. Die Aufhebung des Netzmonopols ermöglicht Wettbewerbern, Infrastrukturen zu errichten, greift jedoch nicht in die eigentumsrechtliche Zuordnung bestehender Infrastrukturen ein.

Zuzustimmen ist dem BVerwG hinsichtlich des besonderen sozialen Bezugs der Netzinfrastruktur aufgrund der Errichtung der Infrastruktur unter dem Schutz von Monopolrechten mit öffentliche Mitteln. Die Zugangsverpflichtung ist allein aus diesem Grund verfassungsrechtlich gerechtfertigt.

[1877] Vgl. oben 4. Kap. B. I. 1 a), S. 286 ff.

[1878] § 1 Abs. 3 PostUmwG i.V.m. § 1 Abs. 1 AktG.

[1879] Der Vermögensübergang erfolgte mit dem Tag der Eintragung der Deutschen Telekom AG in das Handelsregister (§ 2 Abs. 1 Satz 3 PostUmwG). Vgl. auch oben Fn. 1683.

[1880] § 100 Abs. 1 Satz 3 TKG.

[1881] § 97 Abs. 2 TKG.

b) Mobilfunkbetreiber

Zusammenschaltungsanordnungen gegenüber Mobilfunkbetreibern sind bislang nicht ergangen. Gleichwohl soll untersucht werden, ob die Voraussetzung einer Anordnung, eine marktbeherrschende Stellung von Mobilfunkbetreibern, besteht. Hierfür ist zunächst der sachlich und räumlich relevante Markt abzugrenzen.

aa) Relevante Märkte

Die nach ständiger Rechtsprechung am Bedarfsmarktkonzept ausgerichtete Abgrenzung des relevanten Marktes anhand der Marktgegenseite erachtet einen sachlich nach Produkten und Dienstleistungen abgrenzbaren einheitlichen Markt als gegeben, wenn diese aus der Sicht des verständigen Verbrauchers nach Eigenschaft, Verwendungszweck und Preislage geeignet sind, einen bestimmten Bedarf zu befriedigen und deshalb miteinander ausgetauscht werden können.[1882] Der sachlich relevante Markt umfaßt somit alle Angebote, aus denen der Verbraucher vergleichend auswählt, um sein konkretes Bedürfnis zu erfüllen. Maßgeblich ist deshalb allein die nachfrageorientierte funktionelle Austauschbarkeit von Produkten und Dienstleistungen. Auch die Kommission[1883] und der Europäische Gerichtshof[1884] beurteilen den sachlich relevanten

---

[1882] LG Frankfurt, NJW 1999, S. 586 (587); KG, WuW/E OLG, S. 995 (996) – Handpreisauszeichner; BGH, WuW/E BGH, S. 2771 (2772) – Kaufhof/Saturn; BGH, NJW 1996, S. 2656 (2657); BGH, WuW/E BGH, S. 3026, 3028 – Backofenmarkt = BGH, NJW 1996, S. 595 (596); *Monopolkommission*, Wettbewerb auf Telekommunikations- und Postmärkten, Tz. 6; *G. Wiedemann*, in: *ders.* (Hrsg.), Handbuch des Kartellrechts, § 23 Rdnr. 8; *H.-J. Ruppelt*, in: *E. Langen/H.-J. Bunte* (Hrsg.), KartR, § 22 Rdnr. 9 ff.; *W. Möschel*, in: *U. Immenga/E.-J. Mestmäcker* (Hrsg.), GWB, 2. Aufl., § 22 Rdnr. 24 ff.; *V. Emmerich*, Kartellrecht, § 38 Rdnr. 2; *F. Rittner*, Wettbewerbs- und Kartellrecht, S. 151.

[1883] *EG-Kommission*, Bekanntmachung über die Definition des relevanten Marktes im Sinne des Wettbewerbsrechts der Gemeinschaft, ABl. EG Nr. C 372/5 v. 9.12.1997, S. 5 (6), Tz. 7; *dies.*, Mitteilung 1998, ABl. EG Nr. C 265/2 v. 22.8.1998, S. 2 (9), Tz. 43.

[1884] EuGH v. 13.2.1979, Rs. 85/76 (Hoffmann-La Roche), Slg. 1979, S. 461 (516), Tz. 28; EuGH v. 3.7.1991, Rs. C-62/86 (AKZO/Kommission), Slg. 1991-I, S. 3359 (3450), Tz. 51 = EuZW 1992, S. 21 (23); EuGH v. 26.11.1998, Rs. C-7/97 (Bronner), Slg. 1998-I, S. 7791 (7829), Tz. 33 = EuZW 1999, S. 86 (88); EuG v. 21.10.1997, Rs. T-229/94 (Deutsche

Markt i.S. von Art. 82 EG nach dem Bedarfsmarktkonzept[1885], so daß deren Erwägungen im Rahmen des von den nationalen Behörden zu beachtenden und anzuwendenden europäischen Wettbewerbsrechts ebenso heranzuziehen sind.[1886]

Eine erste Abschichtung ergibt sich bereits aufgrund der unterschiedlichen Nachfrager von Telekommunikationsdienstleistungen. So differenziert die Kommission den sachlich relevanten Produktmarkt nach dem Markt für Dienstleistungen der Endverbraucher (Dienstleistungsmarkt) und dem Markt für den Zugang zu Einrichtungen, die für Wettbewerber erforderlich sind, um solche Dienstleistungen anbieten zu können (Zugangsmarkt).[1887] Sie erachtet folglich vor allem Netzzusammenschaltungen als einen eigenständigen Markt.[1888] Im Rahmen des Dienstleistungsmarktes differenzieren sowohl Kommission[1889] als auch das Bundeskartellamt[1890] nach der Art der übertragenen Dienste und sehen im Sprachtelefondienst in Abgrenzung zu Datenübertragungen oder Mehrwertdiensten einen separaten Markt. Zusätzlich wird zwischen Festnetz- und Mobiltelefonie unterschieden.[1891] Aufgrund der weiterhin bestehenden Preisunterschiede kann keine Austauschbarkeit angenommen werden, obwohl im Zuge der Konvergenz der Netze auch eine Konvergenz der Märkte zu er-

---

Bahn/Kommission), Slg. 1997-II, S. 1689 (1713), Tz. 54; vgl. auch EuG v. 7.10.1999, Rs. T-228/97 (Irish Sugar/Kommission), Tätigkeitsbericht 25/1999, S. 30; EuG v. 16.12.1999, Rs. T-198/98 (Micro Leader/Kommission), Tätigkeitsbericht 34/1999, S. 32.

1885 *W. Möschel*, in: *U. Immenga/E.-J. Mestmäcker* (Hrsg.), EG-Wettbewerbsrecht, Art. 86 Rdnr. 43; *G.-K. de Bronett*, in: *G. Wiedemann* (Hrsg.), Handbuch des Kartellrechts, § 22 Rdnr. 13; *D. Dirksen*, in: *E. Langen/H.-J. Bunte* (Hrsg.), KartR, Art. 86 Rdnr. 20; *M. Schröter*, in: *H.v.d. Groeben/J. Thiesing/C.-D. Ehlermann* (Hrsg.), EU-/EG-Vertrag, Art. 86 Rdnr. 107.

1886 Vgl. zum Verhältnis zwischen europäischem und nationalem Wettbewerbsrecht EG-Kommission, Mitteilung 1998, ABl. EG Nr. C 265/2 v. 22.8.1998, S. 2 (4), Tz. 13; *H.-J. Bunte*, in: *E. Langen/H.-J. Bunte*, KartR, Rdnr. 49 ff.; *V. Emmerich*, Kartellrecht, § 38 Rdnr. 2; *U. Zinsmeister*, WuW 1997, S. 5 ff.

1887 *EG-Kommission*, Mitteilung 1998, ABl. EG Nr. C 265/2 v. 22.8.1998, S. 2 (9), Tz. 44 f.; *Monopolkommission*, Wettbewerb auf Telekommunikations- und Postmärkten, Tz. 6.

1888 *Th. Lampert*, WuW 1998, S. 27 (30); *P. Salje*, Zur marktbeherrschenden Stellung der Betreiber von Mobilfunknetzen, S. 12.

1889 *EG-Kommission*, Leitlinien 1991, ABl. EG Nr. C 233/2 v. 6.9.1991, S. 2 (7), Tz. 27.

1890 BKartA, WuW 1997, S. 414 (415).

1891 BKartA, WuW 1997, S. 414 (415 f.); EG-Kommission, v. 4.10.1995, ABl. EG Nr. L 280/49 v. 23.11.1995, S.49 (51 f.), Tz. 10; *Monopolkommission*, Wettbewerb auf Telekommunikations- und Postmärkten, Tz. 9.

warten ist.[1892] Die von der Kommission verfolgte Differenzierung zwischen analogen und digitalen Mobilfunkdiensten[1893] als jeweils separate Märkte ist mittlerweile überholt und kann nicht aufrechterhalten bleiben.[1894] Aus diesem Grund ist auch die von der Regulierungsbehörde bzgl. der Netzzusammenschaltungen aufgeworfene Marktabgrenzung innerhalb des Mobilfunkmarktes abzulehnen: ohne sich konkret festzulegen[1895], diskutiert die Behörde, ob die Terminierung von Gesprächen aus dem Festnetz in ein bestimmtes Mobilfunknetz oder insgesamt in sämtliche Mobilfunknetze als sachlich relevanten Märkte anzusehen sind.[1896]

Eine Besonderheit auf dem Mobilfunkmarkt erfordert allerdings eine weitere Differenzierung. Als Nachfrager von Mobilfunkdienstleistungen treten nicht nur Verbraucher, sondern auch „service provider“ auf, die von den Netzbetreibern Kapazitäten und Nutzungszeiten („Airtime“) einkaufen und diese wiederum den Endnutzern in Konkurrenz zu den Betreibern anbieten.[1897] Ein separater Markt auf unterschiedlichen Marktstufen, Händler und Zwischenhändler im Gegensatz zu Händler und Verbraucher, setzt voraus, daß dem Händler unterschiedliche Verhaltensweisen und Handlungsstrategien möglich sind.[1898] Aufgrund erheblicher Preisnachlässe und Rabatte bei den Grundgebühren und Nutzungszeiten (zwischen 18 und 24 %)[1899], des größeren Preisgestaltungsspielraums auf der Zwischenhandelsstufe und der mangelnden Ausweichmöglichkeit der „service provider“ – sie können Kapazitäten nur von den Netzbetreibern beziehen, während Endnutzer zwischen beiden Anbietern auswählen können – bestehen erhebliche Unterschiede, die es rechtfertigen, unterschiedliche Märkte anzunehmen.[1900] Die Marktabgrenzung nach dem Bedarfsmarktkonzept führt somit zum sachlich relevanten Markt der mobilen Sprachübermittlung für Endkunden

---

[1892] Vgl. hierzu oben 1. Kap. B. I., S. 44.

[1893] EG-Kommission, v. 4.10.1995, ABl. EG Nr. L 280/49 v. 23.11.1995, S. 49 (52), Tz. 11 f.

[1894] *E.-J. Mestmäcker*, Beilage zu MMR 8/1998, S. 10.

[1895] Insofern wird für jeden sachlich relevanten Markt eine Marktbeherrschung abgelehnt.

[1896] Reg TP, ABl. 5/2000 v. 3.3.2000, S. 879.

[1897] Vgl. hierzu oben 1. Kap. B. II., S. 47 ff.

[1898] BGH, WuW/E BGH, S. 1711, 1715 – Mannesmann-Brueninghaus = NJW 1980, S. 2583 (2585); *W. Möschel*, in: *U. Immenga/E.-J. Mestmäcker* (Hrsg.), GWB, 2. Aufl., § 22 Rdnr. 27.

[1899] *E.-J. Mestmäcker*, Beilage zu MMR 8/1998, S. 9 und 18.

[1900] *P. Salje*, Zur marktbeherrschenden Stellung der Betreiber von Mobilfunknetzen, S. 29; *E.-J. Mestmäcker*, Beilage zu MMR 8/1998, S. 12.

als Nutzer.[1901] Räumlich relevante Märkte sind jeweils die Mitgliedstaaten der Gemeinschaft.[1902]

bb) Marktbeherrschung

Während im Schrifttum hinsichtlich der relevanten Märkte Übereinstimmung herrscht, divergieren die Ansichten über die Marktbeherrschung. *Salje* bejaht eine marktbeherrschende Stellung des D-1 Netzbetreibers (T-Mobil) nach § 19 Abs. 2 Satz 1 Nr. 2 GWB und nimmt sie für das D-2 Netz (Mannesmann Mobilfunk) sowohl nach § 19 Abs. 2 Satz 1 Nr. 2 GWB als auch nach dem Oligopoltatbestand des § 19 Abs. 2 Satz 2 GWB an.[1903] Ein marktbeherrschendes Oligopol wird hingegen von *Mestmäcker* mit der Begründung abgelehnt, die insofern vorausgesetzte Reaktionsverbundenheit (fehlender Binnenwettbewerb) beruhe auf rechtlichen Gründen, die für die Marktbeherrschung nicht zu berücksichtigen seien, ohne auf den Beherrschungstatbestand des § 19 Abs. 1 Satz 1 GWB einzugehen.[1904] *Knieps* verneint schließlich marktbeherrschende Stellungen im deutschen Mobilfunkmarkt unter Hinweis auf die ungeklärte Rechtslage nach europäischem Recht.[1905] Die Regulierungsbehörde lehnt ebenfalls marktbeherrschende Stellungen eines oder mehrerer deutscher Mobilfunkbetreiber ab.[1906]

[1901] Vgl. zu den von der Kommission eingeleiteten Verfahren wegen überhöhter Mobilfunkpreise *A. Bartosch*, EuZW 1999, S. 421 (427).

[1902] *P. Salje*, Zur marktbeherrschenden Stellung der Betreiber von Mobilfunknetzen, S. 8 und 33; *E.-J. Mestmäcker*, Beilage zu MMR 8/1998, S. 12.

[1903] *P. Salje*, Zur marktbeherrschenden Stellung der Betreiber von Mobilfunknetzen, Rechtsgutachten für den Verband der Anbieter von Telekommunikationsdiensten e.V. – VAT, (Juni 1998), S. 42 und 54.

[1904] *J. Mestmäcker*, Entgeltregulierung, Marktbeherrschung und Wettbewerb im Mobilfunk, basierend auf einem für Mannesmann Mobilfunk erstatteten Rechtsgutachten, Beilage zu MMR 8/1998, S. 19.

[1905] *G. Knieps*, Beilage zu MMR 2/2000, S. 7.

[1906] Reg TP, ABl. 5/2000 v. 3.3.2000, S. 879.

(1) Verhältnis zwischen Monopol- und Oligopoltatbestand

Mestmäcker erachtet das Erfordernis des fehlenden Innenwettbewerbs „aus tatsächlichen Gründen" auch nach Streichung der Formulierung in der Neufassung des § 19 Abs. 2 Satz 2 GWB weiterhin aus systematischen Gründen für erforderlich und hält den Oligopoltatbestand bei einem wettbewerbsbeschränkenden Zustand, der weitgehend auf gesetzlichen, regulatorischen Vorgaben beruht, für nicht erfüllt.[1907] Im Gegensatz hierzu kommt es mit der überwiegenden Ansicht auf die Unterscheidung zwischen rechtlichen und tatsächlichen Gründen indes nicht an.[1908] Maßgeblich ist vielmehr der im Oligopoltatbestand liegende Zweck und Schutzgedanke, auch gegenüber einer als gleichförmigen Einheit am Markt auftretenden Gruppe von Unternehmen, der sich Dritte nicht entziehen können (Unausweichlichkeit)[1909], die Mißbrauchsaufsicht zu ermöglichen. Auf welchen Gründen dieses gleichförmige Verhalten beruht, ist dabei unerheblich. Auch die besondere Regulierungsaufgabe und der Zweck des TKG, der bei Verweisungen auf das GWB zu berücksichtigen ist[1910], rechtfertigt keine anderweitige Bewertung. Mobilfunkdienstleistungen werden seit 1990 von mehreren Unternehmen angeboten, so daß im Zeitpunkt des Erlasses des TKG kein gesetzliches Monopol vorlag. Zweck der Veröffentlichungspflicht von Preisen und Geschäftsbedingungen nach §§ 27, 28 TKV[1911] und der Verpflichtung, „service provider" gemäß § 4 TKV zuzulassen, die nach *Mestmäcker* die Reaktionsverbundenheit der Opligopolunternehmen aus Rechtsgründen erhöhen und deshalb außer Betracht bleiben müssen[1912], ist nicht, einen nur „beschränkten Wettbewerb" zu ermöglichen, sondern Verbraucherschutz bzw.

[1907] *E.-J. Mestmäcker*, Beilage zu MMR 8/1998, S. 16 (Fn. 89); *ders.*, Das marktbeherrschende Unternehmen im Recht der Wettbewerbsbeschränkungen, S. 22 f.

[1908] *W. Möschel*, in: *U. Immenga/E.-J. Mestmäcker* (Hrsg.), GWB, § 19 Rdnr. 84; *R. Bechtold*, GWB, § 19 Rdnr. 42 f.; *G. Wiedemann*, in: *ders.* (Hrsg.), Handbuch des Kartellrechts, § 23 Rdnr. 26.

[1909] *W. Möschel*, in: *U. Immenga/E.-J. Mestmäcker* (Hrsg.), GWB, § 19 Rdnr. 80.

[1910] *E.-J. Mestmäcker*, Beilage zu MMR 8/1998, S. 2; vgl. zur teleologischen Reduktion des Marktbeherrschungsbegriffs infolge der besonderen Zwecksetzung des TKG *Th. Lampert*, WuW 1998, S. 27 (34 ff.); siehe allgemein *U. Immenga*, MMR 2000, S. 141 ff.

[1911] Telekommunikations-Kundenschutzverordnung (TKV) v. 1.12.1997, BGBl. I 1997, S. 2910.

[1912] *E.-J. Mestmäcker*, Beilage zu MMR 8/1998, S. 17.

mehr Wettbewerb durch reine Dienstleistungsanbieter zu gewährleisten.[1913] Schließlich muß die Marktbeherrschung nach dem jeweiligen Zweck des Eingriffstatbestands – Mißbrauchsaufsicht, Entgeltregulierung oder Fusionskontrolle – beurteilt werden.[1914] Im Gegensatz zur Untersuchung *Mestmäckers*, die auf die Entgeltregulierung abstellt, steht hier die Zusammenschaltung im Mittelpunkt.

Obwohl *Salje* eine jeweilige Marktbeherrschung der D-Netzbetreiber bereits nach § 19 Abs. 2 Satz 1 Nr. 2 GWB bejaht, hält er die Prüfung des Oligopoltatbestands aus zwei Gründen für unverzichtbar.[1915] Auf dem Mobilfunkmarkt herrsche erstens ein „Quasi-Duopol" mit einem Marktanteil von mehr als 80 %, weshalb, ausgehend von der Marktgegenmachttheorie (Countervailing power)[1916], zu untersuchen sei, ob sich die Stellung eines marktmächtigen Unternehmens nicht durch diejenige eines zweiten Anbieters aufhebe. Zweitens sei anerkannt, daß sich Monopol- und Oligopolvermutungen gegenseitig nicht ausschlössen[1917] und der Sachverhalt vielmehr anhand einer Gesamtbetrachtung aller maßgeblichen Umstände zu beurteilen sei, die zunächst zu einer Prüfung des § 19 Abs. 1 Satz 1 und Satz 2 GWB mit einer erst anschließenden Gesamtbewertung führe.[1918] Die Marktbeherrschung könne deshalb wahlweise nach § 19 Abs. 1 Satz 1 oder Satz 2 GWB festgestellt werden.

Entstehung, Aufbau und Struktur des § 19 Abs. 2 Satz 1 Nr. 1 und 2 GWB legen zunächst nahe, auf einem Markt nur einem einzigen Unternehmen überragende Marktstellung zuzusprechen. Adressat beider Beherrschungstatbe-

---

[1913] Begründung zur TKV BR-Drs. 551/97 v. 24.7.1997, zu § 27, S. 50.

[1914] *E.-J. Mestmäcker*, Beilage zu MMR 8/1998, S. 15; *U. Immenga*, MMR 2000, S. 141.

[1915] *P. Salje*, Zur marktbeherrschenden Stellung der Betreiber von Mobilfunknetzen, S. 44 ff.; vgl. auch *ders.*, K&R 1998, S. 333 ff.

[1916] Vgl. hierzu *P. Salje*, Die mittelständische Kooperation zwischen Wettbewerbspolitik und Kartellrecht, S. 35 ff.; *J. B. Nordemann*, Gegenmacht und Fusionskontrolle, S. 21 und 155 ff.

[1917] *O.-F. v. Gamm*, GWB, § 22 Rdnr. 31. Gegen eine exakte Abgrenzung *W. Möschel*, in: *U. Immenga/E.-J. Mestmäcker* (Hrsg.), GWB, § 19 Rdnr. 97 und *H.-J. Ruppelt*, in: *E. Langen/H.-J. Bunte* (Hrsg.), KartR, § 22 Rdnr. 57; *F. Rittner*, Wettbewerbs- und Kartellrecht, S. 291; für ein Ausschließlichkeitsverhältnis BGH, WuW/E BGH, S. 1678 (1680) – Valium II = BGHZ 76, S. 142 (148); KG, WuW/E OLG, S. 3759 (3765) – Pillsbury/Sonnen-Bassermann; *G. Wiedemann*, in: *ders.* (Hrsg.), Handbuch des Kartellrechts, § 23 Rdnr. 26; *R. Bechtold*, GWB, § 19 Rdnr. 41.

[1918] *P. Salje*, Zur marktbeherrschenden Stellung der Betreiber von Mobilfunknetzen, S. 45.

stände ist jeweils „ein“ Unternehmen.[1919] Dessen überragende Marktstellung wird im Verhältnis zu „seinen“ Wettbewerbern, also relativ gegenüber den weiteren am Markt agierenden Unternehmen bestimmt.[1920] Überragende Marktstellung ist dann gegeben, wenn ein Unternehmen aufgrund der gesetzlich nicht abschließend aufgezählten Einzelkriterien über einen besonderen, vom Wettbewerb nicht mehr kontrollierten Verhaltensspielraum verfügt und deshalb unabhängig vom Verhalten anderer Wettbewerber seine Marktstrategie bestimmen kann.[1921] Sowohl nach Wortlaut als auch Definition muß die Marktposition der übrigen Wettbewerber in die Bewertung mit einfließen. Infolge dieser relativen Bestimmung kann lediglich ein Unternehmen den Beherrschungstatbestand des § 19 Abs. 2 Satz 1 Nr. 2 GWB erfüllen[1922], so daß sich Monopol- und Oligopoltatbestand gegenseitig ausschließen.[1923] Um eine Marktbeherrschung auf dem deutschen Mobilfunkmarkt festzustellen, ist deshalb vom Oligopoltatbestand des § 19 Abs. 2 Satz 2 GWB auszugehen, ohne danach zu differenzieren, aus welchen Gründen zwischen den Betreibern kein Binnenwettbewerb herrscht.

Dieser Ansatz wird auch von der Kommission zur Beurteilung gemeinsamer Marktbeherrschung nach Art. 82 EG verfolgt. In ihrer Mitteilung über die Anwendung der Wettbewerbsregeln in der Telekommmunikation geht sie von gemeinsamer Marktbeherrschung aus, wenn zwei oder mehrere Unternehmen im wesentlichen dieselbe Stellung gegenüber Verbrauchern und Wettbewerbern inne haben wie ein einzelnes Unternehmen, das marktbeherrschend ist.[1924] Voraussetzung ist, daß zwischen den Unternehmen tatsächlich kein Wettbewerb herrscht, der ausgeschlossen werden kann, wenn eine gegenseitige Abhängigkeit vorliegt, wie sie in oligopolistischen Marktstrukturen besteht.[1925] Der Europäische Gerichtshof fordert hingegen eine enge Verbunden-

---

[1919] *G. Wiedemann*, in: *ders.* (Hrsg.), Handbuch des Kartellrechts, § 23 Rdnr. 16; *W. Möschel*, in: *U. Immenga/E.-J. Mestmäcker* (Hrsg.), GWB, § 19 Rdnr. 44.

[1920] *H.-J. Ruppelt*, in: *E. Langen/H.-J. Bunte* (Hrsg.), KartR, § 22 Rdnr. 45.

[1921] BGHZ 73, S. 65 (73) – Erdgas Schwaben; BGH, WuW/E BGH, S. 1749 (1754) – Klöckner/Becorit; *V. Emmerich*, Kartellrecht, § 18 Rdnr. 8.

[1922] Eine marktbeherrschende Stellung von T-Mobil und Mannesmann Mobilfunk aufgrund überragender Marktmacht muß deshalb ausscheiden.

[1923] Vgl. Rspr.-Nachweise oben Fn. 1917.

[1924] *EG-Kommission*, Mitteilung 1998, ABl. EG Nr. C 265/2 v. 22.8.1998, S. 2 (13), Tz. 78.

[1925] *EG-Kommission*, Mitteilung 1998, ABl. EG Nr. C 265/2 v. 22.8.1998, S. 2 (13), Tz. 79.

heit der Unternehmen durch verbindende Faktoren[1926], die ein einheitliches Vorgehen auf dem Markt ermöglichen.[1927]

(2) Oligopoltatbestand (§ 19 Abs. 2 Satz 2 GWB)

Der Oligopoltatbestand des § 19 Abs. 2 Satz 2 GWB setzt voraus, daß zwischen den in Betracht kommenden Unternehmen im Innenverhältnis kein wesentlicher Wettbewerb (Binnenwettbewerb) besteht und zugleich in ihrer Gesamtheit gegenüber den übrigen Wettbewerbern im Außenverhältnis Marktbeherrschung i.S. des § 19 Abs. 2 Satz 1 Nr. 1 oder 2 GWB gegeben ist.[1928] Die Beurteilung erfolgt anhand einer Gesamtbetrachtung, die sowohl die strukturellen Wettbewerbsbedingungen als auch das tatsächliche Marktgeschehen bewertet.[1929] Die gesetzlichen Oligopolvermutungen des § 19 Abs. 3 Satz 2 GWB stellen lediglich materielle Beweislastregeln dar, die erst eingreifen, wenn eine marktbeherrschende Stellung weder positiv bejaht noch negativ ausgeschlossen werden kann.[1930] Wirtschaftstheoretischer Hintergrund der oligopolistischen Marktstruktur ist die Erfahrung, daß Unternehmen auf den offensiven Einsatz von Wettbewerbsparametern verzichten, wenn sie mit defensiven Maßnahmen ihrer Wettbewerber rechnen müssen, d.h. Preissenkungen deshalb nicht erfol-

---

[1926] So ausdrücklich für die Fusionskontrolle EuGH v. 31.3.1998, verb. Rs. C-68/94 und C-30/95 (Frankreich/Kommission), Slg. 1998-I, S. 1375 (1519), Tz. 221 = EuZW 1998, S. 299 (311) m. Anm. *R. Bechtold*, S. 313 ff.; vgl. auch EuG v. 10.3.1992, verb. Rs. T-68/89 und T-77-78/89 (SIV u.a./Kommission), Slg. 1992-II, S. 1403 (1548), Tz. 358; EuG v. 25.3.1999, Rs. T-102/96 (Gencor/Kommission), Slg. 1999-II, S. 753 (838), Tz. 276.

[1927] EuGH v. 27.4.1994, Rs. C-393/92 (Almelo), Slg. 1994-I, S. 1477 (1520), Tz. 42 = EuZW 1994, S. 408 (410); vgl. auch EuGH v. 21.1.1999, Rs. C-215-216/96 (Bagnasco), Slg. 1999-I, S. 135 (181), Tz. 57 = EuZW 1999, S. 212 (215).

[1928] *G. Wiedemann*, in: *ders.* (Hrsg.), Handbuch des Kartellrechts, § 23 Rdnr. 26; *H.-J. Ruppelt*, in: *E. Langen/H.-J. Bunte* (Hrsg.), KartR, § 22 Rdnr. 57; *W. Möschel*, in: *U. Immenga/E.-J. Mestmäcker* (Hrsg.), GWB, § 19 Rdnr. 80; *V. Emmerich*, Kartellrecht, § 18 Rdnr. 9 hält es für ausreichend, daß die Gruppe als Einheit auftritt und sich Dritte ihrem Diktat nicht entziehen können.

[1929] BGHZ 88, S. 284 (289 f.); BGHZ 96, S. 337 (344); Reg TP, ABl. 5/2000 v. 3.3.2000, S. 879.

[1930] BGH, WuW/E BGH, S. 1749 (1754) – Klöckner/Becorit = BGHZ 79, S. 62 (65); *H.-R. Ebel*, Kartellrecht, § 19 Rdnr. 24; *V. Emmerich*, Kartellrecht, § 18 Rdnr. 10; *F. Rittner*, Wettbewerbs- und Kartellrecht, S. 292.

gen, weil günstigere Preise der Konkurrenz zu erwarten sind.[1931] Die Kenntnis dieser interdependalen Abhängigkeit begründet die besondere Reaktionsverbundenheit.[1932] Wie diese Reaktionsverbundenheit beschaffen sein muß, bewußt oder unbewußt, und ob ein bloß gleichförmiges Verhalten zur Begründung des Oligopols ausreicht, ist abschließend nicht geklärt. Einerseits wird ein bewußter Verzicht auf den Einsatz von Wettbewerbsparametern nicht verlangt[1933] und das einheitliche Auftreten der Gruppe gegenüber Außenseitern als ausreichend erachtet[1934], andererseits werden jedoch über gleichförmige Preisgestaltungen hinausgehende Verbindungen der Unternehmen[1935] oder ein zumindest bewußt gleichförmiges Marktverhalten gefordert.[1936] Wettbewerb im Innenverhältnis soll bereits vorliegen, wenn zwar zentrale Wettbewerbsparameter, etwa der Preis und die Qualität von Produkten, nicht eingesetzt werden, jedoch untergeordnete Faktoren wie Service, Prämien, Konditionen und Beratung als Nebenleistungswettbewerb geeignet sind, die wichtigsten Wettbewerbsfunktionen zu erfüllen, indem sie dem Preisgestaltungsspielraum der Unternehmen Grenzen setzen.[1937] Reiner Marken- und Werbewettbewerb, der sich nicht auf die Preise und die Qualität auswirkt, ist hingegen nicht ausreichend.[1938] Fehlender Außenwettbewerb beurteilt sich für die Gruppe anhand der Kriterien des § 19 Abs. 2 Satz 1 Nr. 1 und 2 GWB.[1939]

Infolge der Entwicklung der Mobilfunkpreise, Tarifarten und Vertragslaufzeiten, gleichartiger Vertriebsstrukturen, gleichmäßiger Flächenabdeckung der Netze und der gleichwertigen Übertragungsqualität kann zwischen den D-Netz-

---

[1931] *E.-J. Mestmäcker*, Beilage zu MMR 8/1998, S. 15.; *J. B. Nordemann*, Gegenmacht und Fusionskontrolle, S. 155 f.

[1932] *R. Bechtold*, GWB, § 19 Rdnr. 42.

[1933] BGH, WuW/E BGH, S. 1824 (1827) – Tonolli/Blei- und Silberhütte Braubach.

[1934] *W. Möschel*, in: *U. Immenga/E.-J. Mestmäcker* (Hrsg.), GWB, § 19 Rdnr. 80.

[1935] BGHZ 96, S. 337 (344); BGH, WuW/E, S. 2433 (2439) – Gruner & Jahr.

[1936] *E.-J. Mestmäcker*, Das marktbeherrschende Unternehmen im Recht der Wettbewerbsbeschränkungen, S. 19 ff.; *W. Möschel*, Der Oligopolmißbrauch, S. 170 ff.; *ders.*, in: *U. Immenga/E.-J. Mestmäcker* (Hrsg.), GWB, 2. Aufl., § 22 Rdnr. 79 m.w.N.

[1937] BGHZ 88, S. 284 (288 ff.) = NJW 1984, S. 2700 ff.; BGHZ 96, S. 337 (342 ff.) = NJW 1986, S. 1877 ff.

[1938] KG, WuW/E OLG, S. 3051 (3074) – Morris/Rothmans; *H.-J. Ruppelt*, in: *E. Langen/H.-J. Bunte* (Hrsg.), KartR, § 22 Rdnr. 59.

[1939] *G. Wiedemann*, in: *ders.* (Hrsg.), Handbuch des Kartellrechts, § 23 Rdnr. 26.

betreibern mangelnder Innenwettbewerb nachgewiesen werden.[1940] Insofern weisen die Untersuchungen *Mestmäckers* und *Saljes* keine wesentlichen Differenzen auf.[1941] *Mestmäcker* verneint die Marktbeherrschung, indem er den fehlenden Wettbewerb auf regulatorische Gründe zurückführt. *Saljes* Ergebnis kann zusätzlich auf die gesetzlichen Oligopolvermutungen des § 19 Abs. 3 GWB gestützt werden. Danach liegt ein marktbeherrschendes Oligopol vor, wenn die beteiligten Unternehmen einen Gesamtanteil von über 50 % auf sich vereinigen können. Im Jahr 2000 erzielten die Mannesmann Mobilfunk GmbH 40,0 %, die DeTeMobil GmbH 39,7 %, die E-Plus Mobilfunk GmbH 13,7 % und die Viag Interkom GmbH 6,6 % Marktanteile.[1942] Die Regulierungsbehörde verneint das Merkmal des fehlenden Binnenwettbewerbs, da zentrale Wettbewerbsfunktionen zwischen T-Mobil und Mannesmann Mobilfunk erfüllt sind. Insbesondere sei der Preissetzungsspielraum dieser Unternehmen begrenzt.[1943]

Vorausgesetzt, T-Mobil und Mannesmann Mobilfunk verfügen als Oligopolunternehmen auf dem deutschen Mobilfunkmarkt über eine marktbeherrschende Stellung, so sind sie zu Netzzusammenschaltungen gemäß § 35 Abs. 1 Satz 1 und 3 TKG verpflichtet, obwohl sie ihre marktbeherrschende Stellung unter Wettbewerbsbedingungen erworben haben und die zugewiesenen ausschließlichen Funkfrequenzen keine besondere Sozialpflichtigkeit[1944] aufweisen. Prüfungsmaßstab der obligatorischen Zusammenschaltungsanordnung gegenüber Mobilfunkbetreibern ist – ebenso wie bei marktbeherrschenden Betreibern, die ihre Marktmacht im Wettbewerb erworben haben[1945] – der nationale Grundrechtsstandard. Für den Fall einer Zusammenschaltungsanordnung kann die Verletzung der Eigentumsfreiheit nationaler Mobilfunkbetreiber im Ergebnis allenfalls durch das Zusammenschaltungsentgelt kompensiert werden.

[1940]Vgl. hierzu ausführlich *P. Salje*, Zur marktbeherrschenden Stellung der Betreiber von Mobilfunknetzen, S. 48 ff.; *E.-J. Mestmäcker*, Beilage zu MMR 8/1998, S. 6 ff.

[1941]So auch Reg TP, ABl. 5/2000 v. 3.3.2000, S. 879.

[1942]*Reg TP* (Hrsg.), Jahresbericht 2000, S. 20.

[1943]Reg TP, ABl. 5/2000 v. 3.3.2000, S. 879.

[1944]Vgl. oben 4. Kap. B. II. 1. a), S. 304

[1945]Vgl. oben 4. Kap. B. V. 2. a), S. 323 und Fn. 1864.

3. Zusammenschaltungsanordnungen gegenüber nicht marktbeherrschenden Unternehmen

Zusammenschaltunganordnungen gegenüber nicht marktbeherrschenden Unternehmen sind bislang nicht ergangen.[1946] Aufgrund des Ermessensspielraums, den § 9 Abs. 4 NZV ermöglicht[1947], ist gegenüber nicht marktbeherrschenden Unternehmen deren unternehmerisches Interesse, ihr Netz selbst zu gestalten, zu berücksichtigen. Eine Anordnung ist deshalb – gemessen am nationalen Grundrechtsmaßstab mangels zwingender gemeinschaftsrechtlicher Vorgaben – regelmäßig weder zumutbar noch verhältnismäßig.

[1946] Im Verfahren zwischen NetCologne und Mannesmann Mobilfunk sah die Regulierungsbehörde die Voraussetzung der gescheiterten Vertragsverhandlungen (§ 37 Abs. 1 TKG) für nicht gegeben (Beschluß v. 1.3.2000, BK 4a-99-066/Z 27.12.1999), da NetCologne die Verhandlungen zu früh abgebrochen habe; vgl. *F.-E. Hufnagel*/*P. Rädler*, AfP 2000, S. 151 (154).

[1947] Vgl. oben 3. Kap. B. IV. 5. d) bb), S. 237.

C. Zusammenschaltung nach allgemeinem Wettbewerbsrecht

Die Zusammenschaltung von Telekommunikationsnetzen bemißt sich nicht ausschließlich nach sekundärem Telekommunikationsrecht. Sie kann vielmehr auch gemäß Art. 82 EG durch die Kommission angeordnet werden, wenn der verweigerte Netzzugang den Mißbrauch einer marktbeherrschenden Stellung begründet.[1948] Das hierfür erforderliche Tatbestandsmerkmal des „Mißbrauchs“ beurteilt sich maßgeblich nach der „essential facilities doctrine“ europäischer Prägung vertreten von der Kommission bzw. nach den Grundsätzen der Liefer- und Geschäftsverweigerung des EuGH.[1949] Um die Zusammenschaltungspflicht nach allgemeinem Wettbewerbsrecht einzuordnen, sind zunächst die Stellung und Bedeutung des Art. 82 EG im System des Gemeinschaftsrechts zu untersuchen (hierzu I.) bevor auf die Voraussetzungen der Doktrin im einzelnen eingegangen werden kann (hierzu II.).

I. Wettbewerbsrecht, ONP-Bedingungen und Grundrechte im System des Gemeinschaftsrechts

Abrenzungsprobleme ergeben sich insbesondere zu ONP-Bedingungen, die eine Zusammenschaltungspflicht gerade positiv normieren, und zu den Grundrechten.[1950]

1. Wettbewerbsrecht und ONP-Bedingungen

Die Kommission erläuterte sowohl in ihren Leitlinien 1991 als auch in ihrer Mitteilung 1998 das Verhältnis zwischen Wettbewerbsrecht und ONP-

---

[1948] *A. Schaub*, MMR 2000, S. 211 (213). Vgl. auch bereits oben 2. Kap. B. III., S. 83.

[1949] Dabei sind die Grenzen fließend und abschließend nicht geklärt, *R. Bechtold*, GWB, § 19 Rdnr. 84.

[1950] Vgl. zum Verhältnis zwischen ONP-Bedingungen und Grundrechten oben 4. Kap. A. II. 3, S. 256.

Bedingungen.[1951] Aus dem allgemeinen Verhältnis zwischen primärem und sekundärem Gemeinschaftsrecht[1952] folgt bereits, daß ONP-Bedingungen den unmittelbar geltenden Wettbewerbsregeln[1953] entsprechen müssen. ONP-Richtlinien, die sich auf Art. 95 EG stützen[1954], sind weder formal noch materiellrechtlich Durchführungsregeln zum Wettbewerbsrecht i.S. von Art. 83 EG.[1955] Zwar können insbesondere Verordnungen oder Richtlinien über die Anwendung der Art. 81, 82 EG ergehen[1956]; infolge der fortschreitenden Entwicklung der Telekommunikationsmärkte sind rechtsverbindliche Anwendungsgrundsätze durch die Kommission jedoch weder bezweckt noch gewollt.

Zunächst lehnte die Kommission den wettbewerbsrechtlichen Charakter von ONP-Bedingungen mit der Begründung ab, sie richteten sich nicht, wie Art. 81, 82 i.V.m. Art. 10 Satz 2 EG, an das Verhalten der Mitgliedstaaten und/oder Unternehmen. Wettbewerbsrecht und ONP-Bedingungen seien daher zwar sich nicht widersprechende, aber verschiedene Regelungssysteme.[1957] Das Wettbewerbsrecht sei aufgrund seiner unmittelbaren Geltung – auch bei vollständiger Erfüllung der ONP-Bedingungen – uneingeschränkt anwendbar.[1958] Mit fortschreitender Liberalisierung und Harmonisierung wandelte sich diese Auffassung zu einem prinzipiellen Anwendungsvorrang zugunsten der ONP-Bedingungen. Die Kommission sieht ONP-Bedingungen seitdem als sektorspezifische Regulierung an[1959], deren konsequente Anwendung das allgemeine Wettbewerbsrecht an sich ausschließt.[1960] Sie behält sich allerdings für den Fall, daß nationale Regulierungsbehörden nicht ausreichend von ihrer Befugnis zur Anordnung der Zusammenschaltung nach Telekommunikationsrecht Ge-

---

[1951] Vgl. hierzu bereits oben 3. Kap. A. IV. 4., S. 117 ff.

[1952] Vgl. hierzu *A. Bleckmann*, in: *ders.*(Hrsg.), Europarecht, Rdnrn. 525 ff.

[1953] Vgl. hierzu bereits *K. W. Riehmer*, MMR 1998, S. 355 ff.

[1954] Vgl. oben 3. Kap. A., S. 87 f.

[1955] *EG-Kommission*, Leitlinien 1991, Tz. 15.

[1956] Vgl. zu Art. 83 EG *H. Schröter*, in: *H.v.d. Groeben/J. Thiesing/C.-D. Ehlermann* (Hrsg.), EU-/EG-Vertrag, Art. 87 Rdnrn. 6 ff.; *Ch. Jung*, in: *Ch. Callies/M. Ruffert* (Hrsg.), EUV/EGV, Art. 83 Rdnrn. 7 ff.; *Th. Oppermann*, Europarecht, Rdnr. 1060.

[1957] *EG-Kommission*, Leitlinien 1991, Tz. 17.

[1958] *EG-Kommission*, Leitlinien 1991, Tz. 17.

[1959] *EG-Kommission*, Mitteilung 1998, Tz. 11.

[1960] *EG-Kommission*, Mitteilung 1998, Tz. 58.

brauch machen, vor, Art. 82 EG anzuwenden.[1961] Allgemeines Wettbewerbsrecht und ONP-Bedingungen schließen sich somit nicht aus; de facto wird der Zusammenschaltung nach sekundärem Gemeinschaftsrecht jedoch der Vorrang eingeräumt.[1962] Dabei ist das Verhältnis zwischen diesen Regelungsbereichen insofern von einer interdependalen Beziehung geprägt, als bei Auslegung der ONP-Bedingungen die Wettbewerbsvorschriften und umgekehrt bei Anwendung der Wettbewerbsvorschriften die ONP-Bedingungen zu berücksichtigen sind.[1963]

2. Wettbewerbsrecht und Grundrechte

Maßgeblich für das Verhältnis von allgemeinem Wettbewerbsrecht und Gemeinschaftsgrundrechten sind zunächst die systematische Einordnung der Grundrechte in das System des Gemeinschaftsrechts sowie die Stellung und Bedeutung des Art. 82 EG innerhalb des EG-Vertrages.

Werden Gemeinschaftsgrundrechte als aus allgemeinen Rechtsprinzipien entwickelte Rechtssätze aufgefaßt, die im Rang über dem Primärrecht stehen, so sind auch die Verträge der Gemeinschaft an diesen Rechtsgrundsätzen zu messen. Abstrakt-generell ist Art. 82 EG wegen der Vielzahl der dort verwendeten unbestimmten Rechtsbegriffe mit der in den Grundrechten verkörperten, übergeordneten Werteordnung vereinbar. Grundrechtsschutz im einzelnen ist auf der konkret-individuellen Ebene bei der Anwendung des Mißbrauchstatbestands durch die Kommission zu gewährleisten. Hierzu ist die Kommission auch verpflichtet, denn sie hat die Grundrechte bei ihren Entscheidungen zu beachten (Art. 6 Abs. 2 i.V.m. Art. 5 EUV)[1964] und unterliegt daher prinzipiell einer

---

[1961] *EG-Kommission*, Mitteilung 1998, Tz. 61.

[1962] *M. Paulweber*, ZUM 2000, S. 11 (19); *ders.*, Regulierungszuständigkeiten, S. 149; *J. Scherer*, MMR 1999, S. 315 (321); *M. Haag*, in: *J. Schwarze* (Hrsg.), Netzzugang im Wirtschaftsrecht, S. 57 (67); a.A. *K. W. Riehmer*, MMR 1998, S. 355 (359), der im Ergebnis das primäre Wettbewerbsrecht als entscheidend erachtet.

[1963] *EG-Kommission*, Mitteilung 1998, Tz. 62. Vgl. ausführlich zu Zuständigkeiten in der Regulierung *M. Paulweber*, Regulierungszuständigkeiten, S. 49 ff. und 158 ff.

[1964] *B. Beutler*, in: *H.v.d. Groeben/J. Thiesing/C.-D. Ehlermann* (Hrsg.), EU-/EG-Vertrag, Art. F Rdnr. 80; vgl. auch *Th. Kingreen*, in: *Ch. Callies/M. Ruffert* (Hrsg.), EUV/EGV, Art. 6 EUV Rdnr. 55.

Grundrechtsbindung, wie sie vergleichbar im deutschen Verfassungsrecht besteht (Art. 1 Abs. 3 GG)[1965].

Auch die Auslegung des Art. 82 EG ergibt keinen prinzipiellen Vorrang des Wettbewerbsrechts.[1966] Art. 82 EG konkretisiert das Gemeinschaftsziel zur Schaffung eines Wettbewerbssystems ohne Verfälschungen (Art. 3 lit. g) EG) und dient sowohl dem Schutz des bestehenden Restwettbewerbs bei Marktbeherrschung eines Unternehmens sowie dem Verbraucherschutz.[1967] Rechtfertigender Anknüpfungspunkt für mißbrauchsregelnde Eingriffe sind die an marktbeherrschende Unternehmen zu stellenden, prinzipiell erhöhten Verhaltensanforderungen.[1968] Stets müssen jedoch die Interessen des Marktbeherrschers und diejenigen der vom mißbräuchlichen Verhalten betroffenen Unternehmen unter Beachtung der Vertragsziele abgewogen werden.[1969] Der EuGH untersucht, ob das Verhalten des marktbeherrschenden Unternehmens gerechtfertigt ist, um seine wirtschaftlichen Eigeninteressen zu wahren oder ob dieses Verhalten im Verhältnis zu den Interessen der Betroffenen über das angemessene Maß hinausgeht.[1970]

[1965] Vgl. hierzu *W. Höfling*, in: *M. Sachs* (Hrsg.), GG, Art. 1 Rdnrn. 76 ff.

[1966] *M. Paulweber*, Regulierungszuständigkeiten, S. 149.

[1967] *M. Zuleeg*, in: *H.v.d. Groeben/J. Thiesing/C.-D. Ehlermann* (Hrsg.), EU-/EG-Vertrag, Art. 3 Rdnr. 7; *H. Schröter*, in: *H.v.d. Groeben/J. Thiesing/C.-D. Ehlermann* (Hrsg.), EU-/EG-Vertrag, Art. 86 Rdnr. 17.

[1968] EuGH v. 9.11.1983, Rs. 322/81 (Michelin), Slg. 1983-I, S. 3461 (3511), Tz. 57; *W. Möschel*, in: *U. Immenga/E.-J. Mestmäcker* (Hrsg.), EG-Wettbewerbsrecht, Art. 86 Rdnr. 120; *H. Schröter*, in: *H.v.d. Groeben/J. Thiesing/C.-D. Ehlermann* (Hrsg.), EU-/ EG-Vertrag, Art. 86 Rdnr. 132; *Ch. Jung*, in: *E. Grabitz/M. Hilf* (Hrsg.), Das Recht der Europäischen Union, Art. 82 Rdnr. 101.

[1969] *W. Möschel*, in: *U. Immenga/E.-J. Mestmäcker* (Hrsg.), EG-Wettbewerbsrecht, Art. 86 Rdnr. 120; *M. Schröter*, in: *H.v.d. Groeben/J. Thiesing/C.-D. Ehlermann* (Hrsg.), EU-/EG-Vertrag, Art. 86 Rdnr. 201.

[1970] EuGH v. 14.2.1978, Rs. 27/76 (United Brands), Slg. 1978, S. 207 (298), Tz. 184/194 = NJW 1978, S. 2439 (2442); *W. Möschel*, in: *U. Immenga/E.-J. Mestmäcker* (Hrsg.), EG-Wettbewerbsrecht, Art. 86 Rdnr. 120; vgl. auch EuGH v. 10.02.2000, verb. Rs. C-147, 148/97 (Remailing), NJW 2000, S. 2261 2264), Tz. 60.

II. „Essential facilities doctrine" im Europäischen Telekommunikationsrecht

Rechtsquelle der „essential facilities doctrine" ist das US-amerikanische Antitrust-Recht, das in Section 2 Sherman Act[1971] eine Marktmachtkontrolle enthält.[1972]

1. Entwicklung

Implementiert und konkretisiert wurden die Grundsätze über den „Zugang zu wesentlichen Einrichtungen" durch die Rechtsprechung des US-amerikanischen Supreme Court einschließlich seiner unterinstanzlichen Gerichte. Seit Beginn der 90er Jahre wurde diese Doktrin sukzessive durch die Entscheidungspraxis der Kommission in das EG-Recht transferiert. Der EuGH nahm zu „essential facilities", anders als das Gericht erster Instanz im Verfahren „*European Night Service*", ausdrücklich weder in seiner vielbeachteten Entscheidung „*Magill*" aus dem Jahr 1995 noch im Urteil „*Bronner*" vom 26. November 1998 Stellung.

a) US-amerikanische Rechtsfigur

Als Ursprung der „essential facilities doctrine" im US-Recht gilt die Entscheidung „*Terminal Railroad*"[1973] des Supreme Court aus dem Jahre 1912. Der

---

[1971] Section 2 Sherman Act: „Every person who shall monopolize, or attempt to monopolize, or combine or conspire with any other person or persons, to monoplize any part of the trade or commerce among the several states, or with foreign nations, shall be deemed guilty of felony,..."

[1972] Vgl. hierzu *B. Haar*, Marktöffnung in der Telekommunikation, S. 97 ff.; *dies.*, CR 1996, S. 713 (715); siehe auch *P. N. Märkl*, Netzzusammenschaltung, S. 93 ff.; allgemein zum U.S. Antitrust-Recht *M. D. Blechmann*, in: *H. Glassen/H. v. Hahn/H.-Ch. Kersten/H. Rieger* (Hrsg.), Frankfurter Kommentar zum GWB, Bd. I, Ausländisches Kartellrecht, Teil A.

[1973] United States v. Terminal Railroad Association of St. Louis, 224 U.S. 383 (1912); vgl. hierzu eingehend *A.-R. Börner*, in: *J. Schwarze* (Hrsg.), Netzzugang im Wirtschaftsrecht, S. 137 (149 f.).

Supreme Court erachtete den verweigerten Zugang zum Bahnhof von St. Louis sowie zu den dorthin führenden Streckenteilen und Eisenbahnbrücken, die durch mehrere zusammengeschlossene Eisenbahngesellschaften kontrolliert wurden, gegenüber anderen Gesellschaften als Verstoß gegen Section 2 Sherman Act.[1974] Im Verfahren *„Otter Tail"*[1975] im Jahre 1973 hielt er die Lieferverweigerung eines Energieversorgungsunternehmens von Elektrizität zu Großhandelspreisen gegenüber denjenigen Gemeinden, die den gelieferten Strom an die einzelnen Haushalte selbst verteilen wollten, für unzulässig.[1976] In der Entscheidung *„Hecht"*[1977] aus dem Jahr 1977 wurde erstmals der Begriff „essential facilities" verwendet und der Eigentümer des Washingtoner Redskins Stadiums verpflichtet, das Stadion einem anderen Team der American Football League zur Verfügung zu stellen, da ausreichende Kapazität für Veranstaltungen im Stadium vorhanden, das Stadium selbst jedoch nicht duplizierbar war.[1978] Im Verfahren *„Aspen Skiing"*[1979] wurde der Betreiber dreier Skigebiete verpflichtet, weiterhin Verbundskipässe auch für ein viertes, den drei Skigebieten angeschlossenes Gebiet, zu verkaufen, nachdem dieser Verkauf eingestellt worden war. Die genannten Entscheidungen werden gemeinhin als „leading cases" der „essential facilities doctrine" bezeichnet.[1980]

Wesentlich konkretisiert und präzisiert wurde die Doktrin im Jahr 1983 durch den Court of Appeals des Seventh Circuit im – den Telekommunikationssektor betreffenden – Urteil *„MCI v. AT&T"*[1981], dessen Grundsätze mittlerweile von den US-amerikanischen Instanzgerichten übernommen wurden.[1982] MCI begehrte Zugang zu den lokalen Vermittlungsstellen AT&Ts, um im liberalisierten

[1974] 224 U.S. 383, 409, 411 (1912).

[1975] Otter Tail Power Company v. United States, 410 U.S. 366 (1973); vgl. hierzu eingehend *A.-R. Börner*, in: *J. Schwarze* (Hrsg.), Netzzugang im Wirtschaftsrecht, S. 137 (158 f.).

[1976] 410 U.S. 366, 368 (1973).

[1977] Norman F. Hecht et al. v. Pro-Football, Inc., 570 F.2d 982 (1978).

[1978] 570 F.2d 982, 992, 993 (1978).

[1979] Aspen Skiing Company v. Aspen Highlands Skiing Corporation, 472 U.S. 585 (1985).

[1980] Vgl. *H.-P. Schwintowski*, WuW 1999, S. 842 (843 ff.); *S. Klaue*, RdE 1996, S. 51.

[1981] MCI Communications Corporation and MCI Telecommunications Corporation v. American Telephone and Telegraph Company, 708 F.2d 1081 (7th Cir. 1983), 464 U.S. 891 (1983), vgl. hierzu eingehend *A.-R. Börner*, Der Netzzugang für Dritte als grundsätzliches rechtliches Problem, in: *J. Schwarze* (Hrsg.), Netzzugang im Wirtschaftsrecht, S. 137 (166 ff.).

[1982] *M. Meinhardt*, Immaterialgüterrechte, S. 141.

Ferngesprächsmarkt Telekommunikationsdienste anbieten zu können. Das streitentscheidende Gericht bejahte den Zugangsanspruch unter ausdrücklicher Berufung auf die „essential facilities doctrine" nach Vorliegen von vier Voraussetzungen: (1) die wesentliche Einrichtung muß durch ein Monopolunternehmen kontrolliert werden; sie kann (2) aus wirtschaftlichen oder tatsächlichen Gründen vernünftigerweise nicht durch Wettbewerber errichtet werden, wobei (3) das Monopolunternehmen den Zugang verweigert, obwohl es ihm (4) möglich und zumutbar wäre, diesen zu gewähren.[1983] Verweigert werden kann der Zugang dabei nur aus Gründen der Netzintegrität und -sicherheit, der Gefahr der eigenen Wettbewerbsverdrängung sowie aus technischen Gründen.[1984] Obwohl seit Beginn der 90er Jahre diese Grundsätze im US-amerikanischen Recht eher restriktiv angewendet werden[1985], bleiben sie Grundlage für die Adaption im europäischen und deutschen Recht.[1986]

b) Lieferverweigerungen, Monopolisierung von Drittmärkten und Zugang zu wesentlichen Einrichtungen im Gemeinschaftsrecht

In der europäischen Rechtsentwicklung ist zwischen der Entscheidungspraxis der Kommission und der Rechtsprechung des EuGH zu differenzieren.

aa) Kommission

Die Kommission entwickelte die „essential facilities doctrine" im wesentlichen in ihren Hafen-Entscheidungen zu *„B&I Line/Sealink Harbours*", *„Sea Contai-*

[1983] 708 F.2d 1081, 1132 (1983); *M. Müller*, EuZW 1998, S. 232 (233).

[1984] Vgl. insgesamt zur Entwicklung in den USA *Ph. Areeda*, 58 Antitrust L. J. (1990), S. 841 ff.; *W. Blumenthal*, 58 Antitrust L. J. (1990), S. 855 ff.; *S. M. Gorinson*, 58 Antitrust L. J. (1990), S. 871 ff.; *H.-P. Schwintowski*, WuW 1999, S. 842 (843 ff.); *A.-R. Börner*, in: *J. Schwarze* (Hrsg.), Netzzugang im Wirtschaftsrecht, S. 137 (141 ff.); *S. Klaue*, RdE 1996, S. 51 (52 ff.); *K. Markert*, in: *U. Immenga* (Hrsg.), Fs. f. *E.-J. Mestmäcker*, S. 661 ff.

[1985] *A.-R. Börner*, in: *J. Schwarze* (Hrsg.), Netzzugang im Wirtschaftsrecht, S. 137 (170); vgl. auch *Ph. Areeda*, 58 Antitrust L. J. (1990), S. 841 ff.

[1986] *A.-R. Börner*, in: *J. Schwarze* (Hrsg.), Netzzugang im Wirtschaftsrecht, S. 137 (179).

ners/Stena Sealink" und „*Rødby*". Erste Anwendungsfälle der Doktrin werden in der Literatur verschiedentlich bereits in den Entscheidungen „*London European/Sabena*" und „*British Midland/Air Lingus*" gesehen.[1987]

Im „*Sabena*"-Fall[1988] verweigerte die belgische Fluggesellschaft „Sabena" ihrer englischen Konkurrenzfirma „London European" die Aufnahme in ein rechnergestütztes Reservierungssystem[1989], welches von den meisten belgischen Reisevermittlern zur Reservierung und Buchung verwendet wurde. Dadurch bestand die Gefahr einer Wettbewerbsverdrängung auf der Flugroute London-Brüssel. Die Kommission erachtete die verweigerte Aufnahme, ohne ausdrücklich auf die „essential facilities" Lehre einzugehen, als Mißbrauch, weil Wettbewerbern Auskünfte über bestehende Reservierungen, die als wesentliche Dienstleistungen anzusehen seien, nicht mit der Absicht verweigert werden dürften, diese vom Markt zu verdrängen.[1990]

Auch in der Entscheidung zu „*British Midland/Air Lingus*"[1991] mußte die Kommission über Wettbewerbsprobleme im Luftverkehr entscheiden. Das marktbeherrschende Luftfahrtunternehmen „Air Lingus" verweigerte auf der Strecke London-Dublin einem neuen Anbieter, „British Midland", den Abschluß eines „Interlining-Abkommens"[1992]. Auch hierin sah die Kommission einen wesentli-

---

[1987] Vgl. insgesamt zur Entwicklung in Europa *M. A. Bergman*, ECLR 2000, S. 59 ff.; Reg TP, MMR 2000, S. 298 (303); *H. Fleischer/H. Weyer*, WuW 1999, S. 350 ff.; *J. Scherer*, MMR 1999, S. 315 (316); *Th. Lampert*, NJW 1999, S. 2235 f.; *Ch. Jung*, in: *E. Grabitz/M. Hilf* (Hrsg.), Das Recht der Europäischen Union, Art. 82 Rdnr. 216 ff.; *M. Müller*, EuZW 1998, S. 232 ff.; *A. Overd/B. Bishop*, ECLR 1998, S. 183 ff.; *P. Treacy*, ECLR 1998, S. 501 ff.; *K. Markert*, WuW 1995, S. 560; *W. Deselaers*, EuZW 1995, S. 563; *M. Furse*, ECLR 1995, S. 469 ff.; *D. Glasl*, ECLR 1994, S. 306 ff.; *U. Schnelle*, EuZW 1994, S. 556 ff.; *J. Temple Lang*, Fordham Corporate Law Institute 1994, S. 245 ff.; *J. S. Venit/J. J. Kallaugher*, Fordham Corporate Law Institute 1994, S. 315 ff.; *T. Cowen*, Fordham Corporate Law Institute 1995, S. 521 ff.; *R. Subiotto*, ECLR 1992, S. 234 ff.

[1988] EG-Kommission v. 4.11.1988, ABl. Nr. L 317/47 v. 24.11.1988, S. 47.

[1989] Zum Teil wurde die Aufnahme gewährt, jedoch nur unter diskriminierenden Bedingungen.

[1990] EG-Kommission v. 4.11.1988, ABl. Nr. L 317/47 v. 24.11.1988, S. 47 (52), Tz. 31.

[1991] EG-Kommission v. 26.2.1992, ABl. Nr. L 96/34 v. 10.4.1992, S. 34.

[1992] Interlining-Abkommen sind Vereinbarungen zwischen mehreren Luftfahrtunternehmen, die einem Unternehmen erlauben, Leistungen der anderen Unternehmen zu verkaufen, so daß lediglich ein Flugschein ausgestellt werden muß, selbst wenn einzelne Flugstrecken von der jeweils anderen Gesellschaft übernommen werden, EG-Kommission v. 26.2.1992, ABl. Nr. L 96/34 v. 10.4.1992, S. 34 (35), Tz. 3.

chen Dienst, der Konkurrenten nicht ohne sachliche Rechtfertigungsgründe verweigert werden dürfe.[1993]

Ausdrücklich Bezug genommen auf die „essential facilities doctrine" hat die Kommission schließlich in der *„Sealink I"* Entscheidung aus dem Jahre 1992.[1994] Das Unternehmen „Sealink", Eigentümerin und Betreiberin des Hafens von Holyhead (Nordwales), unterhielt zugleich einen Fährdienst von Wales nach Irland. Aufgrund einer Änderung des Fahrplans durch „Sealink" als Hafenbetreiberin wurde das konkurrierende Fährunternehmen „B&I" in seinem Fährbetrieb benachteiligt, da bei Einfahrt einer Sealink-Fähre in den Hafen der Ladevorgang von „B&I" infolge zu hohen Wasserstands im Hafenbecken unterbrochen werden mußte. Die Kommission befand, daß ein marktbeherrschendes Unternehmen als Eigentümer einer wesentlichen Einrichtung seine hierauf begründete Marktmacht nicht dazu verwenden darf, auf einem anderen, nachgelagerten Markt seine Position zu stärken. Vielmehr müsse sogar dem Konkurrenten Zugang zu gleichen Bedingungen gewährt werden.[1995]

Diesen Ansatz setzte sie in ihrer zweiten Entscheidung zu „Sealink" fort.[1996] Das Unternehmen „Sea Containers" begehrte Zugang zum Hafen von Holyhead, um einen Schnellfährdienst anzubieten. „Sealink" versuchte dies zu verhindern und gewährte zunächst nur Zugang zu diskriminierenden Bedingungen, bis sich die Parteien, nicht zuletzt auf Druck der Kommission, auf angemessene Bedingungen einigten. Dennoch nahm die Kommission den Fall zum Anlaß, ihre Rechtsauffassung durch formelle Entscheidung[1997] zu verkünden und wiederholte die bereits in *„Sealink I"* aufgestellten Grundsätze.[1998]

Auch die dritte Hafenentscheidung *„Rødby"*[1999] bestätigt die Kommissionspraxis. Die dänische Regierung untersagte der Reederei „Stena" die Benutzung des staatlich betriebenen Hafens von „Rødby", um Fährdienstleistungen

---

[1993] EG-Kommission v. 26.2.1992, ABl. Nr. L 96/34 v. 10.4.1992, S. 34 (41), Tz. 28 ff.

[1994] EG-Kommission v. 11.6.1992, XXII. Bericht über die Wettbewerbspolitik 1992, Tz. 219; vgl. hierzu *N. Maltby*, ECLR 1993, S. 223 ff.

[1995] EG-Kommission v. 11.6.1992, XXII. Bericht über die Wettbewerbspolitik 1992, Tz. 219.

[1996] EG-Kommission v. 21.12.1993, ABl. Nr. L 15/8 v. 18.1.1994, S. 8.

[1997] Statt eines „comfort-letters" (einfaches Verwaltungsschreiben).

[1998] EG-Kommission v. 21.12.1993, ABl. Nr. L 15/8 v. 18.1. 1994, S. 8 (16), Tz. 66.

[1999] EG-Kommission v. 21.12.1993, ABl. Nr. L 55/52 v. 26.2.1994, S. 52.

zwischen Dänemark und Deutschland zu erbringen. Die Kommission sah darin einen Verstoß gegen Art. 86 Abs. 1 i.V.m. Art. 82 EG, da der Zugang zu einer wichtigen Anlage verweigert wurde, auf die Wettbewerber angewiesen seien, um ihren Kunden eigene Dienstleistungen anbieten zu können.[2000]

Zusammenfassend bewertet die Kommission unter Berufung auf die „essential facilities doctrine" ein Verhalten als Mißbrauch nach Art. 82 EG[2001], wenn ein marktbeherrschendes Unternehmen, das eine wesentliche Einrichtung kontrolliert, den Zugang zu dieser Einrichtung verweigert bzw. nur zu ungünstigeren Bedingungen gewährt, das zugangsbegehrende Unternehmen aber in der Weise auf den Zugang angewiesen ist, daß es ohne diesen Zugang in seiner Wettbewerbstätigkeit behindert wird. Im Vergleich zur Doktrin unter Section 2 Sherman Act bleibt in den zitierten Kommissionsentscheidungen eine Voraussetzung unberücksichtigt: die Möglichkeit und Zumutbarkeit der Zugangsgewährung für das marktbeherrschende Unternehmen. Die Kommission hat folglich die „essential facilities doctrine" nicht vollständig rezipiert, sondern lediglich – unvollständig – in europäisches Gemeinschaftsrecht unter Art. 82 EG transferiert.

bb) EuGH

Grundlage der Rechtsprechungsentwicklung des EuGH sind die Entscheidungen in Sachen *„Commercial Solvents*" und *„United Brands*". Der EuGH erachtete dabei die Lieferverweigerung von marktbeherrschenden Unternehmen an Konkurrenten, um selbst die Nachfrage der Kunden zu befriedigen, jeweils als mißbräuchliches Verhalten einer marktbeherrschenden Stellung gemäß Art. 82 EG. In *„Commercial Solvents*"[2002] stellte ein Monopolunternehmen die Belieferung seines Kunden mit chemischen Rohstoffen, auf den dieser zur Herstellung seines Endprodukts angewiesen war, mit dem Ziel ein, selbst

---

[2000] EG-Kommission v. 21.12.1993, ABl. Nr. L 55/52 v. 26.2.1994, S. 52 (55), Tz. 12.

[2001] Neben dem Mißbrauch ist die marktbeherrschende Stellung auf dem sachlich, räumlich und zeitlich relevanten Markt erforderlich.

[2002] EuGH v. 22.1.1974, Rs. 6 und 7/73 (Commercial Solvents), Slg. 1974, S. 223 (252), Tz. 25.

auf dem Endproduktemarkt tätig zu werden. „*United Brands*“[2003] betraf den Belieferungsstop eines Großhändlers, weil dieser für ein Konkurrenzprodukt des marktbeherrschenden Unternehmens geworben hatte. Charakteristisch für diese Fälle der Lieferverweigerungen ist, daß die Belieferung von Kunden mit Gütern und Produkten, die grundsätzlich zur Veräußerung an Dritte vorgesehen waren, eingestellt wurde.[2004] Im Rahmen der Zugangsproblematik sollen wesentliche Einrichtungen aber gerade nicht durch Dritte genutzt werden. Insofern können diese Entscheidungen lediglich als Ausgangspunkt für den Zugang zu „essential facilities“ angesehen werden.

In Sachen „*Télémarketing*“[2005] nahm der EuGH sodann erstmals hierauf Bezug und beurteilte das Verhalten des luxemburgischen Fernsehsenders RTL wegen des verweigerten Zugangs zu einer wesentlichen Leistung als Mißbrauch einer marktbeherrschenden Stellung.[2006] Die Entscheidung, die in Literatur und Schrifttum zum Teil als Anwendungsfall der „essential facilities doctrine“[2007] oder als bloße Lieferverweigerung[2008] eingestuft wird, unterscheidet sich von den klassischen Lieferverweigerungsfällen lediglich dadurch, daß an Stelle der Lieferung eines Produkts, eine Dienstleistung (Sendezeit) nicht mehr zur Verfügung gestellt wurde. Unterschied zu den Fällen der Geschäftsverweigerung[2009] wurde jedoch die Gewährung der Leistung an die zusätzliche Nutzung der Telefonzentrale und des Personals geknüpft. Die Inanspruchnahme dieser Einrichtungen war erforderlich, um Télémarketing überhaupt anbieten zu kön-

---

[2003] EuGH v. 14.2.1978, Rs. 27/76 (United Brands), Slg. 1978, S. 207 (292 ff.), Tz. 130 ff. = NJW 1978, S. 2439 (2441 ff.).

[2004] *C. Bittner*, Drittzulassung zu Infrastruktureinrichtungen, S. 122.

[2005] EuGH v. 3.10.1985, Rs. 311/84 (CBEM/CLT und IPB), Slg. 1985, S. 3270 ff. = NJW 1986, 654 ff.

[2006] Vgl. bereits oben 3. Kap. A. IV. 2., S. 114.

[2007] *C. Bittner*, Drittzulassung zu Infrastruktureinrichtungen, S. 123; *R. Subiotto*, ECLR 1996, S. 234 (235); *D. Glasl*, ECLR 1994, S. 306 (309).

[2008] *S. Klaue*, RdE 1996, S. 51 (55); *K. Markert*, WuW 1995, S. 560 (562).

[2009] EuGH v. 22.1.1974, Rs. 6 und 7/73 (Commercial Solvents), Slg. 1974, S. 223 ff.; EuGH v. 3.10.1985, Rs. 311/84 (CBEM/CLT und IPB), Slg. 1985, S. 3270 = NJW 1986, 654 ff.; EuGH v. 13.12.1991, Rs. C-18/88 (RTT/GB-Inno-BM SA), Slg. 1991-I, S. 5973 ff. = EuZW 1992, S. 250 ff.

nen. Deshalb kann die Entscheidung als erste inhaltliche Annäherung an die Grundsätze der „essential facilities doctrine" bewertet werden.[2010]

Die Fälle „*RTT*"[2011] und „*British Telecom*"[2012] betrafen die Monopolisierung von nachgelagerten Drittmärkten. Die staatliche belgische Telefongesellschaft „RTT" versuchte, ihre Monopolstellung auf einem weiteren Markt auszuweiten, indem sie durch Normsetzung die Herstellung von Endgeräten von der Anschlußfähigkeit an ihr Netz abhängig machte.[2013] Auch „*British Telecom*" wollte sich in ähnlicher Weise durch autonome Benutzungsregelungen, den Markt für Telexmeldungen vorbehalten.[2014]

Als endgültige Rezeption der US-amerikanischen Grundsätze zu „essential facilities" wird die „*Magill*"-Entscheidung[2015] des EuGH gewertet.[2016] Andere ordnen diesen Fall unter Ausblendung seiner urheberrechtlichen Problematik lediglich als Liefer- oder Geschäftsverweigerung ein.[2017] In Irland und Nordirland dominierten drei Gesellschaften die Ausstrahlung von Fernsehsendungen und veröffentlichten jeweils einen wöchentlichen Fernsehprogrammführer mit ihren eigenen Programmen. Der Verlag „Magill TV Guide" beabsichtigte, eine Programmzeitschrift für alle Sender herauszugeben und benötigte deshalb entsprechende Programminformationen. Die Fernsehsender verweigerten jedoch unter Berufung auf irisches Recht, das die Zusammenstellung des Programms nach Inhalt, Tag und Zeit urheberrechtlich schützte, erfolgreich die Herausgabe der Informationen. Der EuGH sah darin den Mißbrauch einer marktbeherr-

---

[2010] *W. Deselaers*, EuZW 1995, S. 563 (Fn. 2).

[2011] EuGH v. 13.12.1991, Rs. C-18/88 (RTT/GB-Inno-BM SA), Slg. 1991-I, S. 5973 = EuZW 1992, S. 250.

[2012] EuGH v. 20.3.1985, Rs. 41/83 (Italien/Kommission), Slg. 1985, S. 873.

[2013] Vgl. oben 3. Kap. A. IV. 3., S. 115.

[2014] Vgl. oben 3. Kap. A. IV. 1., S. 112.

[2015] EuGH v. 6.4.1995, verb. Rs. C-241 und 242/91 P (Magill), Slg. 1995-I, S. 743 ff. = EuZW 1995, S. 339 ff. m. Anm. *R. Bechtold*, S. 345 ff.; vgl. hierzu *R. Greaves*, ECLR 1995, S. 244 ff.

[2016] *W. Jaeger*, in: *J. Schwarze* (Hrsg.), Netzzugang im Wirtschaftsrecht, S. 121 (123); *P. Mennicke*, ZHR 160 (1996), S. 626 (649); *W. Deselaers*, EuZW 1995, S. 563; *V. Emmerich*, Kartellrecht, § 38 Rdnr. 10; *H. Schröter*, in: *H.v.d. Groeben/J. Thiesing/C.-D. Ehlermann* (Hrsg.), EU-/EG-Vertrag, Art. 86 Rdnrn. 214 (unter Bezugnahme auf British Midland/Air Lingus); vgl. auch *M. Montag*, EuZW 1997, S. 71 (75) m.w.N.

[2017] *S. Klaue*, RdE 1996, S. 51 (56); *M. Meinhardt*, Immaterialgüterrechte, S. 162.

schenden Stellung, da Magill auf diese Informationen zwingend angewiesen sei, um eine wöchentliche Programmzeitschrift herzustellen.[2018] Die Fernsehsender wollten sich vielmehr durch die verweigerte Information einen nachgeordneten Markt, den Markt für wöchentliche Fernsehzeitschriften, sichern und Konkurrenz ausschließen.[2019] Von besonderer Bedeutung waren die Ausführungen des Gerichts zum Spannungsverhältnis zwischen Immaterialgüter- und Wettbewerbsrecht.[2020] In Anknüpfung an seine Entscheidung „*Volvo Veng*“[2021] wiederholte der EuGH zunächst, daß die Berufung auf ein gewerbliches Schutzrecht und die Verweigerung einer immaterialgüterrechtlichen Lizenz für die Nutzung des Schutzrechts als solche keinen Mißbrauch darstellen. Jedoch sei die Ausübung eines ausschließlichen Rechts unter „außergewöhnlichen Umständen“ als mißbräuchliches Verhalten zu bewerten.[2022] Solche außergewöhnlichen Umstände sah er in „Magill“ in folgenden drei Punkten: es bestehe (1) für eine wöchentliche, alle Sender umfassende Programmzeitschrift ein potentieller Bedarf der Nachfrager, für den es keinen tatsächlichen Ersatz gebe, (2) das Verhalten der Fernsehsender (Lizenzverweigerung) sei nicht gerechtfertigt (ohne nähere Begründung) und (3) die Sender wollten sich einen nachgeordneten Markt vorbehalten.[2023] Obwohl der EuGH, auf die „essential facilities doctrine“ nicht explizit abstellte, werden deren Voraussetzungen von einem Teil der Literatur zumindest der Sache nach als erfüllt betrachtet.[2024] Kennzeichnend für außergewöhnliche Umstände sei die fehlende Substitutionsmöglichkeit der Einrichtung und die Ausdehnung der Marktmacht auf nachgelagerte Märkte, wie

---

[2018] EuGH v. 6.4.1995, verb. Rs. C-241 und 242/91 P (Magill), Slg. 1995-I, S. 743 (824), Tz. 54 = EuZW 1995, S. 339 (342).

[2019] EuGH v. 6.4.1995, verb. Rs. C-241 und 242/91 P (Magill), Slg. 1995-I, S. 743 (824), Tz. 54 = EuZW 1995, S. 339 (342).

[2020] Vgl. hierzu *M. Montag*, EuZW 1997, S. 71 ff.; *M. Meinhardt*, Immaterialgüterrechte, S. 166 ff.; *E.-J. Mestmäcker*, in: *P. Badura*/*R. Scholz* (Hrsg.), Wege und Verfahren des Verfassungslebens, Fs. f. *Peter Lerche*, S. 419 ff.; *Th. Eilmannsberger*, EuZW 1992, S. 625 ff.

[2021] EuGH v. 5.10.1988, Rs. C-238/87 (Volvo Veng), Slg. 1988, S. 6211 (6235), Tz. 8 = NJW 1990, S. 628.

[2022] EuGH v. 5.10.1988, Rs. C-238/87 (Volvo Veng), Slg. 1988, S. 6211 (6235), Tz. 9 = NJW 1990, S. 628.

[2023] EuGH v. 6.4.1995, verb. Rs. C-241 und 242/91 P (Magill), Slg. 1995-I, S. 743 (824), Tz. 54 ff. = EuZW 1995, S. 339 (342); *M. Müller*, EuZW 1998, S. 232 (236).

[2024] Vgl. oben Fn. 2016.

sie die Doktrin vorsieht. Auch könne die Verweigerung des Zugangs nur aufgrund sachlicher Gründe gerechtfertigt sein.[2025]

Ausdrücklichen Bezug auf „essential facilities“ nahm das Gericht Erster Instanz im Urteil „*European Night Services*“[2026] vom 15. September 1998. Am Maßstab des Art. 81 Abs. 1 EG wurde eine Vereinbarung zwischen mehreren europäischen Eisenbahngesellschaften und dem eigens durch diese Gesellschaften gegründeten Gemeinschaftsunternehmen „European Night Services Ltd. (ENS)“ geprüft.[2027] ENS hatte sich auf die nächtliche Bahn-Personenbeförderung durch den Kanaltunnel spezialisiert und bekam zu diesem Zweck von englischen, niederländischen, französischen und deutschen Bahnunternehmen auf vier transkontinentaleuropäischen Routen Eisenbahnzüge auf deren Schienenwegen einschließlich Lokomotiven, Zugausstattung und -personal, Reisebetreuungs- und Reinigungsdiensten zur Verfügung gestellt. Im Rahmen der Prüfung des Kartellverbots nach Art. 81 Abs. 1 EG befaßte sich das Gericht auch mit „essential facilities“ und stellte hierfür erstmals maßgebliche Kriterien auf: Infrastrukturen, Produkte und Dienstleistungen werden nur dann als erforderlich oder wesentlich angesehen, wenn sie nicht austauschbar sind und es für sie aufgrund ihrer besonderen Eigenschaften keine wirtschaftlichen Alternativen gibt.[2028] Als charakteristisch gelten vor allem irreversible Kosten der Errichtung, aber auch die Zeit, die vernünftigerweise erforderlich ist, um wesentliche Einrichtungen zu ersetzen. Die Anforderungen an „essential facilities“ wurden dadurch – erstmals gerichtlich – näher konkretisiert und auf das Erfordernis der „viable alternatives“ fokussiert[2029].

[2025] *P. Mennicke*, ZHR 160 (1996), S. 626 (649).

[2026] EuG v. 15.9.1998, verb. Rs. T-372-375/94, T-384/94 und T-388/94 (European Night Service), Slg. 1998-II, S. 3141 ff. Bereits im Verfahren Ladbroke (Rs. T-564/93, Slg. 1997-II, S. 923 (969), Tz. 131 f.) verneinte das EuG mit Urteil v. 12.6.1997 das Vorliegen der Grundsätze der Magill-Entscheidung, ohne diese näher zu konkretisieren.

[2027] EuG v. 15.9.1998, verb. Rs. T-372-375/94, T-384/94 und T-388/94 (European Night Service), Slg. 1998-II, S. 3141 (3152), Tz. 9.

[2028] EuG v. 15.9.1998, verb. Rs. T-372-375/94, T-384/94 und T-388/94 (European Night Service), Slg. 1998-II, S. 3141 (3223), Tz. 209.

[2029] *J. Scherer*, MMR 1999, S. 315 (317).

Einen ähnlichen Ansatz verfolgt der EuGH in seinem jüngsten Urteil vom 26. November 1998 zur Zugangsproblematik. Der Fall „Bronner"[2030] betrifft die Weigerung eines marktbeherrschenden Presseunternehmens in Österreich, die Tageszeitung eines Konkurrenzunternehmens in das eigene, landesweite Vertriebssystem zur persönlichen Hauszustellung der Abonnenten gegen Zahlung eines angemessenen Entgelts aufzunehmen.[2031] Die „Bronner GmbH & Co. KG" beruft sich dabei als Herstellerin und Vertreiberin der Zeitung „Der Standard" gegenüber der „Mediaprint Zeitungs- und Zeitschriftenverlag GmbH & Co. KG", die den „Kurier" und die „Neue Kronen Zeitung" herausgibt, auf Zugang zum Vetriebssystem, da ihr aufgrund des geringen Abonnentenanteils die Organisation eines eigenen Systems wirtschaftlich unmöglich sei, die Postzustellung am späten Nachmittag keine Alternative darstelle und schließlich auch die Zeitung „Wirtschaftsblatt" in das Vertriebssystem aufgenommen worden sei, obwohl diese nicht von Mediaprint verlegt werde.[2032] Mediaprint macht hiergegen geltend, sie habe ihr Vertriebssystem mit erheblichem finanziellen und administrativen Aufwand aufgebaut, die Kapazität des Systems werde bei Aufnahme sämtlicher österreichischer Tageszeitungen überfordert, eine Diskriminierung liege deshalb nicht vor, da das „Wirtschaftsblatt" neben der Hauszustellung zusätzliche, andere Leistungen nachfrage.[2033]

Der EuGH bezieht sich in seiner Entscheidung ausdrücklich auf die Urteile „*Commercial Solvents*"[2034], „*CBEM*"[2035] und „*Magill*"[2036] ohne allerdings die „essential facilities doctrine" der Kommission heranzuziehen und fordert für den Mißbrauch, daß (1) die Zugangsverweigerung geeignet sein müsse, jeglichen

[2030] EuGH v. 26.11.1998, Rs. C-7/97 (Bronner), Slg. 1998-I, S. 7791 ff. = NJW 1999, S. 2259 ff. = EuZW 1999, S. 86 ff. m. Anm. *D. Ehle*, S. 89 f. = EWiR 1999, S. 123 ff. m. Anm. *Th. Lampert*.

[2031] Vgl. hierzu allgemein *M. A. Bergman*, ECLR 2000, S. 59 ff.; *J. Scherer*, MMR 1999, S. 315 (317 ff.); *H. Fleischer/H. Weyer*, WuW 1999, S. 350 (353 ff.); *Th. Lampert*, NJW 1999, S. 2235 f.

[2032] EuGH v. 26.11.1998, Rs. C-7/97 (Bronner), Slg. 1998-I, S. 7791 (7821), Tz. 8 = NJW 1999, S. 2259.

[2033] EuGH v. 26.11.1998, Rs. C-7/97 (Bronner), Slg. 1998-I, S. 7791 (7821), Tz. 9 = NJW 1999, S. 2259.

[2034] Vgl. oben Fn. 2002.

[2035] Vgl. oben Fn. 2005.

[2036] Vgl. oben Fn. 2015.

Wettbewerb auf dem nachgelagerten Markt auszuschalten, (2) die in Anspruch genommene Dienstleistung zur Aufnahme der wirtschaftlichen Tätigkeit unentbehrlich sei, d.h. aus technischen, rechtlichen oder wirtschaftlichen Gründen kein tatsächlicher oder potentieller Ersatz bestehe und (3) keine objektiven Rechtfertigungsgründe für die Verweigerung vorlägen.[2037] Dabei läßt er ausdrücklich offen, ob die Grundsätze zum gewerblichen Eigentum, wie in „Magill" herausgearbeitet, auf die Ausübung „beliebiger Eigentumsrechte" zu übertragen sind.[2038] Im streitgegenständlichen Fall stehe fest, daß andere Vertriebswege tatsächlich bestehen (Postzustellung, Laden- und Kioskverkauf) und diese auch genutzt werden, selbst wenn sie unkomfortabler sind.[2039] Der Aufbau und die Errichtung eines eigenen Hauszustellungssystems sei aus technischen, rechtlichen oder wirtschaftlichen Gründen weder unmöglich noch unzumutbar; die Zulassung zum System nicht allein schon deshalb unentbehrlich bzw. unverzichtbar, weil dem Wettbewerber die Schaffung eines eigenen Zustellungssystems wegen der geringeren Auflagenhöhe unrentabel erscheine.[2040] Abgestellt werden dürfe nicht auf ein System für geringere Auflagen, sondern auf den mit einem eigenen Vertriebssystem verbundenem Zweck, Wettbewerb gleichberechtigt aufzunehmen und die Flächendeckung und den Vertrieb zu erhöhen.[2041] Deshalb müsse zumindest dargetan werden, daß der Investitionsaufwand für ein zweites Vertriebssystem mit vergleichbarer Kapazität unrentabel wäre und einen vernünftigen Unternehmer vom Eintritt in den Markt abhielte.[2042]

Das im Schrifttum zum Teil als Zurückdämmung[2043] bzw. Reduzierung auf einen berechtigten Kernbereich[2044] der „essential facilities doctrine" bewertete

---

[2037] EuGH v. 26.11.1998, Rs. C-7/97 (Bronner), Slg. 1998-I, S. 7791 (7831), Tz. 41 = NJW 1999, S. 2259 (2261).

[2038] EuGH v. 26.11.1998, Rs. C-7/97 (Bronner), Slg. 1998-I, S. 7791 (7831), Tz. 41 = NJW 1999, S. 2259 (2261).

[2039] EuGH v. 26.11.1998, Rs. C-7/97 (Bronner), Slg. 1998-I, S. 7791 (7831), Tz. 43 = NJW 1999, S. 2259 (2261).

[2040] EuGH v. 26.11.1998, Rs. C-7/97 (Bronner), Slg. 1998-I, S. 7791 (7831), Tz. 44 = NJW 1999, S. 2259 (2262).

[2041] EuGH v. 26.11.1998, Rs. C-7/97 (Bronner), Slg. 1998-I, S. 7791 (7832), Tz. 45 f. = NJW 1999, S. 2259 (2262).

[2042] EuGH v. 26.11.1998, Rs. C-7/97 (Bronner), Slg. 1998-I, S. 7791 (7832), Tz. 46 = NJW 1999, S. 2259 (2262).

[2043] *J. Scherer*, MMR 1999, S. 315 (318); weiteren Klärungsbedarf sieht in seiner Urteilsanmerkung *D. Ehle*, EuZW 1999, S. 89 (90).

„*Bronner*"-Urteil des EuGH greift die bereits in „Magill" entwickelten Grundsätze auf, konkretisiert und verschärft sie zugleich auch weiter. Ohne auf den Begriff der „wesentlichen Einrichtungen" näher einzugehen, arbeitet der Gerichtshof die Anforderungen für deren Substitution durch die Zugangspetenten heraus. Der EuGH verschiebt die entscheidende Frage nach dem Vorliegen einer „essential facility" und der Abhängigkeit der Zugangspetenten hiervon auf das Kriterium der möglichen oder zumutbaren Substitution durch die Wettbewerber. In casu verweist er die Antragsteller auf andere Vertriebswege ohne darauf einzugehen, ob diese Alternativen tatsächlich einen gleichwertigen Ersatz bieten. Da er aber bzgl. der Rentabilitätsaussichten eines zweiten Hauszustellungssystems den Vertrieb von Tageszeitungen mit vergleichbarer Auflagenhöhe heranzieht, wird deutlich, daß sich der Zugangsanspruch gerade nach einer zumutbaren, adäquaten Substitution beurteilt. Verglichen mit den MCI-Grundsätzen der „essential facilities doctrine", liegen jedoch auch nach den Voraussetzungen des EuGH – ähnlich dem Kommissionsansatz[2045] – Defizite vor. Anders als im US-Recht stellt der Gerichtshof nur auf die mögliche und zumutbare Substitution der Einrichtung durch die Wettbewerber, jedoch nicht auf die mögliche und zumutbare Zugangsgewährung[2046] seitens des Marktbeherrschers ab.

Zusammenfassend lassen sich nach gegenwärtigem Stand der EuGH-Rechtsprechung folgende Voraussetzungen für den Mißbrauch einer marktbeherrschenden Stellung bei verweigertem Zugang aufstellen:

(1) Der Zugang zu einer Einrichtung muß für die Aufnahme der Wettbewerbstätigkeit auf einem dem Zugangsmarkt nachgelagerten Markt unentbehrlich sein, d.h. eine entsprechende Einrichtung kann aus technischen, rechtlichen oder wirtschaftlichen Gründen nicht in zumutbarer Weise substitutiert werden.[2047]

(2) Der verweigerte Zugang ist deshalb geeignet, jeglichen Wettbewerb auf nachgelagerten Märkten auszuschließen.

[2044] *H. Fleischer*/*H. Weyer*, WuW 1999, S. 350 (363); den Ausnahmecharakter der Doktrin klarstellend *Th. Lampert*, NJW 1999, S. 2235 (2236).

[2045] Vgl. oben 4. Kap. C. II. 1. b) aa), S. 346.

[2046] Vgl. oben 4. Kap. C. II. 1. a), S. 344.

[2047] A.A. *H.-P. Schwintowski*, WuW 1999, S. 842 (849), der das Merkmal der Duplizierbarkeit als überflüssig erachtet, da es im Marktbezug zwischen vor- und nachgelagerten Märkten aufgehe.

(3) Der verweigerte Zugang darf nicht aus objektiven Gründen gerechtfertigt sein.[2048]

c) Zugang zu wesentlichen Einrichtungen in der Telekommunikation nach der Kommissionsmitteilung (1998)

In ihrer Mitteilung über die Anwendung der Wettbewerbsregeln auf Zugangsvereinbarungen im Telekommunikationsbereich vom August 1998[2049] erklärt die Kommission ausdrücklich die Grundsätze der „essential facilities doctrine", wie sie im Verkehrsbereich in den Entscheidungen „Sealink II"[2050] und „Rødby"[2051] entwickelt wurden, für den Bereich der Telekommunikation für anwendbar, nimmt gleichzeitig aber auch Bezug auf die oben dargestellte Rechtsprechung des EuGH.[2052] Die Kontrahierungspflicht für marktbeherrschende Telekommunikationsunternehmen soll anhand einer Gesamtzahl von Kriterien geprüft werden: Danach muß

(1) der Zugang zur Einrichtung eine wesentliche Voraussetzung dafür sein, daß sich zugangsbegehrende Unternehmen im allgemeinen am Wettbewerb im betreffenden Markt beteiligen können,

(2) der Eigentümer der Einrichtung entweder die Nachfrage auf einem bestehenden Dienste- oder Produktmarkt nicht befriedigen, die Entstehung neuer potentieller Dienste oder Produkte verhindern oder den Wettbewerb auf bestehenden oder potentiellen Dienste- oder Produktmärkten beeinträchtigen,

(3) das zugangsbegehrende Unternehmen bereit sein, ein angemessenes Entgelt zu zahlen und ansonsten nicht diskriminierende Zugangsbedingungen akzeptieren,

(4) eine ausreichende Kapazität zur Bereitstellung des Zugangs zur Verfügung stehen und schließlich darf,

---

2048 *J. Scherer*, MMR 1999, S. 315 (318); vgl. auch *H. Fleischer/H. Weyer*, WuW 1999, S. 350 (357 ff.).

2049 Vgl. hierzu bereits oben 3. Kap. A. IV. 4. b), S. 119 f.

2050 Vgl. oben Fn. 1996.

2051 Vgl. oben Fn. 1999.

2052 *EG-Kommission*, Mitteilung 1998, Tz. 88.

(5) die Zugangsverweigerung nicht sachlich gerechtfertigt sein.[2053]

Die Wesentlichkeit des Zugangs für den Markteintritt bezieht sich dabei nicht allein auf das konkret zugangsbegehrende Unternehmen, sondern muß im allgemeinen – abgesehen von außergewöhnlichen Wettbewerbern, ohne daß näher konkretisiert wird, welche hierunter zu verstehen sind – für alle in den Markt eintretenden Unternehmen bestehen.[2054] Für das physische Netz, Teilnehmeranschlußleitungen oder Mietleitungen, aber auch für Informationen oder Einrichtungen zur Vermarktung der Dienstleistung wie etwa die Telefonauskunft oder Telefonverzeichnisse bejaht die Kommission diese Voraussetzung.[2055] Der Zugang ist immer dann wesentliche Wettbewerbsvoraussetzung, wenn dessen Verweigerung dazu führt, daß die beabsichtigte Tätigkeit nicht aufgenommen oder auf unvermeidbare Weise in hohem Maße unwirtschaftlich wird.[2056] In Übereinstimmung mit dem EuGH verlagert die Kommission somit den Anknüpfungspunkt der Zusammenschaltung von der „wesentlichen Einrichtung des marktbeherrschenden Unternehmens" zur „Wesentlichkeit des Zugangs für die Wettbewerbsbeteiligung" der Konkurrenten. Auf den in der Literatur[2057] umstrittenen Begriff der wesentlichen Einrichtung – lediglich Infrastruktureinrichtungen oder auch immaterielle Güter wie Informationen – kommt es deshalb nicht mehr entscheidend an.

Die zweite Voraussetzung – Wettbewerbsbeeinträchtigung auf einem bestehenden oder potentiellen Dienste- oder Produktmarkt (Dienstleistungsmarkt) – zeigt, daß zwei relevante Märkte, der Zugangs- und der nachgelagerte Dienstemarkt unterschieden werden müssen.[2058] Eine vertikale Integration des marktbeherrschenden Unternehmens, d.h. dessen Marktteilnahme auch auf dem Dienstleistungsmarkt, ist indessen nicht Voraussetzung.[2059] Insofern ge-

[2053] *EG-Kommission*, Mitteilung 1998, Tz. 91; *M. Haag*, in: *J. Schwarze* (Hrsg.), Netzzugang im Wirtschaftsrecht, S. 57 (64).

[2054] *EG-Kommission*, Mitteilung 1998, Tz. 91 lit a).

[2055] *EG-Kommission*, Mitteilung 1998, Tz. 49 f.

[2056] *EG-Kommission*, Mitteilung 1998, Tz. 91 lit. a).

[2057] *H.-J. Bunte*, WuW 1997, S. 302 (315 f.); *W. Deselaers*, EuZW 1995, S. 563 (567); *U. Schnelle*, EuZW 1994, S. 556 (557).

[2058] *H.-P. Schwintowski*, WuW 1999, S. 842 (850); *W. Deselaers*, EuzW 1995, S. 563 (564).

[2059] *Ch. Jung*, in: *E. Grabitz/M. Hilf* (Hrsg.), Das Recht der Europäischen Union, Art. 86 Rdnr. 350; a.A. *M. Müller*, EuZW 1998, S. 232 (235).

nügt es, daß die Entstehung eines neuen Dienstes oder Produkts verhindert wird. Auch in diesem Punkt weicht die Kommission für den Telekommunikationsbereich von ihrer früheren, vertikal integrierte Unternehmen betreffenden Entscheidungspraxis ab.[2060]

Ausdrücklich erwähnt wird schließlich die der „essential facilities doctrine" immanente Verpflichtung zur Zahlung eines angemessenen Entgelts sowie das Erfordernis ausreichender Kapazität.[2061] Beachtenswert sind zudem die Kommissionserwägungen zu den sachlichen Rechtfertigungsgründen. Ein Grund, den Zugang berechtigterweise zu verweigern, kann in übermäßigen (technischen) Schwierigkeiten bei der Zugangsgewährung bestehen oder darin, daß dem Eigentümer, der unter Investitionsaufwand einen neuen Dienst oder ein neues Produkt einführt, angemessene Zeit zu gewähren ist, um seine Einrichtung zur Markteinführung des Produkts nutzen zu können.[2062] Dadurch wird marktbeherrschenden Unternehmen Bestands- und Investitionsschutz gewährt und gleichzeitig ein Anreiz für Innovationswettbewerb geschaffen.

2. Zusammenschaltung nach Art. 82 EG im Lichte der Entscheidungspraxis der Kommission und Rechtsprechung des EuGH

Anhand eines wertenden Vergleichs zwischen den Kommissionskriterien zur Anwendung der „essential facilities doctrine" im Telekommunikationsrecht mit den Grundsätzen wie sie der EuGH in Sachen „*Bronner*" aufgestellt hat, soll die Zusammenschaltung von Telekommunikationsnetzen nach Art. 82 EG untersucht und bewertet werden.

[2060] Vgl. hierzu *M. Meinhardt*, Immaterialgüterrechte, S. 155 f.

[2061] *EG-Kommission*, Mitteilung 1998, Tz. 91 lit. b).

[2062] *EG-Kommission*, Mitteilung 1998, Tz. 91 lit. e).

a) Unentbehrlichkeit des Zugangs als wesentliche Voraussetzung der Wettbewerbsaufnahme

Während es die Kommission für ausreichend erachtet, daß der Zugang eine *wesentliche Voraussetzung* für den Markteintritt der Konkurrenten darstellt[2063], formuliert der EuGH schärfer und verlangt die *Unentbehrlichkeit des Zugangs* für die konkrete Ausübung der Wettbewerbstätigkeit[2064]. Der entscheidende Beurteilungsmaßstab richtet sich nach seiner Auffassung unter Bezugnahme auf den Schlußantrag des Generalanwalts Jacob[2065] danach, ob ein Unternehmer, der von der Nachfrage der nachgelagerten Dienstleistung überzeugt ist, aufgrund des erforderlichen Investitionsaufwandes dennoch davon abgehalten wird, in den Markt einzutreten.[2066] Der EuGH nimmt damit eine wirtschaftliche Rentabilitätsbetrachtung vor, die Anlaufverluste unbeachtet läßt und auf langfristige Absatzchancen abstellt.[2067]

Angesichts der Grundrechtsrelevanz der konkurrentennützigen Inanspruchnahme fremder Netze sind mit dem EuGH möglichst hohe Anforderungen an den Zugangsanspruch zu stellen.[2068] Eine (uferlose) Ausdehnung des Anspruchs auf sämtliche nur denkbaren Wirtschaftsgüter, die für Konkurrenten von Nutzen und bei eigener Errichtung mit Investitionsaufwand verbunden sind, ist, wie der Fall „Bronner" zeigt, aus volkswirtschaftlichen Gründen und wegen verlorener Investititions- und Innovationsanreize zu vermeiden.[2069]

Sowohl die Netzzusammenschaltung als auch der Zugang zur Teilnehmeranschlußleitung ist nach wie vor unentbehrliche Voraussetzung zur Wettbewerbsaufnahme in der Telekommunikation.[2070] Neue Anbieter sind zwingend

[2063] Vgl. oben 4. Kap. C. II. 1. b) aa), S. 346.

[2064] Vgl. oben 4. Kap. C. II. 1. b) bb), S. 349.

[2065] Schlußanträge des Generalanwalts Francis G. Jacobs v. 28.5.1998, Slg. 1998-I, S. 7794 (7814), Tz. 68.

[2066] EuGH v. 26.11.1998, Rs. C-7/97 (Bronner), Slg. 1998-I, S. 7791 (7832), Tz. 46 = NJW 1999, S. 2259 (2262).

[2067] *H. Fleischer/H. Weyer*, WuW 1999, S. 350 (360).

[2068] *H. Fleischer/H. Weyer*, WuW 1999, S. 350 (355); vgl. hierzu *H.-J. Bunte*, WuW 1997, S. 302 (311 f.); *U. Schnelle*, EuZW 1994, S. 556 (559 f.).

[2069] *H. Fleischer/H. Weyer*, WuW 1999, S. 350 (356).

[2070] Vgl. oben 4. Kap. A. VI. 1. c), S. 274.

auf die Infrastruktur ehemals staatlicher Monopolbetreiber angewiesen, um Telekommunikationsdienstleistungen erbringen zu können.[2071]

b) Wettbewerbsbeeinträchtigung auf nachgelagerten Märkten als Folge des verweigerten Zugangs

Einerseits strengere, andererseits aber auch geringere Voraussetzungen als die Kommission (Beeinträchtigung, Verhinderung oder Nichtbefriedigung der Nachfrage)[2072] stellt der EuGH auf, wenn er verlangt, daß die Verweigerung des Zugangs geeignet sein muß, *jeglichen* Wettbewerb auf nachgelagerten Märkten auszuschließen.[2073] Während sich der EuGH mit der Geeignetheit des Wettbewerbsausschlusses desjenigen begnügt, der *konkret* den Zugang begehrt, muß nach der Kommission der Zugang *allgemein* für sämtliche Wettbewerber erforderlich sein. Angesichts der bisherigen europäischen und nationalen Wettbewerbsrechtsprechung und -praxis, die bereits vielfach in bloßen Beeinträchtigungen des Wettbewerbs ein mißbräuchliches Verhalten sieht[2074], genügt mit der Kommission eine Wettbewerbsbeeinträchtigung auf nachgelagerten Märkten als weitere Voraussetzung des Mißbrauchs.[2075] Die Verweigerung des Zugangs muß deshalb, entgegen dem EuGH, nicht zu einem völligen Ausschluß des Wettbewerbs führen.[2076]

Der verweigerte Zugang zur Teilnehmeranschlußleitung in der Telekommunikation beeinträchtigt den Wettbewerb auf nachgelagerten Sprachtelefondienstmärkten bzw. ist geeignet, den Wettbewerb durch Zusammenschaltungspetenten auf solchen Märkten gänzlich auszuschließen. Dies gilt allgemein auch für verweigerte Netzzusammenschaltungen, sofern sie zur Aufnahme der Wett-

---

[2071] *Monopolkommission*, Wettbewerb auf Telekommunikations- und Postmärkten?, Tz. 75.

[2072] Vgl. oben 4. Kap. C. II. 1. b) aa), S. 346.

[2073] Vgl. oben 4. Kap. C. II. 1. b) bb), S. 349; *W. Jaeger*, in: *J. Schwarze* (Hrsg.), Netzzugang im Wirtschaftsrecht, S. 121 (124).

[2074] Vgl. zu den vielfältigen Gestaltungen des Mißbrauchs *Ch. Jung*, in: *E. Grabitz/M. Hilf* (Hrsg.), Das Recht der Europäischen Union, Art. 82 Rdnrn. 137 ff.; *H. Schröter*, in: *H.v.d. Groeben/J. Thiesing/C.-D. Ehlermann* (Hrsg.), EU-/EG-Vertrag, Art. 87 Rdnrn. 142 ff.

[2075] *H.-P. Schwintowski*, WuW 1999, S. 842 (850).

[2076] A.A. *H. Fleischer/H. Weyer*, WuW 1999, S. 350 (361).

bewerbstätigkeit unentbehrlich sind. Denn bereits in der Unentbehrlichkeit der Zusammenschaltung ist die Wettbewerbsbeeinträchtigung bzw. der -ausschluß infolge der Zugangsverweigerung als mißbräuchliches Verhalten begründet. Steht fest, daß der Zugang für Wettbewerber unentbehrlich ist, um in den Markt eintreten zu können, so liegt in der Regel die Voraussetzung der Wettbewerbsbeeinträchtigung vor. Die insofern herausgestellte Verknüpfung zwischen Unentbehrlichkeit und Beeinträchtigung beruht nicht so sehr auf einem Funktionszusammenhang[2077], sondern vielmehr auf einer der Unentbehrlichkeit inhärenten Wettbewerbsbehinderung für den Fall der Zugangsverweigerung. Im Ergebnis beeinträchtigt der verweigerte Netzzugang in der Telekommunikation den Wettbewerb auf nachgelagerten Dienstemärkten bzw. schließt diesen sogar aus. Eine Zusammenschaltungspflicht für marktbeherrschende Betreiber besteht somit auch nach allgemeinen Wettbewerbsregeln, sofern nicht objektive Rechtfertigungsgründe für eine Zugangsverweigerung eingreifen.

c) Fehlen objektiver Rechtfertigungsgründe

Drittes wesentliches Kriterium einer Zusammenschaltungspflicht nach Art. 82 EG ist das Fehlen objektiver Rechtfertigungsgründe. Sowohl die Kommission[2078] als auch der EuGH[2079] im obiter dictum der „*Bronner*"-Entscheidung fordern die Zahlung eines *angemessenen Entgelts*. Im Umkehrschluß begründet deshalb die Verweigerung eines angemessenen Entgelts einen objektiven Rechtfertigungsgrund hinsichtlich der Zusammenschaltungsverweigerung.[2080] Welche Kriterien und Maßstäbe hierfür bestehen und wie sich das Entgelt berechnet, bleibt auch nach dem Verfahren „*Bronner*" offen.[2081] Im Telekommunikationssektor ist es der entscheidende Faktor für die Verhältnismäßigkeit der Anordnung.[2082]

[2077] In diesem Sinne *J. Scherer*, MMR 1999, S. 315 (319).

[2078] Vgl. oben 4. Kap. C. II. 1. b) aa), S. 346.

[2079] Vgl. oben 4. Kap. C. II. 1. b) bb), S. 349.

[2080] *M. Müller*, EuZW 1998, S. 232 (235); *K. Markert*, WuW 1995, S. 560 (565); *A. Klimisch*/*M. Lange*, WuW 1998, S. 15 (24).

[2081] *J. Scherer*, MMR 1999, S. 315 (319).

[2082] *A. Klimisch*/*M. Lange*, WuW 1998, S. 15 (24).

d) Rechtsfolge

Art. 82 EG enthält ein unmittelbares Verbot des Mißbrauchs einer marktbeherrschenden Stellung[2083], jedoch keine positive Regelung, wie diesem Mißbrauch zu begegnen ist. Solche Befugnisse finden sich in der auf der Ermächtigungsgrundlage des Art. 83 EG basierenden und unmittelbar geltenden Verordnung Nr. 17 vom 6.2.1962.[2084] Art. 3 Abs. 1 der Verordnung Nr. 17 ermächtigt die Kommission auf Antrag oder von Amts wegen, Zuwiderhandlungen gegen Art. 82 EG festzustellen und Unternehmen, die sich mißbräuchlich verhalten, durch Entscheidung dazu zu verpflichten, die Zuwiderhandlung abzustellen.[2085] Durchgesetzt werden können solche förmlich angeordneten Maßnahmen nach Art. 15 Abs. 2 a), 16 Abs. 1 a) VO Nr. 17 durch Verhängung von Buß- und Zwangsgeldern.[2086]

Die gegen den Mißbrauch einer marktbeherrschenden Stellung gerichtete Maßnahme im Telekommunikationssektor ist die Anordnung des Netzzugangs oder speziell der Zusammenschaltung. Dabei kann die Kommission nicht nur das „Ob", sondern auch das „Wie" der Zusammenschaltung regeln, wenn der Zugang zwar grundsätzlich, jedoch nur unter mißbräuchlichen Bedingungen gewährt wird.

3. Wesentliche Leistungen i.S.d. § 33 Abs. 1 TKG

Der Begriff der „wesentlichen Einrichtung" i.S. der „essential facilities doctrine" ist nicht mit dem Begriff der „wesentlichen Leistungen" nach § 33 Abs. 1

[2083] Vgl. nunmehr auch § 19 GWB n.F.

[2084] Verordnung Nr. 17 – Erste Durchführungsverordnung zu den Artikeln 85 und 86 des Vertrags, ABl. EG v. 6.2.1962, S. 204.

[2085] *K. L. Ritter*, in: *U. Immenga/E.-J. Mestmäcker* (Hrsg.), EG-Wettbewerbsrecht, Art. 3 VO Nr. 17 Rdnrn. 40 ff.; *M. Müller*, EuZW 1998, S. 232 (236, Fn. 44).

[2086] *G. Dannecker*, in: *U. Immenga/E.-J. Mestmäcker* (Hrsg.), EG-Wettbewerbsrecht, Art. 15 VO Nr. 17 Rdnrn. 55 ff., Art. 16 VO Nr. 17 Rdnr. 8; *M. Müller*, EuZW 1998, S. 232 (236, Fn. 44).

S. 1 TKG gleichzusetzen.[2087] Die Regulierungsbehörde stellt dies in ihrer Entscheidungen vom 21.2.2000/14.3.2000 zu Fakturierungen und Inkassoleistungen der Deutschen Telekom beim Call-by-Call Verfahren[2088] ausdrücklich fest.[2089] § 33 TKG könne nicht durch den weiten Mißbrauchsbegriffs des Art. 82 EG ausgefüllt werden; der Rückgriff auf Festlegungen der Kommission (Zugangsmitteilung 1998)[2090] sei ebenfalls ungeeignet, den Wesentlichkeitsbegriff des § 33 TKG zu bestimmen.[2091] Sekundäre Zugangsregeln des europäischen Telekommunikationsrechts seien zudem spezieller und begründeten weitergehende Zugangsrechte als das primäre Wettbewerbsrecht.[2092] Unter wesentlicher Leistung seien jedenfalls solche Leistungen zu verstehen, ohne deren Nutzung der Wettbewerber an der Erbringung der von ihm beabsichtigten Telekommunikationsdienstleistung faktisch gehindert sei.[2093]

Obwohl die Regulierungsbehörde die Begriffspaare „wesentliche Leistung (§ 33 TKG)“ und „wesentliche Einrichtung („esssentials facilities“)“ nicht gleichsetzt, prüft und bejaht sie in ihrer Inkasso-Entscheidung die Wesentlichkeit der Rechnungserstellung und des Forderungseinzugs durch die Deutsche Tele-

---

[2087] BVerwG v. 25.4.2001, 6 C 6/00, Ziff. B. 3 b) bb); Reg TP, MMR 2000, S. 298 ff. = CR 2000, S. 225 (Ls.) m. Anm. *M. Esser-Wellié/E. Braun*; a.A. insofern *Ch. Engel/G. Knieps*, Zugang zu wesentlichen Leistungen, S. 15 ff.; *M. Paulweber*, Regulierungszuständigkeiten, S. 67; *G. Manssen*, in: *ders.* (Hrsg.), Telekommunikations- und Multimediarecht, C § 33 Rdnr. 7; *W. Holzhäuser*, MMR 2000, S. 466 (468); wohl auch *E.-J. Mestmäcker/H. Schweitzer*, Netzwettbewerb, Netzzugang und „Roaming“ im Mobilfunk, S. 51, die § 33 als besondere Ausprägung der „essential facilities doctrine“ sehen.

[2088] Im Call-by-Call Verfahren kann der Endkunde durch Vorwahl der Netzkennzahl des Verbindungsnetzbetreiber jeweils für den Einzelfall über dessen Verbindungsnetz telefonieren. Die Deutsche Telekom erbrachte aufgrund von sog. Fakturierungs- und Inkassoverträgen die Rechnungsstellung, Entgegennahme, Einziehung, Weiterleitung und Forderungsverfolgung der zugunsten der Verbindungsnetzbetreiber angefallenen Entgelte für die Inanspruchnahme von Sprachtelefondienst- und Mehrwertdienstleistungen. Vgl. hierzu *Ch. Koenig/S. Loetz*, K&R 2000, S. 153 ff.; *H.-J. Piepenbrock/U. Müller*, Fakturierung, Beilage zu MMR 4/2000; *F. J. Säcker/G.-P. Calliess*, K&R 1999, S. 289 ff. und 337 ff.; *R. Schütz*, MMR Aktuell 4/2000, S. XVI; *B. Rickert*, K&R 2000, S. 206 f.

[2089] Reg TP (3. Beschlußkammer), MMR 2000, S. 298 (303).

[2090] Vgl. hierzu oben 3. Kap. A. IV. 4. b), S. 119 ff.

[2091] Reg TP, MMR 2000, S. 298 (303).

[2092] Reg TP, MMR 2000, S. 298 (303).

[2093] Reg TP, MMR 2000, S. 298 (302); VG Köln, MMR 1998, S. 102 (103); OVG Münster, MMR 1998, S. 98 (99); VG Köln, MMR 1999, S. 238 (241).

kom[2094], da diese für die Verbindungsnetzbetreiber unentbehrlich zur Erbringung von Sprachtelefon-, Auskunfts- und Mehrwertdiensten seien und tatsächlicher sowie potentieller Ersatz aus rechtlichen und wirtschaftlichen Gründen nicht bestehe.[2095] Dadurch wird das maßgebliche Kriterium der Unentbehrlichkeit des Zugangs i.S. der EuGH-Rechtsprechung[2096] im Rahmen der Regulierungspraxis nach § 33 TKG zumindest de facto berücksichtigt.

Die Inkasso-Entscheidung der 3. Beschlußkammer steht im Kontrast zu einem früher ergangenen Beschluß der 4. Kammer.[2097] In einem KielNet-Verfahren nach § 37 TKG lehnte die 4. Beschlußkammer die Anordnung der Fakturierung und des Inkassos ab, da diese Leistungen – mangels engen technischen Bezugs zum zusammengeschalteten Netz – keine Zusammenschaltungsleistungen i.S. der Zusammenschaltungsdefinition nach § 3 Nr. 24 TKG[2098] darstellten.[2099] Eine Anordnung nach § 37 TKG i.V.m. §§ 9 Abs. 1, 5 Abs. 2 i.V.m. Anlage lit. b), k) und j) NZV, die für Zusammenschaltungsvereinbarungen Regelungen über Zusatzdienste, Entgelte und Zahlungsbedingungen einschließlich des Abrechnungsverfahrens vorsehen, könne nicht ergehen, da die Einbeziehung von „netzfernen Leistungen“ nicht von der Ermächtigungsgrund-

[2094] Im einzelnen wurden folgende Leistungen als wesentlich erachtet (Reg TP, MMR 2000, S. 248):

- die Rechnungserstellung unter Aufnahme der einzelnen Produkte,
- der Einzelverbindungsnachweis für sämtliche abgerechneten Sprachkommunikationsdienstleistungen für die Öffentlichkeit, soweit vom Kunden ein Einzelverbindungsnachweis gewünscht wurde (Ausnahme für sog. Internet-by-Call Leistungen),
- die Aufforderung zur Zahlung der Gesamtrechnungssumme an eine einheitliche Bankverbindung, Entgegennahme bzw. Ersteinzug der Gesamtrechungssumme im Lastschriftverfahren und
- die Weiterleitung der eingegangenen Zahlungen.

Nicht als wesentlich wurde erachtet:

- die Forderungsverfolgung (gerichtliches und außergerichtliches Mahnwesen) und
- die Bearbeitung von Reklamationen und Anfragen.

[2095] Reg TP (Beschlußkammer 3), MMR 2000, S. 298 (303); a.A. Reg TP (Beschlußkammer 4), MMR 2000, S. 383 (384).

[2096] Vgl. oben 4. Kap. C. II. 1. b) bb), S. 349.

[2097] Reg TP (4. Beschlußkammer), Beschluß v. 14.10.1999, MMR 2000, S. 383 f.

[2098] Nach der bisherigen Regulierungspraxis muß ein Bezug zur „logischen und physischen Verbindung zu Telekommunikationsnetzen“ bestehen; *M. Bock/S. B. Völcker*, CR 1998, S. 473 (476 f.).

[2099] Reg TP (4. Beschlußkammer), MMR 2000, S. 383 (384).

lage der NZV (§§ 37 Abs. 3, 35 Abs. 5 TKG) gedeckt seien.[2100] Die Berufung auf Art. 9 Abs. 2 i.V.m. Anhang II Abschnitt 2 lit. o) ZusRL[2101], der entsprechenden gemeinschaftsrechtlichen Vorgabe, könne schließlich für netzferne Leistungen auch im Verfahren nach § 33 TKG erfolgen, für das grundsätzlich die 3. Beschlußkammer zuständig sei.[2102]

Diese Argumentation ist nicht überzeugend. Zutreffend wird in der Literatur darauf hingewiesen, daß die Regelungsgegenstände einer Zusammenschaltungsvereinbarung und einer Zusammenschaltungsanordnung gemäß § 37 Abs. 2 S. 1 TKG kongruent seien.[2103] Auch ist in der Anlage IV der Zusammenschaltungsrichtlinie die Fakturierung von zusätzlichen Dienstleistungen als variables Zusammenschaltungsentgelt vorgesehen.[2104] Darüber hinaus widerspricht die Entscheidung Art. 4a Abs. 3 S. 2 TKDiensteRL, der die Anordnung der betrieblichen und finanziellen Bedingungen der Zusammenschaltung gegenüber ehemaligen staatlichen Monopolunternehmen auf Ersuchen einer Partei durch den Mitgliedstaat zwingend vorschreibt.[2105] Eine Verweisung auf das von Amts wegen durchzuführende Mißbrauchsverfahren nach § 33 TKG ist somit gemeinschaftsrechtlich nicht zulässig. Die Entscheidung der 4. Beschlußkammer der Regulierungsbehörde beruht letztlich auf der engen, technischen Interpretation ihrer Anordnungsbefugnis nach § 37 TKG nach der Zusammenschaltungsdefinition[2106] im Verhältnis zum weiteren Begriff der „wesentlichen Leistungen“ i.S. von § 33 TKG.

[2100] Reg TP (4. Beschlußkammer), MMR 2000, S. 383 (384).

[2101] Hierauf hatte das BKartA in seiner Stellungnahme gem. § 82 TKG hingewiesen.

[2102] Die 4. Beschlußkammer übersandte deshalb der 3. Beschlußkammer Abschriften der Antragsschrift.

[2103] So in seiner Urteilsanmerkung *R. Schütz*, MMR 2000, S. 313 (315).

[2104] *R. Schütz*, MMR 2000, S. 313 (315).

[2105] Vgl. oben 3. Kap. B. IV. 4. c)???, aa), S. 246 f.

[2106] Vgl. oben Fn. 2098.

D. Abwägung zwischen Eigentums- und Wettbewerbsschutz

Die Untersuchung der Netzzusammenschaltung nach europäischem Telekommunikationsrecht hat gezeigt, daß im Rahmen der Zusammenschaltungspflicht und -anordnung eine Interessenabwägung unter Berücksichtigung des Eigentumsgrundrechts der zusammenschaltungspflichtigen Unternehmen erfolgt.[2107] Aufgrund der subsidiären Anwendbarkeit des Art. 82 EG ist zu fragen, ob auch die Kommissions- bzw. Rechtsprechungskriterien des EuGH eine solche Abwägung ermöglichen.

I. Divergenz zwischen primärem Wettbewerbs- und sekundärem Telekommunikationsrecht

Weder die Kommission noch der EuGH nehmen eine ausdrückliche Interessenabwägung vor. Die Beurteilung des Mißbrauchs einer marktbeherrschenden Stellung nach Art. 82 EG hat jedoch durch Abwägung der betroffenen Interessen der Beteiligten unter Berücksichtigung des Wettbewerbsschutzes zu erfolgen.[2108] Die „essential facilities doctrine" (Kommission) einerseits und die „außergewöhnlichen Umstände" (EuGH) andererseits können deshalb als besondere Fallgruppen des Mißbrauchs infolge ihrer hohen Voraussetzungen bereits eine Güterabwägung enthalten.

„Außergewöhnliche Umstände" sind geeignete, den Mißbrauch einer marktbeherrschenden Stellung durch die Ausübung eines Ausschließlichkeitsrechts ausnahmsweise zu begründen.[2109] Kann und darf das marktbeherrschende Unternehmen sich deshalb nicht auf dieses Recht berufen, bedeutet dies, übertragen auf das Sacheigentum, daß der Zugang gleichzeitig eigentums-

---

[2107] Vgl. oben 3. Kap. B. IV. 3., S. 203 ff.

[2108] *W. Möschel*, in: *U. Immenga/E.-J. Mestmäcker* (Hrsg.), EG-Wettbewerbsrecht, Art. 86 Rdnr. 120; *M. Schröter*, in: *H.v.d. Groeben/J. Thiesing/C.-D. Ehlermann* (Hrsg.), EU-/EG-Vertrag, Art. 86 Rdnr. 201.

[2109] Vgl. oben 4. Kap. C. II. 1. b) bb), S. 349.

grundrechtlich gerechtfertigt ist.[2110] Dabei umfassen die Kriterien des EuGH jedoch nur die dem normierten Zusammenschaltungsanspruch implizit zugrundeliegenden Tatbestandsvoraussetzungen[2111], ohne zusätzlich eine umfassende Interessenabwägung vorzunehmen.

Hintergrund der Normierung einer Zusammenschaltungspflicht in der Telekommunikation war die Erkenntnis, daß die Transformation des Monopol- zum Wettbewerbsmarkt ohne sektorspezifische Regulierung nicht bzw. zumindest nicht in angemessener Zeit möglich ist.[2112] Dabei wurde angenommen, daß in den Markt eintretende Unternehmen zwingend auf das Netz der bisherigen staatlichen Monopolunternehmen angewiesen sind, d.h. der Zugang unentbehrlich und damit wesentliche Voraussetzung für die Aufnahme der Wettbewerbstätigkeit auf nachgelagerten Dienstemärkten ist.[2113] Die Verweigerung des Zugangs wurde auch als potentiell geeignet eingeschätzt, Wettbewerb auf nachgelagerten Dienstemärkten gänzlich auszuschließen.[2114] Die Kriterien des EuGH für das Vorliegen außergewöhnlicher Umstände werden somit im Telekommunikationssektor allgemein vorausgesetzt. Indem die Berufung auf Ausschließlichkeitsrechte unter bestimmten Voraussetzungen eingeschränkt werden kann, erfolgt zwar eine Gegenüberstellung von gewerblichen Schutzrechten bzw. Eigentumspositionen mit dem Wettbewerbsschutz. Eine darüber hinausgehende, allgemeine Interessenabwägung im Einzelfall, wie sie durch das Begründetheitserfordernis des Art. 4 Abs. 2 ZusRL ermöglicht wird, findet jedoch nicht statt. Insofern divergieren primäres Wettbewerbs- und sekundäres Telekommunikationsrecht.

II. Konvergenz durch Abwägung

Die Kollision zwischen gewerblichen Schutzrechten und allgemeinem Wettbewerbsrecht wird in der Literatur durch analoge Anwendung der Grundsätze

2110 Dies folgt aus dem Ausnahmecharakter der „außergewöhnlichen Umstände".

2111 Vgl. oben 4. Kap. C. II. 1. b) bb), S. 349.

2112 Vgl. oben 2. Kap., S. 59 und 4. Kap. A. VI. 1. b), S. 273.

2113 Vgl. oben 4. Kap. A. VI. 1. b), S. 273 ff.

2114 Vgl. oben 4. Kap. A. VI. 1. b), S. 273 f.

zu Art. 28, 30 EG bzw. die Lehre vom spezifischen Gehalt gewerblicher Schutzrechte gelöst. Eine das Eigentumsgrundrecht umfassende Interessenabwägung im Rahmen des Art. 82 EG gebieten jedoch bereits die vertikale Normenhierarchie und die horizontale Konvergenz der Gemeinschaftsrechtsordnung sowie das Verhältnismäßigkeitsprinzip.

1. Lehre vom spezifischen Gehalt gewerblicher Schutzrechte

Nach dem Ansatz der Lehre vom spezifischen Gehalt gewerblicher Schutzrechte sind Beschränkungen des freien Warenverkehrs (Art. 28 EG) und des Wettbewerbs (Art. 86 EG) durch gewerbliche Schutzrechte gemäß Art. 30 EG nur ausnahmsweise zulässig, sofern sie erforderlich sind, diejenigen Rechte zu wahren, die den spezifischen Gegenstand des Schutzrechts ausmachen.[2115] Grundsätzlich kann somit nur der Kernbereich von Immaterialgüterrechten, d.h. in der Regel deren Bestand[2116], der nach der wesentlichen Funktion[2117] des Ausschließlichkeitsrechts zu ermitteln ist, eine Ausnahme zur Warenverkehrsfreiheit begründen.[2118] Nach einer Auffassung in der Literatur sollen diese Prinzipien auf die Kollision zwischen Immaterialgüter- und Wettbewerbsrecht durch eine Interessenabwägung zumindest analog angewandt werden.[2119] Da sich der spezifische Gehalt gewerblichen Eigentums und der Wesensgehalt des Sacheigentums in ihrer Ausschließlichkeitsfunktion entsprechen, müsse letztlich bei der Kollision zwischen der Eigentumsfreiheit und dem Wettbewerbsschutz auch im Rahmen des Art. 82 EG eine Interessenabwägung erfolgen.[2120]

[2115] EuGH v. 8.6.1971, Rs. 78/70 (Deutsche Grammophon), Slg. 1971, S. 487 (500), Tz. 11 = NJW 1971, S. 1533 (1534); EuGH v. 31.10.1974, Rs. 15/74 (Centrafarm), Slg. 1974, S. 1147 (1163), Tz. 6/8.; *C. Bittner*, Drittzulassung zu Infrastruktureinrichtungen, S. 177 f.; *P. Mennicke*, ZHR 160 (1996), S. 626 (641); *E.-J. Mestmäcker*, in: *P. Badura/R. Scholz* (Hrsg.), Wege und Verfahren des Verfassungslebens, Fs. f. *Peter Lerche*, S. 419 f.

[2116] EuGH v. 29.2.1968, Rs. 24/67 (Parke Davis), Slg. 1968, S. 85 (112) = NJW 1968, S. 1061 (1064).

[2117] *M. Meinhardt*, Immaterialgüterrechte, S. 104.

[2118] *F. Montag*, EuZW 1997, S. 71; *Th. Eilmannsberger*, EuZW 1992, S. 625 (631); *F.-K. Beier*, GRUR Int. 1989, S. 603 ff.

[2119] *M. Meinhardt*, Immaterialgüterrechte, S. 111 ff.

[2120] *C. Bittner*, Drittzulassung zu Infrastruktureinrichtungen, S. 182.

Der Übertragung der Lehre vom spezifischen Gehalt gewerblicher Schutzrechte steht jedoch die Rechtsprechung des EuGH zur Kollision zwischen Immaterialgüterrechten und dem Mißbrauchsschutz entgegen. Denn bereits 1978 entschied der Gerichtshof, daß die bloße Ausübung eines gewerblichen Schutzrechts grundsätzlich keinen Mißbrauch einer marktbeherrschenden Stellung nach Art. 82 EG begründet[2121]; ein Mißbrauch jedoch unter außergewöhnlichen Umständen, etwa bei willkürlichen Verhaltensweisen, vorliegen könne.[2122] Die Beurteilung außergewöhnlicher Umstände erfolgt dabei, wie die Entscheidungen „Magill" und „Bronner" zeigen, nach den konkreten Umständen des Einzelfalls[2123], wenngleich auch die „Bronner" Entscheidung als weitere Konkretisierung der „essential facilities doctrine" angesehen wird.[2124] Außergewöhnliche Umstände i.S. dieser EuGH-Rechtsprechung enthalten jedoch, übertragen auf die sekundärrechtlichen Zusammenschaltungspflichten, keine über die normierten Tatbestandsmerkmale hinausgehende, nochmalige Interessenabwägung.[2125]

2. Vertikale Normenhierarchie und horizontale Konvergenz des Gemeinschaftsrechts

Das Normgefüge des Gemeinschaftsrechts enthält ebenso wie das nationale Recht eine hierarchische Struktur. Maßnahmen der Kommission nach Art. 82 EG i.V.m. Art. 3 VO Nr. 17 müssen sich an den Gemeinschaftsgrund-

---

[2121] EuGH v. 23.5.1978, Rs. 102/77 (Hofmann-La Roche), Slg. 1978, S. 1139 (1168), Tz. 16 = NJW 1978, S. 1739 (1741).

[2122] EuGH v. 5.10.1988 Rs. 238/87 (Volvo/Veng), Slg. 1988, S. 6211 (6235), Tz. 9 = NJW 1990, S. 628; EuGH v. 6.4.1995, verb. Rs. C-241 und 242/91 P (Magill), Slg. 1995-I, S. 743 (823), Tz. 50 = EuZW 1995, S. 399 (342); EuGH v. 26.11.1998, Rs. C-7/97 (Bronner), Slg. 1998-I, S. 7791 (7830), Tz. 39 = NJW 1999, S. 2259 (2261).

[2123] *P. Mennicke*, ZHR 160 (1996), S. 626 (645); *M. Müller*, EuZW 1998, S. 232 (236).

[2124] *J. Scherer*, MMR 1999, S. 315 (319); *H. Fleischer/H. Weyer*, WuW 1999, S. 350 (360); a.A. *Th. Lampert*, NJW 1999, S. 2235 (2236), der lediglich den Ausnahmecharakter der Doktrin durch das Urteil bestätigt sieht.

[2125] Vgl. soeben 4. Kap. D. I., S. 367.

rechten als ungeschriebenes Primärrecht messen lassen.[2126] Auch die Gemeinschaftsorgane sind bei ihren Entscheidungen an die Gemeinschaftsgrundrechte gebunden.[2127] Dieser – bislang nur wenig beachteten – grundrechtlichen Bindung des Gemeinschaftsgesetzgebers[2128] muß umso mehr Bedeutung zugemessen werden, als gerade im Bereich der konkurrentennützigen Inanspruchnahme fremder Infrastruktur unmittelbare Eigentumseingriffe durch die Gemeinschaftsgewalt festzustellen sind.[2129] Wenn auch die Liberalisierung und Wettbewerbsöffnung in vielen Wirtschaftsbereichen wünschens- und erstrebenswert ist, darf sie nicht dazu führen, daß Eigentumsrechte Privater übergangen werden.[2130] Die Normenhierarchie und -struktur des Gemeinschaftsrechts erfordert deshalb, im eigentumsgrundrechtlich relevanten Bereich der Inanspruchnahme fremder Netze, diese verbürgte Freiheit auch bei Anordnungen nach Art. 82 EG zu berücksichtigen.[2131]

Neben der vertikalen Rangordnung kann die eigentumsrechtliche Abwägung im Rahmen der Zusammenschaltungsanordnung auch aufgrund der Konvergenz der Gemeinschaftsrechtsordnung[2132] begründet werden. Die Gemeinschaftsrechtsordnung muß als einheitliches, in sich geschlossenes und widerspruchsfreies Rechtssystem interpretiert, ausgelegt und angewendet werden.[2133] Dadurch wird neben der vertikalen Eingliederung der Rechtsnormen infolge der Normenhierarchie, die horizontale Rechtseinheit der gemeinschaftlichen Regelungsbereiche geschaffen. Verschiedene Regelungskomplexe des Primärrechts müssen deshalb aufeinander abgestimmt und zu einem harmoni-

[2126] *K. L. Ritter*, in: *U. Immenga/E.-J. Mestmäcker* (Hrsg.), EG-Wettbewerbsrecht, VO Nr. 17 Rdnrn. 36 f.

[2127] *Th. Schilling*, EuGRZ 2000, S. 3 (40).

[2128] Vgl. *Th. Kingreen*, in: *Ch. Callies/M. Ruffert* (Hrsg.), EUV/EGV, Art. 6 EUV Rdnr. 55.

[2129] Vgl. nur die langandauernde Auseinandersetzung über die Energierechtsliberalisierung seit den ersten Richtlinienvorschlägen.

[2130] *U. Büdenbender*, WuW 2000, S. 119 (135); vgl. für die Geltung der Grundrechte, die aufgrund der Gemeinschaftsziele nicht mehr wahrgenommen werden, *J. Caspar*, DÖV 2000, S. 349 (358).

[2131] Vgl. allgemein zur Lösung von Kollisionsfragen aufgrund der Normenhierarchie *Th. Schilling*, EuGRZ 2000, S. 3 (35).

[2132] Vgl. allgemein zum rechtsstaatlichen Postulat der Einheitlichkeit der Rechtsordnung *H. Sodan*, JZ 1999, S. 864 (866 ff.).

[2133] Vgl. *H. Hofmann*, Normenhierarchien im europäischen Gemeinschaftsrecht, S. 83 ff.

schen Ausgleich durch Abwägung der widerstreitenden Interessen gebracht werden.[2134]

3. Verhältnismäßigkeitsprinzip

Das Verhältnismäßigkeitsprinzip als allgemeiner Rechtsgrundsatz begründet ebenso die umfassende Interessenabwägung. Durch einen Vergleich mit den mißbrauchsbegründenden Voraussetzungen läßt sich das bestehende wettbewerbsrechtliche Abwägungsdefizit nachweisen.[2135]

Der Geeignetheit der Zugangsverpflichtung entspricht – übertragen auf das Verhältnismäßigkeitsprinzip – die Wettbewerbsbeeinträchtigung bzw. der Wettbewerbsausschluß auf nachgelagerten Märkten. Ohne Zugang ist der Wettbewerb auf Drittmärkten nicht möglich[2136], die Zugangsverpflichtung somit zur Wettbewerbsöffnung geeignet.[2137] Beide Merkmale verfolgen den gleichen Ansatz, die Maßnahme bzw. den Eingriff objektiv zu legitimieren – grundrechtsdogmatisch wird ein legitimes Ziel, die Wettbewebsöffnung begründet, während wettbewerbsrechtlich Beeinträchtigungen des Wettbewerbs als Ziel der Mißbrauchsaufsicht verhindert werden sollen.

Hierzu muß der Netzzugang unentbehrlich, d.h. im Sinne des Verhältnismäßigkeitsprinzips objektiv erforderlich sein.[2138] Der Netzzugang ist objektiv notwendig, gleichzeitig aber auch mildestes Mittel, denn andere Maßnahmen

---

[2134] *M. Paulweber*, Regulierungszuständigkeiten, S. 152.

[2135] Im Ergebnis für eine umfassende Abwägung *Ch. Jung*, in: *E. Grabitz/M. Hilf* (Hrsg.), Das Recht der Europäischen Union, Art. 82 Rdnr. 222; *H. Schröter*, in: *H.v.d. Groeben/J. Thiesing/C.-D. Ehlermann* (Hrsg.), EU-/EG-Vertrag, Art. 86 Rdnrn. 214; *A. Klimisch/M. Lange*, WuW 1998, S. 15 (24); *M. Müller*, EuZW 1998, S. 232 (235); allgemein zur Durchleitung *H.-J. Bunte*, WuW 1997, S. 302 (318); *H.-J. Papier*, BB 1997, S. 1213 (1215); *K. Markert*, BB 1997, S. 1421 (1424); *M. Schmidt-Preuß*, RdE 1996, S. 1 (2); *K. Markert*, WuW 1995, S. 560 (571); vgl. auch *U. Schnelle*, EuZW 1994, S. 556 (559 ff.).

[2136] *W. Möschel*, WuW 1999, S. 832 (836).

[2137] Vgl. oben 4. Kap. A. VI. 1. b), S. 273.

[2138] Vgl. zum Begriff der Unentbehrlichkeit *H. Fleischer/H. Weyer*, WuW 1999, S. 350 (357 ff.).

(Substitution der Netze) kommen wirtschaftlich nicht in Betracht.[2139] Den wettbewerbsrechtlichen Voraussetzungen der Wettbewerbsbeeinträchtigung und Unentbehrlichkeit sind die einzelnen „Bausteine" der Geeignetheit und Erforderlichkeit des Verhältnismäßigkeitsprinzips somit immanent.

Die dritte Stufe, die Angemessenheit der Maßnahme und damit nochmalige Güterabwägung der widerstreitenden Interessen[2140], kommt jedoch im dritten wettbewerbsrechtlichen Merkmal der fehlenden objektiven Rechtfertigungsgründe nicht zum Ausdruck. Denn sachlich anerkannte Verweigerungsgründe sind lediglich technische Schwierigkeiten bei der Schnittstellenverknüpfung sowie die Sicherheit und Integrität des Netzes, nicht jedoch das Netzeigentum.[2141] Wird deshalb die Zusammenschaltung allein am Verhältnismäßigkeitsprinzip gemessen, so ist eine nochmalige Interessenabwägung vorzunehmen, während der wettbewerbsrechtliche Mißbrauch – fallbezogen – ohne diese zusätzliche Abwägung begründet wird. Da mit der Zusammenschaltungsanordnung gleichzeitig ein Eigentumseingriff verbunden ist, erfordert jedoch das Verhältnismäßigkeitsprinzip als allgemeines Rechtstaatsprinzip auch im Rahmen der Anordnung nach Art. 82 EG die Berücksichtigung des Eigentumsgrundrechts.[2142]

III. Interessenabwägung gemäß § 19 Abs. 4 Nr. 4 GWB (§ 103 Abs. 5 Satz 2 Nr. 4 GWB a.F.)

Das deutsche Kartellrecht enthielt bereits vor Liberalisierung der Energie- und Telekommunikationsmärkte für den Energiesektor in § 103 Abs. 5 Satz 2 Nr. 4 GWB a.F. einen besonderen Durchleitungstatbestand, der es als Mißbrauch einer marktbeherrschenden Stellung wertete, wenn ein Versorgungsunternehmen unbillig im Wettbewerb behindert wurde, indem ihm ein anderer

---

[2139] Vgl. oben 4. Kap. A. VI. 1. c), S. 274.

[2140] Vgl. oben 4. Kap. A. VI. 1. d) cc), S. 280 ff.

[2141] Vgl. oben 3. Kap. B. IV. 1. d) bb), S. 184 ff.

[2142] Im Ergebnis ebenso die in Fn. 2135 angeführte Literatur.

Energieversorger die Durchleitung von Energie durch sein Netz zu angemessenen Bedingungen verweigerte.[2143]

In seiner grundlegenden Entscheidung „Gasdurchleitung" erachtete der BGH die Weigerung der „Verbundnetz Gas AG (VNG)" gegenüber der „Wintershall Erdgas Handelshaus GmbH (WIEH)", Gas durch ihr Netz zu einem einzigen Abnehmer durchzuleiten, den sie selbst vorher belieferte, weder als Mißbrauch einer marktbeherrschenden Stellung (§ 22 Abs. 4 GWB a.F.) noch als unbillige Behinderung des Wettbewerbs (§ 26 Abs. 2 GWB a.F.).[2144] Den Beurteilungsmaßstab hierfür entnahm er § 103 Abs. 5 Satz 2 Nr. 4 GWB a.F., dessen Auslegung ergebe, daß die Feststellung einer unbilligen Verweigerung aufgrund einer Interessenabwägung unter Berücksichtigung der auf die Freiheit des Wettbewerbs gerichteten Zielsetzung des Gesetzes zu erfolgen habe.[2145] Neben den Interessen der Durchleitungspetenten und -pflichtigen seien die besonderen Ziele des Gesetzes an einer möglichst sicheren und preiswürdigen Versorgung sowie die Auswirkungen der Durchleitung auf dem Markt, vor allem auch auf die bisherigen Abnehmer des Durchleitungspflichtigen zu berücksichtigen.[2146] Bei der Würdigung der Parteiinteressen sei zu berücksichtigen, daß auch marktbeherrschenden Unternehmen ein unternehmerischer Freiraum zustehe, der eine Interessenabwägung unter Beachtung der Art. 12 und 14 GG erfordere.[2147]

Der Argumentation des BGH liegt die Annahme zugrunde, daß allein die Weigerung, einen Durchleitungsvertrag zu angemessenen Bedingungen abzuschließen, zur Mißbrauchsbegründung nicht ausreicht, sondern ein weiteres Element, die Unbilligkeit der Behinderung, hinzukommen muß. Übertragen auf den Telekommunikationsbereich hieße dies, daß allein das Vorliegen der positiven Tatbestandsvoraussetzungen der Zusammenschaltungspflicht nach Art. 4

[2143] Vgl. allgemein zu § 103 Abs. 5 Satz 2 GWB a.F. *R. Bechtold*, GWB, § 103 Rdnr. 14; *Th. Jestaedt*, in: *E. Langen/H.-J. Bunte* (Hrsg.), KartR, § 103 Rdnrn. 45 ff.; *S. Klaue*, in: *U. Immenga/E.-J. Mestmäcker* (Hrsg.), GWB, 2. Aufl., § 103 Rdnrn. 75 ff.; *H.-R. Ebel*, RdE 1994, S. 731 ff.; siehe auch *S. Klaue*, BB 1992, S. 1937; *ders.*, BB 1993, S. 740 ff.; *K. Markert*, BB 1993, S. 1023 ff.; *W. Veelken*, RabelsZ 53 (1989), S. 72 ff.

[2144] BGHZ 128, S. 17 ff. = RdE 1995, S. 123 ff.

[2145] BGHZ 128, S. 17 (33) = RdE 1995, S. 123 (127).

[2146] BGHZ 128, S. 17 (33) = RdE 1995, S. 123 (127).

[2147] BGHZ 128, S. 17 (36 f.) = RdE 1995, S. 123 (128).

Abs. 2 ZusRL und der Voraussetzungen i.S. der „*Bronner*“-Entscheidung eine Zusammenschaltungsanordnung noch nicht rechtfertige. Zwar wurde § 103 Abs. 5 Satz 2 Nr. 4 GWB mit Wegfall der Ausnahmetatbestände der Energieversorgung im Zuge der Novellierung des GWB[2148] aufgehoben, die Rechtsprechung ist jedoch auf die Neuregelung des allgemeinen Netzzugangsanspruchs in § 19 Abs. 4 Nr. 4 GWB n.F.[2149] zu übertragen, nach dem es mißbräuchlich ist, wenn sich ein marktbeherrschendes Unternehmen weigert, einem anderen Unternehmen trotz angemessenen Entgelts Zugang zu den eigenen Netzen oder anderen Infrastruktureinrichtungen zu gewähren.[2150] Mißbräuchlich ist das Verhalten hingegen nicht, wenn die Mitbenutzung aus betriebsbedingten oder sonstigen Gründen unmöglich oder unzumutbar ist.[2151] Dieses negative Tatbestandsmerkmal knüpft an den MCI-Grundsatz der „essential facilities doctrine“[2152] an, indem es den Zugang von der Möglichkeit und Zumutbarkeit[2153] der Mitbenutzung abhängig macht.[2154] Mit Beschluß vom 30.8.1999[2155] hat das Bundeskartellamt ausdrücklich bestätigt, daß die Zumutbarkeit „am Maßstab der Abwägung der Interessen der Beteiligten zu beurteilen“ ist.[2156] Die Interes-

[2148] Vgl. hierzu allgemein *H.-J. Bunte*, DB 1998, S. 1748 ff.; *R. Bechtold*, NJW 1998, S. 2769 ff.

[2149] Vgl. hierzu *Ch. Theobald/I. Zenkes*, NJW 2001, S. 797 (798); *H.-P. Schwintowski*, WuW 1999, S. 842 (850 ff.); *G. v. Walllenberg*, K&R 1999, S. 152 ff.; *M. Dreher*, DB 1999, S. 833 (834 ff.); *H. Weyer*, AG 1999, S. 257 (260 ff.); *U. Büdenbender*, RdE 1999, S. 1 (8 f.); *K. M. Walter/J. v. Keussler*, RdE 1999, S. 190 (194); *H.-J. Bunte*, WuW 1997, S. 302 (303 ff.).

[2150] Vgl. zum Verhältnis zwischen sektorspezifischen Netzzugangsregelungen (§§ 33 ff. TKG, §§ 5 ff. EnWG) und dem allgemeinen Zugangsanspruch nach § 19 Abs. 4 Nr. 4 GWB *L. Vollmer*, in: *J. Schwarze* (Hrsg.), Netzzugang im Wirtschaftsrecht, S. 41 (42 ff.).

[2151] Für eine restriktive Auslegung des § 19 Abs. 4 Nr. 4 GWB im Lichte des Eigentumsrechts unter Berufung auf die jüngere Entwicklung im US-Recht *A.-R. Börner*, in: *J. Schwarze* (Hrsg.), Netzzugang im Wirtschaftsrecht, S. 137 (179).

[2152] Vgl. oben 4. Kap. C. II. 1. a), S. 344 ff.

[2153] Vgl. oben 4. Kap. C. II. 1. a), S. 344.

[2154] *A.-R. Börner*, in: *J. Schwarze* (Hrsg.), Netzzugang im Wirtschaftsrecht, S. 137 (139); *W. Möschel*, MMR 2001, S. 3 (5).

[2155] BKartA, RdE 2000, S. 31 ff.; vgl. hierzu *F. C. Haus*, WuW 1999, S. 1190 f.; kritisch *U. Büdenbender*, WuW 2000, S. 119 (124 ff.).

[2156] BKartA, RdE 2000, S. 31 (34); *R. Bechtold*, GWB, § 19 Rdnr. 84.

senabwägung muß sich dabei an den Wertungen des Art. 14 GG orientieren.[2157]

IV. Zusammenfassung

Die Untersuchung der „essential facilities doctrine“ im Europäischen Telekommunikationsrecht zeigt, daß sowohl die Kommission als auch der Europäische Gerichtshof – zumindest ausdrücklich – eine Abwägung zwischen Eigentums- und Wettbewerbsschutz nicht vornehmen. ONP-Recht und allgemeines Wettbewerbsrecht widersprechen sich deshalb insofern, als die Zusammenschaltungspflicht nach sekundärem Telekommunikationsrecht aufgrund der Verwendung des unbestimmten Rechtsbegriffs des „begründeten Antrags“ erfordert, Eigentumsrechte Zusammenschaltungspflichtiger im Wege der Abwägung zu berücksichtigen. Folge hiervon ist die Divergenz von ONP-Bedingungen einerseits und allgemeinem Wettbewerbsrecht andererseits. Aufgrund des Postulats einer einheitlichen Gemeinschaftsrechtsordnung sind jedoch beide Regelungsbereiche widerspruchslos in Übereinstimmung zu bringen. Möglich ist dies nur, wenn auch im Rahmen des Art. 82 EG das Grundrecht der Freiheit des Eigentums zusammenschaltungspflichtiger Unternehmen beachtet wird. Die hier gebotene Abwägung folgt aus der Normenhierarchie und Konvergenz der Gemeinschaftsrechtsordnung und ist insbesondere zur Wahrung des Verhältnismäßigkeitsprinzips erforderlich. Im nationalem Recht kann sie zudem auf die Rechtsprechung zu § 103 Abs. 5 Satz 2 Nr. 4 GWB a.F. und § 19 Abs. 4 Nr. 4 GWB n.F. gestützt werden.

[2157] BKartA, RdE 2000, S. 31 (35). Vgl. für eine Differenzierung nach absoluten Verweigerungsgründen ohne Abwägung und relativen Verweigerungsgründen, die eine Interessenabwägung erfordern *H. Bruhn*, in: *J. Schwarze* (Hrsg.), Netzzugang im Wirtschaftsrecht, S. 219 (223); bzgl. des § 6 EnWG *U. Büdenbender*, RdE 1999, S. 1 (2 f.); *B. Beck*, in: *J. Schwarze* (Hrsg.), Netzzugang im Wirtschaftsrecht, S. 209 (211); *V. Götz*, in: *J. Schwarze* (Hrsg.), Netzzugang im Wirtschaftsrecht, S. 129 (134); *A. Böwing*, in: *J. Schwarze* (Hrsg.), Netzzugang im Wirtschaftsrecht, S. 181 (185).

Literaturverzeichnis

Aberle, Gerd/Hetterich, Alexander, Diskriminierungsfreier Zugang bei den Eisenbahnen, Int. Verkehrswesen 45 (1993), S. 15 ff.

Adamik, Petra, Sprache auf dem Datenhighway, Funkschau v. 19.3.1999, S. 35 ff.

Alber, Siegbert/Widemaier, Ulrich, Die EU-Charta der Grundrechte und ihre Auswirkungen auf die Rspr., EuGRZ 2000, S. 497 ff.

Albrecht, Rüdiger K., Zumutbarkeit als Verfassungsmaßstab, Berlin 1995.

Alcatel SEL AG (Hrsg.), Taschenbuch der Nachrichtentechnik, Berlin 1994.

Amory, Bernhard, Telecommunications in the European Communities, EuZW 1992, S. 75 ff.

Andreae, Martin, Der streitentscheinde Verwaltungsakt, Köln 1996.

Anselmann, Norbert, Die Bezugnahme auf harmonisierte technische Regeln im Rahmen der Rechtsangleichung, in: *Müller-Graff, Peter-Christian* (Hrsg.), Technische Regeln im Binnenmarkt, Baden-Baden 1991, S. 101 ff.

Anselmann, Norbert, Die Rolle der europäischen Normung bei der Schaffung des europäischen Binnenmarktes, RIW 1986, S. 936 ff.

Apfelstedt, Gert, Umsetzung der Erdgas-Binnenmarkt-Richtlinie: Vorgaben und Spielräume für das deutsche Recht, ZNER 1999, S. 18 ff.

Areeda, Philip, Essential facilities: An Epithat of Limiting Principles, 58 Antitrust Law Journal (1990), S. 841 ff.

Arnauld, Andreas von, Grundrechtsfragen im Bereich von Postwesen und Telekommunikation, DÖV 1998, S. 437 ff.

Arndt, Hans-Wolfgang, Versteigerung der UMTS-Lizenzen – ein Plädoyer für die verfassungsrechtliche Unzulässigkeit, K&R 2001, S. 23 ff.

Arnold, Franz (Hrsg.), Handbuch der Telekommuniktaion, Bd. 1-4, Köln 1992, Loseblatt, Stand: März 1998, (zitiert: Bearbeiter, in:).

Arthur Andersen (Hrsg.), A study on cost allocation and the general accounting principles to be used in the establishment of interconnect charges in the context of telephone liberalisation in the European Community (zitiert: Cost allocation and accounting principles).

Arzberger, Michael/Dostert, Klaus/Gneiting, Stefan, Das Stromnetz als Kommunikationsmedium, Funkschau v. 21.6.1996, S. 70 ff.

Aschoff, Volker, Geschichte der Nachrichtentechnik, Bd. 2, Nachrichtentechnische Entwicklungen in der ersten Hälfte des 19. Jahrhunderts, Berlin, Heidelberg, New York 1987.

Bach, Albrecht, Deregulierung auch ohne Harmonisierung, DWiR 1993, S. 84 ff.

Badura, Annuschka/Schneider, Ralf, Interconnection – Der Anspruch auf Netzzusammenschaltung in der Praxis, in: *Königshofen, Thomas* (Hrsg.), Das neue Telekommunikationsrecht in der Praxis, Heidelberg 1999, S. 3 ff.

Badura, Peter, Die Daseinsvorsorge als Verwaltungszweck der Leistungsverwaltung und der soziale Rechtsstaat, DÖV 1966, S. 624 ff.

Badura, Peter, Unternehmenswirtschaftlichkeit und Infrastrukturgewährleistung im Bereich des Postwesen, Archiv PT 1997, S. 277 ff.

Badura, Peter/Danwitz, Thomas von/Herdegen, Matthias/Sedemund, Jochim (Hrsg.), Postgesetz-Kommentar, München 2000, (zitiert: Bearbeiter, in:).

Baer, Susanne, Grundrechtecharta ante portas, ZRP 2000, S. 361 ff.

Bär-Bouyssière, Bertold, Der Netzzugang für Dritte im Bereich der Telekommunikation, in: *Schwarze, Jürgen* (Hrsg.), Der Netzzugang für Dritte im Wirtschaftsrecht, Baden-Baden 1999, S. 69 ff. (zitiert: *B. Bär-Bouyssière,* in: *J. Schwarze* (Hrsg.), Netzzugang im Wirtschaftsrecht).

Bartlsperger, Richard, Das Ende von Sondererhaltungslasten im Eisenbahnkreuzungsrecht, in: Grupp, Klaus (Hrsg.), Planung – Recht – Rechtsschutz, Fs. f. Willi Blümel, Berlin 1999, S. 13 ff.

Bartosch, Andreas, Das Grünbuch über Konvergenz, ZUM 1998, S. 209 ff.

Bartosch, Andreas, Europäische Regulierung transeuropäischer Netze, CR 2000, S. 214 ff.

Bartosch, Andreas, Europäisches Telekommunikationsrecht im Jahr 1998, EuZW 1999, S. 421 ff.

Bartosch, Andreas, Das neue EG-Telekommunikationsrecht, K&R 1998, S. 339 ff.

Basedow, Jürgen, Ansätze zur europäischen Regulierung der Postdienste, EuZW 1996, S. 143 ff.

Basedow, Jürgen, Erdgastransporte im europäischen Verkehrsrecht, in: *Mestmäcker, Ernst-Joachim/Gröner, Helmut/Basedow, Jürgen,* Die Gaswirtschaft im Binnenmarkt, 1. Aufl., Baden-Baden 1990, S. 165 ff.

Basedow, Jürgen, Zielkonflikte und Zielhierarchien im Vertrag über die Europäische Gemeinschaft, in: *Due, Ole/Lutter, Marcus/Schwarze, Jürgen* (Hrsg.), Fs. f. Ulrich Everling, Baden-Baden 1995, Bd. I, S. 49 ff.

Basedow, Jürgen/Jung, Christian, Strategische Allianzen, München 1993.

Bates, Bud/Gregory, Donald, Voice & Data Communications Handbook, New York, San Francisco, Washington D.C. u. a. 1995.

Bauboeck, Rainer/Melchior, Josef, in: *diess.* (Hrsg.), Grundrechte in der Europäischen Union, Wien 1997, S. 127.

Baur, Jürgen F., Art. 90 Abs. 2 EGV und die Binnenmarktrichtlinie für Strom und Gas, RdE 1999, S. 85 ff.

Baur, Jürgen F., Die Elektrizitätsbinnenmarkt-Richtlinie, ET 1997, S. 624 ff.

Baur, Jürgen F., Die politische Einigung über die Elektrizitätsbinnenmarktrichtlinie, ET 1996, S. 474 ff.

Baur, Jürgen F., Energieversorgungsmonopole unter dem Recht des Vertrags über die Europäische Gemeinschaft (EGV), in: *Baur, Jürgen F.* (Hrsg.), Aktuelle Probleme des Energierechts, Baden-Baden 1995, S. 77 ff.

Baur, Jürgen F., Wettbewerb in der Elektrizitätsversorgung und energiepolitische Ziele im Europarecht, RdE 1992, S. 165 ff.

Baur, Jürgen F./Moraing, Markus, Rechtliche Probleme einer Deregulierung der Elektrizitätswirtschaft, Baden-Baden 1994.

Bausback, Winfried, „Auslagerung" des Grundrechtsschutzes auf die internationale Ebene?, ZRP 1999, S. 6 ff.

Bechtold, Rainer, Das neue Kartellgesetz, NJW 1998, S. 2769 ff.

Bechtold, Rainer, GWB, Gesetz gegen Wettbewerbsbeschränkungen, 2. Aufl., München 1999.

Beck, Bernhard, Stromdurchleitung – Der Schlüssel zum Wettbewerb – Erste Erfahrungen, in: *Schwarze, Jürgen* (Hrsg.), Der Netzzugang für Dritte im

Wirtschaftsrecht, Baden-Baden 1999, S. 209 ff. (zitiert: *B. Beck*, in: *J. Schwarze* (Hrsg.), Netzzugang im Wirtschaftsrecht).

Becker, Dietrich, Die Technische Realisierung von Interkonektivität, in: *Kubicek, Herbert/Klumpp, Dieter/Müller, Günter/Neumann, Karl-Heinz/Raubold, Ekkart/Roßnagel, Alexander* (Hrsg.), Jahrbuch Telekommunikation und Gesellschaft 1996, Öffnung der Telekommunikation: Neue Spieler – Neue Regeln, Heidelberg 1996, S. 151 ff.

Becker, Lutz, Entgeltregulierung im TKG unter besonderer Berücksichtigung kartellrechtlicher Preiskontrollinstrumentarien, K&R 1999, S. 112 ff.

Beese, Dietrich/Merkt, Jutta, Europäische Union zwischen Konvergenz und Re-Regulierung, MMR 2000, S. 532 ff.

Beese, Dietrich/Naumann, Dirk, Entbündelter Zugang zu Seekabelköpfen, MMR 2000, S. 33 ff.

Beier, Friedrich-Karl, Gewerblicher Rechtsschutz und freier Warenverkehr im europäischen Binnenmarkt und im Verkehr mit Drittstaaten, GRUR Int. 1989, S. 603 ff.

Beisenwenger, Rainer, Der nichtwettbewerbliche Boykott, Berlin 1998.

Benesch, Rudolf, Die Kompetenzen der EG-Kommission aus Art. 90 Abs. 3 EWG-V, Köln, Berlin, Bonn, München 1993.

Benz, Angelika, Privatisierung und Deregulierung – Abbau von Staatsaufgaben, Die Verwaltung 1995, S. 337 ff.

Berger, Ernst-Georg, Netzbetreiber und Zusammenschaltung im Telekommunikationsrecht, CR 1999, S. 222 ff.

Berger, Ernst-Georg/Gramlich, Ludwig, Corporate Networks im Telekommunikationsrecht, CR 1999, S. 150 ff.

Bergman, Mats A., The Bronner Case – A Turning Point for the Essential Facilities Doctrine?, ECLR 2000, S. 59 ff.

Bergmann, Karl/Fleischer, Horst, Lehrbuch der Fernmeldetechnik, 2. Aufl., Berlin 1970.

Berrisch, Georg M., Zum „Bananen"-Urteil des EuGH vom 5.10.1994 – Rs. C-289/93, Deutschland./.Rat der Europäischen Union, EuR 1994, S. 461 ff.

Beuth, Klaus/Hanebuth, Richard/Kurz, Günter, Nachrichtentechnik, Würzburg 1996.

Beutler, Bengt/Bieber, Roland/Pipkorn, Jörn/Streil, Jochen, Die Europäische Union, 4. Aufl., Baden-Baden 1993.

Biala, Jacek, Mobilfunk und Intelligente Netze, Grundlagen und Realisierung mobiler Kommunikation, 2. Aufl., Braunschweig/Wiesbaden 1996.

Bittner, Carsten, Die Verweigerung der Drittzulassung zu Infrastruktureinrichtungen unter dem Aspekt des Mißbrauchsverbotes aus Art. 86 EG-Vertrag, Hamburg 1998 (zitiert: *C. Bittner,* Dritzulassung zu Infrastruktureinrichtungen).

Björck, Ingrid/Westin, Jacob, Telecommunication Law in Sweden, Beilage zu MMR 8/1999, S. 30 ff.

Blankenfeld, Heinz/Grohs, Jürgen, Immer in Verbindung, Telcom Report, 3/1997, S. 50 f.

Bleckmann, Albert, Die Ausnahmen der Dienstleistungsfreiheit nach dem EWG-Vertrag, EuR 1987, S. 28 ff.

Bleckmann, Albert, Die wertende Rechtsvergleichung bei der Entwicklung europäischer Grundrechte, in: *Baur, Jürgen F./Müller-Graff, Peter-Christian/Zuleeg, Manfred* (Hrsg.), Europarecht – Energierecht – Wirtschaftsrecht, Fs. f. *Bodo Börner,* Köln, München 1992, S. 29 ff.

Bleckmann, Albert, Europarecht, 6. Aufl., Köln, Berlin, Bonn, München 1997, (zitiert: Berarbeiter, in:).

Bleckmann, Albert/Pieper, Stefan U., Maastricht, die grundgesetzliche Ordnung und die „Superrevisionsinstanz", RIW 1993, S. 969 ff.

Blumenthal, William, Three Vexing Issues under the Esential Facilities Doctrine, 58 Antitrust L. J. (1990), S. 855 ff.

Blumenwitz, Dieter, Rechtsprobleme im Zusammenhang der Angleichung von Rechtsvorschriften auf dem Gebiet des Niederlassungsrechts der freien Berufe, NJW 1989, S. 621 ff.

Bock, Matthias, Die Regulierung der britischen Telekommunikationsmärkte, Baden-Baden 1995.

Bock, Matthias/Völcker, Sven B., Regulatorische Rahmenbedingungen für die Zusammenschaltung von TK-Netzen, CR 1998, S. 473 ff.

Bocker, Peter, ISDN – Digitale Netze für Sprach-, Text-, Daten-, Video- und Multimediakommunikation, 4. Aufl., Berlin, Heidelberg, New York 1997.

Böhm, Steffen, Telefonmehrwertdienste und Angabe der Entgelts, MMR 1998, S. 519 ff.

Bonicel, Jean-Pierre, Technologie der Glasfaser-Bandkabel, Elektrisches Nachrichtenwesen 1994, S. 39 ff. .

Borchardt, Klaus-Dieter, Der Grundsatz des Vertrauensschutzes im Europäischen Gemeinschaftsrecht, Kehl 1988.

Böringer, Peter/Vogelsang, Gregor, Telekommunikation – eine Branche im Wandel, in: *Booz, Allen & Hamilton* (Hrsg.), Telekommunikation in der Welt von morgen, 2. Aufl., Frankfurt a.M. 1997, S. 9 ff.

Börner, Achim-Rüdiger, Der Netzzugang für Dritte als grundsätzliches rechtliches Problem – Ein Blick auf die USA, in: *Schwarze, Jürgen* (Hrsg.), Der Netzzugang für Dritte im Wirtschaftsrecht, Baden-Baden 1999, S. 137 ff.

Börnsen, Arne, Das Telekommunikationsgesetz 1996 – Entwicklungen und Hintergründe, ZG 1996, S. 323 ff.

Börnsen, Arne, Koax-Breitbandkabel – von der Fernsehsignalverteilung zum neuen Medium der Zukunft, MMR 1999, S. 272 ff.

Börnsen, Arne, Neue Entwicklungen beim Fernsehbreitbandkabel, Editoral, MMR 5/1999.

Böshagen, Ulrich, Zertifizierung und Normung, wirtschaftliche Aspekte des EG-Binnenmarktes und deren Auswirkungen auf den freien Waren- und Handelsverkehr, in: *Hansen, Wolfgang* (Hrsg.), Zertifizierung und Akkreditierung von Produkten und Leistungen der Wirtschaft, München, Wien 1993, S. 17 ff.

Bossert, Martin/Breitbach, Markus, Digitale Netze, Stuttgart, Leipzig, 1999.

Bötsch, Wolfgang, Zielsetzung und Gestaltungsgrundsätze des neuen Gesetzes, in: *Witte, Eberhardt* (Hrsg.), Das Telekommunikationsgesetz 1996: Eine Herausforderung für Markt und Ordnungspolitik, Heidelberg 1996, S. 3 ff.

Böwing, Andreas, Rechtsfragen des Netzzugangs und der Netzbenutzung im Energiebereich, insbesondere bei Stromnetzen, in: *Schwarze, Jürgen* (Hrsg.), Der Netzzugang für Dritte im Wirtschaftsrecht, Baden-Baden 1999, S. 181 ff. (zitiert: *A. Böwing*, in: *J. Schwarze* (Hrsg.), Netzzugang im Wirtschaftsrecht).

Bracht, Klaus, Der Bau der ersten Eisenbahnen in Preußen, Berlin 1998.

Braun, Hans-Joachim/Kaiser, Walter, Energiewirtschaft, Automatisierung, Information; in: *König, Wolfgang* (Hrsg.), Propyläen der Technikgeschichte, Bd. V, Frankfurt am Main, Berlin 1992.

Breuer, Rüdiger, Schutz von Betriebs- und Geschäftsgeheimnissen im Umweltschutzrecht, NVwZ 1986, S. 171 ff.

Breulmann, Günter, Normung und Rechtsangleichung in der Europäischen Wirtschaftsgemeinschaft, Berlin 1993.

Bricard Remy/Urvoaz, Hélène/Cabanes, Arnaud, Telecommunication Law in France, Beilage zu MMR 8/1999, S. 14 ff.

Brittan, Leon, Strategische Allianzen – Altes Problem und neue Herausforderung für die gemeinschaftliche Wettbewerbspolitik, in: *Hansen, Knud* (Hrsg.), Strategische Allianzen – Eine neue Herausforderung für die Wettbewerbspolitik, Berlin 1993, S. 41 ff.

Britz, Gabriele, Elektrizitätsbinnenmarktrichtlinie und Umsetzung ins deutsche Recht, EuZW 1997, S. 334 ff.

Britz, Gabriele, Öffnung der europäischen Strommärkte durch die Elektrizitätsbinnenmarktrichtlinie?, RdE 1997, S. 85 ff.

Bruhn, Dirk, Die Sicherstellung öffentlicher Aufgaben im Bereich der deutschen Telekommunikation unter dem Einfluß europäischer Marktöffnung, Hamburg 1999.

Bruhn, Heiner, Der Netzzugang für Dritte im Bereich der Energie, in: *Schwarze, Jürgen* (Hrsg.), Der Netzzugang für Dritte im Wirtschaftsrecht, Baden-Baden 1999, S. 219 ff. (zitiert: *H. Bruhn*, in: *J. Schwarze* (Hrsg.), Netzzugang im Wirtschaftsrecht).

Büchner, Lutz Michael, Liberalisierung und Regulierung im Post-und Telekommunikationssektor, CR 1996, S. 581 ff.

Büchner, Wolfgang/Ehmer, Jörg/Geppert, Martin/Kerkhoff, Bärbel/Piepenbrock, Hermann-Josef/Schütz, Raimund/Schuster, Fabian (Hrsg.), TKG-Kommentar, München 1997 (zitiert: Bearbeiter, in: TKG-Kommentar, 1. Aufl. 1997).

Büchner, Wolfgang/Ehmer, Jörg/Geppert, Martin/Kerkhoff, Bärbel/Piepenbrock, Hermann-Josef/Schütz, Raimund/Schuster, Fabian (Hrsg.), TKG-Kommentar, 2. Aufl., München 2000 (zitiert: Bearbeiter, in: TKG-Kommentar).

Bücken, Rainer, Datendienste im TV-Kabel, Funkschau v. 5.2.1999, S. 18 ff.

Büdenbender, Ulrich, Die Energieaufsicht über Energieversorgungsunternehmen nach dem Energiewirtschaftsgesetz, DVBl. 1999, S. 7 ff.

Büdenbender, Ulrich, Durchleitung elektrischer Energie nach der Energierechtsreform, RdE 1999, S. 1 ff.

Büdenbender, Ulrich, Durchleitungen in der Elektrizitätswirtschaft und Eigentumsschutz, WuW 2000, S. 119 ff.

Büdenbender, Ulrich, Energiekartellrecht, Essen 1994.

Büdenbender, Ulrich, Die Entwicklung des Energierechts seit In-Kraft-Treten der Energierechtsreform von 1998, DVBl. 2001, S. 952 ff.

Bundesministerium für Wirtschaft (Hrsg.), Die Informationsgesellschaft, Bonn 1997.

Bundesministerium für Wirtschaft (Hrsg.), Info 2000, Deutschlands Weg in die Informationsgesellschaft, Bonn 1996 (zitiert: *BMWi* (Hrsg.), Info 2000).

Bunte, Hermann-Josef, 6. GWB-Novelle und Mißbrauch wegen Verweigerung des Zugangs zu einer „wesentlichen Einrichtung", WuW 1997, S. 302 ff.

Bunte, Hermann-Josef, Die 6. GWB-Novelle – Das neue Gesetz gegen Wettbewerbsbeschränkungen, DB 1998, S. 1748 ff.

Bunte, Hermann-Josef/Langen, Eugen (Hrsg.), Kommentar zum deutschen und europäischen Kartellrecht, 9. Aufl., Neuwied 1999.

Burchard, Friedrich von, Die Kompetenzen der EG-Kommission nach Art. 90 III EWGV, EuZW 1991, S. 339 ff.

Burchard, Friedrich von, Netzzugang im Bereich der Gasversorgung, in: *Schwarze, Jürgen* (Hrsg.), Der Netzzugang für Dritte im Wirtschaftsrecht, Baden-Baden 1999, S. 191 ff. (zitiert: *F. v. Burchard*, in: *J. Schwarze* (Hrsg), Netzzugang im Wirtschaftsrecht).

Burchard, Friedrich von, Third Party Access and European Law, EuZW 1992, S. 693 ff.

Burchard, Friedrich von/Eckert Lutz, Natural Gas and EU Energy Law, 1. Aufl., Baden-Baden 1995.

Burchard, Friedrich von/Riemer, Heinz, Die europäische Gasrichtlinie – eine erste Zwischenbilanz, ET 1998, S. 782 ff.

Burr, Wolfgang, Netzwettbewerb in der Telekommunikation, München 1995.

Bursztejn, Jaques/Evci, C./Kumar, V./Urie, A., Moderne Funkteilnehmeranschlußnetze: ein Schritt in Richtung Multimediamobilität, Alcatel Telecom Rundschau 1997, S. 214 ff.

Busse, Christian, Die Geltung der EMRK für Rechtsakte der EU, NJW 2000, S. 1074 ff.

Callies, Christian, Die Charta der Grundrechte der Europäischen Union – Frage der Konzeption, Kompetenz und Verbindlichkeit, EuZW 2001, S. 261 ff.

Callies, Christian/Ruffert, Matthias, Kommentar zum EU-Vertrag und EG-Vertrag, Neuwied 1999, (zitiert: Bearbeiter, in:).

Carballal, David/Deloddere, Daniel/Salamanca, Guillermo, Die Evolution des Zugangsnetzes, Alcatel Telecom Rundschau 1996, S. 166 ff.

Caspar, Johannes, Nationale Grundrechtsgarantien und sekundäres Gemeinschaftsrecht, DÖV 2000, S. 349 ff.

Castelli, Roberto/Krause, Tim, Markttrends und Weiterentwicklung optischer Übertragungssysteme, Alcatel Telecom Rundschau 1998, S. 165 ff.

Chwolik-Lanfermann, Ellen, Grundrechtsschutz in der Europäischen Union, Frankfurt a.M. 1994, S. 191.

Classen, Claus D., Zur Bedeutung von EWG-Richtlinien für Privatpersonen, EuZW 1993, S. 83 ff.

Clemens, Thomas, Die Verweisung von einer Rechtsnorm auf andere Vorschriften, AöR 111 (1986), S. 65 ff.

Cockborne, Jean-Eric de, Community Telecommunications Regulatory Policy, EWS 1991, S. 346 ff.

Coleman, Martin, European Competition Law in the Telecommunications and Broadcasting Sectors, ECLR 1990, S. 204 ff.

Constantinesco, Léontin-Jean, Das Recht der Europäischen Gemeinschaften, Baden-Baden 1977.

Coppel, Jason/O´Neill, Aidan, The European Court of Justice: Taking Rights seriously?, CMLRev. 1992, S. 669 ff.

Cornet, Jacques, Strukturreform und Privatisierung der Eisenbahnen, Int. Verkehrswesen 45 (1993), S. 519 ff.

Corsten, Hans/Reiß, M. (Hrsg.), Betriebswirtschaftslehre, 3. Aufl., München 1999.

Cowen, T., The Essential Facilities Doctrine in EC Competition Law: Towards a „Matrix Infrastructure“, Fordham Corporate Law Institute 1995, S. 521 ff.

Cremades, Javier/Grahler, Jessica/Oberheiden, Jens, Zusammenschaltung in Spanien, MMR 2001, S. 32 ff.

Cronenberg, Martin, Das neue Energiewirtschaftsrecht, RdE 1998, S. 85 ff.

Danwitz, Thomas von, Alternative Zustelldienste und Liberalisierung des Postwesens, Köln, Berlin 1999.

Däubler-Gmelin, Herta, Eine Europäische Charta der Grundrechte – Beitrag zur gemeinsamen Identität, EuZW 2000, S. 1.

Dauses, Manfred A. (Hrsg.), Handbuch des EU-Wirtschaftsrechts, München 1998, Loseblatt, (zitiert: Bearbeiter, in:).

De Prycker M./Van Landegem T./Van den Brande F., 2005 – Eine Vision des Netzes der Zukunft, Elektrisches Nachrichtenwesen 1994, S. 231 ff.

Debaude, O./Drumaux A., Regulierungsebenen im Infrastrukturbereich: Eine analytische Betrachtung der Infrastrukturpolitik in Europa, in: *Cox Helmut/ Bognett, Giuseppe* (Hrsg.), Öffentliche Dienstleistung in der europäischen Union, Baden-Baden 1996, S. 87 ff.

Degenhart, Christoph, Versteigerung der UMTS-Lizenzen: Telekommunikationsrecht und Telekommunikationsverfassungsrecht, K&R 2000, S. 32 ff.

Demmelhuber, Simon, Marconis drahtloses Jahrhundert, Funkschau v. 17.9.1999, S. 38 f.

Deselaers, Wolfgang, Die „Essential Facilities" Doktrin im Lichte des Magill-Urteils des EuGH, EuZW 1995, S. 563 ff.

Determann, Lothar, Kommunikationsfreiheit im Internet, Baden-Baden 1999.

Detken, Kai-Oliver, ATM in TCP/IP-Netzen, Heidelberg 1998.

Detken, Kai-Oliver, GSM – „Global System for Mobile Communication", Der Mobilfunkstandard, 1. Aufl., Aachen 1997.

Deutsch, Bernhard/Mohr, Stefan/Roller, Alfred/Rost, Heinrich, Elektrische Nachrichtenkabel, Erlangen, München 1998.

Deutsche Telekom AG (Hrsg.), Deutsche Telekom. Unternehmenszahlen auf einen Blick, Bonn 1996.

Di Fabio, Udo, Richtlinienkonformität als ranghöchstes Normauslegungsprinzip, NJW 1990, S. 947 ff.

Di Fabio, Udo, Technikrecht – Entwicklung und kritische Analyse, in: *Vieweg, Klaus* (Hrsg.), Techniksteuerung und Recht, Köln, Berlin, Bonn, München 2000, S. 9 ff.

Didier, Herbert, Europäische Normungspolitik, in: *Vieweg, Klaus* (Hrsg.), Techniksteuerung und Recht, Köln, Berlin, Bonn, München 2000, S. 225 ff.

Diemert, Dörte, Die Regelung der Zusammenschaltung und das Verhältnis zwischen Wettbewerbsrecht und sektorspezifischer Regulierung im Rahmen des ONP-Konzepts, in: *Hoeren, Thomas/Queck Robert* (Hrsg.), Rechtsfragen der Informationsgesellschaft, Berlin 1999, S. 82 ff.

Diez, Maite/Junquera, Xavier/Balcells, Josep M., Telecommunication Law in Spain, Beilage zu MMR 8/1999, S. 35 ff.

Dittmer, Uwe, Wer kauft jetzt das Kabelnetz?, Funkschau v. 8.1.1999, S. 68 ff.

Dodel, Hans, Weltweite Satellitensysteme für die persönliche Telekommunikation, Unterhaltung und Funkortung, CR 1997, S. 567 ff.

Doll, Roland/Heun Sven-Erik/Lohmann, Torsten, Europäisches Telekommunikationsrecht im Vergleich, CR 1992, S. 363 ff., 416 ff., 492 ff., 561 ff., 622 ff.

Doll, Roland/Wieck, Reinhard, Analytische Kostenmodelle als Grundlage für Entgeltregulierungsentscheidungen, MMR 1998, S. 280 ff.

Doll, Roland/Wieck, Reinhard, Eingeschränkte Aussagekraft von analytischen Kostenmodellen, MMR 1998, S. 659 ff.

Dolzer, Rudolf, Eigentumsschutz als Abwägungsgebot – Bemerkungen zu Art. 1 des Ersten Zusatzprotokolls der EMRK, in: *Fürst, Walther/Herzog, Roman/Umbach, Dieter C.* (Hrsg.), Fs. f. *Wolfgang Zeidler*, Bd. 2, Berlin 1987, S. 1677 ff.

Dreher, Meinrad, Die Verweigerung des Zugangs zu einer wesentlichen Einrichtung als Mißbrauch der Marktbeherrschung, DB 1999, S. 833 ff.

Drubba, Helmut, Das Wort „Telekommunikation" – Seine Einführung und Anwendung; wann und wo ist es entstanden?, Archiv PF 1991, S. 343 ff.

Dupuis-Toubol, Frederique/Jouet, Jean-Pierre, Die neuen französischen Bestimmungen auf dem Gebiet der Telekommunikation, Archiv PT 1998, S. 132 ff.

Ebel, Hans-Rudolf, Durchleitung von Strom und Gas nach § 103 GWB, RdE 1994, S. 731 ff.

Ebel, Hans-Rudolf, Kartellrecht, GWB und EWG Vertrag, Neuwied 1990.

Eberlein, Dieter/Gneiting, Stefan, Lichtwellenleiter, Funkschau v. 20.2.1998, S. 73 f.

Eckert, Lutz, Die Gesetzgebungsvorschläge der EG-Kommission vom Juli 1989 für den Gassektor, in: *Baur, Jürgen F.* (Hrsg.), Leitungsgebundene Energie und der Gemeinsame Markt, Baden-Baden 1990, S. 11 ff.

Edlbauer, Florian, Richtfunk für die letzte Meile, Funkschau v. 23.1.1998, S. 56 f.

Ehlermann, Claus-Dieter, Telekommunikation und Europäisches Wettbewerbsrecht, EuR 1993, S. 134 ff.

Ehmer, Jörg, Regulierung im Telekommunikationswesen – Sind die tatsächlichen Gegebenheiten und der rechtliche Rahmen mit der Energiewirtschaft vergleichbar?, Baden-Baden 1998.

Ehricke, Ulrich, Der Art. 90 EWGV – eine Neubetrachtung, EuZW 1993, S. 211 ff.

Ehricke, Ulrich, Die richtlinienkonforme Auslegung nationalen Rechts vor Ende der Umsetzungsfrist einer Richtlinie, EuZW 1999, S. 553 ff.

Ehricke, Ulrich, Staatliche Eingriffe in den Wettbewerb – Kontrolle durch Gemeinschaftsrecht, Baden-Baden 1994.

Ehring, Lothar, Grundlagen und Entwicklung der Liberalisierung der Telekommunikationsmärkte in Europa – zugleich ein Beitrag zu Art. 90 EGV, in: *Hoeren, Thomas/Queck, Robert* (Hrsg.), Rechtsfragen der Informationsgesellschaft, Berlin 1999, S. 32 ff.

Ehrmann, Thomas/Mellewigt, Thomas, Die Kostenrechnung des marktbeherrschenden Anbieters als Kernproblem einer effizienten Regulierung im Telekommunikationssektor, zfbf 1997, S. 255 ff.

Eickelmann, Stefan/Perillieux, René, Markteintrittsstrategien neuer Wettbewerber in: *Booz, Allen & Hamilton* (Hrsg.), Telekommunikation in der Welt von morgen, 2. Aufl., Frankfurt a.M. 1997, S. 247 ff.

Eiermann, Rudolf, Die Benutzung der Eisenbahninfrastrukturen durch Eisenbahnverkehrsunternehmen, NJW 1998, S. 1846 f.

Eiffler, Sven-R., Der Grundrechtsschutz durch das BVerfG, EGMR und EuGH, JuS 1999, S. 1068 ff.

Eilenberger, G./Pfeiffer, Th./Van de Voorde I./Vetter, P., Glasfasersysteme für das Zugangsnetz, Alcatel Telecom Rundschau 1998, S. 225 ff.

Eilmannsberger, Thomas, Der Umgang marktbeherrschender Unternehmen mit Immaterialgüterrechten im Lichte des Art. 86 EWGV, EuZW 1992, S. 625 ff.

Eiß, Harald/Lukes, Rudolf/Pick, Hartmut/Schulz, Walter, Die Ordnung des Elektrizitätsmarktes der Europäischen Gemeinschaft, München 1990.

EITO/EEIG (Hrsg.), European Information Technology Observatory 1997, Frankfurt/Main 1997.

EITO/EEIG (Hrsg.), European Information Technology Observatory 1999, Frankfurt/Main 1999.

EITO/EEIG (Hrsg.), European Information Technology Observatory 2000, Frankfurt/Main 2000.

Elixmann, Dieter, Internationale Konsortien als neue Spieler in einem liberalisierten Telekommunikationsmarkt, in: *Kubicek, Herbert/Klumpp, Dieter/Müller, Günter/Neumann, Karl-Heinz/Raubold, Eckart/Roßnagel, Alexander* (Hrsg.), Jahrbuch Telekommunikation und Gesellschaft 1996, Öffnung der Telekommunikation: Neue Spieler – Neue Regeln, Heidelberg 1996, S. 50 ff.

Ellger, Reinhard, Telecommunication in Europe: Law and Policy of the European Community in a Key Industrial Sector, in: *Adams, William James* (Hrsg.), Singular Europe, Economy and Polity of the European Community after 1992, Ann Arber 1995, S. 203 ff.

Ellger, Reinhard/Kluth, Thomas-Sönke, Das Wirtschaftsrecht der Internationalen Telekommunikation in der Bundesrepublik Deutschland, Baden-Baden 1992 (zitiert: *R. Ellger/Th.-S. Kluth*, Das Wirtschaftsrecht der Internationalen Telekommunikation).

Ellinghaus, Ulrich, Wegerechte für Telekommunikationsunternehmen, CR 1999, S. 420 ff.

Emmerich, Volker, Kartellrecht, 9. Aufl., München 2001.

Engel, Christoph, Der Weg der deutschen Telekommunikation in den Wettbewerb, Beilage zu MMR 3/1999, S. 7 ff.

Engel, Christoph, Eigentumsschutz für Unternehmen, AöR 118 (1993), S. 169 ff.

Engel, Christoph/Knieps, Günter, Die Vorschriften des Telekommunikationsgesetzes über den Zugang zu wesentlichen Leistungen, Baden-Baden 1998 (zitiert: *Ch. Engel/G. Knieps*, Zugang zu wesentlichen Leistungen).

Engelhardt, Claudia, Tetra-Bündelfunk in der Praxis, in: *Grütz, Archibald* (Hrsg.), Jahrbuch Elektrotechnik '99, Berlin, Offenbach 1999, S. 213 ff.

Epiney, Astrid, Neuere Rechtsprechung des EuGH in den Bereichen des institutionellen Rechts und der Grundfreiheiten, NVwZ 1999, S. 1072 ff.

Epiney, Astrid, Umgekehrte Diskriminierungen, Köln, Berlin, Bonn, München 1995.

Erichsen, Hans-Uwe/Badura Peter (Hrsg.), Allgemeines Verwaltungsrecht, 11. Aufl., Berlin, New York 1998, (zitiert: Bearbeiter, in:).

Eschenbach, Jürgen, Der verfassungsrechtliche Schutz des Eigentums, Berlin 1996.

Eschweiler, Wilhelm, Die Regulierungsbehörde im Spannungsfeld zwischen Unabhängigkeit und Weisungsunterworfenheit, K&R 2001, S. 238 ff.

Eschweiler, Wilhelm, Regulierung der Telekommunikation und erste Entscheidungspraxis der Regulierungsbehörde für Telekommunikation und Post, K&R 1998, S. 530 ff.

Esser-Wellié, Michael/Hufnagel, Frank-Erich, Multimedia und Telekommunikation, AfP 1998, S. 43 ff.

Eutelis Consult/Horrocks Technology/Tera Consultants (Hrsg.), Recommended Practices for Collocation and other Facilities Sharing for Telecommunications Infrastructure, Ratingen 1998.

Everling, Ulrich, Brauchen wir „Solange III"? – Zu den Forderungen nach Revision der Rechtsprechung des Bundesverfassungsgerichts, EuR 1990, S. 195 ff.

Everling, Ulrich, Bundesverfassungsgericht und Gerichtshof der Europäischen Gemeinschaften nach dem Maastricht-Urteil, in: *Randelzhofer, Albrecht/Scholz, Rupert/Wilke, Dieter* (Hrsg.), Gd. f. *Eberhard Grabitz*, München 1995, S. 57 ff.

Everling, Ulrich, Das Maastricht-Urteil des Bundesverfassungsgerichts in seiner Bedeutung für die Entwicklung der Europäischen Union, Integration 1994, S. 165 ff.

Everling, Ulrich, Der Beitrag des Europäischen Gerichtshofs zur europäischen Grundrechtsgemeinschaft, in: *Stern, Klaus* (Hrsg.), 40 Jahre Grundgesetz, München 1989, S. 167 ff.

Everling, Ulrich, Will Europe Slip on Bananas? The Bananas Judgment of the Court of Justice and National Courts, CMLR 1996, S. 401 ff.

Faber, Heiko, Verwaltungsrecht, 4. Aufl., Tübingen 1995.

Fahle, Robert, Der TK-Streit in der Schweiz, Funkschau v. 18.9.1998, S. 38 ff.

Fahle, Robert/Stanossek, Georg/Kistner, Hans Peter, TK-Märkte Dänemark und Norwegen, Funkschau v. 10.10.1997, S. 42 ff.

Fahle, Robert/Stanossek, Georg/Kistner, Hans Peter, TK-Märkte Schweden und Finnland, Funkschau v. 7.11.1997, S. 50 ff.

Fangmann, Helmut, Telekommunikation und Poststrukturgesetz, CR 1989, S. 647 ff.

Fangmann, Helmut, Das neue Telekommunikationsgesetz, Heidelberg 1997.

Fangmann, Helmut, Der Stand des EG-Telekommunikationsrechts, EuZW 1990, S. 48 ff.

Fangmann, Helmut, Europa auf dem Weg zum offenen Markt für Telekommunikationsendgeräte, EuZW 1991, S. 585 ff.

Fangmann, Helmut/Lörcher, Klaus/Scheuerle, Walter/Schwemmle, Michael/Wehner, Ewald, Telekommunikations- und Postrecht, Kommentar und alle neuen Rechtsvorschriften, 2. Aufl., Neuwied 1996.

Faross, Peter, Die Entwicklung eines europäischen Energierechts, in: *Baur, Jürgen F.* (Hrsg.), Aktuelle Probleme des Energierechts, Baden-Baden 1995, S. 51 ff.

Feger, Dieter, Die Grundrechte im Recht der Europäischen Gemeinschaften, Frankfurt a.M. 1984.

Fehling, Michael, Der finanzielle Ausgleich für die Mitbenutzung fremder Infrastruktur bei Schienenwegen, Energieversorgungs- und Telekommunikationsleitungen, VerwArch 86 (1995), S. 600 ff.

Fehling, Michael, Mitbenutzungsrechte Dritter bei Schienenwegen, Energieversorgungs- und Telekommunikationsleitungen vor dem Hintergrund staatlicher Infrastrukturverantwortung, AöR 121 (1996), S. 59 ff.

Fellbaum, Klaus, Sprachverarbeitung und Sprachübertragung, Berlin, Heidelberg, New York, Tokyo 1984.

Ferrari, Karl, Die italienische Versorgungswirtschaft, in: *Tettinger, Peter J.* (Hrsg.), Strukturen der Versorgungswirtschaft in Europa, Stuttgart 1996, S. 47 ff.

Fiedler, Wilfried, Die EMRK und der Schutz des Eigentums, EuGRZ 1996, S. 354 ff.

Fiquet, Alain, Das System des Service Public unter besonderer Berücksichtigung der Elektrizitätswirtschaft, in: *Tettinger, Peter J.* (Hrsg.), Strukturen der Versorgungswirtschaft in Europa, Stuttgart 1996, S. 15 ff.

Fiquet, Alain, Rechtlicher Rahmen der Energiewirtschaft in Frankreich, ET 1992, S. 554 ff.

Fischer, Hans G., EG-Freizügigkeit und bezahlter Sport – Inhalt und Auswirkungen des Bosman Urteils des EuGH, Sp*u*rt 1996, S. 34 ff.

Fischer, Wolfram (Hrsg.), Handbuch der europäischen Wirtschafts- und Sozialgeschichte, Bd. V., Stuttgart 1985.

Fischerhof, Hans, Stromdurchleitungen über fremde Netze als Rechtsproblem, Baden-Baden 1974.

Fleischer, Holger/Weyer, Hartmut, Neues zur „essential facilities"-Doktrin im Europäischen Wettbewerbsrecht, WuW 1999, S. 350 ff.

Flume, Werner, Allgemeiner Teil des bürgerlichen Rechts, Bd. II, 4. Aufl., Berlin u. a. 1992.

Forsthoff, Ernst, Rechtsfragen der leistenden Verwaltung, Stuttgart 1959.

Franke, Peter, Zulassungsvoraussetzungen zum Alleinabnehmersystem, ET 1999, S. 273 f.

Freyer, Ulrich, Nachrichtenübertragungstechnik, Grundlagen, Komponenten, Verfahren und Systeme der Telekommunikationstechnik, 3. Aufl., München, Wien 1994.

Fromm, Günter, Die Entwicklung der Deutschen Bahnen, in: *Blümel, Willi* (Hrsg.), Verkehrswegerecht im Wandel, Berlin 1994, S. 59 ff.

Fromm, Günter, Die Reorganisationen der Deutschen Bahnen, DVBl. 1994, S. 187 ff..

Fromm, Günter, Juristische Probleme der Reform der Eisenbahnen, Int. Verkehrswesen 46 (1994), S. 97 f.

Fromont, Michel, Europa und nationales Verfassungsrecht, nach dem Maastricht-Urteil – Kritische Bemerkungen, JZ 1995, S. 800 ff.

Frowein, Jochen A., Das Maastricht-Urteil und die Grenzen der Verfassungsgerichtsbarkeit, ZaöRV 54 (1994), S. 1 ff.

Frowein, Jochen A., Der Eigentumsschutz in der Europäischen Menschenrechtskonvention, in: *Pfeiffer, Gerd/Wiese, Günther/Zimmermann, Klaus* (Hrsg.), Fs. f. *Heinz Rowedder*, München 1994, S. 49 ff.

Fuhr, Karl-Michael/Kerkhoff, Bärbel, Entbündelter Zugang – Vereinbarkeit mit der Eigentumsgarantie des Art. 14 GG?, MMR 1998, S. 6 ff.

Fuhr, Karl-Michael/Kerkhoff, Bärbel, Entgelte für die Gewährung von Netzzugang gemäß § 39 TKG, NJW 1997, S. 3209 ff.

Fuhr, Karl-Michael/Kerkhoff, Bärbel, Regulierung als Voraussetzung für Wettbewerb in den Telekommunikationsmärkten, MMR 1999, S. 213 ff.

Furse, Mark, The „Essential Facilities" Doctrine in Community Law, ECLR 1995, S. 469 ff.

Gamm, Otto-Friedrich von, GWB, Kommentar, 2. Aufl., Köln, Berlin, Bonn, München 1981.

Garstka, Hansjürgen, Das Telekommunikationsgeheimnis und seine Schlupflöcher, in: *Bartsch, Michael/Lutterbeck, Bernd* (Hrsg.), Neues Recht für neue Medien, Köln 1998, S. 293 ff.

Gebhardt, Hans-Uwe/Vartian, Claudine, Rechtliche Regelungen und Liberalisierung des österreichischen Telekommunikationsmarktes, MMR 1999, S. 153 ff.

Geckeler, Siegfried, Lichtwellenleiter für die optische Nachrichtenübertragung, 3. Aufl., Berlin, Heidelberg, New York u. a. 1990.

Georg, Otfried, Telekommunikationstechnik, Berlin, Heidelberg, New York 1996.

Geppert, Martin/Ruhle, Ernst-Olav/Schuster, Fabian, Handbuch Recht und Praxis der Telekommunikation, 1. Aufl., Baden-Baden 1998 (zitiert: *M. Geppert/E.-O. Ruhle/F. Schuster*, Handbuch Telekommunikation).

Gerpott, Torsten J., Alternative Carrier im Deutschen Telekommunikaionsmarkt, in: *Kubicek, Herbert/Klumpp, Dieter/Müller, Günter/Neumann, Karl-Heinz/Raubold, Eckart/Roßnagel, Alexander* (Hrsg.), Jahrbuch Telekommunikation und Gesellschaft 1996, Öffnung der Telekommunikation: Neue Spieler – Neue Regeln, Heidelberg 1996, S. 34 ff.

Gerpott, Torsten J., Konsequente Fortsetzung der marktmacht-symmetrischen Regulierung von TK-Netzbetreibern, MMR 2000, S. 191 ff.

Gerpott, Torsten J., Reregulierung der Telekommunikation in Deutschland?, K&R 1999, S. 49 ff.

Gerpott, Torsten J., Wettbewerbsstrategien im Telekommunikationsmarkt, Stuttgart 1996.

Gerpott, Torsten J./Walter, Andreas, Zugangsentgelte für Teilnehmeranschlußleitungen und Wettbewerbsintensität auf Festnetzmärkten, K&R 2001, S. 386 ff.

Gerpott, Torsten J./Winzer, Peter, Kosten von Teilnehmeranschlußleitungen in Deutschland – Berechnungsergebnisse und -probleme bei einem Rückgriff auf das WIK-Kostenmodell für Ortsnetze, K&R 2000, S. 521 ff.

Gersdorf, Hubertus, Das Kooperationsverhältnis zwischen deutscher Gerichtsbarkeit und EuGH DVBl. 1994, S. 674 ff.

Gersdorf, Hubertus, Funktionen der Gemeinschaftsgrundrechte im Lichte des Solange-II Beschlusses des Bundesverfassungsgerichts, AöR 119 (1994), S. 400 ff.

Gerstner Stephan/Goebel, Burkhart, Grundrechtsschutz in Europa, Jura 1993, S. 626 ff.

Giarda Raffaele/Brunelli, Guilio, Telecommunication Law in Italy, Beilage zu MMR 8/1999, S. 18 ff.

Gilles, Peter, Recht und Praxis des Télémarketing, NJW 1988, S. 2424 ff.

Glaesner, Hans-Joachim, Rechtsprobleme einer unharmonischen Entwicklung einzelner Vertragsbereiche, in: *Bieber, Roland/Ress, Georg* (Hrsg.), Die Dynamik des Europäischen Gemeinschaftsrechts, Baden-Baden 1987, S. 435 ff.

Glasl, Daniel, Essential Facilities Doctrine in EC Anti-Trust Law, ECLR 1994, S. 306 ff.

Glassen, Helmut/Hahn, Helmuth von/Kersten, Hans-Christian/ Rieger, Harald (Hrsg.), Frankfurter Kommentar zum GWB, 3. Aufl., Köln, Loseblatt, Stand: Januar 2000.

Gloger, Marcus, DECT für Datenanwendungen, Funkschau v. 13.11.1998, S. 72 ff.

Gneisenau, Alexander Graf von /Koth, Hardy C., Strategische Allianzen – Liebesehen, Zweckbeziehungen oder Modetrend?, in: *Booz, Allen & Hamilton* (Hrsg.), Telekommunikation in der Welt von morgen, 2. Aufl., Frankfurt a.M. 1997, S. 227 ff.

Gneiting, Stefan, Basisstationen mit erhöhter Reichweite, Funkschau v. 24.7.1998, S. 34 ff.

Gneiting, Stefan, DECT: Aufbruch zu neuen Ufern, Funkschau v. 11.6.1999, S. 34 ff.

Gneiting, Stefan, Eignet sich DECT für den Local Loop?, Funkschau v. 21.6.1996, S. 32 f.

Gneiting, Stefan, GSM auf dem Vormarsch, Funkschau v. 6.3.1998, S. 36 f.

Göckel, Andreas, Telefonieren im Internet: Das regulatorische Umfeld, K&R 1998, S. 250 ff.

Gorinson, S. M., Overview: Essential facilities and Regulation, 58 Antitrust L. J. (1990), S. 871 ff.

Götz, Gero, Strategische Allianzen, Baden-Baden 1996.

Götz, Volkmar, Das Maastricht-Urteil des Bundesverfassungsgerichts, JZ 1993, S. 1081 ff.

Götz, Volkmar, Der Netzzugang für Dritte als grundsätzliches rechtliches Problem, in: *Schwarze, Jürgen* (Hrsg.), Der Netzzugang für Dritte im Wirtschaftsrecht, Baden-Baden 1999, S. 129 ff. (zitiert: *V. Götz*, in: *J. Schwarze* (Hrsg.), Netzzugang im Wirtschaftsrecht).

Götz, Volkmar, Europäische Gesetzgebung durch Richtlinien – Zusammenwirken von Gemeinschaft und Staat, NJW 1992, S. 1849 ff.

Grabenwarter, Christoph, Die Charta der Grundrechte für die Europäische Union, DVBl. 2001, S. 1 ff.

Grabitz, Eberhard/Hilf, Meinhard (Hrsg.), Das Recht der Europäischen Union, München 2000, Loseblatt, Stand: Januar 2000.

Grabitz, Eberhard/Hilf, Meinhard (Hrsg.), Kommentar zur Europäischen Union, München 2000, Loseblatt, Stand: Oktober 1999.

Gramlich, Ludwig, Ohne Regulierung kein Wettbewerb, CR 1998, S. 463 ff.

Gramlich, Ludwig, Rechtsfragen bei Zusammenschaltungsvereinbarungen, CR 1997, S. 65 ff.

Gramlich, Ludwig, Von der Postreform zur Postneuordnung, NJW 1994, S. 2785 ff.

Gramlich, Ludwig, Die Regulierungsbehörde für Telekommunikation und Post, CR 1999, S. 509 ff.

Gramlich, Ludwig, Die Regulierungsbehörde für Telekommunikation und Post im Jahre 1998, CR 1999, S. 489 ff.

Gramlich, Ludwig, Ende gut, alles gut? – Anmerkungen zum neuen Postgesetz, NJW 1998, S. 866 ff.

Gramlich, Ludwig, Entwicklungen der staatlichen Wirtschaftsaufsicht: Das Telekommunikationsrecht als Modell?, VerwArch 88 (1997), S. 598 ff.

Gramlich, Ludwig, Grundfreiheiten contra Grundrechte im Gemeinschaftsrecht? DÖV 1996, S. 801 ff.

Gramlich, Ludwig, Die Regulierungsbehörde für Post und Telekommunikation im Jahr 2000, CR 2001, S. 373 ff.

Grawe, Joachim, Netzzugang und Vorrang-Regelungen, Elektrizitätswirtschaft 1997, S. 1309 ff.

Grawe, Jürgen, Ein gemeinsamer Strommarkt in der EG aus der Sicht der Energieversorgungsunternehmen, in: *Lukes, Rudolf* (Hrsg.), Ein EWG-Binnenmarkt für Elektrizität – Realität oder Utopie, Köln, Berlin, Bonn, München 1988, S. 165 ff.

Greaves, Rosa, Magill est arrivé, ECLR 1995, S. 244 ff.

Grewlich, Klaus W., Europa im globalen Technologiewettlauf: Der Weltmarkt wird zum Binnenmarkt, Gütersloh 1992.

Grewlich, Klaus W., Konflikt und Ordnung in der globalen Kommunikation: Wettstreit der Staaten und Wettbewerb der Unternehmen, Baden-Baden 1997.

Griese, Joachim/Sieber, Pascal, Internet als erste Ausbaustufe des Information Highway, in: *Hilty, Reo M.* (Hrsg.), Information Highway, München 1996, S. 43 ff.

Groeben, Hans, von der/Thiesing, Jochen/Ehlermann, Claus-Dieter (Hrsg.), Kommentar zum EU-/EG-Vertrag, 5. Aufl., Baden-Baden 1997, (zitiert: Bearbeiter, in:).

Gröner, Helmut/Knorr, Andreas, Die Liberalisierung der Postdienste in der EU, EWS 1996, S. 225 ff.

Großkopf, Volker/Ritgen, Klaus, Entgeltgenehmigung nach dem Telekommunikationsgesetz, CR 1998, S. 86 ff.

Großmann, Klaus P./Kistner, Hans Peter, Das Telekommunikationsgesetz, Funkschau v. 30.8.1996, S. 22 ff.

Grupp G./Schäder, W., Neue Tendenzen in der Rechtsprechung des Europäischen Gerichtshofes zur Verhältnismäßigkeit, EWS 1993, S. 27 ff.

Grupp, Klaus, Eisenbahnaufsicht nach der Bahnreform, DVBl. 1996, S. 591 ff.

Grzeszick, Bernd, Versteigerung knapper Telekommunikationslizenzen, DVBl. 1997, S. 878 ff.

Guterman, Arne, Telecommunication Law in Belgium, Beilage zu MMR 8/1999, S. 10 ff.

Haag, Marcel, Der Netzzugang Dritter aus der Sicht des Europäischen Wettbewerbsrechts, in: *Schwarze, Jürgen* (Hrsg.), Der Netzzugang für Dritte im Wirtschaftsrecht, Baden-Baden 1999, S. 57 ff. (zitiert: *M. Haag*, in: *J. Schwarze* (Hrsg.), Netzzugang im Wirtschaftsrecht).

Haar, Brigitte, Marktöffnung in der Telekommunikation, Baden-Baden 1995.

Haar, Brigitte, Offener Netzzugang in der Telekommunikation, CR 1996, S. 713 ff.

Haaß, Wolf-Dieter, Handbuch der Kommunikationsnetze: Einführung in die Grundlagen und Methoden der Kommunikationsnetze, Berlin, Heidelberg, New York, 1997 (zitiert: *W.-D. Haaß*, Kommunikationsnetze).

Häfner, Gerald/Strawe, Christop/Zuegg, Robert, In der Auseinandersetzung um eine Charta der Grundrechte der Europäsichen Union, ZRP 2000, S. 365 ff.

Haidinger Michael/Rädler, Peter, Die Duldungspflicht des Grundstückseigentümers aus § 57 TKG, MMR 1999, S. 330 ff.

Hallenga, Reiner, Europarechtliche Vorgaben für die Liberalisierung von Telekommunikationsnetzmärkten und die Umsetzung in nationales Recht, Archiv PT 1996, S. 239 ff.

Hallenga, Reiner, Tarifpolitik als Steuerungsinstrument für den Wettbewerb zwischen Fernmeldeorganisationen und ihren privaten Konkurrenten, Archiv PT 1994, S. 50 ff.

Hammerstein, Christian von, National Roaming im UMTS-Markt, MMR 2001, S. 214 ff.

Hannes, Berthold/Rottenbacher Claus, Ermittlung angemessener Durchleitungsentgelte, Elektrizitätswirtschaft 1997, S. 931 ff.

Harleß, Friedrich, Die praktische Umsetzung der Techniksteuerung aus der Sicht eines globalen Untenehmens, in: *Vieweg, Klaus* (Hrsg.), Techniksteuerung und Recht, Köln, Berlin, Bonn, München 2000, S. 247 ff.

Harms, Jörg Menno, Computertechnik, Telekommunikation, Unterhaltungselektronik und Medien wachsen zusammen, in: *Bundesministerium für Wirtschaft* (Hrsg.), Die Informationsgesellschaft, Bonn 1995, S. 4 ff.

Hartsleben, Brigitte/Urbantschitsch, Wolfgang, Interconnection 2000, MMR 2000, S. 744 ff.

Hartweg, Matthias, Der Eigentumsschutz nach Art. 1 des 1. Zusatzprotokolls zur EMRK, RabelsZ 1999, S. 561 ff.

Hascher, Wolfgang, DECT als Datenautobahn, Funkschau v. 19.3.1999, S. 22 ff.

Hauck, Ernst, Wirtschaftsgeheimnisse – Informationseigentum kraft richterlicher Rechtsbildung?, Berlin 1987.

Haus, Florian C. Stromdurchleitung bei der Bewag – ein Präjudiz für § 19 Abs. 4 Nr. 4 GWB?, WuW 1999, S. 1190 ff.

Hefekäuser, Hans Willi, Zugangsnetze und regulatorische Maßnahmen, MMR Aktuell 9/1998, S. XXII f. und 3/1999, S. X.

Hefekäuser, Hans-Willi, Anordnung der Entgelte für die „letzte Meile", MMR Aktuell 5/1998, S. VIII.

Hefekäuser, Hans-Willi, Ausgliederung des Breitbandkabelgeschäfts der Deutschen Telekom, MMR Aktuell 4/1998, VII ff.

Hefekäuser, Hans-Willi, Bewegung beim Problem der „Netzbetreiber ohne Netz“, MMR Aktuell 2/1999, S. VII f.

Hefekäuser, Hans-Willi, Die Deutsche Telekom in der ersten Phase der Liberalisierung, in: *FIW* (Hrsg.), Erfahrungen mit der Privatisierung von Monopolunternehmen, Köln, Berlin, Bonn, München 1999, S. 17 ff.

Hefekäuser, Hans-Willi, Netzbetreiber ohne Netz, MMR Aktuell 4/1998, S. XIII.

Hefekäuser, Hans-Willi, Telekommunikationsmärkte zwischen Regulierung und Wettbewerb, MMR 1999, S. 144 ff.

Hefekäuser, Hans-Willi, Erneuter Entgeltantrag für den Zugang zur Teilnehmeranschlußleitung, MMR Aktuell 11/1998, S. X f.

Hefekäuser, Hans-Willi, Neuer Entgeltantrag für den Zugang zur Teilnehmeranschlußleitung, MMR Aktuell 7/1998, S. XIII.

Hefekäuser, Hans-Willi, Entgeltantrag der Deutschen Telekom zur Teilnehmeranschlußleitung (TAL), MMR Aktuell 2/2001, S. XIII f.

Hefekäuser, Hans-Willi, Neue IC Entgelte: VG Köln entscheidet zu Gunsten der Deutschen Telekom, MMR Aktuell 3/2001, S. XII f.

Hefekäuser, Hans-Willi/Dreier, Christoph, Der gesetzliche Rahmen für Netzzugang und Netzzusammenschaltungen, CR 1997, S. 110 ff.

Hefekäuser, Hans-Willi/Wehner, Andrea, Regulierungsrahmen in der Telekommunikation, CR 1996, S. 698 ff.

Heilbock, Jürgen A., UMTS – die dritte Mobilfunkgeneration aus rechtlicher Sicht, MMR 1999, S. 23 ff.

Heimlich, Jörn, Die Abgabepflichten des Telekommunikationsgesetzes, NVwZ 1998, S. 122 ff.

Hein, Mathias, SS7 - Gateways, Funkschau v. 22.1.1999, S. 68 ff.

Heine, Gunnar, Migration zur dritten Mobilfunkgeneration, Funkschau v. 25.6.1999, S. 52 ff.

Heine, Robert/Neun, Andreas, Konkurrentenklagen im Telekommunikationsrecht, MMR 2001, S. 352 ff.

Heinemann, Tobias, Rechtliche Vorgaben für die „2. Stufe Bahnreform“, Int. Verkehrswesen 51 (1999), S. 174 ff.

Heintzen, Markus, Die „Herrschaft" über die Europäischen Gemeinschaftsverträge – Bundesverfassungsgericht und Europäischer Gerichtshof auf Konfliktkurs?, AöR 119 (1994), S. 564 ff.

Heintzen, Markus, Hierarchisierungsprozesse innerhalb des Primärrechts der Europäischen Gemeinschaft, EuR 1994, S. 35 ff.

Heinze, Christian, Das Gesetz zur Änderung des Verfassungsrechts der Eisenbahnen vom 20.12.1993, BayVBl. 1994, S. 266 ff.

Heinze, Christian, Rechts- und Funktionsnachfolge bei der Eisenbahnneuordnung, NVwZ 1994, S. 748 ff.

Henning, H., Der Kampf um die „letzte Meile" geht in die entscheidende Runde, F.A.Z. v. 6.9.1999, S. 33.

Herdegen, Michael, Europäisches Gemeinschaftsrecht und die Bindung deutscher Verfassungsorgane an das Grundgesetz, EuGRZ 1989, S. 309 ff.

Herdegen, Michael, Europarecht, 2. Aufl., München 1999.

Hermann, Hans Peter, Binnenmarkt-Richtlinien für Strom und Gas – Gestaltungsspielräume und Tendenzen bei einer Umsetzung in den EU-Mitgliedstaaten, in: *Kühne, Gunther/Straßburg, Wolfgang/Hermann, Hans Peter/Rupp, Jürgen-Johann* (Hrsg.), Wettbewerb – Bestandsschutz – Umweltschutz, Baden-Baden 1997, S. 25 ff.

Hermann, Hans Peter, Der ungelöste Gegensatz zwischen Wettbewerbs- und Gemeinschaftsprinzip in Art. 90 EGV, in: *Tettinger, Peter J.* (Hrsg.), Strukturen der Versorgungswirtschaft in Europa, Stuttgart 1996, S. 105 ff.

Hermann, Hans Peter, Ordnungsgrundlagen der Elektrizitätswirtschaften in den Mitgliedstaaten der Europäischen Gemeinschaft, in: *Baur, Jürgen F.* (Hrsg.), Neue Strukturen der Energieversorgung, Baden-Baden, S. 111 ff.

Hermann, Henrik, Wettbewerbsstrategien alternativer Telekommunikationsunternehmen in Deutschland, Bad Honnef 1998.

Hermes, Georg, Staatliche Infrastrukturverantwortung, Tübingen 1998.

Herter, Eberhard/Lörcher, Wolfgang, Nachrichtentechnik: Übertragung – Vermittlung – Verarbeitung, 5. Aufl., München, Wien 1990.

Hesse, Konrad, Grundzüge des Verfassungsrechts der Bundesrepublik Deutschland, 20. Aufl., Heidelberg 1999.

Heyer, Wilhelm, MC-CDMA – Zugriffsverfahren im 3G-Mobilfunk, Funkschau v. 20.8.1999, S. 76 f.

Hilf, Meinhard, Solange II: Wie lange noch Solange?, EuGRZ 1987, S. 1 ff.

Hilf, Meinhard, Die Richtlinie der EG – ohne Richtung, ohne Linie?, EuR 1993, S. 1 ff.

Hilf, Meinhard, Ein Grundrechtskatalog für die Europäische Gemeinschaft, EuR 1991, S. 19 ff.

Hilf, Meinhard, Europäische Union und Europäische Menschenrechtskonvention, in: *Beyerlein, Ulrich/Bothe, Michael/Hofmann, Rainer/Petersmann, Ernst-Ulrich* (Hrsg.), Recht zwischen Umbruch und Bewahrung, Fs. f. *Rudolf Bernhardt*, Berlin 1995, S. 1193 ff.

Hilf, Meinhard/Pache, Eckhard, Das Bosman-Urteil des EuGH, NJW 1996, S. 1169 ff.

Hilf, Meinhard/Pache, Eckhard, Der Vertrag von Amsterdam, NJW 1998, S. 705 ff.

Hiltl, Christoph/Großmann, Klaus, Grundfragen des neuen deutschen Telekommunikationsrechts, BB 1996, S. 169 ff.

Himmelmann, Steffen, Gemeinschaftsrechtliche Vorgaben für die Umsetzung von EG-Recht, DÖV 1996, S. 145 ff.

Hirsch, Günter, Der EuGH im Spannungsfeld zwischen Gemeinschaftsrecht und nationalem Recht, NJW 2000, S. 1817 ff.

Hirsch, Günter, Europäischer Gerichtshof und Bundesverfassungsgericht – Kooperation oder Konfrontation?, NJW 1996, S. 2457 ff.

Hobe, Stephan/Tietje, Christian, Europäische Grundrechte auch für Profisportler – (EuGH, NJW 1996, 505), JuS 1996, S. 486 ff.

Hochbaum, Ingrid F., Die Transparenzrichtlinie der EG-Kommission, ZögU 1985, S. 481 ff.

Hoeren, Thomas, Wegerechte auf dem Prüfstand, MMR 1998, S. 1 ff.

Hoeren, Thomas/Sieber, Ulrich (Hrsg.), Handbuch Multimedia-Recht, München 1999, Loseblatt, Stand: Dezember 2000 (zitiert: Autor, in:).

Hoffmann-Riem, Wolfgang, Informationelle Selbstbestimmung in der Informationsgesellschaft – Auf dem Wege zu einem neuen Konzept des Datenschutzes, AöR 123 (1998), S. 513 ff.

Hoffmann-Riem, Wolfgang, Telekommunikationsrecht als europäisiertes Verwaltungsrecht, DVBl. 1999, S. 125 ff.

Hofmann, Herwig, Normenhierarchien im europäischen Gemeinschaftsrecht, Berlin 2000.

Holthoff-Frank, Klaus/Paulus, Melanie, Wettbewerb auf TK- und Postmärkten? Zum Sondergutachten der Monopolkommission, MMR 2000, S. 187 ff.

Holzhäuser, Michael, Besonderer Netzzugang: Das Verhältnis von § 33 und § 35 TKG, MMR 2000, S. 466 ff.

Hölzler, Erwin/Thierbach, Dietwald (Hrsg.), Nachrichtenübertragung, Berlin 1966 (zitiert:Bearbeiter, in:).

Horn Manfred/Knieps, Günter/Müller, Jürgen, Deregulierungsmaßnahmen in den USA: Schlußfolgerungen für die Bundesrepublik Deutschland, Baden-Baden 1988.

Huber, Andrea/von Mayerhofen, Martina, „Review 1999" der EU-Kommission, MMR 1999, S. 593 ff.

Huber, Peter M., Bundesverfassungsgericht und Europäischer Gerichtshof als Hüter der Gemeinschaftsrechtlichen Kompetenzordnung, AöR 116 (1991), S. 210 ff.

Huber, Peter M., Das Kooperationsverhältnis zwischen BVerfG und EuGH in Grundrechtsfragen, EuZW 1997, S. 517 ff.

Hüffer, Uwe/Ipsen, Knut/Tetinger, Peter J., Die Transitrichtlinien für Gas und Elektrizität, Stuttgart, München, Hannover 1991.

Hufnagel, Frank-Erich/Rädler, Peter, Multimedia und Telekommunikation, AfP 2000, S. 56 ff. und 151 ff.

Hummel, Konrad, Die vorläufige Entgeltgenehmigung beim besonderen Netzzugang, CR 2000, S. 291 ff.

Hummel, Konrad, Zusammenschaltungsanordnungen – gestern, heute, morgen, CR 2001, S. 440 ff.

Humpert, Christian, Regulierung des Telekommunikationsmarktes in Großbritannien, K&R 1999, S. 457 ff.

Hungenburg, Harald, Strategische Allianzen in der Telekommunikation, zfbf 1998, S. 479 ff.

Huppertz, Christiane, Der institutionelle Rahmen des Telekommunikationsrechts in der EU, K&R 2001, S. 402 ff.

Ickenroth, Bernd, Ökonomische und regulatorische Aspekte von Interconnection, in: *Kubicek, Herbert/Klumpp, Dieter/Müller, Günter/Neumann, Karl-Heinz/Raubold, Eckart/Roßnagel, Alexander* (Hrsg.), Jahrbuch Telekommunikation und Gesellschaft 1996, Öffnung der Telekommunikation: Neue Spieler – Neue Regeln, Heidelberg 1996, S. 162 ff.

Immenga, Ulrich, Auslegung des Marktbeherrschungsbegriffs im TKG, MMR 2000, S. 141 ff.

Immenga, Ulrich, Grenzen der Regulierung von Endkundenentgelten nach Öffnung der Telekommunikationsmärkte, WuW 1999, S. 949 ff.

Immenga, Ulrich, Relevante Märkte und Marktbeherrschung in der Regulierungspraxis, MMR 2000, S. 196 ff.

Immenga, Ulrich/Mestmäcker, Ernst-Joachim (Hrsg.), EG-Wettbewerbsrecht, Kommentar, Bd. I und II, München 1997 (zitiert: Bearbeiter, in:).

Immenga, Ulrich/Mestmäcker, Ernst-Joachim (Hrsg.), GWB, Kommentar zum Kartellgesetz, 2. Aufl. München 1992, (zitiert: Bearbeiter, in: *U. Immenga/E.-J- Mestmäcker* (Hrsg.), GWB, 2. Aufl.,).

Immenga, Ulrich/Mestmäcker, Ernst-Joachim (Hrsg.), GWB, Kommentar zum Kartellgesetz, 3. Aufl. München 2001, (zitiert: Bearbeiter, in:).

Ipsen, Hans Peter, BVerfG versus EuGH re „Grundrechte“, EuR 1975, S. 1 ff.

Ipsen, Hans Peter, Europäisches Gemeinschaftsrecht, Tübingen 1972.

Isensee, Josef/Kirchhof, Paul (Hrsg.), Handbuch des Staatsrechts der Bundesrepublik Deutschland, Bd. I, Grundlagen von Staat und Verfassung, Heidelberg 1995; Bd. II, Das Handeln des Staates, Heidelberg 1996; Bd. V, Allgemeine Grundrechtslehren, Heidelberg 1992, Bd. VII, Normativität und Schutz der Verfassung – Internationale Beziehungen, Heidelberg 1992 (zitiert: Bearbeiter, in:).

Jaeger, Wolfgang, Statement zum Netzzugang für Dritte im Wirtschaftsrecht, in: *Schwarze, Jürgen* (Hrsg.), Der Netzzugang für Dritte im Wirtschaftsrecht, Baden-Baden 1999, S. 121 ff. (zitiert: *W. Jaeger,* in: *J. Schwarze* (Hrsg.), Netzzugang im Wirtschaftsrecht).

Jansen, Bernhard, Die Anwendung der Wettbewerbsregeln auf das Monopol nationaler Fernmeldedienste für Telekommunikations-Endgeräte, NJW 1991, S. 3062 ff.

Jarass, Hans D., Die Grundfreiheiten als Grundgleichheiten – Systematische Überlegungen zur Qualifikation und Rechtfertigung von Beschränkungen der Grundfreiheiten, in: *Due, Ole/Lutter, Marcus/Schwarze, Jürgen* (Hrsg.), Fs. f. *Ulrich Everling,* Baden-Baden 1995, Bd. I, S. 593 ff.

Jarass, Hans D., Elemente einer Dogmatik der Grundfreiheiten, EuR 1995, S. 202 ff.

Jarass, Hans D., Europäisches Energierecht, Berlin 1996.

Jung, Hans, Allgemeine Betriebswirtschaftslehre, 6. Aufl., München, Wien 1999.

Jung, Volker/Warnecke, Hans-Jürgen (Hrsg.), Handbuch für die Telekommunikation, Berlin u. a. 1998 (zitiert: Bearbeiter in).

Jürgensen, Thomas, Gemeinschaftlicher und nationaler Grundrechtsschutz bei der Realisierung transeuropäischer Netze, Berlin 1998 (zitiert: *Th. Jürgensen*, Transeuropäische Netze).

Jürgensen, Thomas/Schlünder, Irene, EG-Grundrechtsschutz gegenüber Maßnahmen der Mitgliedstaaten, AöR 121 (1996), S. 200 ff.

Kadelbach, Stefan, Einheit der Rechtsordnung als Verfassungsprinzip der Europäischen Union, in: *Bogdandy, Armin von/Ehlermann, Claus-Dieter* (Hrsg.), Konsolidierung und Kohärenz des Primärrechts nach Amsterdam, Baden-Baden 1998, S. 51 ff.

Kafka, Gerhard, ADSL – Turboauffahrt auf die Datenautobahn, Funkschau v. 14.5.1999, S. 20 ff.

Kampmann, Frank, Wettbewerbsanalyse der Normung der Telekommunikation in Europa, Frankfurt a.M. u. a. 1993.

Kartmann, Uwe, Die europäische R&TTE-Richtlinie, MMR 2000, S. 741 ff.

Kasselaki, Elpida, Greece: The Law on Telecommunications, K&R 2000, S. 554 ff.

Katruff, Martin, Drahtlos ins ISDN, Telcom Report 1/1997, S. 32 f.

Kauffels, Franz-Joachim, Lokale Netze, 10. Aufl., Bonn 1998.

Kedaj, Josef/Joussen, Fritz (Hrsg.), Mobilfunk. Das Handbuch der mobilen Sprach-, Text- und Datenkommunikation, Augsburg, 2. Bd., Loseblatt, Stand: November 1997.

Kemmler, Anne, Telekommunikationsgesetz (TKG), Archiv PT 1996, S. 321 ff.

Kenntner, Markus, Die Schrankenbestimmungen der EU-Grundrechtecharta – Grundrechte ohne Schutzwirkung? ZRP 200, S. 423 ff.

Kerschner, Susanne, City Carrier, Funkschau v. 3.9.1999, S. 34 ff.

Kerschner, Susanne, Richtfunk für die letzte Meile, Funkschau v. 1.10.1999, S. 28 ff.

Kerschner, Susanne, Zukunftsmarkt IP-Telefonie, Funkschau v. 16.4.1999, S. 22 f.

Kerschner, Susanne, Zweiter Akt im deutschen Liberalisierungsmarkt, Funkschau v. 1.10.1999, S. 18 f.

Kerschner-Aceval, Susanne/Kistner, Hans-Peter, Der 1000 Milliarden-$-Markt, Funkschau 27.3.1997, S. 45 ff.

Kiefer, Roland, Digitale Übertragung in SDH- und PDH-Netzen, 2. Aufl., Renningen-Malsheim, 1996.

Kien, Markus/Gneitung, Stefan, Mobilfunk der dritten Generation, Funkschau v. 19.3.1999, S. 24 ff.

Kiessling, Thomas, Optimale Marktstrukturregulierung in der Telekommunikation, Baden-Baden 1998.

Kilger, Franz, Die Entwicklung des Telegraphenrechts im 19. Jahrhundert mit besonderer Berücksichtigung der technischen Entwicklung, Frankfurt a.M., Berlin, Bern u. a. 1993.

Kilian, Wolfgang, Europäisches Wirtschaftsrecht, München 1996.

Kingreen, Thorsten, Die Struktur der Grundfreiheiten des Europäischen Gemeinschaftsrechts, Berlin 1999 (zitiert: *Th. Kingreen*, Struktur der Grundfreiheiten).

Kingreen, Thorsten/Störmer, Rainer, Die subjektiv-öffentlichen Rechte des primären Gemeinschaftsrechts, EuR 1998, S. 263 ff.

Kirchhof, Paul, Die Reichweite des Telefondienstmonopols nach § 1 Abs. 4 Satz 2 Fernmeldeanlagengesetz, Jahrbuch der Deutschen Bundespost 1991, S. 475 ff.

Kistner, Hans-Peter, Breitbandige Zugangstechnologien, Funkschau v. 8.1.1999, S. 22 ff.

Kistner, Hans-Peter, Daten über Stromnetze, Funkschau v. 29.5.1998, S. 22 ff.

Kistner, Hans-Peter, Telekommunikation Trends 1999, Funkschau v. 8.1.1999, S. 18 ff.

Kistner, Hans-Peter/Pauler Wolfgang, Powerline wird konkret, Funkschau v. 6.8.1999, S. 74 f.

Kistner, Hans-Peter/Pauler, Wolfgang, Powerline auf dem Prüfstein, Funkschau v. 30.4.1999, S. 28 ff.

Klaue, Siegfried, Zur Rezeption der amerikanischen „essential-facility-doctrine“ in das europäische und deutsche Kartellrecht, RdE 1996, S. 51.

Klaue, Siegfried, Noch einmal: Zum sogenannten Netzzugang Dritter, BB 1993, S. 740 ff.

Klaue, Siegfried, Wettbewerb ohne Third Party Access, in: *Baur, Jürgen F.* (Hrsg.), Aktuelle Probleme des Energierechts, Baden-Baden 1995, S. 63 ff.

Klaue, Siegfried, Zum sogenannten Netzzugang Dritter in der Gas- und Elektrizitätswirtschaft, BB 1992, S. 1937.

Klein, Eckardt, Der Verfassungsstaat als Glied einer Europäischen Gemeinschaft, VVDStRL 50 (1991), S. 56 ff.

Klein, Eckardt, Grundrechtsdogmatische und verfassungsprozessuale Überlegungen zur Maastricht-Entscheidung des Bundesverfassungsgerichts, in: *Randelzhofer, Albrecht/Scholz, Rupert/Wilke, Dieter* (Hrsg.), Gd. f. *Eberhard Grabitz*, München 1995, S. 271 ff.

Klimisch, Annette/Lange, Markus, Zugang zu Netzen und anderen wesentlichen Einrichtungen als Bestandteil der kartellrechtlichen Mißbrauchsaufsicht, WuW 1998, S. 15 ff.

Klindt, Thomas, Die Zulässigkeit dynamischer Verweisungen auf das EG-Recht aus verfassungs- und europarechtlicher Sicht, DVBl. 1998, S. 373 ff.

Klodt, Henning/Laaser, Claus-Friedrich/Lorz, Jens Oliver/Maurer, Rainer, Wettbewerb und Regulierung in der Telekommunikation, Tübingen 1995.

Kluth, Thomas-Sönke, Telekommunikation als Regelungsgegenstand des Europäischen Gemeinschaftsrechts, Frankfurt a.M., Berlin, Bern u. a. 1993 (zitiert: *Th.-S. Kluth*, Telekommunikation als Regelungsgegenstand).

Kluth, Winfried, Die Bindung privater Wirtschaftsteilnehmer an die Grundfreiheiten des EG-Vertrags, AöR 122 (1997), S. 557 ff.

Knetsch, Werner A., Wettbewerbsszenarien für den deutschen Telekommunikationsmarkt, CR 1996, S. 568 ff.

Knieps, Günter, „Review 1999" der EU-Kommission, IC-Regulierung aus netzökonomischer Sicht, MMR 1999, S. 460 ff.

Knieps, Günter, Der Irrweg analytischer Kostenmodelle als regulatorische Schattenrechnungen, MMR 1998, S. 598 ff.

Knieps, Günter, Dienstleistungspolitik der DBP, in: *Diederich, Helmut/Hamm, W./Zohlnhöfer, W.* (Hrsg.), Die Deutsche Bundespost im Spannungsfeld der Wirtschaftspolitik, Heidelberg 1987, S. 129 ff.

Knieps, Günter, Entstaatlichung im Telekommunikationsbereich, Tübingen 1985.

Knieps, Günter, Rückführung sektorspezifischer Regulierung auf dem deutschen TK-Markt, MMR 2000, S. 266 ff.

Knieps, Günter, Telekommunikationspolitik, in: *Klemmer, Paul* (Hrsg.), Handbuch Europäische Wirtschaftspolitik, München 1998, S. 1193 ff. .

Knieps, Günter, Wettbewerb auf dem Mobilfunkmarkt, Beilage zu MMR 2/2000, S. 3 ff.

Knieps, Günter, Zugang zu Netzen – Verselbständigung, Nutzung, Vergütung, Eigentumsschutz, MMR 1998, S. 275 ff.

Knieps, Günter, „Review 1999" der EU-Kommission: Überregulierung ohne Ende?, MMR 2000, S. 64 f.

Knieps, Günter/Müller, Jürgen/Weizsäcker, Carl Chr. von, Die Rolle des Wettbewerbs im Fernmeldebereich, Baden-Baden 1981.

Knöll, Ralf, Die Diskussion um die Grundrechtscharta der Europäischen Union aus dem Blickwinkel der deutschen Länder, NJW 2000, S. 1845 ff.

Knorr, Henning, Ökonomische Probleme von Kompatibilitätsstandards, Baden-Baden 1993.

Koch, Hans-Joachim, Die normtheoretische Basis der Abwägung, in: *Erbguth, Wilfried/Oebbecke, Janbernd/Rengeling, Hans-Werner/Schulte, Martin* (Hrsg.), Abwägung im Recht, Köln, Berlin, Bonn, München 1996, S. 9 ff.

Koenig, Christian, Die Versteigerung der UMTS-Lizenzen auf dem Prüfstand des deutschen und europäischen Telekommunikationsrechtes, K&R 2001, S. 41 ff.

Koenig, Christian//Loetz, Sascha, Fakturierung und Einziehung von TK-Entgelten nach der Inkasso-Entscheidung der RegTP – eine Kritik, K&R 2000, S. 153 ff.

Koenig, Christian/Braun, Jens-Daniel, Eigentumsschutz nach Art. 14 GG für durch staatliche Beihilfen Erworbenes?, NVwZ 1999, S. 1056 ff.

Koenig, Christian/Kühling, Jürgen, Reformansätze des deutschen Telekommunikationsrechts in rechtsvergleichender Perspektive, MMR 2001, S. 80 ff.

Koenig, Christian/Loetz, Sascha, Rechtsnatur und Inhalt der Zusammenschaltungsanordnung nach § 37 TKG, K&R 1999, S. 298 ff.

Koenig, Christian/Neumann, Andreas, Internet-Protokoll-Adressen als „Nummern" im Sinne des Telekommunikationsrechts?, K&R 1999, S. 145 ff.

Koenig, Christian/Neumann, Andreas, Rechtliches und organisatorisches Umfeld der Satellitenkommunikation, MMR 2000, S. 152 ff.

Koenig, Christian/Neumann, Andreas, Telekommunikationsrechtliche Optimierung künftiger Lizenz- und Frequenz-Versteigerungen, ZRP 2001, S. 252 ff.

Koenig, Christian/Zeiss, Christopher, EG-Telekommunikationsrecht und Lizenzierung von satellitengestützten persönlichen Kommunikationssystemen, EuZW 1999, S. 133 ff.

Kokott, Juliane, Der Grundrechtsschutz im europäischen Gemeinschaftsrecht, AöR 121 (1996), S. 599 ff.

*Kokott, Juliane,*Deutschland im Rahmen der Europäischen Union – zum Vertrag von Maastricht, AöR 119 (1994), S. 207 ff.

König, Christian/Kühling, Jürgen, Funktionsfähiger Wettbewerb und Regulierungsperspektiven auf den Telekommunikationsmärkten, WuW 2000, S. 596 ff.

König, Kurt, Gegenseitige Anerkennung von Konformitätsbescheinigungen für Telekommunikationsendgeräte, CR 1990, S. 561 ff.

König, Ruth, Kriterien für die Begründung der Ausgleichspflicht bei Inhalts- und Schrankenbestimmungen des Eigentums, DVBl. 1999, S. 954 ff.

König, Wolfgang/Weber, Wolfhard, Netzwerke, Stahl und Strom, in: *König, Wolfgang* (Hrsg.), Propyläen Technikgeschichte, Bd. IV, Frankfurt a.M., Berlin 1990.

Königshofen, Thomas, Die Deutsche Telekom im Spannungsfeld der Ordnungspolitik, Archiv PT 1995, S. 112 ff.

Königshofen, Thomas, Private Netze aus fernmelderechtlicher Sicht, Archiv PT 1994, S. 39 ff.

Königshofen, Thomas, Datenschutz in der Telekommunikation, Archiv PT 1996, S. 19 ff.

Königshofen, Thomas, Telekommunikation in Großbritannien, Archiv PF 1992, S. 85 ff.

Kopp, Ferdinand O./Ramsauer, Ulrich, Verwaltungsverfahrensgesetz, 7. Aufl., München 2000.

Kort, Michael, Schranken der Dienstleistungsfreiheit im europäischen Recht, JZ 1996, S. 132 ff.

Köster, Kristina, Wettbewerbsorientierte Stromversorgung im Pool-System, Baden-Baden 1998.

Köster, Oliver/Nitschke, Hartmut, EU-Grünbuch zur Konvergenz: OFTEL-Stellungnahme, MMR 1998, S. 400 ff.

Kotschenreuther, Jürgen, Telekom-Netze: Kunden wollen flexible Angebote nach Maß, in: *Grütz, Archibald* (Hrsg.), Jahrbuch Elektrotechnik `99, Berlin, Offenbach 1999, S. 245 ff.

Kreile, Johannes, Das neue amerikanische Telekommunikationsrecht – Liberalisierung statt Regulierung, ZUM 1996, S. 227 f.

Krimmel, Thomas, Unentgeltliche Leitungsrechte an öffentlichen Wegen für private Telekommunikationsunternehmen, München 1998.

Krogmann, Mario, Grundrechte im Sport, Berlin 1998.

Krüger, Herbert, Marktwirtschaftliche Ordnung und öffentliche Vorhaltung der Verkehrswege, Hamburg 1969.

Kruse, Jörn, Ökonomie der Monopolregulierung, Göttingen 1985.

Kubicek, Herbert, Universaldienstleistungen in den USA und in Deutschland, CR 1997, S. 1 ff.

Kühling, Jürgen, Grundrechtskontrolle durch den EuGH: Kommunikationsfreiheit und Pluralismussicherung im Gemeinschaftsrecht, EuGRZ 1997, S. 296 ff.

Kühling, Jürgen/Pfromm, René, Sektorspezifische Regulierung und allgemeines Wettbewerbsrecht in der französischen Telekommunikationsordnung, K&R 2000, S. 541 ff.

Kuhne, Gunther, Der Netzzugang und seine Verweigerung im Spannungsfeld zwischen Zivilrecht, Energierecht und Kartellrecht, RdE 2000, S. 1 ff.

Kühne, Gunther, Die Rolle des Staates im neuen Energiewirtschaftsrecht, BB Beilage zu 20/2000, S. 4 ff.

Kühne, Gunther/Scholtka, Boris, Das neue Energiewirtschaftsrecht, NJW 1998, S. 1902 ff.

Kühne, K., Öffentliche Güter, meritorische Güter und Klubtheorie, in: *Oettle, Karl* (Hrsg.), Öffentliche Güter und öffentliche Unternehmen, Baden-Baden 1984, S. 117 ff.

Kurtsiefer, Jörn, Die Deregulierung der Mobilfunkmärkte Deutschlands, Berlin 1997.

Kuxenko, Michael, Liberalisierung und Deregulierung im Energiewirtschaftsrecht, DÖV 2001, S. 151 ff.

Laaser, Claus-Friedrich, Wettbewerb im Verkehrswesen, Tübingen 1991.

Lagarde, Jean Bernard, Satellitendienste für Mobilfunk, Alcatel Telecom Rundschau 1997, S. 97 ff.

Lampert, Thomas, Der Begriff der Marktbeherrschung als geeignetes Kriterium zur Bestimmung der Normadressaten für das sektorspezifische Kartellrecht nach dem TKG?, WuW 1998, S. 27 ff.

Lampert, Thomas, Der EuGH und die essential facilities-Lehre, NJW 1999, S. 2235 f.

Langen, Eugen/Bunte, Hermann-Josef (Hrsg.), Kommentar zum deutschen und europäischen Kartellrecht, 7. Aufl., Neuwied, Kriftel, Berlin 1994.

Larenz, K.arl/Wolf Manfred, Allgemeiner Teil des Bürgerlichen Rechts, 8. Aufl., München 1997.

Lauer, Bernhard, Das Telefon am Fernsehkabel, Funkschau v. 20.2.1998, S. 46 ff.

Le Nestour, Chantal, Das neue spanische Elektrizitätsgesetz, ET 1995, S. 796 ff.

Le Nestour, Chantal/Zinow, Bernd-Michael, Rechtsfragen des „Service Public", RdE 1994, S. 129 ff. und 170 ff.

Lecheler, Helmut, Die Versorgung mit Strom und Gas als „service public" und die Bedeutung der „service public-Doktrin" für Art. 90 Abs. 2 EGV, RdE 1996, S. 212 ff.

Lecheler, Helmut/Gundel, Jörg, Die Rolle von Art. 90 Abs. 2 und 3 EGV in einem liberalisierten Energiemarkt – Zur Bedeutung der EuGH-Entscheidungen vom 23.10.1997 für die Zukunft, RdE 1998, S. 92 ff.

Lecheler, Helmut/Gundel, Jörg, Staatliche Regulierung des Energiemarktes?, EWS 2001, S. 249 ff.

Lege, Joachim, Zwangskontrakt und Güterdefinition,Berlin 1995.

Lenz, Carl Otto, Der europäische Grundrechtsstandard in der Rechtsprechung des Europäischen Gerichtshofs, EuGRZ 1993, S. 585 ff.

Lenz, Carl Otto, Der Vertrag von Maastricht nach dem Urteil des Bundesverfassungsgerichts, NJW 1993, S. 3038 ff.

Lenz, Carl Otto, Ein Grundrechtskatalog für Europa, NJW 1997, S. 3289 f.

Lenz, Carl Otto (Hrsg.), EG-Vertrag, Kommentar, 2. Aufl., Köln, Basel, Wien 1999 (zitiert: Bearbeiter, in:).

Lerche, Peter, Einige Verfassungsfragen der Postreform II, in: *Becker, Jürgen/Lerche, Peter/Mestmäcker, Ernst-Joachim* (Hrsg.), Wanderer zwischen Musik, Politik und Recht, Fs. f. *Reinhold Kreile*, Baden-Baden 1994, S. 377 ff.

Lewin, David/Matthews, John, Access Networks and Regulatory Measures, 1998.

Lewin, David/Rogerson, David, A review of the Interconnect Directive, London 1999.

Lindemann, Hans-Heinrich/Köster, Kristine, Energiewirtschaft auf dem Weg zu mehr Wettbewerb, DVBl. 1997, S. 527 ff.

Lindemann, Henrik/Oelschläger, Dirk, Auf neuen Gleisen in die Zukunft: Bahnreformen in Europa, Int. Verkehrswesen 50 (1998), S. 318 ff.

Lindo, Wilfred/Kien, Markus, Pilotprojekte zur Internet-Telefonie, Funkschau v. 7.9.1997, S. 54 ff.

Linkohr, Rolf, Wieviel Liberalisierung verträgt der Energiesektor?, RdE 1995, S. 57 ff.

Lobensommer, Hans, Die Technik der modernen Mobilkommunikation, München 1994 (zitiert: *H. Lobensommer*, Technik Mobilkommunikation).

Lobensommer, Hans Handbuch der modernen Funktechnik, Poing 1995 (zitiert: *H. Lobensommer*, Handbuch Funktechnik).

Lohaus, Ulrich, Telefonieren zum Nulltarif und unlauterer Wettbewerb, Frankfurt a.M. 1995.

Long, Colin D., Telecommunications Law and Practice, 2. Aufl., München 1995.

Long, Colin D./Liedekerke, Dirk van/Ryan, Michael, Competition Aspects of Interconnection Agreements in the Telecommunications Sector, Luxemburg 1995 (zitiert: *C. D. Long/D. v. Liedekerke/M. Ryan*, Competition Aspects of Interconnection Agreements).

Lösch, Achim von, Die öffentlichen Eisenbahnen in Deutschland angesichts der Vollendung des EG-Binnenmarktes, ZögU 1991, 185 ff.

Losch, Bernhard/ Radau, Wiltrud Christine, Grundrechtskatalog für die Europäische Union, ZRP 2000, S. 84 ff.

Lötter, Michael P., CDMA und DECT: zwei sich ergänzende Anschlußtechnologien für Entwicklungsländer, Alcatel Telecom Rundschau 1996, S. 190 ff.

Lübben, Natalie, Rechtsfragen des Zugangs zu Telekommunikationsmärkten, in: *Immenga, Ulrich/Lübben, Natalie/Schwintowski, Hans-Peter* (Hrsg.), Telekommunikation: Vom Monopol zum Wettbewerb, Baden-Baden 1998, S. 47 ff.

Ludwig, Wolfgang/Odenthal, Hans, Strom-Binnenmarkt in der EU, RdE 1998, S. VI f.

Lüke, Hans Dieter, Signalübertragung, Grundlagen der digitalen und analogen Nachrichtenübertragungssysteme, 7. Aufl., Berlin Heidelberg, New York, 1999 .

Lukes, Rudolf, Alleinabnehmerstatus für Letztverbraucher versorgende EVU, ET 1998, S. 26 ff.

Lukes, Rudolf, Beseitigung der kartellrechtlichen Freistellung für die leitungsgebundene Energieversorgung und die Auswirkungen auf Netzbenutzungen, RdE 1998, S. 49 ff.

Lukes, Rudolf, Die Neuregelung des Energiewirtschaftsrechts, BB 1998, S. 1217 ff.

Lukes, Rudolf, Liberalisierung des Strommarktes – Realität oder Utopie?, Beilage zu BB 48/1998, S. 8 ff.

Lukes, Rudolf, Richtlinienkonformität der Netzzugangsregelung im Neuregelungsgesetz, ET 1999, S. 80 ff.

Lukes, Rudolf, Strom- und Gasimport aus Drittstaaten, RIW 1998, S. 581 ff.

Lukes, Rudolf/Vieweg, Klaus/Hauck, Ernst, Schutz von Betriebs- und Geschäftsgeheimnissen in ausgewählten EG-Staaten, Berlin 1986.

Lünenbürger, Simone, Rückwirkende Entgeltgenehmigungen im Telekommunikationsrecht?, CR 2001, S. 84 ff.

Luttermann, Claus, Die „mangelhafte" Umsetzung europäischer Richtlinien, EuZW 1998, S. 264 ff.

Lutz, Helmut, Durchleitung von Gas nach Inkrafttreten des Gesetzes zur Neuregelung des Energiewirtschaftsrechts und der Sechsten GWB-Novelle, RdE 1999, S. 102 ff.

Magiera, Siegfried, Bundesbahnen und Europäische Gemeinschaft, in: *Blümel, Willi* (Hrsg.), Verkehrswegerecht im Wandel, Berlin 1994, S. 35 ff.

Magiera, Siegfried, Die Grundrechtscharta der Europäischen Union, DÖV 2000, S. 1017 ff.

Mahlke, Günther/Gössing, Peter, Fiber Optic Cables, 3. Aufl., Erlangen 1997.

Mähring, Matthias, Das Recht auf informationelle Selbstbestimmung im europäischen Gemeinschaftsrecht, EuR 1991, S. 369 ff.

Maltby, Nick, Restrictions on Port Operators: Sealink/B&I-Holyhead, ECLR 1993, S. 223 ff.

Manssen, Gerrit (Hrsg.), Telekommunikations- und Multimediarecht, Berlin 1999, Loseblatt, Stand: Juni 2000.

Marburger, Peter, Die Regeln der Technik im Recht, Köln, Berlin, Bonn, München 1997.

Marburger, Peter, Formen, Verfahren und Rechtsprobleme der Bezugnahme gesetzlicher Regelungen auf industrielle Normen und Standards, in: *Müller-Graff, Peter-Christian* (Hrsg.), Technische Regeln im Binnenmarkt, Baden-Baden 1991, S. 27 ff.

Marburger, Peter/Enders, Reinald, Technische Normen im Europäischen Gemeinschaftsrecht, in: *Marburger, Peter* (Hrsg.), Jahrbuch des Umwelt- und Technikrechts 1994, Heidelberg 1994, S. 333 ff.

Markert, Kurt, Die Anwendung des US-amerikanischen Monopolisierungsverbots auf Verweigerungen des Zugangs zu wesentlichen Einrichtungen, in: *Immenga, Ulrich/Möschel, Wernhard/Reuter, Dieter* (Hrsg.), Fs. für *Ernst-Joachim Mestmäcker*, Baden-Baden 1996, S. 661 ff.

Markert, Kurt, Die Verweigerung des Zugangs zu „wesentlichen Einrichtungen" als Problem der kartellrechtlichen Mißbrauchsaufsicht, WuW 1995, S. 560 ff.

Markert, Kurt, Durchleitung von Strom und Gas: Allgemeines Kartellrecht oder Sonderregelung?, BB 1997, S. 1421 ff.

Markert, Kurt, Zur Frage der kartellrechtlichen Unbilligkeit der Verweigerung wettbewerbsbegründender Durchleitungen, BB 1993, S. 1023 ff.

Märkl, Peter N., Netzzusammenschaltung in der Telekommunikation, Baden-Baden 1998 (zitiert: *P. N. Märkl*, Netzzusammenschaltung).

Martenczuk, Bernd, Regulierungsbehörde contra Bundeskartellamt?, CR 1999, S. 363 ff.

Martina, Dietmar, Die Monopole der Deutschen Telekom AG und ihr rechtliches Umfeld nach dem Fernmeldeanlagengesetz, NJW 1995, S. 681 ff.

Maunz, Theodor, Grundfragen des Energiewirtschaftsrechts, VerwArch 1959, S. 315 ff.

Maunz, Theodor/Dürig, Günter, Grundgesetz, München, Loseblatt, Stand: Oktober 1999.

Maurer, Hartmut, Allgemeines Verwaltungsrecht, 13. Aufl., München 2000.

Mayen, Thomas, Einstweilige Anordnungen der RegTP als Sonderfall des vorläufigen Verwaltungsaktes, CR 2000, S. 155 ff.

Mayer, Otto, Eisenbahn und Wegerecht, AöR 16 (1901), S. 38 ff.

Mead, Dorian C., Durchleitung und Durchleitungsentgelte, Elektrizitätswirtschaft 1997, S. 881 ff.

Medicus, Dieter, Allgemeiner Teil des BGB, 7. Aufl., Heidelberg 1997.

Meibom, Wolfgang von/Bussche, Axel von der, Notwendigkeit einer Rückführung der TK-Regulierung, MMR 2000, S. 206 ff.

Meinhardt, Marcel, Die Beschränkung nationaler Immaterialgüterrechte durch Art. 86 EG-Vertrag: unter besonderer Berücksichtigung der essential Facilities-Doktrin, Bern, Berlin, Frankfurt a.M. u. a.1998 (zitiert: *M. Meinhardt*, Immaterialgüterrechte).

Mellewigt, Thomas/Theissen, Bodo, Bottom-up-Kostenmodelle als Kerninstrument für zukünftige Entgeltregulierungsentscheidungen, MMR 1998, S. 589 ff.

Mennicke, Petra, „Magill" – Von der Unterscheidung zwischen Bestand und Ausübung von Immaterialgüterrechten zur „essential facilities"-Doktrin in der Rechtsprechung des Europäischen Gerichtshofes?, ZHR 160 (1996), S. 626 ff.

Mertens, Christoph, Regulatorische Behandlung der Internet-Telefonie, MMR 2000, S. 77 ff.

Mestmäcker, Ernst-Joachim, Das marktbeherrschende Unternehmen im Recht der Wettbewerbsbeschränkungen, Tübingen 1959.

Mestmäcker, Ernst-Joachim, Entgeltregulierung, Marktbeherrschung und Wettbewerb im Mobilfunk, Beilage zu MMR 8/1998.

Mestmäcker, Ernst-Joachim, Gemeinschaftsrechtliche Schranken für die Begründung und Ausübung besonderer oder ausschließlicher Rechte nach Art. 90 Abs. 1 EWG-Vertrag, in: *Everling, Ulrich* (Hrsg.), Europarecht, Kartellrecht, Wirtschaftsrecht, Fs. f. *Arved Deringer*, Baden-Baden 1993, S. 79 ff.

Mestmäcker, Ernst-Joachim, Rechtsstellung und Marktstellung der Inhaber gewerblichen und kommerziellen Eigentums im europäischen Gemeinschaftsrecht – Zum Verhältnis von Art. 36 und Art. 86 EGV, in: *Badura, Peter/Scholz, Rupert* (Hrsg.), Wege und Verfahren des Verfassungslebens, Fs. f. *Peter Lerche*, München 1993, S. 419 ff.

Mestmäcker, Ernst-Joachim/Schweitzer, Heike, Netzwettbewerb, Netzzugang und „Roaming" im Mobilfunk, Baden-Baden 1999.

Meyer, Eric, Telefonieren im Stromnetz, Funkschau v. 17.4.1998, S. 76.

Meyer, Jürgen/Engels, Markus, Aufnahme von sozialen Grundrechten in die Europäsiche Grundrechte-Charta?, ZRP 2000, S. 368 ff.

Meyer-Renschhausen, Martin/Sieling, Manfred, Liberalisierung des Strommarktes – Wirkungen und Anpassungsstrategien der kommunalen Energieversorgungsunternehmen, ZögU 1999, S. 115 ff.

Michalis, Maria/Ruhle, Ernst-Olav, Local Access Competition and Local Loop Unbundling, MMR 2001, S. 23 ff.

Miert, Karel van, Probleme der wettbewerblichen Öffnung von Märkten mit Netzstrukturen aus europäischer Sicht – Das Beispiel Telekommunikation, WuW 1998, S. 7 ff.

Miert, Karel van, Wettbewerbspolitik, Liberaliserung und Privatisierung, in: *FIW* (Hrsg.), Erfahrungen mit der Privatisierung von Monopolunternehmen, Köln, Berlin, Bonn, München 1999, S. 5 ff.

Milczewski, Christine von, Der grundrechtliche Schutz des Eigentums im Europäischen Gemeinschaftsrecht, Frankfurt a.M. 1994 (zitiert: *Ch. v. Milczewski*, Der grundrechtliche Schutz des Eigentums).

Minnerup, Willi, ATM gewinnt an Bedeutung, Funkschau v. 19.2.1999, S. 24 ff.

Mitchell, Bridger/Vogelsang, Ingo, Interconnection of Telecommunications Networks in the USA, Bad Honnef 1994 (zitiert: *B. Mitchell/I. Vogelsang*, Interconnection in the USA).

Möller, Stephanie, Grundstücksbenutzungsrechte für Energieversorgungsunternehmen nach § 57 Telekommunikationsgesetz, RdE 1999, S. 217 ff.

Mombaur, Peter M., Energiewirtschaft im Wettbewerb, DÖV 1997, S. 571 ff.

Monopolkommission (Hrsg.), Mehr Wettbewerb auf allen Märkten, Hauptgutachten 1992/93, Baden-Baden 1994.

Monopolkommission (Hrsg.), Wettbewerb auf Telekommunikations- und Postmärkten? Sondergutachten der Monopolkommission gemäß § 81 Abs. 3 Telekommunikationsgesetz und § 44 Postgesetz, 1. Aufl., Baden-Baden 2000.

Montag, Frank, Gewerbliche Schutzrechte, wesentliche Einrichtungen und Normung im Spannungsfeld zu Art. 86 EGV, EuZW 1997, S. 71 ff.

Moritz, Hans-Werner/Neus, Hermann R., Telekommunikationsgesetz und US Telecommunications Act, Ein Vergleich der ordnungspolitischen Ansätze, CR 1997, S. 239 ff.

Moritz, Hans-Werner/Niebler, Angelika, Internet-Telefonie im Spannungsfeld zwischen Sprachtelefondienst und Lizenzpflicht, CR 1997, S. 697 ff.

Möschel, Wernhard, Der Oligopolmißbrauch, Tübingen 1974.

Möschel, Wernhard, Europäisches Kartellrecht in liberalisierten Wirtschaftssektoren, WuW 1999, S. 32 ff.

Möschel, Wernhard, Hoheitliche Maßnahmen und die Wettbewerbsvorschriften des Gemeinschaftsrechts, in: *FIW* (Hrsg.), Weiterentwicklung der Europäischen Gemeinschaften und der Marktwirtschaft, Köln, München u. a., S. 89 ff.

Möschel, Wernhard, Monopole und Wettbewerb in der Telekommunikation, in: *Mestmäcker, Ernst-Joachim* (Hrsg.), Kommunikation ohne Monopole II, Baden-Baden 1995, S. 397 ff.

Möschel, Wernhard, Regulierungswirrwarr in der Telekommunikation, Beilage zu MMR 3/1999, S. 3 ff.

Möschel, Wernhard, Wettbewerbssicherung versus Vermachtung in der Informationsgesellschaft, MMR 2001, S. 3 ff.

Möschel, Wernhard, Nutzung von Breitbandkabelnetzen im Spannungsfeld von Netzbetreiberfreiheit, offenem Netzzugang und hoheitlicher Kabelallokation, Beilage zu MMR 2/2001, S. 20 ff.

Motte, Patrie/Padiou, Christophe/Robles, Jose, Der Einsatz von Funksystemen in Teilnehmeranschlußnetzen, Philips Telecommunication Review 2/1995, S. 30 ff.

Mukherjee, Beswanath, Optical Communications Networks, New York, San Francisco, Washington D.C. 1997.

Müller Ulf/Schuster, Fabian, 18 Monate Regulierungsbehörde – eine kritische Bestandsaufnahme, MMR 1999, S. 507 ff.

Müller, Jürgen/Vogelsang, Ingo, Staatliche Regulierung, Baden-Baden 1979.

Müller, Matthias, Die „Essential Facilities“-Doktrin im Europäischen Kartellrecht, EuZW 1998, S. 232 ff.

Müller, Petra, Telekommunikation in der Europäischen Union, Freiburg i.Br. 1994.

Müller, Ulf/Schuster, Fabian, 18 Monate Regulierungsbehörde – eine kritische Bestandsaufnahme, MMR 1999, S. 507 ff.

Müller, Ulrich/Graf, Andreas, Technische Vorschriften und deren Einfluß auf die Produktgestaltung und den Produktentstehungsprozeß, in: *Vieweg, Klaus*

(Hrsg.), Techniksteuerung und Recht, Köln, Berlin, Bonn, München 2000, S. 235 ff.

Müller-Graff, Peter-Christian, Unternehmensinvestitionen und Investitionssteuerung im Marktrecht, S. 468.

Müller-Graff, Peter-Christian, Einheit und Kohärenz der Vertragsziele von EG und EU, in: EuR Beiheft zu 8/1998, S. 67 ff.

Müller-Graff, Peter-Christian/Schwarze, Jürgen (Hrsg.), Rechstschutz und Rechtskontrolle nach Amsterdam, EuR Beiheft zu 1/1999, Baden-Baden 1999.

Müller-Michaels, Olaf, Grundrechtlicher Eigentumsschutz in der Europäischen Union, Berlin 1997 (zitiert: *O. Müller-Michaels*, Grundrechtlicher Eigentumsschutz).

Müller-Terpitz, Ralf, Die Regulierungsbehörde für den Telekommunikationsmarkt, ZG 1997, S. 257 ff.

Müller-Terpitz, Ralf, Internet-Telefonie, MMR 1998, S. 65 ff.

Müller-Using, Detlev, Nochmals: Zu den verfassungsrechtlichen Aspekten der Postreform II, Archiv PT 1995, S. 46 ff.

Münch, Ingo von /Kunig, Philip (Hrsg.), Grundgesetz Kommentar, Bd. 2, 3. Aufl., München 1995.

Mussler, Werner, Die Wirtschaftsverfassung der Europäischen Gemeinschaft, S. 100 ff.

Neitzel, Jens, Die Auslandstätigkeit der Deutschen Telekom, Baden-Baden 1996.

Neitzel, Jens, Gemeinschaftsunternehmen im Lichte des europäischen Wettbewerbsrechts – Am Beispiel der Telekom und ihrer Töchter, AfP 1996, S. 237 ff.

Nett, Lorenz/Neu, Werner, Die Gewährleistung eines Universaldienstes und die Bestimmung der Universaldienstkosten bei Wettbewerb im Telekommunikationsbereich, ZögU 1999, S. 34 ff.

Nettesheim, Martin, Die europarechtlichen Grundrechte auf wirtschaftliche Mobilität (Art. 48, 52 EGV), NVwZ 1996, S. 342 ff.

Nettesheim, Martin, Grundrechtliche Prüfdichte durch den EuGH, EuZW 1995, S. 106 ff.

Neu, Sabine, Marktöffnung im nationalen und internationalen Postwesen, Der Deregulierungszwang des Europäischen Gemeinschaftsrechts, München 1999.

Neu, Werner/Neumann, Karl-Heinz, Interconnection Agreements in Telecommunications, Bad Honnef 1993.

Nicolas, Florence/Repussard, Jacques, Gemeinsame Normen für die Unternehmen, Luxemburg 1995.

Nicolaysen, Gert, Europarecht I, Baden-Baden 1996.

Nicolaysen, Gert, Tabakrauch, Gemeinschaftsrecht und Grundgesetz, EuR 1989, S. 215 ff.

Nicolaysen, Gert/Nowak, Carsten, Teilrückzug des BVerfG aus der Kontrolle der Rechtmäßigkeit gemeinschaftlicher Rechtsakte: Neuere Entwicklungen und Perspektiven, NJW 2001, S. 1233 ff.

Niederbacher, Jürg, Das Recht der Technik in der europäischen Integration, Zürich 1991.

Nipperdey, Thomas, Deutsche Geschichte 1866-1918, Bd. I, Arbeitswelt und Bürgergeist, Broschierte Sonderausgabe, München 1998.

Noll, Alfons A. E., The International Telecommunication Union (ITU), MMR 1999, S. 465 ff.

Nolte, Norbert, Das Recht auf Netzzugang nach dem Telekommunikationsgesetz, BB 1996, S. 2629 ff.

Nolte, Norbert, Lizenzierung von Telekommunikationsunternehmen, CR 1996, S. 459 ff.

Nordemann, J. B., Gegenmacht und Fusionskontrolle, Baden-Baden 1996.

Notthaff, Martin, Grundrechte in der Europäischen Gemeinschaft, RIW 1995, S. 541 ff.

Obermayer, Klaus/Frist, Roland (Hrsg.), Kommentar zum VwVfG, 3. Aufl., Neuwied 1999.

Obernolte Wolfgang/Danner, Wolfgang (Hrsg.), Energiewirtschaftsrecht, München, Loseblatt, Stand: 2001.

Oertl, Klaus, Die Unabhängigkeit der Regulierungsbehörde nach §§ 66 ff. TKG, Berlin 2000.

OFTEL (Hrsg.), Long run incremental cost: methodology (November 1997).

OFTEL (Hrsg.), Long run incremental costs: relationships and parameters (November 1997), prepared for OFTEL by BT.

OFTEL (Hrsg.), Long run incremental costs: the bottom-up modell (March 1997).

Oppermann, Thomas, Europarecht, 2. Aufl., München 1999.

Ossenbühl, Fritz, Abwägung im Verfassungsrecht, in: *Erbguth, Wilfried/Oebbecke, Janbernd/Rengeling, Hans-Werner/Schulte, Martin* (Hrsg.), Abwägung im Recht, Köln, Berlin, Bonn, München 1996, S. 25 ff.

Ossenbühl, Fritz, Daseinsvorsorge und Verwaltungsprivatrecht, DÖV 1971, S. 513 ff.

Ossenbühl, Fritz, Die Freiheiten des Unternehmers nach dem Grundgesetz, AöR 115 (1990), S. 1 ff.

Ossenbühl, Fritz, Die verfassungsrechtliche Zulässigkeit der Verweisung als Mittel der Gesetzgebungstechnik, DVBl. 1967, S. 401 ff.

Österberg, U. L., Optical Fiber, Cable and Connectors, in: *DeCusatis, Casmir* (Hrsg.), Handbook of Fiber Optic Data Communication; San Diego, London, Boston, 1998.

Otto, Gerhard, Entmonopolisierung der Telekommunikation, Baden-Baden 1989.

Overd, Alan/Bishop, Bill, Essential Facilities: The Rising Tide, ECLR 1998, S. 183 ff.

Pache, Eckhard, Der Grundsatz der Verhältnismäßigkeit in der Rechtsprechung der Gerichte der Europäischen Gemeinschaften, NVwZ 1999, S. 1033 ff.

Pache, Eckhard, Die europäische Grundrechtscharta – ein Rückschritt für den Grundrechtsschutz in Europa?, EuR 2001, S. 475 ff.

Paefgen, Thomas Chr., Grenzüberschreitendes Télémarketing im europäischen Binnenmarkt, CR 1992, S. 385 ff.

Palais, Josef C., Fiber Optic Communications, 4. Aufl., New Jersey.

Palandt, Otto (Hrsg.), Bürgerliches Gesetzbuch, 59. Aufl., München 2000.

Palme, Christoph, Das Bosman-Urteil des EuGH, Ein Schlag gegen die Sportautonomie?, JZ 1996, S. 238 ff.

Papier, Hans-Jürgen, Durchleitungen und Eigentum, BB 1997, S. 1213 ff.

Pappalardo, Aurelio, Die Stellung der Fernmeldemonopole im EWG-Recht, in: *Mestmäcker, Ernst-Joachim* (Hrsg.), Kommunikation ohne Monopole: Über Legitimation und Grenzen des Fernmeldemonopols, Baden-Baden 1980, S. 202 ff.

Parejo Alfonso, Luciano, Zur aktuellen Situation des „servicio publico" in Spanien, in: *Tettinger, Peter J.* (Hrsg.), Strukturen der Versorgungswirtschaft in Europa, Stuttgart 1996, S. 33 ff.

Parschalk, Martin/Zuser, Alexander, Netzzugang und Zusammenschaltung im Telekommunikationsrecht (II), Medien und Recht 1999, S. 44 ff.

Pauler, Wolfgang, ADSL: 8 Mbit/s Datenrate auf Telefonleitungen, Funkschau v. 12.6.1998, S. 22 ff.

Pauler, Wolfgang, Telefonieren über IP, Funkschau v.11.12.1998, S. 20 ff.

Paulweber, Michael, Europäische Telekommunikationspolitik an der Schwelle zum 21. Jahrhundert: Liberalisierung und Wettbewerb versus Harmonisierung und Reregulierung, ZUM 2000, S. 11 ff.

Paulweber, Michael, Regulierungszuständigkeiten in der Telekommunikation, Baden-Baden 1994 (zitiert: *M. Paulweber*, Regulierungszuständigkeiten).

Paulweber, Michael/Weinard, Armin, Europäische Wettbewerbspolitik und liberalisierte Märkte, EuZW 2001, S. 232 ff.

Pautsch, Arne, Die beihilferechtliche Relevanz der UMTS-Vergabe im Ausschreibungsverfahren, MMR 2001, S. 423 ff.

Pechstein, Matthias, Das Kohärenzgebot als entscheidende Integrationsdimension der Europäischen Union, EuR 1995, S. 247 ff.

Pehl, Erich, Digitale und analoge Nachrichtenübertragung, Heidelberg 1998.

Peneder, Michael, Wettbewerb und Regulierung netzgebundener Infrastrukturleistungen: Telekommunikation, Energieversorgung und Schienenverkehr, Wirtschaft und Gesellschaft 1996, S. 213 ff.

Penedos, José, Rechtlicher Rahmen für die Stromversorgung Portugals, ET 1992, S. 626 ff.

Pernice, Ingolf, Einheit und Kooperation: Das Gemeinschaftsrecht im Lichte der Rechtsprechung von EuGH und nationalen Gerichten, in: *Randelzhofer, Albrecht/Scholz, Rupert/Wilke, Dieter* (Hrsg.), Gd. f. *Eberhard Grabitz*, München 1995, S. 523 ff.

Pernice, Ingolf, Gemeinschaftsverfassung und Grundrechtsschutz – Grundlagen, Bestand und Perspektiven, NJW 1990, S. 2409 ff.

Peujero, Michel, Breitbandsystem für drahtlose Teilnehmeranschlüsse, Alcatel Telecom Rundschau 1998, S. 243 f.

Pfaffenberger, Ulrich/ Kistner, Hans Peter, Sat-Handys am Start, Funkschau v. 10.10.1997, S. 24 ff.

Pfeifer, Jürgen, Stromdurchleitungen nach deutschem, europäischem und amerikanischem Recht, Heidelberg 1996.

Philippow, Eugen (Hrsg.), Taschenbuch Elektrotechnik, Bd. 4, Systeme der Informationstechnik, München, Wien 1979 (zitiert: Bearbeiter, in:).

Picot, Arnold/Burr, Wolfgang, Ökonomische Vorteile des Netzwettbewerbs in der Telekommunikation, in: *Kubicek, Herbert/Klumpp, Dieter/Müller, Günter/Neumann, Karl-Heinz/Raubold, Eckart/Roßnagel, Alexander* (Hrsg.), Jahrbuch Telekommunikation und Gesellschaft 1996, Öffnung der Telekommunikation: Neue Spieler – Neue Regeln, Heidelberg 1996, S.19 ff.

Picot, Arnold/Burr, Wolfgang, Regulierung der Deregulierung im Telekommunikationssektor, zfbf 1996, S. 173 ff.

Picot, Arnold/Burr, Wolfgang, Zur Leistungsfähigkeit von Regulierungsinstrumenten und Regulierungsinstanzen, zfbf 1997, S. 264 ff.

Piepenbrock, Hans-Hermann/Müller, Ulf, Fakturierung, Forderungseinzug und Inkasso bei TK-Dienstleistungen, Beilage zu MMR 4/2000.

Piepenbrock, Hans-Hermann/Müller, Ulf, Interconnection-Regime 2000 – Entscheidungen der Regulierungsbehörde zum IC-Vertragsentwurf der Deutschen Telekom AG, K&R 2000, S. 110 ff.

Pieroth, Bodo/Schlink, Bernhard, Grundrechte, 15. Aufl., Heidelberg 1999.

Piltz, Harald, Kartellrechtliche Bewertung bestehender Gaslieferungsverträge, RdE 1999, S. 60 ff.

Plank, Karl-Ludwig, Grundgedanken zur Gestaltung zukünftiger Fernmeldenetze, 2. Aufl., Heidelberg 1988.

Plate, John-Christian, Multimedia: Begriffsbestimmung und Erscheinungsformen, in: *Götting, Horst-Peter* (Hrsg.), Multimedia, Internet und Urheberrecht, Dresden 1998, S. 5 ff.

Plath, Kai-Uwe, Individualrechtsbeschränkungen im Berufsfußball, Berlin 1999.

Platteau, Koen, Article 90 EEC Treaty after the Court Judgement in the Telecomminications Terminal Equipment Case, ECLR 1991, S. 105 ff.

Pluge, Wolf, Aktueller Stand der Diskussion über den europäischen Binnenmarkt für Gas und Elektrizität, RdE 1993, S. 169 ff.

Pollak, Christina, Verhältnismäßigkeitsprinzip und Grundrechtsschutz in der Judikatur des Europäischen Gerichtshofs und des Österreichischen Verfassungsgerichtshofs, Baden-Baden 1991.

Polster, Stephan, Das Telekommunikationsrecht der Europäischen Gemeinschaft, Wien 1999.

Ponski, Ulrich, Eigentumsgewährleistung und Berufsfreiheit als Gemeinschaftsgrundrechte in der Rechtsprechung des Europäischen Gerichtshofes, DÖV 2001, S. 265 ff.

Posser, Herbert/Rädler, Peter, Entgeltlose Nutzung der Teilnehmeranschlußleitung, MMR Aktuell 2/1999, S. V ff.

Püttner, Günter, Die Ursprünge des deutschen Eisenbahnrechts, in: *Grupp, Klaus* (Hrsg.), Planung – Recht – Rechtsschutz, Fs. f. *Willi Blümel*, Berlin 1999, S. 13 ff.

Rädler, Peter, Standardangebot, Vertragsfreiheit und Regulierung, MMR Aktuell 5/2001, S. XIV f.

Rapp, Angela, Die gemeinschaftsrechtliche Verwirklichung von Wettbewerb in der leitungsgebundenen Energiewirtschaft, Konstanz 1992.

Rapp-Jung, Barbara, Die EU-Richtlinie für Elektrizität im Spannungsfeld zwischen den Wettbewerbsregeln des Vertrags und den verbliebenen energiepolitischen Befugnissen der Mitgliedstaaten, RdE 1997, S. 133 ff.

Rathgeb, Erwin P./Wallmeier, Eugen, ATM – Infrastruktur für die Hochleistungskommunikation,Berlin 1997.

Ravaioli, Piero/Sandler Peter, The European Union and Telecommunications: Recent Developments in the Field of Competition (Part I), The International Computer Lawyer (4) 1994, S. 2 ff.

Rebmann, Kurt u. a. (Hrsg.), Münchener Kommentar zum Bürgerlichen Gesetzbuch, 3. Aufl., München.

Reckemeyer, Udo, Teilnehmeranschluß mit Richtfunk, Funkschau v. 11.6.1999, S. 70 ff.

Reg TP (Hrsg.), Telekommunikations- und Postmarkt im Jahre 1999, Marktbeobachtungsdaten der Regulierungsbehörde für Telekommunikation und Post, Stand: 30. Juni 1999, Bonn 1999.

Regulierungsbehörde für Telekommuniation und Post (Hrsg.), Jahresbericht 2000, Marktbeobachtungsdaten der Regulierungsbehörde für Telekommunikation und Post, Bonn 2000.

Reich, Norbert, Zur Notwendigkeit einer Europäischen Grundrechtsbeschwerde, ZRP 2000, S. 375 ff.

Rengeling, Hans-Werner, Europäische Normgebung und Umsetzung in nationales Recht, DVBl. 1995, S. 945 ff.

Rengeling, Hans-Werner, Grundrechtsschutz in der Europäischen Gemeinschaft, München 1993.

Rengeling, Hans-Werner/Middeke, Andreas/Gellermann, Martin, Rechtsschutz in der Europäischen Union, München 1994.

Reusch, Dirk/Pauler, Wolfgang, Standards für die Multimedia-Kommunikation, Funkschau v. 14.8.1997, S. 51 ff.

Reusch, Dirk/Pauler, Wolfgang, Telefonieren über das Internet, Funkschau v. 1.8.1997, S. 44 ff.

RGRK, Das Bürgerliche Gesetzbuch mit besonderer Berücksichtigung der Rechtsprechung des Reichsgerichts und des Bundesgerichtshofes, Kommentar herausgegeben von den Mitgliedern des Bundesgerichtshofes, Bd. I, §§ 1-240, 12. Aufl., Berlin, New York 1982 (zitiert: Bearbeiter, in:).

Rhein, Tilman, Das Breitbandkabelnetz der Zukunft – der Business Case, Beilage zu MMR 2/2001, S. 3 ff.

Rickert, Beate, Grundrechtsgeltung bei der Umsetzung europäischer Richtlinien in innerstaatliches Recht, Berlin 1997 (zitiert: *B. Rickert*, Grundrechtsgeltung bei der Umsetzung europäischer Richtlinien).

Rieg, Robert, Kalkulation von Durchleitungsaufträgen, ET 1998, S. 160 ff.

Riehm, Ulrich/Wingert, Bernd, Multimedia, Mythen, Chancen und Herausforderungen, Bonn 1995.

Riehmer, Klaus W., EG-Wettbewerbsrecht und Zugangsvereinbarungen in der Telekommunikation, MMR 1998, S. 355 ff.

Riehmer, Klaus W., Konfliktlösung bei Netzzugang und Zusammenschaltung in der Telekommunikation, MMR 1998, S. 59 ff.

Riemer, Arnd/Weyand, Martin, Die Politische Orientierung zum EU-Gasrichtlinienvorschlag, ET 1998, S. 46 ff. .

Rieß, Joachim, Regulierung und Datenschutz im europäischen Telekommunikationsrecht, Braunschweig 1996 (zitiert: *J. Rieß*; Regulierung und Datenschutz).

Rieß, Joachim, Vom Fernmeldegeheimnis zum Telekommunikationsgeheimnis, in: *Büllesbach, Alfred* (Hrsg.), Datenschutz im Telekommunikationsrecht, Köln 1997, S. 127 ff.

Riggert, Wolfgang, ATM – Technik und Einführung, Kaarst 1998.

Rindtorff, Embrecht, Telefonie im Internet, NJW-CoR 1997, S. 490 ff.

Rinne, Alexander, Die Energiewirtschaft zwischen Wettbewerb und öffentlicher Aufgabe, Baden-Baden 1998.

Ritgen, Klaus, Grundrechtsschutz in der Europäischen Union, ZRP 2000, S. 371 ff.

Rittner, Fritz, Wettbewerbs- und Kartellrecht, 6. Aufl., Heidelberg 1999.

Rodríguez Iglesias, Gil C., Der EuGH und die Gerichte der Mitgliedstaaten – Komponenten der richterlichen Gewalt in der europäsichen Union, NJW 2000, S. 1889 ff.

Rodríguez Iglesias, Gil C., Gedanken zum Entstehen einer Europäischen Rechtsordnung, NJW 1999, S. 1 ff.

Rodríguez Iglesias, Gil C., Zur Stellung der europäischen Menschenrechtskonvention im europäischen Gemeinschaftsrecht, in: *Beyerlein, Ulrich/Bothe, Michael/Hofmann, Rainer/Petersmann, Ernst-Ulrich* (Hrsg.), Recht zwischen Umbruch und Bewahrung, Fs. f. *Rudolf Bernhardt*, Berlin 1995, S. 1269 ff.

Rönck, Rüdiger, Technische Normen als Gestaltungsmittel des Europäischen Gemeinschaftsrechts, Berlin 1995.

Ronellenfitsch, Michael, Privatisierung und Regulierung des Eisenbahnwesens, DÖV 1996, S. 1028 ff.

Ross, Malcolm ,The B.T. case: a shot in the arm for EEC competition policy in the public sector, European Law Review 1985, S. 457 ff.

Rottmann, Michael, Zu den verfassungsrechtlichen Aspekten der Postreform II, Archiv PT 1994, S. 193 ff.

Ruffert, Matthias, Die Mitgliedstaaten der Europäischen Gemeinschaft als Verpflichtete der Gemeinschaftsgrundrechte, EuGRZ 1995, S. 518 ff.

Ruffert, Matthias, Regulierung im System des Verwaltungsrechts, AöR 124 (1999), S. 237 ff.

Ruhle, Ernst-Olav/Geppert, Martin, Versteigerungsverfahren für Funkfrequenzen und Lizenzen, MMR 1998, S. 175 ff.

Rupp, Hans H., Ausschaltung des Bundesverfassungsgerichts durch den Amsterdamer Vertrag, JZ 1998, S. 213 ff.

Rütter, Peter M., Das Monopol in der Telekommunikation, Archiv PF 1991, S. 57 ff.

Rütter, Peter M., Interconnection Agreements in Großbritannien, Archiv PT 1993, S. 362 ff.

Sachs, Michael (Hrsg.), Grundgesetz, 2. Aufl., München 1999.

Säcker, Franz J./Busche, Jan, Umsetzung der Elektrizitätsbinnenmarkt-Richtlinie, ET 1998, S. 18 ff.

Säcker, Franz J./Calliess, Gralf-Peter, Billing und Inkasso fremder Telekommunikationsdienstleistungen, K&R 1999, S. 289 ff. und 337 ff.

Salje, Peter, Das Gesetz zur Neuregelung des Energiewirtschaftsrechts, NVwZ 1998, 916 ff.

Salje, Peter, Der Durchleitungsvertrag, RdE 1998, S. 169 ff.

Salje, Peter, Die mittelständische Kooperation zwischen Wettbewerbspolitik und Kartellrecht, Tübingen 1981.

Salje, Peter, Marktbeherrschung auf Telekommunikations-Märkten, K&R 1998, S. 331 ff.

Salje, Peter, Zur marktbeherrschenden Stellung der Betreiber von Mobilfunknetzen, Köln 1998.

Salmony, Michael, Multimedia - Chancen und Illusionen, in: *Lehmann, Michael* (Hrsg.), Internet- und Multimediarecht (Cyberlaw), Stuttgart 1997.

Salzwedel, Horst/Keller, Harald, Satellitenmobilfunksysteme bieten weltweites Telefonieren, in: *Grütz, Archibald* (Hrsg.), Jahrbuch Elektrotechnik ´97, Berlin, Offenbach 1997, S. 37 ff.

Sanchez, J. Garcia, Teilnehmeranschlußsysteme für drahtlose Teilnehmeranschlüsse, Alcatel Telecom Rundschau 1998, S. 258 ff.

Sauter, Wolf, The System of Open Network Provision Legislation and the Future of European Telecommunications Regulation, in: Scott, Colin/Adéoud, Olivier (Hrsg.), The Future of the EC Telecommunications Law, Köln 1996, S.105 ff.

Schadow, Helmut, Der Netzzugang für Dritte im Bereich der Telekommunikation, in: *Schwarze, Jürgen* (Hrsg.), Der Netzzugang für Dritte im Wirtschaftsrecht, Baden-Baden 1999, S. 85 ff. (zitiert: *H. Schadow*, in: *J. Schwarze* (Hrsg.), Netzzugang im Wirtschaftsrecht).

Schadow, Helmut/Schierloh, Karsten, Angebot von Sprachtelefondiensten ohne selbst betriebene Telekommunikationsnetze, MMR Aktuell 7/1998, S. V ff.

Schäfer, Helge/Just, Christoph, Zur Inanspruchnahme von privaten Grundstükken zur Verlegung von Telekommunikationslinien gem. § 57 TKG, Archiv PT 1997, S. 200 ff.

Schatz, K. W., Zur Entwicklung des Begriff Infrastruktur, in: *Berger, Heinz* (Hrsg.), Wettbewerb und Infrastruktur in Post- und Telekommunikationsmärkten, Baden-Baden 1996, S. 122 ff.

Schatzschneider, Wolfgang, Die Neustrukturierung des Post- und Fernmeldewesens, NJW 1989, S. 2371 ff.

Schaub, Alexander, Europäische Wettbewerbsaufsicht über die Telekommunikation, MMR 2000, S. 211 ff.

Scheja, Katharina, Das Grünbuch zur Konvergenz, CR 1998, S. 358 ff.

Schepel, Harm/Falke, Josef, Legal Aspects of Standardisation in the Member States of the EC and the EFTA, Bremen 1999.

Scherer, Joachim, Das Bronner-Urteil des EuGH und die Essential facilities-Doctrine im TK-Sektor, MMR 1999, S. 315 ff.

Scherer, Joachim, Das deutsche Telekommunikationsgesetz und sein europarechtlicher Rahmen, in: *Büllesbuch, Alfred* (Hrsg.), Datenschutz im Telekommunikationsrecht, Köln 1997, S. 59 ff.

Scherer, Joachim, Das neue Telekommunikationsgesetz, NJW 1996, S. 2953 ff.

Scherer, Joachim, Die Entwicklung des Telekommunikationsrechts in den Jahren 1998 und 1999, NJW 2000, S. 772 ff.

Scherer, Joachim, Die Entwicklung des Telekommunikationsrechts in den Jahren 1996 und 1997, NJW 1998, S. 1607 ff.

Scherer, Joachim, Entwicklungslinien des Telekommunikationsrechts, CR 2000, S. 35 ff.

Scherer, Joachim, Liberalisierung der Telekommunikationsmärkte durch europäisches und nationales Recht, in: *Bartsch, Michael/Lutterbeck, Bernd* (Hrsg.), Neues Recht für neue Medien, Köln 1998, S. 25 ff.

Scherer, Joachim, Postreform II: Privatisierung ohne Liberalisierung, CR 1994, S. 418 ff.

Scherer, Joachim, Telecommunications Laws in Europe – Towards a Common Legal Framework, Beilage zu MMR 8/1999, Editorial.

Scherer, Joachim, Telekommunikationsrecht und Telekommunikationspolitik, Baden-Baden 1985.

Scherer, Joachim, Zum Bedeutungsgehalt des Begriffs „Vermittlung" in § 1 Abs. 4 Satz 2 Gesetz über Fernmeldeanlagen (FAG), Archiv PF 1991, S. 268 ff.

Scherer, Joachim (Hrsg.), Telecommunications Laws in Europe, 3. Aufl., Den Haag u. a. 1995.

Scheuerle, Klaus-Dieter, UMTS: Der Verbraucher ist der Gewinner, MMR 2000, S. 577 f.

Scheuing, Dieter H., Rechtsfragen bei Vollzug des Gemeinschaftsrechts im deutschen Recht, DÖV 1975, S. 145 ff.

Scheurle, Klaus-Dieter, Der neue ordnungspolitische Rahmen für die Telekommunikationsmärkte, in: *Witte, Eberhard* (Hrsg.), Das Telekommunikationsgesetz 1996: Eine Herausforderung für Markt und Ordnungspolitik, Heidelberg 1996, S. 17 ff.

Scheurle, Klaus-Dieter, Liberalisierung im Telekommunikationssektor – Wettbewerbserfolge und noch bestehende Defizite, in: *FIW* (Hrsg.), Erfahrungen mit der Privatisierung von Monopolunternehmen, Köln, Berlin, Bonn, München 1999, S. 29 ff.

Scheurle, Klaus-Dieter, Liberalisierungserfolge, F.A.Z. v. 24.8.1999, S. B 14.

Scheurle, Klaus-Dieter/Lehr, Gernot/Mayen, Thomas, Einführung, in: Telekommunikationsrecht, Textausgabe, München 1997, S. 1 ff.

Scheurle, Klaus-Dieter/Lehr, Gernot/Mayen, Thomas, Telekommunikationsrecht, München 1997.

Schick, Rainer, Rechtliche Aspekte der Internet-Telefonie, NJW-CoR 1998, S. 486 ff.

Schild, Hans-Hermann, Die EG-Datenschutz-Richtlinie, EuZW 1996, S. 549 ff.

Schild, Hans-Hermann, Die Richtlinie über die Verarbeitung personenbezogener Daten und den Schutz der Privatsphäre im Bereich der Telekommunikation, EuZW 1999, S. 69 ff.

Schill, Alexander, Zukunftsperspektiven der Informations- und Kommunikationstechnologie, in: *Schulte, Martin* (Hrsg.), Technische Innovation und Recht, Antrieb oder Hemmnis?, Heidelberg 1996, S. 107 ff.

Schilling, Theodor, Bestand und allgemeine Lehren der bürgerschützenden allgemeinen Rechtsgrundsätze des Gemeinschaftsrechts, EuGRZ 2000, S. 3 ff.

Schilling, Theodor, Eigentum und Marktordnung nach Gemeinschafts- und nach deutschem Recht, EuGRZ 1998, S. 177 ff.

Schlette, Volker, Aktuelle Probleme der ausgleichpflichtigen Inhalts- und Schrankenbestimmung – BGHZ 126, 379, JuS 1996, S. 204 ff.

Schmalbach, Matthias, Wettbewerb auf der Schiene, Göttingen 1997.

Schmid, Lothar, Endspurt zum Teilnehmer, Telcom Report 4/1997, S. 14 f.

Schmidt, Kurt, Entgeltregulierung für Telekommunikationsdienstleistungen, K&R 1999, S. 385 ff.

Schmidt, Kurt, Line Sharing – Ein Überblick, K&R 2001, S. 377 ff.

Schmidt, Reiner, Privatisierung und Gemeinschaftsrecht, Die Verwaltung 1995, S. 281 ff.

Schmidt-Aßmann, Eberhard/Röhl, Hans Chr., Grundpositionen des neuen Eisenbahnverfassungsrechts (Art. 87e GG), DÖV 1994, S. 577 ff.

Schmidt-Bleibtreu, Bruno/Klein, Franz, Kommentar zum Grundgesetz, Neuwied 1999.

Schmidt-Preuß, Matthias, Kollidierende Privatinteressen im Verwaltungsrecht, Berlin 1992.

Schmidt-Preuß, Matthias, Verfassungskonflikt um die Durchleitung? – Zum Streitstand nach dem VNG-Beschluß des BGH, RdE 1996, S. 1 ff.

Schmidt-Preuß, Matthias, Die Gewährleistung des Privateigentums durch Art. 14 GG im Lichte aktueller Probleme, AG 1996, S. 1 ff.

Schmitt-Glaeser, Alexander, Grundgesetz und Europarecht als Elemente Europäischen Verfassungsrechts, Berlin 1996.

Schmittmann, Michael/Busemann, Jan Rudolf, Regulierung der letzten Meile, K&R 2000, S. 217 ff.

Schmitz, Peter, Inhalt und Gestaltung von Telekommunikationsverträgen, MMR 2001, S. 150 ff.

Schmitz-Morkramer, Patrick W., Internationale strategische Allianzen in der Telekommunikation, Heidelberg 1999.

Schmuck, Herbert, Die Eisenbahnen in der Gemeinsamen Verkehrspolitik der EG, TransR 1992, S. 41 ff.

Schmuck, Herbert, Neue Kommissionsvorschläge zur Strukturreform der Eisenbahnen, Int. Verkehrswesen 46 (1994), S. 195 ff.

Schneider, Jens-Peter, Effektiver Rechtsschutz Privater nach dem Maastricht-Urteil des Bundesverfassungsgerichts, AöR 119 (1994), S. 294 ff.

Schnelle, Ulrich, Die Öffnung von leistungsnotwendigen Einrichtungen für Dritte und der Schutz des Eigentums, EuZW 1994, S. 556 ff.

Schnöring, Thomas, Telekommunikationsgebühren und Raumordnung, Archiv PF 1988, S. 138 ff.

Schnurpfeil, Markus/Gneiting, Stefan, CDMA als Funktechnik der Zukunft?, Funkschau v. 11.10.1996, S. 24 ff.

Schoblick, Robert, Zeichengabe für moderne Telekommunikation, Funkschau v. 2.10.1998, S. 44 ff.

Scholz Rupert/Aulehner, Josef, „Postreform II" und Verfassung – Zu Möglichkeiten und Grenzen einer materiellen oder formellen Privatisierung der Post, Archiv PT 1993, S. 221 ff.

Scholz Rupert/Aulehner, Josef, Die „3+2"-Regel und die Transferbestimmungen des Fußballsports im Lichte des europäischen Gemeinschaftsrechts, Spurt 1996, S. 44 ff.

Scholz, Rupert, Wie lange bis „Solange III"?, NJW 1990, S. 941 ff.

Scholz, Rupert/Langer, Stefan, Europäischer Binnenmarkt und Energiepolitik, Berlin 1992.

Schrader, Stephan, Der neue ordnungspolitische Rahmen für die Telekommunikationsmärkte – eine Bestandsaufnahme, in: *Witte, Eberhardt* (Hrsg.), Das Telekommunikationsgesetz 1996: Eine Herausforderung für Markt und Ordnungspolitik, Heidelberg 1996, S. 35 ff.

Schröder, Meinhard, Auswirkungen des Richtlinien-Vorschlags über den Elektrizitätsbinnenmarkt auf das Eigentum der Energieversorgungsunternehmen, in: *Baur, Jürgen F.* (Hrsg.), Die Europäische Gemeinschaft und das Recht der leitungsgebundenen Energie, Baden-Baden 1992, S. 79 ff.

Schröder, Meinhard, Der Schutz von Betriebs- und Geschäftsgeheimnissen, UPR 1985, S. 394 ff.

Schröder, Meinhard, Kompetenz- und eigentumsrechtliche Fragen bei der Verwirklichung des Elektrizitätsbinnenmarktes, Baden-Baden 1993.

Schroeder, Dirk, Telekommunikationsgesetz und GWB, WuW 1999, S. 14 ff.

Schroeder, Werner, Gemeinschaftsrechtliche Zulässigkeit von Transferregeln und Ausländerklauseln im Profisport, JZ 1996, S. 254 ff.

Schubert, Werner, Nachrichtenkabel und Übertragungssysteme, 3. Aufl., Berlin, München 1986.

Schulte, Heinz (Hrsg.), Telekommunikation: Dienste und Netze wirtschaftlich planen, einsetzen und organisieren, Zürich, Paris, Mailand u. a., Bd. 1-3, Loseblatt, Stand: Dezember 1997, (zitiert: Bearbeiter, in:).

Schulte-Braucks, Reinhard, Das „British-Telecom"-Urteil: Eckstein für ein europäisches Fernmelderecht?, WuW 1986, S. 202 ff.

Schulte-Braucks, Reinhard, Der europäische Telekommunikationsmarkt, CR 1990, S. 672 ff.

Schulte-Braucks, Reinhard, Die Liberalisierung des Fernmeldemarktes: Ein Vorbild für den Markt der Postdienste?, EWS 1990, S. 11 ff.

Schulte-Braucks, Reinhard, Europäisches Telekommunikationsrecht für den gemeinsamen Telematikmarkt – Das Grünbuch der EG-Kommission, in: *Scherer, Joachim* (Hrsg.), Telekommunikation und Wirtschaftsrecht, Köln 1988, S. 1 ff.

Schulte-Braucks, Reinhard, Telecommunications and Freedom of Trade in Goods and Services Under EEC Treaty, in: *Mestmäcker, Ernst-Joachim* (Hrsg.), The Law and Economics of Transborder Telecommunications, Baden-Baden 1987, S. 295 ff.

Schulz, Gerhard, Das Eisenbahnwesen des Bundes und die Stellung der deutschen Bahnen auf dem Europäischen Binnenmarkt, Berlin 1995.

Schulz, Wolfgang/Wassner, Utz, Rundfunkrechtlich relevante Fragen der Lizenzierung und Frequenzverwaltung nach dem TKG, ZUM 1999, S. 513 ff.

Schumacher, Kai, Versteigerungserlöse nach § 11 TKG als Verleihungsgebühr?, NJW 2000, S. 3096 ff.

Schüppstuhl, Ernst L./Maier, Karl H., Elektrizität und Wettbewerb, WuW 1995, S. 375 ff.

Schuster, Fabian, Wegerechte für Telekommunikationsnetze gemäß § 57 TKG auf dem Prüfstand der Gerichte, MMR 1999, S. 137 ff.

Schuster, Fabian, EBC, Flatrate, T-DSL, TAL: quo vadis, Entgeltregulierung?, MMR 2001, S. 298 ff.

Schütz, Raimund, Breitbandkabel – „Closed Shop" für neue Diensteanbieter?, MMR 1998, S. 11 ff.

Schütz, Raimund, Kommunikationsrecht – Die Monatsschau, MMR Aktuell 7/1999, S. VIII.

Schütz, Raimund, Netz im Nebel, MMR Aktuell 11/1998, S. V f.

Schütz, Raimund, Telefondienst und Telekom-Monopol, BB 1996, S. 1445 ff.

Schütz, Raimund, Kommunikationsrecht – Die Monatsschau, MMR Aktuell 3/1999, S. VI ff.

Schütz, Raimund, Kommunikationsrecht – Die Monatsschau, MMR Aktuell 2/2001, S. X ff.

Schütz, Raimund Kommunikationsrecht – Die Monatsschau, MMR Aktuell 10/2001, S. X ff.

Schütz, Raimund, Kommunikationsrecht – Die Monatsschau, MMR Aktuell 5/2001, S. XXI ff.

Schütz, Raimund, Die Öffnung der Breitbandkabelnetze für den Wettbwerb. Die Sicht der Monopolkommission, Beilage zu MMR 2/2001, S. 13 ff.

Schütz, Raimund/Esser Wellié, Michael, Wettbewerb in der Telekommunikation? Anmerkungen zum Entwurf eines Telekommunikationsgesetzes, AfP 1995, S. 580 ff.

Schütz, Raimund/Cornils, Matthias, Universaldienst und Telekommunikation, DVBl. 1997, S. 1146 ff.

Schütz, Raimund/Müller, Rolf-Georg, Entgeltregulierung in der Telekommunikation, MMR 1999, S. 128 ff.

Schütz, Raimund/Nüsken, Jan-Peter, Gebühr für Telekommunikationslizenz, MMR 1998, S. 523 ff.

Schwarze, Jürgen, Der Netzzugang für Dritte im Wirtschaftsrecht, in: *ders.* (Hrsg.), Der Netzzugang für Dritte im Wirtschaftsrecht, Baden-Baden 1999, S. 11 ff. (zitiert: *J. Schwarze*, in: *ders.* (Hrsg.), Netzzugang im Wirtschaftsrecht).

Schwarze, Jürgen, Europäisches Verwaltungsrecht, Bd. II, Baden-Baden 1988 .

Schwarze, Jürgen, Daseinsvorsorge im Lichte des europäischen Wettbewerbsrechts, EuZW 2001, S. 334 ff.

Schweitzer, Michael, Staatsrecht III, Völkerrecht, Europarecht, 7. Aufl. Heidelberg 2000.

Schweitzer, Michael/Hummer, Waldemar, Europarecht, 5. Aufl. Neuwied 1996.

Schwintowski, Hans-Peter, Der Zugang zu wesentlichen Einrichtungen, WuW 1999, S. 842 ff.

Schwintowski, Hans-Peter, Kartellrechtliche Preismißbrauchsaufsicht über Energie- und Durchleitungsentgelte nach Wegfall der §§ 103, 103a GWB, ZNER 1998, S. 9 ff.

Schwintowski, Hans-Peter, Ordnung und Wettbewerb auf Telekommunikationsmärkten, CR 1997, S. 630 ff.

Seidel, Michael/Weyand, Martin, Netzzugang auf dem deutschen Erdgasmarkt, ET 1999, S. 603 ff.

Selmayr, Martin/Prowald, Nicola, Abschied von den „Solange"-Vorbehalten, DVBl. 1999, S. 269 ff.

Siegmund, Gerd, Technik der Netze, 3. Aufl., Heidelberg 1996.

Sietmann, Richard, Der Einstieg in die Multigigabit-Ära, Funkschau v.10.7.1998, S. 58 ff.

Sietmann, Richard, Harmonisierung von IP- und TK-Netzen, Funkschau v. 11.6.1999, S. 74 ff.

Sietmann, Richard, Powerline für Gewerbekunden, Funkschau v. 5.2.1999, S. 76 ff.

Sietmann, Richard/Gneiting, Stefan, Bandspreizung statt Zellteilung, Funkschau v. 12.4.1996, S. 71 ff.

Sietmann, Richard/Gneiting, Stefan, Das Mobilfunknetz der Zukunft, Funkschau v. 31.1.1997, S. 68 ff.

Sietmann, Richard/Kistner, Hans Peter, Die Zukunft im Local Loop, Funkschau v. 14.3.1997, S. 34 f.

Sietmann, Richard/Pauler, Wolfgang, Gewagte Interconnection, Funkschau v. 21.11.1997, S. 32 ff.

Sietmann, Richard/Pauler, Wolfgang, Ipv6 – Internet der Zukunft, Funkschau v. 3.1.1997, S. 50 ff.

Slabon, Rüdiger, Physikalischer und logischer Aufbau von Netzen, Gesetzliche Grundlagen, neue Übertragungs- und Vermittlungsverfahren, Netzkonzeptionen, Netzintelligenz, in: *Forst, Hans-Josef* (Hrsg.), Telekommunikationsnetze, Berlin, Offenbach 1992, S. 15 ff.

Sodan, Helge, Das Prinzip der Widerspruchsfreiheit der Rechtsordnung, JZ 1999, S. 864 ff.

Soergel, Hans T./Siebert, Wolfgang (Hrsg.), Bürgerliches Gesetzbuch, 12. Aufl., Stuttgart u. a.

Spoerr, Wolfgang, Zusammenschaltung und offener Netzzugang, MMR 2000, S. 674 ff.

Spoerr, Wolfgang, Zusammenschaltung und TK-Entgeltregulierung in der Krise, K&R 2001, S. 213 ff.

Spoerr, Wolfgang/Deutsch, Markus, Das Wirtschaftsverwaltungsrecht der Telekommunikation – Regulierung und Lizenzen als neue Schlüsselbegriffe des Verwaltungsrechts, DVBl. 1997, S. 300 ff.

Sprißler, Matthias, Das Fernmeldemonopol und seine rechtshistorische Entwicklung in Deutschland, Archiv PF 1991, S. 159 ff.

Stamm, Barbara, Die Entgeltregulierung im Telekommunikationsgesetz, Berlin 2001.

Stanossek, Georg/Fahle, Robert/Kistner, Hans Peter, TK-Markt Italien – Liberalisierung mit Tücken, Funkschau v. 14.8.1997, S. 38 f.

Stark, Oliver, Die Liberalisierung höherwertiger Dienstleistungen nach dem Postgesetz, NJW 200, S. 709 f.

Starke, Lothar, Grundlagen der Funk- und Kommunikationstechnik, Heidelberg 1996 (zitiert. *L. Starke*, Grundlagen Kommunikationstechnik).

Staudinger, Julius von/Löwenfeld, Theodor (Hrsg.), Kommentar zum Bürgerlichen Gesetzbuch mit Einführungsgesetz und Nebengesetz, Erstes Buch, Allgemeiner Teil, §§ 104-133, 12. Bearb., Berlin 1980; Erstes Buch, Allgemeiner Teil, §§ 134-164, 13. Bearb., Berlin 1996; Zweites Buch, Recht der Schuldverhältnisse, §§ 255-292, 13. Bearb., Berlin 1995 (zitiert: Bearbeiter, in:).

Stein, Torsten, „Bananen-Split"?, EuZW 1998, S. 261 ff.

Stein, Torsten, Umgekehrt! - Bemerkungen zum „Solange II" -Beschluß des Bundesverfassungsgerichts, in: Fürst, Walther/Herzog, Roman/Umbach, Dieter C. (Hrsg.), Fs. für *Wolfgang Zeidler*, Band 2, Berlin, New York 1987, S. 1711 ff.

Steinbuch, Karl/Rupprecht, Werner, Nachrichtentechnik, Bd. II, Nachrichtenübertragung, 3.Aufl., Berlin, Heidelberg, New York 1982.

Steindorff, Ernst, Das Maastricht-Urteil zwischen Grundgesetz und europäischer Integration, EWS 1993, S. 341 ff.

Stern, Jonathan P., Third Party Access in European Gas Industries, London 1992.

Stern, Klaus, Das Staatsrecht der Bundesrepublik Deutschland, Allgemeine Lehren der Grundrechte, Bd. III/1, München 1988.

Stern, Klaus, Postreform zwischen Privatisierung und Infrastrukturgewährleistung, DVBl. 1997, S. 309 ff.

Stolz, Dirk, Die neue ONP-Richtlinie der EG, K&R 1998, S. 292 ff.

Störmer, Rainer, Gemeinschaftsrechtliche Diskriminierungsverbote versus nationale Grundrechte, AöR 123 (1998), S. 541 ff.

Stransfeld, Reinhard, Technische Entwicklung und Postreform III, in: *Büllesbach, Alfred* (Hrsg.), Datenschutz im Telekommunikationsrecht, Köln 1997, S. 197 ff.

Streinz, Rudolf, Bundesverfassungsgerichtlicher Grundrechtsschutz und Europäisches Gemeinschaftsrecht, Baden-Baden 1989.

Streinz, Rudolf, Das „Kooperationsverhältnis" zwischen Bundesverfassungsgericht und Europäischem Gerichtshof nach dem Maastricht-Urteil, in: Fs. f. *Heymanns Verlag*, Köln, Berlin, Bonn, München, S. 663 ff.

Streinz, Rudolf, Das Maastricht-Urteil des Bundesverfassungsgerichts, EuZW 1994, S. 329 ff.

Streinz, Rudolf, Der Vertrag von Amsterdam, EuZW 1998, S. 137 ff.

Streinz, Rudolf, Europarecht, 4. Aufl., Heidelberg 1999.

Strivens, Peter/McKean Ross, Telecommunication Law in the United Kingdom, Beilage zu MMR 8/1999, S. 3 ff.

Stürmer, Susanne, Netzzugang und Eigentumsrecht in der Telekommunikation, Baden-Baden 1997.

Subiotto, Romano, The Right to Deal with Whom One Pleases under EEC Competition Law: A Small Contribution to a Necessary Debate, ECLR 1992, S. 234 ff. .

Tanenbaum, Andrew S., Computernetzwerke, 3. Aufl., München, London, Mexiko u. a. 1998.

Tegge, Andreas, Die Internationale Telekommunikations-Union: Organisation und Funktion einer Weltorganisation im Wandel, Baden-Baden 1994.

Tempelman, Jaap A./Gijrath, Serge J.H., Telecommunication Law in the Netherlands, Beilage zu MMR 8/1999, S. 23 ff.

Temple Lang, John, Defining Legitimate Competition: Companies Duties to Supply Competitors and Access to Essential Facilities, Fordham Corporate Law Institute 1994, S. 245 ff.

Tettenborn, Alexander, Europäische Union: Rechtsrahmen für die Informationsgesellschaft, MMR 1998, S. 18 ff.

Tettinger, Peter J., Das aktuelle deutsche Postrecht, NVwZ 2000, S. 633 ff.

Tettinger, Peter J., Für die Versorgungswirtschaft bedeutsame Entwicklungslinien im primären Gemeinschaftsrecht, RdE 1999, S. 45 ff.

Tettinger, Peter J., Verfassungsrecht und Wirtschaftsordnung, DVBl. 1999, S. 679 ff.

Tettinger, Peter J., Zur Grundrechtsberechtigung von Energieversorgungsunternehmen im Europäischen Gemeinschaftsrecht, in: *Baur, Jürgen F./Müller-Graff, Peter-Christian/Zuleeg, Manfred* (Hrsg.), Europarecht – Energierecht – Wirtschaftsrecht, Fs. f. *Bodo Börner*, Köln, München 1992, S. 625 ff.

Tettinger, Peter J., Die Charta der Grundrechte der Europäischen Union, NJW 2001, S. 1010 ff.

Tewes, Daniel, Entwicklungsstand und Märkte funkgestützter Ortstechnologien, Bad Honnef 1997.

Theobald, Christian, Rechtliche Steuerung von Wettbewerb und Umweltverträglichkeit in der Elektrizitätswirtschaft, AöR 122 (1997), S. 372 ff.

Theobald, Christian/Zenkes, Ines, Wettbewerb in Stromnetzen: eine Rechtsprechungsübersicht, NJW 2001, S. 797 ff.

Theobald, Christian/Zenkes, Ines, Der Zugang zu Strom- und Gasnetzen: Eine Rechtsprechungsübersicht, WuW 2001, S. 19 ff.

Thiel, Jürgen M., Grundrechtlicher Eigentumsschutz im EG-Recht, JuS 1991, S. 274 ff.

Thiele, Stefan, Stromhandel und Durchleitung in Deutschland und Europa, Elektrizitätswirtschaft 1998, S. 26 ff.

Tietje, Christian, Normative Grundstrukturen der Behandlung nichttarifärer Handelsrechte in der WTO/GATT-Rechtsordnung, Berlin 1998.

Tomuschat, Christian, Aller guten Dinge sind III? – Zur Diskussion um die Solange-Rechtsprechung des BVerfG, EuR 1990, S. 340 ff.

Tomuschat, Christian, Die Europäische Union unter der Aufsicht des Bundesverfassungsgerichts, EuGRZ 1993, S. 489 ff.

Treacy, Pat, Essential facilities: Is the Tide Turning?, ECLR 1998, S. 501 ff.

Treffer, Christian, Der europarechtliche Durchleitungstatbestand für Elektrizität und seines Umsetzung in nationales Recht, ZG 1997, S. 38 ff.

Trommer, Hans-Ralph, Die Transferregelungen im Profisport im Lichte des „Bosman-Urteils" im Vergleich zu den Mechanismen im bezahlten amerikanischen Sport, Berlin 1999.

Tschentscher, Thomas/Neumann, Holger, Das telekommunikationsrechtliche Regulierungsverfahren – Verfahrensfragen, Mißbrauchsaufsicht, Entbündelung, BB 1997, S. 2437 ff.

Twickel, Felicitas, Die neue deutsche Telekommunikationsordnung, NJW-CoR 1996, S. 226 ff.

Uelner, Jens, Statement zum Netzzugang aus Sicht der Deutschen Telekom, in: *Schwarze, Jürgen* (Hrsg.), Der Netzzugang für Dritte im Wirtschaftsrecht, Baden-Baden 1999, S. 125 ff. (zitiert: *J. Uelner*, in: *J. Schwarze* (Hrsg.), Netzzugang im Wirtschaftsrecht).

Ungerer, Herbert, EC Competition Law in the Telecommunications, Media, and Information Technology Sector, 19 (1996) Fordham International Law Journal, S. 1111 ff.

Ungerer, Herbert/Nicholas Costello, Telekommunikation in Europa, Luxemburg 1989.

Veelken, Wilfried, Zur internationalen Reichweite energiekartellrechtlicher Durchleitungspflichten, RabelsZ 53 (1989), S. 72 ff.

Venit, James S. /Kallaugher, John J., Essential Facilities: A Comparative Law Approach, Fordham Corporate Law Institute 1994, S. 315 ff.

Vesper, J./Berezak, N./Gneiting, Stefan, Datenübertragung im Stromnetz, Funkschau v. 22.11.1996, S. 40 f.

Vicedo, J. Navarro/Sanchez, V. Quilez, Internet Zugang mit DECT-Technologie, Alcatel Telecom Rundschau 1998, S. 249 ff.

Vieweg, Klaus, Das Bosman-Urteil und seine Folgewirkungen für den Sport in Europa, in: *Jütting, Dieter H.* (Hrsg.), Sportvereine in Europa zwischen Staat und Markt, Münster, New York, München, Berlin 1999, S. 114 ff.

Vieweg, Klaus, Reaktionen des Rechts auf Entwicklungen der Technik, in: *Schulte, Martin* (Hrsg.), Technische Innovation und Recht, Heidelberg 1996, S. 35 ff.

Vieweg, Klaus, Technische Normen im EG-Binnenmarkt, in: *Müller-Graff, Peter-Christian* (Hrsg.), Technische Regeln im Binnenmarkt, Baden-Baden 1991, S. 57 ff.

Voeth, Markus, Entmonopolisierung von Märkten – Das Beispiel Telekommunikation, Baden-Baden 1996.

Vogelsang, Ingo, Analytische Kostenmodelle – ein notwendiges Übel, MMR 1998, S. 594 ff.

Vogelsang, Ingo, Interconnection of Telecommunication Networks in the UK, Bad Honnef 1995 (zitiert: *I. Vogelsang*, Interconnection in the UK).

Vollmer, Lothar, Kartellrechtliche und sondergesetzliche Netzzugangsregelungen, in: *Schwarze, Jürgen* (Hrsg.), Der Netzzugang für Dritte im Wirtschaftsrecht, Baden-Baden 1999, S. 41 ff. (zitiert: *L. Vollmer*, in: *J. Schwarze* (Hrsg.), Netzzugang im Wirtschaftsrecht).

Vykydal, Swen, Der kartellrechtliche Kontrahierungszwang – unter besonderer Berücksichtigung der leitungsgebundenen Energiewirtschaft, Baden-Baden 1996.

Wagner, Stefan, Ausgleichszahlungen für Beschränkungen der Fortswirtschaft im Forst-, Naturschutz- und Gewässerschutzrecht, BayVBl. 1994, S. 705 ff.

Waldeck, Torsten/Zimmermann, Manfred/Dostert, Klaus, Konzepte für Powerline-Kommunikationssysteme, Funkschau v. 26.6.1998, S. 40 ff.

Walke, Bernhard, Mobilfunknetze und ihre Protokolle, Grundlagen, GSM, UTMS und andere zellulare Mobilfunknetze, Stuttgart 1998.

Wallenberg, Gabriela von, Diskriminierungsfreier Zugang zu Netzen und anderen Infrastruktureinrichtungen, K&R 2000, S. 152 ff.

Walter, Karl M./v. Keussler, Julia, Der diskriminierungsfreie Zugang zum Netz: Reichweite des Anspruchs auf Durchleitung, RdE 1999, S. 190 ff. und S. 223 ff.

Weber, Albrecht, Die Bananenmarktordnung unter Aufsicht des BVerfG?, EuZW 1997, S. 165 ff.

Weber, Albrecht, Die Europäische Grundrechtscharta – auf dem Weg zu einer europäischen Verfassung, NJW 2000, S. 537 ff.

Weber, Claus, Die Freizügigkeit für Arbeitnehmer in der EG nach der Entscheidung „Bosman", RdA 1996, S. 107 ff.

Wegener, Bernhard W., Bahnprivatisierung und Eisenbahnverkehrsverwaltung, DÖV 1996, S. 305 ff.

Wegmann, Winfried, Regulierte Marktöffnung in der Telekommunikation, Baden-Baden 2001 (zitiert: *W. Wegmann*, Regulierte Marktöffnung).

Weiher, Siegfried von/Wagner, Bernhard, Tagebuch der Telekommunikation, 2. Aufl., Berlin u. a. 1991.

Weinkopf, Marcus, Ökonomie des ONP-Konzeptes, Bad Honnef, 1993.

Weißhaar, Volker, Zusammenschaltungsanspruch eines internationalen Verbindungsnetzbetreibers, MMR Aktuell 12/1998, S. XVIII f.

Weißhaar, Volker/Koenig, Michael, Anspruch auf Netzzugang und -zusammenschaltung im Lichte des EU-Rechts, MMR 1998, S. 475 ff.

Weizsäcker, Carl Chr. von, Wirtschaftspolitische Begründung und Abgrenzung des Fernmeldemonopols, in: *Mestmäcker, Ernst-Joachim* (Hrsg.), Kommunikation ohne Monopole, Baden-Baden 1995, S. 127 ff.

Welfens, Paul J.J./Graack, Cornelius, Telekommunikationswirtschaft, Deregulierung, Privatisierung und Internationalisierung, Berlin, Heidelberg, New York 1996.

Wendeln-Münchow, Dorothea/Gneiting, Stefan, Technik für den Local Loop, Funkschau v. 26.4.1996, S. 22 ff.

Wengenroth, Ulrich, Technik und Wirtschaft, in: *Hermann, Armin/Dettmering, Wilhelm* (Hrsg.), Technik und Kultur, Bd. VIII, Düsseldorf 1993.

Wernsmann, Rainer, Steuerliche Diskriminierungen und ihre Rechtfertigung durch die Kohärenz des materiellen Rechts, EuR 1999, S. 754.

Wessely, Karin/Hoenig, Christian, EU-Recht im Telekommunikationsbereich, MuR 1997, S. 55 ff.

Weyer, Hartmut, Neue Fragen des Mißbrauchs marktbeherrschender Stellungen nach § 19 GWB, AG 1999, S. 257 ff.

Wiechert, Eckart/Schmidt, Joachim/Königshofen, Thomas (Hrsg.), Europäisches Telekommunikationsrecht, Heidelberg, Loseblatt, Stand: Mai 1999.

Wiedemann, Gerhard (Hrsg.), Handbuch des Kartellrechts, München 1999, (zitiert: Berarbeiter, in:).

Wieland, Joachim, Der Wandel von Verwaltungsaufgaben als Folge der Postprivatisierung, Die Verwaltung 1995, S. 315 ff.

Wieland, Joachim/Enderle, Bettina, Rechtsprobleme der Netzzusammenschaltung, MMR 1999, S. 379 ff.

WIK/EAC (Hrsg.), Network Interconnection in the Domain of ONP, Country Studies, Bad Honnef 1994, (zitiert: Bearbeiter in:).

WIK/EAC (Hrsg.), Network Interconnection in the Domain of ONP, Final Report, Bad Honnef 1994.

Wilckens, Martin, Mit kleinen Schritten auf dem Weg zu einem europäischen Netz, Int. Verkehrswesen 49 (1997), S. 120 ff.

Wilmowsky, Peter von, Ausnahmebereiche gegenüber EG-Grundfreiheiten, EuR 1996, S. 362 ff.

Wilms, Günter, Das Europäische Gemeinschaftsrecht und die öffentlichen Unternehmen, Berlin 1996.

Windisch, Rupert, Privatisierung natürlicher Monopole: Theoretische Grundlagen und Kriterien, in: *ders.* (Hrsg.), Privatisierung natürlicher Monopole im Bereich von Bahn, Post und Telekommunikation, Tübingen 1987, S. 1 ff.

Windthorst, Kay, Regulierungsansätze im deutschen und US-amerikanischen Telekommunikationsrecht, CR 1998, S. 281 ff. und 340 ff.

Windthorst, Kay/Franke, Nicole, Internet-Telefonie – Sprengsatz im System der Telekommunikationsregulierung?, CR 1999, S. 14 ff.

Witte, Eberhard, Bleibt das Gemeinwohl auf der Strecke? Zur Deregulierung der Telekommunikation, ZögU 1997, S. 434 ff.

Witte, Eberhard, Die Neuordnung der deutschen Bundespost, in: *Eichhorn, Peter* (Hrsg.), Unternehmensverfassung in der privaten und öffentlichen Wirtschaft, Fs. f. *Erich Potthoff,* Baden-Baden 1989, S. 213 ff.

Wittinger, Michaela, Die Einlegeung einer Individualbeschwerde vor dem EGMR, NJW 2001, S. 1238 ff.

Wittkowski, Ralf, Das Maastricht-Urteil des Bundesverfassungsgerichts vom 12.10.1993 als „Solange III"-Entscheidung, BayVBl. 1994, S. 359 ff.

Wöhe, Günter, Einführung in die Allgemeine Betriebswirtschaftslehre, 17. Aufl., München 1990.

Wolf, Dieter, Schaffung von Wettbewerb in der Telekommunikation durch Regulierung, Editorial MMR 6/1998, S. 273.

Wolff, Hans J./Bachof, Otto/Stober, Rolf, Verwaltungsrecht I, 10. Aufl., München 1994.

Wolff, Heinrich A., Der verfassungsrechtliche Schutz der Betriebs- und Geschäftsgeheimnisse, NJW 1997, S. 98 ff.

Wrobel, Eric, Konvergenz von Festnetz- und Mobilfunkdiensten in GSM/DCS-Netzen, Alcatel Telecom Rundschau 1997, S. 180 ff.

Wuermeling, Ulrich/ Felixberger, Stefan, Fernmeldegeheimnis und Datenschutz im Telekommunikationsgesetz, CR 1997, S. 230 ff.

Zäch, Roger, Wettbewerbsrecht der Europäischen Union, München 1994.

Ziegler, Dieter, Eisenbahnen und Staat im Zeitalter der Industrialisierung, Stuttgart 1996.

Ziemann, Peter, Schnittstellen-Tests am ADSL-Modem, Funkschau v. 10.7.1998, S. 36 ff.

Ziemann, Peter, Signalisierungsinformationen in IP-Netzen, Funkschau v. 6.8.1999, S. 78 ff.

Zijl, Gert, Neustrukturierung des Strommarktes in den Niederlanden, ET 1993, S. 624 ff.

Zimmermann, Manfred/Dostert, Klaus, Sprache über Stromleitung, Funkschau v. 6.2.1998, S. 22 ff.

Zinow, Bernd-Michael, Rechtliche Aspekte von TPA und Single Buyer, Elektrizitätswirtschaft 1998, S. 31 ff.

Zinow, Bernd-Michael, Rechtsprobleme der grenzüberschreitenden Durchleitung von Strom in einem EG-Binnenmarkt für Energie, Frankfurt a.M. 1991.

Zinsmeister, Ute, Die Anwendung der Artikel 85 und 86 EG-Vertrag durch die nationalen Behörden, WuW 1997, S. 5 ff.

Zippelius, Reinhold, Juristische Methodenlehre, 7. Aufl., München 1999.

Zubke-von Thünen, Thomas, Technische Normung in Europa, Berlin 1999.

Zuck, Rüdiger, Postreform, MDR 1989, S. 779 f.

Zuleeg, Manfred, Bananen und Grundrechte – Anlaß zum Konflikt zwischen europäischer und deutscher Gerichtsbarkeit, NJW 1997, S. 1201 ff.

Zuleeg, Manfred, Das Recht der Europäischen Gemeinschaften im innerstaatlichen Bereich, Köln 1969.

Zuleeg, Manfred, Die Auslegung des europäischen Gemeinschaftsrechts, EuR 1969, S. 98 ff.

Peter Lang · Europäischer Verlag der Wissenschaften

Matthias Röhl

Die Regulierung der Zusammenschaltung

Voraussetzungen und Rechtsfolgen der Zusammenschaltungsanordnung nach §§ 35, 36, 37 Telekommunikationsgesetz durch die Regulierungsbehörde für Telekommunikation und Post

Frankfurt/M., Berlin, Bern, Bruxelles, New York, Oxford, Wien, 2002.
XVI, 281 S.
Dresdner Schriften zum Öffentlichen Recht.
Herausgegeben von Jochen Rozek. Bd. 1
ISBN 3-631-39601-5 · br. € 45.50*

Wie reagiert das deutsche Verwaltungsrecht auf die immense Aufgabe der Marktöffnung in der Telekommunikation? Wie verändert dabei das Europarecht die Handlungsformen des deutschen Verwaltungsrechts? Kann die hergebrachte Dogmatik diesen Innovationsschub meistern? Das vorliegende Buch sucht nach Antworten auf diese Fragen. Es beleuchtet dafür detailliert Voraussetzungen, Durchsetzung und Rechtsfolgen des Anspruchs auf Zusammenschaltung nach deutschem Telekommunikationsrecht. Besonderes Augenmerk gilt dabei der Entscheidungspraxis der deutschen Regulierungsbehörde und der Verwaltungsgerichte. Wie die Arbeit zeigt, tut sich die Praxis schwer, die vom Telekommunikationsgesetz vorgesehene enge, arbeitsteilige Verzahnung von öffentlichem und privatem Recht und die weitreichenden Gestaltungsbefugnisse des Regulierers ohne Abstriche umzusetzen.

Aus dem Inhalt: Europäische Wurzeln der deutschen Zusammenschaltungsregeln · Wirtschaftliche und technische Grundlagen der Zusammenschaltung · Voraussetzungen, Durchsetzung und Rechtsfolgen des Anspruchs auf Zusammenschaltung · Rechtsfragen bei Zusammenschaltungsanordnungen · Regulierung als Chiffre für neue Handlungsformen des Verwaltungsrechts · Dogmatische Analyse der Zusammenschaltungsentscheidungen von Regulierungsbehörde und Verwaltungsgerichten

Kolibri 360 GmbH
Ferdinand-Jühlke-Straße 7
99095 Erfurt, Deutschland
produktsicherheit@kolibri360.de

Druck:
CPI Druckdienstleistungen GmbH
im Auftrag der
Kolibri 360 GmbH
Ferdinand-Jühlke-Str. 7
99095 Erfurt